普通高等教育“十一五”国家级规划教材

电机原理与电力拖动系统

Motor Principle and Electric Drive System

杨　耕　罗应立　编著
徐殿国　主审

机械工业出版社

本书的主要内容有：①机电能量转换以及磁路的基本原理及数学模型；②典型负载特性和机电系统稳定条件；③典型直流电机和三相交流电机基本原理及数学模型；④直流电动机、三相异步电动机和三相同步电动机的典型调速系统原理和设计；⑤与调速系统相关的典型实验方法和典型保护方法介绍。在内容的编排上力图体现内容的系统性、理论性、工程性和易读性。对于书中的难点或重点内容，本书配置了二维码。其所含的彩图以及视频讲解可方便读者理解这些内容。

本书是在普通高等教育“十一五”国家级规划教材《电机与运动控制系统》第2版基础上修订完成的，可作为自动化专业和电气自动化专业的本科生教材，或相关领域技术人员的参考书。

图书在版编目（CIP）数据

电机原理与电力拖动系统/杨耕，罗应立编著．—北京：机械工业出版社，2021.9（2024.7重印）
普通高等教育“十一五”国家级规划教材
ISBN 978-7-111-69713-8

Ⅰ.①电…　Ⅱ.①杨…②罗…　Ⅲ.①电机-高等学校-教材②电力传动-高等学校-教材　Ⅳ.①TM3②TM921

中国版本图书馆CIP数据核字（2021）第245005号

机械工业出版社（北京市百万庄大街22号　邮政编码100037）
策划编辑：王保家　　责任编辑：王保家
责任校对：陈　越　王　延　封面设计：鞠　杨
责任印制：常天培
固安县铭成印刷有限公司印刷
2024年7月第1版第4次印刷
184mm×260mm・21.25印张・526千字
标准书号：ISBN 978-7-111-69713-8
定价：69.00元

电话服务	网络服务
客服电话：010-88361066	机　工　官　网：www.cmpbook.com
010-88379833	机　工　官　博：weibo.com/cmp1952
010-68326294	金　　书　　网：www.golden-book.com
封底无防伪标均为盗版	机工教育服务网：www.cmpedu.com

前言

本书是在普通高等教育“十一五”国家级规划教材《电机与运动控制系统》第2版基础上修订完成的，主要用于自动化、电气自动化等专业与电机原理、电力拖动、电力拖动控制系统相关的本科课程的教材，也可供研究生和相关工程技术人员参考。

电机与电机控制系统是最为典型的机电装备与系统。在数字化、全电化/多电化以及新能源普及的今天，与之相关的知识体系对电气自动化人才培养显得更为重要。本书面向人才培养的需求，力图融入清华大学“价值塑造、能力培养、知识传授”三位一体的教育理念；力求传统知识体系和现代知识体系核心内容的明晰和相互融合，以及作为教材的易读易懂设计；体现“少学时、重机理、强系统、求创新”的教材特色。

本书知识体系的主线是：①以典型电机为代表的机电能量变换装置原理及外特性；②典型电机控制的原理和系统。与这两条主线相关的内容安排详见第1章绪论。

以下从三个方面说明对本书内容的设计。

1. 内容的体系性和典型性

全书按以下顺序介绍了三大内容：

1）作为基础的第2章讨论了机电变换的基本原理。

2）第3～4章讨论了直流电机原理、常见负载特性及系统稳定的必要条件，以及典型的直流电机控制系统。这些内容具有线性系统和标量控制的特征。

3）第5～8章讨论了交流异步及同步电机的原理和建模、典型的交流电机控制系统。这些内容具有多变量和非线性的特征。

上述内容安排有助于学习两类系统各自的物理机理和建模方法。

2. 内容安排力图“强筋健骨、删繁就简”

“强筋健骨”表现为：

1）突出物理本质和系统概念。例如，将电机模型分为“电磁子系统”和“机电子系统”；强调了单边/双边励磁原理在建模中的应用；强调系统分析中负载特性的重要性；强调稳定性分析及其条件等内容。

2）明晰概念和理论。例如，在5.2节明确定义了时间相量概念，据此明晰了交流电机“时空图”的作用，也建立了电机稳态模型和动态模型的内在联系；在V/F系统建模中建立了“异步电机+负载”系统的动态模型；分析了间接矢量控制中“转差频率的算法问题”，使得理论更为清晰；引入DTC系统“双坐标模型”，从而使得系统分析等更为简洁清晰；明确了交流电机动态模型中频率的变量属性及其表示。

3）加强理论联系实际。例如，第2章的物理知识与其他章的电机建模内容前后呼应；增加了“车体车轮的运动特性模型”“带饱和的数字式PI调节器”“系统的过电流保护和过载保护”“交流变频电源引发的系统问题”等内容。书中还设计了典型例题和典型系统仿真框图。

“删繁就简”表现为：

1）明显简化的内容有：大量减少电机绕组和电机各种运行工况的内容；电力电子变换器内容仅限于数学模型和控制方法；删除了基于晶闸管变换器驱动的系统内容；只讲述抗扰控制的基本内容；删除了有参考书可循的证明内容；没有展开数字控制技术的内容。

2）注释了选学内容，其标题前标注“ * ”号。内容如交流电机绕组的详细知识、空间电压矢量调制方法、变频电源驱动电机系统的时间谐波和 EMI 问题等。

3. 难点及重点的展开和图片或短视频的设计

以下是一些例子：

1）难点和重点展开的设计。例如，对于“空间矢量”概念，分层次地在交流电机稳态模型（5.2 节）、空间电压矢量调制（6.2.3 节）、交流电机动态模型（7.2 节和 7.3 节）中分别讨论；对于异步电机转子磁链定向控制的思想，则分别基于电机的稳态模型和动态模型进行了讨论；对于异步电机矢量控制的实现方法，先假定“转子磁链可测”以便分析原理，然后给出了两种工程实现方法。

2）各章开始时对要点及其相互关系采用图文说明；对系统尽可能采用框图表示。

3）多处设置二维码。读者扫描二维码可以获得相关的彩色插图和动画，或者讲解难点/要点的短视频。

作者在教学实践中体会到，对于由两个课程组成的教学体系（如课程分别为“电机原理与拖动”（48 学时）和“电力拖动控制系统”（48 学时）），本书的内容和深度比较合适；对于由一个课程构成的教学体系（如 64 学时的“电机原理与电力拖动系统”），可在讲述第 2~5 章之后再选择讲述第 6、7 章或者第 8 章的内容。当然，也可以根据所服务的后续课程的需要裁剪内容。

本书由清华大学杨耕教授、华北电力大学罗应立教授编著，由哈尔滨工业大学徐殿国教授主审。

在本书编著过程中，得到了许多国内外同行和读者的指教和帮助。其中，国内的上海大学陈伯时教授、清华大学黄立培教授、天津大学马小亮教授、冶金自动化研究设计院李崇坚教授，清华大学王善铭研究员、孙旭东副教授和耿华副教授，合肥工业大学张兴教授，山东大学刘锦波教授和李柯副教授，北京理工大学冬雷教授，中国科学院电工研究所温旭辉教授及其团队，西安理工大学尹忠钢教授，北方工业大学陈亚爱教授和张永昌教授，北京工业大学许家群教授等给予了具体指导；日本的金东海教授、松濑贡规教授等多年来也给予了许多指导意见。作者借此机会向他们表示最诚挚的感谢。

由于作者水平有限，书中难免存有不妥甚至谬误之处，恳请读者予以批评指正。

作　者

2021 年 3 月

目录

第1章

绪　论

本章介绍本书内容的技术和产业背景、书的目的和内容体系，以及学习这些内容时应该注意的要点。对于初学者而言，本章的一些内容可能一时不易理解，建议在开始学习本书时先粗读一遍，然后分别在学习了全书的第3~4章的直流电机原理及其控制系统、以及在学习了第5~8章的交流电机原理及其控制系统后，再仔细阅读本章。重读本章有助于对本书整体内容和基本方法的理解。

1.1　教材背景

1. 电机与电力拖动控制系统

电力装备（electrical machines）中的电动机、变压器等设备是电能和机械能之间的能量变换以及电能本身变换的装置，自发明以来已有一百多年的历史。在当今社会，电动机被广泛应用于各个领域的电力拖动设备（electric drives）之中。为了实现系统性功能如电动机输出的转矩、速度，将电动机及负载、用于电气能量形态变换的电功率变换装置以及系统控制器三部分组合在一起，就构成了电力拖动系统（electric drive system），也称为运动控制系统（motion control system）。该系统的典型结构如图1.1.1中阴影部分所示。该系统也被称为电力传动控制系统或电气传动控制系统或电机控制系统。

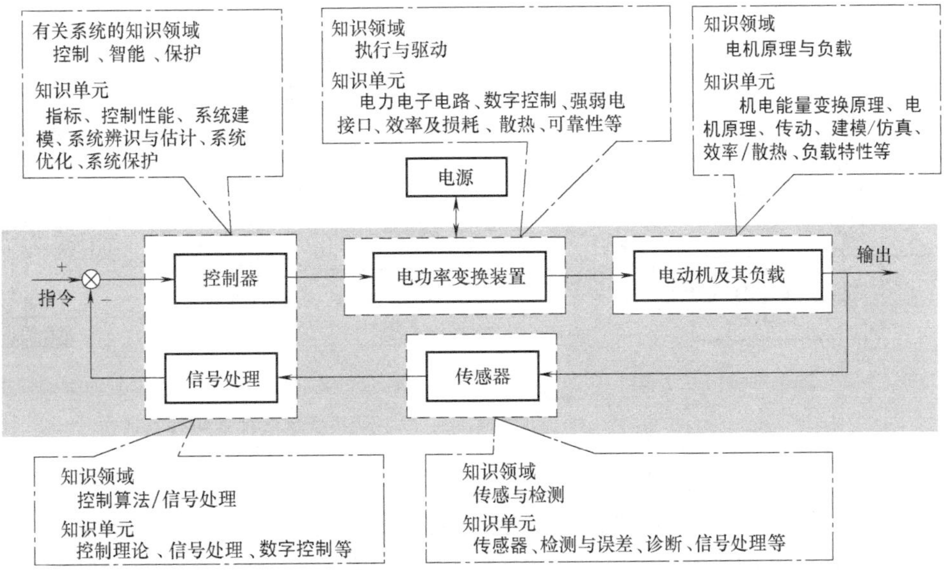

图1.1.1　电力拖动控制系统的构成及相关知识领域

从狭义上讲，电力拖动系统可定义为：以电动机及其拖动的机械设备为被控对象，以控制器为核心，以电力电子功率变换装置为执行机构，实现系统电功率向机械功率形态（如转速、转矩、转角）变换的自动控制系统。

此外，由今后的内容可知，由于电动机也可以运行于发电状态，该系统也可以将电动机轴上的机械能转换成电能输出至图 1.1.1 中的电源。更一般地，若系统的功能主要是将原动机（如风力机、水轮机）的机械能转换成电能输出至用电系统（如电网），则称其为发电系统。

通常，一个发达国家生产的总发电量的一半以上都是由电动机转换为机械能，所以电力拖动系统的应用已相当普及，到处可以看到以此系统为动力核心的各种机械、设备或系统。例如：

1）制造业：冶金行业的轧钢机，机电行业的各种机床、自动生产线，纺织行业的各种纺织机械，流程工业的各种旋转机械等。

2）日常生活：冰箱、空调、洗衣机、电梯、电动自行车的电驱动系统等。

3）高新技术产业及新能源产业：各种机器人的移动及关节姿态控制系统，计算机光盘驱动器，电动汽车、地铁、高铁的电驱动系统，风力发电、潮汐发电等新能源发电系统。

以下介绍电力拖动系统的两个应用实例。图 1.1.2 是一个普通电梯的构成示意图。其中，控制柜中的变频电源用以控制电动机的转速，通过减速箱拖动轿厢做平稳而快速的起停和上下运动。图 1.1.3 是一个用于混合动力（汽油发动机+电动机）汽车的串联式动力系统示意图。该系统的两个极端运行模式是：上坡加速前进时，引擎与电动机一起向驱动轮提供转矩从而拖动汽车运动；紧急制动或车辆下坡时，电动机通过变频器将机械能转化为电能输送到蓄电池中得以储存。

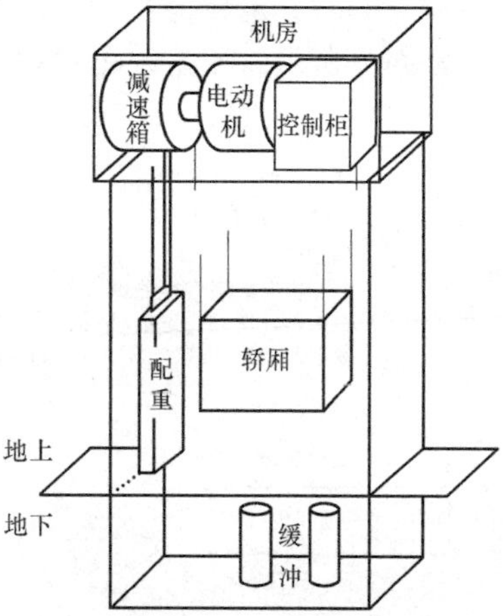

图 1.1.2　普通电梯构成示意

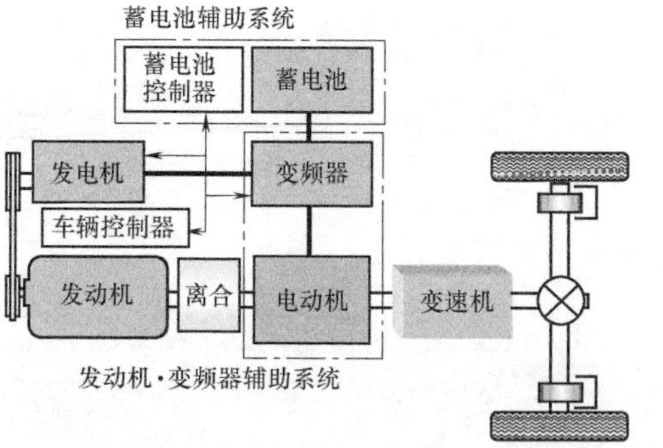

图 1.1.3　由汽油发动机和电动机构成的串联式混合动力系统示意

2. 电力拖动系统的发展过程和趋势

历史上最早出现的是直流电机，在 19 世纪 80 年代以前，直流电动机拖动是唯一的电气传动方式。19 世纪末出现了交流电，解决了三相制交流电的输送和分配问题。随后又研制成了经济实用的笼型异步电动机。异步电动机的优点非常突出：坚实、少维护、适应环境广、容量大、电压和转速高，但由于当时无法解决其速度的无级调节问题，所以交流电气传动主要应用于恒速运行的场合。此外，同步电机的诞生也解决了大容量发电和电力系统的功率因数调整等问题。

随着技术的发展，对电气传动在起制动、正反转以及调速精度、调速范围、静态特性、动态响应等方面都提出了更高的要求，这就要求大量使用调速系统。由于直流电动机易于实现速度调节和转矩控制，因此在 20 世纪 30 年代起就开始使用直流调速系统。20 世纪 60 年代之后诞生的晶闸管变流装置使得直流电动机调速系统成为主流；20 世纪 70 年代，由大功率晶体管和数字控制组成的直流脉宽调制设备使直流调速系统的快速性、可靠性和经济性不断提高。然而，由于直流电动机自身的电刷和换向器问题，以及制造工艺复杂、成本高等缺点，使得该系统的维护麻烦、使用环境受到限制，很难满足高转速、高电压、大容量的需求。

20 世纪 70 年代以来，电力电子技术和数字技术的发展大大促进了交流调速系统的研究开发，使交流调速系统逐步得到了广泛的应用。仅以占传动总容量 1/3 的风机、水泵设备为例，过去驱动这类设备的交流电机都工作在恒速运行状态，近几十年来我国将其多数改为变频调速运行，于是不仅提高了控制性能，还能节电 30%左右（平均），为环保做出了很大贡献。随着现代控制理论以及电机理论和技术的提高，交流调速具备了更宽的调速范围、高稳速精度、快动态响应和四象限运行等技术性能，并实现了产品的系列化。由于在调速性能上完全可以与直流调速系统相媲美，目前交流调速系统已占据电动机速度控制系统市场的主导地位[1]。

尽管如今的电力拖动系统的应用已相当普及，但是由于世界范围内的能源和环境问题日益凸显，新能源发电产业日新月异，运动体（如车、船）的全电化或多电化的浪潮不可阻挡[2]。因此，电力拖动领域也面临许多新的挑战。可以看出该领域的发展有以下几个趋势[2,3]：

1）各种交流变频拖动系统已经拓展到各种电气传动领域，如我国高铁车辆和电动汽车的电驱动系统，以及风力发电系统中的发电设备。

2）系统集成化和多样化。随着新材料、新工艺和集成技术的进步，功率变换装置不断向高频化和模块化发展。一方面，各类新型电动机的不断出现，可以满足以前所不能及的高转速（上万转每分钟）、大功率（上万千瓦）要求；另一方面，超小型电动机控制器也正在被应用于小型机器人、小型飞行器等领域。

3）控制技术的数字化、智能化和网络化。全数字化控制已成为电力拖动系统的基本技术；各种智能控制方法正在应用于电力拖动系统中；随着系统规模的扩大和复杂性的提高，单机的控制系统逐步被大规模多机协同工作的高度自动化系统取代。

1.2 教材的内容体系和教学建议

1. 内容体系

本书用于电气自动化、自动化等本科专业中，目前被称为“电机原理”“电机与拖动”“电力拖动控制系统”“电机拖动及其控制系统”等课程的教材或参考教材。

内容上，主要从图 1.1.1 系统实现的角度，①分析作为被控对象的电机（机电能量变换机器）的原理性内容；②说明图中系统的一些单元（如变换器和传感器）；③分析图示系统的知识内容。涉及的知识单元用图 1.1.1 中点画线方框中的内容表示。因此，本书内容体系可大致归纳为：

1）一个主题：电力拖动控制系统，也就是图 1.1.1 的阴影部分。

2）两大内容：一是以电动机为核心的能量转换装置原理、数学模型与外特性；二是电力拖动系统的原理、分析或设计方法。这两大内容如图 1.1.1 中左上角和右上角两个点画线框所示。

为了便于由浅入深的学习，在内容安排顺序上分为前后两大部分。这两部分的内容和特点为：

1）第 3~4 章为直流电机原理及其控制系统，特点是电机及其速度控制系统都为双输入单输出，所需的基础知识相对简单。

2）第 5~8 章为交流电机原理及其控制系统。交流电机应用广泛，但模型复杂，于是其速度系统的控制方法也相对复杂，具体的控制方案也比较多样。

对于书中比较深入的内容，本书在其标题前标注“*”号。书中还列出了一些重要的参考文献，以便于深入学习之用。此外，为了便于学习本书内容，在第 2 章中集中总结了本书内容所需的物理学方面的知识。

2. 对教和学的建议

假定在学习本书前，学生已经学习了作为学科基础的基础数学、普通物理、电路原理、控制理论、数字技术、信号处理以及电力电子技术等课程。

图 1.2.1 为本书第 8 章“同步电机的模型和调速系统”知识体系的部分要点。以下借助该图给出学习本书内容的建议。

(1) 对知识单元的掌握

图 1.2.1a 是同步电机的实物结构示意，图 b 是电机通入三相交流电流后形成的旋转磁场矢量图或电流矢量图；图 c 是用于电机建模的三种数学坐标系（静止三相坐标系、静止正交坐标系、与磁场旋转速度同步的旋转坐标系）以及相互关系；图 d 是建立在图 c 的 dq 坐标系上的永磁电机的数学模型。

学习电机原理时要注意：①直流、交流电动机的原理以及所包含的物理定律、基本结构，基本电磁参数和机械参数及其相互关系；②电动机静、动态数学模型及其建模方法；③从使用角度需要掌握的电动机外特性、能量流程以及效率等。

图 1.2.1e 是在图 1.2.1d 的电机模型的基础上实现电机转子速度和电机电磁转矩控制的典型控制系统的框图。左侧是控制器的构成，中间的“变频电源”是“电力电子技术”中讲述的电压源型变频电源，右侧是电机与负载，以及电机转轴的位置传感器。

学习控制系统时要注意：①基于某种控制目标的系统建模方法、分析方法。本书涉及两类有代表性的系统，一个是以单输入单输出、线性系统为特征的直流电机转速、电流双闭环控制系统，另一个是以多输入单输出、非线性系统为特征的交流电机控制系统；②系统的稳定性，控制器设计方法；③实现控制系统所需的电力电子技术、数字控制技术、检测与信号处理等相关技术。

(2) 对知识体系的掌握

如果在掌握图 1.2.1 各个分图的基础上，还能够掌握从图 a 演化到图 e 的内涵，那就可以祝贺你已经掌握了本书内容的精髓。

视频 No.1 基于图 1.1.1 和图 1.2.1 说明了本书的知识体系。

视频 No.1

a) 交流同步电机实物(图5.1.5)

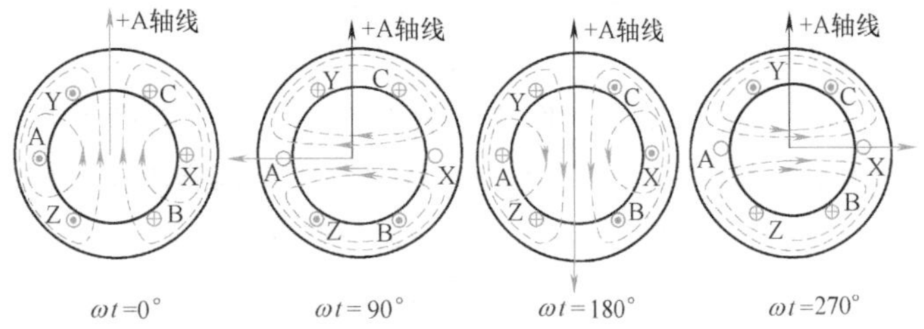

b) 三相电流产生的旋转磁场(图5.2.9)

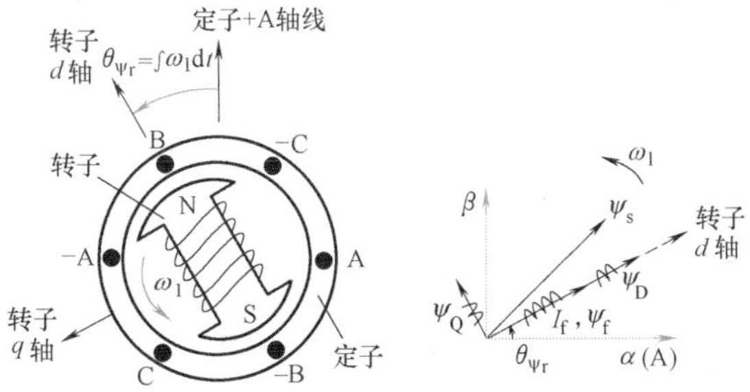

c) 用于控制的励磁式同步电机简化模型(图8.3.1)

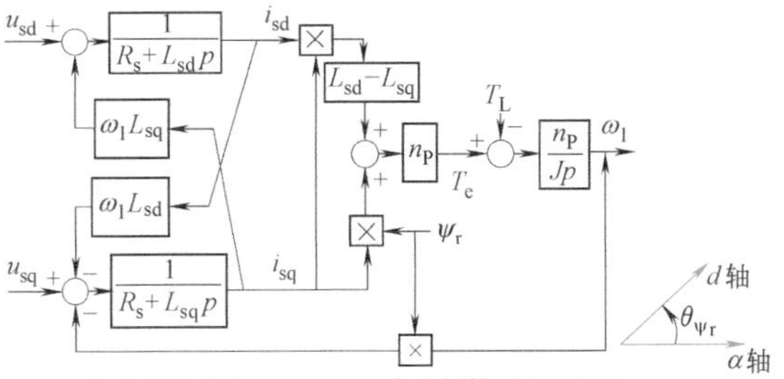

d) 与转子磁场同步的永磁电动机模型(图8.3.8)

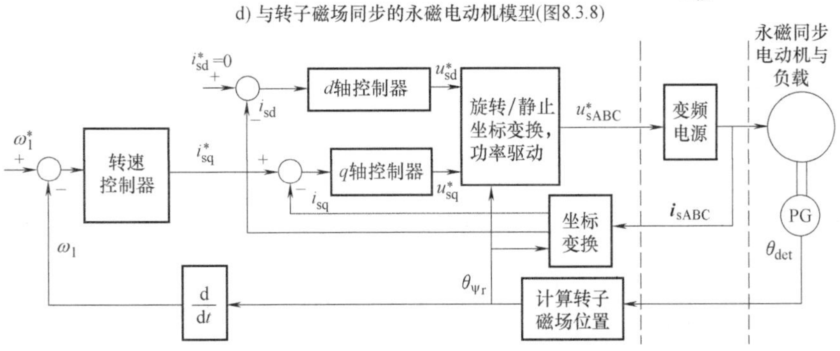

e) 一种同步电动机变频调速系统结构图(图8.3.9)

图 1. 2. 1　由电机实物到模型、再到电力拖动系统的知识体系示意

（3）解决工程问题的流程

工科学生的一个重要能力，就是如何将一个工程问题演变抽象为一些技术和理论问题，并基于已有理论技术或研发新的理论与技术，给出一个整体方案以解决这类工程问题。

如果把图 1. 2. 1 各图的内容及其演变看作为一个研发流程，那么从中可以总结出在一个工程问题解决方案中所包含的基本要素以及方案流程。这些基本要素和大致流程如图 1. 2. 2 左侧所示。图的右侧点画线框内给出了本书内容中对应的例子。作者希望读者在掌握图 1. 2. 1 的知识体系的同时，还能理解图 1. 2. 2 所示的解决工程问题的一般性流程。建议注意以下要点：

1）内容的工程背景：例如，所述装置或系统的提出以及完善都基于当时的经济、技术条件和需求。

2）理论与实际结合：例如，本书如何基于三个物理定律构成了多种电机？设计的系统及其控制策略不但基于多项理论，也要基于系统物理实现的约束。

3）工程设计方法：如在分析中忽略次要矛盾、抓住主要矛盾；关注的外特性；系统保护的设计思路；各种实现方法要遵循简单实用的原则等。

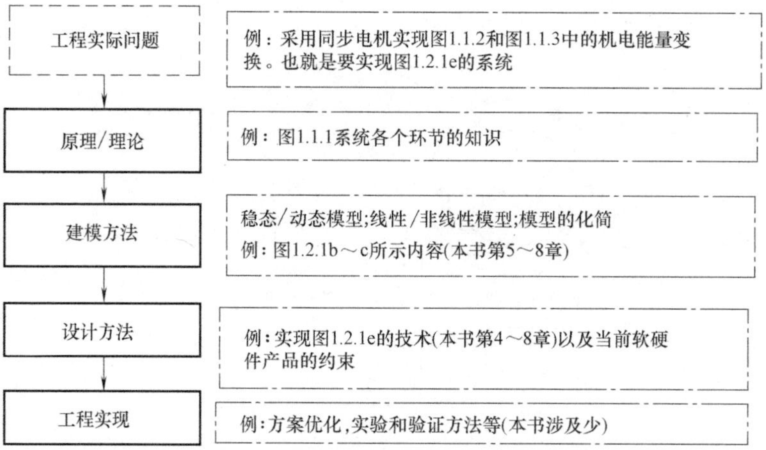

图 1.2.2　理解工程问题解决流程以提高工科素养

参考文献

[1] KOURO S, RODRIGUEZ J, Wu B, et al. Powering the Future of Industry: High-Power Adjustable Speed Drive Topologies [J]. IEEE Industry Applications Mangazine, 2012, 18 (4): 26-39.

[2] Guest Editorial: Emerging Electric Machines and Drives for Smart Energy Conversion [J]. IEEE Trans. Energy Conversion, 2018, 33 (4).

第2章

机电能量转换基础

本章涉及本书内容的物理学基础，主要讨论以下内容：

（1）机电能量转换基础

1）基本物理定律：安培环路定律和法拉第电磁感应定律在机电能量转换装置中的具体形式。

2）作为“耦合场”的磁路特征，磁路欧姆定律和铁磁材料特性。

3）机电能量转换原理以及电磁转矩的计算。

（2）以单相变压器为例，介绍静止型能量转换装置的建模方法

本章的知识结构如图 2.0.1 所示。图中点画线框中的部分是本章的主要内容。框的上面是本章所需的主要先修课程，下面是与本章有关的本书的后续内容。

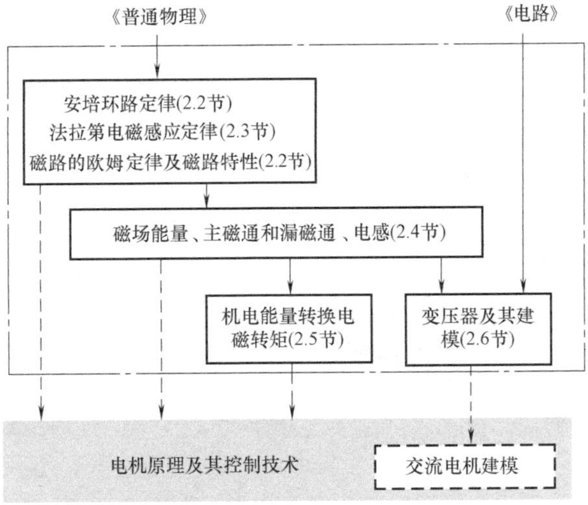

图 2.0.1　第 2 章内容之间以及与其他章内容的关系

2.1　电机中的能量转换与磁路

2.1.1　电机中能量转换的两个实例

电机是一种进行电能传递或机电能量转换的电磁机械装置。根据电机是否旋转，可将其分为静止电机和旋转电机两大类。静止电机主要是指各种类型的变压器。其基本作用是完成电能的传递，即将一种电压下的电能变为另一种电压下的电能。图 2.1.1 是最简单的单相变

压器的示意图。

从图 2.1.1 中可知，匝数为 W_1 与 W_2 的两个相互绝缘的线圈被套在呈四方框架形状的闭合铁心（称为磁路）上。这样，当其中一个线圈接交流电源而另一个线圈接上负载阻抗时，电能就可以从前者源源不断地传到后者，也就实现了电能的传递。

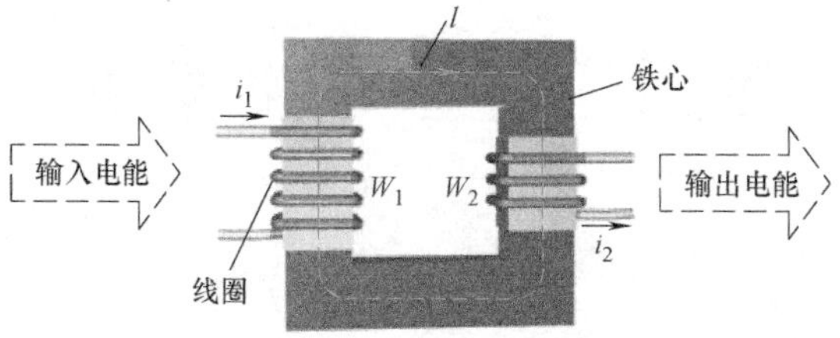

图 2.1.1 单相变压器示意图

（扫码见彩图）

图 2.1.2a 是一类可以将电能和机械能互相转换的旋转电机主体部分示意图。图 2.1.2b 是简化的立体图。旋转电机主体部分包括可以自由转动的部分（转子）和静止部分（定子）。定子主要由定子铁心和由绝缘导线绕制成的定子绕组构成。定子铁心内圆有均匀分布的定子槽，定子绕组嵌入定子槽内。图 2.1.2a 的定子绕组包括 3 个线圈，它们的一端分别用字母 A、B 与 C 标示，另一端连接在一起，成为中点。为清晰起见，图 2.1.2b 中定子绕组只画出了一个线圈，转子则由磁极、励磁绕组与转子轴构成。在这一类旋转电机中，励磁绕组通以直流电流，转子磁极呈现 N 极与 S 极。旋转电机的工作状态是可逆的：当定子绕组的出线端 A、B、C 分别与电源的 A、B、C 相连接时，如果从定子绕组输入电能，从转子轴上输出机械能，则工作在电动机状态；如果从转子轴上输入机械能，而从定子绕组输出电能至电源，则工作在发电机状态。

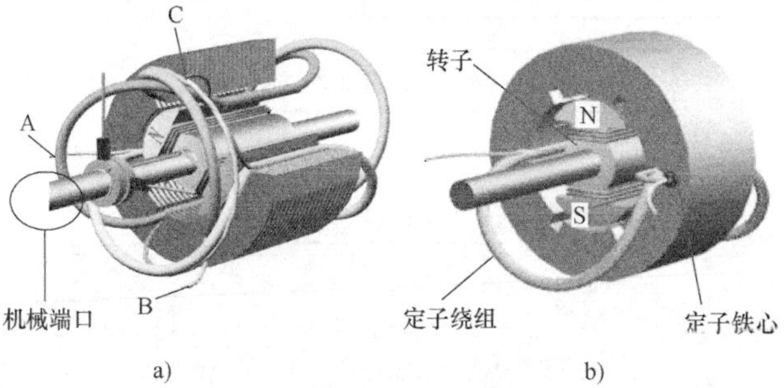

图 2.1.2 旋转电机示意图

（扫码见彩图）

2.1.2 能量转换装置中的磁场与磁路

在图 2.1.1 所示的变压器中，电能为什么能在两个彼此绝缘的线圈之间传递？在图 2.1.2 所示的旋转电机中，定子的电能和转子的机械能之间为什么能够互相转换？机电能量转换原理可以回答这些问题。下面先从磁场与磁路开始讨论。

首先观察图 2.1.1 单相变压器的磁路和由图 2.1.2 简化得到的图 2.1.3 旋转电机的转子磁路。在图 2.1.1 的磁路中画出了一条磁力线 l，在图 2.1.3 定子和转子构成的磁路中，画出了磁力线 l_1 与 l_2。这些磁力线代表了变压器及旋转电机铁心中磁通的走向。可以看出，在变压器中之所以能实现能量传递，一个基本条件是两个线圈被磁场耦合起来了。在旋转电机中，电能之所以会与机械能互相转换，一个重要条件也是因为其中存在着耦合磁场，它把定子与转子耦合在一起。

耦合磁场与能量端口的关系如图 2.1.4 所示。注意，以后会讨论：①装置的能量流动是双向的；②在建立装置的数学模型时，图 a 要考虑电路部分和磁场部分，图 b 则要考虑电路部分、磁场部分以及机械部分。

在研究以磁场为耦合场的能量转换装置时，一个重要的物理量是磁场的磁通（flux）。而磁通所通过的路径就是磁路（magnetic circuit）。从图 2.1.1 与图 2.1.3 可以看出，变压器和旋转电机中的磁路主要由铁磁材料构成。图 2.1.1 所示变压器的磁路没有空气隙，即磁路可以完全由铁磁材料构成，称为铁心磁路。某些型式的变压器，为了某些目的，也可以采用带气隙的铁心磁路。将图 2.1.2 简化，可以得到图 2.1.3 中的旋转电机（转子由永磁体构成）磁路示意图。图中，定子磁路与转子磁路之间有一个空气隙存在，称为气隙空间，这是带气隙的铁心磁路。图中的虚线表示转子磁场的磁力线路径。

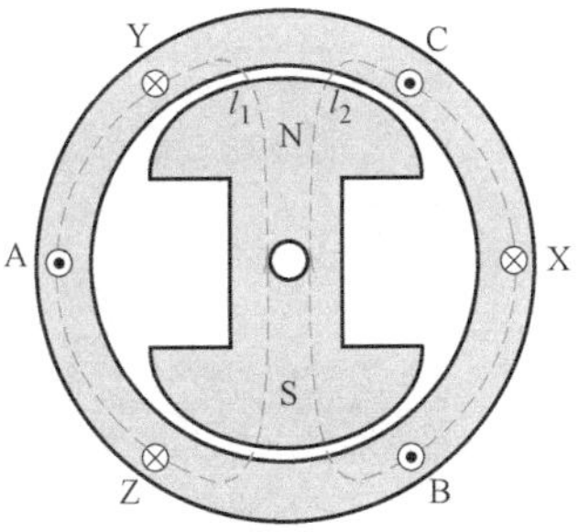

图 2.1.3　旋转电机的磁路

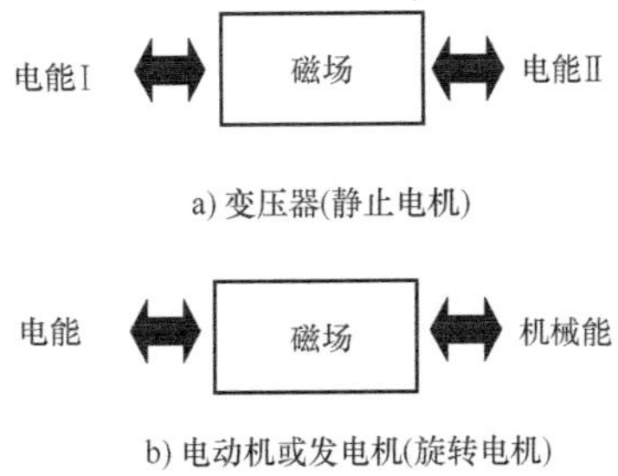

图 2.1.4　磁场在能量转换中的作用

2.2　磁场的建立

在通电导线周围存在磁场（magnetic field），磁场与建立该磁场的电流之间的关系可由安培环路定律来描述。建立磁场的电流称为励磁电流（或激磁电流）。下面具体讲述安培环路定律及其简化形式。

2.2.1　安培环路定律及其简化形式

安培环路定律（Ampere's circuit law）也称为全电流定律，可借助图 2.2.1 来描述，即沿空间任意一条有方向的闭合回路 $\boldsymbol{l}$，磁场强度（magnetic field intensity）为矢量 $\boldsymbol{H}$ 的线积分等于该闭合回路所包围的电流的代数和。用公式表示，有

$$\oint_l \boldsymbol{H} \cdot \mathrm{d}\boldsymbol{l} = \sum i \qquad (2.2\text{-}1)$$

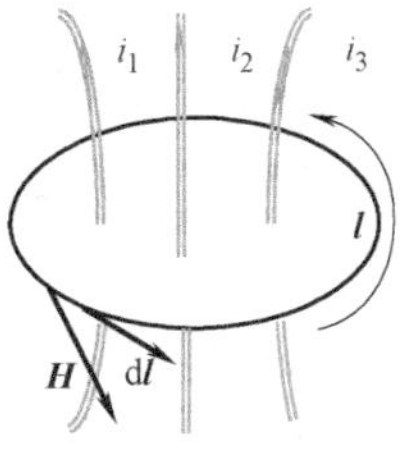

图 2.2.1　安培环路定律

式中，电流 i（小写字母表示时域表达，下同）称为励磁电流。i 的方向与该闭合回路的正方向（图中逆时针箭头）符合右手螺旋

关系，则 i 取正号，否则取负号。显然，图 2.2.1 中 i_1 与 i_2 为正，而 i_3 为负。

在图 2.2.2 中，圆环状均匀铁心上均匀密绕了螺管线圈，构成了常用的扼流圈或电抗器。将铁心回路抽象为铁心圆环的中心圆位置上的回线 $\boldsymbol{l}$，假定沿着回线 $\boldsymbol{l}$ 的所有铁心界面上的磁场强度 $\boldsymbol{H}$ 处处相等，且其方向处处与回线切线方向相同。此外，闭合回线所包围的总电流由 W 匝线圈中的电流 i 提供。对于这种类型的磁路，式（2.2-1）可简化成

$$Hl = Wi \tag{2.2-2}$$

式中，H 为磁场强度 $\boldsymbol{H}$ 的大小，单位为 A/m；l 为回路的长度，单位为 m；Wi 为作用在磁路上的安匝数，定义为 $F=Wi$，称作磁路的磁动势或磁势（magnet motive force，MMF），单位为安匝。由于匝数不是电量，没有量纲，通常将磁动势的单位直接用“安”表示。式（2.2-2）是安培环路定律广泛采用的一种简化形式。

图 2.2.3 是带气隙的铁心磁路。设其四周横截面积处处相等，且气隙长度 δ 远远小于两侧的铁心截面的边长，可以近似地认为这是一个分段均匀的磁路，即沿铁心中心线（长度为 l_{Fe}）上的磁场强度 H_{Fe} 大小处处相等，沿气隙长度 δ 各处的磁场强度 H_δ 大小也相等，于是，安培环路定律可以简化为

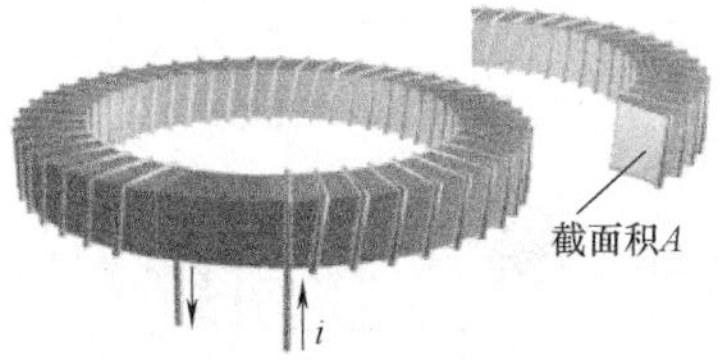

图 2.2.2　螺线管

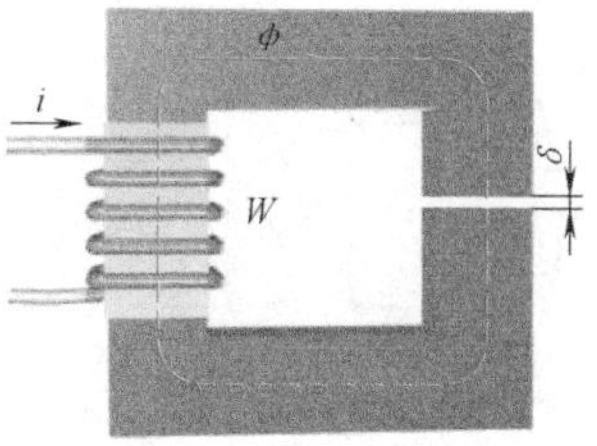

图 2.2.3　带气隙的铁心磁路

$$F = Wi = H_{Fe} l_{Fe} + H_\delta \delta \tag{2.2-3}$$

式中，$H_{Fe} l_{Fe}$ 和 $H_\delta \delta$ 分别为铁心和气隙中的磁压降，这是磁动势的另一种称呼。可见，作用在磁路上的总磁动势等于该磁路各段磁压降之和。

对于图 2.1.1，铁心上绕有匝数为 W_1 与 W_2 的两个绕组，分别通入电流 i_1 与 i_2，作用于磁路上的总磁动势为两个线圈安匝数的代数和，于是，全电流定律的形式相应地变为

$$F = \pm W_1 i_1 \pm W_2 i_2 = Hl \tag{2.2-4}$$

对于图 2.1.1 中所示的电流方向，式（2.2-4）中两项安匝均取正号。对于一般的情况，则需要仔细判断各线圈电流的方向，以便正确选择磁动势求和的正负号。

2.2.2　磁路欧姆定律

在安培环路定律简化形式的基础上，通过定义磁阻与磁导，可以进一步得到描述磁动势与磁通之间关系的磁路欧姆定律。

1. 均匀磁路的欧姆定律

由《电磁学》中的磁场高斯定理知，磁场中某处的磁通密度 $\boldsymbol{B}$（magnetic flux density）是矢量场，该处任意面元矢量 $\mathrm{d}\boldsymbol{S}$，则该面元上的磁通量 $\mathrm{d}\Phi$ 以及曲面 S 上通过的磁通量 Φ 分别为[1]

$$\mathrm{d}\Phi = \boldsymbol{B} \cdot \mathrm{d}\boldsymbol{S}, \Phi = \int_S \boldsymbol{B} \cdot \mathrm{d}\boldsymbol{S} \tag{2.2-5}$$

式中，Φ 的单位为韦伯（Wb），$\boldsymbol{B}$ 的单位为特斯拉（T），$1\mathrm{T}=1\mathrm{Wb/m^2}$。如果曲面 S 是闭合的，则磁场高斯定理变为下式，也称为磁通连续方程。它说明磁场是无源场。

$$\oint_S \boldsymbol{B} \cdot \mathrm{d}\boldsymbol{S} = 0$$

对于图 2.2.4 所示的铁心磁路，如果认为沿磁路长度各处的磁通及铁心的横截面积都近似相等，且磁力线垂直于铁心横截面，则该铁心磁路可认为是**均匀磁路**。其磁通 Φ 与磁通密度 B（magnetic flux density）和横截面积 A 的关系为

$$\Phi = BA \tag{2.2-6}$$

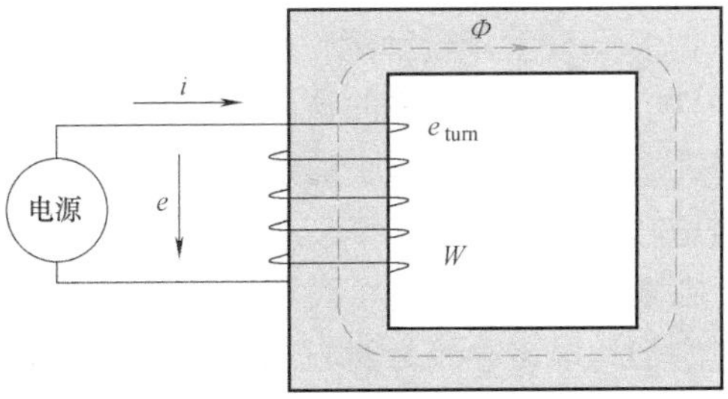

图 2.2.4　铁心磁路

由励磁电流 i 磁动势以及该磁动势产生的磁通三者的关系可知，i 的正方向与磁路中磁通 Φ 的正方向也符合右手螺旋关系。

铁磁材料的磁通密度 B 与磁场强度 H 之间的关系曲线，称为 B-H 曲线（B-H curve）。该曲线本质上是非线性的，这种非线性特性将在 2.2.3 节中介绍。

在许多工程场合可**近似地**认为 B-H 曲线是单值曲线，此时将两者的关系表示为

$$B = \mu H \tag{2.2-7}$$

式中，μ 是磁导率，单位为 H/m；真空磁导率 $\mu_0 = 4\pi\times10^{-7}\mathrm{H/m}$；铁心磁导率 $\mu_{\mathrm{Fe}} \gg \mu_0$；空气的磁导率近似等于 μ_0。于是式（2.2-2）可改写为

$$Wi = \frac{B}{\mu} l = \Phi \frac{l}{\mu A} \tag{2.2-8a}$$

定义磁路的磁阻 R_{m}（reluctance）（单位为 A/Wb）和磁导 Λ_{m}（单位为 Wb/A）分别为

$$R_{\mathrm{m}} = \frac{l}{\mu A},\ \Lambda_{\mathrm{m}} = \frac{1}{R_{\mathrm{m}}} = \frac{\mu A}{l} \tag{2.2-8b}$$

式（2.2-8b）的磁阻 R_{m} 是表示单值 B-H 曲线的磁路特征物理量，R_{m} 和 Λ_{m} 取决于磁路的尺寸和磁路材料的磁导率。据此，得到基于单值 B-H 曲线表述的**磁路欧姆定律**或者**磁路定理**[1]

$$F = R_{\mathrm{m}}\Phi \text{ 或 } \Phi = F\Lambda_{\mathrm{m}} \tag{2.2-9}$$

由式（2.2-9）知，作用于磁路上的磁动势等于磁阻乘以磁通。

2. 分段均匀的磁路欧姆定律

图 2.2.3 所示磁路可以认为是分段均匀的磁路。当满足单值 B-H 曲线时，可以认为铁心柱中的磁通等于气隙中的磁通，则式（2.2-3）可以改写为

$$F = \Phi \frac{l_{\mathrm{Fe}}}{A\mu} + \Phi \frac{\delta}{A\mu_0} = \Phi(R_{\mathrm{m}} + R_{\mathrm{m}\delta}) \tag{2.2-10}$$

式中，R_m、$R_{m\delta}$ 分别是铁心部分和气隙部分所对应的磁阻。

组成该磁路的各分段的磁通是同一个磁通，这种磁路称为串联磁路。显然，串联磁路的总磁阻等于各段磁阻之和。

2.2.3 铁心的作用和铁心磁路的磁化特性

1. 铁心的作用

视频 No. 2 总结了该小节的要点。

视频 No. 2

(1) 铁心的增磁功能

铁心是用高磁导率的铁磁材料制成的，这就决定了其基本功能是增强磁场，即采用铁心磁路后，可以在一个较小的励磁电流作用下产生较多的磁通。以下通过两个实例来说明铁心的增磁功能。

在通有电流 i 的直导线周围套有两个大小相等的圆环：铁环和塑料环，如图 2.2.5 所示。它们均以该导线为圆心。设环的半径为 r，根据安培环路定律，两环截面中心（半径 r）的磁场强度 H 均为 $H=\dfrac{i}{2\pi r}$。由于铁磁材料的磁导率为真空磁导率的数千倍，而塑料的磁导率约等于真空磁导率，根据式（2.2-7）可知，铁环中的磁通为塑料环中磁通的数千倍。

在图 2.2.6 中，两个螺线管串联，通入电流 i，左边为铁心环，右边为塑料环。如果两个环上导线的匝数相等，与图 2.2.5 的分析过程相同，可知铁心环中的磁通可以达到塑料环中的数千倍。

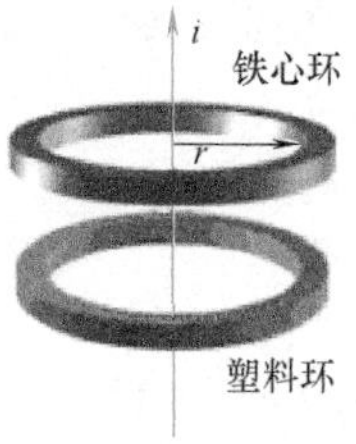

图 2.2.5 套在同一电路上的铁心环和塑料环

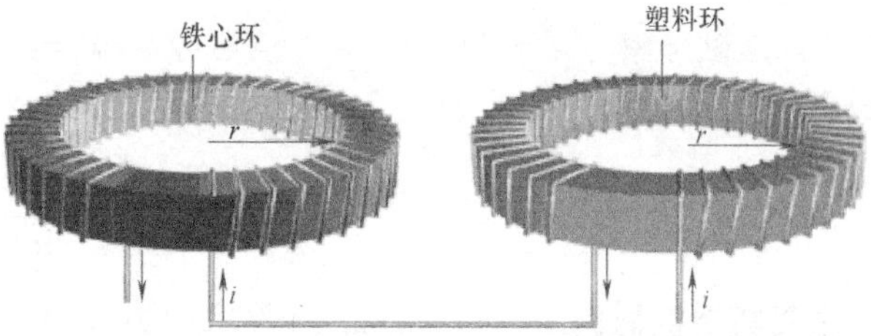

图 2.2.6 带有铁心环和塑料环的串联螺线管

这两个实例说明铁心具有增磁功能。这是由于在正常情况下，铁磁材料的磁导率远远大于各种非铁磁材料的磁导率，故在磁场强度相同的情况下，铁心中的磁通密度远远大于非铁磁材料中的磁通密度。于是，对于图 2.2.3 所示的带气隙的铁心磁路，因为气隙的磁导率很低，只有铁心的数千分之一，所以一个很短的气隙就可能使得铁心磁路的增磁作用显著降低。这是因为气隙的存在增加了磁路的总磁阻，从而在励磁磁动势不变的情况下，使得磁通减少；在磁通不变的情况下，使得励磁磁动势增加。

(2) 铁心磁路使磁通在空间按一定形状分布

对图 2.1.1 所示的变压器，利用铁心的增磁功能，使得同时与两个线圈交链的磁通得以增强；而在图 2.1.2 与图 2.1.3 中，则使得定、转子之间的耦合场得以增强，并可以使定子内圆表面的磁感应强度按一定规律在圆周上分布。

上面的分析说明，在图 2.1.1 与图 2.1.2 所示的变压器和旋转电机中，如果采用高磁导率的铁磁材料来制成铁心，就可以以较小的励磁电流为代价，产生为了实现能量转换所需的磁通。实际上，旋转电机和变压器的铁心一般都是用具有很高磁导率的硅钢片制成的。

例 2.2-1　有一闭合的铁心磁路（参见图 2.2.4），铁心截面积 $A=1\times10^{-2}\text{m}^2$，磁路的中心线平均长度 $l_{Fe}=1\text{m}$，铁心的磁导率 $\mu_{Fe}=5000\mu_0$，套装在铁心上的励磁绕组为 100 匝，试求在铁心中产生 1.0T（特斯拉）的磁通密度时所需的励磁磁动势和励磁电流。

解　可以直接用安培环路定律求解。

磁场强度：由 $B=\mu H$ 知，$H=\dfrac{B}{\mu_{Fe}}=\dfrac{1}{5000\times4\pi\times10^{-7}}\text{A/m}=159.2\text{A/m}$

由式（2.2-2）可知，磁动势：$F=Hl_{Fe}=159.2\times1\text{A}=159.2\text{A}$

$$励磁电流：i=\frac{F}{W}=\frac{159.2}{100}\text{A}=1.592\text{A}$$

当然，也可以用磁路欧姆定律求解，结果是一致的。

例 2.2-2　若在例 2.2-1 的磁路中，开一个长度 $\delta=1\text{mm}$ 的气隙（如图 2.2.3 所示），忽略气隙的边缘效应，求铁心中磁通密度为 1.0T 时所需的励磁磁动势和励磁电流。

解　由于磁感应强度未变，铁心内的磁场强度 H 仍为 159.2A/m。气隙磁通密度与铁心磁通密度相等，所以气隙中的磁场强度为

$$H_\delta=\frac{B}{\mu_0}=\frac{1}{4\pi\times10^{-7}}\text{A/m}=7.958\times10^5\text{A/m}$$

由式（2.2-3）可知，铁心磁压降：$H_{Fe}l_{Fe}=159.2\times(1-0.001)\text{A}=158.8\text{A}$

气隙磁压降：$H_\delta\delta=7.958\times10^5\times1\times10^{-3}\text{A}=795.8\text{A}$

总的励磁磁动势：$F=H_{Fe}l_{Fe}+H_\delta\delta=158.8\text{A}+795.8\text{A}=954.6\text{A}$

励磁电流：$i=F/W=9.546\text{A}$

从上面的例子可以看出，铁心磁路中的气隙虽然很短，其磁压降却显著大于铁心的磁压降，使得总的励磁电流显著大于没有气隙的情况。在本例中，气隙长度仅仅为磁路总长度的千分之一，所消耗的磁压降却达到了铁心磁压降的 5 倍。这也导致总的励磁电流与没有气隙时相比，增加了 5 倍。

2. 铁磁材料的磁化特性

B-H 曲线是铁磁材料最基本的特性，也被称为**材料的**磁化曲线（magnetization curve）。以下分析两类磁化曲线。

假设图 2.2.2 所示铁心磁路中原来没有磁场，现在施加一个**直流电流**且逐步增大，则其中的磁场强度 H 与磁通密度 B 逐渐增大。相应的曲线

$$B=f_B(H) \tag{2.2-11}$$

就称为起始磁化曲线，如图 2.2.7 所示的曲线 $Oabcd$。

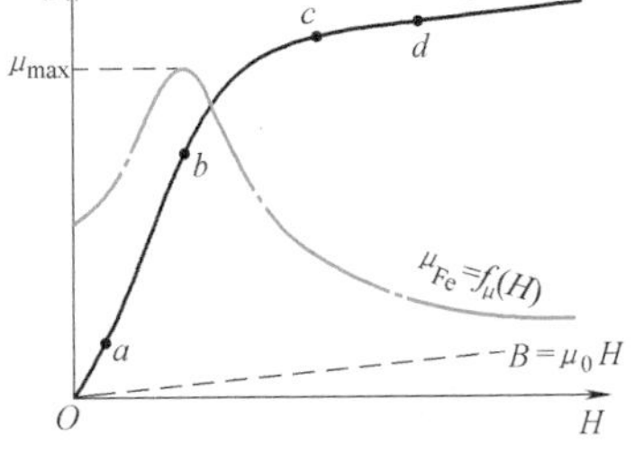

图 2.2.7　铁磁材料的起始磁化曲线和 $\mu_{Fe}=f_\mu(H)$ 曲线

图中线段 Oa 为起始段，开始磁化时，B 随 H 的增大而缓慢增加，所以磁导率较小。继续增大 H，到达线段 ab，此时可以近似认为磁导率迅速增大到最大值并基本保持不变，B-H 曲线便可近似看作是直线，称为线性区。

若磁场强度继续增加，B 值的增加逐渐变慢，如 bc 段，这种现象称为饱和。在饱和程度很高的情况下，磁化曲线基本上与非铁磁材料的特性（即图中虚线）相平行，如线段 cd 所示。磁化曲线开始拐弯的点（图 2.2.7 中的 b 点）称为**膝点**。通常，电机磁路中的铁磁材料工作在膝点附近。

由于铁磁材料在直流励磁下的磁化曲线不是直线，所以磁导率 $\mu_{Fe}=f_{\mu}(H)$ 也随 H 值的变化而变化，如图 2.2.7 中的点画线所示。

若将铁磁材料进行周期性磁化，例如在图 2.2.2 或图 2.2.3 中所施加的电流是一个交流电流，则在电路和磁路稳态时，随电流变化产生的磁场强度 H 的增大与减小，磁通密度 B 就有两个不同的数值，B-H 曲线就不再是单值函数，而成为封闭的磁滞回线（magnetic hysteresis loops），如图 2.2.8 所示。

以下进一步理解磁滞回线。令图 2.2.8 中的励磁电流从零上升到最大值后（对应 B-H 曲线为 $O\to1$ 段）开始减小，则磁场强度 H 和磁通密度 B 也相应减小。当 H 从某一数值 H_m 减小到零时，相应的 B-H 曲线并不沿原来的曲线从点 1 返回到点 O，而是从点 1 到达点 2，即当电流与相应的 H 从正的最大值减小到零值时，B 并不减小到零值，而仅仅减小到一个正值的 B_r；只有当电流从零值向反方向变化，达到某一负值，使 H 也达到某一负值，即达到图中的 $-H_c$ 时，磁通密度 B 才从 B_r 减小到零。可见，磁通密度的变化落后于磁场强度的变化，亦即磁通落后于励磁电流。从图中可以看出，在 H 从负的最大值增加到零，再继续增加的过程中，磁通密度的变化也落后于磁场强度的变化。这种磁通密度落后于磁场强度，亦即磁通落后于励磁电流的现象，称为磁滞现象（magnetic hysteresis）。去掉励磁电流之后（在图 2.2.4 中，即 $i=0$ 的情况），铁磁材料内仍然保留的 B_r 称为剩余磁通密度，简称**剩磁**。要使 B 从 B_r 减小到零（曲线为 $2\to3$ 段），所需施加的负的磁场强度 H_c 称为**矫顽力**（coercive force）。

剩磁 B_r 和矫顽力 H_c 较小的铁磁材料称为软磁材料，而剩磁 B_r 和矫顽力 H_c 较大的铁磁材料称为硬磁材料。变压器及大部分旋转电机的磁路均由软磁材料制成。硬磁材料可用于制造永久磁铁。

对同一铁磁材料，选择不同的 H 进行反复磁化，可以得到一系列大小不同的磁滞回线，如图 2.2.9 中用实线表示的两个磁滞回线。将各磁滞回线顶点连接起来，所得曲线为图中的虚线，称为基本磁化曲线或平均磁化曲线。基本磁化曲线不是起始磁化曲线，但差别不大。

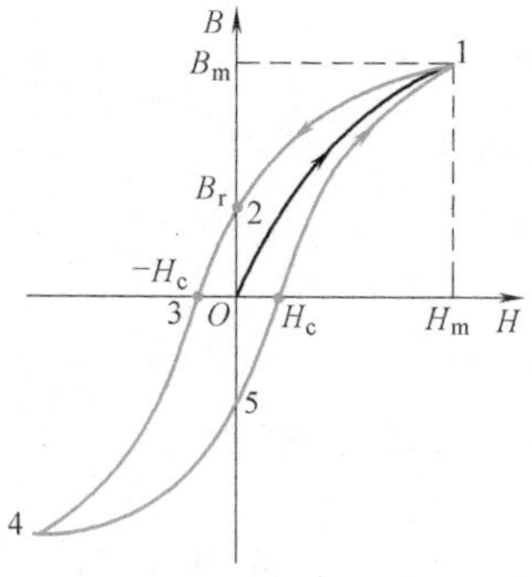

图 2.2.8　磁滞回线

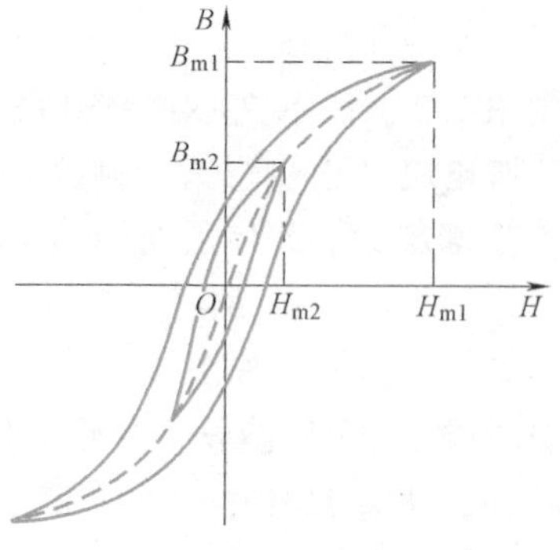

图 2.2.9　磁滞回线与基本磁化曲线的关系

3. 铁心磁路的磁化曲线

根据铁磁材料的基本磁化特性，即 B-H 曲线，在铁心磁路的结构及线圈匝数已知的情况下，可以方便地得到铁心磁路的磁化曲线，简称磁化曲线。

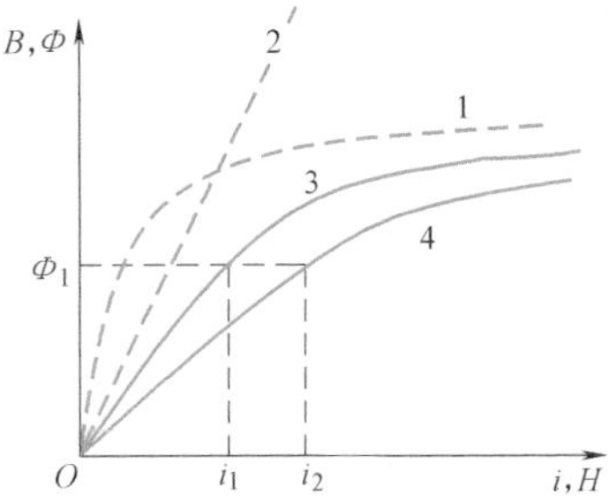

图 2.2.10　带气隙铁心磁路的磁化曲线

先以图 2.2.4 所示的没有气隙的单线圈磁路为例。在图 2.2.10 中，设已知材料的磁化特性 B-H 曲线为曲线 1，根据 $\Phi=BA$ 及 $Wi=Hl$ 可知，Φ 与 B、i 与 H 均为正比例关系。于是，只要将铁磁材料的磁化特性的纵、横坐标分别乘以一定的比例系数，就可以将该曲线作为铁心磁路的磁化曲线 i-Φ。电流 i 的作用是产生磁通 Φ，被称为**励磁电流**。

对于磁路中包含气隙的情况，如图 2.2.3 所示带有微小气隙 δ 的磁路。由式（2.2-3）可知，磁路中的总磁动势等于铁心磁压降与气隙磁压降之和，即 $F=Wi=H_{\mathrm{Fe}}l+H_{\delta}\delta$。为了分析方便起见，将励磁电流 i 也表示为两部分之和，分别记为 i_{Fe} 与 i_{δ}，即

$$i=i_{\mathrm{Fe}}+i_{\delta} \tag{2.2-12}$$

令 i_{Fe} 满足

$$Wi_{\mathrm{Fe}}=H_{\mathrm{Fe}}l=R_{\mathrm{mFe}}\Phi \tag{2.2-13}$$

i_{δ} 满足

$$Wi_{\delta}=H_{\delta}\delta=R_{\mathrm{m}\delta}\Phi \tag{2.2-14}$$

于是 i_{Fe} 与 i_{δ} 就有了明显的物理意义：i_{Fe} 是在磁路中没有气隙的情况下，为产生一定的磁通铁心磁路所需的励磁电流；而 i_{δ} 是在忽略铁心磁压降的情况下，为产生同样大小的磁通，气隙磁路所需的励磁电流。可以将 i_{Fe} 与 i_{δ} 分别称为铁心励磁电流与气隙励磁电流。于是，总的励磁电流可以看作铁心励磁电流和气隙励磁电流之和。这样，在图 2.2.10 中，对于任一给定磁通 Φ，从铁心磁路的磁化曲线 1 上查出铁心励磁电流后，只要加上对应的气隙励磁电流，就可得到总的励磁电流。根据式（2.2-7）与式（2.2-14），气隙励磁电流为

$$i_{\delta}=\frac{\delta}{\mu_0 WA}\Phi \tag{2.2-15}$$

从式（2.2-15）可见，Φ 与 i_{δ} 成正比，于是，可以在图 2.2.10 中画出相应的气隙磁化曲线 2。这样，对于磁通 Φ 的不同给定值，就不必逐点计算气隙励磁电流，只需将曲线 1 与曲线 2 上对应的横坐标相加，即可得到铁心磁路中有气隙时的磁化曲线 3。

显然，若气隙增大，按式（2.2-15）求出的气隙励磁电流较大，于是整个磁化曲线向右偏斜，如图 2.2.10 中曲线 4 所示。可以看出，气隙的存在使得磁通与励磁电流之间呈现线性关系的区域变宽了，而且气隙越大线性区域越宽。

以下总结对铁心磁路的讨论：

（1）磁场是无源场

所以一定要注意磁路欧姆定律与电路欧姆定律在本质上的不同。因此，在讨论磁路磁通时，都是基于磁路上的一个截面进行的。

（2）铁心磁路的模型有三种

① 采用直流励磁条件下，有起始磁化曲线。此时，$B=f_{\mathrm{B}}(H)$ 为单值曲线，磁导率 $\mu_{\mathrm{Fe}}=$

$f_{\mu}(H)$不为常数，如图 2.2.7 所示。式（2.2-8）中的磁阻 $R_m = l/(f_{\mu}(H)A)$。

② 进一步假定是线性磁路，于是磁导率为常数，也即磁阻 R_m 为常数，磁路可用式（2.2-9）的磁路欧姆定律表述。

③ 交流电流励磁条件下，稳态时需要采用图 2.2.8 所示的磁滞回线表示 B-H 曲线。

在工程中，需要按照具体的技术问题选择相对适用的磁路模型。例如，在采用霍尔式传感器时，必须考虑磁滞特性对检测精度的影响；在设计电力变压器时，需要考虑磁滞回线和饱和特性；而在讲述电机控制系统原理时，常常按线性磁路或基本磁化曲线对磁路建模。

4. * 永磁磁路

硬磁材料一经磁化，能长时间保持磁性，故可以用于制造永久磁铁（permanent magnet）。图 2.2.11 表示包含一块永久磁铁和一段气隙的简单永磁磁路。图中上下两块为普通软磁铁心，左侧中间长度为 l_m 的颜色较深的一段为永久磁铁，其极性已经标示在图中。现在分析如何确定永久磁铁中的磁通密度及磁场强度。

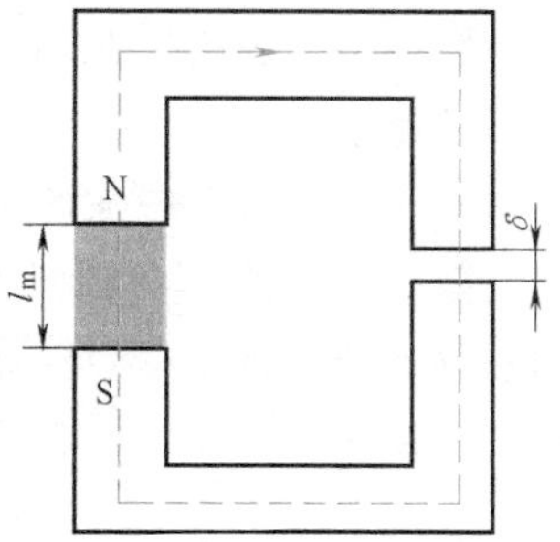

图 2.2.11　永磁磁路

将图 2.2.8 中磁滞回线的剩磁及矫顽力加大，就可以得到表示永久磁铁磁化特性的磁滞回线如图 2.2.12a 所示。如后面所述，一般只需要用磁滞回线位于第Ⅱ象限的部分分析永磁回路，其放大图如图 2.2.12b 中的圆弧曲线所示。通常将这一段曲线称为去磁磁化曲线。图 2.2.11 所示永磁磁路的磁通密度与磁场强度总是对应于去磁曲线上的一个点，称为永磁磁路的工作点。以下分析在若干简化条件下确定其工作点的方法。

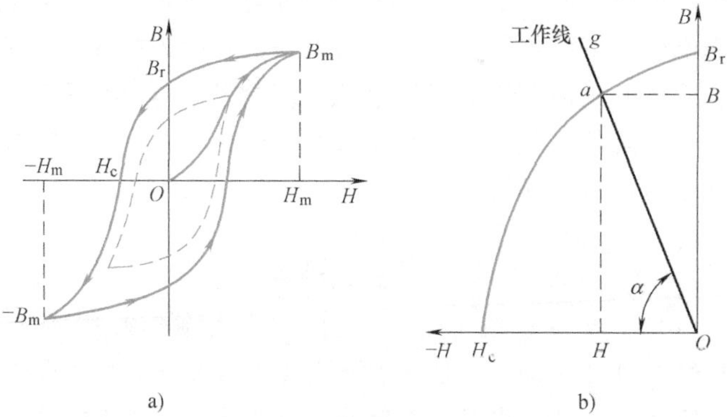

图 2.2.12　永磁磁滞曲线以及磁路工作图

设已知永磁体的去磁曲线及其长度 l_m、气隙长度 δ 及两者的横截面积 A，假设各部分磁通密度与磁场强度的正方向为图 2.2.11 中用虚线表示的闭合回路的方向，考虑到在该回路上没有外部的励磁电流，所以在忽略铁心磁压降的情况下，根据安培环路定律可以得到 $F = H_m l_m + H_\delta \delta = 0$。于是有

$$H_m = -\frac{\delta}{l_m} H_\delta \tag{2.2-16}$$

这说明气隙磁场强度与永磁体磁场强度的符号相反。

考虑到永磁体的磁通密度是从 N 极表面向外进入外部磁路，再从 S 极表面进入永磁体，在永磁体内部从 S 极再到 N 极，所以无论是永磁体磁通密度 B_m 还是气隙磁通密度 B_δ，其实际方向都是沿着回路的正方向，即两者磁通密度都为正。在气隙中，磁通密度方向与磁场强度方向一致，所以气隙磁场强度 H_δ 取正号，而 H_m 为负号。这说明，在永磁体内部，磁通密度与磁场强度的方向相反，前者为正，后者为负，所对应的点在其磁滞回线的第Ⅱ象限，即工作点位于图 2.2.12b 的去磁曲线段上。

根据磁通连续性原理可知 $B_m=B_\delta$，于是，根据式（2.2-16）可知，B_m 和 H_m 还满足

$$B_m=B_\delta=\mu_0 H_\delta=-\mu_0\frac{l_m}{\delta}H_m \tag{2.2-17}$$

该式所建立的 B_m 和 H_m 间的直线关系，称为永磁磁路的工作线，如图 2.2.12 中直线 Og 所示。

在图 2.2.12b 中，一方面，永磁体的磁通密度与磁场强度之间的关系需满足其固有的去磁曲线；另一方面，两者又满足由式（2.2-17）所决定的永磁磁路的工作线。所以，工作线与去磁曲线的交点 a 就是永磁磁路的工作点。可以看出，当外磁路中气隙长度 δ 变化时，工作线的斜率相应变化，工作点以及对应的 B_m 和 H_m 亦将随之改变。例如，当磁路中无气隙，即 $\delta=0$ 时，工作点为图中的剩磁点；当 δ 逐渐增大时，工作点就会沿着去磁曲线下移。由此可见，作为一个磁动势源，永久磁铁对外磁路提供的磁动势 $H_m l_m$ 并非恒值，而与外磁路有关，这是永久磁铁的一个特点。

视频 No. 3 对 2.2 节的内容进行了总结。

视频 No. 3

2.3　电磁感应定律与两种电动势

在图 2.1.1 中，只有当铁心中的磁场是随时间变化的磁场时，变压器才能传递电功率；在图 2.1.2 和图 2.1.3 中，也只有当磁力线“切割”定子线圈时，电能才有可能转变为机械能。前者是由于磁通在变压器的两个线圈中交变产生感应电动势；后者则是由于定子线圈被磁场“切割”，在该线圈上产生了感应电动势。在一般情况下，若有一个线圈放在磁场中，不论是什么原因，如线圈本身的移动、转动或磁场本身的变化等，只要造成了与线圈交链的磁通随时间发生变化，线圈内都会产生**感应电动势**（induced electromotive force），这种现象就是电磁感应。

2.3.1　电磁感应定律

由电磁感应定律可知，当图 2.3.1a 中闭合电路所围磁通量 φ 发生变化时，在电路里会产生感应电动势 $e(t)$ 以及对应的感应电流 $i(t)$，同时感应电流 $i(t)$ 产生的磁通 φ_e 将阻止所围已有磁通 φ 的变化。图中感应电动势的方向由楞次定律（Lenz’s law）得到：由于图 2.3.1a 中的磁铁向下运动而导致闭合回路磁通**减少**，感应电动势和感应电流为顺时针方向，**此时**感应电流 $i(t)$ 与其产生的磁通 φ_e **符合**右手螺旋定则，如图 2.3.1b 所示。

更为一般地，电磁感应定律达式为

$$e=-\frac{\mathrm{d}\psi}{\mathrm{d}t}=-W\frac{\mathrm{d}\varphi}{\mathrm{d}t} \tag{2.3-1}$$

式中，$\psi=W\psi$ 为线圈的**磁链**（flux linkage），单位也为韦伯（与韦伯-匝等效），表示与每个线匝交链的磁通。

值得注意的是，用式（2.3-1）描述图2.3.1的物理现象时，回路中的$e(t)$与其产生的$i(t)$同方向，所以e与ψ也符合右手螺旋定则；磁通减小时e、i方向为实际方向，如果磁铁运动方向相反，则e、i反方向。所以，图中e的方向是式（2.3-1）假定的正方向。

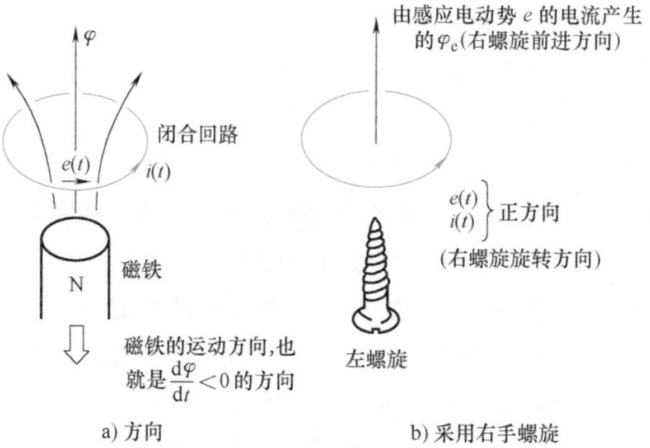

图2.3.1　感应电动势的方向

2.3.2　变压器电动势与运动电动势

为简单起见，用图2.3.2所示的磁铁只有一维运动的机电装置——电磁铁来分析。该装置由固定铁心、只能一维移动的铁轭以及两者之间的气隙组成一个磁路，通过套装在固定铁心上的线圈从电源输入电能。当线圈中通入电流时，磁路中就有磁通。当电流变化时，磁链也随之变化；当电流不变，改变距离x时，因为磁路的磁阻发生变化，根据磁路的欧姆定律可知，磁通也会发生变化。可见，磁路的磁链随电流和可动部分的移动而变化，即$\psi=\psi(i,\ x)$。于是感应电动势为

$$e=-\frac{\mathrm{d}\psi}{\mathrm{d}t}=-\left(\frac{\partial\psi}{\partial i}\frac{\mathrm{d}i}{\mathrm{d}t}+\frac{\partial\psi}{\partial x}\frac{\mathrm{d}x}{\mathrm{d}t}\right) \tag{2.3-2}$$

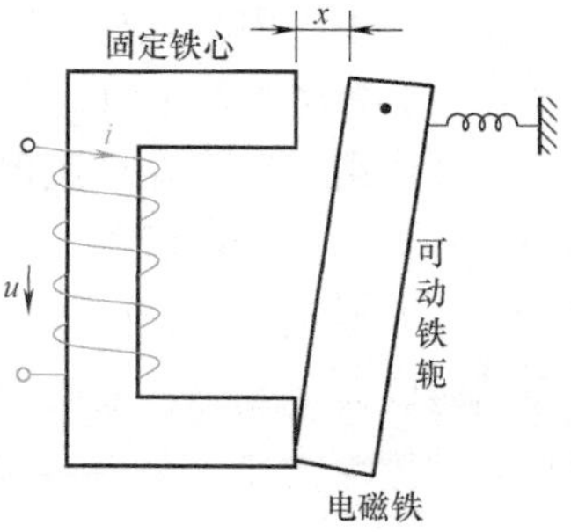

图2.3.2　电磁铁

式中，第一项是由电流随时间变化所引起的感应电动势，通常称为变压器电动势e_{tr}（transformer e. m. f）或感生电动势；第二项是由可动部分的运动引起的感应电动势，通常称为运动电动势e_m（motional e. m. f）或动生电动势。

1. 变压器电动势

线圈和磁场相对静止的装置如图2.1.1所示变压器及图2.2.4所示铁心磁路。这类装置的感应电动势纯粹是由于与线圈交链的磁链随时间的变化而产生的，所以只有变压器电动势e_{tr}，即

$$\psi=\psi(i)\text{与}\ e_{tr}=-\frac{\mathrm{d}\psi}{\mathrm{d}t}=-\left(\frac{\mathrm{d}\psi}{\mathrm{d}i}\frac{\mathrm{d}i}{\mathrm{d}t}\right)$$

对于线性且只有一个线圈的情况，考虑到$\psi=L(x)i$（在2.4节叙述），可得到用电感和电流变化率计算e_{tr}的法拉第公式

$$e_{tr}=-L(x)\frac{\mathrm{d}i}{\mathrm{d}t} \tag{2.3-3}$$

式中，产生磁通的电流正方向与磁通正方向符合图 2.2.4 所示的右手螺旋关系，于是 e_{tr} 的正方向如图 2.2.4 中的符号 e_{turn} 所示。

在后续分析中，图 2.2.4 所示的交流电路会简化为图 2.3.3 所示的电路。由于从该电路中看不到“线圈螺旋方向”，也就无法使用规则“磁通正方向与线圈中感应电动势正方向符合右手螺旋关系”来确定电路中感应电动势 e_{tr} 的正方向。此时的已知条件为：①各个电量以及磁通 φ 都是交变量；②电路中的电动势 e_{tr} 与电流时间导数的约束为式（2.3-3）；从这两个条件都无法直接得到电路中电动势 e_{tr} 的方向。在我国电工技术领域，采用以下方法确定交流电路中外加电压 u、线圈电流 i、线圈磁通 φ 和感应电动势 e_{tr} 之间的方向。

首先，当电流由外部电压源产生时，通常采用所谓“电动机惯例”来规定电压和电流的正方向，也就是电流 i 的正方向与外加电压 u 方向的关系为图 2.3.3 所示（“电动机惯例”和“发电机惯例”的概念将在 2.6 节以及 3.3 节详述）。

进而，根据电流 i 的方向，由右手螺旋关系可得到磁通 φ 的方向如图 2.3.1b 所示。于是该图中感应电动势 e_{tr} 的方向只有两种可能：与电流 i 同方向或反方向。如果假定 e_{tr} 所产生的感应电流与前述电流 i 同方向（也就是假定感应电流产生的磁通与图示磁通 φ 同方向），**则 e_{tr} 的方向只能与线圈中电流 i 的方向一致**。因此，从电路的角度观察，感应电动势的方向必然与外加电压的方向相同。注意到，在电路中电压正方向的惯例是从正电位指向负电位的方向，而电动势正方向的惯例则是从负电位指向正电位的方向，所以

$$u=-e_{tr}=-\left(-\frac{d\psi}{dt}\right)=\frac{d\psi}{dt}=L\frac{di}{dt} \qquad (2.3\text{-}4)$$

如果考虑线圈电阻 r，则

$$u=ri-e_{tr} \text{ 或 } u=ri+\frac{d\psi}{dt} \qquad (2.3\text{-}5)$$

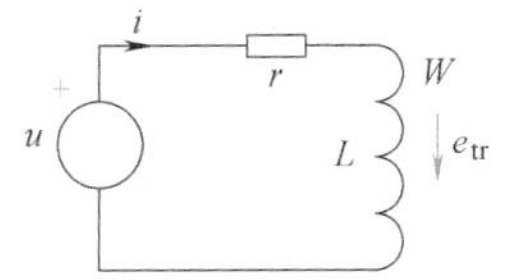

图 2.3.3　交流电流和交流感应电动势

于是，本书内容凡涉及变压器电动势 e_{tr} 正方向的，都设定为与电流假定正方向相同的方向，如图 2.3.3 所示。

2. 运动电动势

对运动电动势建模可使用最基本的式（2.3-1）也可使用公式 Blv 和右手定则。

图 2.3.1a 由导体构成的闭合回路 l 开路时，导体的感应电动势仅为运动电动势 e_m。若导线切割磁力线的速度矢量为 $\boldsymbol{v}$，导线处的磁通密度矢量为 $\boldsymbol{B}$，则导体 l 中的运动电动势矢量 $\boldsymbol{e}_m$ 为

$$\boldsymbol{e}_m=l\cdot\boldsymbol{v}\times\boldsymbol{B} \qquad (2.3\text{-}6)$$

上式表述了运动电动势 e_m 的方向与运动体速度方向和磁场方向的关系。

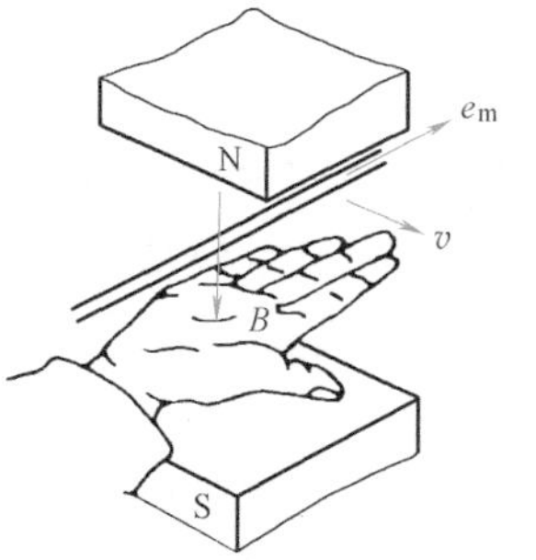

图 2.3.4　运动电动势与右手定则

以下进一步采用熟知的 Blv 公式分析该电动势。

若 $\boldsymbol{B}$ 在空间的分布不随时间变化，且与图 2.3.4 的磁力线、导线与导线运动方向三者垂直，运动电动势 e_m 的方向习惯用右手定则确定，其大小为 $e_m=Blv$，其方向为在导体 cd 上从左向右。

现在借助图 2.3.5 讨论基于式（12.3-6）对 $\boldsymbol{e}_m$ 建模。设长方形的边 ab 与 cd 长为 l，其中 cd 为导体且可以沿边 ae 与边 bf 向下以速

度 v 运动，图中“×”表示均匀恒定磁场的方向，其磁通密度为 B。

以下按式（2.3-2）讨论电动势 e_m，式中 e_m 的假定正方向与磁链 ψ 正方向符合右手螺旋关系，即图 2.3.5 的回路电动势的假定正方向为顺时针方向。此外，回路 $abdca$ 的磁链为 $\psi=Blx$ 且 $\partial\psi/\partial x=Bl$。

设长为 l 的导体 cd 的起始位置为 x_0 处，则有 $x=x_0+vt$。根据式（2.3-6），该导体内的运动电动势 e_m 为

$$e_m=-\frac{\partial\psi}{\partial x}\frac{\mathrm{d}x}{\mathrm{d}t}=-Blv \tag{2.3-7}$$

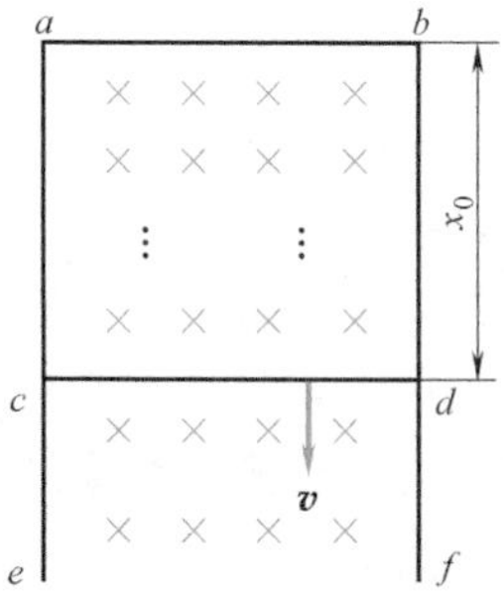

图 2.3.5　运动电动势的产生

式（2.3-7）表明，由于随导体 cd 的运动，$\Delta\psi>0$，图 2.3.5 中 e_m 实际方向与假定正方向相反，为反时针方向，这与采用右手定则确定的方向一致。

进一步考虑磁通密度 B 随位置 x 变化（是 x 的函数，极性也可变）而与时间 t 无关时，采用式（2.3-2）计算 e_m 的便利性。设任意点 x 处磁通密度为 $B(x)$，则有 $\psi=\int_0^x B(x)l\mathrm{d}x$。所以，基于式（2.3-2）的运动电动势

$$e_m=-\frac{\mathrm{d}\psi}{\mathrm{d}t}=-\frac{\mathrm{d}\psi}{\mathrm{d}x}\frac{\mathrm{d}x}{\mathrm{d}t}=-\frac{\mathrm{d}}{\mathrm{d}x}\left(\int_0^x B(x)l\mathrm{d}x\right)\frac{\mathrm{d}x}{\mathrm{d}t}=-B(x)lv \tag{2.3-8}$$

可见，磁通密度 $B(x)$ 是位置 x 的函数时，式（2.3-8）包含了右手螺旋规定的 e_m 正方向的假定以及 e_m 随 $B(x)$ 和 v 变化的规律。采用此式建模就避免了采用 Blv 公式时需要用右手定则确定 e_m 实际方向的问题。

在本书中，3.1 节讲解直流电机电枢电动势时使用了“右手定则+Blv 公式”；而在 5.2 节讲解交流电机感应电动势时，由于 B 随坐标 x 变化，于是基于式（2.3-2）和式（2.3-8）进行分析。

此外，在对电机中的运动电动势 e_m 建模时，一个更为简单的方法是依据“功率平衡”的原则来设定该电动势 e_m 在电路中的正方向。相关内容详见 3.3 节直流电机建模和 8.2 节同步电机建模。

视频 No.4 总结了两种感应电动势的假定方向问题。

在许多电气装置中，感应电动势同时含有变压器电动势与运动电动势。以下例题用于加深认识这些电动势的分析方法。

视频 No.4

例 2.3-1　图 2.1.3 的原动机带动永磁同步电机转子旋转，定子侧绕组可外接一个无源负载或者电源。试分析在定子侧绕组里产生的感应电动势的类型以及电动势的方向。

解　为了清晰，分为三种情况分析。

1）定子绕组开路（定子电流 i 为零）时，磁路的磁通 $\varphi_{运动}$ 仅仅由永磁铁产生，转子旋转时磁通 $\varphi_{运动}$ 切割定子绕组，在绕组中产生交变的运动电动势 e_m。由于磁链可以看作为定子内圆位置的函数，按式（2.3-8）对 e_m 建模并确定其假定正方向。

2）转子旋转且定子绕组外接负载时，绕组中产生交变电流。该电流将产生磁通 $\varphi_{电流}$，同时产生变压器电动势 e_{tr}。于是，在气隙空间与绕组方向正交的平面上有合成磁通 $\varphi_\Sigma=\varphi_{运动}+\varphi_{电流}$，在绕组里有合成电动势 $e_\Sigma=e_{tr}+e_m$。其中的变压器电动势 e_{tr} 按照式（2.3-4）确定正方向，该方向就是电流的方向。

3）定子绕组外接交变电压源时，则相对定子绕组而言，无论转子是否旋转（磁通 $\varphi_{运动}$ 是否变化），电流都存在，也就是 $\varphi_{电流}$ 和 e_{tr} 都存在。在电机原理中，称该装置为双励磁系统（详见 2.4 节），即气隙磁场可分别由转子磁场和电源电流独立产生。

2.4 磁场能量与电感

2.4.1 磁场能量与磁共能

以图 2.4.1 所示电磁铁为例介绍磁场能量（magnetic energy）及其与各个变量的关系。

假设图中带有绕组的部分为固定铁心，其下面为具有一定重量的活动铁心。当线圈通电后，使电流逐渐增大到一定数值，活动铁心就可以被吸引向上运动。显然，在此过程中，磁场对活动铁心的作用力克服重力作用而完成了做功的过程。磁场能够克服重力做功，就说明磁场有能量。

以下先分析影响磁场能量的因素。

首先假定活动铁心（可动部分）静止，即可动部分与固定部分之间的气隙 x 为定值 x_1。设线圈电阻为 r，线圈磁链为 ψ，现在分析在此条件下的磁场能量。根据式（2.3-5）可知，在 $\mathrm{d}t$ 时间段内从电源输入的电能为

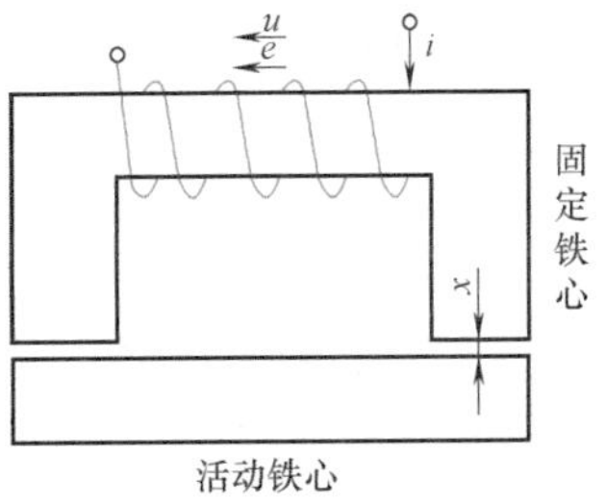

图 2.4.1 电磁铁

$$ui\mathrm{d}t = i^2 r\mathrm{d}t + i\mathrm{d}\psi \tag{2.4-1}$$

式中，u、i、ψ 为瞬时值。显然，该式右端第一项为电阻发热所消耗的能量。根据能量守恒原理，上式的物理意义为

电源输入的能量−电阻消耗的能量=系统内吸收的能量+系统对外做的功

由于电磁铁系统可动部分静止不动，因此系统对外做的功为零，于是式（2.4-1）中第二项 $i\mathrm{d}\psi$ 必然是被由铁心、气隙及周围空间所构成的磁场子系统所吸收的能量，也就是磁场能量。在机电能量变换系统中，由于关注有功功率，所以磁场能量也被称为磁场储能。本节为了突出主要问题，忽略了铁心损耗（磁滞损耗及涡流损耗，见 2.6.1 节）[2,3]，所以，磁场系统所吸收的能量就是磁场能量的增量，即在 $\mathrm{d}t$ 时间内磁场能量的增量为 $i\mathrm{d}\psi$。

假设 $t=0$ 时，磁场能量为零，则 t_1 时刻的磁场能量为

$$W_{\mathrm{m}} = \int_0^{t_1}(ui - i^2 r)\mathrm{d}t = \int_0^{\psi_1} i\mathrm{d}\psi \tag{2.4-2}$$

若磁路的磁化曲线如图 2.4.2 所示，则面积 $OabO$ 就可以代表磁场能量 W_{m}。显然，当 x 固定时，W_{m} 是 ψ 的函数。

其次分析磁场能量与气隙大小的关系。令气隙 x 为另一个定值 x_2，且 $x_2>x_1$，则根据图 2.2.10 可知，相应的磁化曲线就会相对于图 2.4.2 所示的磁化曲线向右偏斜，如图 2.4.3 所示。当 $\psi=\psi_1$ 时，磁场能量就由曲边三角形 $OabO$ 的面积变为曲边三角形 $OcabO$ 的面积。这说明气隙增大后，在磁链不变的情况下，由于励磁电流增大了，磁场能量也相应增大了。

综合上述情况可知，图 2.4.1 所示磁路中的磁场能量由动铁心位置 x 和磁路中的磁链 ψ 确定。因为对应于一定的 x，磁链 ψ 与建立磁场的电流 i 是一一对应的，也就是说，ψ 与 i

相互并不独立，所以相对于磁场能量而言，独立变量可以取为 ψ 与 x 或 i 与 x，通常取为 ψ 与 x，于是，磁场能量可以表示为

$$W_m = W_m(\psi, x) \tag{2.4-3}$$

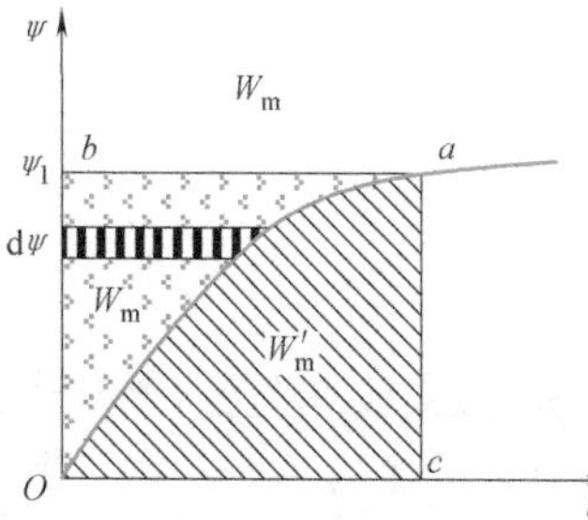

图 2.4.2　磁场储存的能量

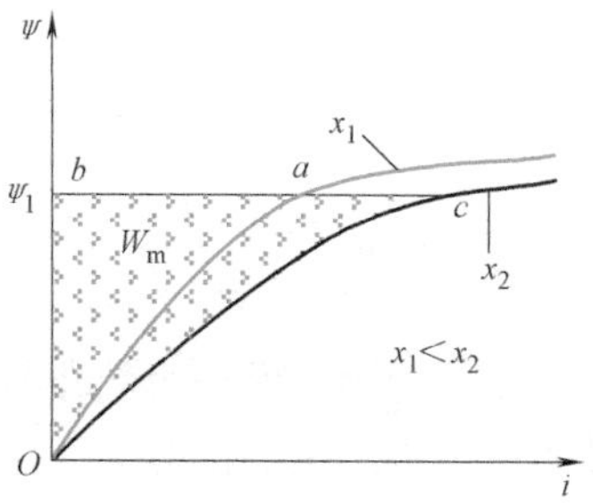

图 2.4.3　不同气隙时磁场储存的能量

基于磁场能量 W_m，以下讨论磁共能。

在图 2.4.2 中，若以电流为自变量对磁链进行积分，则可得到

$$W'_m = \int_0^i \psi \mathrm{d}i \tag{2.4-4}$$

该积分对应于面积 $OcaO$，从量纲分析，它也代表能量，但物理意义并不明显。在计算电机的力矩时，有时通过它进行计算要比通过磁场能量进行计算来得方便。为此，将其作为一个计算量，称为磁共能（magnetic coenergy）。

参照磁场能量的表达式（2.4-3），磁共能可以表示为

$$W'_m = W'_m(i, x) \tag{2.4-5}$$

从图 2.4.2 可见，磁场能量与磁共能之和满足

$$W_m + W'_m = i\psi \tag{2.4-6}$$

不难看出，在一般情况下，磁场能量与磁共能互不相等。但是，假定所研究的机电装置的磁路为线性，即磁化曲线是一条过原点的直线，则此条件下磁场能量和磁共能的两块面积相等，即

$$W_m = W'_m = \frac{1}{2} i\psi \tag{2.4-7}$$

2.4.2　用电感表示磁场能量

根据“电路”课程对线性电感的概念所做的介绍可知，当穿过一个线圈的磁链 ψ 与建立该磁链的线圈中电流 i 两者的正方向满足右手螺旋关系时，可以得到如下关系：

$$\psi = Li \tag{2.4-8}$$

式中，L 为线圈的线性电感，也称自感（self inductance），单位为亨利（H）。当“i-ψ 关系”为曲线时（如图 2.4.2 中 Oa 曲线），$\psi = L(i)i$；当“i-ψ 关系”为磁滞回线时，可写为 $\psi = L(i)$。以下讨论线性电感的情况。

1. 单线圈的情况

根据磁路欧姆定理 $Wi = R_m\varphi = \varphi/\Lambda_m$，由式（2.4-8）可以得到电感 L 与线圈匝数 W、磁路磁阻 R_m、磁导 Λ_m 的关系为

$$L=\frac{\psi}{i}=\frac{W\varphi}{i}=\frac{W}{i}\frac{Wi}{R_m}=\frac{W^2}{R_m}=W^2\Lambda_m \tag{2.4-9}$$

可见，电感的大小与线圈匝数的二次方成正比，与磁路的磁导（反映了磁路的固有特性）成正比，而与线圈所加的电压、电流或频率无关。

将式（2.4-8）代入式（2.4-2），则用电感表示的磁场能量为

$$W_m=\int_0^{\psi} i\mathrm{d}\psi=\int_0^{\psi}\frac{\psi}{L}\mathrm{d}\psi=\frac{1}{2L}\psi^2 \tag{2.4-10}$$

代入式（2.4-4），则磁共能为

$$W'_m=\int_0^{i}\psi\mathrm{d}i=\int_0^{i}Li\mathrm{d}i=\frac{1}{2}Li^2 \tag{2.4-11}$$

若气隙 x 可变，则电感 L 是 x 的函数，于是磁场能量为

$$W_m=W_m(x,\psi)=\frac{1}{2L(x)}\psi^2 \tag{2.4-12}$$

磁共能则为

$$W'_m=W'_m(x,i)=\frac{1}{2}L(x)i^2 \tag{2.4-13}$$

对于线性磁路，磁场能量等于磁共能，可以统一地表示为

$$W'_m=W_m=\frac{1}{2}Li^2=\frac{1}{2L}\psi^2 \tag{2.4-14}$$

2. 多线圈的情况

以存在两个线圈的单相变压器模型为例说明（图 2.4.4 所示）。与一次线圈交链的磁通 φ_{11} 及磁链 ψ_{11} 分别为

$$\varphi_{11}=\varphi_{\sigma1}+\varphi_{12},\ \psi_{11}=W_1\varphi_{11} \tag{2.4-15}$$

式中，$\varphi_{\sigma1}$、φ_{12} 分别为漏磁通（只交链本线圈的磁通）和主磁通。与二次线圈交链的磁通 φ_{22} 及磁链 ψ_{22} 分别为

$$\varphi_{22}=\varphi_{\sigma2}+\varphi_{21},\ \psi_{22}=W_2\varphi_{22} \tag{2.4-16}$$

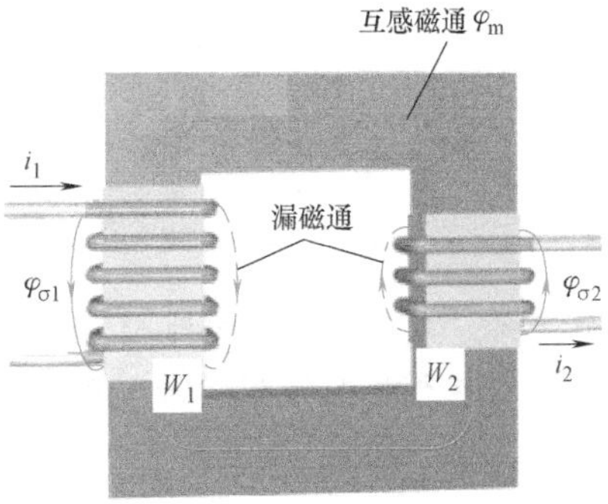

图 2.4.4　变压器模型

上两式中，两个线圈交链的主磁通的关系为

$$\varphi_{21}=\varphi_{12}=\varphi_m \tag{2.4-17}$$

可用互感 L_m（mutual inductance）来表征这种特性。根据电感的定义以及磁路欧姆定理，线圈 1 对线圈 2 的互感 L_{12} 为

$$L_{12}=\frac{\psi_{12}}{i_1}=\frac{W_2\varphi_{12}}{i_1}=\frac{W_2W_1\Lambda_m i_1}{i_1}=W_2W_1\Lambda_m \tag{2.4-18}$$

同理，线圈 2 对线圈 1 的互感为 $L_{21}=W_2W_1\Lambda_m$，由此可见，$L_{12}=L_{21}=L_m$，也符合式（2.4-17）。所以，计算互感 L_m 的公式为

$$L_m=W_1W_2\Lambda_m \tag{2.4-19}$$

此外，在图 2.4.4 中，与漏磁通相应的电感称为漏电感（leakage inductance）。容易得到线圈 1 和线圈 2 的漏电感表达式分别为

$$
\begin{aligned}
L_{\sigma 1} &= W_1 \varphi_{\sigma 1}/i_1 = W_1^2 \Lambda_{\sigma 1} \\
L_{\sigma 2} &= W_2 \varphi_{\sigma 2}/i_2 = W_2^2 \Lambda_{\sigma 2}
\end{aligned}
\tag{2.4-20}
$$

其中 $\Lambda_{\sigma 1}$、$\Lambda_{\sigma 2}$ 为漏磁路的磁导。在此基础上，得出线圈 1 和线圈 2 各自的自感 L_1、L_2 分别为

$$L_1 = W_1 \varphi_{11}/i_1 = W_1(\varphi_{12}+\varphi_{\sigma 1})/i_1 = (W_1/W_2)L_m + L_{\sigma 1} \tag{2.4-21}$$

$$L_2 = W_2 \varphi_{22}/i_2 = (W_2/W_1)L_m + L_{\sigma 2} \tag{2.4-22}$$

在电机分析中，常常会遇到具有两个线圈或多个线圈的情况。对于线性磁路中考虑位移 x 的情况，这里不再说明，仅仅给出式（2.4-23）所述的磁场能量及磁共能表达式[2]。

$$W'_m = W_m = \frac{1}{2}L_1(x)i_1^2 + L_m(x)i_1 i_2 + \frac{1}{2}L_2(x)i_2^2 \tag{2.4-23}$$

例 2.4-1　计算以下内容：

（1）例 2.2-1 中绕组的电感和磁场能量。

（2）例 2.2-2 中绕组的电感以及铁心部分和气隙部分储存的磁场能量。

解

（1）例 2.2-1 中铁心回路 W 匝线圈的电感为

$$L_{Fe} = \frac{\psi}{i} = \frac{WAB}{i} = \frac{100\times1.0\times0.01}{1.592}\text{H} = 0.628\text{H}$$

或者采用磁阻的方法计算电感

$$L_{Fe} = W^2 \Lambda_{Fe} = 100^2\times(5000\times4\pi\times10^{-7}\times10^{-2}/1)\text{H} = 0.628\text{H}$$

其磁场能量为

$$W_{m,Fe} = \frac{1}{2}L_{Fe}i^2 = \frac{1}{2}\times0.628\times1.592^2\text{J} = 0.796\text{J}$$

（2）例 2.2-2 中带有气隙的铁心线圈中，其总电感为

$$L = \frac{\psi}{i} = \frac{WAB}{i} = \frac{100\times1.0\times0.01}{9.546}\text{H} = 0.105\text{H}$$

由此可见，当铁心带有气隙时，其总电感显著减小。

铁心部分和气隙部分储存的总的磁场能量为

$$W_m = \frac{1}{2}Li^2 - \frac{1}{2}\times0.105\times9.546^2\text{J} = 4.784\text{J}$$

虽然铁心长度有所减少，但可以忽略不计。此外，磁通密度和铁心截面积没有变化，所以铁心部分的磁场能量几乎没有变化，为 0.796J。因此，气隙部分磁场能量为

$$W_{m,\delta} = W_m - W_{m,Fe} = (4.784-0.796)\text{J} = 3.988\text{J}$$

由这个例题可见，对于由铁心部分和气隙部分构成的磁路，其磁场能量大部分存储在气隙空间中。注意，虽然这个结论来自一个例题，但适用于各类磁路。如今后讲述的电动机的磁场能量的绝大部分就存储在气隙空间内。

2.5　机电能量转换与电磁转矩

2.4 节讨论了在磁路中可动部分静止时输入的电能作为磁场能量存储在磁路的情况。以

下讨论磁路中有可动部分运动时的能量变换问题，也就是电能与机械能相互转换的问题。

2.5.1 典型的机电能量转换装置

1. 结构简图及能量流

无论是大型的同步电机，还是小型的机电信号变换装置，均属于机电能量转换装置。根据用途来分，有用于测量和控制的机电能量转换装置，如各种机电传感器等；有断续输出机械力（转矩）的装置，如继电器和电磁铁等；还有连续进行能量转换的装置，如各种旋转电机，包括电动机和发电机。旋转电机内部的能量转换过程是主要关心的内容。

根据系统电端口的个数，机电能量转换装置又可分为单个电端口和多个电端口系统，对应的励磁形态有单边励磁系统和多边励磁系统[2]。多边励磁系统的代表是双边励磁系统。图 2.5.1a 和图 2.5.2a 所示为单边励磁系统和双边励磁系统的示意图。图 2.5.1b 和图 2.5.2b 是各自对应的机电能量转换装置结构的例子示意图。从结构上可以看出，图 2.5.1b 为电磁继电器，它仅有一个电端口，属于单边励磁机电能量转换装置，其可动部分的运动形式可以近似认为是平移。图 2.5.2b 代表了一台最简单的双边励磁的机电装置，工作时其可动部分可以做旋转运动。

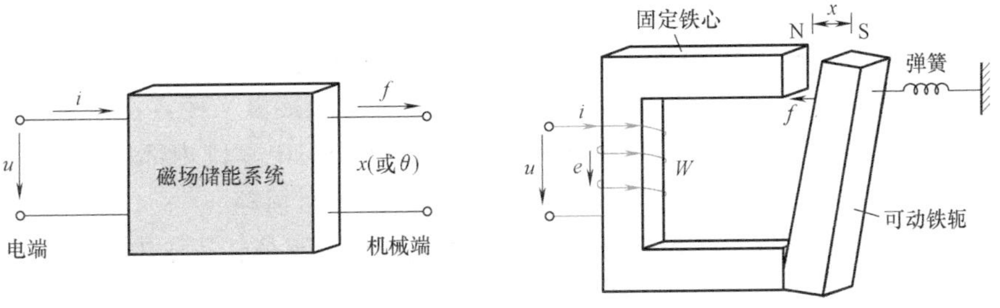

a) 装置能量平衡示意　　b) 简单电磁继电器结构示意图

图 2.5.1 单边励磁系统的机电能量转换

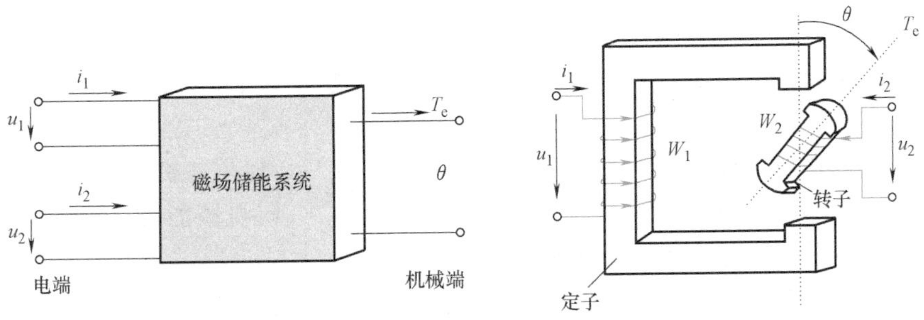

a) 装置能量平衡示意　　b) 双边励磁的机电装置示意图

图 2.5.2 双边励磁系统的机电能量转换

2. 电磁继电器工作原理

图 2.5.1b 的装置称为电磁继电器，这里用它来说明单个电端口系统中机电能量的转换问题。当在匝数为 W 的绕组中流过一定大小的电流时，固定铁心和可动铁轭构成的磁路中就会产生磁通。假设某瞬间线圈中电流方向如图所示，则固定铁心的上端为 N 极，而可动

铁轭的上端为 S 极，两者通过磁场力的作用而产生吸引力或电磁力 f。

显然，线圈中电流越大，产生的磁场越强，吸引力也就越大；当电流达到一定的数值时，该磁场力可以克服弹簧的拉力而使可动铁轭上端向左运动，从而完成做机械功的过程。从本质上看，在该装置中实际上是经过了电能转化为磁能、磁能转化为机械能的过程。

3. 双边励磁机电装置的工作原理

在图 2.5.2b 中，电磁装置的“C”形铁心固定不动，是定子；而呈“I”形的铁心可以绕轴线转动，是转子。定、转子上各有一个匝数分别为 W_1 和 W_2 的绕组。如果在定、转子绕组上各施加一定电压，绕组中就会有相应的电流并在磁路中产生磁通。假设某瞬间定、转子电流方向如图所示，则转子下端表现为 N 极，转子上端表现为 S 极，而定子正好相反。因而在转子上会产生一个逆时针方向的电磁转矩 T_e，驱使转子旋转。假设转子轴上带有一定的机械负载，转子的旋转过程就是对外做机械功的过程。于是，在该装置中也经过了电能转化为磁能、磁能转化为机械能的过程。

2.5.2 电磁力和电磁转矩

1. 能量平衡关系

任何机电能量转换装置都是由电系统、机械系统和耦合场组成。在不考虑电磁辐射能量的前提下，装置的能量涉及四种形式，即电能（electric energy）、机械能（mechanical energy）、磁场储能（magnetic energy）和损耗（loss），这些可用能量平衡方程式表示为

$$\begin{pmatrix}\text{电源输入}\\ \text{能量}\end{pmatrix}=\begin{pmatrix}\text{耦合电磁场内}\\ \text{储能增量}\end{pmatrix}+\begin{pmatrix}\text{输出的}\\ \text{机械能}\end{pmatrix}+\begin{pmatrix}\text{机电系统内部的}\\ \text{总损耗}\end{pmatrix} \tag{2.5-1}$$

上式的写法对电动机运行来说，规定电能和机械能项为正值；用于发电机时，电能和机械能项应变为负值。

式（2.5-1）中最后一项由三部分组成：部分电能由于电流经过电系统而变成了电阻损耗；部分机械能变成了机器内部的摩擦损耗和通风损耗；磁场内的部分能量变成了铁心内部的磁滞损耗和涡流损耗。这些损耗大部分都变成热能散发出去，属于不可逆的能量转换过程。

如果把电阻损耗和机械损耗分别归入相应的项中，进一步忽略铁心损耗，则式（2.5-1）可写成

$$\begin{pmatrix}\text{电源输入能量}\\ -\text{电阻能量损耗}\end{pmatrix}=(\text{耦合电磁场内储能增量})+\begin{pmatrix}\text{输出的机械能}\\ +\text{机械能量损耗}\end{pmatrix} \tag{2.5-2}$$

写成时间 dt 内各项能量的微分形式如下：

$$dW_{elec}=dW_m+dW_{mech} \tag{2.5-3}$$

式中，dW_{elec} 为时间 dt 内输入机电装置的净电能；dW_m 为时间 dt 内耦合电磁场内储能增量；dW_{mech} 为时间 dt 内转换为机械能的总能量。该式也可看作是系统的功率平衡表达式。

注意，式（2.5-2）和式（2.5-3）把损耗进行相应的归并，目的是强调电能、耦合场能、机械能之间的变换关系。一些研究也称这些模型的系统为“无损耗系统”。

2. 根据磁场能量计算电磁力和电磁转矩

2.4 节以单边励磁装置为例已经说明，磁场储能是变量 ψ 与 x 的函数。同时，多种关于机电能量转换的文献[2,3]已经表明，在不计铁心损耗的情况下，对磁场储能而言，ψ 和 x 是

相互独立的变量，对磁共能而言，i 和 x 是相互独立的变量。据此，就可以根据磁场储能或磁共能方便地求出单边励磁装置以及双边或多边励磁装置的电磁力及电磁转矩。

（1）由磁场能量变化量来确定力和转矩

对单边励磁系统，由于式（2.5-3）中

$$\begin{cases} \mathrm{d}W_{\mathrm{elec}} = -ei\mathrm{d}t = W\dfrac{\mathrm{d}\varphi}{\mathrm{d}t}i\mathrm{d}t = \dfrac{\mathrm{d}\psi}{\mathrm{d}t}i\mathrm{d}t = i\mathrm{d}\psi \\ \mathrm{d}W_{\mathrm{mech}} = f\mathrm{d}x \end{cases} \tag{2.5-4}$$

根据 $W_{\mathrm{m}}=W_{\mathrm{m}}(\psi,\ x)$ 和式（2.5-3），则

$$\mathrm{d}W_{\mathrm{m}}(\psi,x) = i\mathrm{d}\psi - f\mathrm{d}x \tag{2.5-5}$$

与2.4节的式（2.4-2）相比，该式等式右边多出了一项与电磁力 f 相关的 $f\mathrm{d}x$，这是因为式（2.4-2）是假定 x 为定值的情况下得到的结果，所以，在式（2.4-2）中 $f\mathrm{d}x$ 项等于零。用偏导数表示 $\mathrm{d}W_{\mathrm{m}}$ 时得到

$$\mathrm{d}W_{\mathrm{m}}(\psi,x) = \left.\frac{\partial W_{\mathrm{m}}}{\partial \psi}\right|_{x}\mathrm{d}\psi + \left.\frac{\partial W_{\mathrm{m}}}{\partial x}\right|_{\psi}\mathrm{d}x \tag{2.5-6}$$

在此仿照文献［2，3］方法，通过将式（2.5-5）与式（2.5-6）进行对比（因为它们对任意的 $\mathrm{d}\psi$ 与 $\mathrm{d}x$ 均适合），有电流 i

$$i = \left.\frac{\partial W_{\mathrm{m}}(\psi,x)}{\partial \psi}\right|_{x=\mathrm{c}} \tag{2.5-7}$$

与电磁力 f

$$f = -\left.\frac{\partial W_{\mathrm{m}}(\psi,x)}{\partial x}\right|_{\psi=\mathrm{c}} \tag{2.5-8}$$

式中，“c”表示常数。此式说明，只要位置的变化引发了磁场能量 $W_{\mathrm{m}}(\psi,\ x)$ 的变化，就可以由式（2.5-8）求得磁场力 f。其方向为在恒磁链条件下使得磁能减少的方向。

同理，对于具有旋转端口的系统来说，其机械变量变成了角位移 θ 和电磁转矩 T_{e}，在这种情况下容易得到

$$T_{\mathrm{e}} = -\left.\frac{\partial W_{\mathrm{m}}(\psi,\theta)}{\partial \theta}\right|_{\psi=\mathrm{c}} \tag{2.5-9}$$

进一步考虑在线性电感条件下有 $W'_{\mathrm{m}} = W_{\mathrm{m}} = \dfrac{1}{2L}\psi^2$，得到简化公式为

$$T_{\mathrm{e}} = -\frac{1}{2}\psi^2\frac{\mathrm{d}}{\mathrm{d}\theta}\left(\frac{1}{L(\theta)}\right) \tag{2.5-10}$$

式（2.5-9）和式（2.5-10）说明，当微小的转子角位移使得系统的磁能发生变化时，转子上将受到电磁转矩的作用。其方向为在恒磁链条件下使得磁能减少的方向。

（2）由磁共能变化量来确定力和转矩

类似于式（2.5-8），经过简单推导，可以得到根据磁共能求磁场力的公式

$$f = \left.\frac{\partial W'_{\mathrm{m}}(i,x)}{\partial x}\right|_{i=\mathrm{c}} \tag{2.5-11}$$

同样，对于具有旋转机械端的系统来说，则有

$$T_e = \left. \frac{\partial W'_m(i,\theta)}{\partial \theta} \right|_{i=c} \tag{2.5-12}$$

进一步考虑式（2.4-14），得到在线性电感条件下电磁转矩的简化公式为

$$T_e = \frac{1}{2} i^2 \frac{dL(\theta)}{d\theta} \tag{2.5-13}$$

需要注意的是，根据磁场储能计算力时，所用的磁场储能是磁链 ψ 和位移 x 的函数，而根据磁共能计算力时，所用的磁共能是电流 i 和位移 x 的函数。在具体应用时，可以根据已知条件灵活选择适合的公式。

（3）双边励磁系统中电磁转矩的求解

仿照单边励磁系统的力或转矩的公式的推导过程，经过一定的推导[2,3]，容易得到求解双边励磁系统中的电磁力与电磁转矩的计算公式。下面给出转矩公式的结论，其推导以及力的公式从略。

利用磁场储能求转矩的公式为

$$T_e = -\left. \frac{\partial W_m(\psi_1, \psi_2, \theta)}{\partial \theta} \right|_{\psi_1=c, \psi_2=c} \tag{2.5-14}$$

利用磁共能求转矩的公式为

$$T_e = \left. \frac{\partial W'_m(i_1, i_2, \theta)}{\partial \theta} \right|_{i_1=c, i_2=c} \tag{2.5-15}$$

在线性电感条件下，利用磁共能计算电磁转矩的常用公式为

$$T_e = \frac{1}{2} i_1^2 \frac{dL_1(\theta)}{d\theta} + i_1 i_2 \frac{dM(\theta)}{d\theta} + \frac{1}{2} i_2^2 \frac{dL_2(\theta)}{d\theta} \tag{2.5-16}$$

写为矩阵形式则为

$$T_e = \frac{1}{2} \boldsymbol{I}^{\mathrm{T}} \frac{d\boldsymbol{L}}{d\theta} \boldsymbol{I} \tag{2.5-17}$$

式中，上标“T”为转置算子；两个矩阵如下式：

$$\boldsymbol{I} = \begin{bmatrix} i_1 \\ i_2 \end{bmatrix}, \ \boldsymbol{L} = \begin{bmatrix} L_1(\theta) & L_m(\theta) \\ L_m(\theta) & L_2(\theta) \end{bmatrix} \tag{2.5-18}$$

本节所介绍的方法在物理学中称为虚位移（virtual displacement）方法。根据文献［4］，虚位移是假想发生而实际并未发生的无穷小位移。有关进一步的知识，可见文献［4］。

3. 计算电磁力和电磁转矩的其他方法

（1）公式“iBl”及其适用范围

我们比较熟悉的公式 iBl 说明：长度为 l 的直线导体有电流 i 流动时，在磁通密度为 $\boldsymbol{B}$ 的磁场中受到的电磁力为 $\boldsymbol{f}=(\boldsymbol{i}\times\boldsymbol{B})l$。当电流方向与 $\boldsymbol{B}$ 的方向垂直时，力的方向按左手定则确定，其大小为

$$f = iBl \tag{2.5-19}$$

式（2.5-19）也称为“毕-萨电磁力定律”，是在电机分析中常用的公式。需要注意的是，该公式要求沿载流导体在同一时刻其长度范围内的磁通密度 B 处处相等，且磁通密度

与电流两者方向垂直，但没有要求 B 为常数，B 可以是时间和空间的函数。

(2) 根据平均（稳态）功率计算转矩

如果能求出具有旋转端口（如电动机）的装置中与电磁转矩 T_e 对应的平均（稳态）电磁功率 P 和稳态机械转速 Ω，则可以方便地得到其稳态电磁转矩的大小

$$T_e=\frac{P}{\Omega} \tag{2.5-20}$$

在电动机的稳态分析中，通常首先求出平均电磁功率，进而根据上式求取电磁转矩。

(3) 根据磁场数值计算结果计算转矩

在电磁装置结构及运行方式很复杂的情况下，电磁力、电磁转矩的数值计算方法得到了广泛应用。为此，通常先用有限元等方法求出磁场的分布，进而用麦克斯韦应力法等方法求出电磁转矩[5]。

2.6 稳态交流磁路和电力变压器模型

稳态交流磁路内容以及分析方法是进行各种电机稳态分析的基础性知识。根据这一分析以及电磁学定律，就可以建立变压器的稳态模型。这些内容将用于后续各种电机的建模。

2.6.1 稳态交流磁路分析

基于图 2.2.4 的交流电路和磁路，本节讨论交流磁路中外加正弦稳态交流电压时，交流电压、励磁电流及相应磁通之间的关系。

1. 电压与磁通的关系

首先分析电压与磁通之间的关系，包括大小、相位及波形三个方面。电压源供电的交流磁路中，通常外加电压 u 为正弦波。若忽略线圈电阻与漏磁通，则有

$$u\approx -e \tag{2.6-1}$$

在稳态情况下，磁通没有稳定直流分量，根据电磁感应定律，磁通也为正弦波。

设稳态交流磁路中磁通的时域表达式 $\varphi=\Phi_m\sin\omega t$，则感应电动势为

$$e=-W\frac{\mathrm{d}\varphi}{\mathrm{d}t}=-\omega W\Phi_m\cos\omega t=E_m\sin\left(\omega t-\frac{\pi}{2}\right) \tag{2.6-2}$$

式中，电动势幅值 $E_m=\omega W\Phi_m$，电角频率 $\omega=2\pi f$ 为常数。用相量表示式 (2.6-2) 则有

$$\dot{E}=\frac{\dot{E}_m}{\sqrt{2}}=-\mathrm{j}\frac{\omega W\dot{\Phi}_m}{\sqrt{2}}=-\mathrm{j}\frac{2\pi fW\dot{\Phi}_m}{\sqrt{2}}\approx -\mathrm{j}4.44f\,W\dot{\Phi}_m \tag{2.6-3}$$

可见，电动势和电压的有效值为

$$U=E\approx 4.44fW\Phi_m \tag{2.6-4}$$

需要注意的是，这些公式中磁通量采用幅值而不用有效值。这是因为磁路的饱和程度是由相应磁通的最大值或磁通密度的最大值确定的。所以为了方便地掌握磁路的饱和程度，在电气工程中常常用磁通或磁通密度的幅值来表示磁通的大小。

2. 磁通与励磁电流之间的关系

（1）磁路不饱和且不计铁心损耗时的情况

当磁路不饱和且不计铁心损耗时，磁化曲线是直线，磁通与励磁电流之间是线性关系，当磁通为正弦波时，电流也是正弦波，且相位相同；反之亦然。根据安培环路定律可知，磁通幅值（最大值）与励磁电流有效值之间满足$\sqrt{2}WI=R_m\Phi_m$。

（2）磁路饱和而不计铁心损耗时的情况

当磁通为正弦波时，若铁心中主磁通的幅值使磁路达到饱和，不计铁心损耗，可按铁心的基本磁化曲线分析励磁电流的大小、波形与相位。图 2.6.1a 表示主磁通随时间作正弦变化。当时间 $t=t_0$ 时，可查出该瞬间的磁通量为 φ_0，由图 2.6.1b 查出对应的电流 i_0；同理可以确定其他瞬间的电流，从而得到励磁电流的曲线，如图 2.6.1c 所示。由图可见，当主磁通随时间作正弦变化时，由于磁路饱和而引起的非线性关系导致励磁电流成为与磁通同相位的尖顶波；磁路越饱和，励磁电流的波形越尖，即畸变越严重。

如果励磁电流为正弦波，那么磁路饱和非线性的影响将使得铁心中的磁通成为平顶波，如图 2.6.2 所示。

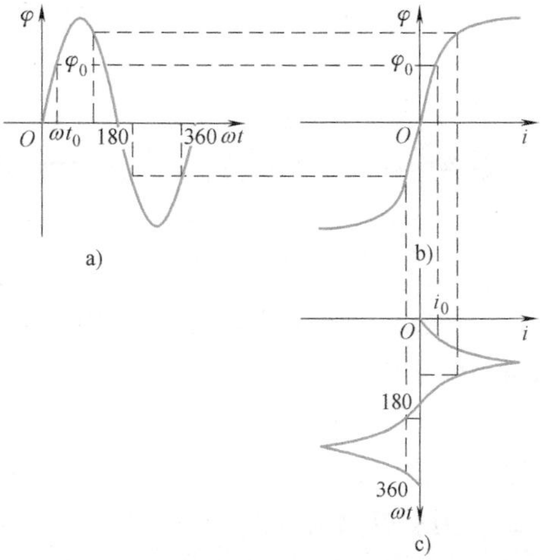

图 2.6.1 磁通为正弦波时，磁路饱和对励磁电流的影响

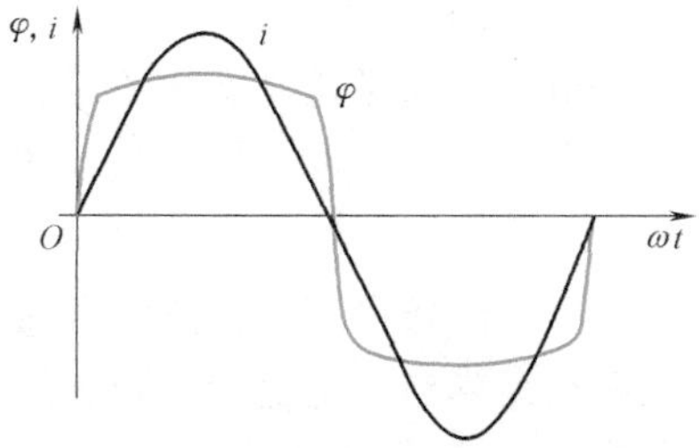

图 2.6.2 电流为正弦波时，磁路饱和对磁通的影响

（3）磁路饱和且计及铁心损耗时的情况

若考虑铁心损耗，磁化曲线应为磁滞回线。当磁通为正弦波时，利用图解法可得到电流为超前于磁通某一角度的尖顶波，如图 2.6.3 所示。

根据前面分析可知，不计铁心的磁滞效应而仅仅考虑其饱和效应时，磁通 φ 和电流 i 的基波分量同相位；考虑磁滞效应时，磁通基波 φ 滞后于电流基波 i 的基波分量。

3. 等效正弦波与铁心损耗

在工程上，为了方便地分析交流磁路中电压、电流、磁通的相互关系，对于非正弦量常引入等效正弦波来表示，其频率与相应非正弦量的基波频率相等。这样就可以完全用正弦电路的分析方法来分析电压、电流及磁通的大小和相位。

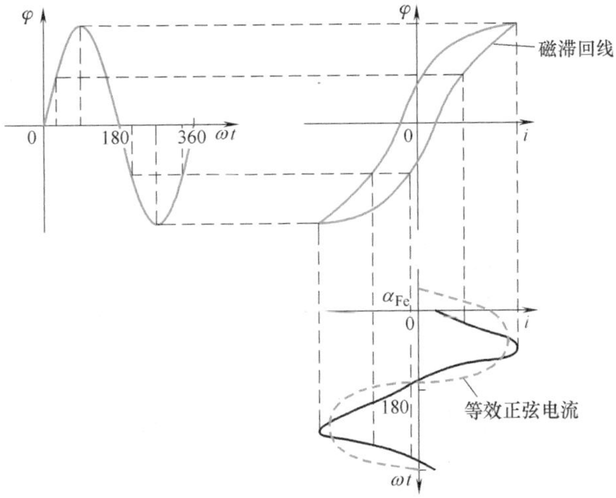

图 2.6.3 磁通为正弦波时，铁心损耗对励磁电流的影响

设图 2.6.3 中的尖顶波励磁电流为 i_0，其等效正弦波用相量 $\dot{I}_0$表示，则等效正弦波 $\dot{I}_0$ 的有效值为

$$I_0=\sqrt{I_{01}^2+I_{03}^2+I_{05}^2+\cdots} \tag{2.6-5}$$

式中，I_{01}、I_{03}、I_{05} 分别为励磁电流的基波、3 次谐波、5 次谐波的有效值；在相位上，若不考虑铁心损耗，则相量 $\dot{I}_0$与主磁通相量同相位，相量图如图 2.6.4a 所示；若考虑铁心损耗，则相量 $\dot{I}_0$超前于主磁通相量一个很小的角度，通常称为**铁耗角**，记作 α_{Fe}，相量图如图 2.6.4b 所示。在图中同时画出外加电压和励磁电动势。

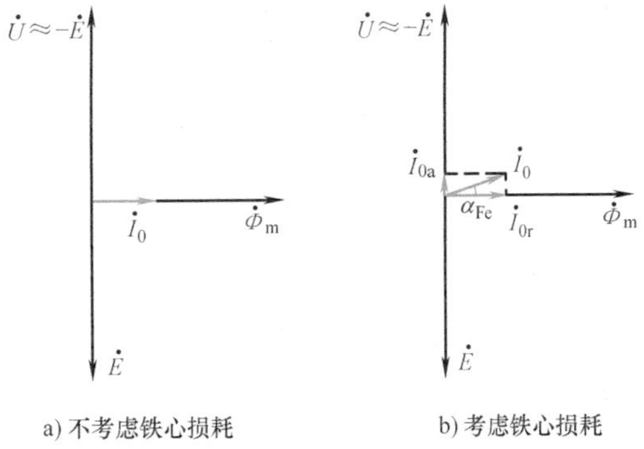

a) 不考虑铁心损耗　　b) 考虑铁心损耗

图 2.6.4 交流磁路的相量图

由图 2.6.4 可知，不考虑铁心损耗时，电源仅提供无功功率，相应的电流只起建立磁场的作用，故该电流也叫磁化电流；在考虑铁心损耗的情况下，等效正弦波相量 $\dot{I}_0$包括两个量：一个是与磁通同相位的磁化电流分量，记为 $\dot{I}_{0r}$；另一个是超前磁通 90°的分量，记为 $\dot{I}_{0a}$。由于 $\dot{I}_{0a}$的出现，电源就会向铁心线圈输入有功功率，这部分功率就是铁心损耗，与此对应的电流 $\dot{I}_{0a}$ 称为铁耗电流。

铁心损耗包括磁滞损耗和涡流损耗。磁滞损耗是铁心磁滞效应所致，而涡流损耗是铁心中的感应电流造成的。因为铁心可以导电，当通过铁心的磁通随时间变化时，根据电磁感应定律，除了在线圈中产生感应电动势之外，在铁心中也会产生感应电动势，并因而在其中引起环流，称为涡流。考虑涡流效应后，磁滞回线面积变大，详见文献［2］。

为了减小铁心的涡流损耗，常用厚度为 0.5mm 甚至更薄的硅钢片叠成铁心，片与片间是绝缘的。例如，图 2.4.4 变压器所使用的铁心构造如图 2.6.5a 所示，硅钢片叠成后用 U 形钢片和螺栓固定。

铁心损耗的计算和测量比较难，文献［6］给出了常用磁路的理论分析和实用的设计方法。

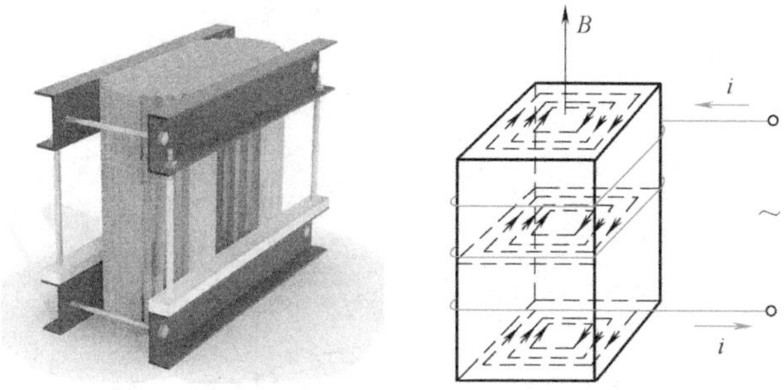

图 2.6.5　变压器的铁心构造与硅钢片中的涡流

2.6.2　电力变压器的建模

变压器（transformer）的一个绕组与电压源连接，称为一次绕组，另一个绕组与负载相连，称为二次绕组。通常将一次绕组的电磁量加以下标“1”，二次绕组的电磁量加以下标“2”。在电气工程中广泛使用单相变压器与三相变压器。下面以单相变压器为例，讨论变压器的建模方法。在没有特殊说明的情况下，认为电源电压是正弦稳态电压。

由于变压器的各物理量都是交变量，在建模时需要首先规定它们的正方向。在电机理论中，通常按习惯方式选择正方向。在 2.3 节“电磁感应定律”中，已对铁心磁路的线圈接电源时，感应电动势、励磁电流、磁通的正方向进行了规定，这种规定适用于变压器运行中的一次侧物理量。如图 2.6.6 所示，通过一、二次侧对比的方式，将各物理量正方向的规定归纳如下：

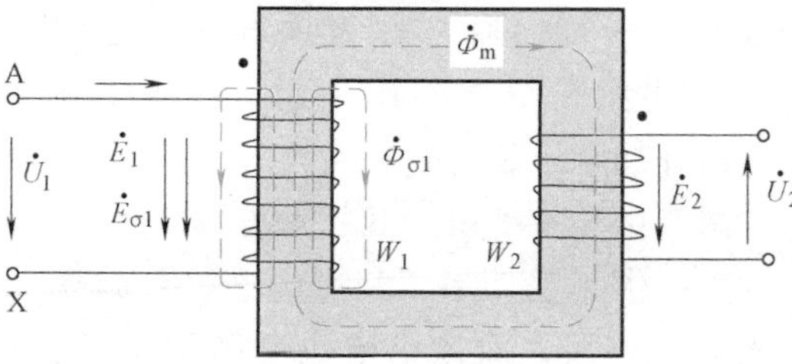

图 2.6.6　变压器空载运行

1）一次绕组看成所接电源的负载，表示吸收功率，电压和电流正方向一致，称为“电动机惯例”。

2）磁通的正方向与电流的正方向之间符合右手螺旋关系。

3）绕组的感应电动势与所交链的磁通正方向之间符合右手螺旋关系。

4）二次绕组看成所接负载的电源，表示释放功率，电压和电流正方向相反，称为“发电机惯例”。

1. 变压器空载运行

变压器空载运行是指一次侧接在电源上，二次侧开路的状态。此时，变压器的物理过程与上述交流磁路的基本相同。于是，变压器模型由**一个一次电路、一个励磁的磁路以及二次**

电路的感应电动势组成。一、二次感应电动势之间的关系由与它们同时交链的磁通决定。但是一次励磁电流产生的磁通并不是全部与二次侧交链，如图 2.6.6 所示。为分析方便起见，在变压器分析中将磁通分为主磁通和漏磁通。由电流 $\dot{I}_0$ 产生的互感磁通 $\dot{\Phi}_m$，称为主磁通，其所走的路径为主磁路。显然，主磁路是铁心磁路。由电流 $\dot{I}_0$ 产生的漏磁通 $\dot{\Phi}_{\sigma 1}$ 通过的路径为漏磁路，一次侧的漏磁路可以看作是由部分铁心和变压器油（或空气）构成的串联磁路，其总的磁阻为两部分磁路的磁阻之和。由于铁磁材料的磁导率很大，磁阻很小，因此，与主磁路的磁阻相比，漏磁路的磁阻要大得多，漏磁通远远小于主磁通，通常在空载时两者相差数千倍。

以下对空载运行建模。

（1）忽略绕组电阻与漏磁通时的电压关系

因为外加电压为正弦波时，变压器铁心中的磁通随时间作正弦变化，所以主磁通在一、二次绕组中产生感应电动势。根据式（2.6-4），这两个电动势的相量表达式为

$$\left.\begin{aligned}\dot{E}_1 &= -\mathrm{j}4.44fW_1\dot{\Phi}_m\\ \dot{E}_2 &= -\mathrm{j}4.44fW_2\dot{\Phi}_m\end{aligned}\right\} \tag{2.6-6}$$

将上两式相除，得到

$$k=\frac{\dot{E}_1}{\dot{E}_2}=\frac{E_1}{E_2}=\frac{4.44fW_1\Phi_m}{4.44fW_2\Phi_m}=\frac{W_1}{W_2} \tag{2.6-7}$$

式中，k 称为变压器的变比，即一、二次电动势大小之比，它等于一、二次匝数之比。

忽略绕组电阻与漏磁通时，根据电路的基尔霍夫定律，空载运行的变压器一、二次侧的关系为

$$\dot{U}_1=-\dot{E}_1,\dot{U}_{20}=\dot{E}_2 \tag{2.6-8}$$

所以，

$$\frac{U_1}{U_{20}}=\frac{E_1}{E_2}=\frac{W_1}{W_2}=k \tag{2.6-9}$$

可见，在忽略绕组电阻与漏磁通时，一、二次端电压之比等于感应电动势之比，即等于变比 k。

（2）空载运行电压方程式

考虑一次绕组电阻和漏磁通的作用，一次电回路的电压、电动势关系为

$$\dot{U}_1=\dot{I}_0r_1-\dot{E}_1-\dot{E}_{\sigma 1} \tag{2.6-10}$$

式中，$\dot{I}_0$ 是励磁电流的等效正弦波的相量；$\dot{E}_1$、$\dot{E}_{\sigma 1}$ 分别为主磁通和漏磁通产生的感应电动势。考虑到漏磁通随时间做正弦交变，即 $\varphi_{\sigma 1}=\Phi_{\sigma 1}\sin\omega t$，所以它产生的感应电动势为

$$e_{\sigma 1}=-W_1\frac{\mathrm{d}\varphi_{\sigma 1}}{\mathrm{d}t}=\omega W_1\Phi_{\sigma 1}\sin\left(\omega t-\frac{\pi}{2}\right)=E_{\sigma 1m}\sin\left(\omega t-\frac{\pi}{2}\right) \tag{2.6-11}$$

式中，$E_{\sigma 1m}=\omega W_1\Phi_{\sigma 1}$ 为漏磁电动势的幅值。上式的相量形式为

$$\dot{E}_{\sigma 1}=\frac{\dot{E}_{\sigma 1m}}{\sqrt{2}}=-\mathrm{j}\frac{\omega W_1}{\sqrt{2}}\dot{\Phi}_{\sigma 1}=-\mathrm{j}4.44fW_1\dot{\Phi}_{\sigma 1} \tag{2.6-12}$$

由于漏磁路的磁阻近似认为是个常数，所以漏磁通与励磁电流成正比。这样就可以用一个电感来表示二者之间的关系

$$L_{\sigma 1}=\frac{W_1\Phi_{\sigma 1}}{\sqrt{2}I_0} \tag{2.6-13}$$

显然，$L_{\sigma 1}$ 是在 2.4 节介绍的一次绕组的漏电感，它是一个不随励磁电流的大小而变化的常数。将式（2.6-13）代入式（2.6-12）得

$$\dot{E}_{\sigma 1}=-\mathrm{j}\omega L_{\sigma 1}\dot{I}_0=-\mathrm{j}x_{\sigma 1}\dot{I}_0 \tag{2.6-14}$$

式中，$x_{\sigma 1}=\omega L_{\sigma 1}$ 是一次绕组的漏电抗。式（2.6-14）说明，一次绕组漏磁通在一次绕组上感应的电动势 $\dot{E}_{\sigma 1}$，可以看作励磁电流在漏电抗上的电压降 $-\mathrm{j}x_{\sigma 1}\dot{I}_0$。将式（2.6-14）代入式（2.6-10）即为变压器一次电压方程式

$$\dot{U}_1=\dot{I}_0r_1-\dot{E}_1-\dot{E}_{\sigma 1}=\dot{I}_0(r_1+\mathrm{j}x_{\sigma 1})-\dot{E}_1=\dot{I}_0z_1-\dot{E}_1 \tag{2.6-15}$$

式中，$z_1=r_1+\mathrm{j}x_{\sigma 1}$ 称为一次绕组的漏阻抗。

（3）空载运行相量图

根据式（2.6-15），可以在图 2.6.4 所示交流铁心磁路相量图的基础上画出变压器空载运行相量图如图 2.6.7a 所示。实际上 $\dot{I}_0r_1$ 和 $\mathrm{j}\dot{I}_0x_{\sigma 1}$ 的数值都很小，为了清楚起见，图中把它们夸大了。

图中先画出主磁通 $\dot{\Phi}_m$，其初相位为 0°，再画出感应电动势 $\dot{E}_1$，它落后于主磁通 90°，而感应电动势 $\dot{E}_2$ 与 $\dot{E}_1$ 同相位，大小相差 k 倍。$\dot{I}_0$超前于 $\dot{\Phi}_m$ 一个很小的铁耗角 α_{Fe}。为了得到一次电压，先画出$-\dot{E}_1$，再加上与 $\dot{I}_0$同相位的 $\dot{I}_0r_1$ 和相位领先 $\dot{I}_0$90°的 $\mathrm{j}\dot{I}_0x_{\sigma 1}$，三相量之和等于 $\dot{U}_1$。

电源电压 $\dot{U}_1$ 与励磁电流 $\dot{I}_0$之间的夹角为 θ_0，是空载运行的功率因数角。由于 $\dot{U}_1\approx-\dot{E}_1$，且铁耗角 α_{Fe} 也很小，所以，通常 $\theta_0\approx 90°$。说明变压器空载运行时，功率因数（$\cos\theta_0$）很低，即从电源吸收很大的滞后性无功功率。

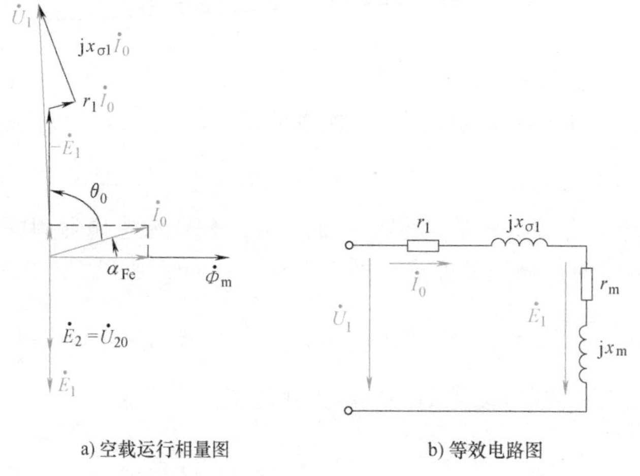

图 2.6.7 变压器空载运行的相量图和等效电路图

（4）变压器空载运行的等效电路

主磁路的励磁电动势 $\dot{E}_1$ 也可看成励磁电流 $\dot{I}_0$ 在励磁电抗和等效铁心铁耗的励磁电阻上的压降，即 $-\dot{E}_1$ 为 $\dot{I}_0$ 流过励磁阻抗 $z_m=r_m+jx_m$ 时所引起的阻抗压降

$$-\dot{E}_1=\dot{I}_0z_m=\dot{I}_0(r_m+jx_m) \tag{2.6-16}$$

式中，r_m 称为励磁电阻，是对应铁耗的等效电阻（$I_0^2r_m$ 等于铁耗）；x_m 称为励磁电抗，是表征铁心磁化性能的一个集中参数。

将式（2.6-16）代入式（2.6-15），得

$$\dot{U}_1=-\dot{E}_1+\dot{I}_0z_1=\dot{I}_0z_m+\dot{I}_0z_1=\dot{I}_0(z_m+z_1) \tag{2.6-17}$$

由此可画出相应的等效电路（equivalent circuit）图如图 2.6.7b 所示。从图可见，空载运行的变压器可看成两个阻抗串联的电路。

现在通过一个实例，说明图 2.6.7b 中各元件的相对大小。由于主磁路的磁导率远远大于漏磁路的磁导率，所以，变压器的励磁电抗 x_m 远远大于其一次绕组的漏电抗 $x_{\sigma1}$。以电力系统中向居民供电的容量为 100kV · A 的 S9 系列三相配电变压器为例，其励磁电抗 x_m 大约为 50kΩ，励磁电阻 r_m 大约为 1kΩ，而一次绕组的漏电抗大约为 20Ω，电阻大约为 7.5Ω。需要指出的是，由于铁心磁路存在饱和现象，如果变压器的电压发生显著变化，则磁路中的磁通大小及磁通密度、铁磁材料的磁导率都会相应变化，这会导致励磁电抗 x_m 和励磁电阻 r_m 也随工作电压的变化而变化；但在实际运行中，电源电压的变化不大，铁心中主磁通的变化也不大，所以 z_m 的数值基本上可以认为不变。

2. 变压器负载运行

变压器一次侧接入交流电源，二次侧接上负载的运行方式称为变压器的负载运行，如图 2.6.8 所示。此时，变压器的模型由一次侧、二次侧两个电回路和一个磁回路构成。磁回路中的变比同式（2.6-7）。

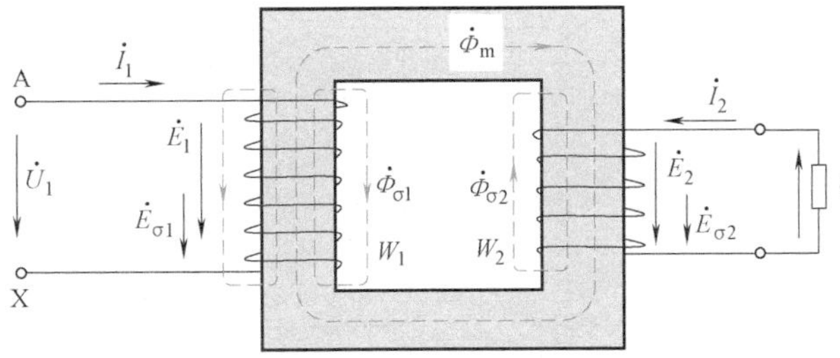

图 2.6.8　变压器的负载运行

首先，对两个电路建模。注意：将磁通分为主磁通与漏磁通；主磁通对应于一、二次感应电动势；漏磁通感应的电动势可用漏电抗压降表示。这样，就很容易列出一、二次电压方程。

$$\dot{U}_1=\dot{I}_0z_1-\dot{E}_1 \tag{2.6-18}$$

$$\dot{U}_2=\dot{E}_2-\dot{I}_2z_2 \tag{2.6-19}$$

式中，

$$\frac{E_1}{E_2}=k,\ \dot U_2=\dot I_2 z_L,\ z_1=r_1+jx_{\sigma 1} z_2=r_2+jx_{\sigma 2} \tag{2.6-20}$$

其次，对磁路建模。与空载运行的励磁不同，根据图 2.6.8 所示正方向和安培环路定律，合成磁动势 $\dot F_m$ 为

$$\dot F_m=\dot F_1+\dot F_2=\dot I_1 W_1+\dot I_2 W_2 \tag{2.6-21}$$

如果定义产生 $\dot F_m$ 的励磁电流为 $\dot I_m$，则

$$\dot I_1 W_1+\dot I_2 W_2=\dot I_m W_1 \tag{2.6-22}$$

由于图 2.6.8 变压器的二次侧为无源负载，产生磁动势 $\dot F_m$ 的励磁电流 $\dot I_m$ 只能由一次侧的电压源提供（在 2.5 节，称为“单边励磁”）。为了使额定运行下磁场储能不变，设计使 $\dot I_m$ 与变压器二次侧开路时的励磁电流 $\dot I_0$ 相等。用 $\dot I_0$ 替代式（2.6-22）的 $\dot I_m$ 并变形，可得

$$\dot I_1=\dot I_0+\left(-\frac{W_2}{W_1}\dot I_2\right)=\dot I_0+\left(-\frac{\dot I_2}{k}\right)=\dot I_0+\dot I_L \tag{2.6-23}$$

式中，$\dot I_L=-\dot I_2/k$。式（2.6-23）说明，负载运行时一次绕组的电流 $\dot I_1$ 由两个分量组成。一个分量 $\dot I_0$ 用来产生主磁通 $\dot\Phi_m$，是励磁分量；另一个分量 $\dot I_L$ 传输到了二次绕组，成为电流 $\dot I_2$。

最后，采用欧姆定律确定负载时感应电动势 $\dot E_1$ 与励磁电流分量 $\dot I_0$ 的关系。已知空载时式（2.6-16）成立。尽管在变压器正常运行范围里带负载运行时，阻抗 z_m 会有些变化，但工程上一般忽略这个变化，直接采用空载运行时的励磁阻抗 z_m。即

$$\dot E_1=-z_m\dot I_0 \tag{2.6-24}$$

式（2.6-18）~式（2.6-20），再加上式（2.6-23）与式（2.6-24），就是变压器的基本方程或者基本模型，其电路模型如图 2.6.9 所示。

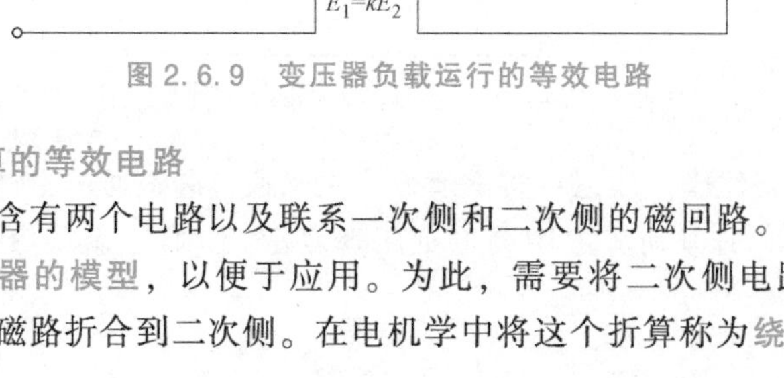

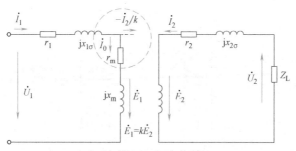

图 2.6.9 变压器负载运行的等效电路

3. 基于绕组折算的等效电路

上述变压器模型含有两个电路以及联系一次侧和二次侧的磁回路。在电机学中希望用一个等效电路表示变压器的模型，以便于应用。为此，需要将二次侧电路和磁路折合到一次侧，或将一次电路和磁路折合到二次侧。在电机学中将这个折算称为绕组折算。

（1）绕组折算

以下介绍将二次电量折合到一次侧、从而得到一个从一次侧看到的等效电路的绕组折算方法。

折算的本质是“恒等变换”，也就是说变换前后的功率传递不变。此外，折算后的等效电路形式中应该保留二次侧电路结构，而磁路不再存在，取而代之的是磁动势的电流表达，也就是磁动势平衡式的电流形式［式（2.6-23）］$\dot{I}_1=\dot{I}_0-\dot{I}_2/k$。很明显，这需要一个 T 形等效电路来表示，如图 2.6.9 中虚线圆圈内的节点所示。以下讨论具体折算方法。

从磁动势平衡式可以看出，二次侧与一次侧之间通过二次磁动势 $\dot{F}_2=\dot{I}_2W_2$ 联系在一起。如果把二次侧的匝数 W_2 和电流 $\dot{I}_2$ 换成另一匝数和电流值，只要保持二次侧的磁动势 $\dot{F}_2$ 不变，那么，变换后从一次侧观察到的二次侧状态与变换前观察到的状态完全一样，即变换的原则是“变换前后磁动势不变”。今后会看到这个原则与“变化前后功率传递不变”是等价的。可以想象为实际的二次绕组被另一个匝数为 W_1 的等效二次绕组替代，即常说的将二次侧折算到一次侧。为此，二次绕组的各个物理量数值都应相应改变，这种改变后的量称为折算值，用原来的符号加“′”表示。

1）电动势的折算：由于电动势和匝数成正比，故得出

$$\frac{\dot{E}_2'}{\dot{E}_2}=k \text{ 或 } \dot{E}_2'=k\dot{E}_2 \tag{2.6-25}$$

2）电流的折算：要使折算后的变压器能产生同样的 $\dot{F}_2$，即要求 $W_1\dot{I}_2'=W_2\dot{I}_2$，即

$$\dot{I}_2'=\frac{W_2}{W_1}\dot{I}_2=\frac{1}{k}\dot{I}_2 \tag{2.6-26}$$

3）阻抗的折算：从电动势和电流的关系，可找出阻抗的关系。要在电动势 $\dot{E}_2'$下产生电流 $\dot{I}_2'$，则二次侧的阻抗折算值

$$z_2'+z_L'=\frac{\dot{E}_2'}{\dot{I}_2'}=\frac{k\dot{E}_2}{\dot{I}_2/k}=k^2(z_2+z_L)=k^2z_2+k^2z_L \tag{2.6-27}$$

从式（2.6-27）可以看出，二次回路的电阻和漏电抗，以及负载的电阻和电抗都必须分别乘以 k^2 才能折算到一次回路。

4）二次电压的折算：由电路电压平衡式可知

$$\dot{U}_2'=\dot{E}_2'-\dot{I}_2'z_2'=k\dot{E}_2-\frac{1}{k}\dot{I}_2k^2z_2=k(\dot{E}_2-\dot{I}_2z_2)=k\dot{U}_2 \tag{2.6-28}$$

综上所述，折算后变压器负载运行时的基本方程式可以归纳为如下形式：

$$\begin{cases}\dot{U}_1=-\dot{E}_1+\dot{I}_1z_1 & \text{（一次电压方程）}\\ \dot{U}_2'=\dot{E}_2'-\dot{I}_2'z_2' & \text{（二次电压方程）}\\ \dot{U}_2'=\dot{I}_2'z_L' & \text{（负载的欧姆定律）}\\ \dot{E}_1=\dot{E}_2' & \text{（变比）}\\ \dot{I}_1=\dot{I}_0+(-\dot{I}_2') & \text{（磁动势方程）}\\ \dot{I}_0=\dfrac{-\dot{E}_1}{z_m} & \text{（励磁回路欧姆定律）}\end{cases} \tag{2.6-29}$$

（2）等效电路与相量图

根据基本方程式（2.6-29）可以画出图 2.6.10 所示的负载运行时基于绕组折算的变压器等效电路，也称它为 T 形等效电路。这个等效电路的特征是：①各个电支路有明确的实物对应，即用三个等效电支路分别表示磁回路、一次电路和二次电路；②每个参数分别与实物中的某个物理量对应。**本书今后所述的其他建模方法或变换方法也将具有这个特征。**

在对变压器负载运行进行分析时，如果所关心的问题是一次与二次电压、电流之间的关系，如已知一次电压和负载阻抗，要计算负载电压，由于 I_0 在一次漏阻抗 z_1 上产生的压降很小，所以通常可以忽略励磁支路对二次电量的影响，也即忽略励磁支路，从而得到图 2.6.11 所示的更简单的串联电路，称为变压器的简化等效电路，也称为“一字形”等效电路。将图中一、二次侧漏阻抗合并在一起后，代表二次侧短路时从一次侧观察得到的等效阻抗，称为短路阻抗 z_k，$z_k=r_k+\mathrm{j}x_k$，$r_k=r_1+r_2'$为短路电阻，$x_k=x_{\sigma1}+x_{\sigma2}'$为短路电抗。

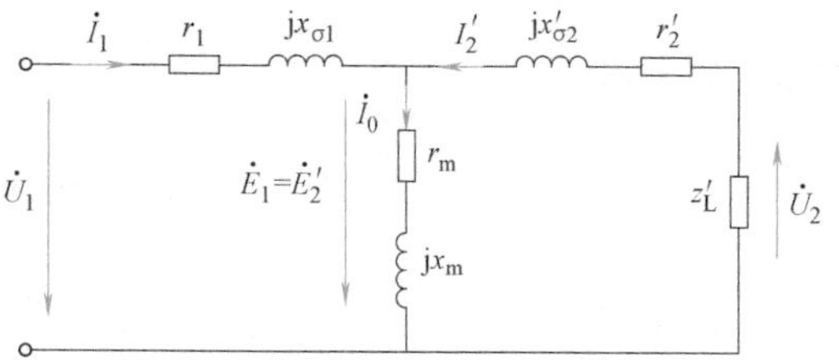

图 2.6.10　变压器负载运行等效电路

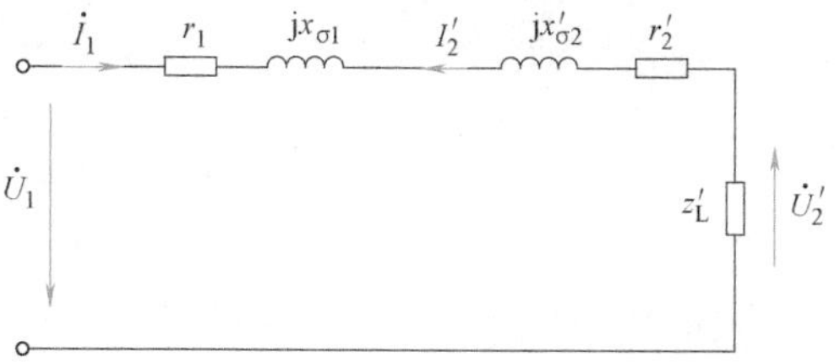

图 2.6.11　变压器的简化等效电路

变压器的相量图包括三个部分：二次电路相量图、对应于磁动势方程的电流相量图和一次电路相量图。画相量图时，认为电路参数为已知，且负载已给定。具体作图步骤如下：

1）首先选定参考相量，通常以 $\dot{\Phi}_m$ 为参考相量。

2）根据 $\dot{\Phi}_m$、$\dot{E}_1=\dot{E}_2'$作相量 $\dot{E}_2'$和 E_1。

3）**根据给定的负载性质**，假定负载电流 $\dot{I}_2'$滞后或超前 $\dot{E}_2'$，然后画出 $\dot{I}_2'$。

4）根据二次侧 $\dot{U}_2'=\dot{E}_2'-\dot{I}_2'z_2'$和 z_2'，可画出相量 $\dot{U}_2'$。

5）励磁电流 $\dot{I}_0$ 超前 $\dot{\Phi}_m$ 铁耗角 α_{Fe}。

6）由磁动势平衡式 $\dot{I}_1=\dot{I}_0+(-\dot{I}_2')$，画出 $\dot{I}_1$。

7）由一次侧电压平衡式 $\dot{U}_1=-\dot{E}_1+\dot{I}_1z_1$，画出 $\dot{I}_1z_1$ 和 $\dot{U}_1$。

图 2.6.12 是基于感性负载并按照上述步骤画出的变压器相量图。

视频 No. 5 进一步说明了该相量图的作法。

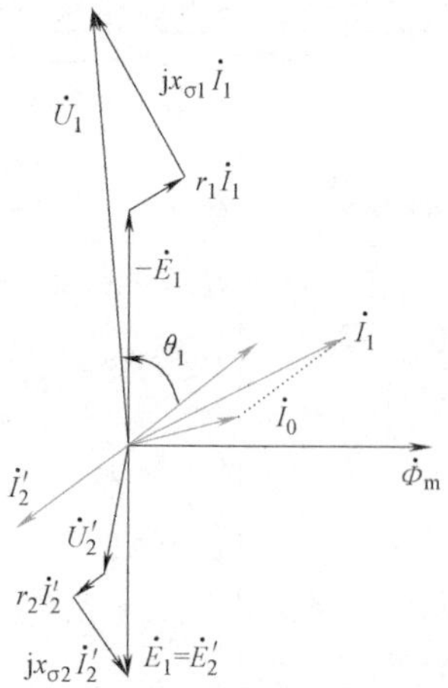

图 2.6.12　感性负载时变压器相量图

视频 No. 5

4. 与控制理论教科书建模方法的比较

与上节内容相比，在电类本科专业的一些“控制理论”教科书中所述的变压器建模方法有所不同。控制理论基于图 2.6.8 所示的变压

器建立数学模型时，直接给出一、二次侧的微分方程

$$\begin{cases} R_1 i_1 + \dfrac{\mathrm{d}(\psi_{11}+\psi_{12})}{\mathrm{d}t} = u_1 \\ R_2 i_2 + u_2 + \dfrac{\mathrm{d}(\psi_{22}+\psi_{21})}{\mathrm{d}t} = 0 \end{cases} \tag{2.6-30}$$

式中，ψ_{11}、ψ_{22} 分别为电流 i_1、i_2 产生的自感磁链；ψ_{12} 为电流 i_2 产生的交链于一次绕组的互感磁链；ψ_{21} 为电流 i_1 产生的交链于二次绕组的互感磁链。

线性磁路条件下，由 2.4.2 节可知

$$\psi_{11}=L_1 i_1,\ \psi_{22}=L_2 i_2,\ \psi_{12}=L_{\mathrm{m}} i_2,\ \psi_{21}=L_{\mathrm{m}} i_1 \tag{2.6-31}$$

$$\begin{cases} L_1 = W_1^2(\Lambda_{1\sigma}+\Lambda_{\mathrm{m}}) \\ L_2 = W_2^2(\Lambda_{2\sigma}+\Lambda_{\mathrm{m}}) \\ L_{\mathrm{m}} = W_1 W_2 \Lambda_{\mathrm{m}} \end{cases} \tag{2.6-32}$$

式中，L_1、L_2 分别为一、二次侧的自感；L_{m} 为互感；Λ_{m} 为主磁路磁导；$\Lambda_{1\sigma}$、$\Lambda_{2\sigma}$ 分别为一、二次绕组对应的漏磁导。

设负载电阻和电感为 R_{L} 和 L_{L}，将式（2.6-31）代入式（2.6-30），得到

$$\begin{cases} R_1 i_1 + L_1 \dfrac{\mathrm{d}i_1}{\mathrm{d}t} + L_{\mathrm{m}} \dfrac{\mathrm{d}i_2}{\mathrm{d}t} = u_1 \\ (R_2+R_{\mathrm{L}}) i_2 + (L_2+L_{\mathrm{L}}) \dfrac{\mathrm{d}i_2}{\mathrm{d}t} + L_{\mathrm{m}} \dfrac{\mathrm{d}i_1}{\mathrm{d}t} = 0 \end{cases} \tag{2.6-33}$$

据此，可得变压器模型如图 2.6.13 所示。式（2.6-33）可以改写为

$$\begin{cases} R_1 i_1 + (L_1-L_{\mathrm{m}}) \dfrac{\mathrm{d}i_1}{\mathrm{d}t} + L_{\mathrm{m}} \dfrac{\mathrm{d}(i_1+i_2)}{\mathrm{d}t} = u_1 \\ (R_2+R_{\mathrm{L}}) i_2 + (L_2-L_{\mathrm{m}}+L_{\mathrm{L}}) \dfrac{\mathrm{d}i_2}{\mathrm{d}t} + L_{\mathrm{m}} \dfrac{\mathrm{d}(i_1+i_2)}{\mathrm{d}t} = 0 \end{cases} \tag{2.6-34}$$

根据式（2.6-34），可画出用自感和互感表示的变压器去互感的等效电路，如图 2.6.14 所示。这个方法就是部分控制理论教科书中表述的建模方法。

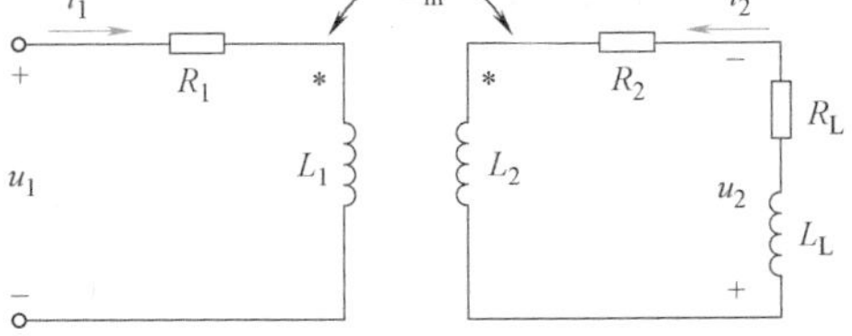

图 2.6.13 变压器耦合电路模型

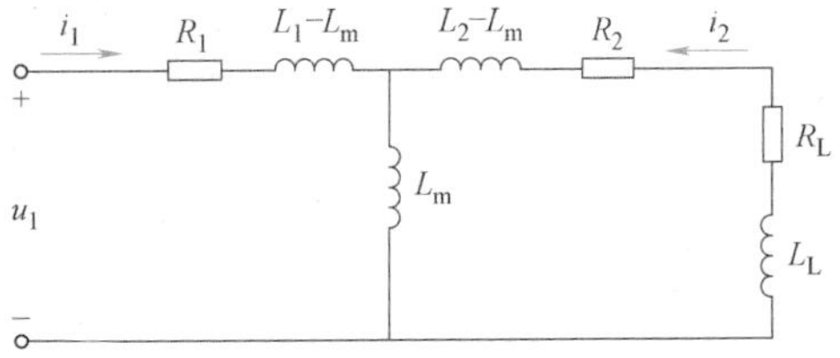

图 2.6.14 与图 2.6.13 对应的电路表示

与图 2.6.10 比较，图 2.6.14 中的参数都用的是一次侧和二次侧各自的实际值，并没有进行绕组折算。那么，两个模型是否一致呢？

由于式（2.6-30）或式（2.6-33）所示模型只包含两个电路的电压方程式，并没有对磁路建模，因此这个**模型似乎是不完整的**。由表述磁路模型的式（2.6-23）（即 $\dot{I}_1=\dot{I}_0-\dot{I}_2/k$）可知，这个模型只能在变压器的一、二次匝数相等时成立。当一、二次绕组匝数不等且漏感 $L_{\sigma1}$ 和 $L_{\sigma2}$ 很小时，由式（2.6-32）可知图 2.6.14 中的参数 L_1-L_m 或 L_2-L_m 可能出现负值。也就是说电路中的漏感为负，这与实际的物理现象不符。

如果在式（2.6-30）中添加磁动势方程、将图 2.6.13 的二次电路变换到一次侧时，结果如何呢？此时，基于图 2.6.13 和式（2.6-32），一次漏感、折算到一次侧的互感以及二次侧的所有参数为

$$\begin{cases}L_2'=W_1^2(\Lambda_{\sigma2}+\Lambda_m)=k^2W_2^2(\Lambda_{\sigma2}+\Lambda_m)=k^2L_2\\ L_m'=W_1^2\Lambda_m=k^2W_2^2\Lambda_m=k^2L_m\\ L_1-L_m'=W_1^2(\Lambda_{\sigma1}+\Lambda_m)-W_1^2\Lambda_m=W_1^2\Lambda_{\sigma1}=L_{\sigma1}\\ L_2'-L_m'=W_1^2(\Lambda_{\sigma2}+\Lambda_m)-W_1^2\Lambda_m=W_1^2\Lambda_{\sigma2}=k^2L_{\sigma2}=L_{\sigma2}'\\ r_2'=k^2r_2\end{cases}\tag{2.6-35}$$

式中，变比 $k=W_1/W_2$。于是，折算后变压器的等效电路如图 2.6.15 所示，此图与图 2.6.10 完全一致。

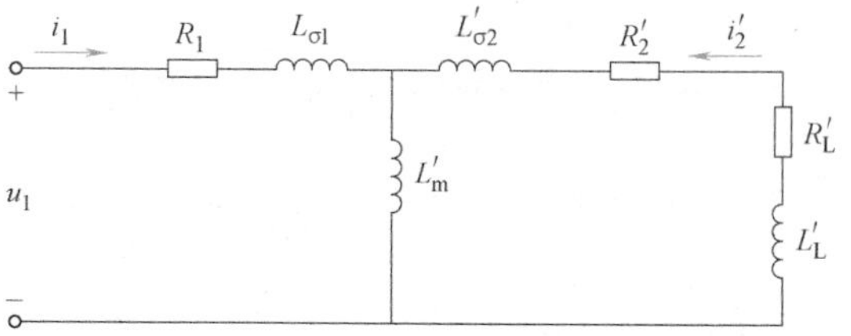

图 2.6.15　变压器去互感模型的等效电路

由上述分析可知，本书今后所述的交流电气机器如变压器、电机模型中，如果没有磁路模型部分，则可假定其已经进行了绕组折算，这样就能够保证模型的正确性。

本节小结

1）讨论了交流磁路非线性现象以及线性化方法（等效正弦波模型）。说明了铁心损耗的概念和类型。

2）本节分析的变压器的电路模型是一个已经简化为线性定常电路的基波模型，所以使用了电路原理的相量方法。与等效电路对应的有相量图，该图常用于电力装置或系统的稳态分析。

3）比较了“控制理论”课程与电机学变压器建模方法的异同。由此说明了建模应注意的问题以及电气工程领域中建模方法的特点。请注意建模问题是本书贯穿始终的重要问题。

本章习题

有关 2.2 节与 2.3 节

2-1　回答以下问题：

（1）磁路的基本定律有哪几条？当磁路上有几个磁动势同时作用时，磁路计算能否用

叠加原理，为什么？

（2）说明磁阻、磁导与哪些因素有关？

（3）已知磁场是无源场，也就是磁力线在闭合磁路中是闭合的。但是，由磁路欧姆定理 $F=Wi=R_m\Phi$ 知，电流不为零则磁动势/磁通也不为零。请说明上述两句话。

2-2 两个铁心线圈的铁心材料、匝数以及磁路平均长度都相同，但截面积 $A_2>A_1$。问：

（1）绕组中通过相等的直流电流时，哪个铁心中的磁通及磁感应强度大？

（2）如果电阻及漏电抗也相同，将它们接到同一正弦交流电源，试比较两个铁心中的磁通及磁感应强度大小？

2-3 说明：

（1）为什么设计使电机工作在“电机磁路铁磁材料的膝点附近（图 2.2.7 中的 b 点）”？

（2）起始磁化曲线、磁滞回线和基本磁化曲线有何区别？它们是如何形成的？

（3）三种铁心磁路的模型的特征各是什么？

2-4 回答下列问题：

（1）电机学中如何确定变压器电动势的正方向？

（2）图 2.3.5 中的导体 cd 不动，如果闭合回路 $abdca$ 的磁通的大小和方向在纸面垂直方向上按正弦波规律变化，此时导体 cd 中的感应电动势是什么性质的电动势？

（3）图 2.3.5 中的磁场 B 不变，导体 cd 按正弦规律做往复运动，此时的导体 cd 中的感应电动势是什么性质的电动势？请写出该电动势的时域表达式。

2-5 法拉第定律公式（2.3-1）说明，与导体之间无相对运动的磁场不能在导体中产生感应电动势。但是，基于霍尔效应的霍尔式传感器的感应电动势却与磁场的磁感应强度成正比。据此，制作了霍尔式传感器用于检测直流和交流电流。请上网查询电流互感器和电流霍尔式传感器的原理，并对两者的原理进行比较分析。

有关 2.4 节与 2.5 节

2-6 试回答下列问题：

（1）磁场能量和磁共能有什么关系？什么条件下采用磁共能计算磁场能量？

（2）电感 $L=\dfrac{\psi}{i}$ 成立的条件是什么？

（3）用电感表示磁场能量的条件是什么？一般地，自感大于互感，这是为什么？

2-7 为什么式（2.5-1）和式（2.5-2）中写的是“耦合电磁场内储能增量”而不是“耦合电磁场内储能”（提示：电能和机械能之间的变换，首先需要建立磁场作为耦合场，然后才有这两个能量平衡式）？

2-8 图 2.5.1b 单边励磁的继电器中，绕组 W 中的感应电动势的正方向如图所示，而图 2.5.2b 双端励磁机电装置中，绕组 W_1 中的感应电动势由几部分构成？正方向如何设定？

2-9 试回答：

（1）在采用磁场能量计算电磁转矩时，可以采用几种方式？各自的约束条件是什么？

（2）采用公式 $\boldsymbol{f}=(\boldsymbol{i}\times\boldsymbol{B})l$ 得到电磁力是瞬态值还是平均值？

（3）采用公式 $T_e=P/\Omega$ 得到的电磁转矩是瞬态值还是平均值（提示：功率 P 的概念是平均值还是瞬态值）？

有关 2.6 节

2-10　试回答：

（1）变压器空载运行时，电源送入什么性质的功率？消耗在哪里？为什么空载运行时功率因数很低？

（2）什么叫变压器的主磁通和漏磁通？空载和负载时，主磁通大小取决于哪些因素？

（3）两绕组变压器的励磁电感、漏感与绕组的自感和互感有何关系？

（4）变压器的励磁电抗 x_m 的物理意义是什么？在变压器中希望 x_m 大好，还是小好？

（5）变压器一次漏阻抗 $z_1=r_1+jx_{\sigma_1}$ 的大小是哪些因素决定的？是常数吗？

2-11　以下问题与推导变压器等效电路采用的方法有关。

（1）等效电路采用了励磁支路表述磁路的哪些物理特性？有哪些假设？

（2）为什么要进行绕组折算？折算是在什么条件下进行？为何是 T 形等效电路？

2-12　回答下列变压器在非正常使用中的问题：

（1）一台 50Hz 的变压器接到 60Hz 的电源上运行时，若额定电压不变，问励磁电流、漏抗会有什么变化？

（2）变压器初级电压超过额定电压时，其励磁电流和励磁电抗将如何变化？

分析计算题

2-13　有一个单相变压器铁心，其导磁截面积为 90cm^2，取其磁通密度最大值为 1.2T，电源频率为 50Hz。现要用它制成额定电压为 1000V/220V 的单相变压器，计算一、二次绕组的匝数应为多少？

2-14　有一台 50Hz 的变压器，电压比 $k=W_1/W_2=2.4$，自感 $L_2=301\text{H}$，$L_2=18\text{H}$，耦合系数 $K=L_m/\sqrt{L_1L_2}=0.95$，不计电阻和铁耗，试计算：

（1）用自感和互感表示时，等效电路的各参数。

（2）用漏感和励磁电感表示时，T 形等效电路的参数。

2-15　在题 2-15 图的磁路中，线圈 W_1、W_2 中通入**直流**电流 I_1、I_2，试问：

（1）电流方向如图所示时，该磁路上的总磁动势为多少？

（2）W_2 中电流 I_2 反向，总磁动势又为多少？

（3）若在图中 a、b 处切开，形成一空气隙 δ，总磁动势又为多少？

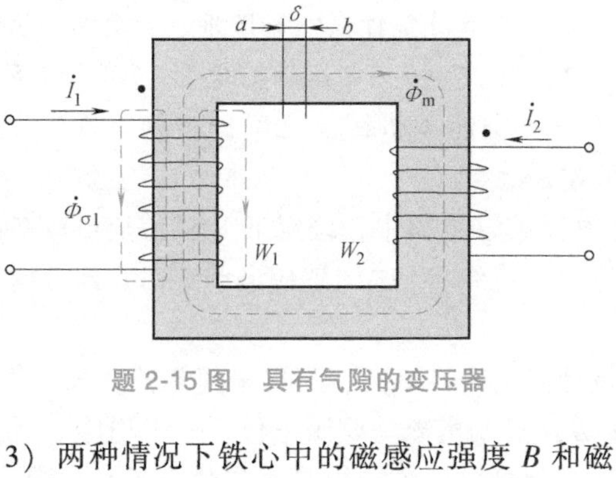

题 2-15 图　具有气隙的变压器

（4）比较（1）和（3）两种情况下铁心中的磁感应强度 B 和磁场强度 H 的相对大小及（3）中铁心和气隙中 H 的相对大小？

参考文献

[1] 贾瑞皋，等. 电磁学［M］. 2版. 北京：高等教育出版社，2011.

[2] 汤蕴璆. 电机学［M］. 4版. 北京：机械工业出版社，2011.

[3] FITZGERALD A E, et al. 电机学（第六版）[M]. 刘新正，等译. 北京：电子工业出版社，2004.

[4] 范钦珊. 工程力学教程（Ⅱ）[M]. 北京：高等教育出版社，1998.

[5] 汤蕴璆. 电机内的电磁场［M］. 2版. 北京：科学出版社，1998.

[6] HURLEY W G, WOLFLE W H. 应用于电力电子技术的变压器和电感：理论、设计与应用［M］. 朱春波，等译. 北京：机械工业出版社，2014.

第 3 章

直流电机原理和工作特性

本章 3.1 节首先采用最简单的直流电机模型讨论直流电机原理并推导出直流电机的感应电动势和电磁转矩的表达式。作为今后讨论拖动系统的基础之一，在 3.2 节讨论电动机与拖动负载的关系。然后在 3.3 节中讨论他励直流电机的稳态方程和外特性，并在此基础上，在 3.4 节讨论他励直流电动机的运行特性。本章各节的关系如图 3.0.1 所示。

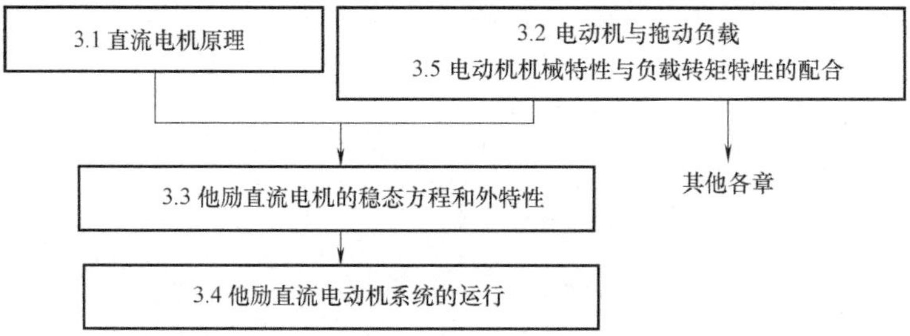

图 3.0.1　第 3 章内容之间的关系

3.1　直流电机原理

3.1.1　直流电机的用途、主要结构和额定值

直流电机是指发出直流电功率的发电机或通以直流电功率而导致机械转动的电动机，是电机的主要类型之一。

由于直流电动机能在宽广的范围内平滑而经济地调节速度，所以它在轧机、精密机床和以蓄电池为电源的小型起重运输机械等设备中应用较多；在机器人等领域，小容量直流电动机的应用亦很广泛。与交流电机相比，由于直流电机结构较复杂，成本较高，维护不便，尤其是存在 3.1.5 节将要介绍的换向问题，使得它的发展和应用受到限制。近年来出现了交流调速系统在许多部门取代直流调速系统的情况。但是，因为直流调速技术比较成熟，迄今它的应用仍然很广泛。

直流电机的基本结构如图 3.1.1 所示，主要由定子（静止部分，stator）和转子（转动部分，rotor）以及对转子起支撑作用和对整体起遮盖作用的端盖组成。定子主要包括机座和固定在机座内圆表面的主磁极两部分。主磁极的作用是用来产生磁场，机座既是主磁路的一部分，也作为电机的机械支撑。去掉图 3.1.1a 中电机的机座和端盖，就可以更清楚地看到主磁极和转子等实现能量转换的主要部件，如图 3.1.1b 所示。

在图 3.1.1b 中，有两个主磁极，主磁级上有励磁绕组。绝大部分直流电机都是由励磁绕组通以直流电流来建立主磁场。通常，只有小功率直流电机的主磁极才用永久磁铁，这种电机叫永磁直流电机。在两个主磁极内表面之间，有一个由硅钢片叠成的圆柱体，称为电枢铁心。电枢铁心与磁极之间的间隙称为气隙。电枢铁心表面的槽内嵌入的每个线圈的首末端分别连接到两片相邻且相互绝缘的圆弧形铜片即换向片上。与一个线圈的末端相连的换向片同时与下一个线圈的首端连接，于是，各线圈通过换向片连接起来构成电枢绕组。各换向片固定于转轴上且与转轴绝缘。这种由换向片构成的整体称为换向器。与换向器滑动接触的电刷将电枢绕组和外电路接通，实现直流电机与外部电路之间的能量传递。直流电机工作时，电枢绕阻切割气隙磁场而产生感应电动势，进而实现能量转换。

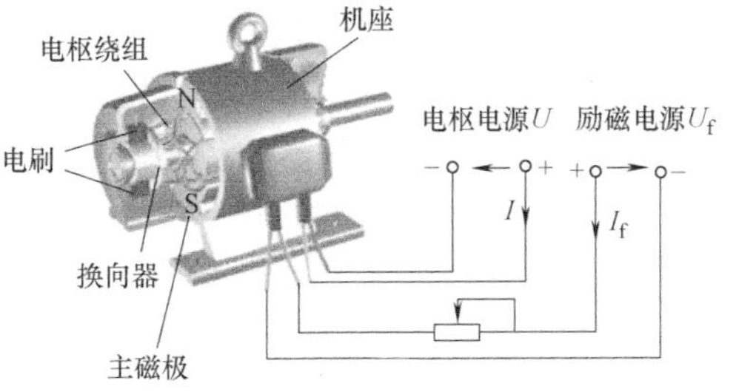

a) 直流电机结构简图

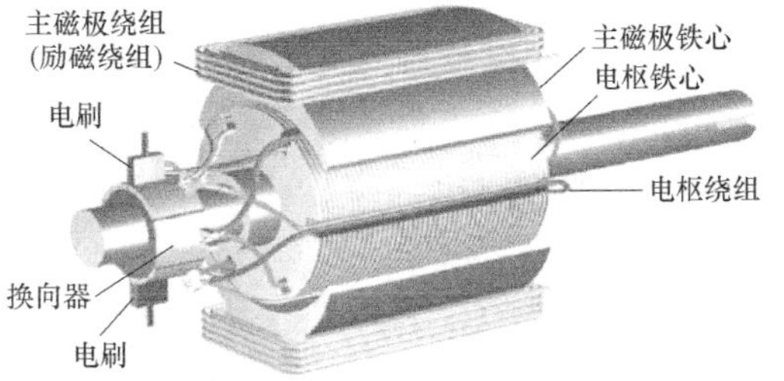

(扫码见彩图)

b) 直流电机主要结构部件图

图 3.1.1　直流电机的结构

根据国家标准，直流电机的额定数据有：

1）额定电压 U_N(V)：在正负电刷间的电枢电压。

2）额定电流 I_N(A)：流过电枢绕组的总电流。

3）额定转速 n_N(r/min)：输出额定功率时电机轴的转速。

4）额定容量(功率) P_N(kW)：对电动机，额定功率是电机转轴上输出的机械功率：$P_N=U_NI_N\eta_N$（η_N 为额定效率）；对发电机，是电刷端的输出电功率，为 $P_N=U_NI_N$。

5）励磁方式和额定励磁电流 I_f(A)。

6）电机的额定效率 η_N：如果额定输入功率为 P_1，则电机额定效率 η_N 的定义为 $\eta_N=P_N/P_1$。

直流电机运行时，如果各个物理量都是额定值，这种运行状态称为**额定运行状态**。电机铭牌上标出的上述物理量的值都是额定值。

3.1.2　感应电动势和电磁转矩

以下以发电机运行为例讨论电枢感应电动势，以电动机运行为例讨论电磁力和电磁转矩。

1. 发电机

如图 3.1.2a 和 b 所示，当原动机拖动电枢以恒定转速 n 逆时针方向旋转时，根据电磁感应定律可知，在构成线圈的导体 ab 和 cd 上有感应电动势，在假设磁密、导体和运动方向三者相互垂直的条件下，根据式（2.3-3），感应电动势 e 的大小为

$$e = Blv \tag{3.1-1}$$

式中，B 是导体所在处的磁通密度；l 是导体 ab 或 cd 的长度；v 是导体 ab 或 cd 与磁通密度 B 之间的相对线速度。

首先讨论图 3.1.2a 所示模型电机的感应电动势。图中线圈的两端分别与两个导电的圆环连接：圆环 A 与线圈 a 端焊在一起，与 A 电刷接触；圆环 B 与线圈 d 端焊在一起，与 B 电刷接触。

感应电动势的方向用右手定则确定。当导体 ab 在 N 极下时，感应电动势的方向由 b 指向 a，由 d 指向 c，这时电刷 A 呈高电位，电刷 B 呈低电位。当电枢逆时针方向转过 180°时，导体 ab 和 cd 互换了位置。用感应电动势的右手定则判断，在这个瞬间，导体 ab、cd 的感应电动势方向都与刚才的相反，这时电刷 B 呈高电位，电刷 A 呈低电位。如果电枢继续逆时针方向旋转 180°，导体 ab 回到 N 极下，电刷 A 又呈高电位，电刷 B 呈低电位。由此可见，电机电枢每转一周，线圈 ab、cd 中感应电动势的方向交变一次。由此，输出的感应电动势如图 3.1.2b 所示。

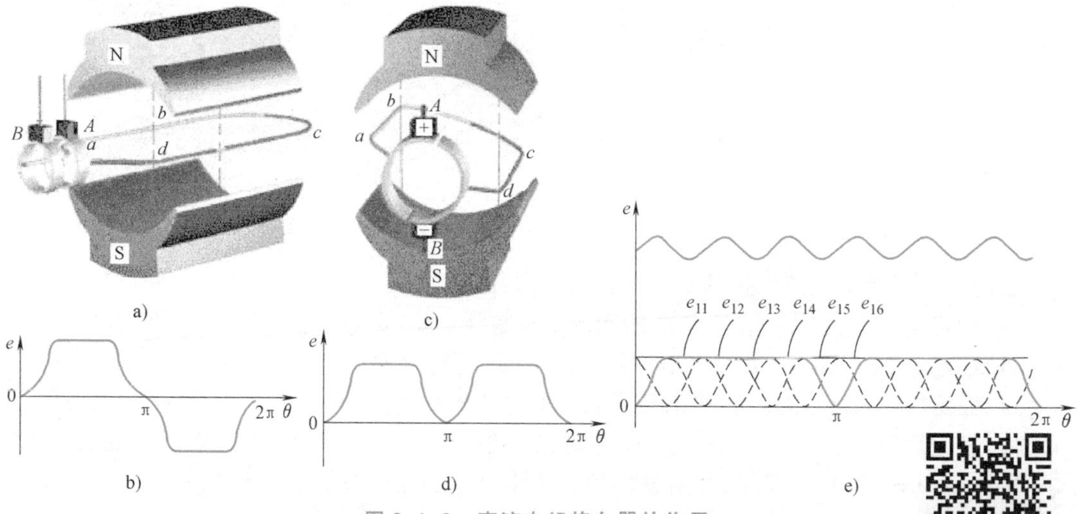

图 3.1.2 直流电机换向器的作用

（扫码见彩图）

为了得到直流电，现在与线圈连接的是两个相互绝缘的半圆环，如图 3.1.2c 所示。电刷 A 只与处于 N 极下的导体相接触，而电刷 B 只与处于 S 极下的导体相接触。当 ab 导体在 N 极下时，电动势的方向由 b 到 a 引到电刷 A，电刷 A 的极性为正；在另一时刻，当 cd 导体转到 N 极下时，A 电刷则与 cd 导体相接触，电动势的方向由 c 到 d 引到电刷 A，其极性仍为正。可见 A 的极性永远为正；同理，电刷 B 则永远为负极性。故电刷 A 与 B 之间的电动势

如图 3.1.2d 所示，交变电动势的负半波被改变了方向，也就是说，A、B 电刷间的电动势成为脉动的直流电动势。为了使电动势的脉动程度降低，在实际电机中，电枢不是只有一个线圈，而是由许多线圈组成的电枢绕组。这些线圈均匀分布在电枢表面，按一定的规律串联起来，使感应电动势的脉动大大降低。图 3.1.2e 表示更多（6 组）线圈组成的电枢绕组电动势波形图。

以上分析了电枢开路时感应电动势的产生过程。当电刷 A、B 接到负载时，就有电流流过 ab、cd 线圈。这时导体 ab 和 cd 均处于磁场之中，必然受到一个电磁力。由左手定则可知此电磁力是阻碍电枢旋转的（下一小节仔细分析）。原动机为了保持电机以恒定转速旋转，就必须克服此电磁力而做功。正是由于存在这种反抗原动机旋转的电磁力，才有可能把原动机的机械能变成电能以供负载使用。

2. 电动机

若直流电机处于电动运行，由外电源从电刷 A、B 引入直流电流，使电流从正电刷 A 流入，而由负电刷 B 流出，如图 3.1.3 所示。此时，由于电流总是经过 N 极下的导体流进去，而经过 S 极下的导体流出来，假设电流的方向与磁通密度的方向垂直，根据左手定则可以判断出上、下两根导体分别受到的电磁力的方向。由此得知，力矩方向永远是逆时针方向。根据第 2 章式（2.5-16），如果电枢直径为 D，则电磁力 f_e 和电磁转矩 T_e 分别为

$$f_e = IBl,\ T_e = f_e \cdot D/2 \tag{3.1-2}$$

显然，这台电机可以带动别的机械旋转，把电能转换为机械能，成为一台直流电动机。

由此可见，这个构造的直流电机既可以作为发电机使用，也可以作为电动机使用。

视频 No.6 进一步说明了直流电机的原理。

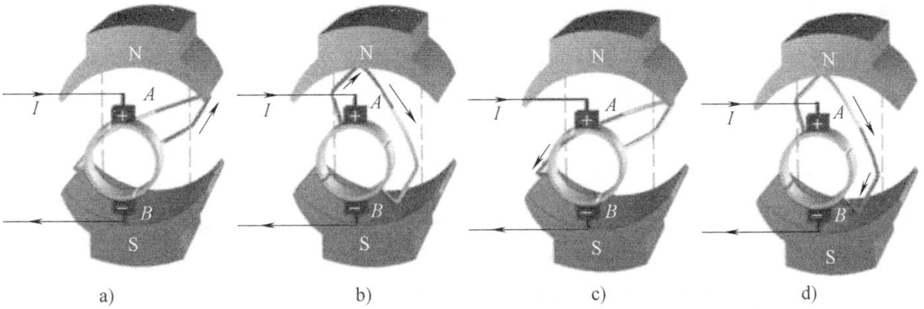

视频 No.6

（扫码见彩图）

图 3.1.3　直流电动机电磁转矩的产生

3.1.3　直流电机的磁路和电枢绕组

根据式（3.1-1）与式（3.1-2）所得到的仅仅是一根导体的感应电动势及所受到的电磁力。为了得到整台直流电机的感应电动势和电磁转矩，就需要进一步知道两个公式中的磁通密度 B 沿气隙圆周的分布情况，还需要知道绕组连接情况以及一台电机总的电流与一个线圈的电流之间的关系等。这些就是本节的主要内容。

1. 直流电机的主磁路

直流电机空载，对于电动机是指不输出机械功率，对于发电机是指不输出电功率。这时的电枢电流很小或者等于零，所以直流电机的空载磁场就是指由励磁绕组通入励磁电流单独产生的磁场。

图 3.1.4a 所示是一台两极直流电机主磁路示意图。通入励磁电流，这样就在电机中产生一个励磁磁场。实际的励磁磁通可分为主磁通 Φ_0 和漏磁通 Φ_σ 两部分。

图 3.1.4a 中只画出了主磁通 Φ_0 的路径，即从定子 N 极出发，经气隙进入电枢铁心，再经气隙进入定子 S 极铁心，然后由定子轭回到 N 极，形成闭合回路。可见主磁通 Φ_0 既与励磁绕组交链，又与电枢绕组交链。

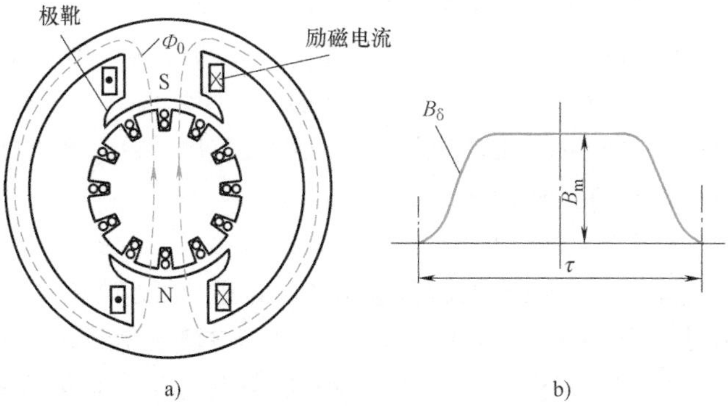

图 3.1.4　直流电机主磁路及气隙磁密的分布

主磁极正对着电枢的部分称为极靴，极靴与机座之间套装励磁绕组的部分称为极身。由于极靴下气隙小而极靴外气隙很大，所以在磁极轴线处的气隙磁通密度最大，而靠近极尖处的气隙磁通密度逐渐减小，在极靴以外则很小，在相邻两个磁极极靴之间的中线处为零。一般称 N 极与 S 极的分界线为几何中性线，在空载情况下，励磁磁场相对于磁极中心线对称分布。由此可得直流电机空载时，励磁磁场的气隙磁通密度 B_δ 沿圆周的分布波形如图 3.1.4b 所示，这是一个极下的磁通密度波形，图中的 τ 代表极距。极距是用电枢外圆弧长表示的相邻磁极轴线间的距离。设定子内径为 D，磁极极对数为 n_p，则电机极距 τ 为

$$\tau=\frac{\pi D}{2n_p} \tag{3.1-3}$$

空载主磁通 Φ_0 与励磁磁动势 F_f 之间的关系曲线叫作电机的磁化曲线，如图 3.1.5 所示。根据 2.4 节的介绍，当主磁通 Φ_0 较小时，由于铁心没有饱和，所以磁化曲线接近于直线。随着 Φ_0 的增长，铁心逐渐饱和，磁化曲线逐渐弯曲。随着 Φ_0 的进一步增长，铁心进入饱和状态。

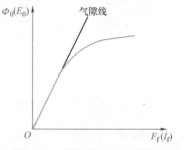

图 3.1.5　直流电机的磁化曲线

2. 直流电机的电枢绕组

(1) 线匝、线圈与绕组

构成绕组的基本单元是线圈，亦称为元件。元件可以是单匝的，也可以是多匝的（如图 3.1.6 所示）。元件镶嵌在图 3.1.6d 所示的转子槽内的部分切割气隙磁通、感应出电动势，是它的有效部分，称为元件边。嵌放于槽内上层的元件边称为上层边，嵌放在下层的称为下层边。元件按一定规律连接起来，即构成绕阻（如图 3.1.6c 所示）。

(2) 从实例看电枢绕组连接的基本方式

实际电机转子铁心上布满了绕组。现以图 3.1.7 所示具有 6 个槽的电枢绕组为例，介绍

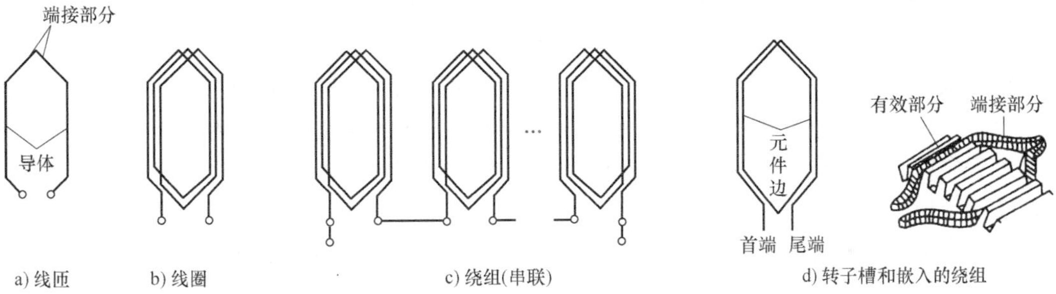

图 3.1.6 线匝、线圈、绕组以及嵌入方式

直流电枢绕组的连接方式。

从图 3.1.7a 中可以看出，上层边位于 1 号槽的元件，其首端连接到 1 号换向片上，将其称为 1 号元件。1 号元件的尾端接到 2 号换向片上，而 2 号换向片又与 2 号元件的首端相连接。以此类推，最后，6 号元件的首端与 5 号元件的尾端相连，而尾端与 1 号元件的首端连接。于是，全部的 6 个元件通过换向片依次串联最后构成一个闭合回路，如图 3.1.7b 所示，其简化的示意图则为图 3.1.7d。

图 3.1.7c 表示当定子磁极的位置在正上、下方位置时，对应的换向器的位置；图 3.1.7e 是对应的绕组连接示意图。而图 3.1.7f 则是更简化的示意图。可以看出，装上一对电刷后，绕组就具有了两条并联支路。

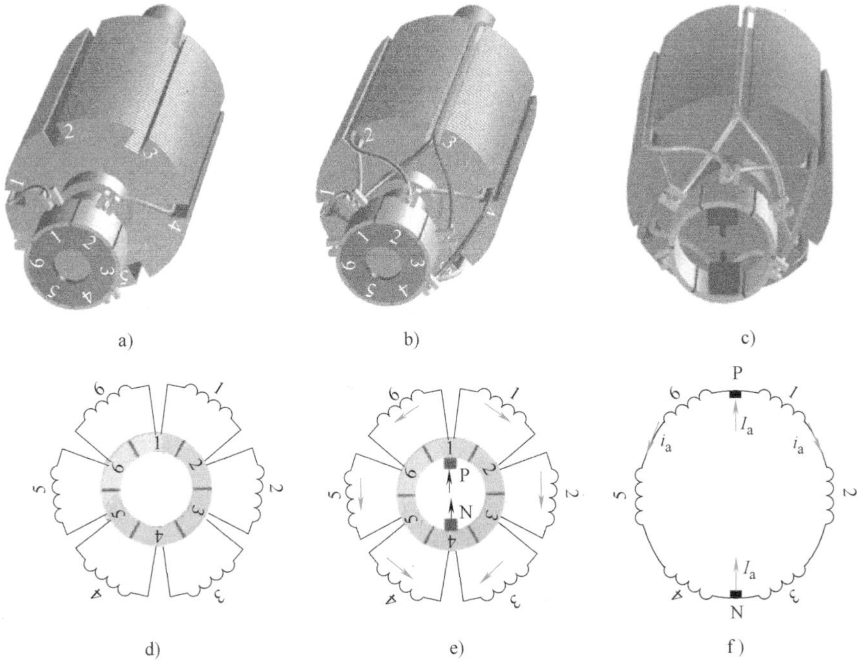

图 3.1.7 直流电枢绕组连接示意图

（扫码见彩图）

(3) 电枢电流与导体电流的关系

首先分析两者的大小。从图 3.1.7f 与图 3.1.8b 容易看出，电枢电流是通过电刷流经电枢绕组各支路的总电流，而导体电流则是其中一条支路的电流。在一般的情况下，设并联支

路对数为 a，即并联支路数为 $2a$，则一根导体中的电流 i_a 与电枢总电流 I_a 的关系为

$$i_a = I_a/(2a) \tag{3.1-4}$$

至于电流的方向，从图 3.1.7e 与 f 可以看出，虽然从电刷外面看进去的电枢电流方向在旋转过程中是固定不变的，在图中总是从上到下的方向，但是在导体内电流的方向在电枢旋转过程中却是变化的：右边支路的电流从线圈的首端流到尾端，而左边支路的电流从尾端流到首端。所以，在电枢旋转的过程中，当一根导体从一个支路进入另一个支路时，其中的电流会改变方向。根据该特点，在设计电枢绕组时，总是尽可能使得同一个磁极下的导体电流具有相同的方向，以便获得较大的电磁转矩。

3. 极对数

以上的电机结构中只有一对磁极。磁极对数用 n_p 表示，一对磁极就记为 $n_p=1$。对于两对磁极（四极）电机，其定子主磁路结构如图 3.1.8a 所示，与之对应的电枢结构也不同。例如，对应于图 3.1.2c 或者图 3.1.3 的单根导体的电机电枢结构，图 3.1.8a 的转子上需要两组单根导体（a_1-b_1 组和 a_2-b_2 组）分别与两对磁极对应。同时也需要两组换向器。此外，这两组导体（表示两组绕组）可采用串联方式连接，也可以采用并联方式连接。采用并联方式时的示意图如图 3.1.8b 所示，对应 4 条并联支路的等效电路示意图如图 3.1.8c 所示。

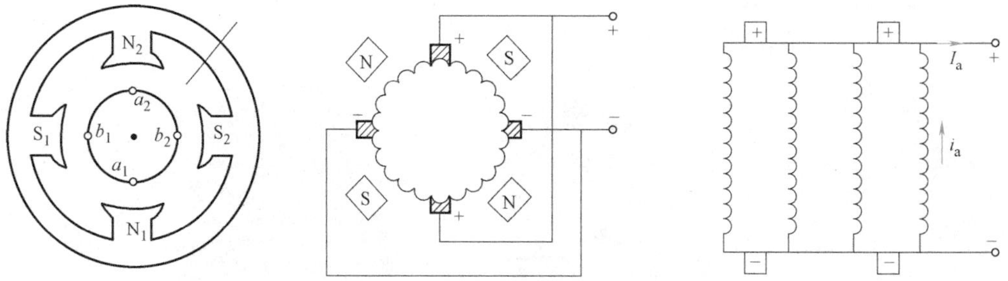

a) 四极电机的结构示意图　　b) 电刷、磁极和绕组(并联)的位置　　c) 等效电路(发电)

图 3.1.8　四极电机的构造

有关电枢绕组连接规律的更加详细的内容，可参考有关电机学方面的教材，如参考文献[1，3]。

3.1.4　电枢电动势与电磁转矩的数学模型

基于 3.1.2 节感应电动势和电磁转矩的产生原理以及 3.1.3 节电机结构知识，本节建立感应电动势和电磁转矩的数学模型。为了简化分析，假设电枢绕组的运动方向与磁通密度 B 的方向及电枢导体之间成正交。

1. 电枢电动势

电枢电动势是指直流电机正、负电刷之间的感应电动势。

设 Φ 为每极磁通，l_i 为导体的有效长度，也是电枢铁心的长度，则每极的平均磁通密度 B_{av}（单位：特斯拉）为

$$B_{av} = \Phi/(\tau l_i) \tag{3.1-5}$$

式中，τl_i 是在电枢铁心表面上每极对应的面积。

根据式（3.1-1），电枢以线速度 v 旋转时，一根导体的平均电动势为 $e_{av}=B_{av}l_iv$。式中各量的单位：v 为 m/s，l_i 为 m，e_{av} 为 V。

线速度 v 可以写成

$$v=\Omega\frac{D}{2}=\left(2\pi\frac{n}{60}\right)\left(\frac{2n_p\tau}{\pi}\right)/2=2n_p\tau\frac{n}{60} \tag{3.1-6}$$

式中，n_p 是极对数；D 为定子内径；n 是电枢的转速，单位为 r/min。

将式（3.1-6）代入式（3.1-5），可得一根导体的平均电动势

$$e_{av}=2n_p\Phi\frac{n}{60} \tag{3.1-7}$$

设电枢绕组全部导体数为 W，则电枢电动势等于一根导体的平均电动势乘以串联支路上的导体数 $W/(2a)$，有

$$E_a=\frac{W}{2a}e_{av}=\frac{W}{2a}\times 2n_p\Phi\frac{n}{60}=\frac{n_pW}{60a}\Phi n=C_E\Phi n \tag{3.1-8}$$

式中，表示电机构造的常数为

$$C_E=\frac{n_pW}{60a} \tag{3.1-9}$$

称为电动势常数。当转速 n 的单位为 r/min 时，e_{av} 的单位是 V。

式（3.1-8）就是式（3.1-5）在电机产品上的体现，此时的电枢电动势 E_a 正比于每极磁通 Φ 和转速 n。

2. 电磁转矩

由于电枢绕组中各导体中电流的方向均与磁通密度 B 的方向成直交，根据式（3.1-2），一根导体所受的平均电磁力为

$$f_{av}=B_{av}l_ii_a \tag{3.1-10}$$

需要注意，式中 i_a 是一根导体里流过的电流，而不是电枢总电流 I_a。

一根导体受的平均电磁力 f_{av} 乘以电枢的半径 $D/2$ 为转矩 $T_{e,1}$，即

$$T_{e,1}=f_{av}D/2 \tag{3.1-11}$$

W 根导体的总电磁转矩 T_e 为

$$T_e=WT_{e,1}=WB_{av}l_i\frac{I_a}{2a}\frac{D}{2} \tag{3.1-12}$$

将 $B_{av}=\Phi/(\tau l)$ 代入式（3.1-12），得电机的总电磁转矩 T_e

$$T_e=\frac{n_pW}{2a\pi}\Phi I_a=C_T\Phi I_a \tag{3.1-13}$$

式中，由电机构造决定的转矩常数 C_T 为

$$C_T=\frac{n_pW}{2a\pi} \tag{3.1-14}$$

由电磁转矩表达式看出，直流电动机制成后，它的电磁转矩的大小正比于每极磁通和电枢电流。容易得出转矩常数和电动势常数的关系为

$$C_T=\frac{60}{2\pi}C_E\approx 9.55C_E \tag{3.1-15}$$

需要注意的是，本节建立的两个数学模型只是电机模型中的一部分，电机的整体模型将在 3. 3. 1 节给出。

3. 1. 5* 直流电机的其他知识

本节介绍一些使用直流电机时所需的其他基本知识。

1. 直流电机的励磁方式

直流电机的励磁方式可分为他励和自励两大类。所谓他励是指励磁电流由另外的电源供给，与电枢电路没有电的连接，如图 3. 1. 9a 所示。作为发电机运行时，自励是指发电机励磁所需的励磁电流由该电机本身电枢供给。自励发电机按励磁绕组与电枢连接方式的不同而分为**串励、并励和复励发电机**。串励发电机的励磁绕组与电枢串联，如图 3. 1. 9b 所示。并励发电机的励磁绕组与电枢并联，如图 3. 1. 9c 所示。复励发电机既有并励绕组又有串励绕组，如图 3. 1. 9d 所示。

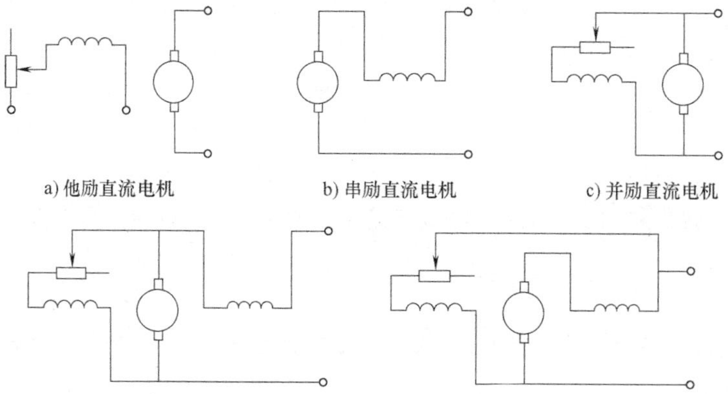

a) 他励直流电机　　b) 串励直流电机　　c) 并励直流电机

d) 复励直流电机

图 3. 1. 9　直流电机的励磁方式

2. 电枢反应

直流电机空载运行时的磁场是由励磁电流建立的，如图 3. 1. 10a 所示。电机负载运行时，电枢电流也会产生磁场，它会影响励磁电流所建立的磁场的分布情况，在某些情况下，还可能使每极磁通的大小发生变化，这种现象称为电枢反应（armature reaction）。

（1）电枢磁场的方向

直流电机负载运行时，在一个磁极下的电枢导体的电流都是一个方向，相邻的不同极性的磁极下，电枢导体的电流方向相反。电枢电流单独作用产生的磁场如图 3. 1. 10b 所示。电枢是旋转的，但是电枢导体中电流在各磁极下的分布情况不变，因此电枢磁场的方向是不变的。由图 3. 1. 10a 和 3. 1. 10b 可见，电枢反应磁场的轴线（即图中的 q 轴）与主磁场的轴线（d 轴）相互垂直。

（2）电枢磁场对主磁场的影响

电枢磁场对主磁场的影响包括对磁通密度分布曲线形状的影响以及对每极磁通多少的影响这两个方面。由图 3. 1. 10c 定性可见，在电枢磁场的作用下，主极磁场在磁极下的一半区域被削弱（图 3. 1. 10c 的左上侧），另一半增强（图 3. 1. 10c 的右上侧）。所以，电枢反应使气隙磁通密度沿电枢表面的分布发生了畸变，它不再对称于磁极轴线。与此对应，气隙磁

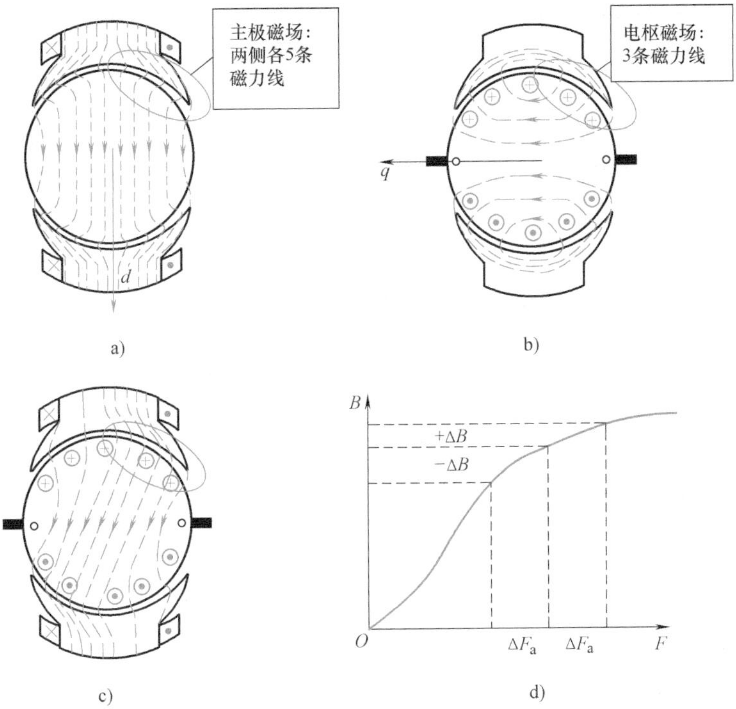

图 3.1.10 他励直流电机电枢反应去磁效应示意图

通密度过零的地方也偏离了几何中心线。

如果电机磁路不饱和，即工作于磁化曲线的近似直线段，则半个磁极范围内磁通密度增加的数值与另半个磁极范围内磁通密度减少的数值相等，合成磁通密度的平均值不变，每极磁通的大小不变。若电机的磁路饱和，如空载工作点在磁化曲线的拐弯处，则半个磁极范围内合成磁通密度增加得很少，另半个磁极范围内合成磁通密度减少得较多，一个磁极下的平均磁通密度减少。如图 3.1.10c 与 3.1.10d 所示。可见，在磁路饱和的情况下，电枢反应使每极磁通减少，这就是电枢反应的去磁效应。

3. 换向问题

在 3.1.3 节已经指出，电枢旋转时，组成电枢绕组的元件将从一条支路转入另一条支路，此时元件内的电流要改变方向。元件电流改变方向的过程，称为**换向过程**。

首先说明电流换向过程。

在图 3.1.11 中，假设换向器连同各元件从右向左运动。在图中共有 3 个元件，位于中间的元件记为 1 号元件，其首端与 1 号换向片相连接，尾端与 2 号换向片连接。当电刷与换向片 1 接触时，如图 3.1.11a 所示，元件 1 属于右边一条支路，元件中电流的方向为从尾端流到首端，定为$+i_a$。随着电枢的旋转，电刷将与换向片 1、2 同时接触，如图 3.1.11b 所示，此时元件 1 被电刷短路，元件进入换向过程。接下去，电刷与换向片 2 接触，如图 3.1.11c 所示，元件 1 就进入左边一条支路，元件中的电流反向，变为$-i_a$。图中正在进行换向的 1 号元件，称为换向元件；换向过程经历的时间则称为换向周期，用 T_c 表示。

在理想情况下，若换向回路内无任何电动势作用，且设电刷与换向片之间的接地电阻与接触面积成反比，则换向元件中的电流从$+i_a$ 变为$-i_a$ 的过程中，随时间变化的规律大体为一条直线，这种情况称为直线换向，如图 3.1.12a 中直线 1 所示。直线换向的特点是，在换向周期内，电流的变化是均匀的，因此整个电刷接触面上电流密度的分布亦是均匀的，换向情况良好。

实际的换向过程要复杂得多，对此在文献［1，3］中有较详细的介绍。以下对一种称为延迟换向的情况予以简单说明。由于换向元件具有漏电感，因此换向元件中电流变化时将产生电动势，一般称为电抗电动势，记为 e_r；根据楞次定律，该电动势总是阻碍电流变化的，故 e_r 的方向与换向前的电流方向相同。与此同时，在几何中性线处还存在一定的交轴电枢磁场，换向元件“切割”该磁场时，将产生电枢反应电动势 e_c。不难确定，无论是发电机还是电动机，e_c 和 e_r 方向总是相同。

由于电动势 e_r 与 e_c 的出现，换向元件中电流改变方向的时刻将比直线换向时延后，这种情况称为延迟换向，如图 3.1.12a 中的曲线 2 所示。严重延迟换向时，在图 3.1.12b 中电刷离开换向片 1 的瞬间，在其后刷端会出现火花，使换向器表面受到损伤。

在直流电机设计时，为改善换向，最主要的方法有：①加装换向极；②安装补偿绕组。这些方法的具体原理以及工程实现请见参考文献［1，3］。

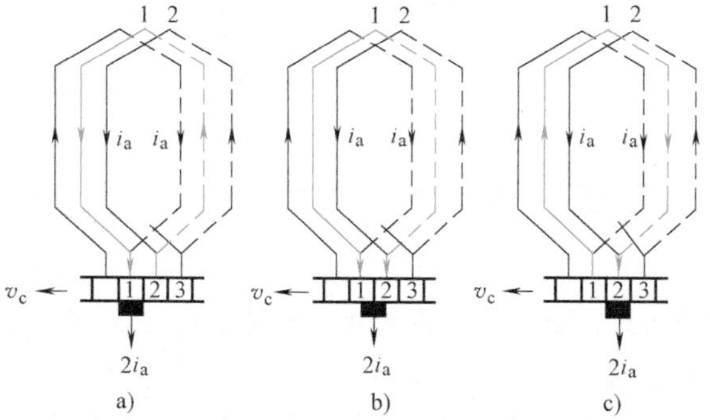

图 3.1.11　元件 1 中电流的换向过程

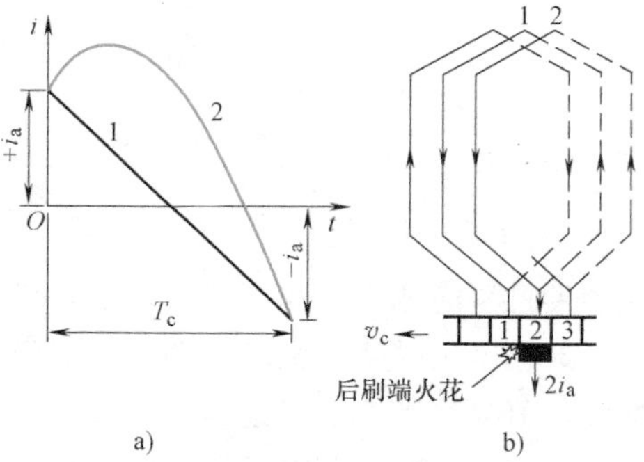

图 3.1.12　换向元件中电流的变化

3.2 电动机与拖动负载

本课程的核心内容是讲述电动机如何拖动机械负载运行，因此除了要学习电动机的工作原理，还要考察电动机与被拖负载的关系，也就是“电动机+负载”系统的问题。这个系统也称为运动控制系统或电力拖动系统。在本节中简称为系统。

本节的内容不但适合于直流电动机组成的系统，也适用于其他类型电动机组成的系统。

一般的电力拖动系统的硬件结构如图 3.2.1 所示，由电动机、传动轴、传动机构（如电

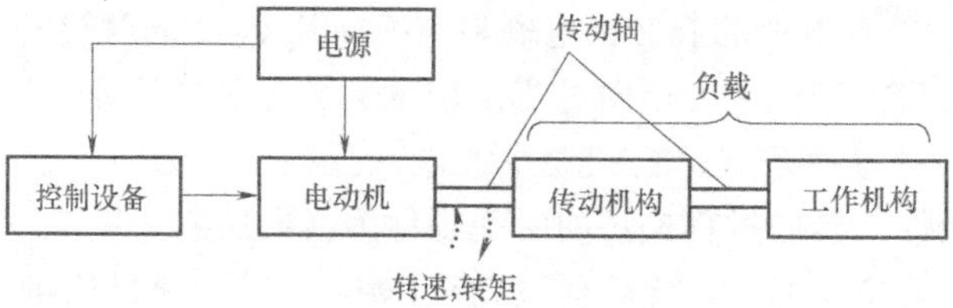

图 3.2.1　电力拖动系统的硬件组成

动车的变速箱)、工作机构（如电动车的车轮)、控制设备和电源组成。表述电动机与负载的模型称为运动方程（也称为动力学方程)，它反映了电动机电磁转矩、负载转矩、系统转动惯量和转速的关系。

本节首先讨论这个运动方程，然后介绍几种典型的负载特性，最后基于运动方程和负载特性讨论该系统稳定工作的必要条件。

3.2.1　单轴电力拖动系统以及运动方程

1. 单轴电力拖动系统

实际中，电动机可通过多个轴以及传动机构与工作机构相连（被称为多轴系统)，也可通过一个机械轴直接连接工作机构。图 3.2.1 为两轴系统，而图 3.2.2a 为单轴系统。通常，通过折算将多轴系统变换为一个机械轴的系统，具体参照文献［3］第 2 章。

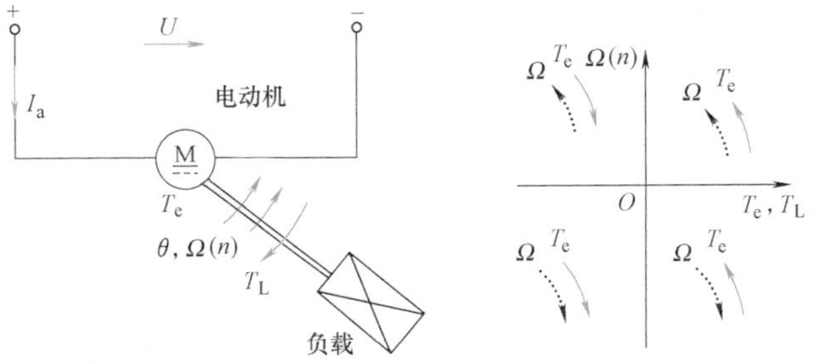

a) 直流电动机单轴系统示意　　b) 单轴系统运行的四象限示意

图 3.2.2　单轴电力拖动系统

本书所讨论的系统是理想的单轴系统，以下以图 3.2.2a 为例说明。图 3.2.2a 中标示的物理量主要有：电动机机械角度 θ 和角速度 Ω（rad/s）或转速 n（r/min)、电动机电磁转矩 T_e（N · m)、电动机负载转矩 T_L（N · m)。

理想单轴系统的特征为：①电动机转轴与被称为负载的工作机构直接刚性连接，所以电动机与负载为同一个轴、同一转速；整个刚性部分的转动惯量，也就是电动机转子、轴以及负载的转动惯量之和为系统的转动惯量 J，单位是 kg · m^2；② 虽然在实际系统中有各种各样的负载，在理想单轴系统中把这些影响抽象成为一个施加于这个单轴上的负载转矩 T_L。如果把这个负载转矩 T_L 看作一个独立输入，则系统在轴上的数学模型就可以表述为下面将要讨论的运动方程。

注意：①非理想的单轴系统各式各样，一个例子可见习题 3-7；②就建模方法而言，对一个复杂系统中一个子系统建模时，如果系统的其他部分对该子系统有影响，则一般将这些影响抽象为该子系统一个独立的输入。

此外，为了定量分析，需要假定系统各个物理量的正方向。在图 3.2.2a 规定的正方向下，若转速和电磁转矩为同方向，那么电磁转矩是拖动性质的转矩，负载转矩属于制动性质的转矩，工程上定义这个状态为电动状态（motoring)。反之，若转速和电磁转矩为反方向，则定义这个状态为发电状态（generating)。于是，基于图 3.2.2a 中系统各个变量的正方向，系统的各种运行状态就可以采用图 3.2.2b 所示的四象限坐标系表示。例如，如果假定转速为逆时针方向时为正，当转速为正时，系统运行在坐标系的上半平面，反之为下半平面。当系统的实际电磁转矩与实际转速的方向为同方向时，由于是将电能变换为机械能，所以称系统为电动运行，反之称为发电运行（或在工程上称为制动）。因此，系统在第Ⅰ、Ⅱ、Ⅲ和Ⅳ象限运行时分别称为正向电动、正向发电、反向电动和反向发电运行。

注意：在3.3节将学习概念“电磁功率”，于是，上述象限的区分，本质上是按电磁功率的正负来划分的。

2. 理想单轴系统的运动方程

忽略电动机轴上的各种摩擦，则单轴电力拖动系统中电机的电磁转矩 T_e、负载转矩 T_L 与转速 Ω 的关系为下式所示的运动方程[2]

$$T_e - T_L = \frac{d}{dt}(J\Omega) = J\frac{d\Omega}{dt} + \Omega\frac{dJ}{dt}$$

式中，$J\Omega$ 是动量矩。有关电动机轴上各种摩擦项的具体内容以及研究现状见文献［4］。

对于上式，称 $T_e - T_L$ 为动转矩。动转矩等于零时，系统处于恒转速运行的稳态；动转矩大于零时，系统处于加速运动的过渡过程中；动转矩小于零时，系统处于减速运动的过渡过程中。电磁转矩 T_e 的特性由电动机的类型和控制方法决定，而负载转矩 T_L 的特性多种多样，本书在下节中仅介绍几种常见的类型。

上式右端第二项反映了转动惯量变化对运动的影响。如离心机和卷取机的传动装置中，转动部分的几何形状与转速和时间有关，再如几何形状可变的机器人的转动惯量也随姿态的变化而变化。对于理想的单轴系统，转动惯量 J 可看作一个常数，于是运动方程可简化为

$$T_e - T_L = J\frac{d\Omega}{dt} \tag{3.2-1}$$

在实际工程计算中，经常用转速 n 代替角速度 Ω 来表示系统转动速度，用飞轮惯量或飞轮矩 GD^2 代替转动惯量 J 来表示系统的机械惯性。换算方法如下：

$$\Omega = \frac{2\pi n}{60},\ J = m\rho^2 = \frac{GD^2}{4g} \tag{3.2-2}$$

式中，m 为系统转动部分的质量，单位为 kg；ρ 为系统转动部分的转动惯性半径，单位为 m；GD^2 为飞轮矩，工程单位（在过去的设计中使用，已不提倡使用）；g 为重力加速度，一般取 $g = 9.80\text{m/s}^2$。

对具有常数性质的 J（或GD^2）的计算或者工程测试方法请参考文献［2］。

把式（3.2-2）代入式（3.2-1），化简后得

$$T_e - T_L = \frac{GD^2}{375}\frac{dn}{dt} \tag{3.2-3}$$

此外，工程上用图3.2.2b所示的坐标系表示系统或电力拖动系统的稳态运行特性 $n = f(T_e)$，也称为机械特性（torque-speed characteristic）。

3.2.2 常见负载的特性

负载转矩与转速之间的关系称为负载的机械特性，即 $T_L = f(n)$ 关系曲线。本书只讨论建模为式（3.2-3）的单轴系统，于是将这类系统上的负载机械特性限定为将实物负载折算到电动机轴上的 $T_L = f(n)$ 特性曲线。本书称这种 $T_L = f(n)$ 为负载的转矩特性或者负载的机械特性。该特性可用图3.2.2b的四象限坐标系表示。

一般而言，电动机轴上的负载转矩 T_L 由电机空载时的阻转矩 T_0 与相连接的折算为单轴上的实际负载 T'_L 构成，即

$$T_L = T_0 + T'_L \tag{3.2-4}$$

空载转矩 T_0 表示电动机转子旋转时，转子本身由于风阻、轴承摩擦等原因产生的空载损耗。所以即使电动机不拖动负载（即空载运行），空载损耗也存在。空载转矩 T_0 中的摩擦转矩一般被简化为下述的反抗性恒转矩特性，而风阻转矩为泵类负载特性。为了简化，本书假定空载转矩 T_0 为常数。T'_L 表示加在电动机轴上的负载，其类型各式各样。以下介绍几种常见的负载转矩特性。

1. 恒转矩负载（constant-torque load）的机械特性

(1) 反抗性恒转矩负载

传动带运输机、轧钢机、机床的刀架平移和行走机构等由摩擦力产生转矩的机械，都是反抗性恒转矩负载。它的特点是工作转矩 T'_L 的绝对值大小是恒定不变的，转矩的性质是阻碍运动的制动性转矩，即

$$n>0\text{ 时，}T'_L>0\text{；}n<0\text{ 时，}T'_L<0\quad(|T'_L|=\text{常数}) \tag{3.2-5}$$

T'_L 机械特性如图 3.2.3a 所示，位于第Ⅰ、Ⅲ象限内。

考虑到传动机构损耗的转矩 T_0 的方向总是与电动机的运行方向相反，折算到电动机轴上的负载转矩 T_L 特性如图 3.2.3b 中的蓝线所示。

(2) 位能性恒转矩负载

起重机提升、下放重物以及电梯的负载都属于这个类型。它的特点是工作机构转矩 T'_L 的绝对值恒定且方向不变。当 $n>0$ 时，$T_L>0$，是阻碍运动的制动性转矩；当 $n<0$ 时，$T_L>0$，是帮助运动的拖动性转矩，其转矩特性如图 3.2.4a 所示，位于第Ⅰ、Ⅳ象限内。考虑传动机构转矩损耗，折算到电动机轴上的负载转矩特性如图 3.2.4b 所示。

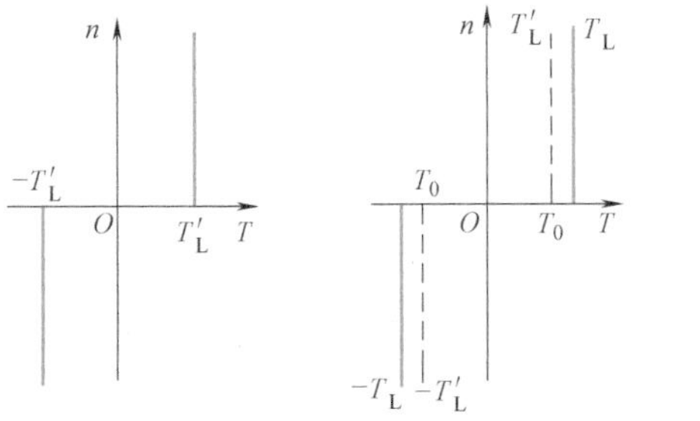

a) 负载特性　　b) 折算到电动机轴上的特性

图 3.2.3　反抗性恒转矩负载的机械特性

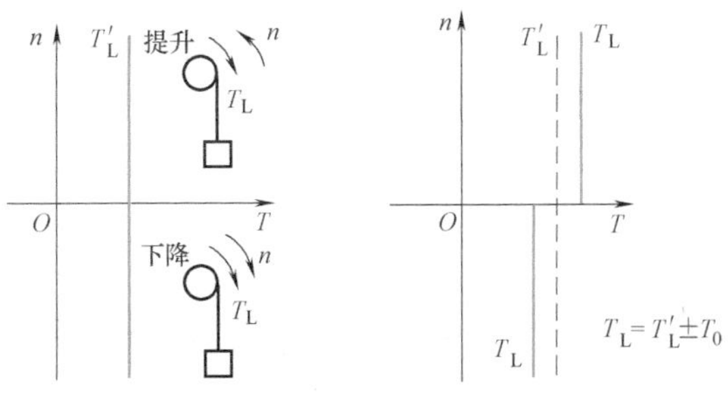

a) 位能性恒转矩负载的特性　　b) 折算到电动机轴上的特性

图 3.2.4　位能性恒转矩负载的机械特性

2. 泵类负载（Fan/Pump load）的机械特性

水泵、油泵、通风机和螺旋桨等，其转矩的大小与转速的平方成正比，即

$$T'_L \propto n^2 \tag{3.2-6}$$

其机械特性如图 3.2.5 所示。

3. 恒功率负载（constant-power load）的机械特性

车床进行切削加工，具体到每次切削的切削转矩都属于恒转矩负载。但是当考虑精加工时，需要较小吃刀量和较高速度；粗加工时，需要较大吃刀量和较低速度。这种加工工艺要

求，体现为负载的转速与转矩之积为常数，即所需的机械功率为常数。轧钢机轧制钢板时，工件小需要高速度低转矩，工件大则需要低速度高转矩。同样，由于汽车发动机的输出功率一定，当爬坡时需要低速运行，而在平路则可高速行驶。工程上称上述负载为恒功率负载。忽略空载转矩 T_0，有

$$P=T_L\Omega=T_L\frac{2\pi n}{60}=\text{常数} \tag{3.2-7}$$

其机械特性如图 3.2.6 所示。

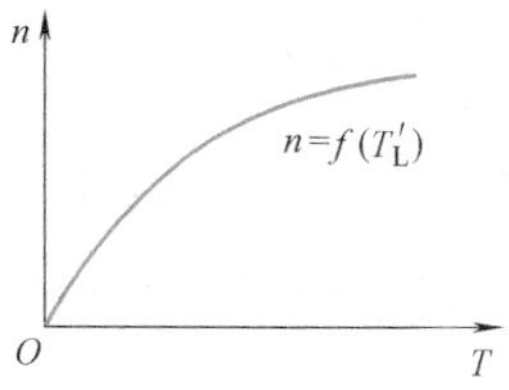

图 3.2.5　泵类负载的机械特性

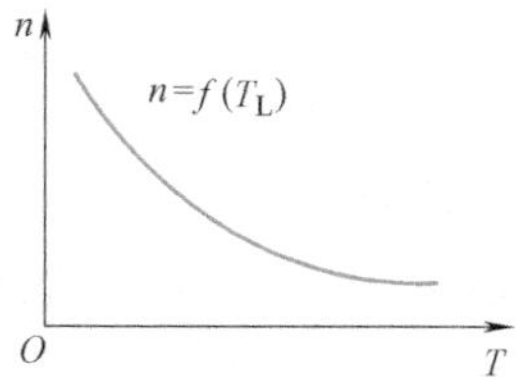

图 3.2.6　恒功率负载的机械特性

4. 车辆的车体与轮子的运动特性

车辆（火车、汽车等）的轮子与路面摩擦所产生的负载转矩是一种典型的非线性转矩。以图 3.2.7 所示的电动车为例，简化后轮胎受力方程和车体动力方程分别为

$$M_w\frac{dV_w}{dt}=F_m-F_d \tag{3.2-8}$$

$$M\frac{dV}{dt}=F_d-F_r \tag{3.2-9}$$

式中，V_w 为轮速（可看作是电动机转速）；V 为车体速度；M_w 和 M 分别为车轮和车体的质量；F_m 为车轮输出的驱动力（大约正比于电动机输出转矩）；F_d 为路面给与车轮的摩擦力，也就是车轮的负载力；$F_r=\sigma_v MgV$ 为滚动阻力，其中 g 为重力系数，σ_v 为滚动阻力系数（σ_v 不确定）。

车轮受到的摩擦力为

$$F_d=Mg\mu(\lambda) \tag{3.2-10}$$

式中，摩擦系数 $\mu=\mu(\lambda)$ 是在汽车行业中被称为滑移率（slip ratio）λ 的函数，而 λ 定义为

$$\lambda=\frac{V_w-V}{V_w} \tag{3.2-11}$$

μ 与路面材质以及 λ 的大小有关。$V_w>V$ 条件下几种典型的 μ-λ 曲线如图 3.2.8 所示。由此可知，车轮在 λ 较小时可得到较大的摩擦力，而在 λ 较大（$V_w\gg V$）以及在冰雪路面上时，由于摩擦力小，因此容易使车轮打滑。所以，为了使车辆运行在图 3.2.8 的“稳定附着区”，需要根据 μ-λ 曲线和车速控制电动机的转矩得到合适的车轮速度。

以上所述负载都是从各种实际负载中概括出来的典型形式，实际的负载可能是以某种典型为主或几种典型的结合。如通风机，主要是泵类负载特性，但是其轴承摩擦又是反抗性的恒转矩负载特性，只是运行时后者数值较小而已。再例如，当电动机与某个机械负载之间用比较长的轴连接时，两者之间就会存在一个扭转矩 $T'_L=T_\theta$，$T_\theta=K_\theta\theta$，K_θ 为变形系数。

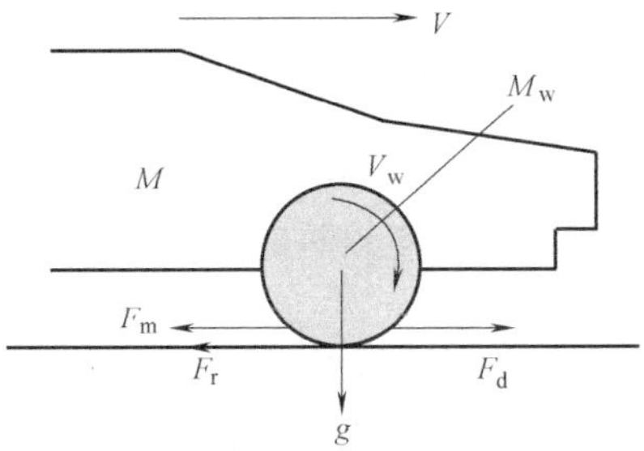

图 3.2.7 汽车驱动力的分析

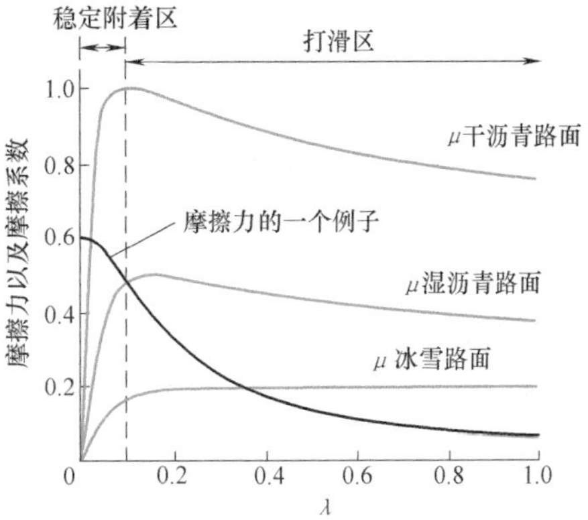

图 3.2.8 几种典型的 μ-λ 曲线

本书在分析电力拖动系统时，如果不特别说明，**负载转矩都作为特性已知的独立的输入量对待**。

3.2.3 电力拖动系统稳定的必要条件

要分析电力拖动系统的稳定性，需要基于图 3.2.1 所示的整个系统的数学模型进行。本节分析的对象为图 3.2.2a 所示的刚性单轴系统。它可分为两部分，即图 a 上半部的电磁子系统和图 a 下半部由轴上各变量构成的机电子系统。电磁子系统的稳态模型将在 3.3.1 节中讨论，机电子系统的数学模型为运动方程（3.2-1）。以下讨论该子系统的稳定性问题。

由式（3.2-1）可知，电磁转矩和负载转矩的具体形式将决定该方程（也就是机电子系统）的稳定性。负载转矩多种多样，这里将其表述为更为一般的形式，即 $T_L(\theta, \Omega, t)$。式中，θ 为机械转角（rad），Ω 为机械角速度（rad/s）。因此，比式（3.2-1）更为一般的运动方程式为

$$J\frac{\mathrm{d}\Omega}{\mathrm{d}t}=T_e-T_L(\theta,\Omega,t) \tag{3.2-12}$$

$$\frac{\mathrm{d}\theta}{\mathrm{d}t}=\Omega \tag{3.2-13}$$

如果忽略负载转矩 T_L 对转角 θ 的依赖关系，方程（3.2-13）便成为一个不影响传动装置其他物理量的不定积分。如果再忽略电磁子系统的过渡过程和负载自身的动态特性，余下的机电子系统便可用式（3.2-14）所示的一阶非线性微分方程来描述，即

$$J\frac{\mathrm{d}\Omega}{\mathrm{d}t}=T_e(\Omega,t)-T_L(\Omega,t) \tag{3.2-14}$$

注意，由于所作的简化，该方程仅限于用在系统转速变化较慢、即电动机电磁子系统的动态过程与负载的动态过程可以忽略的情况。

显然，整个电力拖动系统在某个恒定转速 $\Omega=\Omega_1$ 上的稳定运行是可能的。此时，相当于电动机的特性曲线 $T_e(\Omega)$ 和负载特性曲线 $T_L(\Omega)$ 在该转速点 Ω_1 相交，即满足 $T_e(\Omega_1)=T_L(\Omega_1)$。为了检验在该点是否稳定运行，可以在假设有一个微小扰动引起偏移量 $\Delta\Omega$ 后，观察该系统是否能够回到原来的工作点 $T_e=T_L(\Omega_1)$。为了利用线性系统理论分析，将式

(3.2-14) 在工作点 Ω_1 处线性化。利用 $\Omega=\Omega_1+\Delta\Omega$，便可得到线性化方程

$$J\frac{\mathrm{d}\Delta\Omega}{\mathrm{d}t}=\left.\frac{\partial T_{\mathrm{e}}}{\partial\Omega}\right|_{\Omega_1}\Delta\Omega-\left.\frac{\partial T_{\mathrm{L}}}{\partial\Omega}\right|_{\Omega_1}\Delta\Omega$$

也可将上式改写成规范化的形式

$$\frac{J}{k}\frac{\mathrm{d}\Delta\Omega}{\mathrm{d}t}+\Delta\Omega=0,\ k=\left.\frac{\partial}{\partial\Omega}(T_{\mathrm{L}}-T_{\mathrm{e}})\right|_{\Omega_1} \tag{3.2-15}$$

由控制理论知，如果 $k>0$，该工作点是稳定的（stable）。此时由短暂的扰动引起的小偏移量 $\Delta\Omega$ 将会按照时间常数为 $\tau=J/k$ 的指数函数衰减，使 $\Omega\to\Omega_1$。

图 3.2.9 中给出了几种转速-转矩曲线，用以说明稳定和不稳定工作点。当 $k<0$ 时，工作点 Ω_1 是不稳定的，即某个假设的转速偏移将会随时间而增加。可能达到一个新的稳定工作点，也可能根本达不到。对于 $k=0$，由于转矩的随机变化，转速一定会有波动，没有确定的工作点。

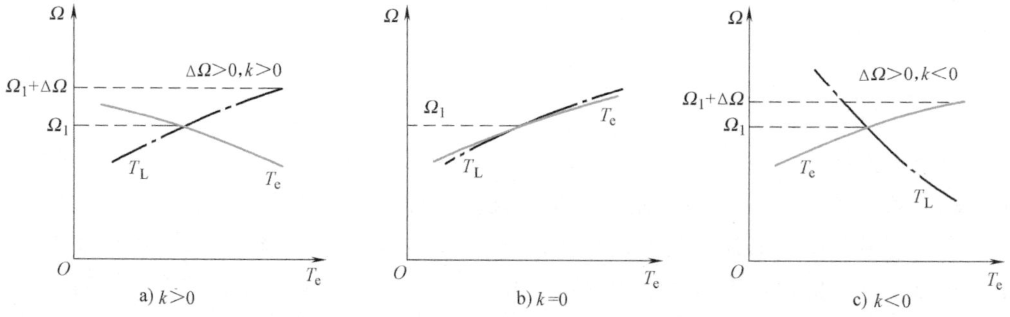

图 3.2.9　稳定工作点和不稳定工作点

上述分析的依据是电力拖动系统中的机电子系统模型，即运动方程，只是根据线性化微分方程判定了工作点附近（局部）的稳定性，并没有考虑如全系统的电磁子系统的动态以及当负载转矩与机械轴旋转角度有关时系统可能存在的不稳定性。所以，$k>0$ 的条件只应理解为电力拖动系统在工作点处稳定的**必要条件**。

视频 No. 7

视频 No. 7 进一步说明了这个必要条件。

例 3.2-1　图 3.2.10 中的虚线表示交流感应电动机的机械特性曲线 $\Omega=f(T_{\mathrm{e}})$（将在 5.3 节说明）在第Ⅰ象限的部分。负载曲线 L_1、L_2 是通风机负载的机械特性，L_3 是恒转矩负载的机械特性。试分析图上的各个工作点上拖动系统是否稳定。

解　该电力拖动系统在工作点 1 是稳定的。对于负载 L_2，点 2 处的工作点是稳定的，但是由 5.3 节的知识可知电动机会严重过载，其原因将在 5.3 节讨论。对于理想的恒转矩负载 L_3，该系统存在一个不稳定的工作点 3 和一个稳定的工作点 3′。

本例还提示我们，电机和负载的机械特性呈现非线性特征时，要特别注意系统运行的稳定性问题。

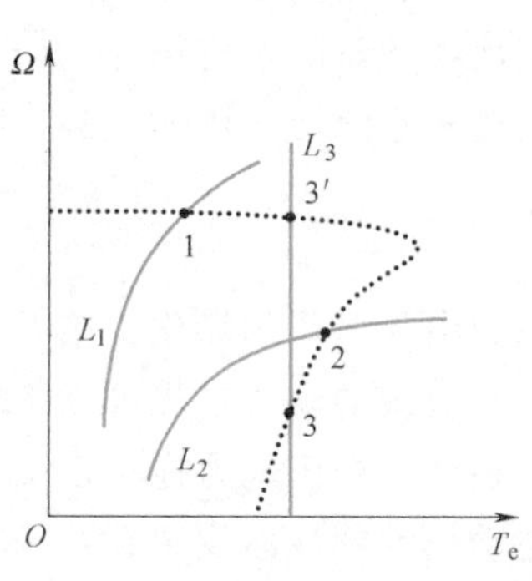

图 3.2.10　感应电动机拖动不同类型负载时的工作点

例 3.2-2　在实验室中常常构建图 3.2.11a 所示的负载作为电力拖动系统的负载。即用他励直流发电机 G 与被试电动机 M 同轴相连。发电机的输出端接一个较为理想的电阻作为发电机的负载。设发电机电枢回路的总电阻为 R_g，如果忽略该直流发电机电枢回路电感引起的动态、发电机电枢回路电阻和轴上消耗的功率等，则由 $E_a=C_E\Phi n$ 可知，发电机电枢电流 I_{dL} 为

$$I_{dL}=I_{generator}=E_a/R_g=(C_E\Phi/R_g)n=n/K_{dL} \tag{3.2-16}$$

式中，$K_{dL}=R_g/(C_E\Phi)$ 可由额定运行状态求得。试分析该负载特性，并考察采用具有图 3.2.10 所示的 $\Omega=f(T_e)$ 曲线的感应电机拖动这个负载时，工作点 1 和 2 的稳定性。

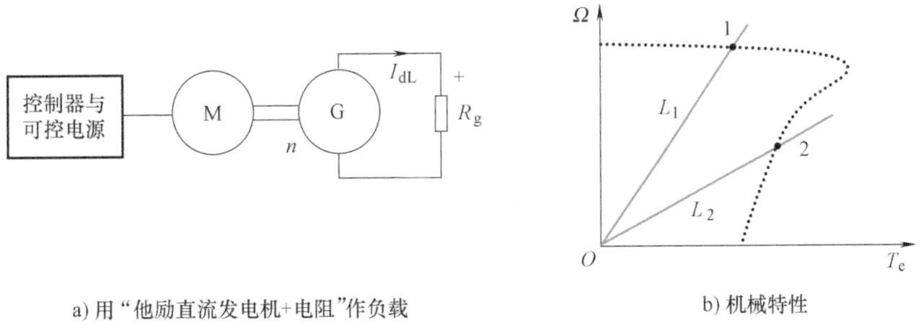

图 3.2.11　性质为 $I_{dL}\propto n$ 的负载

解

(1) 由他励发电机的转矩 $T_e=C_T\Phi I_a$ 可知，负载转矩大约为 $T_L=C_T\Phi n/K_{dL}$，也就是说负载转矩与转速成正比，特性曲线为过坐标零点的直线。

(2) 采用感应电动机 M 拖动这个负载时，两个稳定工作点的例子如图 3.2.11b 所示。所以系统在两个工作点上都满足稳定运行的必要条件。

由该例题可知，由于这个负载具有 $T_L\propto n$ 的特性，在转速为零时，负载转矩也为零。即使在动态过程中，负载转矩也会抑制转速的上升，**也就不会发生俗称的飞车现象**。所以这种系统在做系统实验时较为安全，常常被用于实验室的实验平台中。

3.3　他励直流电机的稳态方程和外特性

本节讨论电力拖动系统的稳态特性，所以此时的动转矩为零（$T_e=T_L$），进而该系统的稳态特性就变成电机的稳态特性。

3.3.1　他励直流电机的稳态方程

他励直流电机既可以作为直流发电机运行（或运行在发电状态），也可以作为直流电动机运行（或运行在电动状态），以下分开讨论。

1. 直流发电机运行或发电状态

在列写直流电机运行的基本方程之前，在考虑 3.1 节的 $E_a=C_E\Phi n$ 和 $T_e=C_T\Phi I_a$ 两个约束下，需要先规定各有关物理量的正方向。一般 Φ 的方向不变，E_a、n 的方向满足右手定则，T_e、I_a 的方向满足左手定则。

图 3.3.1a 基于直流发电机运行标出了各量的正方向。图中，T_1（也就是上节中的 T_L'）

是原动机的驱动转矩；由于是发电状态，电机转子轴转速 n 与 T_1 同方向，电磁转矩 T_e 和空载转矩 T_0（是阻转矩）与轴转速 n 反方向；Φ 是主磁通；U_f 是励磁电压；I_f 是励磁电流。

由于是发电机惯例，确定了 E_a 的正方向后，就可以确定电枢端电压 U 和电枢电流 I_a 的方向。据此可以列写电枢回路方程式。一般地，用 R_a 代表电枢回路总电阻，按照 3.3.1a 确定的绕行方向，电枢回路方程式为

$$E_a = U + I_a R_a \tag{3.3-1}$$

由 3.2 节知，在稳态运行时，作用在电机轴上的转矩共有三个：原动机供给发电机的轴转矩 T_1、电磁转矩 T_e 和空载转矩 T_0。稳态运行时，原动机转矩 T_1 与它的负载转矩 T_e+T_0 大小相等、方向相反，即

$$T_1 = T_e + T_0 \tag{3.3-2}$$

并励或他励电机的励磁电流为

$$I_f = U_f / R_f \tag{3.3-3}$$

式中，U_f 为励磁绕组的端电压，R_f 为励磁回路总电阻。

气隙每极磁通为 $\Phi = f(I_f, I_a)$，不考虑电枢反应时，有

$$\Phi = f(I_f) \tag{3.3-4}$$

直流发电机运行时的上述公式汇总于表 3.3.1 的左列。其前三行是直流电机电磁子系统模型。

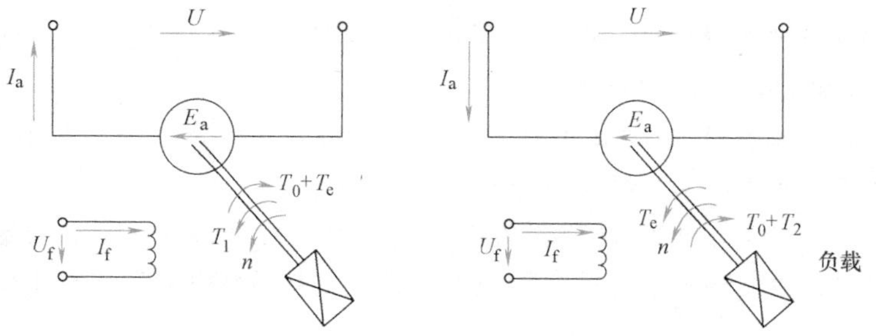

a) 发电机惯例　　　　b) 电动机惯例

图 3.3.1　直流电机各个物理量的正方向

2. 直流电动机运行或电动状态

图 3.3.1b 标出了直流电动机运行时各物理量的正方向。在电机轴上，T_2 为轴输出转矩，电机空载转矩 T_0 加轴上转矩 T_2 为电机的负载转矩 T_L。由于是电动机运行，电磁转矩 T_e 与轴转速 n 同方向，负载转矩 T_L（是阻转矩）与 n 反方向。稳态运行时，**电磁转矩一定与负载转矩大小相同、方向相反，即 $T_e = T_L$。**

由于是将输入电功率变换为机械功率，因此电枢电流 I_a 由电源电压 U 供给，与图 3.3.1a 的 I_a 方向相反。与图 3.3.1a 发电状态时的电磁转矩相比，基于 $T_e = C_T \Phi I_a$，此时 T_e 的方向也变了。

直流电机电枢感应电动势 $E_a = C_E \Phi_N n$ 是运动电动势，与转速方向相关，与电枢电流方向无关。由于图 3.3.1a 和图 3.3.1b 的转速 n 方向一致，所以两图中的 E_a 方向不变。此外，也可以根据 3.3.3 节的功率平衡约束确定 E_a 方向：忽略电枢损耗时，输入电功率 UI_a 变为电磁功率 $E_a I_a$，所以 $U = E_a$，于是 U、E_a 方向如图 3.3.1b 所示。

直流电动机的稳态方程汇总于表 3.3.1 右侧。前三行是电机电磁子系统的模型。

表 3.3.1 他励直流发电机运行和电动机运行的稳态方程

	发电机	电动机
机电能量变换（3.1 节）	$E_a=C_E\Phi n$ $T_e=C_T\Phi I_a$	$E_a=C_E\Phi n$ $T_e=C_T\Phi I_a$
励磁和主磁通（3.1 节）	$I_f=U_f/R_f$ $\Phi=f(I_f)$	$I_f=U_f/R_f$ $\Phi=f(I_f)$
电枢回路电平衡（3.3 节）	$E_a=U+I_aR_a$	$U=E_a+I_aR_a$
机械系统转矩平衡（3.3 节）	$T_1=T_e+T_0$	$T_e=T_2+T_0=T_L$

3.3.2 他励直流电机的机械特性

1. 机械特性的一般表达式

他励直流电机机械特性是指电动机运行时，电磁转矩与转速之间的关系，即 $n=f(T_e)$。为了推导机械特性的一般公式，人为的在电枢回路中串入另一电阻 R。把 $I_a=\dfrac{T_e}{C_T\Phi}$代入转速表达式，得

$$n=\frac{U-I_a(R_a+R)}{C_E\Phi}=\frac{U}{C_E\Phi}-\frac{R_a+R}{C_EC_T\Phi^2}T_e=n_0-\beta T_e \tag{3.3-5}$$

式中，$n_0=\dfrac{U}{C_E\Phi}$称为理想空载转速；$\beta=\dfrac{R_a+R}{C_EC_T\Phi^2}$是机械特性的斜率。式（3.3-5）为他励直流电动机机械特性的一般表达式。

2. 固有机械特性

当电枢两端加额定电压 U_N、气隙每极磁通量为额定值 Φ_N、电枢回路不串电阻时，即

$$U=U_N,\ \Phi=\Phi_N,\ R=0$$

时的机械特性，称为固有机械特性。其表达式为

$$n=\frac{U_N}{C_E\Phi_N}-\frac{R_a}{C_EC_T\Phi_N^2}T_e \tag{3.3-6}$$

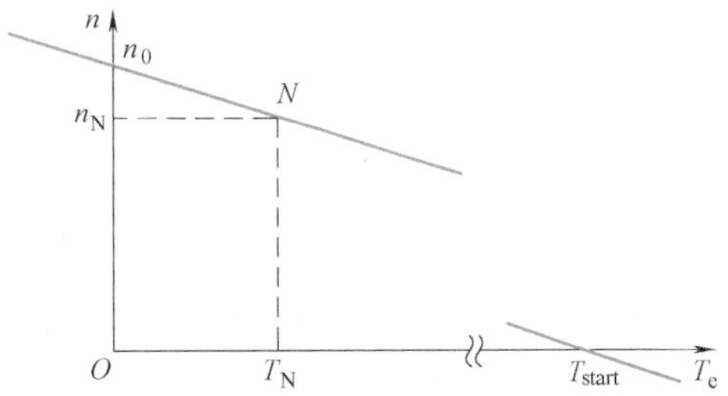

图 3.3.2 他励直流电动机的固有机械特性

他励直流电动机的固有机械特性曲线如图 3.3.2 所示，是一条斜直线，跨三个象限，具有以下几个特点：

1）随电磁转矩 T_e 的增大，转速 n 降低，其特性是一条下斜直线。原因是 T_e 增大，电枢电流 I_a 与 T_e 成正比关系，I_a 也增大；电枢电动势 $E_a=C_E\Phi_N n=U_N-I_aR_a$ 则减小，转速 n 则降低。

2）当 $T_e=0$ 时，$n=n_0=\dfrac{U_N}{C_E\Phi_N}$为理想空载转速。此时 $I_a=0$，$E_a=U_N$。

3）斜率 $\beta=\dfrac{R_a}{C_E C_T \Phi_N^2}$，其值很小，特性较平，习惯上称为硬特性，转矩变化时，转速变化较小。斜率 β 大时的特性则称为软特性。

4）当 T_e 为额定值 T_N 时，对应的转速为额定转速 n_N，转速降 $\Delta n_N=n_0-n_N=\beta T_N$，为额定转速降。一般地说，$n_N$ 约为 $0.95n_0$，而 Δn_N 约为 $0.05n_0$，这是硬特性的数量体现。

5）$n=0$，即电动机起动时，$E_a=C_E\Phi_N n=0$，此时电枢电流 $I_a=U_N/R_a=I_{start}$，称为起动电流；电磁转矩 $T_e=C_T\Phi_N I_{start}=T_{start}$，称为起动转矩。由于电枢电阻 R_a 很小，因此 I_{start} 和 T_{start} 都比额定值大很多。若 $\Delta n_N=0.05n_0$，则

$$\Delta n_N=\frac{R_a}{C_E C_T \Phi_N^2}T_N=\frac{R_a}{C_E\Phi_N}I_N=0.05\frac{U_N}{C_E\Phi_N}$$

即 $R_a I_N=0.05U_N$，$I_N=0.05U_N/R_a$；那么起动电流 $I_{start}=20I_N$，起动转矩 $T_{start}=20T_N$。这样大的起动电流和起动转矩会烧坏换向器。

以上分析是特性在第Ⅰ象限的情况，在第Ⅰ象限中，$0<T_e<T_{start}$，$n_0>n>0$，$U_N>E_a>0$，电动机为电动状态。

6）$T_e>T_{start}$，$n<0$：当 $T_e>T_{start}$，则 $I_a>I_{start}$，即 $I_a=\dfrac{U_N-E_a}{R_a}>I_{start}=\dfrac{U_N}{R_a}$，$U_N-E_a>U_N$，所以 $E_a<0$，也就是 $n<0$，机械特性在**第Ⅳ象限**，电动机工作在**发电状态**，在工程上也被称为反向制动，也就是实际转速与理想空载转速反方向。

7）$T_e<0$，$n>n_0$。这种情况是电磁转矩实际方向与转速相反，由电动性变为制动性转矩，这时 $I_a<0$。因此，$E_a=U_N-I_aR_a>U_N$，转速 $n>n_0$，机械特性在第Ⅱ象限。实际上这时他励直流电动机的电磁功率 $P_M=E_aI_a=T\Omega<0$，输入功率 $P_1=U_NI_a<0$，电动机处于发电状态，在工程上也被称为回馈制动。

例 3.3-1 他励直流电动机额定功率 $P_N=22\text{kW}$，额定电压 $U_N=220\text{V}$，额定电流 $I_N=115\text{A}$，额定转速 $n_N=1500\text{r/min}$，电枢回路总电阻 $R_a=0.1\Omega$，忽略空载转矩 T_0，电动机拖动恒转矩负载 $T_L=0.85T_{e,N}$（T_N 为额定电磁转矩）运行。求稳态运行时电动机转速 n、电枢电流 I_a 和电动势 E_a 的值。

解 $C_E\Phi_N=\dfrac{U_N-I_NR_a}{n_N}=\dfrac{220-115\times0.1}{1500}\text{V}\cdot\text{min/r}=0.139\text{V}\cdot\text{min/r}$

$n_0=\dfrac{U_N}{C_E\Phi_N}=\dfrac{220}{0.139}\text{r/min}=1582.7\text{r/min}$

$\Delta n=n_0-n_N=(1582.7-1500)\text{r/min}=82.7\text{r/min}$

$T_L=0.85T_N$ 时的 $\Delta n=\beta T_L=\beta 0.85T_{e,N}=0.85\Delta n_N=0.85\times82.7\text{r/min}=70.3\text{r/min}$

所以，$I_a=\dfrac{T_L}{C_T\Phi_N}=\dfrac{0.85T_N}{C_T\Phi_N}=0.85I_N=0.85\times115\text{A}=97.75\text{A}$

$E_a=C_E\Phi_N n=0.139\times(1582.7-70.3)\text{V}=210.2\text{V}$

3. 人为机械特性

他励直流电动机的参数如电压、励磁电流、电枢回路电阻大小等改变后，其固有机械特性就会被改变，称为人为机械特性。主要的人为机械特性有三种。

（1）电枢回路串电阻

电枢加额定电压 U_N，每极磁通为额定值 Φ_N，电枢回路串入电阻 R 后，机械特性表达式为

$$n=\frac{U_N}{C_E\Phi_N}-\frac{R_a+R}{C_EC_T\Phi_N^2}T_e=n_0-\beta T_e \tag{3.3-7}$$

电枢串入不同电阻值时的人为机械特性如图 3.3.3a 所示。其中，理想空载转速 n_0 与固有机械特性的 n_0 相同，斜率 β 与电枢回路电阻有关，串入的阻值越大，特性越倾斜。电枢回路串电阻的人为机械特性是一组放射形直线，都过理想空载点。

（2）改变电枢电压

保持每极磁通为额定值不变，电枢回路不串电阻，只改变电枢电压时，机械特性表达式为

$$n=\frac{U}{C_E\Phi_N}-\frac{R_a}{C_EC_T\Phi_N^2}T_e \tag{3.3-8}$$

显然，理想空载转速 $n_0=\frac{U}{C_E\Phi_N}$ 与电压 U 成正比关系。但斜率都与固有机械特性斜率相同，因此各条特性彼此平行。改变电压 U 的人为机械特性是一组平行直线，如图 3.3.3b 所示。

（3）减小气隙磁通量

电枢电压为额定值不变，电枢回路不串电阻，仅改变每极磁通的人为机械特性表达式为

$$n=\frac{U_N}{C_E\Phi}-\frac{R_a}{C_EC_T\Phi^2}T_e \tag{3.3-9}$$

显然，理想空载转速 n_0 与 Φ 成反比，Φ 越小，n_0 越高；而斜率 β 与 Φ^2 成反比，Φ 越低，特性越倾斜。改变每极磁通的人为机械特性是既不平行又不成放射形的一组直线，如图 3.3.3c 所示。

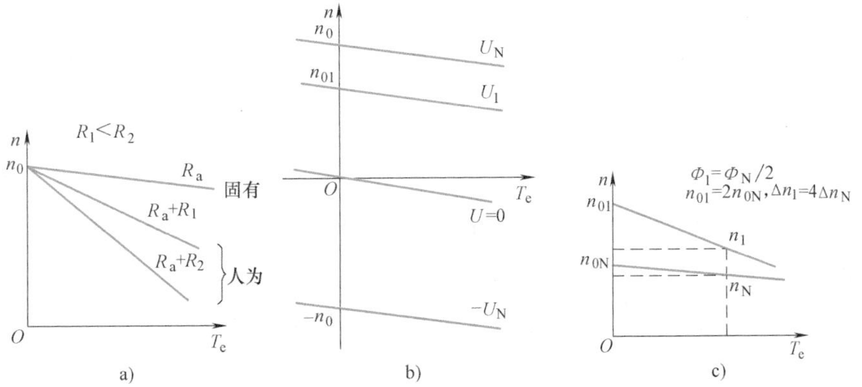

图 3.3.3　他励直流电动机的人为机械特性

减小气隙每极磁通的方法是用减小励磁电流来实现的。前面讲过，额定工作条件下的电机磁路接近于饱和，增大每极磁通是难以做到的。所以改变磁通，都是减少磁通。

从以上三种人为机械特性看，电枢回路串电阻和减弱磁通，机械特性都变软了。

4. 根据铭牌估算机械特性

在设计电力拖动系统时，首先应知道所选择电动机的机械特性。但是电机的产品目录或铭牌中都没有直接给出机械特性的数据。因此就要利用产品目录或者铭牌中给出的数据估算出电机的固有机械特性，有了固有机械特性，其他各种人为机械特性也就知道了。

已知他励直流电动机的固有机械特性是一条斜直线，如果事先知道这条直线上的两点，如空载点（n_0，0）和额定工作点（n_N，T_N），则通过这两点连成的直线，就是固有机械特性。

上述两个特殊点中，额定转速 n_N 能在产品目录或者电机的铭牌数据中找到，而理想空载转速 n_0 和额定电磁转矩 T_N 未知。

理想空载转速 n_0 中的 $C_E\Phi_N$ 是对应于额定运行状态的数值，可用下式计算：

$$C_E\Phi_N=\frac{E_{aN}}{n_N}=\frac{U_N-I_NR_a}{n_N} \tag{3.3-10}$$

从上式看出，如果能知道额定电枢电动势 E_{aN}，或者电枢回路电阻 R_a，便可算出 $C_E\Phi_N$，从而计算出理想空载转速 n_0。有两种计算方法：

（1）根据经验估算额定电枢电动势 E_{aN}

$$E_{aN}=(0.93\sim0.97)U_N \tag{3.3-11}$$

一般中等容量电机取 0.95 左右。

（2）实测电枢回路电阻 R_a

由于电刷与换向器表面的接触电阻是非线性的，电枢电流很小时，表现的电阻值很大，不能反映实际情况，因此不能用万用表直接测量正、负电刷之间的电阻。一般采用降压法测量，即在电枢回路中通入接近额定值的电流，用低量程电压表测量正、负电刷间的压降，再除以电枢电流即为电枢回路总电阻。实测时，励磁绕组要开路，并卡住电枢使其不旋转。为了提高精度，在测量的过程中可以让电枢转动几个位置进行测量，然后取其平均值。

关于额定电磁转矩 T_N 可以按下式计算：

$$T_N=C_T\Phi_NI_N=9.55C_E\Phi_NI_N \tag{3.3-12}$$

得到（n_0，0）、（n_N，T_N）两点后，过此两点连成直线，即为该电动机的固有机械特性。

3.3.3 他励直流电机的功率关系

1. 发电运行

下面分析直流发电机稳态运行时的功率关系。依据表 3.3.1，把电压方程式 $E_a=U+I_aR_a$ 乘以电枢电流得

$$E_aI_a=UI_a+I_a^2R_a=P_2+p_{Cua} \tag{3.3-13}$$

式中，$P_2=UI_a$ 是直流发电机输送给负载的电功率；$p_{Cua}=I_a^2R_a$ 是电枢回路总的铜损耗。把表 3.3.1 中的转矩方程式 $T_1=T_e+T_0$ 乘以电枢机械角速度 Ω 得

$$T_1\Omega=T_e\Omega+T_0\Omega \tag{3.3-14}$$

改写成

$$P_1=P_\Omega+p_0=P_M+p_0 \tag{3.3-15}$$

式中，$P_1=T_1\Omega$ 是原动机输送给发电机的轴机械功率；$P_\Omega=T_e\Omega$ 为转化为电磁功率的机械功率（mechanical power）；P_M 称为电磁功率（electro-magnetic power），两者相等，即

$$P_M=P_\Omega=E_aI_a=T_e\Omega \tag{3.3-16}$$

p_0 是发电机的空载损耗功率

$$p_0=T_0\Omega=p_m+p_{Fe} \tag{3.3-17}$$

式中，p_m 是发电机机械摩擦损耗；p_{Fe} 是铁损耗，即电枢铁心在磁场中旋转时，铁心中的磁滞与涡流损耗（可参考 2.6 节）。

从式（3.3-15）中看出，原动机输送给发电机的机械功率 P_1 分成两部分：一小部分供给发电机的空载损耗 p_0；大部分机械功率 P_Ω 转变为电磁功率 P_M。

从 P_M 中扣除电枢回路总的铜损耗 p_{Cua} 后即为发电机端的输出电功率 P_2。在额定运行条件下，P_2 就是 3.1.1 节定义的发电机额定功率 P_N。

综合这些功率关系，可得

$$P_1=P_M+p_0=(P_2+p_{Cua})+(p_m+p_{Fe}) \tag{3.3-18}$$

图 3.3.4 画出了他励直流发电机的功率流程，图中还画出了励磁功率 p_{Cuf}。

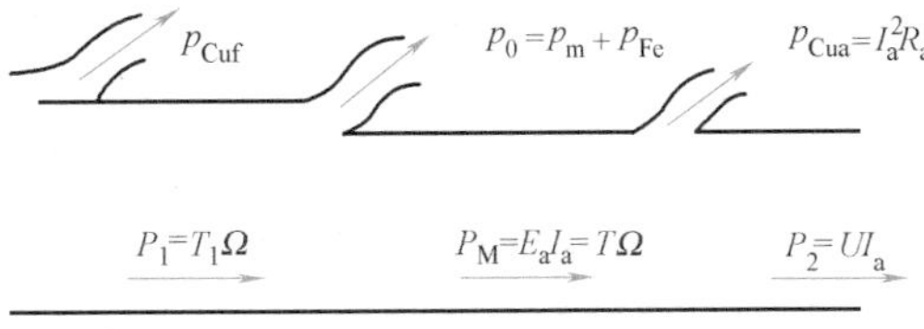

图 3.3.4　他励直流发电机的功率流程

2. 电动运行

把表 3.3.1 中电动机的电压方程式 $U=E_a+I_aR_a$ 两边都乘以 I_a 得到

$$UI_a=E_aI_a+I_a^2R_a \tag{3.3-19}$$

可以改写成

$$P_1=P_M+p_{Cua} \tag{3.3-20}$$

式中，$P_1=UI_a$ 是从电源输入的**电功率**；$P_M=E_aI_a$ 是**电磁功率**，并转化为**机械功率** $P_\Omega=T_e\Omega$；$p_{Cua}=I_a^2R_a$ 是电枢回路总的铜损耗。

将表 3.3.1 中的转矩方程式 $T_e=T_2+T_0$ 两边都乘以机械角速度 Ω，得

$$T_e\Omega=T_2\Omega+T_0\Omega \tag{3.3-21}$$

改写成

$$P_M=P_\Omega=P_2+p_0 \tag{3.3-22}$$

式中，电磁功率转化的机械功率为 $P_M=T_e\Omega$；$P_2=T_2\Omega$ 是转轴上输出的机械功率，在额定运行条件下为额定输出功率 P_N；$p_0=T_0\Omega=p_m+p_{Fe}$ 是电动机的空载损耗功率，其各分量的含义同发电机的空载损耗功率；P_Ω 扣除 p_0 为轴上输出的机械功率 P_2。

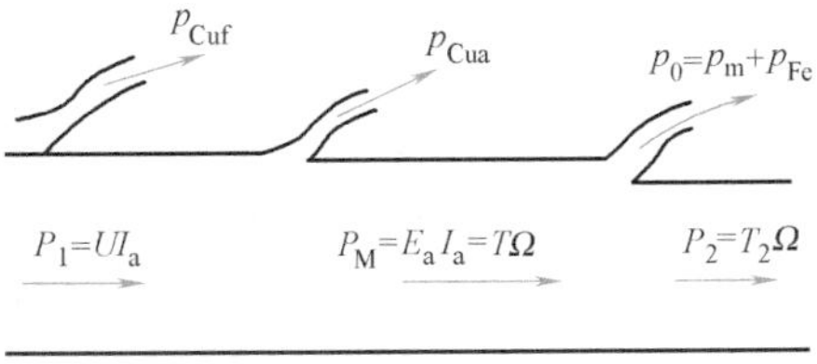

图 3.3.5　他励直流电动机的功率流程

他励直流电动机稳态运行时的功率流如图 3.3.5 所示。

3. 电机的效率

无论是发电运行还是电动运行，电机的效率都可用下式计算：

$$\eta=\frac{P_2}{P_1}=1-\frac{\sum p}{P_1} \tag{3.3-23}$$

例 3.3-2　直流电机的电磁功率和机械功率的理论依据都是公式 $E_a=C_E\Phi n$，$T_e=C_T\Phi I_a$。试用公式证明两个功率相等。

解　由式（3.1-9）可知，$P_M=E_aI_a=\frac{n_pWn\Phi}{60a}I_a$

由式（3.1-13）可知，$P_\Omega=T_e\Omega=\left(\frac{n_pW}{2\pi a}\Phi I_a\right)\left(\frac{2\pi n}{60}\right)=\frac{n_pWn\Phi}{60a}I_a$

所以 $P_M=P_\Omega$

例 3.3-3　试说明他励直流电动机的电动状态和发电状态的判定方法。

解　先假定是电动机运行，则按图 3.3.1b 假定正方向设定 T_e 和 Ω 同方向，以及 E_a、I_a 反方向，并根据上述方向计算实际的电磁功率 E_aI_a 或机械功率 $T_e\Omega$。然后，用这两个功率的正负来判断电机的实际状态，即电动状态时该功率大于零；反之，在发电状态时其小于零。

例 3.3-4　一台四极他励直流电机，电枢采用单波绕组，并联支路对数 $a=1$，电枢总导体数 $W=372$，电枢回路总电阻 $R_a=0.208\Omega$。当此电机运用在电源电压 $U=220\text{V}$，电机的转速 $n=1500\text{r/min}$，气隙每极磁通 $\Phi=0.011\text{Wb}$，此时电机的铁损耗 $p_{Fe}=362\text{W}$，机械摩擦损耗 $p_m=204\text{W}$（忽略附加损耗）。问：

（1）该电机运行在发电状态，还是电动状态？

（2）电磁转矩、输入功率和效率各是多少？

解

（1）先计算电枢电势 E_a

已知并联支路对数 $a=1$，所以

$$E_a=\frac{n_pW}{60a}\Phi n=\frac{2\times372}{60\times1}\times0.011\times1500\text{V}=204.6\text{V}$$

按图 3.3.1 发电机惯例，$E_a=U+I_aR_a$，于是

$$I_a=\frac{E_a-U}{R_a}=\frac{204.6-220}{0.208}\text{A}=-74\text{A}$$

在发电机惯例下 $E_aI_a<0$，所以电机运行于电动状态。

（2）下面改用电动机惯例进行计算

电磁转矩　$T_e=\frac{P_M}{\Omega}=\frac{E_aI_a}{2\pi n/60}=\frac{204.6\times74}{2\pi\times1500/60}\text{N}\cdot\text{m}=96.38\text{N}\cdot\text{m}$

输入功率　$P_1=UI_a=220\times74\text{W}=16280\text{W}$

输出功率　$P_2=P_M-p_{Fe}-p_m=(204.6\times74-362-204)\text{W}=14574\text{W}$

总损耗　$\sum p=P_1-P_2=(16280-14574)\text{W}=1706\text{W}$

效率　$\eta=\frac{P_2}{P_1}=1-\frac{\sum p}{P_1}=1-\frac{1706}{16280}=89.5\%$

3.1~3.3 节小结

1）最简单的电力拖动系统为单轴系统。它可分为电磁子系统和机电子系统。在分析电力拖动系统时：①需要了解负载转矩特性，3.2.2 给出了常见负载的特性；②也需要分析其

稳定性，3.2.3 节给出了机电子系统稳定性分析的方法以及必要条件。

2）稳态下，电力拖动系统的稳态特性就变成了电机的稳态特性。但是负载转矩的影响依然存在。

3）直流电机的稳态数学模型为两个机电能量变换式和三个平衡方程。这些关系式如表 3.3.2 所示。电磁子系统的模型为表中第 1~3 行，机电子系统的稳态形式为表的第 4 行，而整个系统的功率平衡表现为表中第 5 行。

表 3.3.2　他励直流电机特性的基本关系式

	发电机	电动机
机电能量变换(3.1 节)	$E_a=C_E\Phi n$ $T_e=C_T\Phi I_a$	$E_a=C_E\Phi n$ $T_e=C_T\Phi I_a$
励磁和主磁通(3.1 节)	$I_f=U_f/R_f$ $\Phi=f(I_f,I_a)$	$I_f=U_f/R_f$ $\Phi=f(I_f,I_a)$
电枢回路电平衡(3.3 节)	$E_a=U+I_aR_a$	$U=E_a+I_aR_a$
机械系统转矩平衡(3.3 节)	$T_1=T_e+T_0$	$T_e=T_2+T_0=T_L$
功率平衡(无励磁功率)	$P_1=P_M+p_0=(P_2+p_{Cua})+p_0$ $p_0=p_m+p_{Fe}$	$P_1=P_M+p_{cua}$ $P_M=P_\Omega=P_2+p_0$

4）他励直流电动机的外特性（固有、人为）如式（3.3-5）。为改变其特性，使用者可调节的物理量为 U、R 和 Φ。3.4 节将讲述与之对应的三种调速方法，其中降压调速的优点突出，应用最为普遍。

3.4　他励直流电动机系统的运行

从使用的角度，要关心改变电动机拖动系统（也就是“电动机+负载”）的转速调节（调速）的方法以及相应的电动机输入/输出转矩或功率的特性。

再次强调，电机系统的具体运行状态取决于电机的特性和拖动负载的特性。

本节将**定性分析**几种实际的典型调速工况，借此加深对他励直流电动机系统调速机理的理解。本节的讨论不考虑直流电动机电枢回路的动态，只定性分析由式（3.2-3）表示的机电子系统的动态特性，即动转矩 T_e-T_L 不为零时，转速不发生突变，但将从原有的稳态变化到另一 $T_e=T_L$ 的稳态。此外，如果不作说明，则负载为恒转矩型负载。

为了便于把握本节内容，先依据表 3.3.1 中电动机的前 3 行公式和运动方程式（3.2-3）作出电动机系统的模型，如图 3.4.1 所示。注意，图中的虚线左侧是电磁子系统，是稳态模型；虚线右侧是机电子系统，是动态模型。

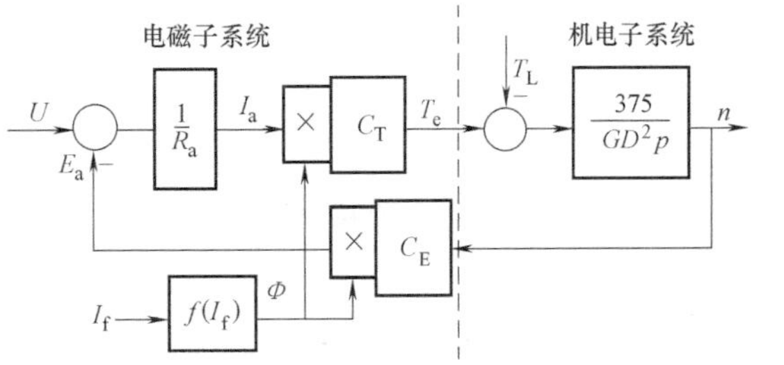

图 3.4.1　本节的他励直流电动机系统模型
（电磁子系统为稳态模型）

需要注意的是，为了使他励式直流电动机安全运行，在电枢回路通电前必须切实完成励磁电路的励磁工作；反之，如果要使电动机不再工作，需要在电枢回路断电之后，再切除励磁。其原因在后续“弱磁调速”中说明。

3.4.1 电动机系统的起动和调速

直流电动机接到电源后，转速从零达到稳态转速的过程称为起动过程。但就原理而言，他励直流电动机的起动只是调速的一个特例。为了便于理解以下分别叙述。

1. 电动机系统的起动

对电动机系统起动的基本要求是：起动转矩要大；起动电流要小；起动设备要简单、经济、可靠。

若对静止的他励直流电动机加额定电压 U_N 且电枢回路不串电阻，即为直接起动。此时 $n=0$，$E_a=0$，由式（3.3-9）可知，起动电流 I_{start} 和起动转矩 T_{start} 分别为

$$\begin{aligned} I_{start} &= U_N/R_a \gg I_N \\ T_{start} &= C_T \Phi_N I_{start} \gg T_N \end{aligned} \tag{3.4-1}$$

由于电流太大，使得电动机不能正常换向，并且还会急剧发热；另外，由于转矩太大，还会造成所拖机械的撞击，这些都是不允许的。因此，除了微型直流电动机由于其 R_a 值大可以直接起动外，一般直流电动机都不允许直接起动。直流电动机常用的起动方法有两种，下面分别叙述。

（1）电枢回路串电阻起动

如果电枢回路串入电阻 R，起动电流被限制为 $I_{start}=U_N/(R_a+R)$，若负载 T_L 已知，根据对起动转矩的要求，可确定所串入电阻 R 的大小。有时为了保持起动过程中电磁转矩持续足够大、电枢电流在电动机允许的范围内，可以逐段切除起动电阻，起动轨迹如图 3.4.2a 所示。起动完成后，起动电阻全部被切除，电动机稳定运行在固有特性的 A 点。

（2）降电压起动

采用可调电压源降低电压到 U。负载 T_L 已知时，根据式（3.4-1）可以确定电压 U 的大小。有时为了保证起动过程中电磁转矩一直较大及电枢电流一直较小，可以逐渐升高电压 U，直至最后升到 U_N，这样的起动轨迹如图 3.4.2b 所示。

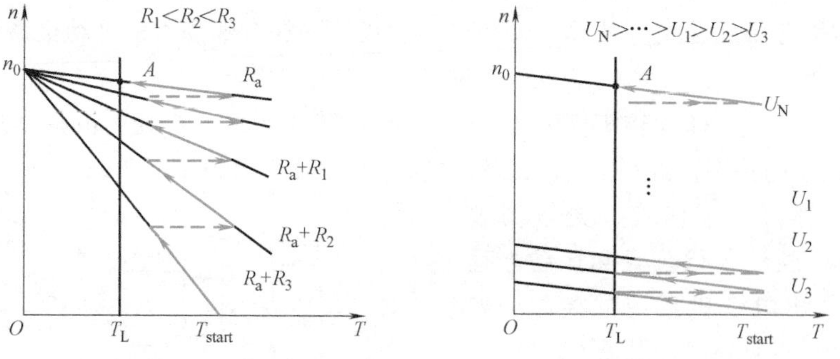

a) 电枢回路串电阻起动　　b) 降低电压起动

图 3.4.2 他励直流电动机的起动

2. 电动机系统的调速

电动机是用以驱动某种机械的，所以需要根据工艺要求调节其转速。不但要求速度调节的范围广、精度高、过程平滑，而且要求调节方法简单、经济。

由式（3.2-1）和式（3.3-5）知，他励直流电动机的稳态转速是由稳定工作点[$T_L(=T_e)$，n]决定的。工作点改变了，电动机的转速也就改变了。如果负载一定，其转矩特性是一定的。但是他励直流电动机的机械特性却可以人为地改变。通过人为改变电动机机械特性而使其与负载特性的交点随之变动，可以达到调速的目的。

由3.3.2节知，人为改变机械特性的方法有：变电枢电压、变励磁电流弱磁和在电枢回路中串电阻。以下详细讨论这三种方法的特点。

（1）电枢串电阻调速（armature resistance control）

他励直流电动机拖动负载运行时，保持电源电压及磁通为额定值不变，在电枢回路中串入不同的电阻时，电动机运行于不同的转速，如图3.4.3a所示。该图中负载是恒转矩负载。比如串电阻前的工作点为A，转速为n；电枢中串入电阻R_1后，工作点就变成了A_1，转速降为n_1；电枢中串入的电阻若加大为R_2，工作点变成A_2，转速则进一步下降为n_2。显然，串入电枢回路的电阻值越大，电动机的转速越低。由此该方法有以下特点：

1）通常把电动机固有机械特性上的转速称为基速，所以，电枢回路串电阻调速的方向只能是从基速向下调。

2）电枢回路串电阻调速时，所串的调速电阻上通过电枢电流，会产生很大的损耗$I_a^2R_1$、$I_a^2R_2$等。

3）由于I_a较大，调速电阻的容量也较大、较笨重，不易做到阻值连续调节，因而电动机转速也不能连续调节（有级调速）。

4）机械特性过理想空载点n_0，并且串入的电阻越大，机械特性越软。这样在低速运行时，即使负载在不大的范围内变动，也会引起转速发生较大的变化，即转速的稳定性较差。

尽管电枢串电阻调速方法简单，但由于上述缺点，因此现实中应用很少。

（2）降低电源电压调速（voltage control）

保持他励直流电动机磁通为额定值不变，电枢回路不串电阻，降低电枢的电源电压为不同大小时，电动机拖动负载运行于不同的转速上，如图3.4.3b所示。图中所示的负载为恒转矩负载。当电源电压为额定值U_N时，工作点为A，转速n；电压降到U_1后，工作点为A_1，转速为n_1；电压为U_2，工作点为A_2，转速为n_2。该方法的特点为：

1）电源电压越低，转速也越低，调速方向也是从基速向下调。

2）电动机机械特性的硬度不变。这样，比起电枢回路串电阻调速使机械特性变软这一点，降低电源电压可以使电动机在低速范围运行时，转速随负载变化而变化的幅度较小，转速稳定性要好得多。

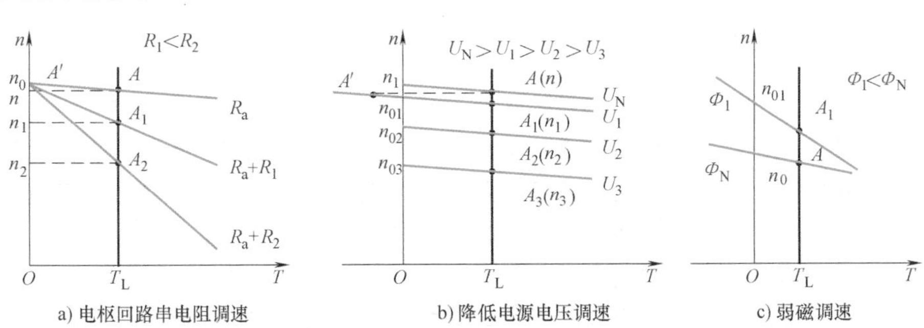

图3.4.3　他励直流电动机的调速

3）当电源电压连续变化时，转速可随之连续变化，这种调速称为无级调速。与串电阻时的有级调速相比，这种调速要平滑得多，并且还可以得到任意多级的转速。因此降压调速的方法在直流电力拖动系统中被广泛采用。

（3）弱磁调速（field weakening control）

由3.3.2节知，调节励磁电流可以改变磁通，从而改变速度。可以通过调节励磁电压以实现对磁通的连续调节。此外，还可在励磁回路中通过串电阻来调节励磁电流。以下讨论弱磁调速的特性。

由式（3.3-9）知，保持他励直流电动机的电源电压不变，电枢回路也不串电阻，降低他励直流电动机的磁通 Φ 可以使电动机理想空载转速升高。图3.4.3c所示的曲线为他励电动机带恒转矩负载时弱磁调速的机械特性。显然，在负载转矩较小时，磁通减少得越多，转速升高得越大。

如果磁通减少得太多，则由于空载转速太高，有可能使得电动机转速太高。因此，在使用这类电动机时要注意：**在运行过程中，励磁回路绝不可断开，即绝不可失磁**。因为如果失磁，在负载转矩很小时，由于剩磁的作用，电动机的转速将迅速升高，有可能引发严重的事故；而在负载转矩较大时，速度的变化问题较为复杂，需要定量分析。在电枢电压和负载转矩一定的条件下，由式（3.3-9）可得以磁通为自变量、电磁转矩为参数、转速为因变量的关系式为

$$n=\frac{U_{\mathrm{N}}}{C_{\mathrm{E}}\Phi}-\frac{R_{\mathrm{a}}}{C_{\mathrm{E}}C_{\mathrm{T}}\Phi^{2}}T_{\mathrm{e}}=-A\left(\frac{1}{\Phi}-B\right)^{2}+\frac{C_{\mathrm{T}}U_{\mathrm{N}}^{2}}{4R_{\mathrm{a}}C_{\mathrm{E}}T_{\mathrm{e}}} \tag{3.4-2}$$

式中

$$A=\frac{R_{\mathrm{a}}T_{\mathrm{e}}}{C_{\mathrm{E}}C_{\mathrm{T}}}>0, B=\frac{U_{\mathrm{N}}}{2AC_{\mathrm{E}}}=\frac{C_{\mathrm{T}}U_{\mathrm{N}}}{2R_{\mathrm{a}}T_{\mathrm{e}}}>0 \tag{3.4-3}$$

为与 T_{e} 有关的两个参量，$T_{\mathrm{e}}=T_{\mathrm{L}}$。由式（3.4-2）可以看出，弱磁后的转速是否增减与弱磁前的工作点［$T_{\mathrm{e}}(=T_{\mathrm{L}})$，$1/\Phi$］有关。

基于式（3.4-2），对于不同负载转矩 T_{L1}、T_{L2}（$T_{\mathrm{L1}}<T_{\mathrm{L2}}$），弱磁时的速度变化曲线如图3.4.4中的 $n_{\mathrm{TL1}}(\Phi)$ 和 $n_{\mathrm{TL2}}(\Phi)$ 所示。图中，B_1 对应 T_{L1}，B_2 对应 T_{L2}。可以看出，在区间 $1/\Phi\leqslant B$ 内转速将升高；而在区间 $B<1/\Phi$，如果进一步弱磁，则使得转速降低。因此，在设计控制方案时一定要注意弱磁调速的这种非线性特性。

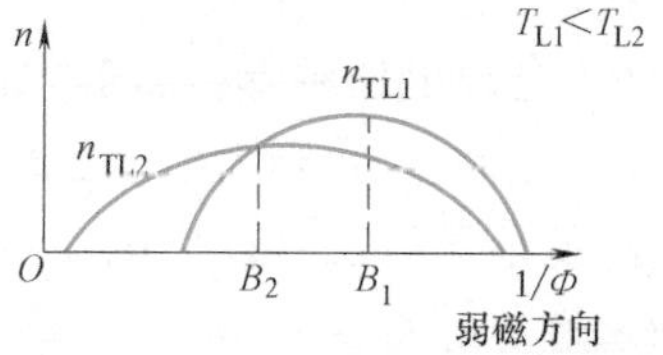

图3.4.4　弱磁调速的非线性特性

3.4.2　电动机系统的典型运行

从前面的分析可知：①电动机的稳态工作点是指满足3.2节所述的稳定运行条件的那些电动机机械特性与负载转矩特性的交点，电动机在稳定工作点恒速运行；②电动机运行在工作点之外的机械特性上时，由于动转矩不为零，因此系统处于加速或减速的过渡过程；③他励直流电动机的固有机械特性与各种人为机械特性分布在机械特性的四个象限内，而负载的转矩特性也可分布在四个象限之内。

本节将分析他励直流电动机拖动典型负载进行调速时典型的稳态运行以及过渡过程，以加深对调速系统特性以及功率变换过程的认识。下列标题中的“**运行**”是指上述①中稳定

工作点的稳速运行；“过程”是指上述②中电动机从一个稳定工作点变化到另一个稳定工作点时变速的过渡过程；“**制动**”一词是一个等同于“发电”一词的工程用语，表示在电动机惯例下，电动机在Ⅱ、Ⅳ象限的运行或过渡过程。

1. 正向电动运行和反向电动运行

正向电动运行与反向电动运行是电动机系统最基本的运行状态。

在假定他励直流电动机转向的正方向后，如果电动机电磁转矩 $T_e>0$、转速 $n>0$，则工作在第Ⅰ象限，如图 3.4.5 中的 A 点和 B 点所示。这种运行状态称为**正向电动运行**。由于 T_e 和 n 同方向，T_e 为拖动性转矩。电动运行时，电动机把电源送进电机的电功率通过电磁作用转换为机械功率，再从轴上输出给负载。在这个过程中，电枢回路中存在着铜损耗和空载损耗。功率关系如表 3.4.1 所示。

电动机拖动反抗性恒转矩负载反转时工作点则在第Ⅲ象限，如图 3.4.5 中 C 点所示。这时电动机电源电压为负值，电磁转矩 $T_e<0$，转速 $n<0$，T_e 与 n 仍旧同方向，T_e 仍为拖动性负载，其功率关系与正向电动运行完全相同，如表 3.4.1。这种运行状态称为**反向电动运行**。

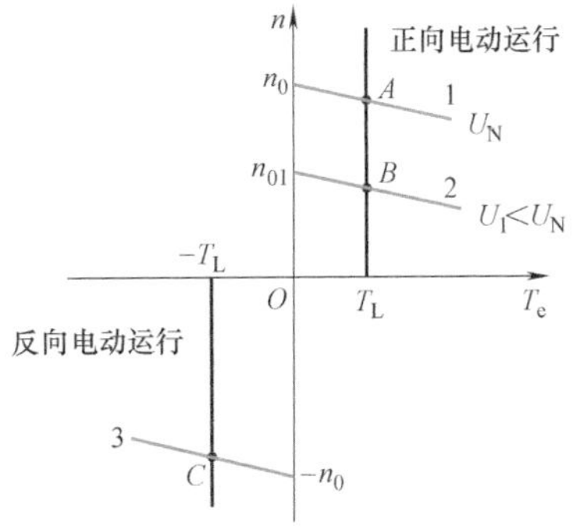

图 3.4.5 电动运行

1—固有机械特性 2—降压人为机械特性

3—U_N（或$-U$）：固有或降压人为机械特性

表 3.4.1 他励直流电动机电动运行下的功率关系

输入电功率 P_1	电枢回路总损耗 P_{Cua}	电磁功率(电→机)P_M	电动机空载损耗 p_0	输出机械功率 P_2
$UI_a=$	$I_a^2R_a+$	E_aI_a $T_e\Omega=$	$T_0\Omega+$	$T_2\Omega$
+	+	+	+	+

2. 能耗制动过程和能耗制动运行

他励直流电动机拖动**反抗性**恒转矩负载运行于正向电动运行状态时，其接线如图 3.4.6a 中刀开关接在电源上的情况，电动机工作在图 3.4.6b 中的第Ⅰ象限 A 点。当刀开关拉至电阻侧时，即突然切除了电动机的电源电压，并为了限制电流在电枢回路中串入了电阻 R。于是电动机的机械特性不再是图 3.4.6b 中的曲线 1，而是曲线 2。在切换后的瞬间，由于转速 n 不能突变，电动机的运行点从 $A\to B$，磁通 $\Phi=\Phi_N$ 不变，电枢感应电动势 E_a 保持不变，即 $E_a>0$，而此刻的电压 $U=0$。因此 B 点的电枢电流 I_{aB} 和电磁转矩 T_{eB} 为

$$I_{aB}=\frac{-E_a}{R_a+R}<0,\ T_{eB}=C_T\Phi_N I_{aB}<0 \tag{3.4-4}$$

用于制动的电磁转矩 $T_{eB}<0$，并且根据运动方程

$$T_{eB}-T_L=-|T_{eB}|-T_2-T_0=\frac{GD^2\mathrm{d}n}{375\ \mathrm{d}t} \tag{3.4-5}$$

加速度小于零，系统减速。此时转速的表达式为

$$n=\frac{375}{GD^2}\int(T_e-T_L)\mathrm{d}t \tag{3.4-6}$$

在减速过程中，E_a 逐渐下降，I_a 及 T_e 的绝对值减逐渐小，电动机运行点沿着曲线 2 从 B 趋向零点。速度为零时，$E_a=0$，负载转矩 T_L 变为零，所以 $I_a=0$，$T_e=0$，$n=0$，即稳定工作在原点上。上述过程是把正转的拖动系统停车的制动过程。在整个过程中，电动机的电磁转矩 $T_e<0$，而转速 $n>0$，T_e 与 n 是反方向的，T_e 始终是起制动作用的，是制动运行状态的一种，称之为**能耗制动过程**。

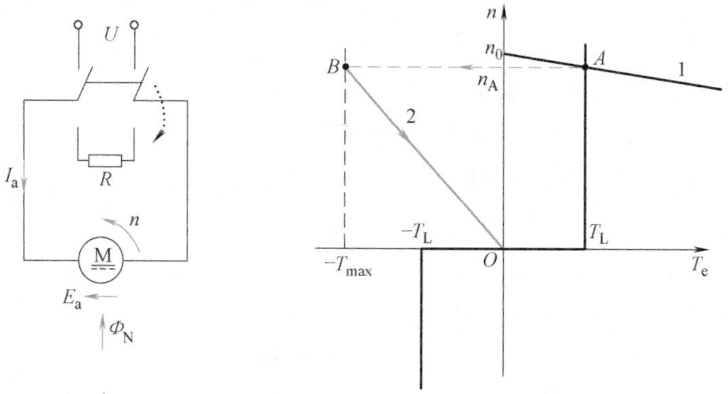

a) b)

图 3.4.6 能耗制动过程

1—固有机械特性：$n_1=\frac{U}{C_E\Phi_N}-\frac{R_a}{C_EC_T\Phi_N^2}T_L$ 2—电枢电压为零的人为特性：$n=\frac{375}{GD^2}\int(T_e-T_L)dt$

在能耗制动过程中，依据式（3.4-5）可知，他励直流电动机的功率关系如表 3.4.2 所示。电源输入的电功率 $P_1=0$，即电动机与电源没有功率交换；注意此时的机械功率为

$$\left(T_L+\frac{GD^2}{375}\frac{dn}{dt}\right)\Omega=\left(T_0+T_2+\frac{GD^2}{375}\frac{dn}{dt}\right)\Omega \tag{3.4-7}$$

而电磁功率 $P_M<0$，即在电动机内，电磁作用是把机械功率转变为电功率。这说明了负载向电动机输入了机械功率，扣除了空载损耗以及加速度功率，其余的通过电磁作用转变成了电功率。从把机械功率转换成电功率这一点上讲，能耗制动过程中的电动机好像是一台发电机，但它与一般发电机又不同，表现在没有原动机输入机械功率，而只有转速降低时所释放出来的动能，所得到的电功率消耗在电枢回路的总电阻 R_a+R 上了。

表 3.4.2 他励直流电动机能耗制动时的功率关系

输入 电功率 P_1	电枢回路 总损耗 P_{Cua}	电磁功率 （电→机）P_M	电机空载 损耗 p_0	输出机械 功率 P_2	动转距 功率
$UI_a=$	$I_a^2(R_a+R)+$	E_aI_a $T_e\Omega=$	$T_0\Omega+$	$T_2\Omega+$	$\frac{GD^2}{375}\frac{dn}{dt}\Omega$
0	+	−	+	图 3.4.7 的Ⅰ象限为正、Ⅳ象限为负	对于过程为负

以下讨论能耗制动运行。

如图 3.4.7a 所示，他励直流电动机拖动位能性负载 T_{L1}，本来运行在正向电动状态，突然采用图 3.4.6a 所示的能耗制动，电动机的运行点从 $A\rightarrow B\rightarrow 0$。从 $B\rightarrow 0$ 是能**耗制动过程**，与拖动反抗性负载时完全一样。但是到了 0 点以后，如果不采用其他办法停车（如采用外加的机械抱闸抱住电动机轴），则由于负载转矩 $T_L>0$ 而电磁转矩 $T_e=0$，系统会继续减速，

也就是开始反转了。电动机的运行点沿着能耗制动机械特性曲线 2 从 0→C，C 点处 $T_e=T_L$，系统稳定运行于工作点 C。该处电动机的电磁转矩 $T_e>0$，转速 $n<0$，T_e 与 n 方向相反，T_e 为制动性转矩，这种稳态运行状态称为**能耗制动运行**。在这种运行状态下，T_{L2} 的方向与系统转速 n 同方向，为拖动性转矩。能耗制动运行时，电动机电枢回路串入的制动电阻不同，运行转速也不同。制动电阻 R 越大，为了得到相同的制动电磁转矩 T_e，所需的反电动势越高，所以转速绝对值 $|n|$ 越高，如图 3.4.7b 所示。

怎样理解工作点在第Ⅳ象限的稳态运行状态中，为什么转速 $n<0$ 了，而电磁转矩仍旧是 $T_e>0$ 呢？以起重机提升或下放重物为例，提升和下放都是恒速，重物本身受力的合力为零，作用在卷筒上的电磁转矩与负载转矩大小相同，方向相反，因此 $T_e>0$。

能耗制动运行时的功率关系与能耗制动过程类似（表 3.4.2 所示）。不同的是能耗制动运行状态下，机械功率的输入是靠位能性负载减少位能（位置下降）来提供，并且动转距功率项为零。

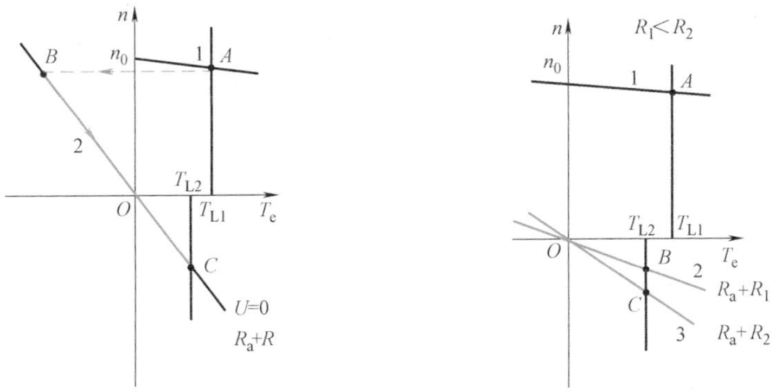

图 3.4.7　能耗制动

1—固有机械特性　2、3—电压为零的人为机械特性

3. 反接制动过程

电气制动除了采用能耗制动外，还可以采用反接制动。如图 3.4.8a 所示，反接制动是把正向运行的他励直流电动机的电源电压突然反接，同时串入（或不串入）限流电阻 R 来实现的。如图 3.4.8b 所示。拖动反抗性恒转矩负载反接制动停车时，开关动作后的电机运行点从机械特性曲线 1 的 A 点切换到特性 2 的 B 点，然后 B→C，到 C 点后电动机转速 $n=0$。这一过程中电动机运行于第Ⅱ象限，电流 $I_a=(-U-E_a)/(R_a+R)$ 反向，从切换后的电源流出，$T_e<0$，$n>0$，T_e 是制动性转矩。上述过程称为**反接制动过程**。此过程的功率关系如表 3.4.3 中Ⅱ行所示。由于电源和电流都与切换前反向，该过程中的电源输入功率 $P_1>0$，消耗在电枢回路电阻上的为 $I_a^2(R_a+R)$，同时输出为机械功率 P_2。

如果在 $n\leqslant0$ 后不切除电动机电源，则反抗性恒转矩变为负载 T_{L2}，电机机械特性（图 3.4.8b 虚线）与 T_{L2} 有交点 D，则电机系统在 C→D 为反向电动过程，并最终在 D 点作**反向电动运行**。此过程的功率关系如表 3.4.3 中Ⅲ行所示。

对于采用可调节电压源的电力拖动系统，常常采用先降压减速、再反接低电压从而反接制动停车并接着反向（或正向）起动的运行方式，达到迅速制动并反转（正转）的目的。

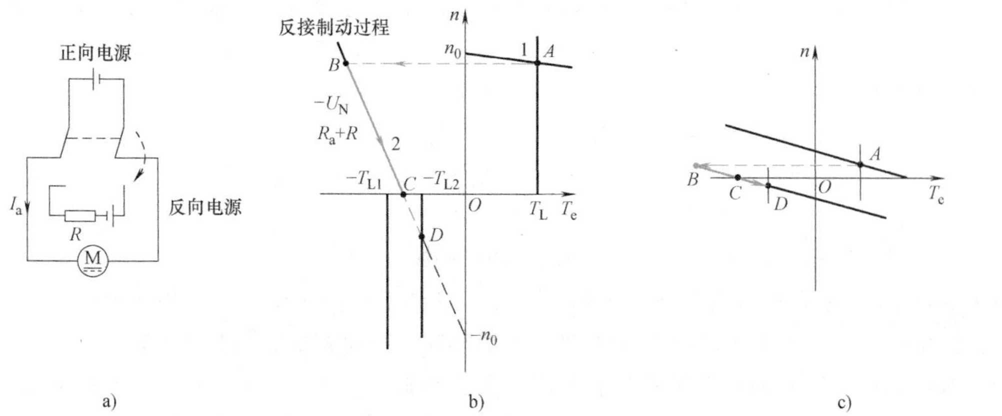

图 3.4.8　反接制动过程

1—固有机械特性　2—$U=-U_N$，电枢串电阻的机械特性

图 3.4.8c 表示了电机接反抗性恒转矩负载 T_L、低速正转运行时反接电源使得工作点由 $A \to B$ 的制动过程和 $B \to C$ 的反向电动过程。系统最终在Ⅲ象限 D 点作反向电动运行。

表 3.4.3　反接制动过程（Ⅱ）和反向电动过程（Ⅲ）中的功率关系

象限	输入电功率 P_1	电枢回路总损耗 P_{Cua}	电磁功率（电→机）P_M	电动机空载损耗 p_0	输出机械功率 P_2	动转距功率
	$U_N I_a=$	$I_a^2(R_a+R)+$	$E_a I_a$ $T_e\Omega=$	$T_0\Omega+$	$T_2\Omega+$	$\frac{GD^2}{375}\frac{dn}{dt}\Omega$
Ⅱ	−	+	−	+	+	−
Ⅲ	+	+	+	+	+	−

4. 正向回馈制动过程、制动运行和反向回馈制动运行

图 3.4.9a 所示为他励直流电动机电源电压降低、转速从高向低调节的过程。原来电动机运行在固有机械特性曲线的 A 点上，电压降为 U_1 后，电动机运行点从 $A \to B \to C \to D$，最后稳定运行在 D 点。在这一降速过渡过程中，从 $B \to C$ 这一阶段，电动机的转速 $n>0$，而电磁转矩 $T_e<0$，T_e 与 n 的方向相反，T_e 是制动性转矩，是一种**正向回馈制动过程**。

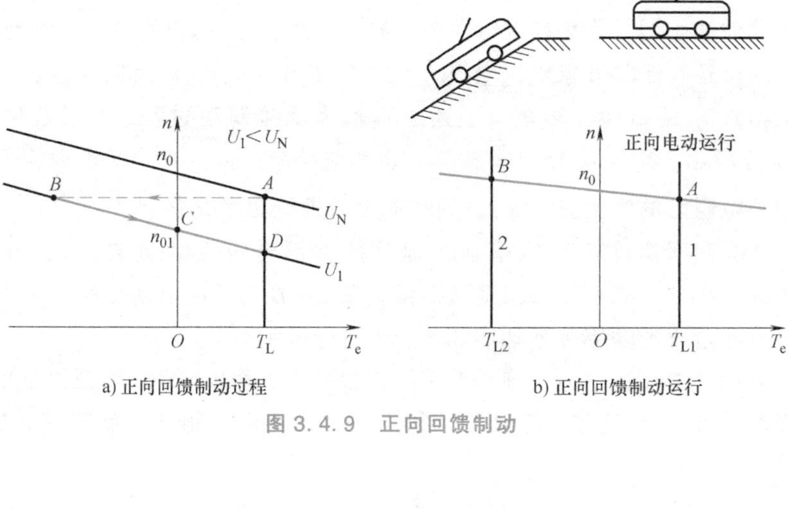

图 3.4.9　正向回馈制动

$B \to C$ 这一段运行时的功率关系如表 3.4.4 所示，其功率流程与直流发电机的功率流程一致，所不同的是：①机械功率的输入不是原动机送进，而是系统从高速向低速降速过程中释放出来的动能所提供；②送出的电功率不是给用电设备，而是给直流电源，“回馈”指电动机把功率回馈电源。

表 3.4.4　正（反）向回馈制动时的功率关系

输入电功率 P_1	电枢回路总损耗 P_{Cua}	电磁功率（电→机）P_M	电机空载损耗 p_0	输出机械功率 P_2	动转距功率
$U_N I_a=$	$I_a^2 R_a+$	$E_a I_a$ $T_e\Omega=$	$T_0\Omega+$	$T_2\Omega$	$+\frac{GD^2}{375}\frac{dn}{dt}\Omega$
−	+	−	+	图 3.4.9a 为正，图 3.4.9b 为负	图 3.4.9a 为负，图 3.4.9b 为零

如果让他励直流电动机拖动一台电动车，规定电动车向左前进时转速 n 为正，电磁转矩 T_e 与 n 同方向为正，负载转矩 T_L 与 n 反方向为正。电动车在平路上前进时，负载转矩为摩擦性阻转矩 T_{L1}，$T_{L1}>0$，电动车在下坡路上前进时，负载转矩为一个摩擦性阻转矩与一个位能性拖动转矩的合成转矩。一般后者数值（绝对值）比前者大，二者方向相反。因此下坡时电动车受到的总负载转矩为 T_{L2}，$T_{L2}<0$，如图 3.4.9b 所示，负载机械特性为曲线 1 和曲线 2。平路时电动机则运行在正向电动运行状态，工作点为固有机械特性与曲线 1 的交点 A；走下坡路时，电动机则运行在正向回馈运行状态，工作点为固有机械特性与曲线 2 的交点 B。回馈制动运行时的电磁转矩 T_e 与 n 的方向相反，T_e 与 T_L 平衡，使车能够恒速行驶。这种稳定运行时的功率关系与上面的回馈制动过程是一样的，区别仅仅是机械功率不是由负载减少动能来提供，而是由电动车减少位能来提供。

对于图 3.4.9b，电动车从平路向右前进时必然施加反向直流电压。此时如果向右下坡前进，则 $T_e\Omega<0$，**称为反向回馈制动运行**。另一个例子是，对于图 3.4.10，拖动位能性负载在 A 点进行正向电动运行，当电源电压反接后使系统工作在图 3.4.10 的 B 点，这时电磁转矩 $T_e>0$，转速 $n<0$，也称为反向回馈制动运行。

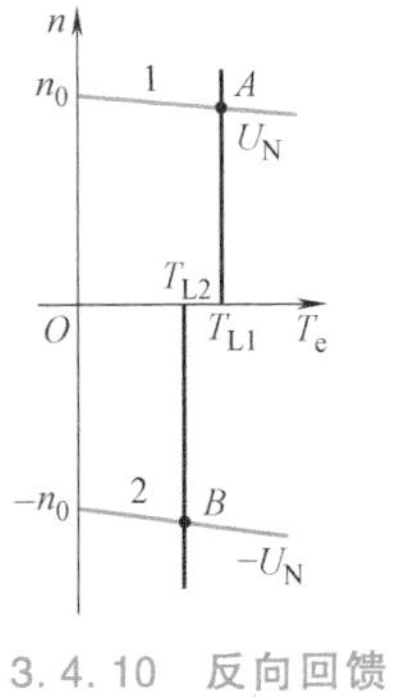

图 3.4.10　反向回馈制动运行

反向回馈制动运行的功率关系与正向回馈制动运行是一样的，如表 3.4.4 所示。

到此为止，介绍了他励直流电动机在四个象限的几种典型运行。以下给出两个综合例题。

例 3.4-1　已知他励直流电动机的参数同例 3.3-1（$P_N=22\text{kW}$，$U_N=220\text{V}$，$I_N=115\text{A}$，$n_N=1500\text{r/min}$，$R_a=0.1\Omega$），$I_{amax}=2I_N$。若运行于正向电动状态时，$T_L=0.9T_N$，要求计算：

（1）负载为反抗性恒转矩时，采用能耗制动过程停车，电枢回路应串入的制动电阻最小值是多少？

（2）负载为位能性恒转矩时，如起重机，传动机构的转矩损耗 $\Delta T=0.1T_N$，要求电动机运行在 $n_1=-200\text{r/min}$ 匀速下放重物，采用能耗制动运行，电枢回路应串入的电阻值是多少？该电阻上的功率损耗是多少？

(3) 负载同题 (1)，若采用反接制动停车，电枢回路应串入的制动电阻最小值是多少？

(4) 负载同题 (2)，电动机运行在 $n_2=-1000\text{r/min}$ 匀速下放重物，采用倒拉反转运行，电枢回路应串入的电阻值是多少？该电阻上的功率损耗是多少？

(5) 负载同题 (2)，采用反向回馈制动运行，电枢回路不串电阻时，电动机的转速是多少？

解

(1) 反抗性恒转矩负载能耗制动过程应串入电阻值的计算

由例 3.3-1 中知 $C_E\Phi_N=0.139\text{V}\cdot\text{min/r}$，$n_0=1582.7\text{r/min}$，$\Delta n_N=82.7\text{r/min}$。额定运行状态时的感应电动势为

$$E_{aN}=C_E\Phi_N n_N=0.139\times1500\text{V}=208.5\text{V}$$

负载转矩 $T_L=0.9T_N$ 时的转速降落

$$\Delta n=\frac{0.9T_N}{T_N}\Delta n_N=0.9\times82.7\text{r/min}=74.4\text{r/min}$$

负载转矩 $T_L=0.9T_N$ 时的转速

$$n-n_0-\Delta n=(1582.7-74.4)\text{r/min}=1508.3\text{r/min}$$

制动开始时的电枢感应电动势

$$E_a=\frac{n}{n_N}E_{aN}=\frac{1508.9}{1500}\times208.5\text{V}=209.7\text{V}$$

能耗制动应串入的制动电阻最小值

$$R_{min}=\frac{E_a}{I_{amax}}-R_a=\left(\frac{209.7}{2\times115}-0.1\right)\Omega=0.812\Omega$$

(2) 位能性恒转矩负载能耗制动运行时，电枢回路串入电阻及其上功率损耗的计算反转时的负载转矩

$$T_{L1}=T_L-2\Delta T=0.9T_N-2\times0.1T_N=0.7T_N$$

负载电流

$$I_{a1}=\frac{T_{L1}}{T_N}I_N=0.7I_N=0.7\times115\text{A}=80.5\text{A}$$

转速为 -200r/min 时的电枢感应电动势

$$E_{a1}=C_E\Phi_N n=0.139\times(-200)\text{V}=-27.8\text{V}$$

串入电枢回路的电阻

$$R_1=\frac{-E_{a1}}{I_{a1}}-R_a=\left(\frac{27.8}{80.5}-0.1\right)\Omega=0.245\Omega$$

R_1 上的功率损耗 $p_{R1}=I_{a1}^2R_1=80.5^2\times0.245\text{W}=1588\text{W}$

(3) 反接制动停车，电枢回路串入电阻的最小值

$$R'_{min}=\frac{U_N+E_a}{I_{amax}}-R_a=\left(\frac{220+209.7}{2\times115}-0.1\right)\Omega=1.768\Omega$$

(4) 位能性恒转矩负载倒拉反转运行时，电枢回路串入电阻值及其上功率损耗的计算

转速为-1000r/min时的电枢感应电动势

$$E_{a2}=\frac{n_2}{n_N}E_{aN}=\frac{-1000}{1500}\times 208.5\text{V}=-139\text{V}$$

应串入电枢回路的电阻

$$R_2=\frac{U_N-E_{a2}}{I_{a1}}-R_a=\left(\frac{220+139}{80.5}-0.1\right)\Omega=4.36\Omega$$

R_2上的功率损耗$p_{R2}=I_{a1}^2R_2=80.5^2\times 4.36\text{W}=28254\text{W}$

(5) 位能性恒转矩负载反向回馈制动运行，电枢不串电阻时，电动机转速为

$$n=\frac{-U_N}{C_E\Phi_N}-\frac{I_aR_a}{C_E\Phi_N}=-n_0-\frac{I_a}{I_N}\Delta n_N$$
$$=(-1582.7-0.7\times 82.7)\text{r/min}=-1640.6\text{r/min}$$

例3.4-2　这是一个重点例题。典型电梯的机械结构如图3.4.11所示，分为由电动机拖动的定滑轮、载物轿箱和配重（图中用黑框表示）。此外，还在定滑轮上设置了抱闸装置用于停车时将定滑轮抱死以保证可靠停车。配重的重量一般为载物轿箱满载重量的一半，于是轿箱空载时负载转矩的方向为拖动轿箱上升的方向，轿箱满载时负载转矩的方向为拖动轿箱下降的方向。试分析采用调压调速的直流电动机拖动电梯轿箱：(1) 作四象限运行；(2) 举例说明其降速或升速过程；(3) 举例说明系统有可能有反接制动**过程**。

解　首先，按电动机惯例设定电端口以及机械端口各个物理量的**正方向**，如图3.4.11中的注（注意：若不假定正方向，则无法讨论）。其次，如果是稳态运行，则电磁转矩T_e和负载转矩T_L必然大小相等、方向相反。

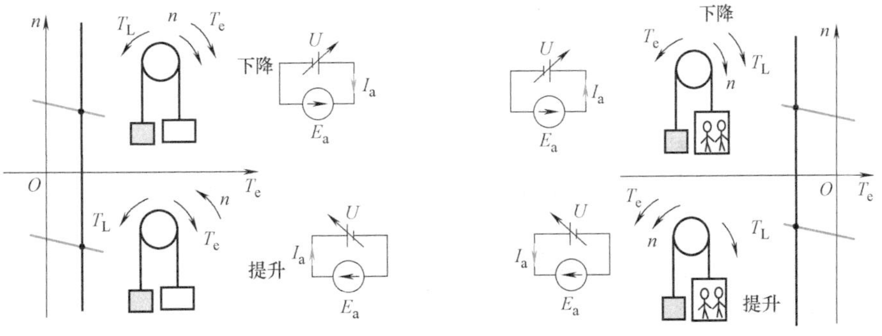

图3.4.11　电梯的四象限运行示意

注：设T_L逆时针为正，顺时针为负；n下降（顺时针）为正，上升为负；电压U右正时为加正电压，右负时为加反电压。

(1) 如果工作在图3.4.11所示的工作点，轿箱空载下降时，电机为正向电动运行（n与T_e同向且为下降，所以为Ⅰ象限）；空载上升时，电机为反向回馈制动运行（Ⅳ象限）；轿箱满载下降时，电机为正向回馈制动运行（Ⅱ象限）；满载上升时，电机为反向电动运行（Ⅲ象限）；

(2) 如图3.4.12所示，当空载轿箱下降（电动运行）在Ⅰ象限A工作点时，如果降压停车并且降压太急，电机就有可能在一段时间内工作在Ⅱ象限（正向回馈制动**过程**）。同理，当在Ⅳ象限工作点B反向回馈运行的空载轿箱加速上升时，如果升压太急，电机就有

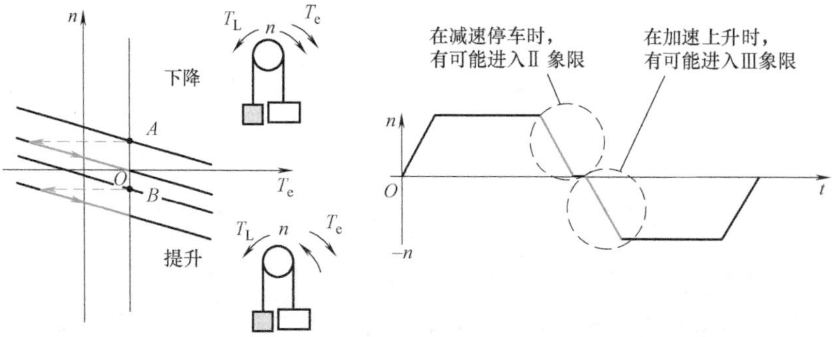

图 3.4.12 轿箱空载下降并降压停车和加速上升（假定正方向同图 3.4.13）

可能在一段时间内工作在Ⅲ象限（反向电动过程）。

（3）如图 3.4.13 所示，当空载轿箱下降（电动运行）在Ⅰ象限 A 工作点时，突然为了改为上升要将电源反接。所以电机首先在一段时间内工作在Ⅱ象限（反接制动过程），之后在Ⅳ象限工作点 B 处作反向回馈运行。当然，为了使电梯运行平稳，一般不允许电梯有这种运行方式。

视频 No. 8 用于说明例题 3.4-2。

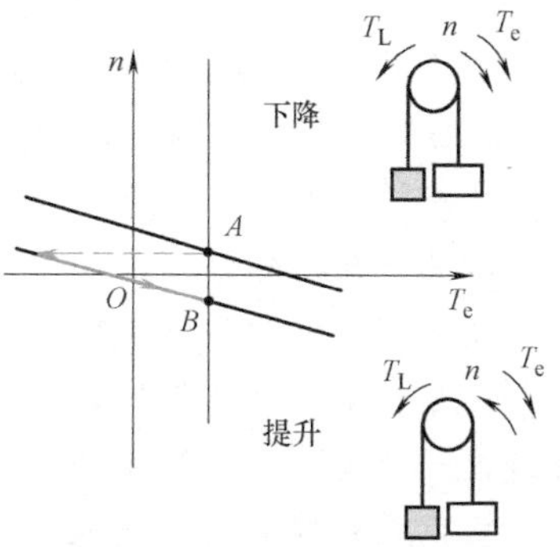

图 3.4.13 轿箱空载由下降突然改为上升（假定正方向同图 3.4.11）

视频 No. 8

本节小结

定性分析了他励直流电动机系统的调速方法以及相应的电动机转矩和功率传输的特性。本节的讨论不考虑电动机系统电枢回路的动态，只考虑了基于运动方程的动态。

1）通过调速，系统（电动机+负载）可在四象限运行。电动机的能量流向决定了其工作状态。电动机的工作状态分为电动（电磁转矩 T_e 和转速 n 同方向）和制动（或称为发电，T_e 和 n 不同方向）。这个结论适用于任何类型的电动机。

2）根据电动机系统工作在稳态或暂态，可把工作状态分为“稳态运行”和“过渡过程”。

3）给出了系统的四类实际应用工况，分析了每个工况的机理以及功率流向。

掌握例题 3.4-2 的内容十分有助于理解上述内容。

3.5* 电动机机械特性与负载转矩特性的配合

在电动机拖动负载运行时，除了要考虑 3.2.3 节所述的机械子系统的稳定性之外，为了充分利用电动机，还需要考察电动机机械特性与负载转矩特性的配合问题。

在讨论之前，需要明确直流电动机**额定**电枢电流 I_N 的工程意义。电动机运行时电枢电流将带来电机损耗，即电能变成了热能使电动机温度升高，若损耗过大，长期运行时，电动机温度太高将损坏电动机绝缘，从而损坏电动机。电动机损耗可分为不变损耗与可变损耗。可变损耗与电枢电流的二次方成正比。为了不损坏电动机，对电枢电流规定了上限值。在长期运行条件下，电枢电流的上限值就是电枢额定电流 I_N。此外，如果带负载时的电动机电枢电流小，则其输出也小，导致电动机的利用率不高。因此，为了充分利用电动机，希望让它工作在 $I_a = I_N$ 附近。由 3.4 节可知，他励直流电动机运行时电枢电流 I_a 的大小取决于所拖动的负载的转矩特性和电动机的调速方法。所以为了充分利用电动机，需要分析电动机不同调速方法下拖动不同特性的负载时电枢电流 I_a 的情况。

1. 恒转矩调速与恒功率调速

对应于恒转矩和恒功率负载特性，拖动这两类负载的电动机系统的速度调节方法也分为两类，即恒转矩调速特性和恒功率调速特性。这两类特性是指，**在电动机电流**（直流电动机是电枢电流 I_a）**为额定值 I_N 不变的条件下，**电动机随速度变化的电磁转矩和电磁功率特性。以直流电动机为例，具体有：

1）**恒转矩调速**（constant-torque operation）：采用某种调速方法时，在保持电枢电流 $I_a = I_N$ 不变的条件下，若电动机的电磁转矩恒定不变，则称这种调速方法为恒转矩调速。

2）**恒功率调速**（constant-power operation）：采用某种调速方法时，在保持电枢电流 $I_a = I_N$ 不变条件下，若电动机的电磁功率 P_M 恒定不变，则称这种调速方法为恒功率调速。

那么，3.4.1 节中所述的他励直流电动机的串电阻调速、降电压调速以及弱磁调速这三种调速方法各具有哪种转矩特性呢？将直流电动机电磁功率表达式 $P_M = T_e \Omega$ 改写如下：

$$P_M = T_e \Omega = C_T \Phi I_a \Omega \tag{3.5-1}$$

也就是

$$P_M = E_a I_a = E_a I_a = U I_a - R_a I_a^2 \tag{3.5-2}$$

对于电枢串电阻调速和降压调速方法，由式（3.5-1）知，I_a 为常数时，由于磁通幅值 Φ 为常数，对应的电磁转矩 $T_e(=T_L) \propto I_a$ 是恒转矩，所以是恒转矩调速；而弱磁调速时，由式（3.5-2）知，I_a 为常数时，由于电压 U 为常数，所以 P_M 为常数，即该方法具有恒功率调速的性质。此时，由式 $P_M = T_e \Omega$ 可知 T_e 反比于转速 Ω。

2. 电动机机械特性与负载转矩特性的配合

电动机采用恒转矩调速时，如果拖动额定的恒转矩负载 T_L 运行，在稳态时必然有 $T_N = T_L$，那么不论运行在什么转速上，电动机的电枢电流 $I_a = I_N$ 不变，如图 3.5.1a 所示。电动机得到了充分利用，此时称电动机的恒转矩调速特性与负载恒转矩特性相匹配（matching）。当电动机采用恒功率调速时，如果拖动恒功率负载运行，可以使电动机电磁功率 $P_M = T_N \Omega_N$ 不变，那么不论运行在什么转速上，电枢电流 $I_a = I_N$ 也不变，电动机被充分利用。所以电动机的恒功率调

a) 用调压调速拖动恒转矩负载　　　b) 用调压调速拖动恒功率负载
（$I_{aN} \propto T_{eN} = T_L$=常数）　　　（$I_{aA} < I_{aA1} < I_{aA2}$）

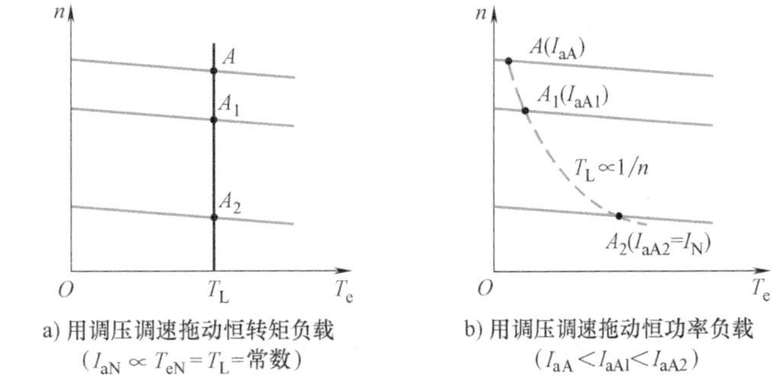

图 3.5.1　电动机与负载的匹配和不匹配

速与恒功率负载也可以做到匹配。

电动机做恒转矩调速拖动恒功率负载或做恒功率调速拖动恒转矩负载时，两者是否也匹配呢？答案是否定的。恒转矩性质的调速如果拖动恒功率负载运行，必须按照“低速运行时电动机额定转矩等于负载转矩、电枢电流等于额定电流”的原则选择电动机。但是，如图 3.5.1b 所示，由于负载是恒功率的，即当系统运行在高速段时负载转矩将低于额定转矩，电动机电磁转矩也低于额定转矩。此时由于磁通 Φ_N 不变，$T_e=C_T\Phi_N I_a$ 减小，I_a 也必然减小，结果 $I_a<I_N$，电动机的利用就不充分了。这种情况被称为电动机的调速特性与负载特性不匹配。

恒功率调速的电动机若拖动恒转矩负载运行，情况会怎样呢？由于最高转速 n_{max} 处所需功率最大，只能按点（T_L，n_{max}）选配合适的电动机，从而使系统在高速运行时负载转矩等于电动机允许的转矩、电动机电枢电流等于额定电流 I_N。但是，由于负载是恒转矩性质的，当系统运行到较低速时，虽然电动机的电磁转矩 $T_e=T_L$ 不变，但此时的磁通 Φ 增大到了 Φ_N，根据 $T_e=C_T\Phi_N I_a$，电枢电流 $I_a<I_N$，电动机没能得到充分利用，所以该调速特性与负载特性也不匹配。

对于既非恒转矩、也非恒功率的泵类负载，那么无论采用恒转矩调速还是恒功率调速，都不能做到与其转矩特性的匹配。

对于某些应用场合（如电动汽车、电气牵引火车），需要在低速段实现恒转矩特性、在高速段实现恒功率特性。对应这类负载，他励直流电动机调速系统可采用降压调速和弱磁调速组合的方法，即在额定转速以下恒定额定磁通并降低电枢电压调速，而在额定转速以上恒定额定电压并弱磁以得到额定转速以上的调速。这时的功率、转矩曲线如图 3.5.2 所示。该方法不但有很宽的调速范围，而且调速时电动机的损耗较小、运行效率较高。

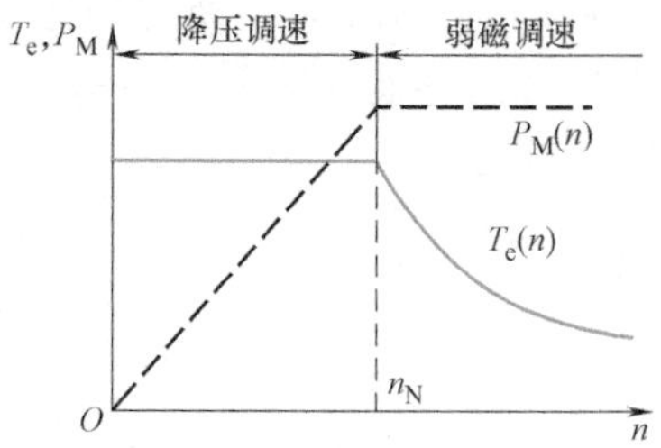

图 3.5.2 将降压调速和弱磁调速相结合的机械特性

以上关于调速方法特性的讨论归纳起来主要是：

1）恒转矩调速特性与恒功率调速特性是用来表征在某种调速方法下电动机电磁转矩/电磁功率与负载转矩/功率特性的匹配能力，不是指电动机的实际负载。

2）从理论上讲，电动机的调速特性与负载特性匹配时，可以让电动机的额定转矩或额定功率与负载实际转矩与功率相等或稍大。但实际上，由于电动机容量分成若干等级，因此有时也只能尽量接近而不能相等。

视频 No.9 总结了 3.5 节的内容。

视频 No.9

本章习题

有关 3.1 节

3-1 试回答以下问题：

（1）换向器在直流电机中起什么作用？

（2）从直流电机的结构上看，其主磁路包括哪几部分？磁路未饱和时，励磁磁通势主要消耗在哪一部分上？

3-2　直流电机铭牌上的额定功率是指什么功率？他励直流发电机和电动机的电磁功率指什么？

3-3　选择填空：一台他励直流发电机由额定运行状态转速下降到原来的60%，而励磁电流、电枢电流都不变，这时，请问以下结果是否正确？为什么？

（1）反电势 E_a 下降到原来的 60%。

（2）电磁转矩 T_e 下降到原来的 60%。

（3）E_a 和 T_e 都下降到原来的 60%。

（4）端电压 U 下降到原来的 60%。

3-4　直流发电机的损耗主要有哪些？铁损耗存在于哪一部分？电枢铜损耗随负载变化吗？

3-5　根据电枢反应说明电机的主磁场由哪两个电流产生？电枢反应的去磁作用明显时，主磁通的大小会怎样变化？这时，电机还能够工作在额定状态吗？

有关 3.2 节

3-6　电动机的电动状态和发电状态是如何定义的？如何采用图 3.2.2b 的正交坐标表示这些状态？在用该坐标表示时，为什么先要假定转速的正方向？

3-7　对于单轴系统，回答下列问题。

（1）题 3.7 图为一个弹性轴的单轴系统的数学模型。转动惯量为 J_1 的电动机和转动惯量为 J_2 的负载（J_1、J_2 为常数）由一个弹性系数为 K_θ 的轴连接。试写出该系统的运动方程。

（2）一个三轴机器臂是由三个单轴臂构成。在对其建模时，是否可以分解为三个理想单轴系统？各轴之间的耦合作用可用什么量来表示？

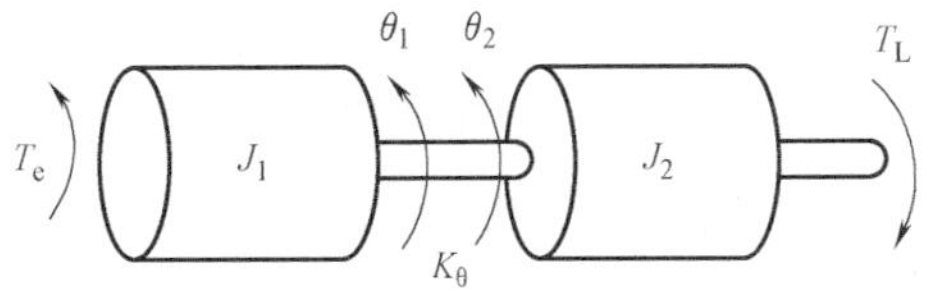

题 3.7 图　用柔性轴连接的两个刚性体

3-8　在 3.2.3 节讨论“电力拖动系统稳定的必要条件”时，仅仅依据式（3.2-14）进行了分析，这个分析并没有基于系统整体的数学模型展开，于是将结论归结为稳定性的“必要条件”。当系统满足这个必要条件时，请举例说明还有哪些问题有可能引起系统的不稳定？

有关 3.3 节

3-9　额定转速 $n_N = 1500\text{r/min}$ 的他励直流电动机拖动额定的恒转矩负载（$T_L = T_N$），在固有机械特性、电枢回路串电阻、降低电源电压及减弱磁通的人为特性上运行，请在下表中填满有关数据。

U	Φ	$(R+R)/\Omega$	$n_0/(\text{r}\cdot\text{min}^{-1})$	$n/(\text{r}\cdot\text{min}^{-1})$	I_a/A
U_N	Φ_N	0.5	1650	1500	58
U_N	Φ_N	2.5			
$0.6U_N$	Φ_N	0.5			
U_N	$0.8\Phi_N$	0.5			

有关第 3.4 节

3-10　一般地，他励直流电动机起动时：

(1) 施加电枢电压与励磁电压的时序是什么？

(2) 为什么不能直接用额定电压起动？采用什么起动方法比较好？

3-11 判断下列各结论是否正确，并作说明。

(1) 他励直流电动机降低电源电压调速属于恒转矩调速方式，因此只能拖动恒转矩负载运行。

(2) 他励直流电动机电源电压为额定值，电枢回路不串电阻，减弱磁通时，无论拖动恒转矩负载还是恒功率负载，只要负载转矩不过大，电动机的转速都升高。

(3) 他励直流电动机拖动的负载，只要转矩不超过额定转矩 T_N，不论采用哪一种调速方式，电动机都可以长期运行而不致过热损坏。

(4) 他励直流电动机降低电源电压调速与减少磁通升速，都可以做到无级调速。

(5) 降低电源电压调速的他励直流电动机带额定转矩运行时，不论转速高低，电枢电流 $I_a=I_N$。

3-12 他励直流电动机在准备起动时进行了励磁，之后不久就发生励磁绕组断线但没有被发现。断线后马上起动时，在下面两种情况下会有什么后果：(1) 空载起动；(2) 带反抗性恒转矩负载起动，$T_L=T_N$。

3-13 不考虑电动机运行在电枢电流大于额定电流时电动机是否因过热而损坏的问题，他励电动机带很大的负载转矩运行，减弱电动机的磁通，电动机转速是否会升高？电枢电流怎样变化？(提示：依据式 (3.4-2) 或图 3.4.4)

3-14 他励直流电动机拖动恒转矩负载调速机械特性如图 3.4.3b 所示，请分析工作点从 A 向 A_1 调节时，电动机可能经过哪些不同运行状态？

3-15 采用电动机惯例时，他励直流电动机电磁功率 $P_M=E_aI_a=T\Omega<0$，说明了电动机内机电能量转移的方向是由机械功率转换成电功率。那么是否可以认为该电动机运行于回馈制动状态，或者说此时该直流电动机就是一台直流发电机？为什么？

3-16 假定负载为位能性恒转矩负载，说明下列各种情况下采用电动机惯例的一台他励直流电动机运行在什么状态？

(1) 输入功率 $P_1>0$，电磁功率 $P_M>0$。

(2) $P_1>0$，$P_M<0$。

(3) 电枢电压为 U_N，且输入功率 $U_NI_a<0$，$E_aI_a<0$。

(4) 电枢电压 $U=0$，转速 $n<0$。

(5) $U=+U_N$，电枢电流 $I_a<0$。

(6) 反电动势 $E_a<0$，电磁功率 $E_aI_a>0$。

(7) 电磁转矩 $T_e>0$，$n<0$，$U=U_N$。

(8) $n<0$，电枢电压 $U=-U_N$，$I_a>0$。

(9) 反电动势 $E_a>U_N$，$n>0$。

(10) 电磁功率 $T_e\Omega<0$，$P_1=0$，$E_a<0$。

3-17 他励直流电动机的 $P_N=7.5\text{kW}$，$U_N=220\text{V}$，$I_N=41\text{A}$，$n_N=1500\text{r/min}$，$R_a=0.376\Omega$，拖动恒转矩负载运行，$T_L=T_N$，把电源电压降到 $U=150\text{V}$，问：

(1) 电源电压降低了但电动机转速还来不及变化的瞬间，电动机的电枢电流及电磁转矩各是多大？电力拖动系统的动转矩是多少？

(2) 稳定运行转速是多少？

3-18　上题中的电动机拖动恒转矩负载运行，若把磁通减小到 $\Phi=0.8\Phi_N$，不考虑电枢电流过大的问题，计算改变磁通前（Φ_N）和改变后（$0.8\Phi_N$），电动机拖动负载稳定运行的转速各是多少？

（1）$T_L=0.5T_N$。

（2）$T_L=T_N$。

3-19　一台他励直流电动机的额定功率 $P_N=17kW$，$U_N=110V$，$I_N=185A$，$n_N=1000r/min$，已知电动机最大允许电流 $I_{amax}=1.8I_N$，电动机拖动 $T_L=0.8T_N$ 负载电动运行，求：

（1）若采用能耗制动停车，电枢应串入多大电阻？

（2）若采用反接制动停车，电枢应串入多大电阻？

（3）两种制动方法在制动开始瞬间的电磁转矩各是多大？

（4）两种制动方法在制动到 $n=0$ 时的电磁转矩各是多大？

3-20　请指出题 3.20 图中以调压调速运行的电梯工况图 a 和图 b 各工作在哪个象限？此时的电枢回路对应题 3.20 图 c~f 的哪个图？

要求：按电动机惯例，设定：n 上升为正，下降为负；电压 U 右正时为加正电压，右负时为加反电压。

提示：对应题 3.20 图 b 的运行状态，可能的机械特性曲线有两条，如题 3.20 图 g。

3-21　定性地画出题 3.21 图中电机系统恒功率运行段两个运行点上的电机弱磁调速机械特性曲线（注意是否与恒转矩段机械特性平行）。

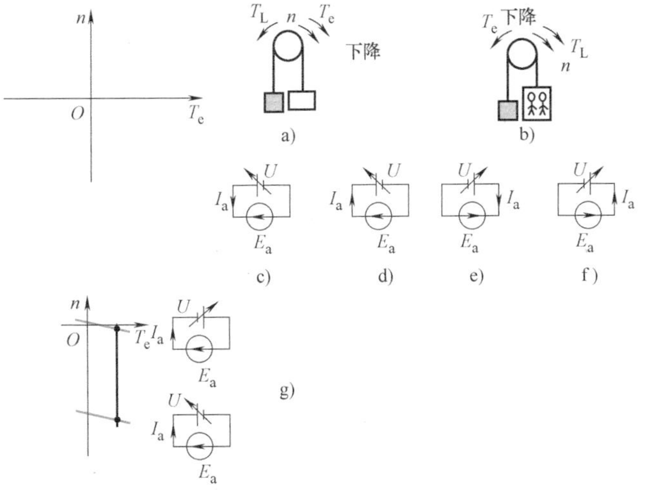

题 3.20 图

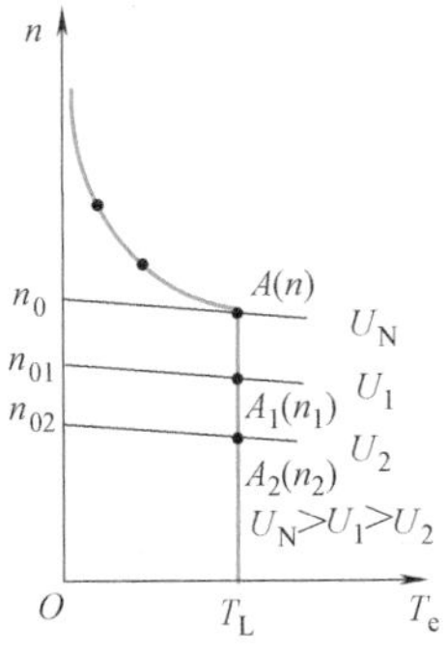

题 3.21 图

参考文献

［1］　许实章. 电机学：上册［M］. 2版. 北京：机械工业出版社，1990.

［2］　LEONHARD M. 电气传动控制［M］. 吕嗣杰，译. 北京：科学出版社，1988.

［3］　李发海，王岩. 电机与拖动基础［M］. 2版. 北京：清华大学出版社，1993.

［4］　刘丽兰，等. 机械系统中摩擦模型的研究进展［J］. 力学进展，2008，35（2）：201-213.

第 4 章

直流电动机调速系统

本章讲述基于电枢电压变压调速的他励直流电动机调速系统。着重讨论基本的闭环控制系统的构成、特性及其分析与设计方法。4.1 节讲述该系统涉及的两种可控直流电源及其数学模型。4.2 节介绍对速度控制系统性能的要求和开环系统存在的问题。这个内容对其他类型的调速系统也适用。之后，4.3 节以转速负反馈单闭环调速系统为例讨论闭环系统的基本问题。在此基础上，4.4 节重点讨论转速、转矩双闭环调速系统的原理；4.5 节以该系统为例，介绍调速系统动态参数工程设计方法。最后，在 4.6 节讨论调速系统的抗扰动设计方法。本章各节内容之间的关系如图 4.0.1 所示。

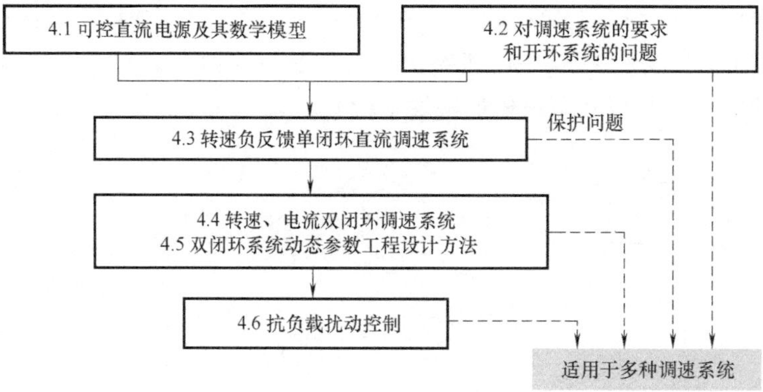

图 4.0.1　第 4 章内容之间以及与其他系统的关系

4.1　可控直流电源及其数学模型

如 3.4 节所述，变电压调速是直流调速系统的主要方法。目前，常用的可控直流电压源有静止式可控整流器和直流斩波器或脉宽调制变换器。下面分别介绍这两种可控直流电源及其数学模型。

4.1.1　直流调速系统常用的可控直流电源

1. 晶闸管可控整流电源

图 4.1.1 所示是晶闸管-电动机调速系统（简称 V-M 系统，又称静止的 Ward-Leonard 系统）的原理图。图中，u_s 表示三相交流电源，右侧的二极管整流器用于给励磁绕组供电，VT 是晶闸管可控整流器（thyristor converter）。调节触发装置 GT 的控制电压 u_{ct} 可改变触发脉冲的相位，从而改变整流电压 U_d 的大小以实现对电动机的调压调速。

晶闸管整流装置不但经济、可靠，而且其功率放大倍数在 10^4 以上。由于其门极可以直接用电子电路控制，因此响应速度为毫秒级。

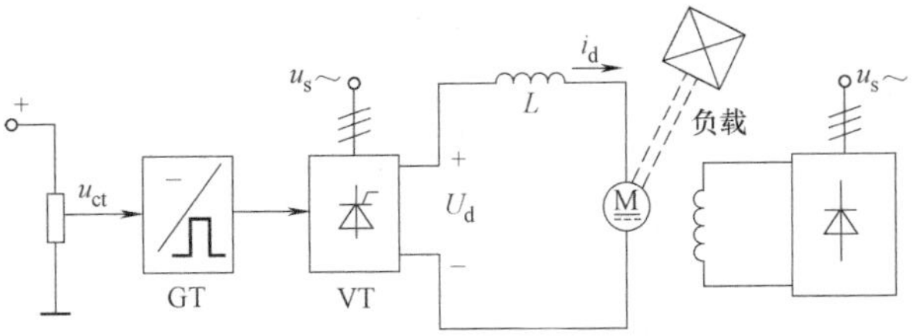

图 4.1.1　晶闸管可控整流器供电的他励直流电动机调速系统

晶闸管整流器也有它的缺点。首先，由于晶闸管是一个半控型器件，可以控制导通，不能控制关断，器件关断与否完全由外加的反向电压决定，所以控制特性不如全控型电力电子器件。其次，当晶闸管的导通角较小时，谐波电流会加剧，这将引起电网电压波形的畸变和系统功率因数的降低。此外，当电动机的负载比较轻时，电动机电枢电流 i_d 变成断续的，电动机的机械特性呈非线性（参考文献［1］）。为使得电流尽可能连续，一般需在电枢回路中串入电抗器 L。

如图 4.1.2a 所示，全控整流电路可以实现整流和有源逆变，所以被拖动的电动机可以工作在电动和反转制动状态（在Ⅰ、Ⅳ象限运行）。由于整流电流是单方向的，因此该 V-M 系统是不可逆系统。当电动机需要在四象限运行时，需采用图 4.1.2b 所示的正、反两组反并联的全控整流电路组成可逆系统。图中标出了两种电源的工作象限。

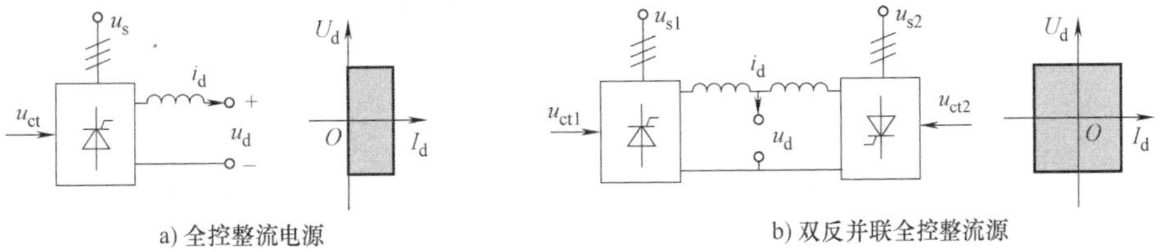

图 4.1.2　各种全控整流桥和对应的 V-M 系统及其运行范围

2. 直流脉宽调制（PWM）电源

有多种可调直流电压的电力电子变换装置。采用直流脉宽调制（pulse width modulation，PWM）电源供电的他励直流电动机调速系统的示意图如图 4.1.3a 所示。其中，U_s 表示幅值恒定的电压源，VT 是某种电力电子开关器件的开关符号，VD 表示续流二极管。VT 一般采用全控型器件，如 MOSFET、IGBT 等，其开关频率可达几千赫兹甚至几万赫兹。这样，该可控电源的响应速度远快于晶闸管整流电源。

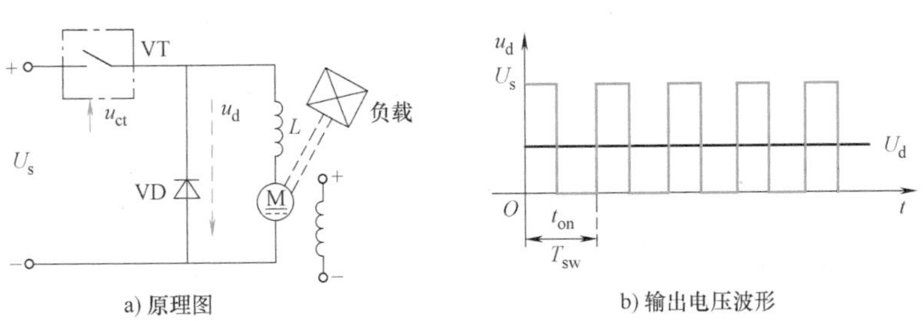

图 4.1.3　直流脉宽调制电源

当 VT 导通时，直流电压 U_s 加到电动机上。当 VT 关断时，直流电源与电动机脱开，电动机电枢电流经 VD 续流，电枢两端电压接近于零。如此反复，得到的电枢端电压波形

$u_d(t)$ 如图 4.1.3b 所示。电源电压 U_s 在 t_{on} 时间内被接上，又在 $T_{sw}-t_{on}$ 时间内被斩断，所以该电源又称斩波器（chopper）。这样，电动机电枢上的平均电压为

$$U_d = t_{on}U_s/T_{sw} \tag{4.1-1}$$

式中，T_{sw} 为功率器件的开关周期；t_{on} 为开通时间；$\rho = t_{on}/T_{sw} = t_{on}f_{sw}$ 为控制电压占空比，f_{sw} 为开关频率。

直流脉宽调制电源也可以分为两类。不可逆 PWM 变换器的输出功率分布在两象限，而可逆 PWM 变换器的输出功率则分布在四象限。

目前常用的 PWM 变换器为图 4.1.4a 所示的 H 形或称为全桥型电路结构。对其常用的控制方法是可逆双极性控制方法，即：VT_1 和 VT_4 同时导通或关断，VT_2 和 VT_3 同时导通或关断，而 VT_1（VT_4）与 VT_2（VT_3）的开关状态相反，从而使得变换器输出的瞬时电压为 $+U_s$ 或 $-U_s$。改变两组开关器件导通的时间，也就改变了电压脉冲的宽度，从而改变输出平均电压的大小和方向。于是，该变换器可四象限运行，如图 4.1.4b 所示。

电动机工作在第Ⅰ象限时的电压和电流波形如图 4.1.5b 所示。当电动机轻载时，可工作在Ⅰ、Ⅱ象限，此时的电压和电流波形如图 4.1.5c 所示。图中电流各个段①、②、③、④的相关路径表示在图 4.1.5a 中所示。

由电力电子器件构成的变换器的保护是一个重要的工程问题。保护至少要保证器件工作在其安全工作区之内。这个内容将在 4.3.3 节与系统的保护放在一起讨论。

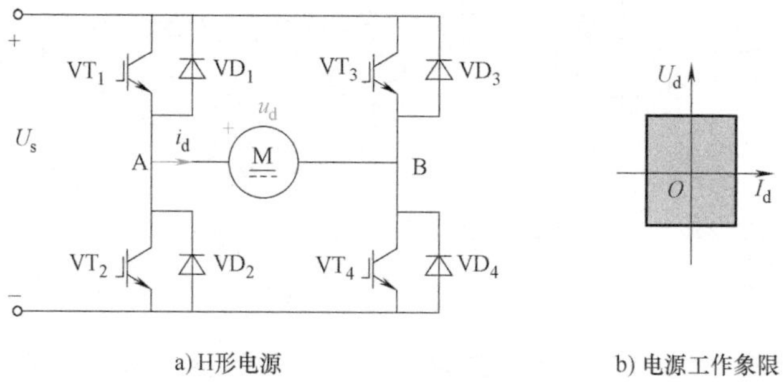

a) H形电源　　b) 电源工作象限

图 4.1.4　H 形电压源脉宽调制电源

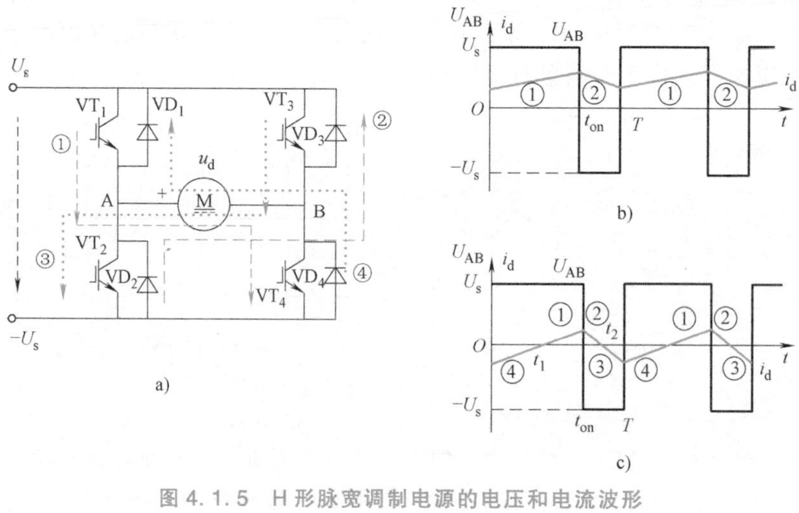

a)　b)　c)

图 4.1.5　H 形脉宽调制电源的电压和电流波形

4.1.2 可控直流电源的数学模型

1. 晶闸管可控整流装置的传递函数

一般将图 4.1.1 所示的晶闸管整流电路和触发电路当作一个电源装置处理。其输入量是触发电路的控制电压 u_{ct}，输出量是理想空载整流电压平均值 U_{d0}。如果在一定范围内将电源的非线性特性线性化，可以把电源的放大系数 K_s 视作常数，把控制电压 u_{ct} 到输出整流电压的动态过程看成是一个纯滞后环节，于是该整流电源的传递函数为

$$\frac{U_{d0}(s)}{U_{ct}(s)}=K_s e^{-T_s s} \tag{4.1-2}$$

式中，T_s 为晶闸管触发和整流装置的失控时间，单位为 s。

基于晶闸管整流电源的工作原理[1]可知，上述滞后作用是由于整流装置的失控时间造成的。以图 4.1.6 所示的三相全控桥整流电路阻感负载为例，假设在 t_1 时刻之前，控制电压为 U_{ct1}，晶闸管触发延迟角为 $\alpha_1=30°$。如果控制电压在 t_2 时刻由 U_{ct1} 下降为 U_{ct2}，但是由于 u_{bc} 对应的晶闸管已经导通，U_{ct2} 引起的触发延迟角的变化对它不起作用，设 U_{ct2} 对应的触发延迟角为 $\alpha_2=60°$，必须等到 t_4 时刻后才有可能控制 u_{ba} 对应的晶闸管导通。假设平均整流电压是在自然换相点变化的，于是，平均整流电压 U_{d0} 在 t_3 时刻才变化。从 U_{ct} 发生变化到 U_{d0} 发生变化之间的时间 $t_2\sim t_3$ 便是该电源的失控时间。

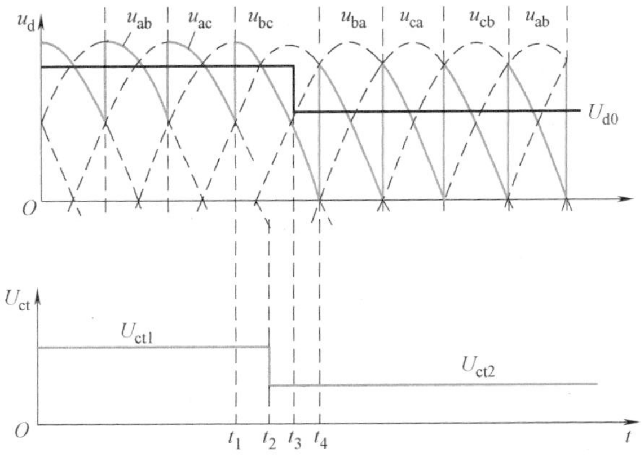

图 4.1.6 三相全控桥晶闸管整流装置的失控时间

显然，失控时间 T_s 是随机的，它的大小随控制电压发生变化的时间而异。其最大值是整流电路两个自然换相点之间的时间，取决于整流电路的形式和交流电源的频率，由式 $T_{smax}=1/(mf)$ 确定。式中，m 为交流电源一周内的整流电压脉波数；f 为交流电源的频率，单位为 Hz。

相对于系统的响应时间，如果失控时间 T_s 不大，为简化分析可取其统计平均值

$$T_s=\frac{1}{2}T_{smax} \tag{4.1-3}$$

并认为它是常数。不同的晶闸管整流电路的失控时间如表 4.1.1 所示。

表 4.1.1 不同晶闸管整流电路的失控时间（参考文献 [1]）

整流电路形式	单相半波	单相桥式/单相全波	三相全波	三相桥式/六相半波
最大失控时间 T_{smax}/s	0.02	0.01	0.0067	0.0033
平均失控时间 T_s/s	0.01	0.005	0.0033	0.00167

为了分析和设计的方便，当系统的截止频率满足

$$\omega_c \leqslant \frac{1}{3T_s} \tag{4.1-4}$$

时，可以将晶闸管触发和整流装置的传递函数近似成一阶惯性环节，即

$$\frac{U_{d0}(s)}{U_{ct}(s)}=K_s e^{-T_s s} \approx \frac{K_s}{T_s s+1} \tag{4.1-5}$$

条件式（4.1-4）的推导如下：将 $K_s e^{-T_s j\omega}$ 展开

$$\frac{U_{d0}(j\omega)}{U_{ct}(j\omega)}=K_s e^{-T_s j\omega}=\frac{K_s}{\left(1-\frac{1}{2}T_s^2\omega^2+\cdots\right)+j\left(T_s\omega-\frac{1}{6}T_s^3\omega^3+\cdots\right)} \tag{4.1-6}$$

式（4.1-6）近似为一阶惯性的条件是 $T_s^2\omega^2/2 \ll 1$。工程上一般将“$\ll 1$”量化为 $\leqslant 1/10$。ω 是变化的，可根据实际系统的闭环特性带宽考虑其上限值。一般的，线性系统的特性由系统的闭环特性带宽 $1/f_b$ 决定，于是取

$$T_s^2\omega^2/2 \leqslant 1/10 \rightarrow \omega_b \leqslant \frac{1}{2.24T_s} \tag{4.1-7}$$

式中，ω_b 为系统闭环特性的带宽。由于常用系统的开环频率特性讨论系统的动态性质，所以习惯采用截止频率 ω_c。但截止频率 ω_c 小于相应的闭环系统的 ω_b，所以工程上将式（4.1-7）中的 ω_b 改为截止频率 ω_c，并将数值 2.24 改为 3。

2. 直流脉宽调制电源的传递函数

根据直流脉宽调制电源的工作原理，当控制电压 U_{ct} 改变时，该电源的输出电压要到下一个开关周期才能改变。因此，该电源也可以看作是一个具有纯滞后的放大环节，它的最大滞后时间不超过一个开关周期 T_{SW}。像晶闸管触发和整流装置传递函数的近似处理一样，当系统的截止频率满足式（4.1-4）时，直流脉宽调制电源的传递函数也可以近似成一个一阶惯性环节，即

$$W_{PWM}(s)=\frac{U_{d0}(s)}{U_{ct}(s)}=\frac{K_s}{T_s s+1} \tag{4.1-8}$$

式中，U_{d0} 为 PWM 变换器输出的空载平均电压；U_{ct} 为脉宽调制器的控制电压；$K_{s,PWM}=U_d/U_{ct}$ 为脉宽调制器和 PWM 变换器的放大系数；T_s 为 PWM 变换器的平均滞后时间，单位为 s，$T_s=T_{sw}/2$。

由于晶闸管整流装置和直流脉宽调制电源具有形式相似的数学模型，因此今后除特别说明外，对上述两种电源都采用式（4.1-8）所示的模型。但在实际应用中一定要注意**简化的条件**。

上述可控直流电源可用多种形式表示，在我国国标中采用 UPE（电力电子变换器）表示；在研究领域，对晶闸管可控整流装置用“AC-DC 变换器”表示；脉宽调制器则用“DC-DC 变换器”表示。本书中用图 4.1.7 表示可控直流电源。图中，u_{ct} 为控制信号，U_d 为该电源的输出电压平均值，对输入电源，在 AC-DC 变换器中为交流电源 u_s，在 DC-DC 变换器中为幅值不变的直流电源 U_s。

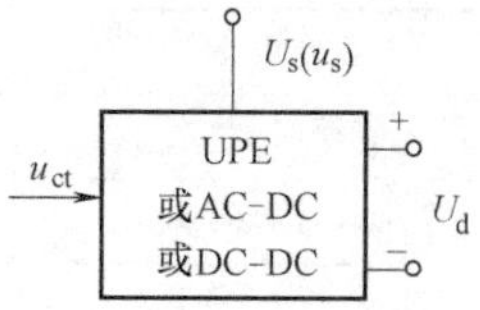

图 4.1.7　可控直流电源

4.2 对调速系统的要求和开环系统的问题

4.2.1 对调速系统的要求

一个调速系统的基本构成如图 4.2.1 所示。由于是功率系统，正常运行时一定有负载转矩的存在。于是，该系统可以看作是一个速度给定和一个负载转矩扰动（disturbance）的两输入以及一个转速输出（单输出）的系统。根据实际应用中对系统具体控制性能的要求，可以把系统设计成开环系统（没有图 4.2.1 的虚线部分）或闭环系统（有虚线部分）。

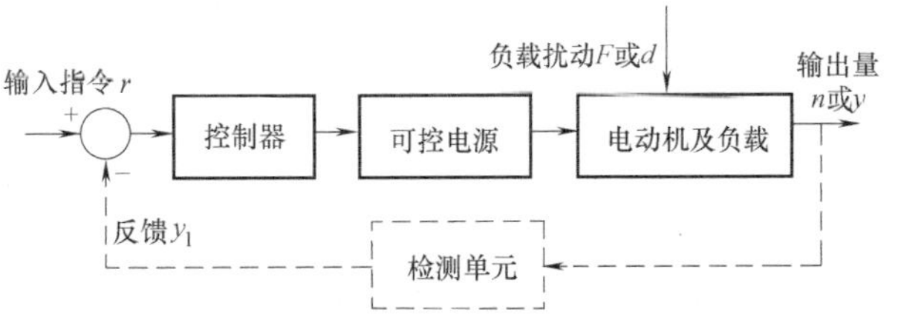

图 4.2.1 调整系统的基本构成图

由图 4.2.1 可知，高性能的系统需要使其输出量跟随输入指令的变化而变化，且对负载扰动尽可能不要响应。前者称为系统的跟随（tracking）性能，后者称为抗扰（disturbance rejection）性能。根据图 4.2.1 系统中输入、输出的变量表示，其理想的跟随性能和抗扰性能分别可用时间函数表示为

$$\begin{cases} y(t)/r(t)=1 \\ y(t)/d(t)=0 \end{cases} \tag{4.2-1}$$

但是，由于被控对象的动特性以及实现系统时在性价比等问题上的考虑，校正后的实际系统一般达不到这个理想的传递函数。为了改进系统特性，会进一步增加控制器的复杂程度。在 4.6 节将给出一些例子。

对系统的上述性能要求可以进一步分解为稳态指标和动态指标。例如，机械手的移动精度达到几微米至几十微米；一些机床的进给机构需要在很宽的范围内调速，最高和最低相差近 300 倍；容量几万瓦的初轧机轧辊电动机在不到 1s 的时间内就得完成从正转到反转的过程。所有这些要求，都可以转化成运动控制系统的稳态和动态指标，作为设计系统时的依据。

1. 稳态指标

衡量运动控制系统稳态运行时的性能指标称为稳态性能指标（steady-state performance index）或稳态指标，又称静态指标。例如，调速系统稳态运行时的调速范围和静差率，位置随动系统的定位精度和速度跟踪精度，张力控制系统的稳态张力误差等。下面具体分析调速系统的稳态指标。

（1）调速范围 D

在额定负载条件（一般等于额定转矩输出 T_{eN}）下电动机能达到的最高转速 n_{max} 和最低转速 n_{min} 之比称为调速范围，用字母 D 表示，即

$$D=\left.\frac{n_{max}}{n_{min}}\right|_{T_e=T_{eN}} \tag{4.2-2}$$

注意：①尽管系统一般从零速开始启动，但大多数系统的最低转速 n_{min} 并不为零，这里的

n_{min} 是指系统带额定负载且转速的平稳度符合设计要求时的最低转速；②对于少数负载很轻的机械，如精密磨床，也可以采用这个实际负载时的转速计算 D；③在设计调速系统时，通常视 n_{max} 为电动机的额定转速 n_N。

（2）静差率 S

当系统在某一转速下运行时，负载由理想空载变到额定负载所对应的转速降落 Δn_N，与理想空载转速 n_0 之比称为静差率 S，即

$$S=\frac{\Delta n_N}{n_0} \quad (0<S<1) \tag{4.2-3}$$

或用百分数表示为

$$S=\frac{\Delta n_N}{n_0}\times 100\% \tag{4.2-4}$$

显然，静差率表示调速系统在负载变化下转速的稳定程度，它和系统的机械特性的硬度有关，特性越硬，静差率越小，转速的稳定程度就越高。

应当注意，静差率和机械特性的硬度有联系，又有区别。一般调压调速系统在不同转速下的机械特性是互相平行的直线，如图 4.2.2 中的特性 1 和 2 相互平行，两者硬度是一样的，额定速降 $\Delta n_{N1}=\Delta n_{N2}$；但是它们的静差率却不同，因为理想空载转速不一样。根据静差率的定义式（4.2-2），由于 $n_{01}>n_{02}$，所以 $S_1<S_2$。这表明，对于同样硬度的特性，理想空载转速越低时，静差率就越大，转速的误差也就越大。为此，调速系统的静差率指标主要是指最低转速时的静差率，如式（4.2-5）所示。因此，调速系统的调速范围是指在最低转速时还能满足静差率要求的转速变化范围。脱离了对静差率的要求，任何调速系统都可以得到极宽的调速范围；脱离了调速范围，要满足给定的静差率也是相当容易的。

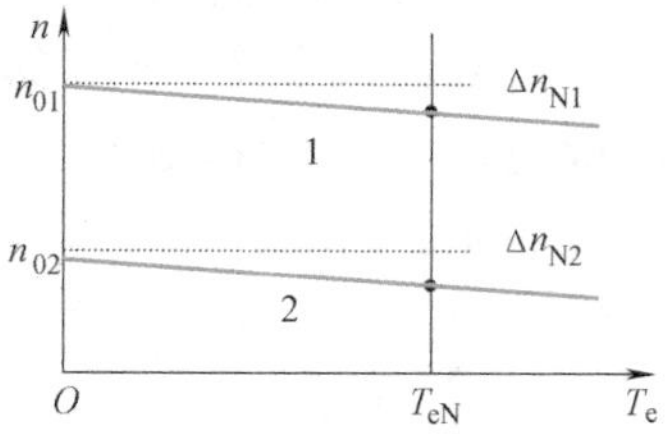

图 4.2.2 不同转速下的静差率

$$S=\frac{\Delta n_N}{n_{0min}} \tag{4.2-5}$$

（3）调压调速系统中 D、S 和 Δn_N 之间的关系

在直流电动机调压调速系统中，n_{max} 就是电动机的额定转速 n_N，若额定负载时的转速降落为 Δn_N，则系统的静差率是式（4.2-4）所示的静差率。而额定负载时的最低转速为

$$n_{min}=n_{0min}-\Delta n_N \tag{4.2-6}$$

考虑到式（4.2-4），式（4.2-5）可以写成

$$n_{min}=\frac{\Delta n_N}{S}-\Delta n_N=\frac{\Delta n_N(1-S)}{S} \quad (0<S<1) \tag{4.2-7}$$

而调速范围为

$$D=\frac{n_{max}}{n_{min}}=\frac{n_N}{n_{min}} \tag{4.2-8}$$

将式（4.2-6）代入式（4.2-7），得

$$D=\frac{n_N S}{\Delta n_N(1-S)} \tag{4.2-9}$$

式（4.2-8）表达了调速范围 D、静差率 S 和额定速降 Δn_N 之间应满足的关系。对于一个调速系统，其特性硬度或 Δn_N 值是一定的，如果对静差率 S 的要求越严，系统允许的调速范围 D 就越小。

例 4.2-1 某调速系统电动机的额定转速 $n_N=1430\text{r/min}$，额定速降 Δn_N 为 110r/min，当要求静差率分别为 $S\leqslant 30\%$ 和 $S\leqslant 10\%$ 时，计算允许的调速范围。

解 如果要求静差率 $S\leqslant 30\%$，$D=\dfrac{1430\times 0.3}{110\times(1-0.3)}=5.57$

如果要求静差率 $S\leqslant 10\%$，则调速范围只有 $D=\dfrac{1430\times 0.1}{110\times(1-0.1)}=1.44$

2. 动态指标

衡量运动控制系统在过渡过程中的性能指标称为动态性能指标（transient/ dynamic state performance index）或动态指标。

实际控制系统对于各种性能指标的要求是不同的，是由使用系统的工艺要求确定的。例如，电梯对转速的跟随性能和抗扰性能要求较高，工业机器人和数控机床的位置随动系统要有较严格的跟随和定位性能，而钢铁企业中多机架的连轧机则是要求高抗扰性能的调速系统。

（1）跟随性能指标

在给定信号（或称参考输入信号）$r(t)$ 的作用下，系统输出量 $y(t)$ 的变化情况用跟随性能指标来描述。对于不同变化方式的给定信号，其输出响应也不一样。通常，跟随性能指标是在初始条件为零的情况下，以系统对单位阶跃输入信号的输出响应（称为单位阶跃响应）为依据提出的。具体的跟随性能指标有图 4.2.3 所示各项内容。

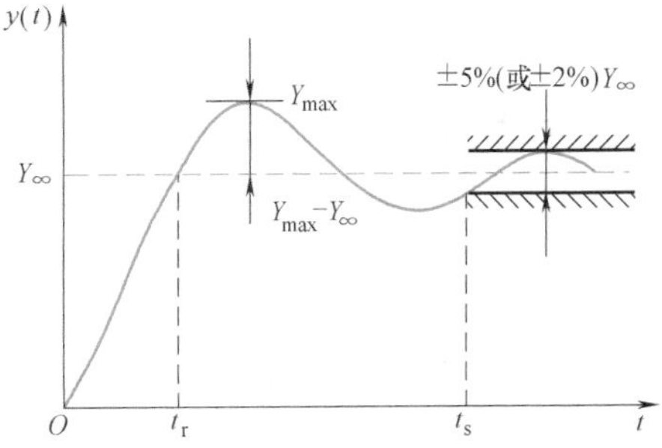

图 4.2.3 单位阶跃响应以及跟随特性指标

1）上升时间 t_r：单位阶跃响应曲线从零起第一次上升到稳态值 Y_∞ 所需的时间称为上升时间，它表示动态响应的快速性。

2）超调量 σ：动态过程中，输出量超过输出稳态值的最大偏差与稳态值之比，用百分数表示，叫作超调量，即

$$\sigma=\frac{Y_{max}-Y_\infty}{Y_\infty} \tag{4.2-10}$$

超调量用来说明系统的相对稳定性，超调量越小，说明系统的相对稳定性越好，即动态响应比较平稳。

3）调节时间 t_s：调节时间又称过渡过程时间，它衡量系统整个动态响应过程的快慢。原则上它应该是系统从给定信号阶跃变化起，到输出量完全稳定下来的时间，对于线性控制系统，理论上要到 $t=\infty$ 时才真正稳定。实际应用中，一般将单位阶跃响应曲线 $y(t)$ 衰减到与稳态值的误差进入并且不再超出允许误差带（通常取稳态值的±5%或±2%）所需的最小时间定义为调节时间。

(2) 抗扰性能指标

控制系统在稳态运行中，如果受到外部扰动如负载变化、电网电压波动，就会引起输出量的变化。输出量变化多少？经过多长时间能恢复稳定运行？这些问题反映了系统抵抗扰动的能力。一般以系统稳定运行中突加阶跃扰动 d 以后的过渡过程作为典型的抗扰过程（如图 4.2.4 所示）。抗扰性能指标有以下几项：

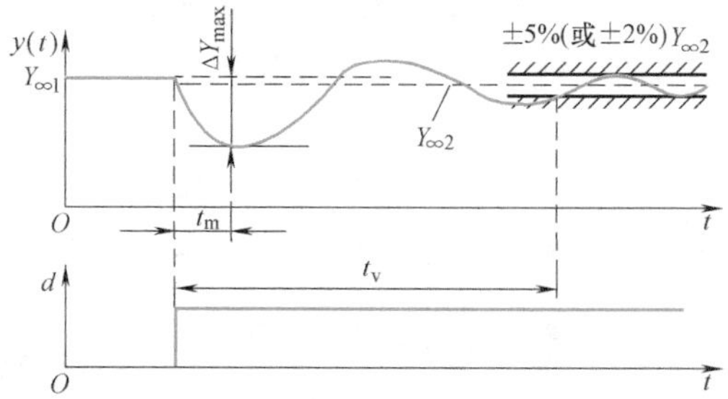

图 4.2.4 阶跃扰动的过渡过程和抗扰性能指标

1) 最大动态变化量：系统稳定运行时，设突加一定数值的扰动后所引起的输出量的最大变化为 ΔY_{max}，用原稳态值输出 $Y_{\infty 1}$ 的百分数表示，叫作最大动态变化量，即

$$\frac{\Delta Y_{max}}{Y_{\infty 1}} \times 100\% \tag{4.2-11}$$

此外，输出量在经历动态变化后逐渐恢复，达到新的稳态值 $Y_{\infty 2}$。于是 $Y_{\infty 1}-Y_{\infty 2}$ 是系统在该扰动作用下的稳态误差。如果负载从空载变到额定，$Y_{\infty 1}-Y_{\infty 2}$ 就是式（4.2-3）中的 Δn_N。

对应式（4.2-11），以额定转速运行的调速系统突加额定负载（扰动）时的最大动态变化量称为额定动态速降

$$\frac{\Delta n_{max}}{n_{nom}} \times 100\% \tag{4.2-12}$$

2) 恢复时间 t_v：从阶跃扰动作用开始，到输出量 $y(t)$ 基本上恢复稳态，且与新稳态值 $Y_{\infty 2}$ 的误差（或进入某个按需求规定的基准值 c_b）在±5%或±2%范围之内所需的时间，定义为恢复时间 t_v。这里 c_b 称为某个应用场景下抗扰指标中输出量的基准值，视具体情况选定。

上述动态指标属于时域上的性能指标。此外也有一套频域上的性能指标，其主要内容详见《自动控制理论》相关章节。本章 4.5 节将介绍基于系统开环频率特性的相角裕量 γ 和截止频率 ω_c 的设计方法。

4.2.2 开环调速系统的性能和存在的问题

在图 4.1.1 和图 4.1.4 所示的系统中，只能通过改变控制电压 $u_{ct}(t)$ 来改变整流电源的输出平均电压 $u_d(t)$（即控制电动机的电压），从而达到控制电动机转速的目的，它们都属于**开环控制的**调速系统，称为开环（open loop）调速系统。开环调速系统结构简单，如果对静差率要求不高，它也能实现一定范围内的无级调速。但是，实际中的许多设备常常不能允许很大的静差率。例如，钢铁企业的多机架热连轧机系统中，各机架轧辊分别由单独的电动机拖动，钢材在几个机架内同时轧制，为了保证被轧金属的每秒流量相等，不致造成钢材拉断或拱起，各机架出口线速度需保持严格的比例关系。根据以上工艺要求，一般需使电力拖动系统的调速范围 $D=10$，静差率 $S\leqslant 0.2\%\sim 0.5\%$，动态速降 $\Delta n_{max}\%\leqslant 1\%\sim 3\%$，恢复时间 $t_v=0.25\sim 0.3s$。在上述情况下，开环调速系统是不能满足要求的。下面给出定量计算。

例 4.2-2 某 V-M 直流调速系统的直流电动机的额定值为 60kW、220V、305A、1000r/min，主回路总电阻 $R=0.18\Omega$，电枢电阻 $R_a=0.066\Omega$，要求 $D=20$，$S\leqslant5\%$。开环调速系统能否满足要求？

解 假定电流连续。先计算电机参数

$$C_E\Phi_N=(U_N-R_aI_{dN})/n_N=0.199\text{V}\cdot\text{min/r}\approx0.2\text{V}\cdot\text{min/r}$$

已知系统当电流连续并加以额定电压 220V 时

$$n_0=\frac{U_N}{C_E\Phi_N}=\frac{220}{0.2}\text{r/min}=1100\text{r/min}$$

$$\Delta n_N=\frac{I_NR}{C_E\Phi_N}=\frac{305\times0.18}{0.2}\text{r/min}=274.5\text{r/min}$$

开环系统机械特性连续段在额定转速时的静差率为

$$S_N=\frac{\Delta n_N}{n_0}=\frac{274.5}{1100}\times100\%=24.95\%$$

已远远超过了 5%的要求，更何况满足调速范围最低转速的情况以及考虑电流断续时的情况呢？

如果要满足 $D=20$、$S\leqslant5\%$ 的要求，可以根据式（4.2-8）求得额定负载下的转速降落为

$$\Delta n_N=\frac{n_NS}{D(1-S)}=\frac{1000\times0.05}{20\times(1-0.05)}\text{r/min}=2.63\text{r/min}$$

显然，简单的开环调速系统满足不了系统的静态指标。为了把额定负载下的转速降落从开环调速系统的 274.5r/min 降低到满足要求的 2.63r/min，应采用速度负反馈控制，相关方法见 4.3 节。

4.3 转速负反馈单闭环直流调速系统

根据自动控制原理，为了克服开环系统的缺点，必须采用带有负反馈（negative feedback）的闭环（closed loop）系统。将图 4.2.1 所示的闭环系统重新作于图 4.3.1。在闭环系统中，把系统的输出量通过检测装置（传感器）引向系统的输入端，与系统的输入量进行比较，从而得到反馈量与输入量之间的偏差信号。利用此偏差信号通过控制器（调节器）产生控制作用，自动纠正偏差。因此，带输出量负反馈的闭环控制系统具有提高系统抗扰性、改善控制精度的性能。

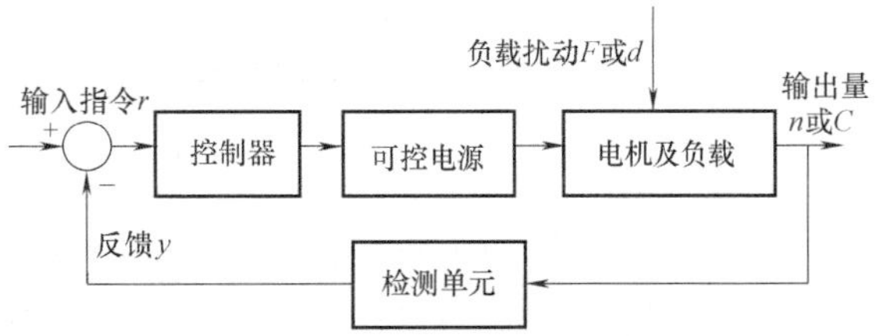

图 4.3.1 闭环调速系统的基本构成

4.3.1 单闭环调速系统的组成及其静特性

1. 单闭环调速系统的组成

图 4.3.2 为采用可控直流电源（UCR）供电的闭环调速系统，由电压给定、控制器、

可控直流电源、直流电动机和测速发电机等部分组成。系统的输出量是转速 n。为了引入转速负反馈，在电动机轴上安装一个速度传感器（如测速发电机 TG），得到与输出量转速成正比的负反馈电压 U_n。该电压与转速给定电压 U_n^* 进行比较，得到偏差电压 ΔU_n，经过控制器 A，产生控制电压 U_{ct} 去控制 UCR 的输出电压 U_d，从而控制电动机的转速。因为只有一个转速反馈环，所以称为单闭环调速系统。

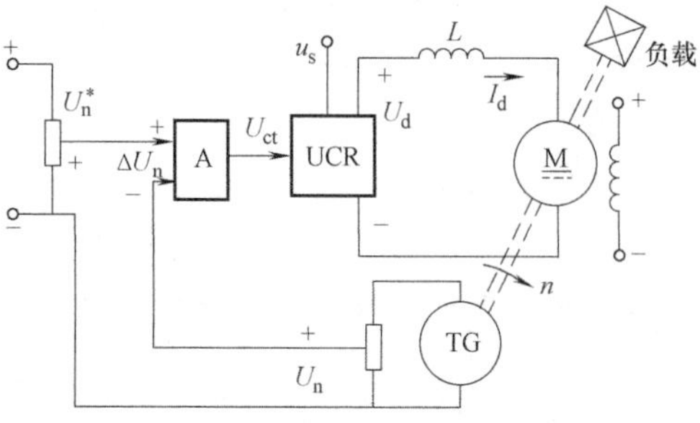

图 4.3.2　转速负反馈单闭环调速系统的构成

2. 转速负反馈单闭环调速系统的静特性

下面分析该闭环调速系统的静特性。为突出主要矛盾，先作如下假定：

1）忽略各种非线性因素，各环节的输入输出关系都是线性的。

2）由可控直流电源供电的直流电动机的电枢电流是连续的（不连续时一般使得机械特性变为非线性）。

3）忽略提供 U_n^* 的直流电源的负载效应。

4）电机磁通 Φ 为额定值 Φ_N。

由于磁通 Φ_N 为常数，定义**额定励磁条件下**新的常数电动势转速比 C_e（单位：V · min/r）和电磁转矩电流比 C_m（单位：N · m/A）为

$$C_e \underline{\underline{\text{def}}} C_E \Phi_N, \ C_m \underline{\underline{\text{def}}} C_T \Phi_N \tag{4.3-1a}$$

由式（3.1-15）可知，式（4.3-1a）中 $C_m = 30C_e/\pi$。于是

$$E_a = C_e n, T_e = C_m I_d \tag{4.3-1b}$$

这样，图 4.3.2 所示的单闭环调速系统中各环节的静态关系为

$$\left.\begin{array}{ll} \text{电压比较环节} & \Delta U_n = U_n^* - U_n \\ \text{控制器（设为比例调节器）} & U_{ct} = K_p \Delta U_n \\ \text{可控直流电源} & U_{d0} = K_s U_{ct} \\ \text{“主电路+电动机”的开环机械特性} & n = \dfrac{U_{d0} - I_d R}{C_e} \\ \text{测速发电机} & U_n = \alpha n \end{array}\right\} \tag{4.3-2}$$

上式中，K_p 为控制器的比例系数；K_s 为可控直流电源的等效电压放大倍数；U_{d0} 为可控直流电源的空载输出电压；R 为电机电枢回路总电阻，即电源内阻电抗器电阻和电机电枢电阻之和；α 为转速反馈系数，单位为 V · min/r；其余各量如图 4.3.2 所示。

根据上述各环节的静态关系可以画出图 4.3.2 所示系统的静态结构图，如图 4.3.3 所示。图中各图框中的符号代表该环节的放大系数。由该图可以推导出转速负反馈单闭环调速系统的静特性方程式

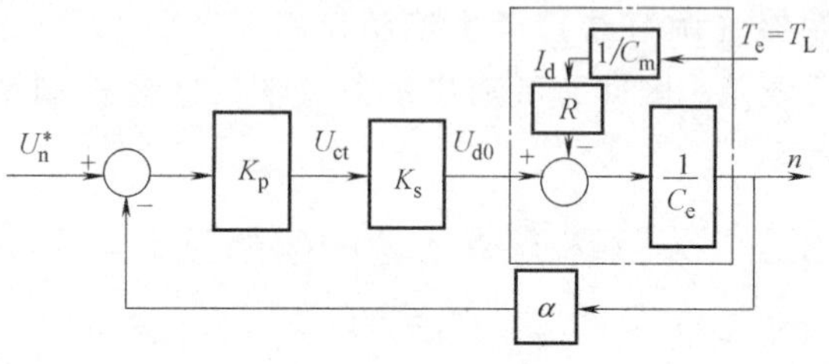
图 4.3.3　转速负反馈单闭环调速系统的静态结构图

$$n=\frac{K_pK_sU_n^*}{C_e(1+K)}-\frac{RI_d}{C_e(1+K)}$$

式中，$K=K_pK_s\alpha/C_e$ 为闭环系统的开环放大系数。

闭环调速系统的静特性表示闭环系统电动机转速与控制电压 U_n^*、负载电流（或转矩）的稳态关系。它在形式上与开环机械特性相似，但本质上却有很大不同，因此称为“静特性”，以示区别。需要说明的是，在静态时由于下式成立，即

$$T_L=T_e=C_mI_d \tag{4.3-3}$$

所以图 4.3.3 中的 I_d 可以看作是一个与负载转矩等效的输入量。

3. 开环系统机械特性与闭环系统静特性的比较

通过比较开环系统机械特性和闭环系统静特性，可以看出闭环控制的优越性。如果断开图 4.3.3 的反馈回路，并且保持转速指令 U_n^* 不变，可得上述系统的开环机械特性为

$$n=\frac{K_pK_sU_n^*}{C_e}-\frac{RI_d}{C_e}=n_{0,op}-\Delta n_{op} \tag{4.3-4}$$

闭环系统的静特性可写为

$$n=\frac{K_pK_sU_n^*}{C_e(1+K)}-\frac{RI_d}{C_e(1+K)}=n_{0,cl}-\Delta n_{cl} \tag{4.3-5}$$

式中，$n_{0,op}$ 为开环系统的理想空载转速；$n_{0,cl}$ 为闭环系统的理想空载转速；Δn_{op} 为开环系统的稳态速降；Δn_{cl} 为闭环系统的稳态速降。

比较式（4.3-4）和式（4.3-5），稳态下开环系统和闭环系统的外特性的不同特点为：

1）闭环系统静特性比开环系统机械特性的硬度高得多。相同负载下两者的转速降落以及相互关系分别为

$$\Delta n_{op}=\frac{RI_d}{C_e},\ \Delta n_{cl}=\frac{RI_d}{C_e(1+K)},\ \Delta n_{cl}=\frac{\Delta n_{op}}{1+K} \tag{4.3-6}$$

显然，当开环放大系数 K 很大时，Δn_{cl} 要比 Δn_{op} 小得多。

2）当理想空载转速相同，即 $n_{0,op}=n_{0,cl}$ 时，闭环系统的静差率要小得多。闭环系统和开环系统的静差率分别为 $S_{cl}=\Delta n_{cl}/n_{0,cl}$、$S_{op}=\Delta n_{op}/n_{0,op}$。如果 $n_{0,op}=n_{0,cl}$，根据式（4.3-5）有

$$S_{cl}=\frac{S_{op}}{1+K} \tag{4.3-7}$$

3）当要求的静差率一定时，闭环系统的调速范围可以大大提高。假如电动机的最高转速 $n_{max}=n_N$，对静差率的要求也相同，那么根据静差率的定义，开环和闭环的调速范围分别为

$$D_{op}=\frac{n_NS}{\Delta n_{op}(1-S)},\ D_{cl}=\frac{n_NS}{\Delta n_{cl}(1-S)}$$

根据式（4.3-5），得

$$D_{cl}=(1+K)D_{op} \tag{4.3-8}$$

4）当给定电压相同时，闭环系统的理想空载转速大大降低。开环、闭环系统的理想空载转速以及两者的关系分别为

$$n_{0,op}=\frac{K_pK_sU_n^*}{C_e},\ n_{0,cl}=\frac{K_pK_sU_n^*}{C_e(1+K)},\ n_{0,cl}=\frac{n_{0,op}}{1+K} \tag{4.3-9}$$

由于闭环系统的理想空载转速大大降低，如果要维持 $n_{0,cl}=n_{0,op}$，闭环系统所需要的

U_n^* 应为开环系统的 1+K 倍。因此，如果开环和闭环系统使用同样水平的给定电压 U_n^*，又要使运行速度基本相同，闭环系统必须设置放大器。因为在闭环系统中，由于引入了转速反馈电压 U_n，偏差电压 $\Delta U_n = U_n^* - U_n$ 必须经放大器放大后才能产生足够的控制电压 U_{ct}。

综上所述，可得结论为：闭环系统可以获得比开环系统硬得多的静态特性。在保证一定静差率的要求下，闭环系统大大提高了调速范围。但是闭环系统必须设置检测装置和电压放大器。

直流调速系统产生稳态速降的根本原因在于与负载转矩对应的电枢电流在电枢回路电阻上产生了压降。闭环系统的静态速降减少并不是闭环能使电枢回路的电阻减小，而是闭环系统具有自动调节功能。该过程是，转速降落会直接在反馈电压 U_n 上反映出来，引发电压偏差 $\Delta U_n = U_n^* - U_n$ 增大，通过调节器放大使控制电压 U_{ct} 变大，从而使可控电源的理想输出电压 U_{d0} 提高，使系统工作在一条新的机械特性上，因而转速有所回升。如图 4.3.4 所示，由于 U_{d0} 的增量 ΔU_{d0} 补偿回路电阻上压降 I_dR 的增量 ΔI_dR，使最终的稳态速降比开环调速系统减少。所以，闭环系统能够减少稳态速降的实质在于闭环系统能随着负载的变化相应地改变电动机的端电压，也就是可控电源的输出电压。

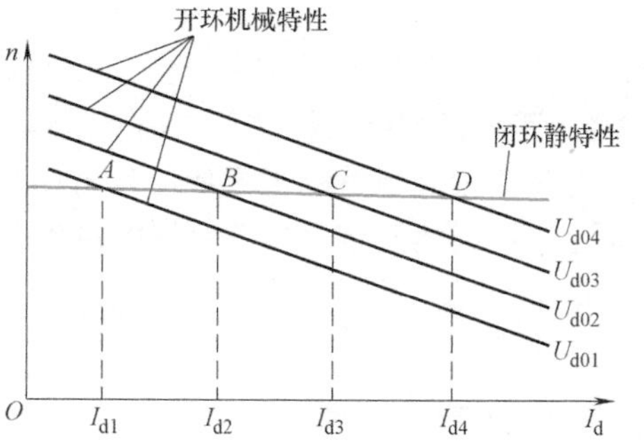

图 4.3.4 闭环系统静特性与开环系统机械特性的关系

例 4.3-1 对于例 4.2-2 所示的开环系统，采用转速负反馈构成单闭环系统，且已知晶闸管整流器与触发装置的电压放大系数 $K_s = 30$，转速反馈系数 $\alpha = 0.015\text{V}\cdot\text{min/r}$，为了满足给定的要求，计算放大器的电压放大系数 K_p。

解 由例 4.2-2 知，系统的开环速降 $\Delta n_{op} = 275\text{r/min}$，满足指标要求的速降为 $\Delta n_{cl} = 2.63\text{r/min}$，则由式（4.3-5）可以求得闭环系统的开环放大系数为

$$K = \frac{\Delta n_{op}}{\Delta n_{cl}} - 1 = \frac{275}{2.63} - 1 = 103.6$$

由 $K = K_pK_s\alpha / C_e$ 可以求得放大器的放大系数为

$$K_p = \frac{KC_e}{K_s\alpha} = \frac{103.6 \times 0.2}{30 \times 0.015} = 46$$

4. 单闭环调速系统的基本特征

转速负反馈单闭环调速系统是一种基本的反馈控制系统，它具有以下反馈控制的基本规律：

1）具有比例放大器的单闭环调速系统是有静差的：闭环系统的开环放大系数 K 值对系统的稳态性能影响很大。K 越大，静特性就越硬，在一定静差率要求下的调速范围越宽。但是，由于开环传递函数中没有积分环节，因此该系统仍然是有静差系统。

2）闭环系统具有较强的抗干扰性能：如图 4.3.5 所示，系统对于前向通道上的一切扰动都能有效地抑制。这一

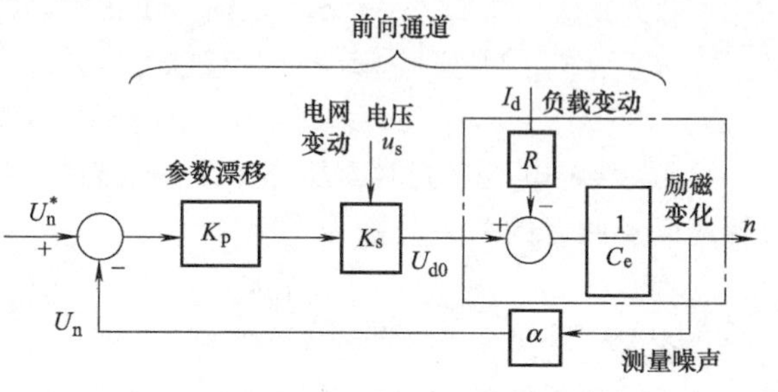

图 4.3.5 闭环调速系统的给定和扰动

性质是闭环控制系统最突出的特征之一。

此外，闭环对给定指令不应有的波动以及反馈信号的检测装置本身的误差是无法抑制的。

4.3.2 单闭环调速系统动态特性的分析和校正

首先，依据系统各个环节的特性建立各环节的数学模型和系统的动态数学模型，然后据此进行系统的动态分析和校正。

1. 动态数学模型

下面针对图 4.3.2 所示的单闭环调速系统建立各环节及系统的数学模型。

(1) 额定励磁下直流电动机的传递函数

将第 3 章图 3.3.1b 所示额定励磁下他励直流电动机的等效电路重绘于图 4.3.6a。不同的是单独绘出了电枢回路总电阻 R 和总电感 L。其中，电阻 R 包含整流装置内阻 R_{rec} 和平波电抗器的电阻；电感 L 包含电抗器电感和电机电枢回路中的电感。规定了如图中所示的正方向后，可按下述内容建立直流电动机的数学模型。

1) 在电流连续的条件下，直流电动机电枢回路的电压平衡方程为

$$u_{d0}=Ri_d+L\frac{di_d}{dt}+e \tag{4.3-10}$$

2) 电动机轴上的转矩和转速应服从电力拖动系统的运动方程式。忽略黏性摩擦，重写第 3 章所述的运动方程式

$$T_e-T_L=\frac{GD^2}{375}\frac{dn}{dt} \tag{4.3-11}$$

式中，T_L 为包括电动机空载转矩在内的负载转矩，单位为 N·m；GD^2 为单轴的电力拖动系统所有运动部分折算到电机轴上的飞轮惯量，单位为 N·m^2。

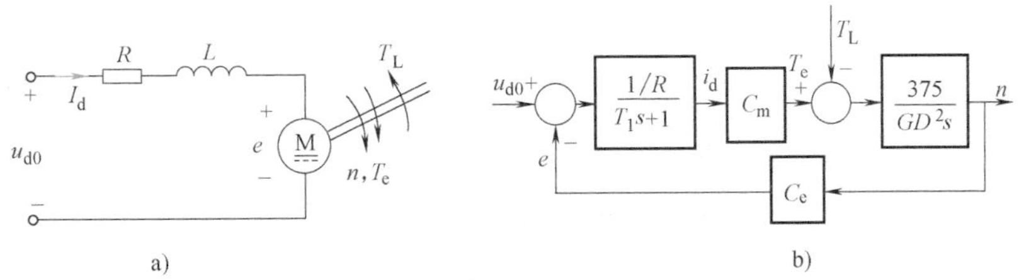

图 4.3.6 磁通为常数时的直流电动机动态模型

考虑到在**额定励磁条件下** $T_e=C_mI_d$，$e=C_en$，并定义下列时间常数：

电枢回路的电磁时间常数

$$T_1=L/R \tag{4.3-12}$$

电机拖动系统的机电时间常数

$$T_m=\frac{GD^2R}{375C_eC_m} \tag{4.3-13}$$

根据各个环节的数学模型，可得直流电动机的动态结构图如图 4.3.6b 所示。

3) 以下进一步简化电动机模型。

将上两式代入式 (4.3-10) 和式 (4.3-11) 并整理后得

$$u_{d0}-e=R\left(i_d+T_1\frac{di_d}{dt}\right) \tag{4.3-14}$$

$$i_d-i_{dL}=\frac{T_m}{R}\frac{de}{dt} \tag{4.3-15}$$

式中，$i_{dL}=T_L/C_m$ 为由 T_L 在 C_m 为常数时用来等效负载转矩 T_L 的一个假想的负载电流。

在零初始条件下，对式（4.3-14）和式（4.3-15）取拉普拉斯变换，得电压与电流和电流与电动势之间的传递函数分别为

$$\frac{I_d(s)}{U_{d0}(s)-E(s)}=\frac{1/R}{T_1s+1} \tag{4.3-16}$$

$$\frac{E(s)}{I_d(s)-I_{dL}(s)}=\frac{R}{T_ms} \tag{4.3-17}$$

依据式（4.3-16）和式（4.3-17）并考虑到 $n=E/C_e$，可得用拉普拉斯变换表示的直流电动机结构图如图 4.3.7a 所示。图中，直流电动机有两个输入量，一个是控制输入量理想空载整流电压 U_{d0}，一个是扰动量负载电流 I_{dL}。在考察跟随特性时，可以不表现出电流 I_d，可进一步简化为图 4.3.7c。

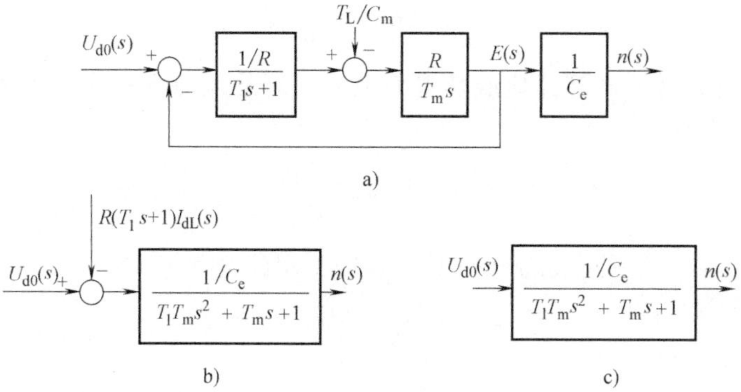

图 4.3.7 简化的直流电动机动态模型

（2）可控直流电源的传递函数

由 4.1 节知，可以把可控直流电源看成是一个具有纯滞后的放大环节。当系统的截止频率满足 $\omega_c\leqslant\frac{1}{3T_s}$时，可以将该传递函数近似成一阶惯性环节

$$\frac{U_{d0}(s)}{U_{ct}(s)}=K_se^{-T_ss}\approx\frac{K_s}{T_ss+1} \tag{4.3-18}$$

式中，T_s 为可控直流电源的平均失控时间，单位为 s。

（3）比例放大器和测速发电机的传递函数

比例放大器的动特性可被忽略。如果测速发电机的动态远远快于系统其他部分的动态，则也可以被忽略。因此两者的传递函数分别为

$$\frac{U_{ct}(s)}{\Delta U_n(s)}=K_p \tag{4.3-19}$$

$$\frac{U_n(s)}{n(s)}=\alpha \tag{4.3-20}$$

(4) 单闭环调速系统的动态结构图和传递函数

知道了各环节的传递函数后，根据它们在系统中的相互关系，可以画出图4.3.2所示转速负反馈单闭环调速系统的动态结构图，如图4.3.8所示。注意，点画线框内是系统校正时所要考虑的被控对象。

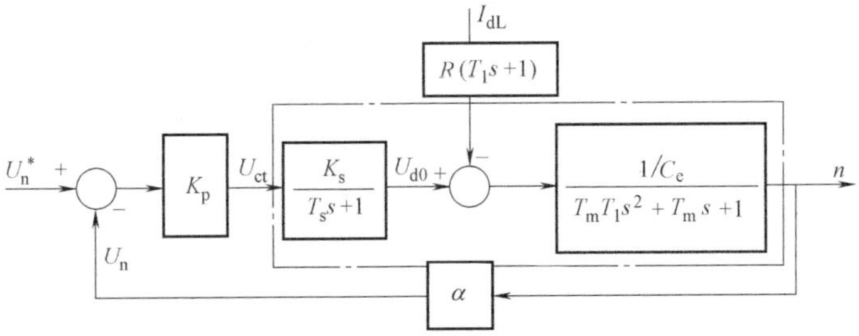

图4.3.8 转速负反馈单闭环调速系统的动态结构图（基于假设 $\omega_c \leqslant 1/(3T_s)$）

由图4.3.8可以求出转速负反馈单闭环调速系统的传递函数为

$$W_{cl}(s)=\frac{n(s)}{U_n^*(s)}=\frac{K_pK_s/C_e}{(T_s s+1)(T_mT_l s^2+T_m s+1)+K}$$

$$=\frac{\dfrac{K_pK_s}{C_e(1+K)}}{\dfrac{T_mT_lT_s}{1+K}s^3+\dfrac{T_m(T_l+T_s)}{1+K}s^2+\dfrac{T_m+T_s}{1+K}s+1} \tag{4.3-21}$$

式中，$K=K_pK_s\alpha/C_e$ 为闭环控制系统的开环放大倍数。

式（4.3-21）表明，将可控直流电源建模为一阶惯性环节后，带比例放大器的单闭环调速系统是一个三阶线性系统。

2. 单闭环调速系统的动态分析和校正

动态分析和校正的任务为：针对图4.3.8所示的系统进行稳定性以及其他动态性能的分析，以确定系统是否满足所要求的性能指标。如果不能满足这些指标，则引入适当的校正，使校正后的系统能够全面地满足要求。

(1) 单闭环调速系统的稳定性

由式（4.3-21）可知，转速负反馈单闭环调速系统的特征方程为

$$\frac{T_mT_lT_s}{1+K}s^3+\frac{T_m(T_l+T_s)}{1+K}s^2+\frac{T_m+T_s}{1+K}s+1=0 \tag{4.3-22}$$

根据自动控制理论中的劳斯稳定判据（Routh criterion）可知，由于系统中的时间常数和开环放大倍数都是正实数，因此式（4.3-22）的各项系数都是大于零的。在此条件下，该式表示的三阶系统稳定的充分必要条件是

$$\frac{T_m(T_l+T_s)}{1+K}\frac{T_m+T_s}{1+K}>\frac{T_mT_lT_s}{1+K}$$

整理后得

$$K<\frac{T_m(T_1+T_s)+T_s^2}{T_1T_s} \text{或} K<\frac{T_m}{T_s}+\frac{T_m}{T_1}+\frac{T_s}{T_1} \tag{4.3-23}$$

式（4.3-23）的右边称为系统的临界放大系数 K_{cr}，如果系统的开环放大系数 K 超出此值，系统将不稳定。对于一个控制系统来说，稳定与否是其能否正常工作的首要条件，是必须要保证的。

例 4.3-2　对于例 4.2-2 的系统构成转速反馈单闭环调速系统，除例 4.3-1 所述已知条件 $K_s=30$、$\alpha=0.015\text{V}\cdot\text{min/r}$，系统的飞轮惯量为 $GD^2=78\text{N}\cdot\text{m}^2$。

（1）如果可控电源采用晶闸管三相桥式全控整流电路，为了使电流连续，在电枢回路中加电抗器 $L_{reactance}=1.98\text{mH}$，可得总电感为 $L=2.16\text{mH}$，试分析系统的稳定性。

（2）可控电源采用 PWM 调制器，开关频率为 5kHz，不外加电抗器，此时电枢回路总电感为 $L=(2.16-1.98)\text{mH}=0.18\text{mH}$，试分析系统的稳定性。

解

（1）采用晶闸管三相桥式全控整流电路时，总电阻 $R=0.18\Omega$，其他时间常数

$$T_m=\frac{GD^2R}{375C_eC_m}=\frac{78\times0.18}{375\times0.2\times0.2\times30/\pi}\text{s}=0.098\text{s}$$

$$T_1=\frac{L}{R}=\frac{0.00216}{0.18}\text{s}=0.012\text{s}$$

由表 4.1.1 可知，$T_s=0.00167\text{s}$。

为保证系统稳定，根据式（4.3-23），系统的开环放大倍数应为

$$K<\frac{T_m}{T_s}+\frac{T_m}{T_1}+\frac{T_s}{T_1}=\frac{0.098}{0.00167}+\frac{0.098}{0.012}+\frac{0.00167}{0.012}=67$$

也就是说，为使系统稳定，希望 $K<67$；而由例 4.2 可知，为了满足系统的稳态要求，应该是 $K>103.6$。可见，无法满足要求，即稳态精度和动态稳定性的要求是矛盾的。

（2）采用 PWM 调制器时，无电抗器，总电阻为电枢电阻 $R_a=0.066\Omega$，其他时间常数为

$$T_m=\frac{GD^2R_a}{375C_eC_m}=\frac{78\times0.066}{375\times0.2\times0.2\times30/\pi}\text{s}=0.036\text{s}$$

$$T_1=\frac{L}{R_a}=\frac{0.00018}{0.066}\text{s}=0.0027\text{s}$$

由可控电源的开关频率 5kHz 可知，$T_s=0.0001\text{s}$。

为保证系统稳定，根据式（4.3-23），系统的开环放大倍数应为

$$K<\frac{T_m}{T_s}+\frac{T_m}{T_1}+\frac{T_s}{T_1}=\frac{0.036}{0.0001}+\frac{0.036}{0.0027}+\frac{0.0001}{0.0027}=396$$

可以满足系统的稳态要求。

由本题知，与采用例 4.3-2（1）所述电源的系统相比较，采用 PWM 可控电源的系统由于 T_1、T_s 大大减小，易于稳定。如果系统所用可控电源为例 4.3-2（1）所述电源时，为了满足稳态性能要求并提高动、静态性能，必须采取动态校正措施来改造系统。

（2）基本校正环节及其控制规律

在调速系统中常常采用串联校正（cascade compensation），如图 4.3.1 所示。校正环节通过在闭环系统的前向通道配置模拟调节器或数字调节器来实现。校正环节的具体内容要根

据系统的功能需求具体设计。目前，调速系统常用的**校正环节**有比例积分（PI）、比例微分（PD）或比例积分微分（PID）三类调节器。已有许多参考书讨论这些调节器的具体工程实现方法，这里只给出基于运算放大器的物理实现及其传递函数。

由运算放大器构成的 PI 调节器的电路图如图 4.3.9 所示，其数学模型为

$$\begin{aligned} U_{ct} &= \frac{R_1}{R_0}\Delta U_n + \frac{1}{R_0 C}\int \Delta U_n \mathrm{d}t \\ &= \frac{R_1}{R_0}\Delta U_n + \frac{R_1}{R_0}\frac{1}{R_1 C}\int \Delta U_n \mathrm{d}t = K_{PI}\left(\Delta U_n + \frac{1}{\tau}\int \Delta U_n \mathrm{d}t\right) \end{aligned} \tag{4.3-24}$$

其传递函数为

$$W_{PI}(s) = \frac{U_{ct}(s)}{\Delta U_n(s)} = \frac{K_{PI}(\tau s+1)}{\tau s} \tag{4.3-25}$$

式中，$K_{PI}=R_1/R_0$ 为 PI 调节器的比例放大系数；$\tau=R_1 C$ 为 PI 调节器的超前时间常数。

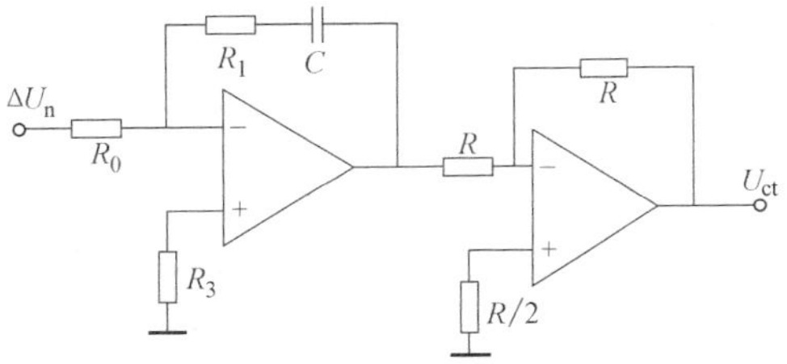

图 4.3.9　采用反向运算放大器构成的比例积分（PI）调节器

图中的电容 $C=0$ 就构成了比例调节器的原理图。如果电阻 $R_1=0$、$C\neq 0$，则构成了积分调节器的原理图。根据运算放大器的工作原理可以很容易地得到

$$U_{ct} = \frac{1}{R_0 C}\int \Delta U_n \mathrm{d}t = \frac{1}{\tau_I}\int \Delta U_n \mathrm{d}t \tag{4.3-26}$$

式中，$\tau_I=R_0 C$ 为积分调节器的积分时间常数。由后面的分析可知，采用积分调节器的转速负反馈单闭环调速系统可以完全消除静差（稳态速降）。

由于比例微分（PD）调节器构成的超前校正可以提高稳定裕量，所以用 PID 调节器实现“滞后-超前校正”可以兼有 PD 和 PI 调节的优点，从而全面提高系统性能。但由于调节器的参数多，实现和调试比较麻烦。

（3）采用 PI 调节器的单闭环调速系统的动态校正

在进行校正设计时，利用**开环对数频率特性法**或称伯德图方法（bode diagram）是比较简便的。在开环对数频率特性上，系统的相对稳定性利用相位裕度（phase margin）γ 和幅值裕量（magnitude margin）L_h 来表示，一般要求[2]

$$\gamma = 45° : 70°,\ L_h > 6\text{dB} \tag{4.3-27}$$

开环截止频率 ω_c 则反映系统响应的快速性。对于最小相位系统，因为开环对数幅频特性与相频特性有明确的一一对应关系，所以其性能指标完全可以由开环对数幅频特性的形状来反映。因此在设计系统时，重要的是首先确定系统的预期开环对数幅频特性的大致形状，通常是分频段设计，将开环对数幅频特性分成低、中、高三个频段，从三个频段的特征可以判断控制系统的性能。归纳起来，有以下四个方面：

1）中频段以-20dB/dec 的斜率穿越零分贝线，而且这一斜率占有足够的宽度，以保证系统具有一定的相对稳定性。

2）具有尽可能大的开环截止频率 ω_c，以提高系统的快速性。

3）低频段的斜率要陡、增益要高，以保证系统的稳态精度。

4）高频段衰减要快一些，即应有较大的斜率，以提高系统抵抗高频噪声干扰的能力。

符合上述要求的预期开环对数幅频特性的大致形状如图 4.3.10 所示。实际上，以上四个方面的要求往往互相矛盾：稳态要求高的系统可能不稳定，引入校正装置满足了稳定性要求，又可能牺牲快速性；截止频率高的快速性好，又容易引进高频干扰。设计时常常要反复试凑，才能获得比较满意的结果。

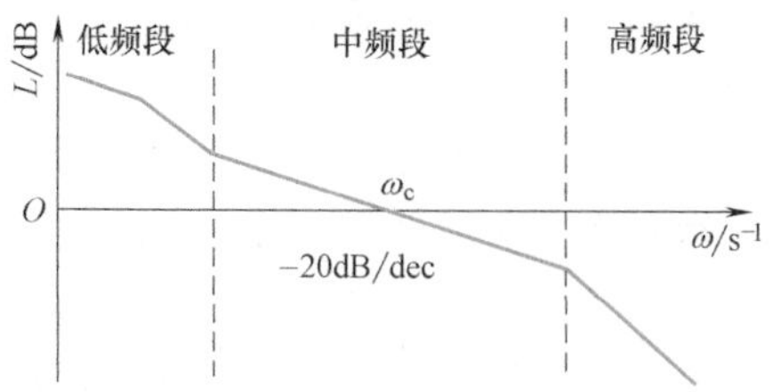

图 4.3.10　系统预期开环对数幅频特性的大致形状

对于单闭环调速系统的串联校正，一般的做法是：首先采用 P 调节器分析系统的开环对数幅频特性，并分析该特性与理想特性图 4.3.10 的差别；然后采用 PI 或 PID 调节器将系统开环特性校正到理想特性。上述内容可借助于计算机辅助设计完成（可参考文献［2］）。

下面分析采用 PI 调节器的转速负反馈单闭环系统的特性。

先分析随动特性。将图 4.3.8 所示速度负反馈单闭环系统的动态结构图重画于图 4.3.11a。由该图可知，采用 PI 调节器后对于阶跃速度给定的系统是静态无差的。

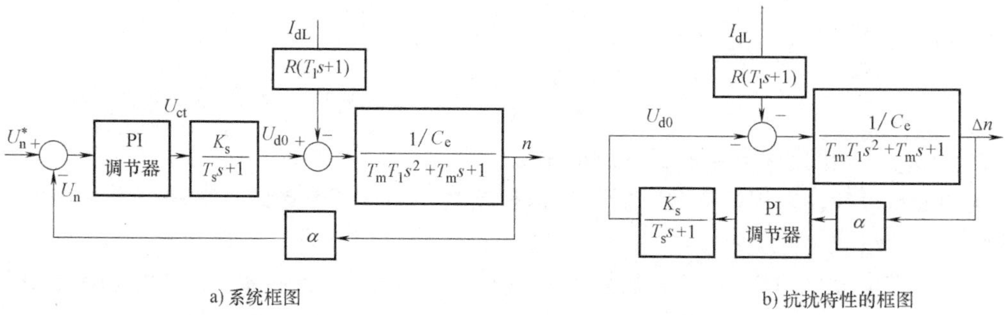

图 4.3.11　带有调节器的单闭环调速系统的动态结构图（假定系统满足式（4.1-12））

再分析稳态抗扰特性。基于叠加原理，可将动态结构图改画成图 4.3.11b 的形式，这时的输出量就是负载扰动引起的转速偏差（即速降）Δn。由于反馈通道有积分环节，所以对于阶跃扰动输入 I_{dL}，系统是无静差的。

由于无静差调速系统稳态情况下没有速度偏差，在调节器输入端的偏差电压为零，即 $\Delta U_n=0$，因此，可以得到 $|U_n^*|=|U_n|=\alpha n$。依据该式，在设计系统时，可以利用式（4.3-28）来计算转速反馈系数

$$\alpha=\frac{U_{nmax}^*}{n_{max}} \tag{4.3-28}$$

式中，n_{max} 为电动机调压调速时的最高转速；U_{nmax}^* 为相应的给定电压最大值。

注意，采用比例积分控制的转速负反馈单闭环系统，只是在稳态时无差，**动态还是有差的**。此外，上述分析基于校正后系统的开环截止频率 $\omega_c \leq 1/(3T_s)$。如果设计完的系统不满足这一条件，则需要使用更为精确的可控电源模型，或改变调节器参数以减小 ω_c。

4.3.3　功率系统的保护要点以及单闭环系统的过电流和过功率保护

1. 功率系统的保护要点

对于任何的功率系统，一定要设置过输出功率（称为过载，over load）保护环节，以便系统在运行时不至于超过系统的容量设计极限而被损坏。

在系统的电路侧最为容易实现过载保护措施。前述的他励电动机转速负反馈调速系统，由于采用可控电压源供电，过载在电磁子系统上的主要表现为过电流；反之，电流源供电的系统中，过功率表现为过电压。

电动机控制系统的不同功率部分对过电流的承受能力大不一样。其中，机电部分（如直流电动机电枢回路）主要由导体、碳刷和换向器构成，对毫秒级瞬态过电流的承受能力较大（也就是允许过电流持续一点时间）；而变换器中的电力电子器件对瞬态过电流的承受能力较小（详细数据可见器件说明书中有关“安全工作区”部分）。在系统硬件和软件设计阶段，需要仔细考虑两者的过电流承受能力并设计对应的保护策略。以下给出以电力电子变换器为电源的电动机控制系统最为基本的保护方法。

（1）对电力电子变换器作瞬时过电流保护

由于超过 I_{dm} 的瞬时过电流最容易损坏变换器中的电力电子器件，因此，必须在变换器装置中设置器件级的过电流保护，使得电力电子器件工作在其安全工作区之内。

由电力电子器件的安全工作区可知，器件对不同大小过电流的耐受极限与该电流的持续时间有关[1]，即电流越大，器件允许的持续时间越短。于是基本的保护动作是在达到允许的持续时间之前关断该器件。为此，一般设计的保护动作使得切断该器件的动作时间与过电流的大小呈反比关系，称为“反时限过流保护”。图 4.3.12 是一个许多变换器装置（如 DC-DC、DC-AC 变换器）常用的“反时限过流保护”的曲线例子。其含义为，装置控制器对各个瞬间的过电流进行计数，使得等效的电流≤110%时不作过电流保护，在等效的 150%过电流积累至 60s 时实施器件关断操作（结果造成变换器停止运行）或者等效的 200%过电流积累至 1s 时实施器件关断操作等。相应的，在系统设计阶段，功率部分的硬件容量设计和热设计也需要按此标准进行核准。

（2）对系统输出机械功率的过功率保护

对可控电压源供电的电动机控制系统，需要在图 4.3.4 的系统稳态特性上增加输出机械功率的过功率保护。

如图 4.3.13 所示，n 点对应系统的最大输出转速（对应可控电压源的最大输出电压），

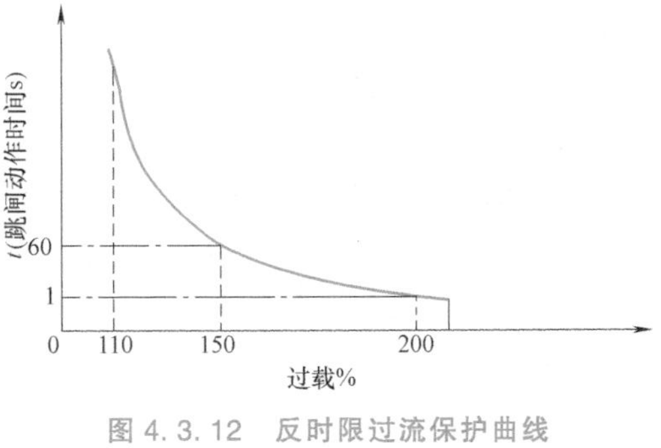

图 4.3.12　反时限过流保护曲线

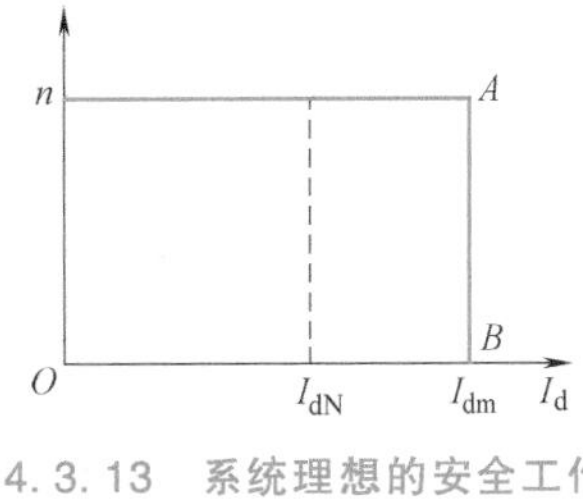

图 4.3.13　系统理想的安全工作区

I_{dN} 和 I_{dm} 分别表示系统或电机的额定电流和所允许的过负载电流（I_{dm} 为稳态电流，大小因设备性质而异，一般为 1.1~2 倍的 I_{dN}）。于是 A 点对应系统的最大机械功率输出点。在静态工作曲线 nA 直线 A 端增加 AB 垂线，称区域 $OnAB$ 为系统输出功率的安全工作区。该工作区的最大转速已经受电压源最大电压限制，而负载电流超过 I_{dm} 时，系统应该停止输出。

进一步，可以通过控制算法，使得系统实现下述的“挖土机特性”。

对于实用的电动机控制系统，一个“自动的”功能要求是：在图 4.3.13 工作区 $OnAB$ 区域内系统要正常工作；当电流达到安全工作区的 AB 线段时系统将自动降速直至到零，而一旦过电流消失，即电流回到 AB 线左侧时，系统将自动恢复到正常运行状态。例如，系统在运行中可能会突然被加上一个很大的负载（如挖土机的挖斗抬起一堆石块的动作）。如果系统有该特性，虽然正常运行阶段的系统静特性（如 nA 直线段）很硬，但是当电流达到允许最大值 I_{dm} 时，系统将不必发生“跳闸保护”（输出关断保护）而自动降速直至到零。由于此时系统工作在 B 点，电动机的端电压已经接近零，所以电流或电磁转矩不再增大。当过电流消失后（如挖斗倒出部分石块），系统将自动恢复到安全工作区内某个静态曲线上。

由于“挖土机特性”是对系统输出功率的过功率保护特性，实际系统还至少会设置前述的“瞬时过电流保护”。出于对触发保护的响应时间快慢的考虑，功率安全工作区中的极限电流值应该远小于过电流的极限电流值。

视频 No. 10 总结了本小节的要点。

视频 No. 10

2. 带电流截止负反馈的单闭环转速负反馈调速系统

为了实现上述“挖土机特性”，图 4.3.2 的转速负反馈单闭环系统中必须设置自动限制电枢电流的环节。根据反馈控制原理，要维持某个物理量基本不变，只要引入该物理量的负反馈就可以了。所以，需要引入电流负反馈使电流不超过允许值。由于在图 4.3.13 正常运行段里（图中的 $OnAB$ 区域），电流负反馈的引入会使系统的静特性变得很软，因此电流负反馈的限流作用只应在系统运行在图 4.3.13 中的 AB 曲线上存在。这种当电流大到一定程度时才起作用的电流负反馈叫作**电流截止负反馈**。

以下设计电流截止负反馈环节。其基本思想是将与电流成正比的反馈信号转换成电压信号，然后和一个代表临界截止电流的电压 U_{br} 进行比较，据此确定是否开通电流负反馈通道。有多种实现方法，一个简单的电路实现如图 4.3.14 中的阴影部分所示。电流反馈信号来自主电路电流 I_d 的检测元件霍耳元件 HCT，其反馈系数为 β。利用稳压管 VST 的击穿电压 U_{br} 作为比较电压，于是电流负反馈截止环节的输出电压 $U_{i,br}$ 表达式为

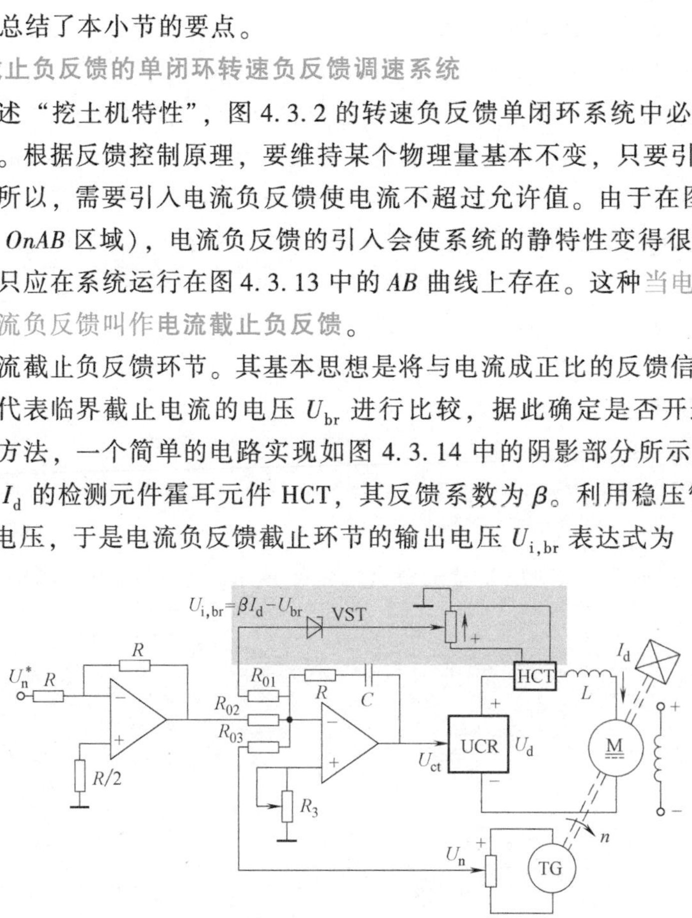

图 4.3.14 带电流截止负反馈的转速单闭环调速系统

$$U_{\mathrm{i,br}}=\begin{cases}\beta I_{\mathrm{d}}-U_{\mathrm{br}}, & \beta I_{\mathrm{d}}-U_{\mathrm{br}}>0\\ 0, & \beta I_{\mathrm{d}}-U_{\mathrm{br}}<0\end{cases} \tag{4.3-29}$$

该表达式对应的输入输出特性如图 4.3.15 所示。假定设计的临界截止电流为 I_{dcr}，于是当 $\beta I_{\mathrm{dcr}}\geqslant U_{\mathrm{br}}$ 成立时，电流截止负反馈起作用。

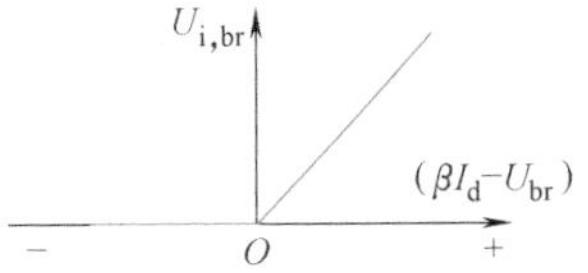

图 4.3.15　输入输出特性

基于图 4.3.11a、图 4.3.14 和图 4.3.15，便得到带电流截止负反馈的转速负反馈单闭环调速系统的静态结构图如图 4.3.16a 所示。由于 PI 控制器无法用静特性表示，所以框图中采用其输入输出特性。注意与图 4.3.3 相比，该图只是增加了电流截止反馈环节。该系统的静特性分为两段：当 $I_{\mathrm{d}}\leqslant I_{\mathrm{dcr}}$ 时，由于 $\beta I_{\mathrm{d}}-U_{\mathrm{br}}<0$，$U_{i}=0$，由此得到静特性为

$$n=U_{\mathrm{n}}^{*}/\alpha,\ I_{\mathrm{d}}\leqslant I_{\mathrm{dcr}} \tag{4.3-30}$$

当 $I_{\mathrm{d}}>I_{\mathrm{dcr}}$ 时，$\beta I_{\mathrm{d}}-U_{\mathrm{br}}>0$，电流负反馈起作用，稳态时，PI 调节器输入偏差电压为零，即 $U_{\mathrm{n}}^{*}-U_{\mathrm{n}}-U_{\mathrm{i}}=0$，因此

$$n=\frac{U_{\mathrm{n}}^{*}}{\alpha}-\frac{U_{\mathrm{i}}}{\alpha}=\frac{U_{\mathrm{n}}^{*}}{\alpha}+\frac{U_{\mathrm{br}}}{\alpha}-\frac{\beta}{\alpha}I_{\mathrm{d}},\ I_{\mathrm{d}}>I_{\mathrm{dcr}} \tag{4.3-31}$$

根据式（4.3-31）和图 4.3.16a，画出系统的静特性如图 4.3.16b 所示。

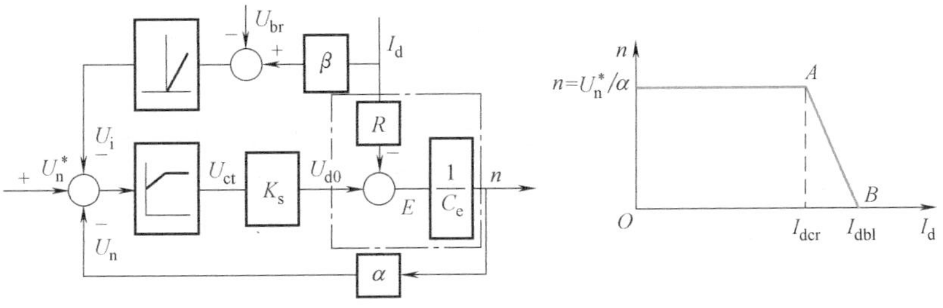

图 4.3.16　带电流截止负反馈的转速负反馈系统的静态图和静特性

显然，在 $I_{\mathrm{d}}\leqslant I_{\mathrm{dcr}}$ 时，系统的转速是无静差的，静特性是平直的（图中的 n_0A 段）；当 $I_{\mathrm{d}}>I_{\mathrm{dcr}}$ 时，AB 段的静特性则很陡，静态速降很大，就形成了挖土机特性，对应的电流称为堵转电流 I_{dbl}。此时，将 $n=0$ 其代入式（4.3-31）得

$$I_{\mathrm{dbl}}=\frac{U_{\mathrm{n}}^{*}+U_{\mathrm{br}}}{\beta} \tag{4.3-32}$$

参数 I_{dbl} 和 I_{dcr} 的取值方法为：一方面，I_{dbl} 应小于电动机或主电路的电力电子器件所允许的最大电流 I_{dmax}，一般取 $I_{\mathrm{dmax}}=(1.5\sim2.5)I_{\mathrm{N}}$；另一方面，从正常运行特性 n_0A 段看，希望有足够的运行范围，截止电流 I_{dcr} 应大于电动机的额定电流，如取 $I_{\mathrm{dcr}}\geqslant(1.1\sim1.2)I_{\mathrm{N}}$。

本节小结

（1）他励直流电动机速度单闭环系统的建模方法和动、静态分析方法

这些方法可以用于任何电动机控制系统。需要注意：

1）被控对象是可控电源、电动机及其负载；各个环节数学建模的条件。

2）基于经典控制理论的控制器设计，如：①常用的 P 调节器和 PI 调节器的原理和特性；②常用串联校正方法。

（2）采用电压源型电力电子变换器的调速系统需要有过功率和瞬态电流保护措施

1）“反时限过流保护”用于保护系统内对瞬态过电流最敏感的部分如电力电子器件。

2）“挖土机特性”基于系统的稳态特性，使得系统可以在过负载时自动降速运行，而过负载消失后自动恢复运行。在转速负反馈单闭环系统中，该特性采用电流截止负反馈环节来实现。

在 4.3.3 节讲述的功率系统保护的基本方法适用于大部分电动机系统，只是极限值的计算方法不同而已。

4.4 转速、电流双闭环调速系统

4.4.1 双闭环调速系统的组成及其静特性

1. 问题的提出和双闭环控制的基本概念

由 4.3.1 节可知，采用闭环控制可以提高系统的静态性能。对于许多应用场合，除静态性能外，当转速控制系统处于不断的起动、制动、反转以及突加负载等过渡过程时，还要求其有较好的动态性能。

对于动、静态都需要高性能的转速控制系统，其主要性能是：快速跟随特性（起制动）、较好的抗干扰特性、高可靠性（可瞬态过载但不过电流）。以下对照 4.3.3 节的电流截止负反馈调速系统，讨论为了实现高性能，为什么引入以及如何引入**转速、电流双闭环调速**。

（1）核心　采用**转矩控制环**以获得高性能的转速动态响应

将 4.3.2 节图 4.3-7 所示的他励直流电动机在磁通为额定 Φ_N（即为常数）条件下的动态模型重新绘于图 4.4.1a 中，该模型可以划分为图 4.4.1b 所示的电磁子系统和机电子系统两部分。由式（4.3-15）和反电动势 $e=C_e n$ 可知，机电子系统的动态模型即运动方程，可写作

$$I_d-I_{dL}=\frac{T_m C_e}{R}\frac{dn}{dt} \tag{4.4-1}$$

要调节转速，就需要控制加速度 dn/dt。上式等号左侧的负载电流 I_{dL}（对应于负载转矩 T_L）是不易被测出的扰动量，因此控制加速度最有效的办法是控制电动机的电磁转矩（电枢电流）。换句话说，要获得转速的高动态性能，首先要控制好电磁转矩（电枢电流）。据此，

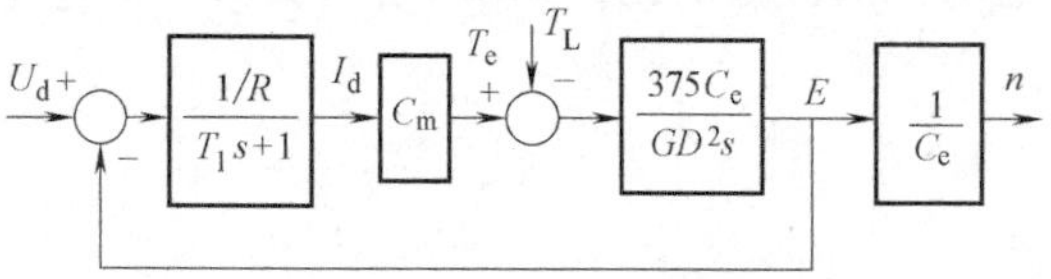

a) 他励直流电动机框图(条件：Φ为常数)

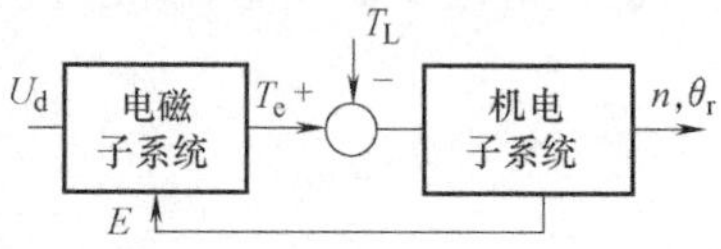

b) 电动机的两个子系统

图 4.4.1　他励直流电动机动态模型

需要在系统中构造**转矩控制环**（torque control loop）。

对于本节的直流系统，当磁通 Φ 恒定时，电枢电流控制环等价于转矩控制环。

以起动为例，如果系统中有电枢电流控制，希望在过渡过程中始终保持电枢电流（电磁转矩）为允许的最大值 I_{dm}（即 T_{em}），从而使调速系统尽可能用最大的动转矩起动。当电动机起动到稳态转速后，又让电枢电流立即降下来，使转矩与负载转矩相平衡，从而转入稳态运行。这样的理想起动过程如图 4.4.2a 所示，其中起动电流呈方形波，转速是线性增长的。这种使用最大电枢电流（电磁转矩）使调速系统得到最快起动过程的控制策略称为“**最短时间控制**”。

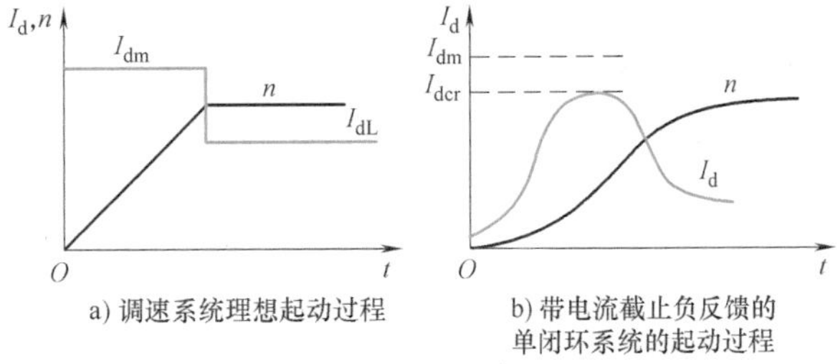

a) 调速系统理想起动过程　b) 带电流截止负反馈的单闭环系统的起动过程

图 4.4.2 起动过程的示意图

用上述理想响应来考察图 4.3.16 所示的具有电流截止负反馈的转速单闭环系统，可知该系统的性能并非理想的。因为：①系统没有转矩控制环，而电流负反馈仅用于过电流保护，因此在正常运行时该环节不起作用；②系统的转速反馈信号和电流反馈信号加到同一个调节器的输入端。于是，该结构存在以下问题：

1）动态特性差。以起动过程为例，由 4.3.3 节可知，控制器力图使 $U_n^*-U_n-U_i=0$，当电动机转速为零时，端电压 U_{d0} 为最大值，其最大电流为堵转电流 $I_{dm}=(U_n^*+U_{br})/\beta$。一旦转速上升，$E$ 增大，$U_{d0}-E$ 减小，使得起动电流（由 U_i 表示）随之下降，因此实际起动过程如图 4.4.2b 所示。显然，它比理想起动过程要慢得多。

2）速度环的传递函数复杂，难以用一个调节器实现满意的系统校正（4.3 节中没有展开讨论校正方法）。此外，由于满足转速动、静态要求的转速负反馈和实现过电流保护的电流负反馈同时加到一个调节器的输入端（如图 4.4.3a 所示），因此该调节器中有限的参数很难同时满足电流环和转速环的不同要求。

要解决上述问题就需要设置单独的转矩控制环。

（2）系统结构　采用**两级串联校正**以完成不同的控制目标

为了达到“通过控制电磁转矩来调节转速”的目的，必须在转速闭环的基础上增设电流闭环，也就是转矩闭环。但是如果采用一个控制器同时完成两个反馈量的控制（如图 4.4.3a 所示），则是不合理的，这个问题可复习 4.3 节中对系统图 4.3.14 的解释。将图 4.4.3a 的控制器结构改为图 4.4.3b，于是图 4.4.3b 的两个闭环及其调节器的原理为：转速环以及转速调节器（adjustable speed regulator，ASR）用以控制速度误差，其输出是为了消除转速误差所需要的电磁转矩指令 T_e^*；而电流调节器（adjustable current regulator，ACR）

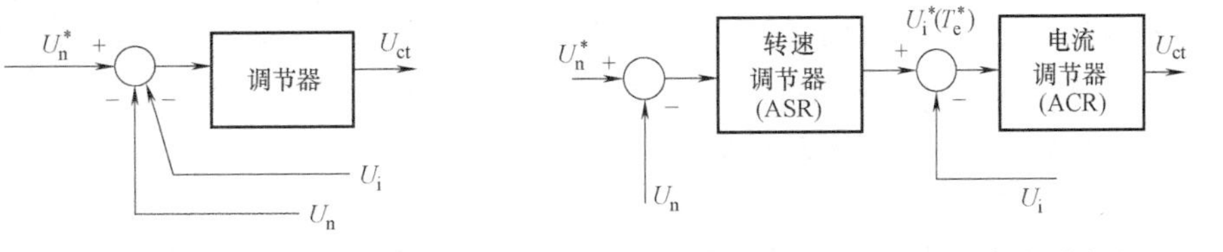

a) 用一个调节器控制两个变量　b) 用两个调节器(串联校正)分别控制两个变量

图 4.4.3 不同的系统结构

构成了电流（转矩）闭环以跟随转矩指令，其输出是可控电源的指令。于是两个闭环就可以分别完成转速和转矩控制的目标。

这个双闭环结构的本质是完成功率的控制。读者在学习其他电功率控制系统时，也可以看到类似的双闭环结构。

（3）控制理论基础　对**状态变量**（state-variable）**的反馈和控制**

由控制理论可知，理想的控制方案是对系统各个状态变量都实施反馈控制，以得到理想的动、静态特性。图 4.4.1a 的被控对象电动机的**两个状态变量**是电枢电流 I_d 和转速 n，因此构造转速和电流两个闭环就可以实现被控对象的全状态反馈。

参考文献［4］第 5 章中指出，工程上有两种主要的校正方法：

1）通过状态反馈实现对各个极点位置的任意配置，如图 4.4.4 所示。

2）构成串联校正，如图 4.4.3b 所示。由于每个反馈环节的前向通道都设置了调节器，这样不但可以配置极点，还可以配置零点。这种串联校正的方法非常典型。

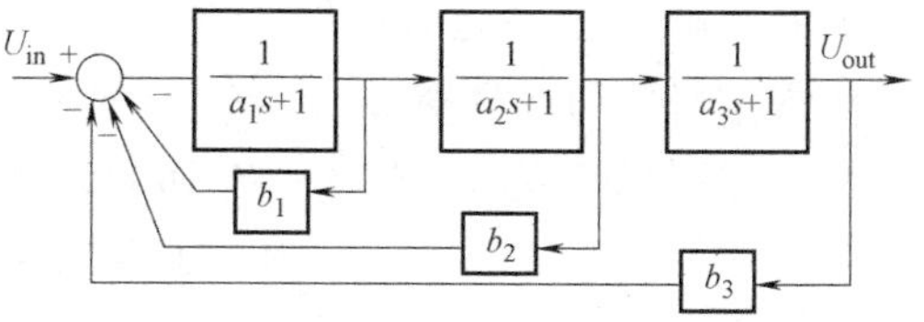

图 4.4.4　极点配置的例子

（b_1、b_2、b_3 是校正时设定的参数）

此外，图 4.4.2a 所示的理想起动曲线中的最大电流曲线 I_{dm} 要通过转速调节器输出的饱和来实现。这样使得系统在起动时呈非线性状态，这个状态将在 4.4.2 节和 4.5 节详细讨论。

2. 转速、电流双闭环调速系统的组成

图 4.4.5 所示为转速、电流双闭环调速系统的原理框图。为了实现转速和电流两种负反馈分别起作用，在系统中设置了两个调节器 ASR 和 ACR，分别调节转速和电流，二者之间实行串联连接。把转速调节器 ASR 的输出作为电流调节器 ACR 的输入，用电流调节器的输出去控制可控电压源。从闭环结构上看，电流调节环在里面，是内环；转速调节环在外面，叫作外环。

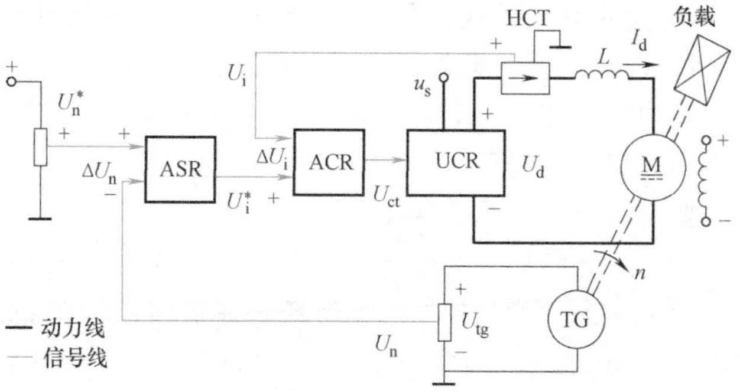

图 4.4.5　转速、电流双闭环调速系统

为了获得良好的静、动态性能，双闭环调速系统的两个调节器通常都采用 PI 调节器。在图 4.4.5 中，标出了两个调节器输入输出电压的实际极性，它们是按照整流电源 UCR 控制电压 U_{ct} 为正电压的情况标出的。通常，转速、电流两个调节器的输出都是带限幅的，转速调节器的输出限幅电压为 U_{im}^*，它决定了电流调节器给定电压的最大值；电流调节器的输出限幅电压是 U_{ctm}，它限制了可控电压源输出电压 U_d 的最大值。

视频 No. 11

视频 No. 11 总结了这个双闭环系统的构成与原理。

3. 转速、电流双闭环调速系统的静特性

根据图 4.4.5 的原理框图，可以很容易地画出双闭环调速系统的静态结构图，如图 4.4.6a 所示。其中，虚线框部分为电动机模型，假定速度调节器和电流调节器为带输出限幅的 PI 调节器。这种 PI 调节器一般存在饱和和不饱和两种运行状况：饱和时输出达到限幅值；不饱和时输出未达到限幅值。当调节器饱和时，输出为恒值，输入量的变化不再影响输出，除非输入信号反向使调节器退出饱和。因此，当调节器饱和后，输入和输出之间的联系被暂时隔断，相当于使该调节器所在的闭环成为开环。当调节器不饱和时，PI 调节器的积分作用使输入偏差电压 ΔU 在稳态时总是等于零。

由下面 4.4.2 节的分析可知，双闭环调速系统在正常运行时，电流调节器是不会达到饱和状态的，因此，对于静特性来说，只有转速调节器存在饱和与不饱和两种情况。

（1）转速调节器不饱和

在正常负载情况下，稳态时，转速调节器不饱和，电流调节器也不饱和，依靠调节器的调节作用，它们的输入偏差电压都是零。因此系统具有绝对硬的静特性（无静差），即

$$U_n^* = U_n = \alpha n \tag{4.4-2}$$

且

$$U_i^* = U_i = \beta I_d \tag{4.4-3}$$

假定系统转速为额定值 n_N，由式（4.4-2）可得

$$n_N = \frac{U_{nN}^*}{\alpha} \tag{4.4-4}$$

从而得到图 4.4.6b 所示静特性的 n_N–A 段。由于转速调节器不饱和，$U_i^* < U_{im}^*$，所以 $I_d < I_{dm}$。这表明，n_N–A 段静特性从理想空载状态（$I_d = 0$）一直延续到电流最大值，而 I_{dm} 一般都大于电动机的额定电流 I_N。这是系统静特性的正常运行段，是一条水平直线。

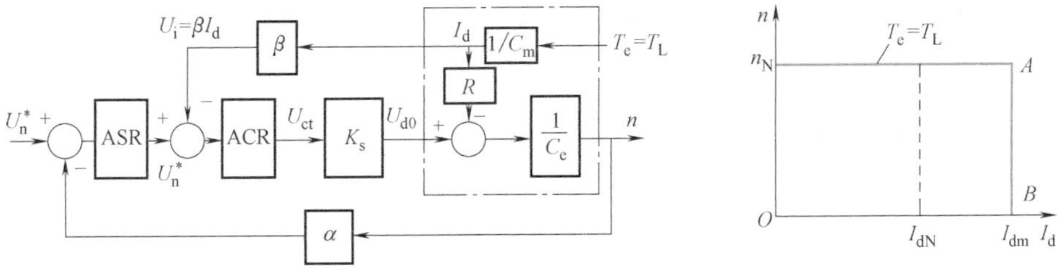

a) 静态结构图(点画线框内为电动机模型)　　b) 静特性

图 4.4.6 双闭环调速系统静态结构图及静特性

（2）转速调节器饱和

当电动机的负载电流上升时，转速调节器的输出 U_i^* 也将上升，当 I_d 上升到某数值（I_{dm}）时，转速调节器输出达到限幅值 U_{im}^*，转速环失去调节作用，呈开环状态，转速的变化对系统不再产生影响。此时只剩下电流环起作用，双闭环调速系统由转速无静差系统变成一个电流无静差的单闭环恒流调节系统。稳态时

$$U_{im}^* = U_{im} = \beta I_{dm} \tag{4.4-5}$$

因而

$$I_{dm} = \frac{U_{im}^*}{\beta} \tag{4.4-6}$$

I_{dm} 是 U_{im}^* 所对应的电枢电流最大值，由设计者根据电动机的容许过载能力和拖动系统允许的最大加速度选定。这时的静特性为图 4.4.6b 中的 AB 段，呈现很陡的下垂特性。

由以上分析可知，双闭环调速系统的静特性在负载电流 $I_d < I_{dm}$ 时表现为转速无静差，

这时 ASR 起主要调节作用。当负载电流达到 I_{dm} 之后，ASR 饱和，ACR 起主要调节作用，系统表现为电流无静差，实现了过电流的自动保护。这就是采用了两个 PI 调节器分别形成内、外两个闭环的效果，这样的静特性显然比带电流截止负反馈的单闭环调速系统的静特性（如图 4.3.17b 所示）要强得多。

（3）稳态参数的计算

综合以上分析结果可以看出，双闭环调速系统在稳态工作中，当两个调节器都不饱和时，系统变量之间存在如下关系：

$$U_n^* = U_n = \alpha n \tag{4.4-7}$$

$$U_i^* = U_i = \beta I_d = \beta I_{dL} \tag{4.4-8}$$

$$U_{ct} = \frac{U_{d0}}{K_s} = \frac{C_e n + I_d R}{K_s} = \frac{C_e U_n^* / \alpha + I_{dL} R}{K_s} \tag{4.4-9}$$

上述关系表明，在稳态工作点上，转速 n 是由给定电压 U_n^* 和转速反馈系数 α 决定的；转速调节器的输出电压即电流环的给定电压 U_i^* 是由负载电流 I_{dL} 和电流反馈系数 β 决定的；而控制电压即电流调节器的输出电压 U_{ct} 则同时取决于转速 n 和电流 I_d，或者说同时取决于 U_n^* 和 I_{dL}。这些关系反映了 PI 调节器不同于 P 调节器的特点：P 调节器的输出量总是正比于输入量，而 PI 调节器的稳态输出量与输入量无关，而是由其后面环节的需要所决定，后面需要 PI 调节器提供多大的输出量，它就能提供多少，直到饱和为止。

鉴于这一特点，双闭环调速系统的参数计算与无静差系统的稳态计算相似，即根据调节器的给定与反馈值计算有关系数。例如，由式（4.4-2）有，$\alpha = U_{nm}^*/n_{max}$；由式（4.4-5）有，$\beta = U_{im}^*/I_{dm}$。

4.4.2 双闭环系统起动和抗扰性能的定性分析

图 4.4.7 为双闭环调速系统的动态结构图。$W_{ASR}(s)$ 和 $W_{ACR}(s)$ 分别表示转速调节器和电流调节器的传递函数，点画线框内为电动机和串入电枢回路电感部分的模型，由图 4.3.6b 变形得到。由于还没有讨论闭环的截止频率，所以可控电源用纯滞后模型表示。

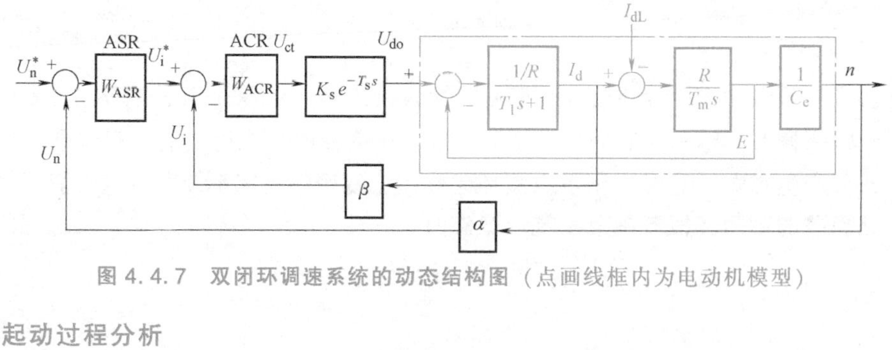

图 4.4.7 双闭环调速系统的动态结构图（点画线框内为电动机模型）

1. 起动过程分析

下面讨论双闭环调速系统突加给定电压 U_n^* 时的起动过程。由静止状态起动时系统中各物理量的过渡过程如图 4.4.8 所示。由于在起动过程中转速调节器 ASR 经历了不饱和、饱和、退饱和三个阶段，整个起动的过渡过程也就分为三个阶段，在图中分别标以Ⅰ、Ⅱ和Ⅲ。

第Ⅰ阶段（$0 \sim t_1$）**为电流上升阶段**：突加给定电压 U_n^* 后，通过两个调节器的控制作用，使 U_i^*、U_{ct}、U_{d0} 和 I_d 都上升，当 $I_d>I_{dL}$ 后，电动机开始转动。由于电动机机电惯性的作用，转速 n 及其反馈信号 U_n 的增长较慢，因而转速调节器 ASR 的输入 ΔU_n 数值较大，使调节器的输出很快达到限幅值 U_{im}^*。尽管在起动过程中转速反馈信号 U_n 不断上升，但只要其未超过给定值 U_n^*，则 ASR 的输入偏差信号 ΔU_n 的极性保持不变，使其输出 U_i^* 一直处于限幅值 U_{im}^*，这相当于速度环处于开环状态。

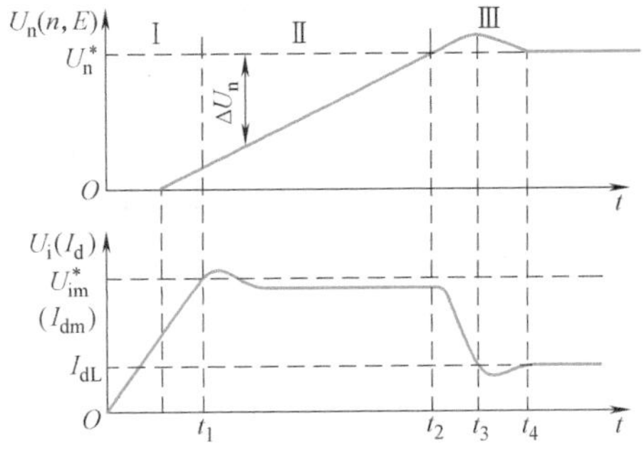

图 4.4.8 双闭环调速系统的速度阶跃响应和电流过渡过程

在 ASR 输出限幅值 U_{im}^* 的作用下，ACR 的输出 U_{ct} 也发生突升（达不到其输出限幅），导致可控电源的输出 U_{d0} 也突增至一定值，强迫电枢平均电流 I_d 迅速上升。当电流达到 $I_d \approx I_{dm}$ 时，$U_i \approx U_{im}^*$，电流调节器 ACR 很快压制了 I_d 的增长。在这一阶段中，ASR 由不饱和很快达到饱和，ACR 被设计为不饱和，以保证电流环的调节作用。

第Ⅱ阶段（$t_1 \sim t_2$）**为恒流升速阶段**：从电枢电流 I_d 上升到最大值 I_{dm} 开始，到转速升到给定值 n^* 为止。在这个阶段，由于 ASR 的输入偏差 ΔU_n 一直为正，使其输出一直是饱和的，转速环相当于开环，系统只剩下电流环单闭环工作。ACR 的调节作用使电枢电流 I_d 基本上保持恒定，而电流 I_d 超调与否，取决于电流闭环的结构和参数。若负载转矩恒定，则电动机的加速度恒定，转速和电动势都按线性规律增长（此时电动势 E 相当于一个线性渐增的扰动）。为了保证此时电流环的调节作用，要求所设计的电流闭环不能达到饱和。

第Ⅲ阶段（$t_2 \sim t_4$）**为转速调节阶段**：这个阶段从电动机转速上升到给定值时开始。此时瞬间转速调节器的输入偏差电压 ΔU_n 为零，但其输出由于积分作用还维持在限幅值 U_{im}^*，因此电动机仍在加速，使转速超调。转速超调以后，ASR 的偏差电压 ΔU_n 变负，使其开始退出饱和状态。由于 U_i^* 从限幅值 U_{im}^* 下降，电枢电流 I_d 也从 I_{dm} 下降。但是由于 I_d 仍然大于负载电流 I_{dL}，在一段时间内，电动机的转速仍继续上升。到 t_3 时刻，$I_d=I_{dL}$，负载转矩和电磁转矩平衡（$T_e=T_L$），$dn/dt=0$，转速 n 达到峰值。此后的 $t_3 \sim t_4$ 内，由于 $I_d<I_{dL}$，经过 ASR 和 ACR 的调节直到转速 $n \to n^*$，电流 $I_d \to I_{dL}$。如果调节器的参数整定不当，则会有振荡。

在第Ⅲ阶段内，ASR 和 ACR 都不饱和，同时起调节作用。但在整个过程中，ACR 的作用是力图使 I_d 尽快地跟随 ASR 的输出量 U_i^*，即电流内环是一个电流随动系统。

综上所述，该双闭环调速系统在阶跃速度给定电压 U_n^* 时的起动过程有以下特点：

（1）饱和非线性控制　根据转速调节器 ASR 的饱和与不饱和，调速环处于完全不同的运行状态。当 ASR 饱和时，转速环开环，系统表现为恒值电流调节的单闭环系统；当 ASR 不饱和时，转速环是闭环，系统是一个无静差调速系统。在不同情况下表现为不同结构的线性系统，这就是饱和非线性控制的特征。分析和设计这类系统时应采用分段线性化的方法，而且必须注意各段的初始状态。初始状态不同，同样系统的动态响应也不同。

（2）准时间最优控制　起动过程中的主要阶段是第Ⅱ阶段，即恒流升速阶段，其特征是保持电流为允许的最大值，以便充分发挥电动机的过负载能力，使起动过程尽可能快。这样，使系统在最大电流受限制的约束条件下，实现了“最短时间控制”，或称“时间最优控制”。但是，这里只是实现时间最优控制的基本思想，整个起动过程与图 4.4.2a 所示的理想起动过程相比还有一些差距，起动过程的第Ⅰ、Ⅲ两个阶段的电流不能突变，不是按时间最优控制的。但这两个阶段在整个起动时间中一般并不占主要地位，所以双闭环调速系统的起动过程可以称为“准时间最优控制”。

采用饱和非线性控制策略实现准时间最优控制是非常有实用价值的，在各种多环控制系统中得到了普遍应用。

(3) 转速超调　由于采用了饱和非线性控制，起动过程进入第Ⅲ阶段即转速调节阶段后，必须使 ASR 退出饱和才能发挥其线性调节的作用。根据具有限幅输出的 PI 调节器的响应特性，只有转速超调使 ASR 的输入偏差电压 ΔU_n 改变极性，才能使 ASR 退出饱和。因此，采用 PI 调节器的这类双闭环调速系统，只要进入饱和区，其转速响应就会有超调。

2. 抗扰性能的定性分析

(1) 抗负载扰动

由图 4.4.9 可以看出，负载扰动作用在电流调节环之外。虽然负载扰动引起的反电动势的波动会引起电流环输出的变化，但是如果假定转速环对负载扰动的反应较慢，则由于 U_i^* 尚未来得及变化就有下式所述的过程发生，所以电流环对负载扰动没有直接的抑制作用，反而有一定的不利影响。

$$+\Delta I_{dL} \rightarrow E_a(n) \searrow \rightarrow I_d \nearrow \rightarrow \text{电流环抑制}\ I_d \nearrow \rightarrow I_d = \text{常数} \qquad (4.4\text{-}10)$$

所以负载扰动主要靠转速调节器来抑制。转速环抗负载扰动的定量分析详见 4.5.4 节。

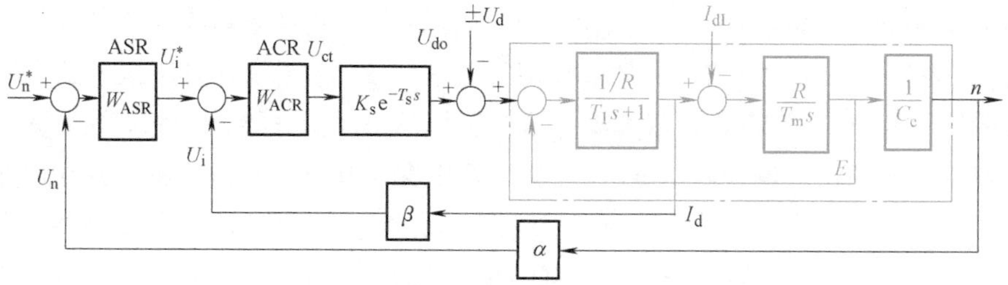

图 4.4.9　负载扰动和电源电压扰动

(2) 抗电网电压的波动

在单闭环调速系统中，电网电压扰动和负载扰动都作用在被负反馈包围的前向通道上。就静特性而言，系统对它们的抗扰能力基本上是一样的。但就动态性能而言，尽管两种扰动都要等到转速出现变化后系统才能有调节作用，但电网电压扰动距离被调量转速的位置比负载扰动远，它的变化要先影响到电枢电流，再经过机电惯性才能反映到转速上来，等到转速反馈产生调节作用，时间已经比较迟了，因此这种抑制扰动的动态性能较差。

而在转速、电流双闭环系统中，由于电网电压扰动被包围在电流环里面，当电网电压波动时，可以通过电流反馈得到及时调节。因此，在双闭环调速系统中，抑制电网电压扰动的动态性能要比在单闭环调速系统中好。

本节小结

分析了双闭环调速系统的原理和结构特征以及该系统的动、静态特性。

1）实现直流电动机转速控制系统高动、静态调速性能的**关键是做好转矩控制**，为此该系统设计了相当于转矩控制环的电枢电流控制环。

2）系统由双闭环构成，电流闭环快于速度闭环；控制器位于前向通道，为串联结构。

3）转速调节器和电流（转矩）调节器的作用和关键参数：

① 转速调节器 ASR：使电动机转速 n 跟随指令电压 U_n^* 变化，保证输出转速稳态无静差，并对负载扰动起抑制（抗扰）作用；其输出限幅（饱和）值决定了系统允许的最大电流 I_{dm}，也就是系统最大输出转矩。

② 电流调节器 ACR：在转速调节过程中，使电流 I_d 快速跟随电流指令值 U_i^* 的变化，并对电流环前向通道的扰动及时地抑制。于是，当速度起动时保证获得恒定的最大允许电流（最大允许转矩、准时间最优）；当系统过载甚至堵转时，限制电枢电流的最大值，起到快速的保护作用（挖土机特性），且过载一旦消失，系统立即**自动恢复**正常运行。

4.5　双闭环系统动态参数工程设计方法

4.5.1　基本思路

对于图 4.4.7 所示的双闭环调速系统，需要考虑的设计内容是：为了同时满足静、动态等多个指标，如何处理多环？如何设计每个环？这属于控制系统的设计问题，是一个理论联系实际的问题。这项工作需要综合迄今的工程经验和实际需求来完成。

本节介绍一种基于物理概念和已有的典型系统知识的工程设计方法。该方法简便实用，适合初学者掌握。本节所述的工程设计方法基于以下认识。

1）多环的处理：由物理概念知，速度、电流双闭环系统中的电流（转矩）环是内环，是改变速度外环的原因。所以需要先设计好该内环，然后把内环的整体当作外环的一个环节，再设计速度外环。这种基于各个环之间的物理关系确定的多环设计顺序是有效可靠的。

2）每个闭环的设计：如果每个闭环的静、动态指标是明确的，且与已知某种典型系统的性能指标一致或基本一致，则可以将该环校正成这类典型系统。也就是使该环“被控对象+调节器”的传递函数与比照的典型系统的传递函数有同样的结构，通过合适的调节器类型选择和参数设计，该环将必然能达到所要求的静、动态指标。

多数的电动机控制系统，除了电动机及其机械负载之外，都是由惯性很小的电力电子变换电源、传感器及数字控制器等组成。工程上也称机电子系统为慢系统，电磁子系统为快系统。于是，从控制输出机械功率的角度出发，系统经过合理的简化处理，一般都可以用低阶的系统近似。这就有可能将实际的高阶系统近似成少数**典型的**低阶结构，然后利用已有的典型系统知识设计调节器的类型和其中的参数。这一思路可用图 4.5.1 所示的设计步骤 1～3 表示，而设计的步骤 4 则是将简化实际对象时的各项条件带入实际系统进行验证。

这种方法的好处是：①可迅速将要校正的闭环的静、动态指标与选定的低阶典型系统的性能指标相对应；②简化系统可暴露系统的主要环节，从而极易抓住系统设计和调试中的主要矛盾；③容易进行调节器类型的确定和参数设计。

本节将按照上述的“多环处理”与“单环设计”两个要点讨论动态参数工程设计方法。

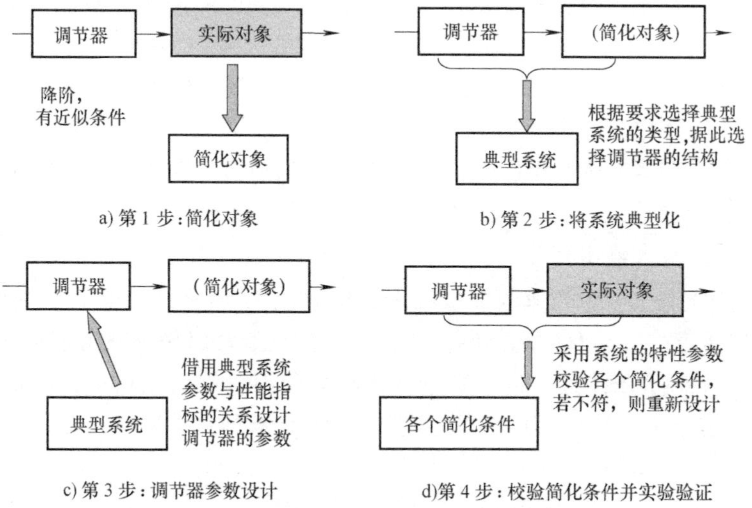

图 4.5.1　利用典型系统校正实际系统的思路

4.5.2 节是预备知识，将引用控制理论中有关低阶典型系统与性能指标之间关系的内容，然后介绍几个将非典型环节近似成为典型系统的方法；在此基础上说明基于典型系统如何选择调节器类型。在 4.5.4 节，再详细说明基于Ⅰ型系统设计电流环以及基于“最大相位裕度”准则设计速度环的具体步骤。

4.5.2　典型系统及其参数与性能指标的关系

一般来讲，任何控制系统的开环传递函数都可以写成如下形式：

$$W(s)=\frac{K(\tau_1 s+1)(\tau_2 s+1)\cdots(\tau_m s+1)}{s^{\gamma}(T_1 s+1)(T_2 s+1)\cdots(T_q s+1)},\ r+q\geqslant m \tag{4.5-1}$$

其中，分子和分母中可能分别含有复数零点和复数极点，分母中的 s^{γ} 表示系统在 s 平面原点处有 γ 重开环极点，或者说，系统含有 γ 个积分环节。通常根据 $\gamma=0$，1，2，…分别称系统为 0 型、Ⅰ型、Ⅱ型、…系统。

由控制理论知，型次越高，系统的无差度越高，准确度越高，但稳定性也越差。0 型系统即使在阶跃信号输入时也是有稳态误差的，稳态精度最低；而Ⅲ型和Ⅲ型以上的系统很难稳定，实际上极少应用。因此，为了保证系统的稳定性和一定的稳态精度，实际的控制系统基本上是Ⅰ型或Ⅱ型系统。

本节内容来自于控制理论，所以只介绍重要结论以便本书的使用。

1. 典型Ⅰ型系统

(1) 定义和特点

Ⅰ型系统中，开环传递函数为下式的系统称为典型Ⅰ型系统

$$W(s)=\frac{K}{s(Ts+1)} \tag{4.5-2}$$

式中，K 为系统的开环放大系数；T 为系统的惯性时间常数。

典型Ⅰ型系统的结构图如图 4.5.2a 所示，它属于“一阶无差”系统。该系统的开环对

数幅频特性如图 4.5.2b 所示。典型Ⅰ型系统是一种二阶系统，因此又称为二阶典型系统。其特点：一是结构简单，$K>0$ 时系统一定稳定；二是其开环对数幅频特性的中频段以 -20dB/dec 的斜率穿越 0dB 线，只要有足够的中频带宽，系统就有足够的稳定裕度。为此可设计为

$$\omega_c<\frac{1}{T}\ （或\ \omega_c T<1），\ \arctan\omega_c T<45°$$

因此，相位稳定裕度为：$\gamma=180°-90°-\arctan\omega_c T=90°-\arctan\omega_c T>45°$。

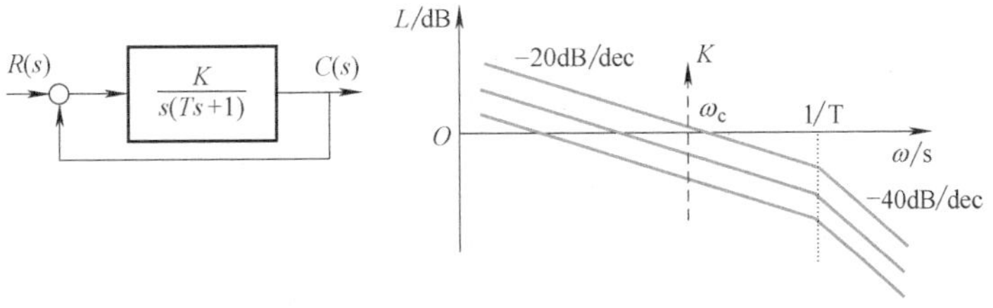

a) 结构图　　b) 开环对数幅频特性以及与参数K值的关系

图 4.5.2　典型Ⅰ型系统

（2）典型Ⅰ型系统参数和性能指标的关系

典型Ⅰ型系统的开环传递函数（式（4.5-2））中有两个特征参数：开环放大系数 K 和惯性时间常数 T。实际上，T 往往是被控对象本身的固有参数，是不能任意改变的。因此，能够由调节器改变的只有开环放大系数 K。设计时需要按照性能指标选择 K 的大小。

图 4.5.2b 也绘出了 K 值与开环频率特性的关系。假定 $1/T\geqslant1$，在 $\omega=1$ 处，典型Ⅰ型系统开环对数幅频特性的幅值是

$$L(\omega)\big|_{\omega=1}=20\lg K=20(\lg\omega_c-\lg1)=20\lg\omega_c$$

所以

$$K=\omega_c \tag{4.5-3}$$

式（4.5-3）表明，开环放大系数 K 越大，该系统的截止频率 ω_c 也越大，系统的响应就越快。但是，必须使 $\omega_c<1/T$，即 $K<1/T$，否则开环对数幅频特性将以 -40dB/dec 的斜率穿越 0dB 线，系统的相对稳定性变差。

另一方面，由相位稳定裕度

$$\gamma=90°-\arctan\omega_c T \tag{4.5-4}$$

可知，当 ω_c 增大时，γ 将降低，因此，系统的快速性与相对稳定性是相互矛盾的，在具体选择参数时，应视生产工艺对控制系统的要求适当确定二者关系。

控制系统的动态性能指标包括跟随性能指标和抗扰性能指标。下面给出 K 值与这两项动态性能指标的定量关系。

1）动态跟随性能指标与参数的关系。

典型Ⅰ型系统的闭环传递函数为二阶系统

$$W_{cl}(s)=\frac{C(s)}{R(s)}=\frac{K/T}{s^2+\frac{1}{T}s+\frac{K}{T}} \tag{4.5-5}$$

由自动控制理论知，二阶系统的动态跟随性能与其参数之间有着准确的解析关系，其传递函

数的标准形式为

$$W_{cl}(s)=\frac{\omega_n^2}{s^2+2\zeta\omega_n s+\omega_n^2} \tag{4.5-6}$$

式中，ω_n 为无阻尼自然振荡频率；ζ 为阻尼系数，或称阻尼比。比较式（4.5-5）和式（4.5-6），可以得到参数换算关系如下：

$$\omega_n=\sqrt{\frac{K}{T}},\zeta=\frac{1}{2}\sqrt{\frac{1}{KT}} \tag{4.5-7}$$

于是，$\zeta\omega_n=\frac{1}{2T}$。式（4.5-7）中，由于上面曾提到在典型Ⅰ型系统中，$KT<1$，所以 $\zeta>0.5$。

二阶系统动态响应的性质主要决定于阻尼系数 ζ。当 $0<\zeta<1$ 时，系统的动态响应是欠阻尼的衰减振荡特性；当 $\zeta>1$ 时是过阻尼状态；当 $\zeta=1$ 时是临界阻尼状态，系统的动态响应是单调的非周期特性。在实际系统中，为了保证系统动态响应的快速性，一般把系统设计成欠阻尼状态。因此，在典型Ⅰ型系统中，一般取 $0.5<\zeta<1$。对于欠阻尼的二阶系统，在零初始条件和阶跃信号输入下的各项动态性能指标如下所示：

上升时间和超调量分别为

$$t_r=\frac{\pi-\arccos\zeta}{\omega_n\sqrt{1-\zeta^2}},\ \sigma=e^{-\frac{\zeta\pi}{\sqrt{1-\zeta^2}}}\times 100\%$$

而调节时间 t_s 与 ζ 和 ω_n 的关系比较复杂，如果要求不是很精确，可按下式近似估算

$$\begin{cases} t_s\approx\dfrac{3}{\zeta\omega_n}\ (\text{当允许误差带为}\pm 5\%\text{时}) \\ t_s\approx\dfrac{4}{\zeta\omega_n}\ (\text{当允许误差带为}\pm 2\%\text{时}) \end{cases}$$

根据二阶系统传递函数的标准形式，还可以求出其截止频率 ω_c 和相位稳定裕度 γ

$$\omega_c=\omega_n\sqrt{\sqrt{1+4\zeta^4}-2\zeta^2},\ \gamma=\arctan\frac{2\zeta}{\sqrt{\sqrt{1+4\zeta^4}-2\zeta^2}}$$

根据上述有关公式，可求得典型Ⅰ型系统在不同参数时的动态跟随性能指标如表 4.5.1 所示。由该表可知，典型Ⅰ型系统的参数在 $KT=0.5\sim1.0$ 时，$\zeta=0.707\sim0.5$，系统的超调量不大，在 $\sigma=4.33\%\sim16.3\%$ 之间，系统的响应速度也较快；如果要求超调小或无超调，可取 $KT=0.39\sim0.25$，$\zeta=0.8\sim1$，但系统的响应速度较慢。在具体设计时，需要**根据不同系统的具体要求选择参数**。

例如，如果取 $KT=0.5$，则多项指标都比较折中，在许多场合不失为一种较好的参数选择。这个参数下的典型Ⅰ型系统，就是工程界所说的“**二阶最佳系统**”。

在工程设计中，可以利用表 4.5.1，根据给定的动态性能指标进行参数初选，不必利用公式作精确计算。初选参数后，在系统调试时，再根据参数变化时系统性能的变化趋势以及

实际系统的动态响应情况再进行参数的改变。

表 4.5.1 典型Ⅰ型系统参数与动态跟随性能指标的关系

参数关系 KT	0.25	0.31	0.39	0.5	0.69	1.0	1.56
阻尼系数 ζ	1.0	0.9	0.8	0.707	0.6	0.5	0.4
上升时间 t_r	∞	$11.1T$	$6.66T$	$4.71T$	$3.32T$	$2.42T$	$1.73T$
超调量 σ	0	0.15%	1.52%	4.33%	9.48%	16.3%	25.4%
截止频率 ω_c	$0.243/T$	$0.299/T$	$0.367/T$	$0.455/T$	$0.596/T$	$0.786/T$	$1.068/T$
相位裕度 γ	76.3°	73.5°	69.9°	65.5°	59.2°	51.8°	43.9°

2）动态抗扰性能指标与参数的关系。

控制系统的抗扰性能与控制系统的结构、扰动作用点以及扰动输入的形式有关。某种定量的抗扰性能指标只适用于一种特定系统的结构、扰动点和扰动函数。针对常用的调速系统，这里分析图 4.5.3 所示的情况（该框图将用于 4.5.4 节电流环的抗扰分析）。遇到其他情况可以举一反三。

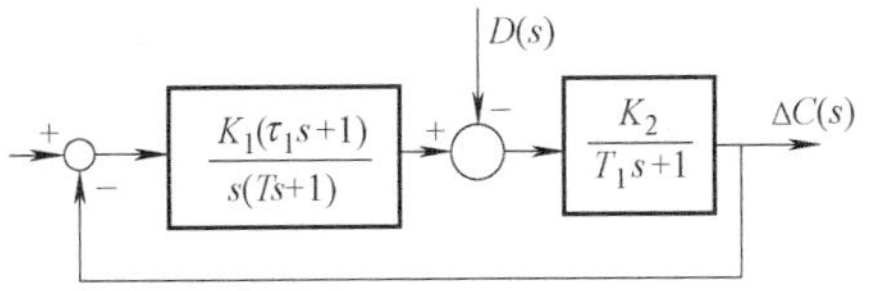

图 4.5.3 典型Ⅰ型系统在一种扰动下的动态结构图

图 4.5.3 把系统分成扰动作用点前、后两部分，两部分的放大系数分别为 K_1 和 K_2，且 $K_1K_2=K$；两部分的固有时间常数分别为 T 和 T_1，且 $T_1>T$。为了使系统总的传递函数为典型Ⅰ型系统，在扰动作用点前的调节器部分设置了比例微分环节 $\tau_1 s+1$，以便与扰动作用点后的控制对象传递函数分母中的 T_1s+1 对消（即 $T_1=\tau_1$）。这样，系统总的开环传递函数就具有了式（4.5-2）的形式，即

$$W(s)=\frac{K_1(\tau_1 s+1)}{s(Ts+1)}\frac{K_2}{T_1 s+1}=\frac{K}{s(Ts+1)}$$

可知该系统对阶跃扰动静态无差。进一步可以导出系统在扰动作用下的闭环传递函数为

$$\frac{\Delta C(s)}{N(s)}=\frac{K_2 s(Ts+1)}{(T_1 s+1)(Ts^2+s+K)}$$

在阶跃扰动时，$D(s)=D/s$。代入上式可得此扰动下输出变化量的表达式

$$\Delta C(s)=\frac{DK_2(Ts+1)}{(T_1 s+1)(Ts^2+s+K)}$$

如果已经选定 $KT=0.5$，即 $K=K_1K_2=\frac{1}{2T}$，则

$$\Delta C(s)=\frac{2DK_2 T(Ts+1)}{(T_1 s+1)(2T^2s^2+2Ts+1)} \tag{4.5-8}$$

利用部分分式法将式（4.5-8）展开成部分分式，再取拉普拉斯反变换，可得阶跃扰动输入 $N(s)=N/s$ 作用下输出变化量的时间响应函数为

$$\Delta c(t)=\frac{2DK_2 m}{2m^2-2m+1}\left\{(1-m)\mathrm{e}^{-t/T_1}-\mathrm{e}^{-t/(2T)}\left[(1-m)\cos\frac{t}{2T}-m\sin\frac{t}{2T}\right]\right\} \tag{4.5-9}$$

式中，$m=T/T_1$ 为控制对象小时间常数对大时间常数的比值，$m<1$。取不同的 m 值，基于式（4.5-9）可以计算出相应的 $\Delta c(t)$ 的动态过程曲线，从而求得输出量的最大动态变化

Δc_{max}、对应的时间 t_m 以及允许误差带为±5%c_b 时的恢复时间 t_v。

在分析时，关心的是 Δc_{max} 相对于扰动幅值 D 的值，所以可以选定一个基准值 c_b 并用 $\Delta c_{max}/c_b$ 的百分数来表示输出的幅值变化。同理，也可用 t_m 以及 t_v 相对于 T 的倍数来表示 Δc_{max} 发生的时间和结束的时间。本书为了使 $\Delta c_{max}/c_b$ 的数值落在合理的范围内，将基准值取为

$$c_b=\frac{1}{2}K_2D \tag{4.5-10}$$

计算结果列于表 4.5.2 中。由该表可知，当控制对象的两个时间常数相距较大时，系统的最大动态变化量减小，但是恢复时间却拖得较长。

表 4.5.2 典型Ⅰ型系统动态抗扰性能指标与参数的关系

（系统结构与扰动点如图 4.5.4 所示，参数选择 $KT=0.5$）

$m=T/T_1$	1/5	1/10	1/20	1/30
$\Delta c_{max}/c_b$	55.5%	33.2%	18.5%	12.9%
t_m/T	2.8	3.4	3.8	4.0
t_v/T	14.7	21.7	28.7	30.4

2. 典型Ⅱ型系统

（1）定义和特点

在Ⅱ型系统中，选择一种最简单而稳定的结构作为典型系统，其开环传递函数为

$$W(s)=\frac{K(T_1s+1)}{s^2(T_2s+1)} \tag{4.5-11}$$

式中，K 为系统的开环放大系数；T_1 为比例微分时间常数；T_2 为惯性时间常数。

典型Ⅱ型系统是一种三阶系统，因此又称为三阶典型系统，其动态结构图如图 4.5.4a 所示，具有二阶无静差特性。在阶跃信号和斜坡信号输入下，该系统都是稳态无差的，在抛物线信号输入下，系统存在稳态误差，大小与开环放大系数成反比。

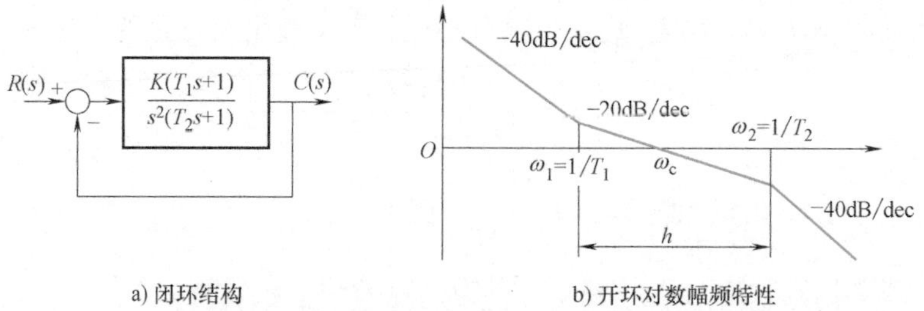

图 4.5.4 典型Ⅱ型系统结构与开环对数幅频特性

与典型Ⅰ型系统相仿，典型Ⅱ型系统的时间常数 T_2 是控制对象本身的固有参数，参数 K 和 T_1 是有待选择的。由于**有两个参数待定**，这就增加了选择参数时的复杂性。

典型Ⅱ型系统的开环对数幅频特性如图 4.5.4b 所示。首先为了保证稳定性，使其中频段以−20dB/dec 的斜率穿越 0dB 线。于是系统的参数应满足

$$\frac{1}{T_1}<\omega_c<\frac{1}{T_2} \text{或 } T_1>T_2$$

定义转折频率 $\omega_1=\dfrac{1}{T_1}$ 与 $\omega_2=\dfrac{1}{T_2}$ 的比值为 h

$$h=\frac{\omega_2}{\omega_1}=\frac{T_1}{T_2} \tag{4.5-12}$$

h 是斜率为-20dB/dec 的中频段宽度。由于开环对数幅频特性中频段的状况对控制系统的动态品质起着决定作用，因此中频宽度 h 的值在典型Ⅱ型系统中是一个关键参数。

由图 4.5.4b 中频段可得在 ω_c 点处式（4.5-11）的幅频特性为

$$L(\omega_c)\approx 20\lg K-20\lg T_1\omega_c-20\lg\omega_c^2=0$$

所以

$$K=\omega_1\omega_c \tag{4.5-13}$$

$$\gamma=180°-180°+\arctan\omega_c T_1-\arctan\omega_c T_2=\arctan\omega_c T_1-\arctan\omega_c T_2>0 \tag{4.5-14}$$

由图 4.5.4b 可以看出，由于 T_2 一定，改变 T_1 就等于改变了中频宽 h；在 T_1 确定以后，即当 h 一定时，改变开环放大系数 K 将使系统的开环对数幅频特性垂直上下移动，从而改变截止频率 ω_c。因此，在设计典型Ⅱ型系统时，选择两个参数 h 和 ω_c 与选择 T_1 和 K 是相当的。

（2）典型Ⅱ型系统参数选择的 γ_{max} 准则

上面提到，在典型Ⅱ型系统中有两个参数待定，这就增加了选择参数时的复杂性。如果能够在两个参数之间找到某种对动态性能有利的关系，根据该关系来选择其中一个参数就可以计算出另一个参数，那么双参数的设计问题就可以转化成单参数的设计，使用起来就方便多了。

目前，对于典型Ⅱ型系统，工程设计中有两种准则选择参数 h 和 ω_c，即最大相位裕度 γ_{max} 准则和最小闭环幅频特性峰值 M_{rmin} 准则。依据这两个准则，都可以找出参数 h 和 ω_c 之间的较好的配合关系。本书仅使用 γ_{max} 准则来选择Ⅱ型系统的参数，以下说明该准则。

由控制理论知，系统的相位稳定裕度 γ 反映了系统的相对稳定性。一般情况下，系统的相位稳定裕度越大，系统的相对稳定性越好，阶跃输入下的输出超调量也越小。因此，如果在选择典型Ⅱ型系统的参数时能够使系统的相位裕度 γ 最大，其相对稳定性应该是最好的。这就是最大相位稳定裕度 γ_{max} 准则的指导思想。

对式（4.5-14）两边取 ω_c 的导数并令其为零，并考虑到中频宽 $h=\dfrac{T_1}{T_2}=\dfrac{\omega_2}{\omega_1}$，可得典型Ⅱ型系统的截止频率 ω_c 为

$$\omega_c=\sqrt{\omega_1\omega_2}=\sqrt{\frac{1}{T_1T_2}}=\frac{1}{\sqrt{h}\,T_2}$$

即

$$\lg\omega_c=\frac{1}{2}(\lg\omega_1+\lg\omega_2) \tag{4.5-15}$$

时，其相位裕度 γ 有极大值

$$\gamma_{max}=\arctan\frac{T_1}{\sqrt{h}\,T_2}-\arctan\frac{T_2}{\sqrt{h}\,T_2}=\arctan\frac{h-1}{2\sqrt{h}}$$

这表明，在典型Ⅱ型系统开环对数幅频特性上，当 ω_c 处于 ω_1 和 ω_2 的**几何中值处**时，系统的相位稳定裕度 γ 最大。

由式（4.5-13）和式（4.5-15）知，在最大相位稳定裕度 γ_{max} 准则下，还可以求得典型Ⅱ型系统的开环放大系数 K 与中频宽 h 存在以下关系：

$$K=\frac{1}{h\sqrt{h}\,T_2^2} \tag{4.5-16}$$

由 γ_{max} 的计算式可以看出，当中频宽 h 增大时，典型Ⅱ型系统的 γ_{max} 也增大，这表明在按最大相位稳定裕度 γ_{max} 准则选择参数的特定条件下，系统的动态品质仅取决于开环对数幅频特性的中频宽 h。

由于在 γ_{max} 最大准则下的典型Ⅱ型系统截止频率 ω_c 位于开环对数幅频特性两个转折频率 $1/T_1$、$1/T_2$ 的**几何中点**上，因此也称其为“**对称最佳准则**”。

（3）典型Ⅱ型系统参数和性能指标的关系

首先，分析典型Ⅱ型系统动态跟随性能指标与参数的关系。

式（4.5-11）所示的典型Ⅱ型系统的闭环传递函数为

$$\begin{aligned} W_{cl}(s)&=\frac{C(s)}{R(s)}=\frac{W(s)}{1+W(s)}\\ &=\frac{K(T_1s+1)}{s^2(T_2s+1)+K(T_1s+1)}=\frac{T_1s+1}{\frac{T_2}{K}s^3+\frac{1}{K}s^2+T_1s+1} \end{aligned} \tag{4.5-17}$$

式（4.5-17）表明典型Ⅱ型系统是一种三阶系统。一般三阶系统的动态跟随性能指标与参数之间并不具有明确的解析关系，但是在典型Ⅱ型系统按某一准则选择参数这一特定情况下，仍然可以找出它们之间的关系。

当典型Ⅱ型系统按照 γ_{max} 准则选择参数时，将 $T_1=hT_2$ 代入式（4.5-17），可以求得其闭环传递函数为

$$W_{cl}(s)=\frac{hT_2s+1}{h\sqrt{h}\,T_2^3s^3+h\sqrt{h}\,T_2^2s^2+hT_2s+1}$$

当输入信号为单位阶跃函数时，$R(s)=1/s$，因此

$$C(s)=\frac{hT_2s+1}{s(h\sqrt{h}\,T_2^3s^3+h\sqrt{h}\,T_2^2s^2+hT_2s+1)} \tag{4.5-18}$$

以 T_2 为时间基准，对于具体的 h 值，可由式（4.5-18）求出对应的单位阶跃响应函数 $C(t/T_2)$，并且计算出超调量 σ、上升时间 t_r/T_2 和±5%误差带下的调节时间 t_s/T_2。数值计算的结果见表 4.5.3。

由表可以看出，在按 γ_{max} 准则选择参数时，中频宽 h 越大，超调量越小，系统的相对稳定性越好，但上升时间越长，系统的快速性越差；由于过渡过程的衰减振荡性质，调节时间随 h 的变化不是单调的，以 $h=5$ 时的调节时间最短。当 $h>5$ 时，t_s 随 h 增大而变大，当 $h<5$ 时，t_s 则随 h 减小而变大。

历史上有一种称为“三阶最佳”系统的设计[5]就是取 $h=4$。由表 4.5.3 可知其阶跃响应跟随性能指标。

表 4.5.3　典型Ⅱ型系统不同中频宽 h 下基于 γ_{max} 准则的动态跟随性能

中频宽	3	4	5	6	7	8	9	10
$\sigma(\%)$	52.5	43.4	37.3	32.9	29.6	27.0	24.9	23.2
t_r/T_2	2.7	3.1	3.5	3.9	4.2	4.6	4.9	5.2
t_s/T_2	14.7	13.5	12.1	14.0	15.9	17.8	19.7	21.5

其次，简述典型Ⅱ型系统动态抗扰性能指标与参数的关系。

如前所述，控制系统的动态抗扰性能指标是因系统结构、扰动作用点以及扰动作用函数的形式而有所不同的。例如，扰动作用点如图 4.5.5 所示时，闭环传递函数为

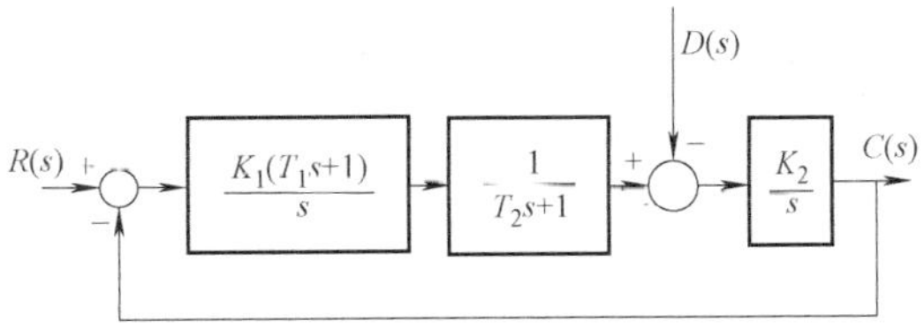

图 4.5.5　典型Ⅱ型系统在一种扰动作用下的动态结构图

$$\frac{\Delta C(s)}{D(s)}=\frac{K_2s(T_2s+1)}{s^2(T_2s+1)+K_1K_2(T_1s+1)}=\frac{\frac{1}{K}K_2s(T_2s+1)}{\frac{T_2}{K}s^3+\frac{1}{K}s^2+T_1s+1} \tag{4.5-19}$$

式中，$K=K_1K_2$ 为典型Ⅱ型系统的开环放大系数。

如果按 γ_{max} 准则确定典型Ⅱ型系统的参数关系，则可将 $T_1=hT_2$、式（4.5-16）所示的 K 代入式（4.5-19），求得系统在图 4.5.8 所示扰动作用点下的扰动作用的闭环传递函数为

$$\frac{\Delta C(s)}{D(s)}=\frac{h\sqrt{h}T_2^2K_2s(T_2s+1)}{h\sqrt{h}T_2^3s^3+h\sqrt{h}T_2^2s^2+hT_2s+1} \tag{4.5-20}$$

对于阶跃扰动，由式（4.5-20）可以计算出在不同中频宽 h 值条件下，典型Ⅱ型系统的动态抗扰过程曲线 $\Delta c(t/T_2)$，从而求出各项动态抗扰性能指标。以下只给出结论。

对于典型Ⅱ型系统，当中频宽 h 越小时，系统的最大动态变化量 ΔC_{max} 也越小，t_m 和 t_v 也都越小，表明系统的动态抗扰性能越好，这和动态跟随性能指标中的上升时间 t_r 和调节时间 t_s 基本上是一致的。但是 h 越小，超调量越大，这反映了动态抗扰性能以及动态跟随性能指标中的快速性与动态跟随性能中的超调量（即稳定性）的矛盾。当 $h<5$ 时，由于振荡加剧，系统的恢复时间 t_v 随着 h 的减小反而拖长了。因此，就动态抗扰性能指标中恢复时间 t_v 而言，以 $h=5$ 为最好，这和跟随性能指标中缩短调节时间 t_s 的要求是一致的。

综上所述，综合考虑典型Ⅱ型系统的跟随和抗扰性能指标，取中频宽 $h=5$ 应该是一种较好的选择。

4.5.3　典型化方法：模型简化和调节器设计

由于实际的控制系统结构往往并不具有典型系统的形式，因此必须采取措施把非典型系统变成典型系统的形式，以便利用典型系统参数与性能指标的关系确定原系统控制器的参数。这就是非典型系统的典型化。这项工作分为两个部分：首先基于线性系统的零、极点与性能的关系对被控对象的结构作近似处理，这对应于图 4.5.1 所示的第一步；然后基于串联校正的基本思路设计调节器，将“调节器+近似处理的被控对象”校正为所需的典型系统，

这对应于图 4.5.1 所示的第二步。

1. 系统模型的简化

有关模型简化条件的推导详见文献［3］的附录 1。这里只给出结论。

(1) 多个小惯性环节的简化

如果在高频段有时间常数为 $T_{\mu1}$、$T_{\mu2}$、$T_{\mu3}$、…的小惯性群，只要它们的转折频率 $\omega_{\mu1}$、$\omega_{\mu2}$、$\omega_{\mu3}$、…均远大于系统的开环截止频率 ω_c，就可以将它们近似地看成是一个时间常数为 $T_\Sigma = T_{\mu1}+T_{\mu2}+T_{\mu3}+\cdots$ 的小惯性环节。这一近似处理不会显著地影响系统的动态响应性能。例如，设系统的开环传递函数为

$$W(s)=\frac{K(T_1 s+1)}{s^2(T_2 s+1)(T_3 s+1)} \tag{4.5-21}$$

其中，T_2、T_3 都是小时间常数，即 T_1 大于 T_2 和 T_3。当系统的最终开环截止频率 ω_c 满足

$$\omega_c \leqslant \frac{1}{3}\sqrt{\frac{1}{T_2 T_3}} \tag{4.5-22}$$

时，可以得到下列近似关系

$$\frac{1}{(T_2 s+1)(T_3 s+1)} \approx \frac{1}{(T_2+T_3)s+1} = \frac{1}{T_\Sigma s+1} \tag{4.5-23}$$

式中，$T_\Sigma = T_2+T_3$。

(2) 高频段高阶模型的降阶

当高阶项的系数很小，且小到一定程度时，就可以忽略高阶项。例如，设系统的开环传递函数中二阶振荡环节的传递函数为

$$\frac{1}{T^2 s^2+2\zeta Ts+1} \tag{4.5-24}$$

其近似一阶惯性环节及其条件分别为

$$\frac{1}{T^2 s^2+2\zeta Ts+1} \approx \frac{1}{2\zeta Ts+1},\ \omega_c \leqslant \frac{1}{3T} \tag{4.5-25}$$

假设系统中含有三阶结构，同样可以近似成一阶惯性环节。如果系统能忽略高阶项，则等效的惯性环节和近似条件分别为

$$\frac{1}{as^3+bs^2+cs+1} \approx \frac{1}{cs+1},\ \omega_c \leqslant \frac{1}{3}\min\left(\sqrt{1/b},\sqrt{c/a}\right) \tag{4.5-26}$$

(3) 纯滞后环节的简化

由 4.1 节可知，功率变换装置是一个滞后时间较小的纯滞后环节，即其传递函数中包含指数函数 $e^{-\tau s}$。则纯滞后环节近似的一阶惯性环节及其近似条件分别为

$$e^{-\tau s} \approx \frac{1}{\tau s+1},\ \omega_c \leqslant \frac{1}{3\tau} \tag{4.5-27}$$

(4) 低频段大惯性环节的简化

采用工程设计方法时，为了按典型系统选择校正装置，有时需要把系统中的一个时间常数特别大的大惯性环节近似为积分环节。其表达式和近似条件为

$$\frac{1}{Ts+1} \approx \frac{1}{Ts},\ \omega_c \geqslant 3/T \tag{4.5-28}$$

此时，相位 $\arctan\omega T$ 被近似为 90°。当 $\omega T=\sqrt{10}$ 时，有 $\arctan\omega T=72.45°$，似乎误差较大。实际上，将大惯性环节近似成积分环节后，相位滞后更大，相当于相位稳定裕度更小。因而按近似系统设计好以后，实际系统的相对稳定性会比设计值更好。

2. 系统类型和调节器类型的选择

在选择调节器的具体内容之前，首先必须根据实际系统的需要，确定要将其校正成哪一类典型系统。为此，应该清楚地掌握两类典型系统的主要特征和它们在性能上的差别。

确定了要采用的典型系统类型之后，调节器类型设计就是将该调节器的被控对象与调节器的传递函数经近似处理后配成典型系统的形式。下面通过两个例子来说明。

（1）被控对象是两个惯性环节（如图 4.5.6 所示）

设控制对象的传递函数为

$$W_{obj}(s)=\frac{K_2}{(T_1s+1)(T_2s+1)}$$

式中，$T_1>T_2$；K_2 为控制对象的放大系数。如果要把系统校正成典型 Ⅰ 型系统，调节器应采用 PI 调节器，其中的积分部分是 Ⅰ 型系统所必需的，比例微分部分则是为了对消掉控制对象中时间常数较大的一个惯性环节，以使校正后系统的响应速度更快些。PI 调节器的传递函数为

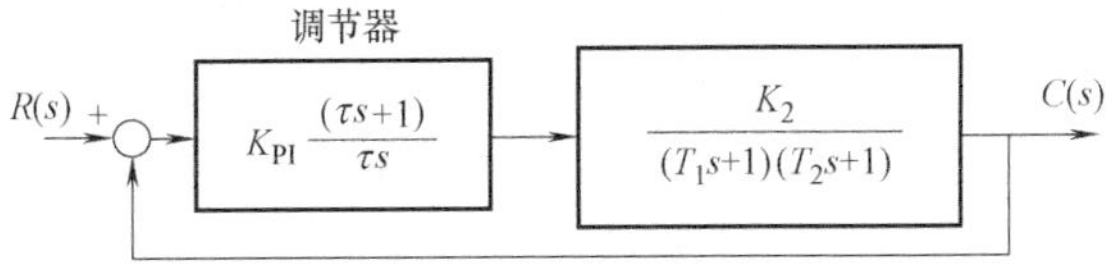

图 4.5.6　把两个惯性环节的控制对象校正成典型 Ⅰ 型系统

$$W_{PI}(s)=\frac{K_{PI}(\tau s+1)}{\tau s}$$

取 $\tau=T_1$，并令 $K_{PI}K_2/\tau=K$，则校正后系统的开环传递函数为

$$W(s)=\frac{K_{PI}(\tau s+1)}{\tau s}\frac{K_2}{(T_1s+1)(T_2s+1)}=\frac{K}{s(T_2s+1)} \tag{4.5-29}$$

校正后的系统是典型 Ⅰ 型系统。

如果 $T_1\gg T_2$，且按典型 Ⅱ 型系统确定参数关系，则这时首先对大惯性环节按积分环节近似处理，这样原对象的传递函数近似成为

$$W_{obj}(s)\approx\frac{K_2}{T_1s(T_2s+1)}$$

而调节器仍然采用 PI 调节器，只是参数选择时取 $\tau=hT_2$，并令 $K_{PI}K_2/(\tau T_1)=K$，则校正后系统的开环传递函数为

$$W(s)\approx\frac{K_{PI}(\tau s+1)}{\tau s}\frac{K_2}{T_1s(T_2s+1)}=\frac{K(\tau s+1)}{s^2(T_2s+1)} \tag{4.5-30}$$

校正后的系统就是典型 Ⅱ 型系统了。

（2）被控对象是一个积分环节和两个惯性环节（如图 4.5.7 所示）

设控制对象的传递函数为

$$W_{obj}(s)=\frac{K_2}{s(T_1s+1)(T_2s+1)}$$

且 T_1 和 T_2 大小相仿，设计的任务是校正成典型 Ⅱ 型系统。这时，采用 PI 调节器是不行的，

可以采用 PID 调节器，其传递函数为

$$W_{PID}(s)=\frac{(\tau_1 s+1)(\tau_2 s+1)}{\tau_0 s}$$

令 $\tau_1=T_1$，使调节器的一个比例微分项 $\tau_1 s+1$ 与对象中的一个惯性 $1/(T_1 s+1)$ 对消。这样，校正后系统的开环传递函数为

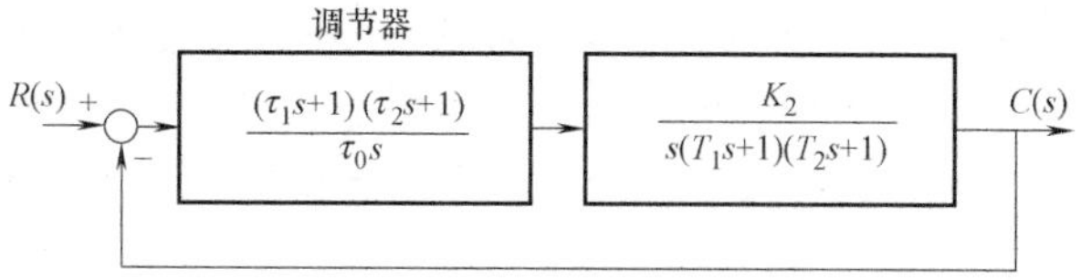

图 4.5.7　用 PID 调节器将“积分+两惯性环节”校正成典型Ⅱ型系统

$$W(s)=W_{PID}(s)W_{obj}(s)=\frac{K(\tau_2 s+1)}{s^2(T_2 s+1)} \tag{4.5-31}$$

式中，$K=K_2/\tau_0$；$\tau_2=hT_2$，是典型Ⅱ型系统的形式。

实际的被控对象传递函数形式多样，校正成典型系统时调节器的选择也因此而异。表 4.5.4 和表 4.5.5 列出了几种校正成典型Ⅰ型、典型Ⅱ型系统的控制对象和调节器的结构。

以上是基于“串联校正”的方法。对于更为复杂的被控对象，如果在结构上再增加适当的“状态变量反馈”等，则可以达到更好的效果。

表 4.5.4　校正成典型Ⅰ型系统时被控对象的简化与调节器设计

被控对象	$\frac{K_2}{(T_1 s+1)(T_2 s+1)}$ $T_1>T_2$	$\frac{K_2}{Ts+1}$	$\frac{K_2}{(T_1 s+1)(T_2 s+1)(T_3 s+1)}$ $T_1\gg T_2$ 和 T_3	$\frac{K_2}{(T_1 s+1)(T_2 s+1)(T_3 s+1)}$ T_1、T_2、T_3 差不多大，或 T_3 小
调节器	PI：$\frac{K_{PI}(\tau s+1)}{\tau s}$	I：$\frac{K_I}{s}$	PI：$\frac{K_{PI}(\tau s+1)}{\tau s}$	PID：$\frac{(\tau_1 s+1)(\tau_2 s+1)}{\tau_0 s}$
参数配合	$\tau=T_1$		$\tau=T_1, T_\Sigma=T_2+T_3$	$\tau_1=T_1, \tau_2=T_2$
校正后	$\frac{K_{PI}K_2/\tau}{s(T_2 s+1)}$	$\frac{K_I K_2/\tau}{s(T_2 s+1)}$	$\frac{K_{PI}K_2/\tau}{s(T_\Sigma s+1)}$	$\frac{K_{PID}K_2/\tau_0}{s(T_3 s+1)}$

表 4.5.5　校正成典型Ⅱ型系统时被控对象的简化与调节器设计

被控对象	$\frac{K_2}{s(Ts+1)}$	$\frac{K_2}{s(T_1 s+1)(T_2 s+1)}$ T_1, T_2 较小	$\frac{K_2}{(T_1 s+1)(T_2 s+1)}$ $T_1\gg T_2$	$\frac{K_2}{(T_1 s+1)(T_2 s+1)(T_3 s+1)}$ $T_1\gg T_2$ 和 T_3	$\frac{K_2}{s(T_1 s+1)(T_2 s+1)}$ T_1、T_2 相近
调节器	PI：$\frac{K_{PI}(\tau s+1)}{\tau s}$				PID：$\frac{(\tau_1 s+1)(\tau_2 s+1)}{\tau_0 s}$
参数配合	$\tau=hT$	$\tau=h(T_1+T_2)$	$\tau=hT_2$ $\left(认为\frac{1}{T_1 s+1}\approx\frac{1}{T_1 s}\right)$	$\tau=h(T_2+T_3)$ $\left(认为\frac{1}{T_1 s+1}\approx\frac{1}{T_1 s}\right)$	$\tau_1=T_1$ 或 $\tau_1=T_2$ $\tau_2=hT_2$(或 hT_1)
校正后	$\frac{K(\tau s+1)}{s^2(Ts+1)}$	$\frac{K(\tau s+1)}{s^2[(T_1+T_2)s+1]}$	$\frac{K(\tau s+1)}{s^2(T_2 s+1)}$	$\frac{K(\tau s+1)}{s^2[(T_2+T_3)s+1]}$	$\frac{K(\tau_2 s+1)}{s^2(T_{1/2}s+1)}$

4.5.4　工程设计方法在双闭环调速系统调节器设计中的应用

前面讨论了一般系统调节器的工程设计方法，现在将这一方法用来具体地设计双闭环调

速系统的两个调节器。前已指出，转速、电流双闭环调速系统是一种多环系统，设计多环控制系统的一般方法是：**从内环开始，逐步向外扩大，一环一环地进行设计**。因此，对于双闭环调速系统，应先从电流环开始，首先确定电流调节器的结构和参数，然后把整个电流环当作转速环内的一个环节，和其他环节一起作为转速环的控制对象，再来确定转速调节器的结构和参数。

1. 双闭环调速系统的动态结构图

转速电流双闭环调速系统的动态结构图如图 4.5.8 所示，它与图 4.4.7 的不同之处在于增加了滤波环节（包括电流滤波、转速滤波和两个给定滤波环节）。由于来自电流检测单元的反馈信号中常含有交流分量，需要加低通滤波，T_{oi} 为电流滤波时间常数，其大小按需要选定。滤波环节可以滤除电流反馈信号中的交流分量，但同时使反馈信号延滞。为了平衡这一延滞作用，在给定信号通道中也加入一个时间常数与之相同的惯性环节，称为“给定滤波”环节。其意义是：让给定信号和反馈信号经过相同的延滞，使二者在时间上得到恰当的配合，从而带来设计上的方便。

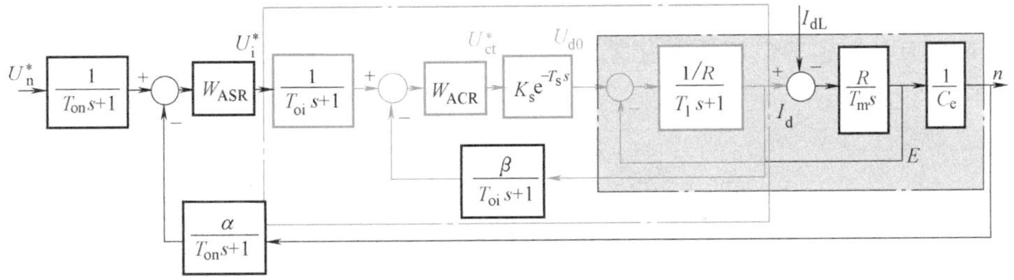

图 4.5.8　转速电流双闭环调速系统的动态结构图

由测速发电机得到的转速反馈信号中含有电动机的换向纹波，也需要经过滤波，时间常数 T_{on} 也视具体情况而定。根据和电流环一样的道理，在转速给定通道中也引入时间常数为 T_{on} 的给定滤波环节。

2. 电流调节器的设计

（1）电流环动态结构图的简化

在图 4.5.8 中虚线框内就是电流环的动态结构图，可以看到电流环内存在电动机反电动势产生的交叉反馈，它代表转速环输出量对电流环的影响。由于转速环尚未设计，要考虑它的影响是比较困难的。但是，在实际系统中，由于电枢回路的电磁时间常数 T_l 一般都要比系统的机电子系统中的机电时间常数 T_m 小得多，因而电流的调节过程往往比转速（正比于电动机反电动势 E）的变化过程快得多，因此反电动势对电流环来说只是一个缓慢变化的扰动作用。在电流环的调节过程中，可以认为反电动势 E 基本不变。

忽略反电动势 E 环的条件推导如下：图 4.5.8 中的电流环部分模型可改画为图 4.5.9，由此得阴影部分的频率特性为

$$\frac{j\omega T_m/R}{(1-T_mT_l\omega^2)+j\omega T_m} \tag{4.5-32}$$

当 $1=T_mT_l\omega^2$ 时，式（4.5-31）近似于$\frac{1/R}{1+j\omega T_l}$。采用工程上的近似条件 $10\leq T_mT_l\omega^2$，设 ω_{ci} 为电流环校正后的截止频率，可得忽略反电动势环的条件为

$$\omega_{ci} \geqslant 3\sqrt{\frac{1}{T_m T_1}} \tag{4.5-33}$$

在该条件下，可将作用于电流环的电动势反馈作用断开，从而解除了交叉反馈。

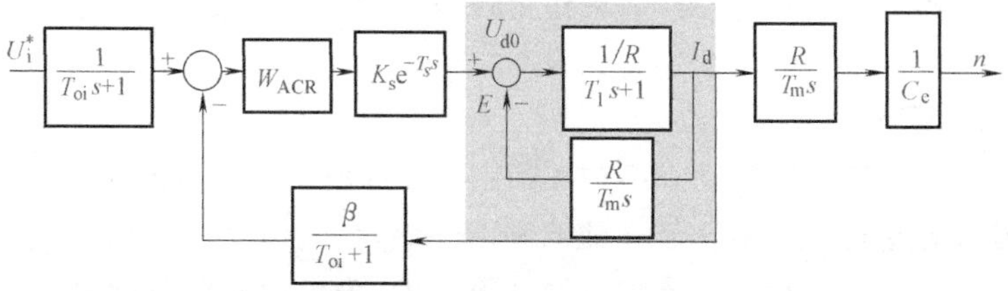

图 4.5.9　对反电动势环的简化

由图 4.5.9 可得到如图 4.5.10a 所示的电流环近似动态结构图。根据结构图的等效交换原则可将反馈滤波和给定滤波两个环节移至环内，同时按式（4.1-5）简化可控直流电源模型。将时间常数 T_s 和滤波时间常数 T_{oi} 合并成 $T_{\Sigma i}$，即

$$T_{\Sigma i} = T_{oi} + T_s \tag{4.5-34}$$

就得到图 4.5.10b 所示的电流环简化结构图。依据式（4.5-22）和式（4.5-33）可综合上述简化的条件为

$$\omega_{ci} \leqslant \frac{1}{3}\min\left(\frac{1}{T_s}, \sqrt{\frac{1}{T_{oi}T_s}}\right) \tag{4.5-35}$$

注意，**电流环设计好后需要用电流环 ω_{ci} 校验该条件**。

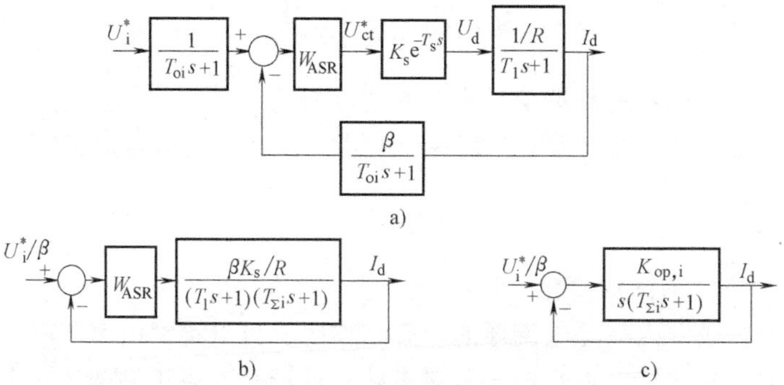

图 4.5.10　电流环的动态结构图及简化

（2）电流调节器结构和参数的选择

首先要决定把电流环校正成哪一类典型系统。对该环的性能要求是：

1）稳态要求：希望电流环做到无静差以获得理想的堵转特性。

2）动态要求：首先要求电流环跟随电流给定，超调量越小越好。由此，应该把电流环校正成典型Ⅰ型系统。其次，对抗扰特性而言，为了使得电流环可对直流电压波动以及反电动势 E 扰动及时调节（扰动结构图与 4.5.2 节中的图 4.5.3 相似），也希望把电流环校正成典型Ⅰ型系统。此外，当电流环控制对象的两个时间常数之比 $T_1/T_{\Sigma i} \leqslant 10$ 时，由表 4.5.2 的数据可以看出，典型Ⅰ型系统的恢复时间还是可以接受的。

因此，一般情况下多**按典型Ⅰ型系统来选择电流调节器**。

由图 4.5.10b 可知，电流环的控制对象是两个惯性环节，为了把电流环校正成典型Ⅰ型

系统，显然应该采用 PI 调节器，其传递函数为

$$W_{ACR}(s)=\frac{K_i(\tau_i s+1)}{\tau_i s} \tag{4.5-36}$$

式中，K_i 为电流调节器的比例放大系数；K_i/τ_i 为积分时间常数。选择 PI 调节器参数，使 $\tau_i=T_1$，则调节器的零点对消掉了被控对象的大惯性环节的极点，电流环的动态结构图便成为图 4.5.10c 所示。该图与图 4.5.2a 所示的典型 I 型系统的形式一致，其中开环放大系数 $K_{op,i}$ 和时间常数分别为

$$K_{op,i}=\frac{K_i K_s\beta}{\tau_i R},T_{\Sigma i}=T_s+T_{oi} \tag{4.5-37}$$

PI 调节器的比例放大系数 K_i 的选择取决于系统的动态性能指标和 ω_{ci}。通常，希望超调量小，如果要求 $\sigma<5\%$，则由表 4.5.1 知，可取 $K_{op,i}T_{\Sigma i}=0.5$，此时 $\sigma\leqslant 4.33\%<5\%$，且 $K_{op,i}=\omega_{ci}=0.5/T_{\Sigma i}$。由此，可以求得电流调节器的比例放大系数为

$$K_i=\frac{K_{op,i}\tau_i R}{K_s\beta}=\frac{T_1 R}{2K_s\beta T_{\Sigma i}} \tag{4.5-38}$$

如果实际系统要求不同的动态跟随性能指标，则式（4.5-38）应当作相应的改变；如果电流环的动态抗扰性能（第 4.6 节内容）有具体的要求，则应对设计后系统满足的抗扰性能指标进行校验。

3. 转速调节器的设计

（1）电流环的等效闭环传递函数

如前述，设计转速环时可把已经设计好的电流环当作转速环内的一个环节，使其和其他环节一起构成转速环的控制对象。为此，需求出电流环的等效闭环传递函数。由图 4.5.10c 的电流环动态结构图，可求得电流环的闭环传递函数 $W_{cl,i}(s)$ 为

$$W_{cl,i}(s)=\frac{I_d(s)}{U_i^*(s)/\beta}=\frac{1}{\frac{T_{\Sigma i}}{K_{op,i}}s^2+\frac{1}{K_{op,i}}s+1} \tag{4.5-39}$$

如按 $\zeta=0.707$、$K_{op,i}T_{\Sigma i}=0.5$ 选择参数，则式（4.5-39）可以写成

$$W_{cl,i}(s)=\frac{1}{2T_{\Sigma i}^2 s^2+2T_{\Sigma i}s+1}$$

根据前面提到的近似处理方法，高频段的高阶环节可降阶近似，因此上式可以近似为

$$W_{cl,i}(s)\approx\frac{1}{2T_{\Sigma i}s+1} \tag{4.5-40}$$

由式（4.5-25）知，近似条件为

$$\omega_{cn}\leqslant\frac{1}{3\sqrt{2}\,T_{\Sigma i}}，取\ \omega_{cn}\leqslant\frac{1}{5T_{\Sigma i}} \tag{4.5-41}$$

由式（4.5-39）和式（4.5-40）可以得到在转速环内电流环的等效传递函数为

$$\frac{I_d(s)}{U_i^*(s)}\approx\frac{1/\beta}{2T_{\Sigma i}s+1} \tag{4.5-42}$$

由此可知，原来电流环的控制对象可以近似看成为两个惯性环节，时间常数为 T_1 和

$T_{\Sigma i}$，电流闭环之后，整个电流环等效为一个无阻尼、自然振荡周期为$\sqrt{2}T_{\Sigma i}$的二阶振荡环节，或者**近似为一个只有小时间常数 $2T_{\Sigma i}$ 的一阶惯性环节**。这表明，引入电流内环后，改造了控制对象，这是多环控制系统中局部闭环（内环）的一个重要功能。当然，如果电流调节器的结构和参数与以上讨论的不相同，电流环的等效传递函数仍可以近似为一阶惯性环节，只是时间常数不再是 $2T_{\Sigma i}$，视具体情况作相应的变化。

（2）转速环的动态结构图

求出电流环的等效闭环传递函数后，用式（4.5-42）所示的电流环等效环节代替图 4.5.8 中的电流闭环，则整个转速调节系统的动态结构图如图 4.5.11a 所示。和讨论电流环动态结构图的情况一样，根据结构图的运算规则，把给定滤波和反馈滤波环节移至环内，使系统结构图成为单位反馈的形式，相应地把给定信号改为 U_n^*/α；再用时间常数为 $T_{\Sigma n}$ 的小惯性环节近似表示时间常数为 T_{on} 和 $2T_{\Sigma i}$ 的两个小惯性环节，即

$$T_{\Sigma n}=T_{on}+2T_{\Sigma i} \tag{4.5-43}$$

则转速环的动态结构图可简化成图 4.5.11b 的形式。

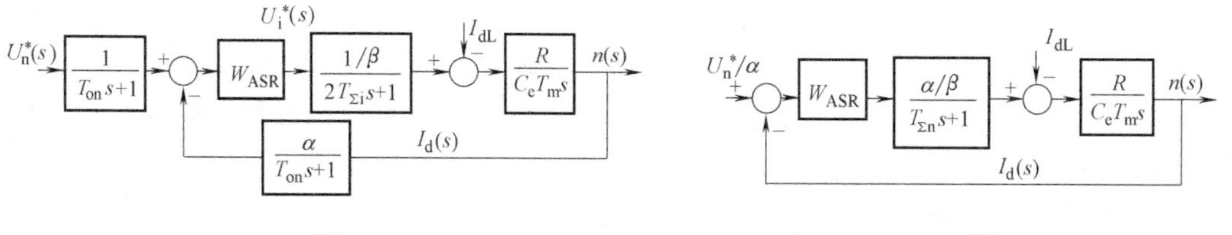

图 4.5.11 转速环动态结构图及近似处理

（3）转速调节器结构和参数的选择

由图 4.5.11b 可以看出，转速环控制对象的传递函数中包含一个积分环节和一个惯性环节，而积分环节在负载扰动作用点之后。转速环的主要扰动为负载扰动，如果允许调速系统在负载扰动下有静差，则转速调节器 ASR 只采用比例调节器，按典型Ⅰ型系统选择参数就可以了。如果要实现转速无静差，则必须在扰动作用点之前设置一个积分环节，就应该按典型Ⅱ型系统设计转速调节器 ASR。而且，从动态抗扰性能来看，典型Ⅱ型系统也能达到更好的指标要求。虽然典型Ⅱ型系统动态跟随性能指标的超调量 σ 比较大，但那是线性条件下的结果，实际的调速系统转速环在突加给定 U_n^* 后的 ASR 很快就会饱和，这个非线性影响会使超调量与线性条件下不同，通常情况下会大大降低。因此，大多数双闭环调速系统的转速环都按典型Ⅱ型系统进行设计。

由图 4.5.11 可以明显看出，为了把转速环校正成典型Ⅱ型系统，转速调节器也应该采用 PI 调节器，其传递函数为

$$W_{ASR}(s)=\frac{K_n(\tau_n s+1)}{\tau_n s} \tag{4.5-44}$$

式中，K_n 为转速调节器的比例放大系数；K_n/τ_n 为转速调节器的积分时间常数。这样，调速系统的开环传递函数为

$$W_n(s)=\frac{K_n\alpha R(\tau_n s+1)}{\tau_n\beta C_e T_m s^2(T_{\Sigma n}s+1)}=\frac{K_{op,n}(\tau_n s+1)}{s^2(T_{\Sigma n}s+1)}$$

其中，转速环开环放大系数

$$K_{op,n}=\frac{K_n\alpha R}{\tau_n\beta C_e T_m} \tag{4.5-45}$$

转速调节器的参数包括 K_n 和 τ_n，按照典型Ⅱ型系统确定参数的方法，由式 $T_1=hT_2$ 确定转速调节器的领先时间常数 τ_n，即

$$\tau_n=hT_{\Sigma n} \tag{4.5-46}$$

比例放大系数 K_n 的选取要视采用何种准则而定。

当按 γ_{max} 准则确定系统参数时，由式（4.5-16）有 $K_{op,n}=\frac{1}{h\sqrt{h}T_{\Sigma n}^2}$。考虑到式（4.5-45）和式（4.5-46），则 ASR 的比例放大系数为

$$K_n=\frac{\beta C_e T_m}{\sqrt{h}\alpha RT_{\Sigma n}} \tag{4.5-47}$$

至于中频宽 h 应选多大，应由系统对动态性能的要求来决定。若无特殊要求，则一般选 $h=5$。

此外，如果要定量分析转速调节器饱和时的超调问题，可以采用分段线性化的方法，将系统的动态过程分为饱和与退饱和两段，分别用线性系统的分析方法进行分析。详细内容请参考文献［3］。

4. 综合性例题

以下的综合性例题说明一个典型设计的全步骤。

例 4.5-1　某双闭环直流调速系统采用桥式全控整流电路供电，基本数据如下。

（1）直流电动机：$U_N=220V$，$I_N=136A$，$n_N=1460r/min$，电枢电阻 $R_a=0.2\Omega$，允许过载倍数 $\lambda=1.5$；电动机轴上的总飞轮惯量 $GD^2=22.5N\cdot m^2$。

（2）IGBT 桥式整流装置和反馈装置：$T_s=10^{-3}s$，放大系数 $K_s=40$；电枢回路总电阻 $R=0.5\Omega$；电枢回路总电感 $L=10mH$；电流反馈系数 $\beta=0.05V/A$；转速反馈系数 $\alpha=0.007V\cdot min/r$；滤波时间常数：$T_{oi}=0.002s$，$T_{on}=0.01s$。

设计要求：①稳态指标：转速无静差；②动态指标：电流超调量 $\sigma_i\leqslant5\%$。

解

（1）电流环的设计

第一步，确定时间常数。

1）电流环小时间常数 $T_{\Sigma i}$，由于已给 $T_{oi}=0.002s$，因此 $T_{\Sigma i}=T_s+T_{oi}=0.003s$。

2）电枢回路时间常数 T_1：$T_1=L/R=0.01/0.5s=0.02s$。

第二步，确定电流调节器的结构和参数。

1）结构选择：根据性能指标要求 $\sigma_i\leqslant5\%$，而且 $\frac{T_1}{T_{\Sigma i}}=\frac{0.02}{0.003}=6.67<10$，因此电流环按典型Ⅰ型系统设计。调节器选用 PI，其传递函数为式（4.5-36）。

2）参数计算：为了将电流环校正成典型Ⅰ型系统，电流调节器的领先时间常数 τ_i 应对消掉控制对象中的大惯性环节时间常数 T_1，即取 $\tau_i=T_1=0.02s$。

为了满足 $\sigma_i\leqslant5\%$ 的要求，应取 $K_{op,i}T_{\Sigma i}=0.5$，因此

$$K_{op,i}=\frac{1}{2T_{\Sigma i}}=\frac{1}{2\times0.003}s^{-1}=166.7s^{-1}$$

于是可以求得 ACR 的比例放大系数为

$$K_i=\frac{K_{op,i}\tau_i R}{\beta K_s}=\frac{166.7\times0.02\times0.5}{0.05\times40}=0.83$$

第三步，校验近似条件。

1）整流装置传递函数近似条件 $\omega_{ci}\leqslant 1/(3T_s)$

$$\omega_{ci}=K_{op,i}=166.7\text{s}^{-1}$$

而 $\frac{1}{3T_s}=\frac{1}{3\times0.001}\text{s}^{-1}=333.3\text{s}^{-1}$，显然满足简化条件。

2）电流环小时间常数简化处理条件

$$\omega_{ci}\leqslant\frac{1}{3}\sqrt{\frac{1}{T_s T_{oi}}}$$

而 $\frac{1}{3}\sqrt{\frac{1}{T_s T_{oi}}}=\frac{1}{3}\sqrt{\frac{1}{0.001\times0.002}}\text{s}^{-1}=235.7\text{s}^{-1}>\omega_{ci}$ 显然满足近似条件。

3）忽略反电动势对电流环影响的条件

$$\omega_{ci}\geqslant 3\sqrt{\frac{1}{T_m T_1}}$$

由于

$$C_e=\frac{U_N-I_N R_a}{n_N}=\frac{220-136\times0.2}{1460}\text{V}\cdot\text{min/r}=0.132\text{V}\cdot\text{min/r},\ C_m=30C_e/\pi$$

所以

$$T_m=\frac{GD^2 R}{375C_e C_m}=\frac{22.5\times0.5\times\pi}{375\times0.132^2\times30}\text{s}=0.18\text{s}$$

因此，满足下述简化条件式

$$3\sqrt{\frac{1}{T_m T_1}}=3\times\sqrt{\frac{1}{0.18\times0.02}}\text{s}^{-1}=50.0\text{s}^{-1}<\omega_{ci}$$

查表 4.5.1 可知，设计后电流环可以达到的动态指标为 $\sigma_i=4.3\%<5\%$，满足设计要求。

（2）转速环的设计

第一步，确定时间常数。

1）电流环等效时间常数：由于电流环按典型Ⅰ型系统设计，且参数选择为 $K_{op,i}T_{\Sigma i}=0.5$，因此电流环等效时间常数为 $2T_{\Sigma i}=2\times0.003\text{s}=0.006\text{s}$。

2）转速环小时间常数 $T_{\Sigma n}$：已知转速滤波时间常数为 $T_{on}=0.01\text{s}$，因此转速环小时间常数为

$$T_{\Sigma n}=2T_{\Sigma i}+T_{on}=(0.006+0.01)\text{s}=0.016\text{s}$$

第二步，确定转速调节器的结构和参数。

1）结构选择：由于设计要求无静差，因此转速调节器必须含有积分环节，又考虑到动态要求，转速调节器应采用 PI 调节器，按典型Ⅱ型系统设计转速环。转速调节器的传递函数为式（4.5-44）。

2）参数计算：综合考虑抗扰性能和起动性能，取中频宽 $h=5$ 较好，若按 γ_{max} 准则确

定参数关系，ASR 的超前时间常数为

$$\tau_n = hT_{\Sigma n} = 5\times0.016\text{s} = 0.08\text{s}$$

转速环开环放大系数为

$$K_{op,n} = \frac{1}{h\sqrt{h}T_{\Sigma n}^2} = \frac{1}{5\times\sqrt{5}\times0.016^2}\text{s}^{-2} = 349.4\text{s}^{-2}$$

于是转速调节器的比例放大系数为

$$K_n = \frac{\beta C_e T_m}{\sqrt{h}\alpha R T_{\Sigma n}} = \frac{0.05\times0.132\times0.18}{\sqrt{5}\times0.007\times0.5\times0.016} = 8.07$$

第三步，校验近似条件和性能指标。

1）电流环传递函数等效条件 $\omega_{cn} \leqslant \frac{1}{5T_{\Sigma i}}$，由式 $K=\omega_1\omega_c$，按 γ_{max} 准则，可以求得转速环截止频率 ω_{cn} 为

$$\omega_{cn} = \frac{K_{op,n}}{\omega_1} = K_{op,n}\tau_n = 349.4\times0.08\text{s}^{-1} = 28.0\text{s}^{-1} < \frac{1}{5T_{\Sigma i}} = 66.7\text{s}^{-1}$$

故满足等效条件。

2）转速环小时间常数的近似条件 $\omega_{cn} \leqslant \frac{1}{3}\sqrt{\frac{1}{2T_{\Sigma i}T_{on}}} = 43.0\text{s}^{-1} > \omega_{cn}$，满足近似处理条件。

依据例 4.5-1 的参数，还可对系统进行仿真研究。仿真采用 MATLAB[6]，系统的 Simulink 图如图 4.5.12 所示。其中，为了简单，令 $T_{oi}=T_{on}=0$，调节器饱和环节的设计见 4.5.5 节。

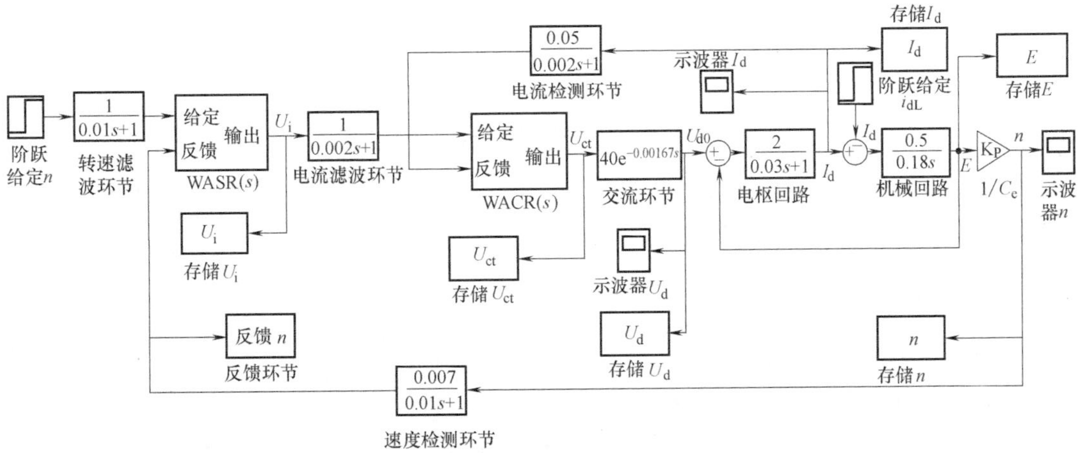

图 4.5.12　直流双闭环调速系统 Simulink 仿真框图

4.5.5* 具有输出饱和环节的调节器设计

控制器中，具有积分算子的饱和环节的设计有一些难度。本节以数字式 PI 调节器为例说明其用于仿真的结构和用于实时系统的结构。

1. 用于 MATLAB/Simulink 的饱和环节

Simulink 限幅环节的结构如图 4.5.13 所示。但是该图与实际的具有输出饱和的调节器的特性完全不同。这是因为 y 被限幅后，如果 PI 调节器的输入不为零或不反向，则由于积分作用，输出值 y_1 还会不断增加。于是在调节器输入反向后，由于 y_1 要在绝对值超出饱和值的地方开始退饱和，因此将大大加长饱和的持续时间。

为了防止上述现象，可以采用与实际相近的模型如图 4.5.14 所示。与图 4.5.13 相比，该图增加了一个非线性的反馈环，反馈增益 K 选为足够大的数。现分析其特性。

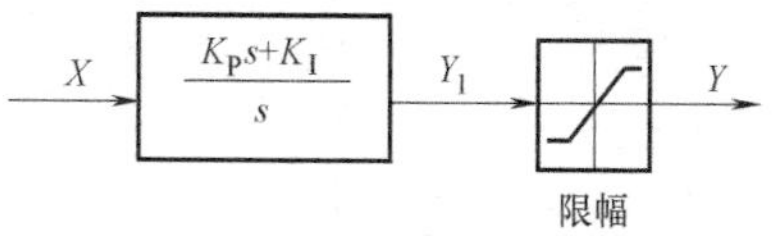

图 4.5.13　用限幅环节模拟输出饱和

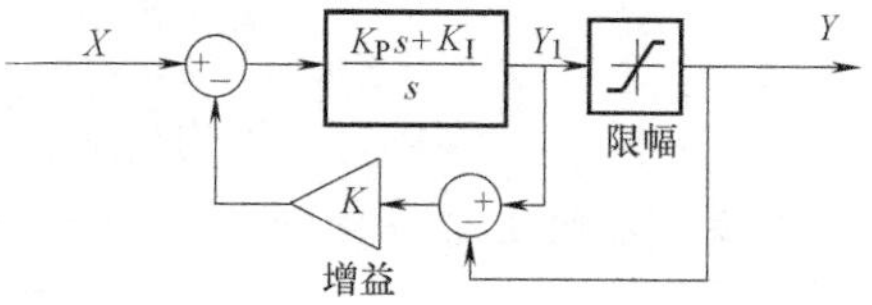

图 4.5.14　具有输出饱和的 PI 调节器图

系统处于零初始状态时，由图 4.5.15 可知

$$[X(s)-K(Y_1(s)-Y(s))]\frac{K_P s+K_I}{s}=Y_1(s) \tag{4.5-48}$$

当输出小于限幅值时，限幅环节不起作用，$y(t)=y_1(t)$。当限幅环节起作用时，有

$$K(K_P s+K_I)Y_1(s)+sY_1(s)=K(K_P s+K_I)Y(s)+X(s)(K_P s+K_I)$$

当反馈增益 K 取为足够大、使得项 $X(s)(K_P s+K_I)$ 与 $sY_1(s)$ 比其他项较小时，由上式可知有 $Y_1(s)\approx Y(s)$。

由此可见，加入该负反馈增益环节可使得限幅环节起作用时，$y_1(t)\approx y(t)$，即 PI 调节器输出端的值 Y_1 被固定为限幅值而不会因积分效应而不断增加。

但是，图 4.5.15 中含有“代数环”（algebraic loop）。将此调节器模型进行数字仿真时，会严重降低系统的仿真速度，甚至降低仿真精度或得到错误的仿真结果[7]。

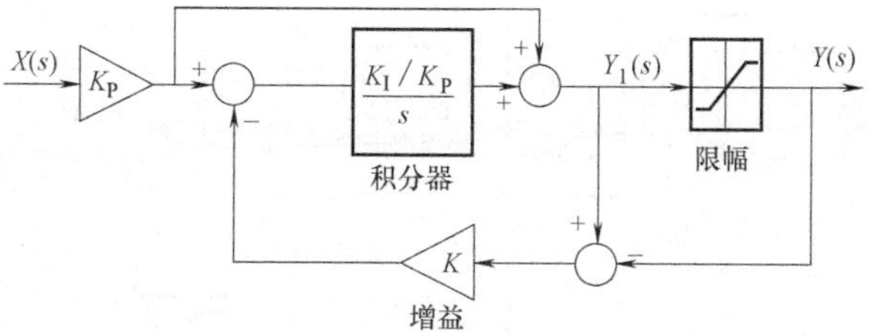

图 4.5.15　可避免“代数环问题”的具有输出饱和的 PI 调节器

代数环的意思是，在数字仿真中，若存在反馈，当输入信号直接取决于输出信号，同时输出信号也直接取决于输入信号时，由于数字计算的时序性而出现的没有输入无法计算输出、没有输出也无法得到输入的“死锁环”。在采用 Simulink 时，产生代数环的情况一般有：①前馈通道中含有信号的“直通”模块，如比例环节或者含有初值输出的积分器；②系统中有非线性模块；③前馈通道的传递函数的分子分母同阶等。在图 4.5.16 所示的模型中，由于前馈通道含有“直通”的比例环节，因而仿真系统中出现了代数环。

避免代数环可有多种方法，本书推荐图 4.5.15 所示的结构。由于控制器可以看作是 P 调节器和 I 调节器的叠加，显然代数环由 P 调节器引入。考虑在输出达到限幅时，仅通过反馈减小 I 调节器的输入，这样就消除了前馈通道中的比例环节，避免了仿真系统中的代数环。该模型具有仿真速度快、精度高的优点[7]。

2. 用于实时系统的具有饱和环节的 PI 控制器

在一个实际的数字式调速系统中，往往采用软件实现 PI 控制器。此时，可采用判断跳转语句实现饱和环节。

一个有效的框图如图 4.5.16 所示，图中符号的含义为：①r_n 代表控制器第 n 拍输入；②y_n 代表控制器第 n 拍输出；③e_n 代表控制器第 n 拍误差；④$Y_{\rm limit}$ 代表控制器输出数值的绝对值的上限；⑤$K_{\rm P}$ 与 $K_{\rm I}$ 为设计的控制器参数。

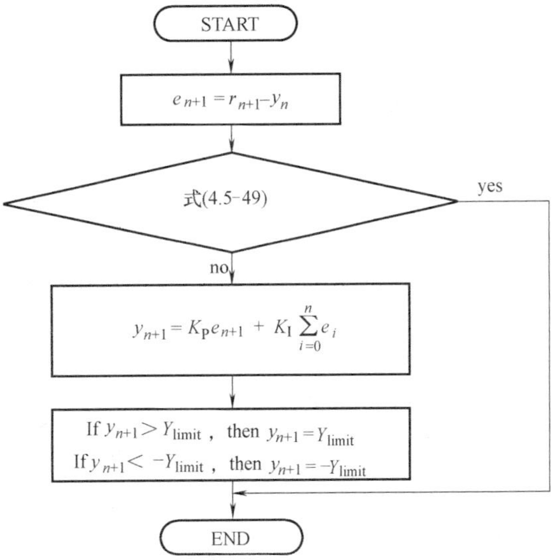

图 4.5.16 用于实时系统的具有饱和环节的 PI 控制器流程图

图中的判断语句如下式所示。由图和公式可知，只要运算已经达到饱和限值并且下一步的运算还将超过这个限值，则停止这个程序的执行。

$$(|y_n|\geq Y_{\rm limit})\ \text{and}\ [(e_{n+1}<0)\ \text{and}\ (y_n<0)\ \text{or}\ (e_{n+1}>0)\ \text{and}\ (y_n>0)] \tag{4.5-49}$$

本节小结

1）详细讨论了转速电流双闭环调速系统动态参数的一种典型工程设计方法。该方法的要点为：

① 基于线性定常系统：将非最小相位环节近似为最小相位环节；对非线性环节则采用分段线性化的方法。

② 多环系统的处理：基于两环的因果关系，首先设计响应比较快的电流环结构和 ACR 参数；然后把电流环当作转速环内的一个环节，根据对转速环的要求确定转速调节器的结构和参数。

③ 每个环的设计：设计步骤如图 4.5.1 所示。

④ 控制器的参数设计：对于电流跟随系统，采用典型 I 型系统设计，对于要同时满足跟随和抗扰的速度环，则采用典型Ⅱ型系统中的“最大相角裕量”准则。

2）工程设计方法体现了多个有关控制系统工程设计方法的思路，如要抓住主要矛盾，就要处理好局部（各个环的指标）与全局（系统性能指标）的关系；利用已有的知识（基于典型系统的知识）设计具体对象的指标等。在广泛采用计算机辅助设计系统的今天，这些观念仍然具有重要意义。因为在这些观念的指导下，基于对系统物理概念的清晰认识，就可以进行有效的设计并得到较优的结果。

3）给出了具有饱和环节的调节器的一个仿真结构和一个实时控制算法。

视频 No. 12 也总结了 4.5 节的要点。

视频 No. 12

4.6 抗负载扰动控制

转速、电流双闭环调速系统具有良好的稳态和动态性能，但在速度调节器采用 PI 调节器、速度误差较大时，速度响应必然超调；对于该系统的抗负载转矩**扰动**问题，由于在设计转速调节器时只是按Ⅱ型系统设计，以实现对阶跃扰动的稳态输出为零，因此其动态抗扰性能也受到一定的限制。在某些对动态性能要求很高的场合（如伺服系统等），如果不允许转速超调或对动态抗扰性能要求特别严格，双闭环调速系统就很难满足要求了。

事实上，如 4.2.1 节所述，调速系统是**两输入**（速度给定和负载转矩扰动）、**单输出**（转速）系统。设计高性能的调速系统时要同时考虑跟随指令特性和抗负载扰动特性。

对抗负载转矩扰动问题，如果负载转矩可测，则可以直接将其前馈到转矩环进行补偿。目前由于负载动态转矩难以直接实时测量，一般采用以下两种控制策略：

（1）转速微分负反馈控制　仍然采用 4.4 节的双闭环调速系统结构，仅在系统的转速调节器上引入转速微分负反馈。

（2）采用扰动计算器的负载转矩抑制　采用扰动计算器计算出负载转矩，然后引入到系统的前向通道以抑制该扰动；此外，设计串联校正器以实现跟随速度给定。这种基于扰动计算器构成的控制器具有结构简单、性能优越、计算量小等突出特点，目前已被应用到多变量强耦合、高精度的位置控制系统如机械臂等的解耦控制中。

4.6.1 转速微分负反馈控制

1. 带转速微分负反馈双闭环调速系统的基本原理

在双闭环调速系统的转速调节器上引入转速微分负反馈后，转速调节器的原理图如图 4.6.1 所示。与 4.4 节所述的控制器相比，该控制器增加了电容 C_{dn} 和电阻 R_{dn}，也就是在转速负反馈的基础上叠加了一个转速微分负反馈信号。这样，在转速发生变化时，两个信号一起与给定信号 U_n^* 相抵，将会比普通双闭环系统更早一些达到平衡，使转速调节器输入等效偏差信号来提前改变极性，从而使转速调节器退饱和的时间提前。由图 4.6.2 可以看到，普通双闭环调速系统的退饱和点是 0′点，在 t_2 时刻；而增加转速微分负反馈后，系统的退饱和点提前到 T 点，在 t_t 时刻。而 T 点所对应的转速 n_t 比稳态转速 n^* 要低，因而有可能在进入线性闭环系统工作之后没有超调或超调很小就使系统趋于稳定。如图 4.6.2 中的曲线 2 和 3 所示。

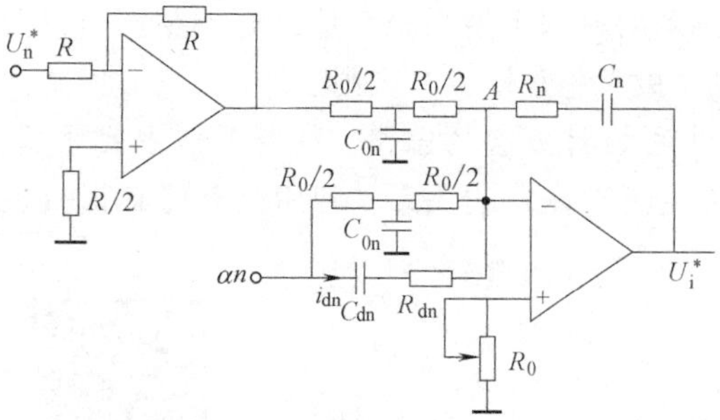

图 4.6.1　带微分负反馈的转速调节器

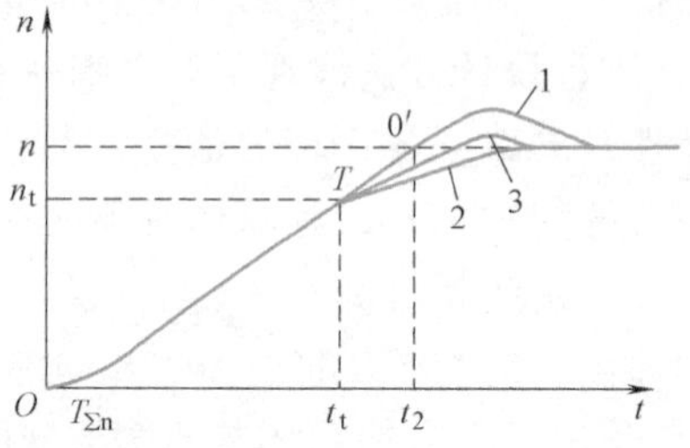

图 4.6.2　转速微分负反馈对起动过程的影响

1—普通双闭环系统　2、3—带微分负反馈的系统以下分析带微分负反馈转速调节器的动态结构。

先分析图 4.6.1 中不含微分负反馈部分的 PI 调节器。它与一般 PI 调节器的区别在于将 R_0 电阻由两个 $R_0/2$ 的电阻串联，而在中间接一电容 C_{on}，电容另一端接地，构成 T 形滤波电路。利用 A 点是虚地，经过推导可得

$$\frac{U_n^*(s)}{T_{on}s+1}-\frac{\alpha n(s)}{T_{on}s+1}=\frac{\tau_n s}{K_n(\tau_n s+1)}U_i^*(s) \tag{4.6-1}$$

式中，$T_{on}=\frac{1}{4}R_0C_{on}$ 为转速滤波时间常数。

再分析图 4.6.1 的传递函数。图中微分反馈支路的电流 i_{dn}，用拉普拉斯变换表示为

$$i_{dn}(s)=\frac{\alpha n(s)}{R_{dn}+\frac{1}{C_{dn}s}}=\frac{\alpha C_{dn}sn(s)}{R_{dn}C_{dn}s+1} \tag{4.6-2}$$

因此，图 4.6.1 中虚地点 A 的电流平衡方程为

$$\frac{U_n^*(s)}{R_0(T_{on}s+1)}-\frac{\alpha n(s)}{R_0(T_{on}s+1)}-\frac{\alpha C_{dn}sn(s)}{R_{dn}C_{dn}s+1}=\frac{U_i^*(s)}{R_n+1/C_n s}$$

整理后得

$$\frac{U_n^*(s)}{T_{on}s+1}-\frac{\alpha n(s)}{T_{on}s+1}-\frac{\alpha\tau_{dn}sn(s)}{T_{odn}s+1}=\frac{\tau_n s}{K_n(\tau_n s+1)}U_i^*(s) \tag{4.6-3}$$

式中，$\tau_{dn}=R_0C_{dn}$ 为转速微分时间常数；$T_{odn}=R_{dn}C_{dn}$ 为转速微分滤波时间常数，C_{dn} 称为微分电容，电阻 R_{dn} 叫作滤波电阻。

在 4.5 节的图 4.5.11a 中增加式（4.6-3）中的 $sn(s)$ 项，可以得到带转速微分负反馈的转速环动态结构图如图 4.6.3a 所示。为了分析方便，可以取 $T_{on}=T_{odn}$，再经结构图等效变换，将滤波环节 $T_{on}s+1$ 移至转速环内。按小惯性环节近似处理方法，令 $T_{\Sigma n}=T_{on}+2T_{\Sigma i}$，可以得到简化后的动态结构图如图 4.6.3b 所示。可以看出：

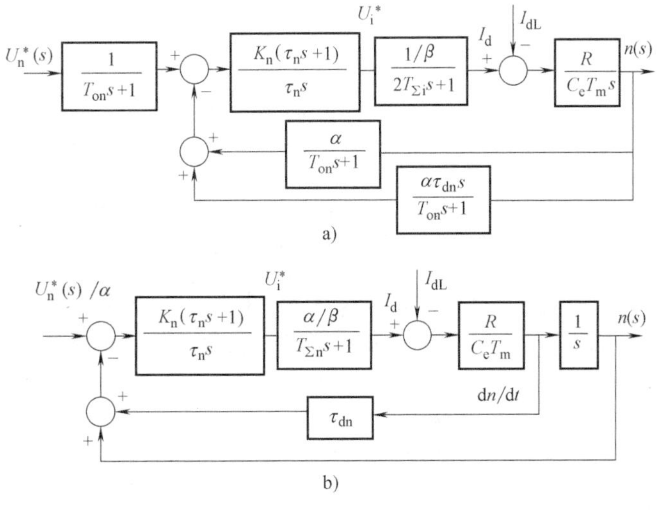

图 4.6.3　带转速微分负反馈的转速环动态结构图及其简化

1）转速微分负反馈的本质是在系统中引入了**加速度负反馈**。但加速度被引到了速度调节器，也就是说没有构成一个独立的加速度闭环（acceleration feedback）。

2）由于等效负载的电流 $I_{dL}(=T_L/C_m)$ 在该加速度负反馈环内，所以该环可抑制负载转矩等的扰动。此外，在转速调节器输出饱和时，如果 $dn/dt>0$（如起动阶段），将使得该调节器提前退饱和。

3）由于在系统实现时需要做微分计算，而**微分运算容易引入干扰**，所以需要注意由此带来的问题。

2*. 带转速微分负反馈时转速环的动态抗扰性能

由图 4.6.3，可推导出具有转速微分负反馈的双闭环调速系统受到负载扰动时的转速环的动态结构图如图 4.6.4 所示。图中

$$K_1=\frac{\alpha K_n}{\beta\tau_n},K_2=\frac{R}{C_eT_m},K_1K_2=K_N \qquad (4.6\text{-}4)$$

选定 $\Delta n_b=2K_2T_{\Sigma n}\Delta I_L$，$\tau_{dn}=\delta T_{\Sigma n}$，则由负载扰动 $\Delta I_{dL}(s)$ 产生的转速降为

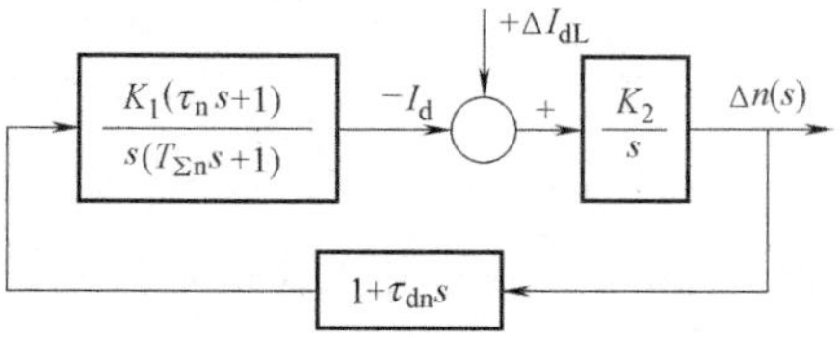

图 4.6.4 带转速微分负反馈的系统受到负载扰动时的转速环动态结构图

$$\frac{\Delta n(s)}{\Delta I_{dL}(s)}=\frac{\dfrac{K_2}{s}}{1+\dfrac{K_1K_2(\tau_ns+1)(\tau_{dn}s+1)}{s^2(T_{\Sigma n}s+1)}}$$

$$=\frac{K_2s(T_{\Sigma n}s+1)}{T_{\Sigma n}s^3+(1+K_1K_2\tau_n\tau_{dn})s^2+K_1K_2(\tau_n+\tau_{dn})s+K_1K_2} \qquad (4.6\text{-}5)$$

考虑到 $\tau_n=hT_{\Sigma n}$、$\tau_{dn}=\delta T_{\Sigma n}$、$K_1K_2=K_N$，并假设负载扰动为阶跃扰动，则

$$\Delta I_{dL}(s)=\Delta I_L/s \qquad (4.6\text{-}6)$$

于是有

$$\Delta n(s)=\frac{K_2(T_{\Sigma n}s+1)\Delta I_{dL}}{T_{\Sigma n}s^3+(1+K_Nh\delta T^2_{\Sigma n})s^2+K_N(h+\delta)T_{\Sigma n}s+K_N} \qquad (4.6\text{-}7)$$

$$\frac{\Delta n(s)}{\Delta n_b}=\frac{\Delta n(s)}{2K_2T_{\Sigma n}\Delta I_L}$$

$$=\frac{0.5T_{\Sigma n}(T_{\Sigma n}s+1)}{T^2_{\Sigma n}s^3+(1+K_Nh\delta T^2_{\Sigma n})T_{\Sigma n}s^2+K_N(h+\delta)T^2_{\Sigma n}s+K_NT_{\Sigma n}} \qquad (4.6\text{-}8)$$

如取中频宽 $h=5$，当按 γ_{max} 准则确定参数关系时，式（4.6-8）改为

$$\frac{\Delta n(s)}{\Delta n_b}=\frac{0.5T_{\Sigma n}(T_{\Sigma n}s+1)}{T^3_{\Sigma n}s^3+(1+0.45\delta)T^2_{\Sigma n}s^2+0.45(1+0.2\delta)T_{\Sigma n}s+0.09} \qquad (4.6\text{-}9)$$

对于不同的 δ 值，求解式（4.6-9），可得带转速微分负反馈的双闭环调速系数转速环抗负载扰动的性能指标。

4.6.2 基于扰动计算器的负载转矩抑制

1. 扰动计算器的基本原理

以图 4.6.5a 的调速系统为例，设被控对象的传递函数为 $P(s)$，其输入、输出分别为 u、

y，受到的扰动为 d。设定控制目标为 r，设计控制器传递函数为 $W_{con}(s)$。于是，其校正后的理想跟随特性和抗扰特性可用传递函数表示为 4.2 节的式（4.2-9），也即

$$y/r=1, y/d=0 \tag{4.6-10}$$

如果扰动 d 可测，为了实现 $y/d=0$，一个直接的想法如图 4.6.5a 所示，可以加入前馈补偿 $u'=u-d$。如果扰动不可测，则可设计扰动计算器，通过系统输出值 y 计算扰动 d 的计算值 $\hat{d}$

$$\hat{d}=P^{-1}(s)y-u \tag{4.6-11}$$

式中，$P^{-1}(s)$ 为 $P(s)$ 的逆函数。然后如图 4.6.5b 所示，将计算到的扰动 $\hat{d}$ 送至前向通道就可以抵消（或补偿）扰动 d。

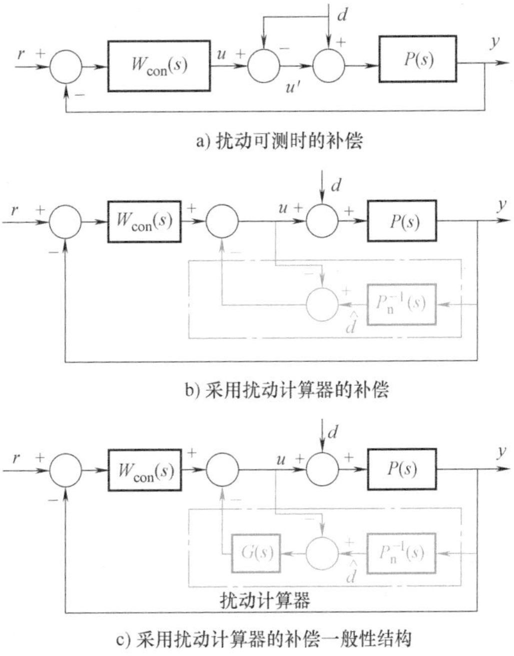

a) 扰动可测时的补偿

b) 采用扰动计算器的补偿

c) 采用扰动计算器的补偿一般性结构

图 4.6.5　基于扰动计算器补偿的调速系统

进一步分析知，由于被控对象 $P(s)$ 的参数等要发生变化，在控制器中只能采用其标称模型 $P_n(s)$。此外，由于 $P(s)$ 一般是严格真有理（strictly proper）分式，对应的 $P_n^{-1}(s)$ 在工程上难以实现，所以在实现时增加一个待定的传递函数 $G(s)$，使得 $G(s)P_n^{-1}(s)$ 为有理函数。一般地，$G(s)$具有滤波器的特性，它由系统的稳定性、对参数的鲁棒性和对 d 的抑制性等要求来决定。

由于 $G(s)P_n^{-1}(s)$ 的目的是抵消扰动 d，所以一般称

$$G(s)P_n^{-1}(s) \tag{4.6-12}$$

为扰动计算器（disturbance calculator），在许多文献中被称为扰动观测器（disturbance observer）。其一般性结构如图 4.6.5c 所示。该方法源于两自由度控制（two degree of freedom control），其一般性理论可参考文献 [8，9]。我国的学者也做出了理论上的贡献 [10]。

2. 忽略电流环动特性时扰动计算器的设计

假设转速、电流双闭环调速系统中的电流环设计得足够好，可以暂时把电流环传递函数等效为常数 1。于是从电流指令 U_i^* 到电磁转矩的传递函数为

$$T_e/U_i^*=K_t=C_m/\beta \tag{4.6-13}$$

式中，C_m 为 4.3 节定义的电磁转矩电流比常数。

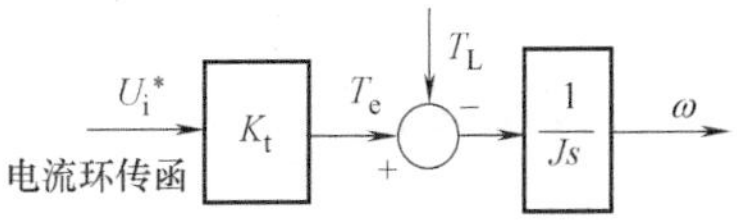

图 4.6.6　电流环传递函数等效为常数条件下，以电流指令和负载转矩为输入的电动机模型

对电动机转速的扰动主要是负载转矩，所以在双闭环系统中以电流指令 U_i^*、负载转矩 T_L 为输入，以角速度 ω 为输出环节的框图如图 4.6.6 所示。图中的$\dfrac{1}{Js}$对应于图 4.6.5 中的 $P(s)$。

为了抵消 T_L 对 ω 的影响，根据图 4.6.5b 可以设计对扰动的补偿器。其原理性结构如图 4.6.7a 中虚线部分所示。图中，K_{tn} 为 K_t 的标称模型，J_n 为 J 的标称模型。计算出的 $\hat{T}_L$

经过增益 $1/K_{tn}$ 反馈到控制器中的电流指令端。据此，以 $\hat{T}_L$、ω 和 I_d 为变量，以 U_i^*、T_L 为输入的方程为

$$I_d = U_i^* - \hat{T}_L/K_{tn}, K_t I_d - T_L = Js\omega, -K_{tn} I_d + J_n s\omega = \hat{T}_L \tag{4.6-14}$$

整理式（4.6-14）可得

$$U_i^* K_t = J_n s\omega + \frac{K_t}{K_{tn}}\hat{T}_L + T_L$$

$$-\frac{K_t}{K_{tn}}\hat{T}_L = T_L + (J-J_n)s\omega + (K_{tn}-K_t)U_i^* \tag{4.6-15}$$

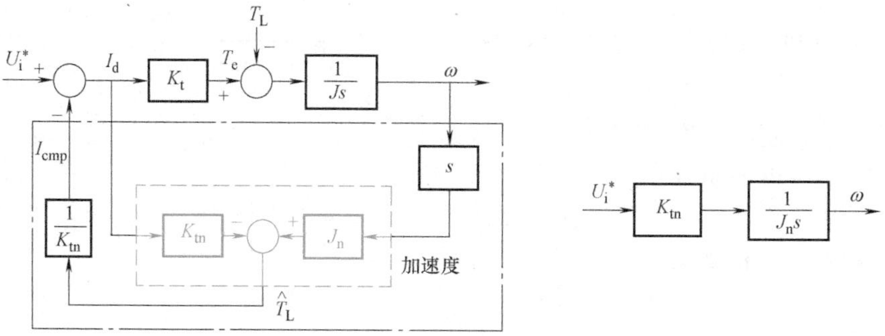

a) 补偿扰动的基本思路　　b) $J=J_n$、$K_t=K_{tn}$时的等效传递函数

图 4.6.7　扰动补偿控制的基本结构

由式（4.6-15）看出，当 $J=J_n$、$K_t=K_{tn}$ 时，有

$$T_L = -\hat{T}_L, U_i^* K_t = Js\omega \tag{4.6-16}$$

式（4.6-16）说明，由于对扰动的前馈补偿，系统的输出不再受负载转矩的影响。此时，转速仅受到电流指令的控制。所以，图 4.6.7a 的结构简化为图 4.6.7b。

但是，由于 $P(s)$ 是一个积分器，也称为严格真有理分式，微分器 $P_n^{-1}(s)=s$ 在工程实现中无法实现。根据图 4.6.5c，容易得出可实现的计算器的结构是

$$\frac{G(s)}{P_n(s)} = \frac{J_n s}{K_{tn}}G(s) = \frac{J_n s}{K_{tn}} \frac{1}{\frac{s}{g}+1} \tag{4.6-17}$$

也就是说，为了抑制由图 4.6.7b 中纯微分带来的不利影响，需要在图 4.6.7b 的基础上串联一个一阶低通滤波器 $G(s)$

$$G(s) = \frac{1}{\frac{s}{g}+1} \tag{4.6-18}$$

由此，图 4.6.7a 可变换为图 4.6.8。

在实际实现时，依据式（4.6-18）可将图 4.6.8 中计算器的运算变换为图 4.6.9 的运算，也就是

$$\frac{g}{s+g}J_n s = -\frac{g^2}{s+g}J_n + gJ_n \tag{4.6-19}$$

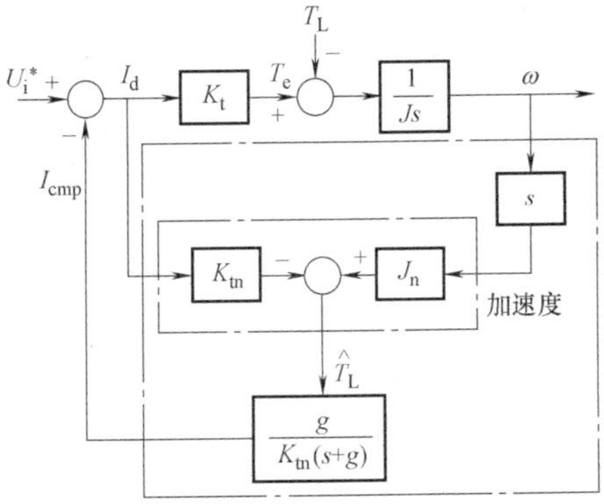

图 4.6.8　实际的扰动计算器及其补偿

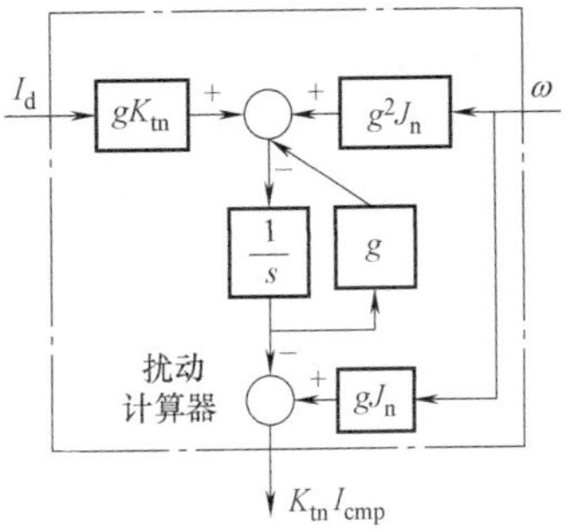

图 4.6.9　扰动计算器的工程实现

在双闭环调速系统中加入基于扰动计算器的补偿之后，在理想条件下（电流环传递函数为 1 且 $J=J_n$、$K_t=K_{tn}$ 成立），由于从负载转矩、电流指令至角速度之间的结构变为图 4.6.7b，所以将速度调节器 ASR 设计为比例控制器（传递函数为 K_{ASR}）就可以实现对阶跃给定的无静差响应。此时，具有负载转矩补偿的速度环框图如图 4.6.10 所示。

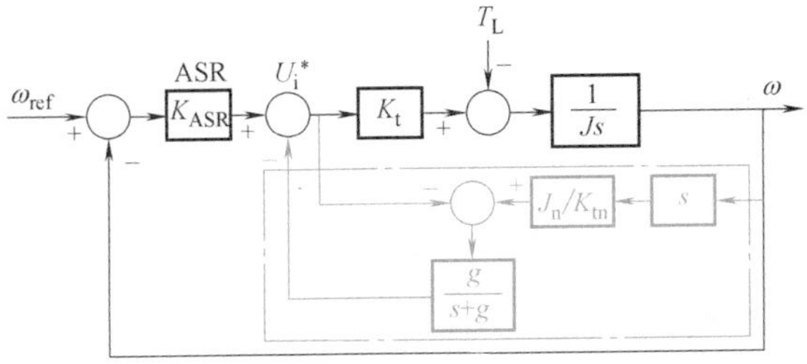

图 4.6.10　具有负载转矩补偿的速度环框图

根据图 4.6.10，很容易得到双输入单输出系统的传递函数如下：

1）从参考角速度 ω_{ref} 到输出角速度 ω 的传递函数为

$$\frac{\omega}{\omega_{ref}}=\frac{K_tK_{tn}K_{ASR}(s+g)}{JK_{tn}s^2+K_tJ_ngs+K_tK_{tn}K_{ASR}(s+g)} \tag{4.6-20}$$

2）从扰动转矩 T_L 到输出角速度 ω 的传递函数为

$$\frac{\omega}{T_L}=\frac{-K_{tn}s}{JK_{tn}s^2+K_tJ_ngs+K_tK_{tn}K_{ASR}(s+g)} \tag{4.6-21}$$

由上述两式知，扰动计算器中的时间常数 $1/g$ 应该取得尽可能小。这样除了在高频区域外，估计扰动 $\hat{T}_L$ 和 T_L 一致。当 $g\to\infty$ 时，传递函数简化为

$$\frac{\omega}{\omega_{ref}}\to\frac{K_{tn}K_{ASR}}{J_ns+K_{tn}K_{ASR}},\ \frac{\omega}{T_L}\to 0 \tag{4.6-22}$$

式（4.6-20）和式（4.6-21）说明系统对阶跃给定具有很好的跟随特性，同时对扰动具有很好的抑制特性。为什么具有理想电流环和扰动计算器的系统可以实现上述特性呢？将图 4.6.10 所示系统作变换可得到图 4.6.11。可以看出，扰动计算器部分已经被等效为一个加速度环。也就是说，设计由图 4.6.8 所示的扰动计算器的本质是设计一个等效的加速度负反馈环。由于是在速度环和电流环之间引入等效的加速度负反馈，**该环节对负载扰动起到了**

抑制作用，因此在理想条件下（$g\to\infty$，电流环传递函数为 1），系统具有较好的抗负载扰动的特性。

视频 No. 13 总结了负载扰动计算及其补偿方法的要点。

实际上，许多情况下电流环等效传递函数不能忽略为一个常数。此时扰动计算器的设计方法略微复杂一些，可参考文献［11］的设计方法。

视频 No. 13

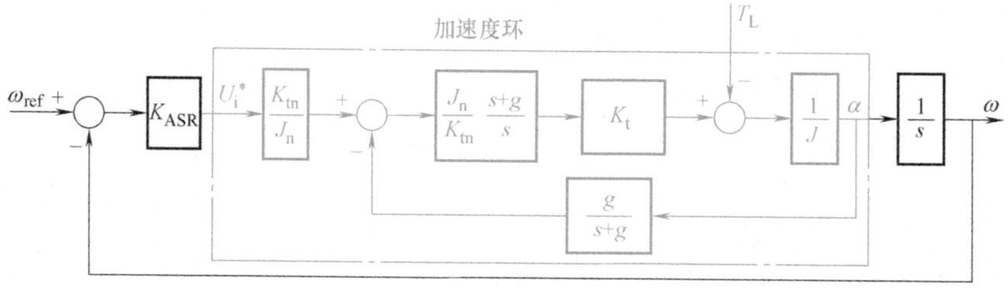

图 4.6.11　变换为加速度环时系统的结构图

本节小结

对于抗负载扰动问题，转速微分负反馈方法和基于扰动计算器补偿负载转矩方法的本质都是等效地引入一个加速度负反馈。

1）转速微分负反馈基于对反馈的速度信号进行微分运算。该方法既可以抑制转速超调，又可以在一定程度上降低负载扰动引起的动态速降。

2）基于扰动计算器的抗负载扰动方法是一种前馈的补偿方法。该方法计算出负载转矩近似值后对其进行补偿，在理想条件下（$g\to\infty$，电流环传递函数为常数）系统具有较好的抗负载扰动的特性。设计扰动计算器时需要注意：①尽可能降低电流环等效传递函数的阶数，以保证等效加速度环的稳定性；②使用一个高精度的速度传感器以便计算出精度较高的加速度信号；③设计时需要系统的转动惯量值。

本章习题

有关 4.1 节、4.2 节

4-1　为什么加负载后电动机的转速会降低？

4-2　什么叫调速范围？什么叫静差率？为什么是在额定负载条件下对它们定义？它们之间有什么关系？

4-3　某调速系统电动机的数据为：$P_N=10\text{kW}$，$U_N=220\text{V}$，$I_N=55\text{A}$，$n_N=1000\text{r/min}$，$R_a=0.1\Omega$。若采用开环控制，且仅考虑电枢电阻的影响，试计算以下各题：

（1）额定负载下系统的静态速降 $\Delta n_N=?$

（2）要求静差率 $S=10\%$，求系统能达到的调速范围 $D=?$

（3）要求调速范围 $D=10$，系统允许的静差率 $S=?$

（4）若要求 $D=10$，$S=10\%$，则系统允许的静态速降 $\Delta n_N=?$

有关 4.3 节

4-4　试画出以下条件下的他励直流电动机的动态框图：

（1）以电枢电压 U_{d0} 为输入、负载转矩 T_L 为扰动、励磁电流为恒定。

（2）以励磁电流 I_f 为输入、负载转矩 T_L 为扰动、电枢电压 U_{d0} 为恒定（设 $\Phi=f(I_f)$）。

4-5　试回答下列问题：

（1）单闭环调速系统能减少稳态速降的原因是什么？

（2）改变指令电压或调整转速反馈系数能否改变电动机的稳态转速？为什么？

（3）转速负反馈调速系统中，当电动机电枢电阻、负载转矩、励磁电流、测速机磁场和电源供电电压变化（图 4.3.2 的 u_s）时，都会引起转速的变化，试问系统对它们均有调节能力吗？为什么？

4-6　某转速负反馈调速系统的调速范围 $D=20$，额定转速 $n_N=1000\text{r/min}$，开环时静态速降 $\Delta n_{op}=200\text{r/min}$。

（1）若要求闭环系统的静差率由 10%减小到 5%，系统的开环放大倍数将如何变化？

（2）该系统运行中，突减负载后又进入稳定运行状态，则放大器的输出电压 U_{ct}、变波装置的输出电压 U_d、电动机转速 n 较负载变化前是增加、减少还是不变？

4-7　试回答下列问题：

（1）对于图 4.3.8 所示转速单闭环调速系统，若在额定转速运行中转速反馈线突然断了，会发生什么现象？

（2）对于图 4.3.14 所示带电流截止负反馈的转速闭环调速系统，若在额定转速运行中转速反馈线突然断了，会发生什么现象？

4-8　请查阅相关资料，分析电力电子开关器件如 IGBT、MOSFET，其耐受瞬时过电流的程度如何？而直流电动机耐受瞬时过电流的程度又如何？

4-9　在 4.3.3 节讲述了对电压源供电的功率系统的两种保护方法。

（1）对于该系统，为何功率保护转变为了通过检测电流大小的保护？

（2）瞬时过电流保护与基于“挖土机特性”的过功率保护，两者的特点各是什么？试作出两个安全工作区的关系图。

有关 4.4 节、4.5 节

4-10　用物理概念和式（4.4-1）说明：“电动机调速系统获得高性能的转速动态性能的核心是搞好电磁转矩控制”。

4-11　在转速、电流双闭环调速系统中，ASR、ACR 都采用 PI 调节器。试回答下述问题：

（1）两个调节器 ASR 和 ACR 各起什么作用？它们的输出限幅值应如何整定？

（2）如果在速度指令不变时，改变系统的转速，可调节什么参数？若要改变系统起动电流，应调节什么参数？改变堵转电流应调节什么参数？

（3）当系统出现电源电压 U_s 波动和负载转矩 T_L 变化时，哪个调节器起主要的调节作用？

（4）本系统的 ASR 和 ACR 如果都不是 PI 调节器而是 P 调节器，对系统的静、动态特性会有什么影响？

（5）说明设计时使 ASR 的输出具有饱和状态的用意。

4-12 在转速、电流双闭环调速系统中，ASR 和 ACR 均采用 PI 调节器。若 $U_{n,max}^*=15V$，$n_N=1500r/min$，$U_{i,max}^*=10V$，$I_N=20A$，$I_{d,max}=2I_N$，$R=2\Omega$，$K_s=20$，$C_e=0.127V\cdot min/r$。当 $U_n^*=5V$、$I_{dL}=10A$ 时，求稳定运行时的 n、U_n、U_i^*、U_i、U_{ct} 和 U_{d0}。

4-13 有一个系统，其控制对象的传递函数为

$$W_{obj}(s)=\frac{K_1}{\tau s+1}=\frac{10}{0.01s+1}$$

要求设计一个无静差系统，在阶跃输入下该系统的超调量 $\sigma\leqslant5\%$（按线性系统考虑）。试对该系统进行动态校正，决定调节器的结构并选择其参数。

4-14 有一个闭环系统，其控制对象的传递函数为

$$W_{obj}(s)=\frac{K_1}{s(Ts+1)}=\frac{10}{s(0.02s+1)}$$

要求校正为典型Ⅱ型系统，在阶跃输入下系统超调量 $\sigma\leqslant30\%$（按线性系统考虑）。试决定调节器的结构并选择其参数。

有关 4.6 节

4-15 回答以下问题。

（1）对于消除负载转矩影响，4.6 节所述方法的对策与 4.5 节中采用转速环抑制扰动的对策有何不同？

（2）如果没有安装加速度传感器，在工程实现上，实现等效加速度闭环的关键是什么？

（3）当系统的转动惯量为时间变量时，是否可用 4.6.2 节所示的“基于扰动转矩计算器”计算负载转矩的方法？

4-16 在 4.6.2 节中，利用“扰动计算器”计算负载转矩并对其进行补偿，这个方法与 4.6.1 节所述的转速微分负反馈控制方法的区别是什么？为什么说前者是一种前馈方法？

综合作业

4-17 系统参数如例 4.5-1，其中 $T_{oi}=T_{on}=0$。当负载具有例 3.2-2 所示的 $T_L\propto n$ 性质时，“直流电动机+负载”部分的等效框图如题 4-17 图所示。请按例 4.5-1 设计各个控制器的参数，用 MATLAB 仿真，将仿真结果与例 4.5-1 的仿真结果（需要采用图 4.5.14，使 $T_{oi}=T_{on}=0$）进行比较并讨论仿真结果（本题假设负载变化时转动惯量不变）。提示：负载为 $T_L\propto n$ 类型时，转速超调比较小。

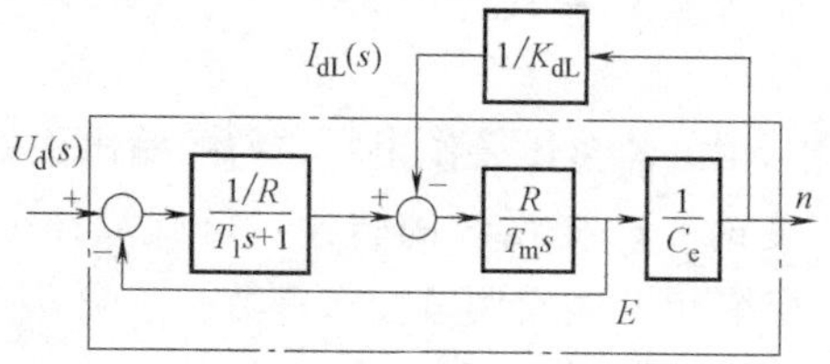

题 4-17 图 性质为 $T_L\propto n$ 的负载的等效框图

4-18 两自由度调速系统仿真：基于图 4.5.14 的仿真框图（使 $T_{oi}=T_{on}=0$），增加图 4.6.10 所示的负载扰动补偿器，并按照Ⅰ型系统设计转速调节器（注意原因）。对跟随特性和抗扰特性做仿真，并与例题 4.5.1 的结果作比较分析。

参考文献

[1] 王兆安. 电力电子技术 [M]. 4版. 北京：机械工业出版社，2000.

[2] 夏德黔. 自动控制原理 [M]. 北京：机械工业出版社，1990.

[3] 陈伯时. 电力拖动自动控制系统——运动控制系统 [M]. 3版. 北京：机械工业出版社，2003.

[4] 戴忠达. 自动控制理论基础 [M]. 北京：清华大学出版社，1991.

[5] LEONHARD M. 电气传动控制 [M]. 吕嗣杰，译. 北京：科学出版社，1988.

[6] 黄忠霖. 控制系统MATLAB计算及仿真 [M]. 北京：国防工业出版社，2001.

[7] 耿华，杨耕. 控制系统仿真的代数环问题及其消除方法 [J]. 电机与控制学报，2006，10 (6)：632-635.

[8] NAKAO M, OHNISHI K, MIYACHI K. A Robust Decentralized Joint Control Based on Interference Estimation [C]. Proc. IEEE Int. Conf. Robotics and Automation, 1987：326～331.

[9] UMENO T, HORI Y. Robust speed control of DC servomotors using modern two degrees-of-freedom controller design [J]. IEEE Transaction on Industrial Electronics, 1991, 38 (5)：363-368.

[10] JINGQING H. From PID to Active Disturbance Rejection Control [J]. IEEE Transaction on Industrial Electronics, 2009, 56 (3)：900-906.

[11] 于艾，杨耕，徐文立. 具有扰动观测器调速系统的稳定性分析及转速环设计 [J]. 清华大学学报（自然科学版），2005，45 (4)：521-524.

第5章

三相交流电机原理

从本章开始，进入三相交流电机原理及其控制方法的学习。

本章所述三相同步电机和三相异步电机的原理，本质上是这两种电机的电磁子系统原理。其机电子系统原理的经典模型都是3.2.1节的运动方程。

5.1 交流电机的基本问题以及基本结构

5.1.1 电机原理的基本问题以及本章展开方法

本节定性讨论三相交流电动机原理的基本问题并说明本章内容的展开方法。

1. 旋转磁场、感应电动势以及电磁转矩

图5.1.1a是描述**同步电动机**（synchronous motor）工作原理的实验模型。可以看出，与旋转手柄相连接的是一对特殊形状的马蹄形磁铁，以下称外部磁铁，其N、S极的表面向内且处于同一个圆柱面上；在该圆柱面内有一个固定在转动轴上的永久磁铁，以下称作转子磁铁。转子磁铁的N、S极表面向外。转轴的另一端通过系在轴上的软线吊起一个重物；只要重物的重量适当，当转动手柄使外磁铁逆时针（从右侧观察）转动时，转子磁极就会随逆时针转动，重物上升。由物理学可知，只要内、外两个磁铁极性之间存在位置偏差，相互之间就会产生电磁转矩，从而导致转子磁铁会随着外部磁铁的旋转而旋转；并且在转速稳定时转子磁极的转动速度总是等于外部磁铁的旋转速度，两个磁铁极性之间的位置偏差也随重物的重量变化而变化。图5.1.1b给出了两种转子的结构示意：一个是将永磁磁铁贴在铁心上，另一个是将绕组绕在铁心上，通电后形成一个电磁铁。

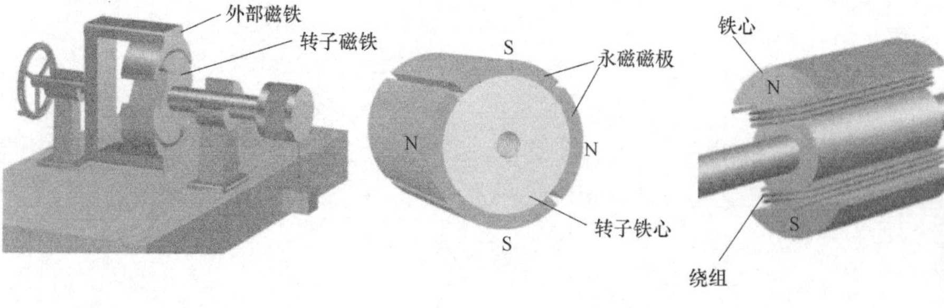

a) 模拟装置　　b) 转子结构：永磁型(左)/励磁型(右)

图5.1.1　交流同步电动机原理模拟装置和转子结构　　（扫码见彩图）

现在观察另一个模拟实验。在图5.1.2a中，在对应于图5.1.1a中转子磁铁的位置，放置了一个称为“笼型转子”的部件。该转子的结构示意图如图5.1.2b所示：图b的左图为圆柱形铁心，铁心外表面的槽中嵌入了图 b 右图所示的多根笼型导体，这些导体的两端通过一个圆环形导体相连接，从而相互短接构成一个圆柱形的导电体“笼子”。实验开始后，外部磁铁旋转形成旋转磁场，当笼型导体构成的转子的**转速不等于该旋转磁场转速**时，磁场的磁力线将切割转子中嵌入的这些导体，从而在导体中产生感应电动势及感应电流。该感应电流与外部的旋转磁场相互作用会产生电磁力形成电磁转矩，并使转子旋转。由于只有当笼型转子的转速与外部磁铁旋转的转速不相等时（与“同步”对应，被称为“异步”），转子导体才有感应电流，也就才有磁场，才使得电机运行，所以称这种电机为**异步电动机**（asynchronous motor）。

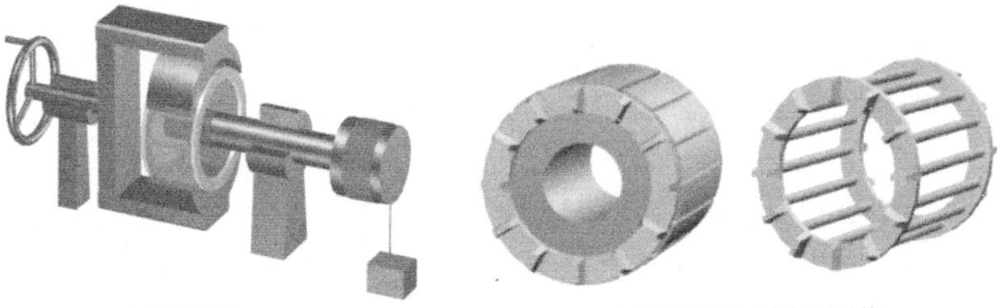

a) 模拟装置　　b) 转子的铁心和笼型导体

图 5.1.2　笼型异步电机的原理模拟装置和转子导体部分示意图　（扫码见彩图）

上述两个模拟实验直观形象地描绘了两种主要类型的交流电机，即永磁式转子同步电机和笼型异步电机的基本运行特征：同步电机的转子随外磁铁以同一角速度旋转，即**两者同步**；而异步电机只有当转子的转速“**异步于**”外磁极转速时，才能在转子的导体内产生感应电动势和感应电流，从而产生电磁转矩。

对于实际的同步电机和异步电机，其转子结构与上述两图中的转子是相似的。不同的是，实际电机定子的构成不是上述两图中的外部旋转磁铁，其具体内容如下。

图 5.1.3 是同步电机和异步电机的定子铁心和定子绕组的简化结构图。可以看出，定子上嵌有由铁磁材料制成的圆柱形定子铁心，在定子铁心内侧的槽中嵌入了三个定子绕组，亦称为电枢绕组（armature windings）。图中的定子铁心上只有 6 个槽，槽内有 3 个绕组。今后将说明这些就是三相定子绕组，并且如图 5.1.3b 所示，相互之间在空间上相差 120°。实际电机的定子铁心上往往有数十个甚至数百个槽。但是，在一般情况下，采用图中 6 槽模型就可以对电机原理的大部分问题进行分析。所以，本书在分析交流电机原理时，主要采用这种 6 槽模型。

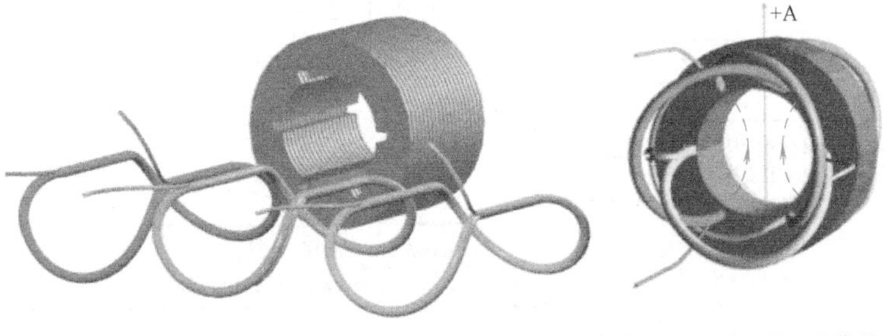

a) 定子铁心与三相绕组　　b) 绕组嵌入铁心的位置

图 5.1.3　三相交流电机的定子铁心和定子绕组　（扫码见彩图）

在定子三相电枢绕组中流过三相交流电流之后，就可以在定子铁心内圆表面建立等效于前述实验模型中“外部磁铁”的 N 极与 S 极的区域，并且这个 N、S 极区域在定子内圆表面随时间连续旋转，产生与两个模拟实验中外部旋转磁铁相似的旋转磁极，亦即产生了“旋转磁场”（rotating magnetic field）。与此同时，定子绕组被这个旋转磁场切割并产生感应电动势。当然，对于图 5.1.2 所示的异步电机，其转子的笼型导体被这个旋转磁场切割，也会产生感应电动势及感应电流。

本章 5.2 节将讨论三相绕组的三相电流产生的旋转磁场模型，以及被旋转磁场切割的导体所产生的感应电动势和感应电流的模型。

2. 电机建模要点以及本章内容的展开方法

在 5.3 节和 8.2 节，将建立异步电机和同步电机的稳态数学模型。在学习建模时需要注意以下几个要点。

1）这些部分主要讨论在三相对称正弦电压源供电条件下的电动机模型。对于采用电力电子变换器的变频变压电源驱动电动机所带来的特殊问题，已经超出本书的范围，只在第 6 章作简单介绍。

2）对于三相交流电机的这类稳态运行特性，一般采用**定子侧**的一个**单相等效电路**描述电机的全部特性。建模中，①电机定子电路和转子电路中的电压、电流、感应电动势用相量表示，磁路中的磁动势和磁通是在空间分布的变量，用空间矢量表示；②为建立这个单相等效电路模型，需要解决用定子电路的电量等效表示磁路量的问题，也需要解决用定子电路的电量等效表示转子电路的电量以及转子轴上的机械功率等问题。

上述内容所涉及的知识点多、内容繁杂，因此本章是本书的难点。学习时，建议读者注意问题的展开方法，注重物理概念与数学模型的关系。

为了便于本章的学习，用图 5.1.4 表示本章主要内容及其相互关系。

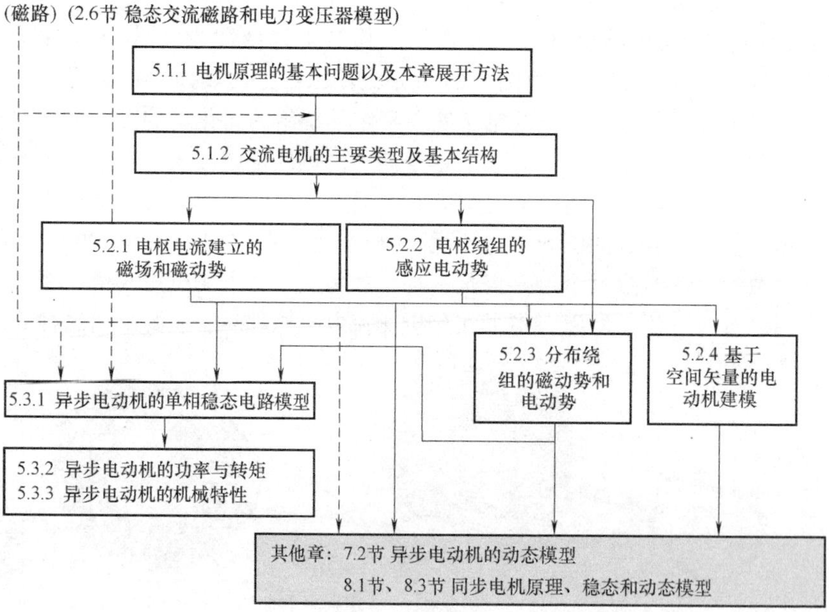

图 5.1.4 与交流电动机原理有关的内容以及相互关系

5.1.2 交流电机的主要类型及基本结构

1. 交流电机的主要类型

交流电机按能量转换方向的不同，可以分为发电机和电动机两大类。与图 5.1.1 和图

5.1.2 所示的模型相对应，广泛使用的交流电机又可以分为同步电机与异步电机两大类。常规发电厂所用的发电机几乎都是同步电机，而在制造业及居民生活中所用的电动机大部分是异步电动机。近年来，同步电动机、尤其是永磁同步电动机的应用越来越广。

交流电动机按供电电源的相数不同，有单相和三相电动机。许多家用电器以单相电动机为主，而大容量的电机多为三相交流电机。本书只涉及三相交流电机。

2. 三相交流电机的基本结构

(1) 三相同步电机的主要结构部件

一台三相同步电机的拆分图如图 5.1.5 所示。可以看出，它主要由固定不动的定子和可以自由旋转的转子两大部件组成。为保证电机能够正常旋转，定、转子之间还留有空气隙，简称气隙（air gap）。定子部分主要包括定子铁心、定子绕组和机座等。在定子铁心的内圆开了槽，在槽内放上导体。这些导体相互绝缘并与铁心绝缘，它们按一定的规律连接起来，构成定子绕组，亦称为电枢绕组。图中的转子是励磁式转子，即转子铁心上有励磁绕组，由励磁绕组通电给铁心励磁。在转子轴的一端上安装有与轴绝缘且相互也绝缘的两个铜环，称为集电环。励磁绕组的两个出线端子分别与两个集电环连接。两个集电环再分别与两个（或两组）静止不动的电刷接触。外部电路的直流电流通过电刷、集电环流入转子的励磁绕组后，磁极就显示出极性（N 与 S 极）。此外，永磁同步电机的转子是由永久磁铁构成，所以不需要励磁绕组及集电环、电刷等部件。

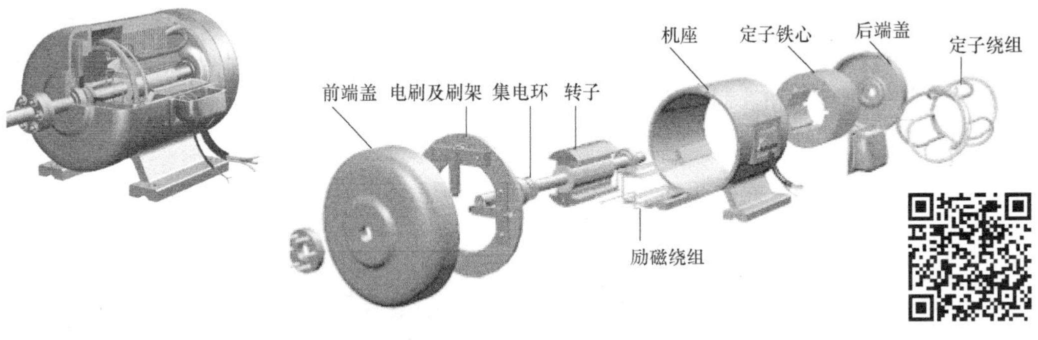

图 5.1.5　三相同步电机外观以及主要部件　　（扫码见彩图）

(2) 三相异步电机的主要结构部件

一台三相笼型异步电机的模型拆分图如图 5.1.6 所示。

图中的异步电机和同步电机一样，也包括定子、转子两大部件；定、转子之间的气隙通常是均匀气隙。功率在数千瓦到数十千瓦的小型异步电动机，其单边气隙一般在 0.2~1mm 之间。

异步电机的定子铁心和绕组的原理性结构和同步电机的基本相同，所不同的是其转子部分。转子部分主要包括转子铁心、转子绕组和转轴。

(3) 同步电机和异步电机的主要结构部件的对比

在交流电机部件中，对能量转换起主要作用的部件是定子铁心、定子绕组和转子的结构。以下进一步将两种交流电机的结构进行对比。

同步电机和异步电机的定子的结构大同小异，都可以采用图 5.1.3 表示。由 5.2.1 节可

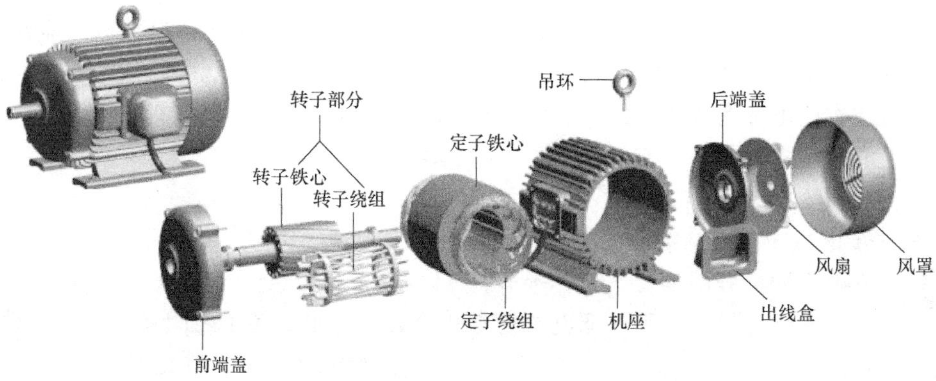

图 5.1.6　三相笼型异步电机外观以及主要部件　　（扫码见彩图）

知，两极电机的定子三相绕组中的三相电流在定子铁心磁路中建立的磁场在定子内圆形成了一个 N 极和一个 S 极，所以该图是两极电机的定子结构示意。在本书中分析交流电机的原理时，主要采用两极的模型。

同步电机的转子按照励磁原理可分为励磁式转子和永磁式转子。图 5.1.7a 是通过对绕组通电从而进行励磁的励磁式转子，图 b 是一种由永磁体构成的多对极永磁式转子。还可以根据磁极的物理形状分为凸极式转子（图 a）和非凸极式转子（图 b）。显然，将凸极式转子装入定子内圆后，定、转子之间会形成非均匀的气隙，也就是在凸极的极靴区域（即图中标示出 N、S 的区域）形成小气隙，在两个磁极之间的区域（通常称为极间）形成大气隙。而非凸极式转子与定子内圆之间的气隙比较均匀。在第 8 章同步电机中将会分析凸极和非凸极同步电机的特性和控制方法。

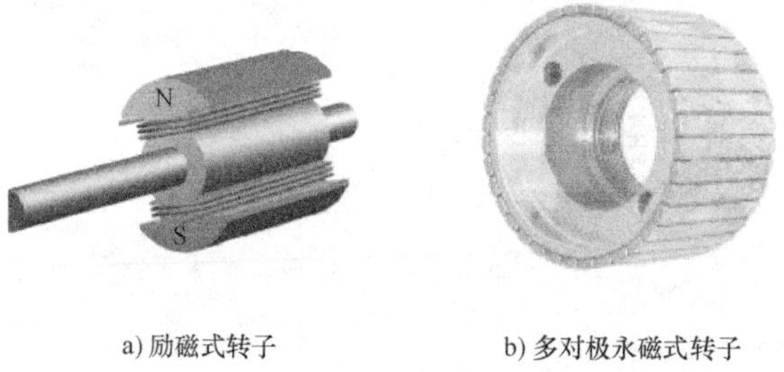

a) 励磁式转子　　b) 多对极永磁式转子

图 5.1.7　同步电机转子的两种结构　　（扫码见彩图）

异步电机的转子按结构不同可分为笼型和绕线型两种。图 5.1.8a 为笼型转子的铁心和嵌在铁心中的笼型导体；图 b 是绕线型转子的一种典型结构，其铁心槽内通常嵌放三相绕组。绕组引出线接到固定在转轴上并与轴绝缘的集电环上，利用固定不动的电刷装置与集电环的滑动接触使绕组与外部电路相连接。根据绕线型电机的不同用途，可以在三相绕组的外部电路中串入电阻或者可控的交流电源。

3. 用于原理分析的电机结构及模型

以定子绕组为例，可以将定子绕组的基本作用归结为两点：①流入定子电流，建立旋转磁场；②产生感应电动势。无论是定子电流建立的旋转磁场，还是图 5.1.7a 中转子磁极的

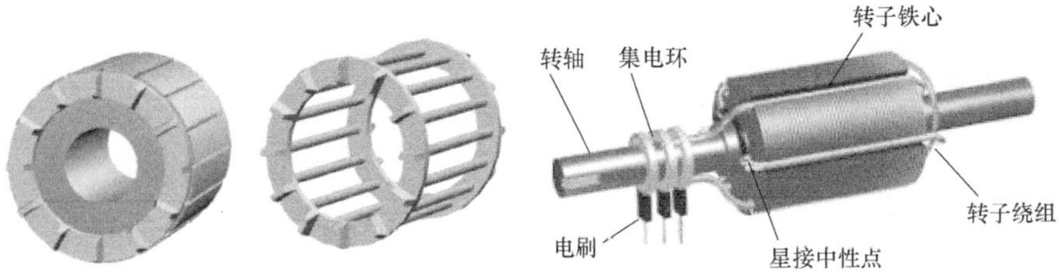

a) 笼型转子的铁心和笼型导体　　b) 绕线型转子的结构

图 5.1.8　异步电机转子的两种结构　　（扫码见彩图）

旋转，其磁力线都必然会切割固定不动的定子绕组，于是在其中产生感应电动势。在电动机中，正是由于感应电动势的出现，电能才能转换为机械能。而在发电机中，感应电动势的出现使得机械能转换为电能。

为了学习 5.2.1 节和 5.2.2 节的内容，以下介绍所需的最简单的电机结构知识。

（1）最简单的三相绕组结构

电机的线匝/线圈和绕组的概念如第 3 章的图 3.1.6 所示。实际电机的绕组结构多种多样，将在 5.2.3 节中讨论两个典型例子。

图 5.1.9 是一个最简单的三相绕组的外观图，这是一个两极电机的绕组。电机的定子铁心只有 6 个槽，每相绕组各自只有一个线圈。为了便于观察，图中特意将定子铁心切掉四分之一，用黄、绿、红三种颜色分别表示 A、B、C 三相绕组的线圈。每个线圈包括若干匝；图中用细线条代表 1 匝。如各线圈的引出线就是一个线匝的出线端；多匝缠绕在一起则构成一个线圈。线圈被嵌入定子铁心槽中的那一部分，是整个线圈与磁场直接相关的部分，常称为线圈边；两端延伸到铁心外面的部分，称为端接部分，简称端部。

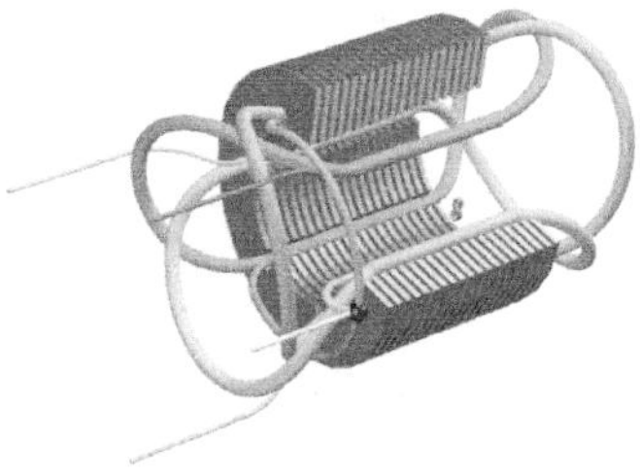

图 5.1.9　三相绕组的外观　　（扫码见彩图）

三相绕组的基本特点在于其对称性。为了保证这个对称性，各相绕组所包含的线圈数应相等，每相绕组的串联匝数应相同；同时三相绕组在电机定子内圆表面应对称分布。在图 5.1.9 所示的情况下，对称分布就表示 A、B、C 三相绕组在空间的位置彼此依次错开 120°。

为化简问题，进一步假设绕组是只有 1 匝的线圈。用 A、B、C、X、Y、Z 分别表示各个线匝的出线端，于是可以分别得到图 5.1.10a 所示发电机惯例和图 5.1.11a 所示电动机惯例的**定子三相绕组的最简单模型**。图中，发电机惯例时电流从线端 A、B、C 流出，电动机惯例则相反。

在需要确定各相对称绕组在圆周上的位置时，还应注意三相绕组 AX、BY、CZ 在圆周上排列的顺序。一般规定，当从上述两图的图 a 前端向后端观察时，三相绕组的出线端是沿着逆时针方向、即按 A-Z-B-X-C-Y 的顺序排列的。5.2 节将说明，按这种排列方式，电机处于**正常稳态运行条件下**，无论是异步电机还是同步电机，当定子内圆里有一个稳态的旋转磁

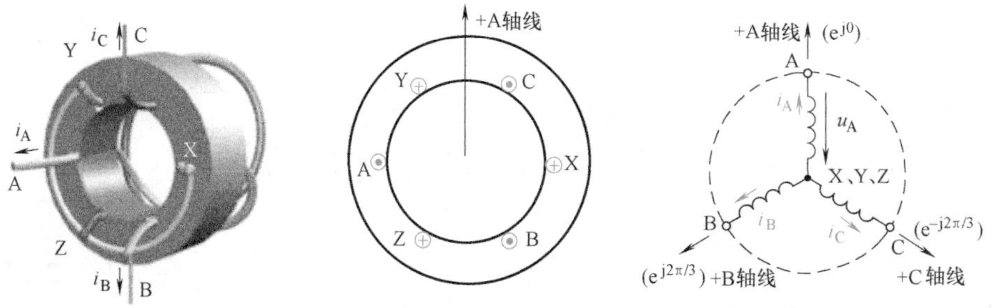

a) 实物示意　b) 平面模型　c) 空间电路模型

图 5.1.10　定子三相绕组简化模型（发电状态或称为发电机惯例）

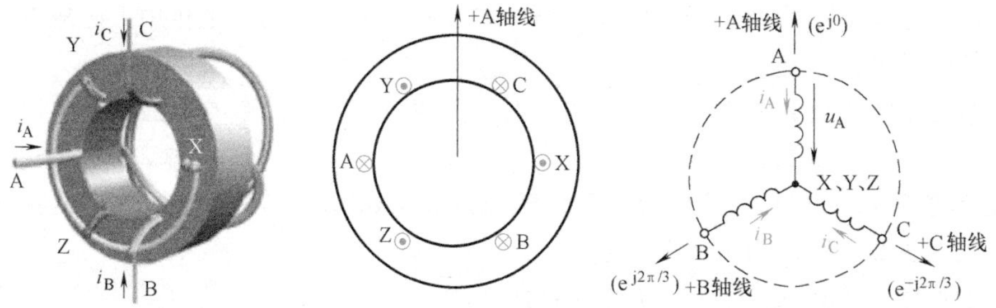

a) 实物示意　b) 平面模型　c) 空间电路模型

图 5.1.11　定子三相绕组简化模型（电动状态或称为电动机惯例）

场按逆时针方向旋转（称为正向旋转）时，就可以保证在三个定子绕组中产生正序的三相对称感应电压以及两个图 a 所示的对称三相电流。正序概念是指，无论哪一种惯例，三相感应电压之间和三相电流之间，都遵守 A-B-C 相序。A-B-C 相序是指，依次观察相电压 u_A、u_B、u_C 波形或者相电流 i_A、i_B、i_C 波形，前者超前于后者 120°。

（2）三相绕组的三种模型

对图 5.1.10a 为假定电流正方向为流出（发电状态下）三相 6 槽绕组的实物示意模型。

假定电机定子与转子之间的圆筒状气隙空间的圆筒长度方向上各处磁场分布一致，取其横截面，并标出绕组的位置和电流正方向，可得到三相绕组的平面模型如图 5.1.10b 所示。电气工程界习惯上称该平面为空间，对应气隙空间里的物理量如磁场，也称为空间磁场。

图 5.1.10b 中还标出了电机学用于表示 AX 相绕组空间位置的坐标，称为+A 绕组轴线。显然，它与绕组 AX 两个线圈边连线垂直，且与定子内圆的垂直方向的直径重合。将图 5.1.10b 放在极坐标平面里，将圆心与极坐标的零坐标重合，定义 AX 绕组的+A 轴线在极坐标上的位置为 e^{j0}，于是 BY 绕组和 CX 绕组各自的轴线名字及其在极坐标平面的位置分别为+B 轴线（$e^{j2\pi/3}$）和+C 轴线（$e^{-j2\pi/3}$）。

对应于图 5.1.10b 的平面模型，图 5.1.10c 称为极坐标平面上的空间电路模型。图 5.1.10c 将图 5.1.10b 中的各相实际绕组用各自对应轴线位置上的一个虚构的**绕组**替代，仍采用极坐标（e^{j0}，$e^{j2\pi/3}$，$e^{-j2\pi/3}$）标注三个绕组的轴线（该坐标系也被称为 ABC 坐标系）。由第 5.2.1 节可知，这使得电流矢量（即该空间绕组中的电流）与其产生的**磁动势**矢量（称为脉振磁动势矢量）同方向。图 5.1.10c 还明确了接线方式为星型联结，也标出了 A 相电压的正方向。容易看出，在该模型中，由电压和电流的正方向所决定的电功率传输方向是由电机内部向外输出，所以称图 5.1.10 为**发电状态或发电机惯例**。

注意，本书规定的绕组轴线只表示**绕组的空间位置**。所以，电动机惯例的实物示意模型图为图 5.1.11a，其三相绕组平面模型如图 5.1.11b 所示，其电流正方向与图 5.1.10b 的电流正方向相反，于是 AX 绕组电流对应的磁动势矢量方向与+A 轴线的**方向相反**。其对应的空间电路模型如图 5.1.11c 所示，其电压方向与发电机惯例一致。在该模型中，由电压和电流的正方向所决定的电功率传输方向是由外部电路输送到电机上，于是称图 5.1.11 为**电动状态或电动机惯例**。

确定电机是发电机惯例还是电动机惯例，依据是绕组 A、B、C 端口的参考电流方向是流出还是流入。

上述两图所述的实物示意模型、平面模型以及空间电路模型之间的对应关系十分重要，将用于电机的建模。此外，本节涉及的绕组结构称为**整距集中绕组**，其细节以及其他绕组结构将在 5.2.3 节讨论。

（3）多极电机的极数、绕组位置与磁极位置的对应以及电角度与机械角度

图 5.1.12a 和 b 分别为一台两极同步电机和一台 4 极同步电机的实物示意图及其平面模型。这两个图中，用实小圈表示 A 相绕组，用虚小圈表示 B 相绕组。两极电机示意图的定子绕组是最简单的两极绕组，每相绕组只有一个线圈；4 极电机示意图的定子绕组则是最简单的 4 极绕组，每相绕组由**两个空间位置不同的线圈串联**（或并联）**而成**。可以看出，前者的线圈边在定子内圆跨越半个圆周，即 180°空间角度，而后者跨越 1/4 个圆周，即 90°空间角度。这样，两个示意图中无论是两极绕组还是 4 极绕组，其两个线圈边在定子内圆表面跨越的圆弧长都等于其转子的相邻两个磁极在同一表面跨越的圆弧长。这就是电机示意图中**绕组位置与磁极位置的对应关系**。它保证了当一个线圈边正对着 N 极中心时，另一个线圈边就正对着 S 极中心。

设电机的**极对数为 n_p（极数为 $2n_p$）**。所以上述电机示意图中相邻磁极所跨越的圆弧（称为极距）以及各个绕组的每个线圈边所跨越的圆弧（称为节距）都将是

$$360°空间角度/(2n_p) \tag{5.1-1}$$

极距和节距的概念将在 5.2.3 中叙述。

以下说明电角度与机械角度的概念。两者都用于表示图 5.1.12 中电机磁极的空间位置，以及磁极位置和对应绕组的交流电量（如感应电动势、电流）相位角的关系等内容。

图中所示相邻磁极对应的空间角度，两极电机为 180°，而 4 极电机则为 90°。电机学称这种基于电机机械构造所观察到的角度为**机械角度**。

再分析电角度。①如果经过定子 AX 绕组的 N 磁极中心线到相邻 S 磁极中心线、再到下一个 N 磁极中心线（N 极→S 极→N 极）为一个磁极变化周期（即 360°）的话，对于两极电机，这个周期在电机机械空间上是 360°机械角度，而对四极电机则是 180°机械角度；②再分析定子 AX 绕组中的感应电动势相位角与经过 AX 的磁极旋转角度的关系：无论图 5.1.12a 还是图 5.1.12b，当电机转子旋转时，经过 AX 绕组的一个磁极变化周期，AX 绕组中的感应电动势相位角都会改变一个周期 360°。电机学把这些与电量相位或磁场旋转相关的角度称为**电角度**。

图 5.1.12 中，两极电机的机械角度等于电角度；4 极电机的电角度为机械角度的 2 倍。因此对 n_p 对极的电机，其电角度与机械角度的关系为

$$电角度 = n_p \times 机械角度 \tag{5.1-2}$$

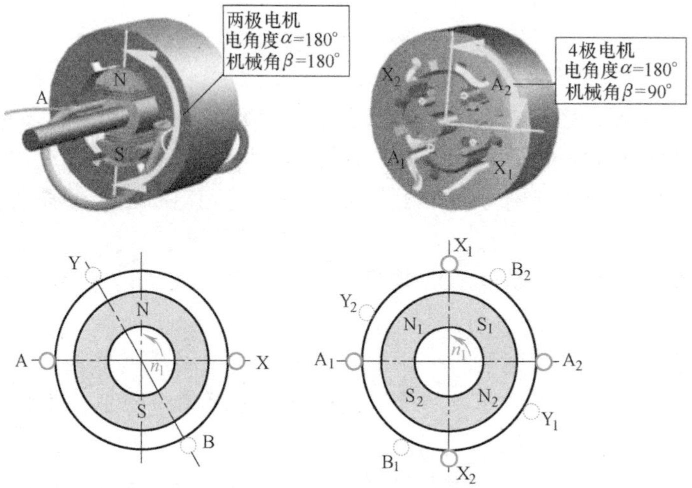

a) 两极电机　　b) 4极电机

图 5.1.12　两极电机与 4 极电机的磁极与绕组

（扫码见彩图）

据此，对于任意极数的三相电机的三相对称绕组，A、B、C 三相绕组依次隔开的角度都是 120°电角度，如图 5.1.12 所示的 A 相绕组与 B 相绕组的位置关系。

同理，机械角频率 Ω 和电角频率 ω 的关系为

$$\omega = n_p \Omega \tag{5.1-3}$$

由上述分析可知，无论交流电机的极对数是多少，采用电角度、电角速度来考察其电磁现象时，绕组的电路模型都可以采用图 5.1.10c 或者图 5.1.11c 表示。推而广之，采用电角度和电角频率的概念可以十分方便地统一建立各种交流电机电磁子系统的模型。

实际中，需要根据工作转速要求来选定电机的极数。例如在我国，火电厂汽轮机的工作转速为 3000r/min，所以选择与之同轴同步的发电机为两极电机，这样图 5.1.12a 所示两极同步电机发出的交流电压频率就是公用电网所需的 3000r/min/60s = 50Hz；小型柴油发电机中的柴油机一般工作转速为 1500r/min，采用 4 极同步发电机就可以发出 50Hz 的电压。原动机工作转速 n（r/min）、同步发电机转速 n_1（r/min）、电机发出的电压频率 f_1（Hz）与电机的极对数 n_p 的关系为

$$n = n_1 = 60f_1/n_p \tag{5.1-4}$$

常用的小型异步电动机和同步电动机多为 2 极、4 极、6 极或 8 极，其极对数与转子转速以及供电电源频率之间的关系将在后续章节介绍。

5.2　交流电机的磁动势与感应电动势

电枢绕组是三相交流电机中机电能量转换的关键部分。电机运行时，绕组流过三相对称电流，在电机气隙圆周上产生旋转磁场，旋转磁场在三相绕组中又感应出三相感应电动势。

各种交流电机的工作原理、转子结构、励磁方式和性能虽有所不同，但是定子结构、定子绕组中产生电动势以及绕组电流在电机气隙圆周上产生旋转磁场的机理却是相同的。

旋转磁动势、磁场以及感应电动势是交流电机的共同问题。

5.2.1　电枢电流建立的磁场和磁动势

本节讨论三相绕组中流过对称三相电流时建立的旋转磁场和磁动势模型。展开方式为：先分别讨论单相绕组中流过直流电流和正弦电流时的磁场，然后分析三相绕组中流过对称三相电流时建立的旋转磁场及其数学模型，最后给出反映励磁电流和旋转磁场关系的“时间相量-空间矢量图”。

为简化本节分析，假设：①定、转子铁心不饱和，即磁导率非常大，使得铁心内的磁位降可以忽略不计，同时铁心中的磁滞损耗和涡流损耗也忽略不计；②定、转子之间的气隙均匀且与定子内径相比非常小；③槽内电流集中于定子内圆表面上，槽的形状对磁场分布的影响忽略不计。因此，可认为本节中磁力线均匀分布于定子内圆且沿圆弧的法向穿过气隙。

在本节分析中，还需要注意以下两点约定：①绕组模型及电流的正方向：在分析单相及三相绕组产生的磁场时，主要采用图 5.1.10、图 5.1.11 所示 6 槽的两极三相**集中整距绕组**模型，并取图 5.1.10 所示发电机惯例进行分析；②各个绕组的空间位置及绕组轴线：通电绕组的空间位置决定了其产生的磁场的空间位置。例如，图 5.2.1a 的 A 相电流的正方向决定了其产生的磁场（磁力线）的正方向，就是图 5.2.1b 中+A 轴线的方向。

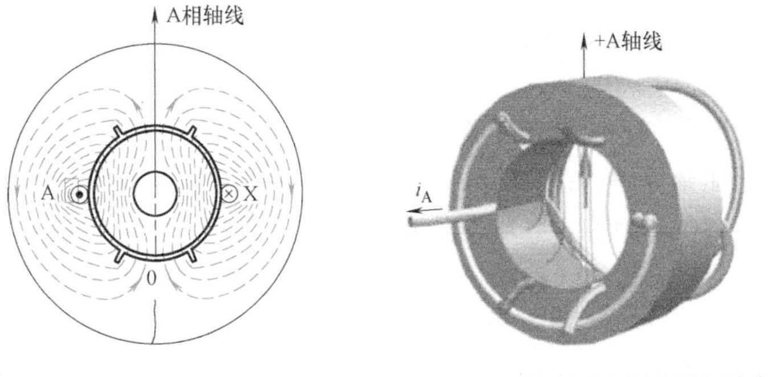

a) 平面模型:电流与磁力线分布　　b) 电流正方向与气隙磁场正方向

图 5.2.1　发电机惯例下的电流与磁场正方向

视频 No. 14

视频 No. 14 说明了本小节的以下内容 1~3 的要点。

1. 单相绕组流过直流电流时建立的气隙磁场

(1) 磁场分布与圆弧坐标系

首先分析图 5.2.1a 中由整距绕组构成的 A 相绕组流过直流电流 I 时所建立的磁场。按右手螺旋关系容易得知，在绕组所包围的平面上，磁力线分布如图 5.2.1a、也就是图 5.2.2a 所示。可见定子绕组电流所建立磁场的磁路包括定子铁心、转子铁心与两段空气隙。注意，这些磁力线并不会向外穿过圆柱形定子铁心的外表面，原因是铁心的磁导率比空气的磁导率大太多，绕组内侧由下向上的磁力线在图中转子上部进入定子内圆后，就沿着定子铁心从绕组外侧回到转子下端了。

本章的讨论都是**基于铁心的磁导率无限大**，即忽略磁路中铁心的磁压降。再假定定子内圆表面和转子外圆表面光滑，于是可知，磁力线不仅垂直于定子内圆和转子外圆，而且沿定子内圆表面均匀分布；在图中电流方向下，定子铁心下部的内圆表面为 N 极，上部的内圆表面为 S 极。

为了描述磁场沿定子内圆圆周的分布情况，在定子内圆圆周上建立一个圆弧坐标系 α，如图 5.2.1a 所示。该坐标系以“A 相轴线”的反向延长线（圆心到“0”之间的虚线）与定子内圆的交点作为原点（图中的“0”点），将图 5.2.2a 中定子在左侧 A 点的水平线剖开，然后从 A 点上方起将定子圆环沿顺时针方向（虚线箭头）展开。展开后的定子圆弧以及圆弧坐标系 α 如图 5.2.2b 所示，规定 α 的单位为电角度。所以，该坐标的正方向就是圆的**逆时针**方向，今后看到，这也是旋转磁场的正方向。

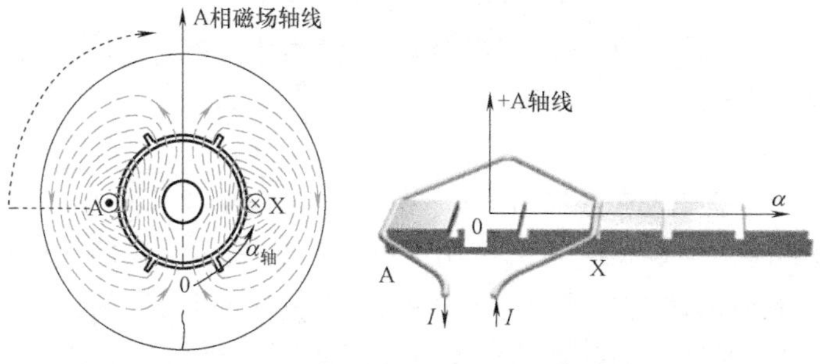

a) 平面模型　　b) 圆弧坐标系α上的表示图

图 5.2.2　直流电流建立的磁场以及圆弧坐标系 α

（扫码见彩图）

（2）气隙磁通密度、磁动势及其数学表达

1）气隙磁场波形。

为了得到气隙磁动势 $f(\alpha)$ 沿定子内圆圆周的分布情况，任取一条越过气隙的磁力线，忽略铁心磁压降，则匝数为 W_k 的线圈的磁动势 W_kI 全部消耗在两段气隙上，所以每段气隙磁动势的大小等于 $W_kI/2$。除了导线所在位置之外，定子内圆的圆周上任意处的气隙磁动势均为 $W_kI/2$。气隙磁动势又称为气隙磁压降。显然，所谓“气隙磁压降”，实际上就是定子铁心内圆与转子铁心外圆之间的上下两个半圆气隙上的磁压降。

其次分析气隙磁动势沿着定子内圆圆周分布的波形。先明确气隙磁动势的正负。在物理学中，磁路两点之间的磁压降可以认为是两点磁位之差。当铁心磁导率无限大时，图 5.2.2a 中整个定子内圆和转子外圆所围气隙的磁位处处相等，即为等磁位面；同样地，定子内圆上半圆周表面为等磁位面，下半圆周表面也为等磁位面。在这三个等位面上，令转子外圆表面磁位等于零，根据图 5.2.2a 中的磁力线的方向可知，定子内圆下半圆周表面磁位为正，上半圆周表面磁位为负。通常，用定子内圆表面一点从定子穿越气隙到转子表面的磁压降来代表该点的气隙磁动势；由于磁力线从定子表面的 N 极进入气隙，再从气隙进入转子表面，所以，定子内圆 N 极区域的磁动势为正，S 极区域的磁动势为负。这样，就可以得到定子内圆各点的磁动势波形，如图 5.2.3c 所示。可以看出，在横坐标 α 从 $-\pi/2$ 到 $\pi/2$ 的范围里，气隙磁动势为正。于是，整距绕组在气隙圆周上形成一正一负、矩形分布的磁动势 $f(\alpha)$；该矩形波相对于 A 相绕组轴线对称，其高度 F_A 为 $W_kI/2$。气隙磁动势（气隙磁压降）也称为气隙磁通势。

显然，气隙磁通密度的波形也是矩形波，如图 5.2.3b 所示。

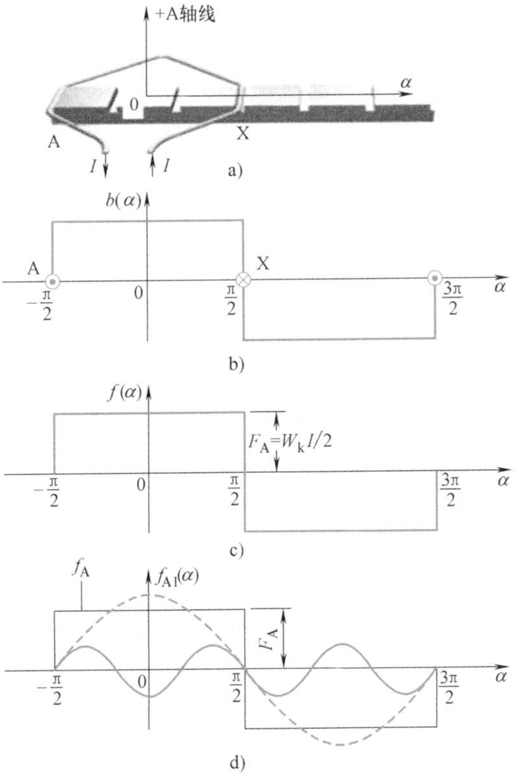

图 5.2.3　直流电流流过集中整距绕组产生的矩形波磁场（圆弧坐标）

2）气隙磁动势基波。

对图 5.2.3c 所示空间矩形波进行傅里叶级数分解，可以得到基波和一系列奇次空间谐波，其基波和三次谐波如图 5.2.3d 所示。基波的幅值为矩形波幅值的 4/π，所以，基波磁动势可以写成

$$f_{A1}(\alpha)=F_{A1}\cos\alpha=\frac{4}{\pi}\frac{W_kI}{2}\cos\alpha \tag{5.2-1}$$

式中，F_{A1} 代表气隙基波磁动势幅值，且

$$F_{A1}=\frac{4}{\pi}\frac{W_kI}{2} \tag{5.2-2}$$

气隙磁通密度的基波为

$$B_{A1}(\alpha)=B_{A1}\cos\alpha=\frac{4}{\pi}B_\delta\cos\alpha \tag{5.2-3}$$

式中，B_{A1} 与 B_δ 分别代表气隙基波磁通密度及矩形波磁通密度幅值。显然

$$B_\delta=\mu_0H_\delta=\mu_0\frac{F_A}{\delta}=\mu_0\frac{W_kI}{2\delta} \tag{5.2-4}$$

式中，H_δ 是气隙磁场强度；δ 为气隙沿半径方向的尺寸，通常简称为气隙长度；μ_0 为空气的磁导率。

显然，基波磁通密度幅值 B_{A1} 为

$$B_{A1}=\mu_0 H_{A1}=\mu_0\frac{F_{A1}}{\delta}=\frac{4}{\pi}\frac{\mu_0}{\delta}\frac{W_k I}{2} \tag{5.2-5}$$

在均匀气隙的情况下，气隙磁通密度总是具有与同阶次的气隙磁动势相同的波形，只要将任意一点的气隙磁动势乘以 μ_0/δ，就可以得到相应的气隙磁通密度。考虑到气隙磁动势是“因”，而气隙磁通密度是“果”，故在以后的分析中只需要讨论在各种情况下气隙磁动势的表达式。

3）气隙磁场的空间谐波。

对矩形波磁动势进行谐波分析得到的谐波磁动势表达式为

$$f_{A\nu}(\alpha)=F_{A\nu}\sin\left(\nu\frac{\pi}{2}\right)\cos(\nu\alpha) \tag{5.2-6}$$

式中，$F_{A\nu}$ 为谐波磁动势的幅值，为

$$F_{A\nu}=\frac{4}{\nu\pi}\frac{W_k I}{2}=\frac{1}{\nu}F_{A1} \tag{5.2-7}$$

式中，$\nu=3$、5、7、…，代表谐波次数。

2. 单相绕组流过交流电时建立的脉振磁场

当图 5.2.2 所示 A 相绕组中流过随时间做正弦变化的电流时，相当于式（5.2-1）和式（5.2-5）中的直流电流被换成了一个角频率为 $\omega=2\pi f$（f 是交流电流的频率）的正弦交流电流，假定该电流为

$$i=\sqrt{2}I\cos\omega t \tag{5.2-8}$$

由于绕组和图 5.2.3 一样仍然是整距的，在任意瞬间，定子内圆的气隙磁通密度与气隙磁动势在空间仍然是矩形波。只是矩形的高度和正负号是随着电流大小、方向的变化而不断变化的。这种大小与方向连续变化的矩形波磁动势叫作脉振矩形波磁动势。图 5.2.4 直观地表示了电流分别为正值、负值以及零三个状态时，对应的脉振矩形波磁动势的状态。

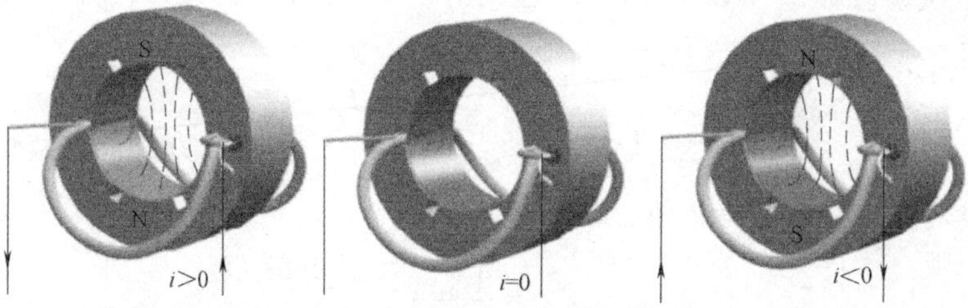

图 5.2.4　脉振磁场的示意图　　（扫码见彩图）

对脉振矩形波磁动势进行谐波分析，就得到该磁动势的基波和谐波磁动势。由式（5.2-1）和式（5.2-8）可得基波磁动势的表达式为

$$f_{A1}(\alpha,t)=\frac{4}{\pi}\frac{W_k(\sqrt{2}I\cos\omega t)}{2}\cos\alpha=F_{m1}\cos\omega t\cos\alpha \tag{5.2-9}$$

式中，F_{m1} 为单相基波磁动势幅值，$F_{m1}=\frac{4\sqrt{2}}{\pi\ 2}W_k I\approx 0.9W_k I$。对于极对数为 n_p 的情况，不难得到

$$F_{m1}=\frac{4}{\pi}\frac{\sqrt{2}}{2}\frac{W_k I}{n_p}\approx 0.9\frac{W_k I}{n_p} \tag{5.2-10}$$

式（5.2-9）表明，定子内圆的基波磁动势既随定子内圆各点（空间）呈余弦分布，又随着电流按时间做余弦变化。在 $t=0$ 瞬间 $f_{A1}(\alpha,\ t)$ 的波形如图 5.2.3d 的 $f_{A1}(\alpha)$。

由式（5.2.6）和式（5.2.8）可得到第 ν 次谐波的磁动势表达式为

$$f_{A\nu}(\alpha,t)=F_{m\nu}\sin\left(\nu\frac{\pi}{2}\right)\cos\omega t\cos(\nu\alpha),\quad F_{m\nu}=\frac{1}{\nu}F_{m1} \tag{5.2-11}$$

比较式（5.2-9）的基波公式和式（5.2-11）的谐波公式可知，磁动势分布的基波和谐波在时间上以同一角频率 ω 脉振，脉振频率等于电流的频率。

对应于式（5.2-8）的 A 相电流，三相正序相电流为

$$\begin{aligned}i_A&=\sqrt{2}I\cos\omega t\\ i_B&=\sqrt{2}I\cos(\omega t-120°)\\ i_C&=\sqrt{2}I\cos(\omega t-240°)\end{aligned} \tag{5.2-12}$$

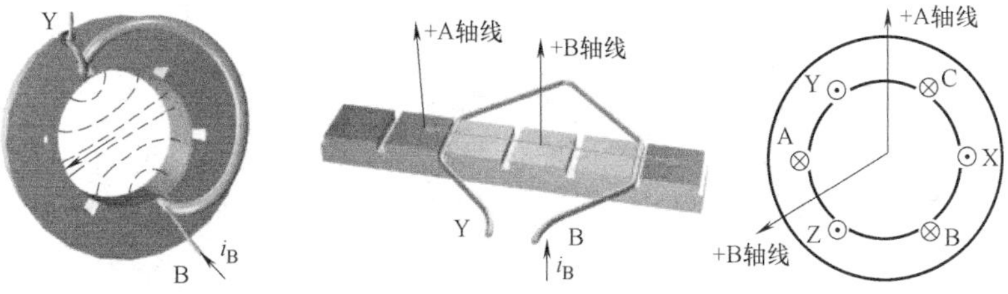

a) 绕组位置和电流磁场　　b) 圆弧坐标以及轴线位置　　c) 平面模型

图 5.2.5　B 相电流和磁场、以及用圆弧坐标/平面坐标的表示

根据式（5.2-12）以及图 5.1.10 和图 5.2.5 可知，B 相和 C 相的磁场的对称轴分别在 α 轴上 120°和 240°的位置上。基于 A 相磁场的对称轴 $\alpha=0°$，参照 A 相电流所建立的基波脉振磁场的表达式（5.2-9），可以得到 B 相和 C 相的基波脉振磁动势分别为

$$f_{B1}(\alpha,t)=F_{m1}\cos(\omega t-120°)\cos(\alpha-120°)$$

$$f_{C1}(\alpha,t)=F_{m1}\cos(\omega t-240°)\cos(\alpha-240°)$$

于是，$\omega t=120°$瞬间的磁动势 $f_B(\alpha,\ t)$ 和基波磁动势 $f_{B1}(\alpha,\ t)$ 的波形如图 5.2.6 所示。

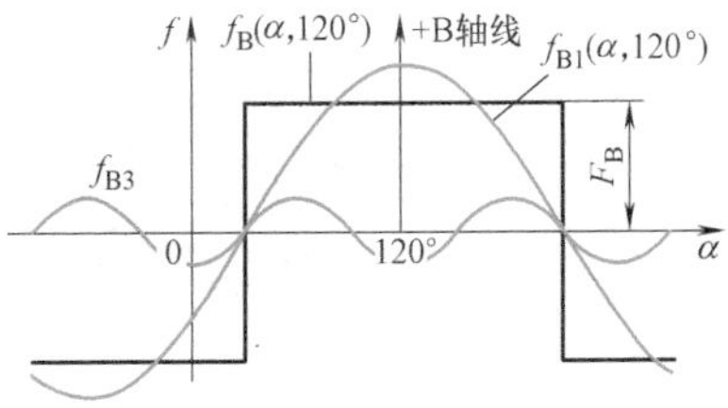

图 5.2.6　$\omega t=120°$时刻 B 相磁动势空间分布

3. 对称三相绕组流过对称三相交流电流所建立的旋转磁场

(1) 三相交流电流产生的旋转磁场

首先通过图 5.2.7 认识什么是旋转磁场（rotating magnetic field）。图中按 a ~ f ~ a 的顺序，依次给出了在电流变化的一个整周期内，当电角度 $\omega t=0°$、60°、120°、…六个时刻时某电机的基波磁场分布。其中，箭头线段与磁力线的对称轴重合，且方向与两侧的磁力线方向相同。从图中可以看出，电流变化一个**时间**周期，电机的基波磁场的磁力线分布状况也正

好变化了一个**空间**周期，犹如磁场旋转了一圈。这六个时刻中，每相邻两个时刻对应的定子电流的相位依次落后 60°电角度，从磁场分布图可以看出，磁场分布的轴线在空间上也依次转过 60°电角度。显然，所谓旋转磁场实际上是磁场分布状况随时间的变化，表现为磁场分布图中磁力线的旋转效应。在图 5.2.8 中画出了对应于图 5.2.7a、c、e 三个时刻的电机定子内圆的 N、S 极区域。可以看出，所谓旋转磁场，亦是定子内圆 N 极与 S 极区域所在位置的变化，表现为定子内圆 N、S 极的旋转。

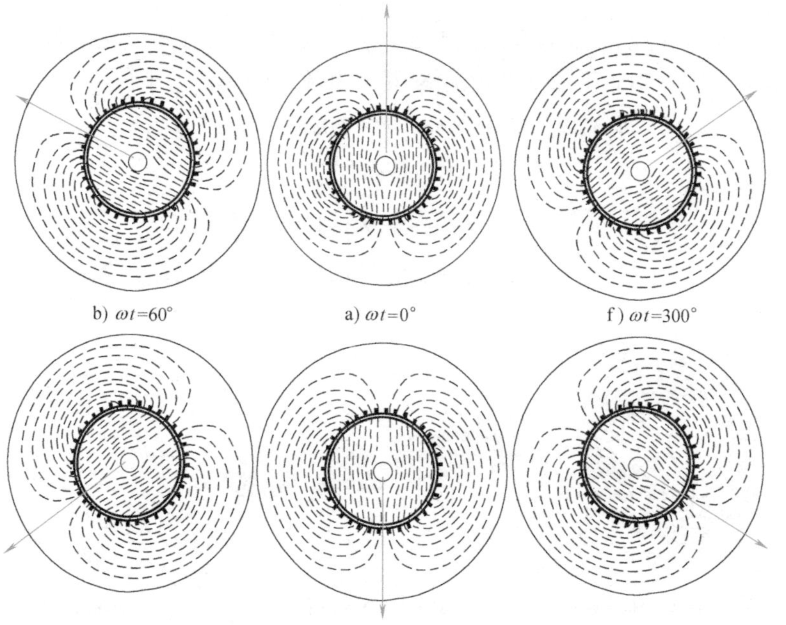

b) $\omega t=60°$　　a) $\omega t=0°$　　f) $\omega t=300°$

c) $\omega t=120°$　　d) $\omega t=180°$　　e) $\omega t=240°$

图 5.2.7　旋转磁场示意图

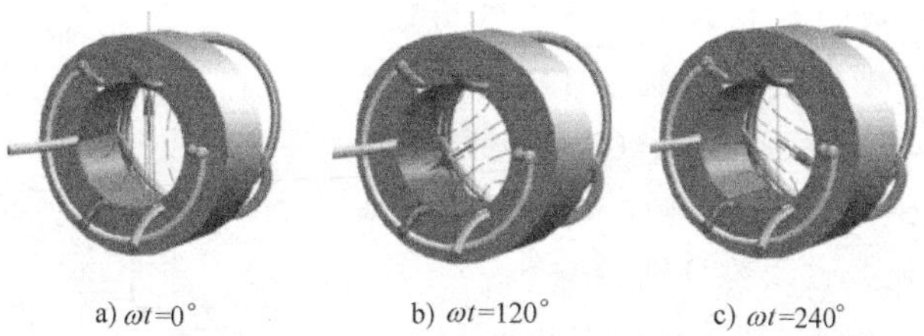

a) $\omega t=0°$　　b) $\omega t=120°$　　c) $\omega t=240°$

图 5.2.8　对称三相电流建立的旋转磁场在不同时刻 N、S 极区域的位置　　（扫码见彩图）

进一步分析三相绕组中通以式（5.2-12）的电流时，电流与它们所建立的磁场的对应分布关系。图 5.2.9 给出了在 $\omega t=0°$、90°、180°以及 270°这四个时刻 A、B、C 三相绕组中各个电流的实际方向以及电流的瞬态值。知道了电流的方向，即可根据右手螺旋关系判断三相电流共同作用下所产生的磁场。根据图示不同瞬间的电流方向和磁场分布可知，在对称三相绕组流过对称三相电流后，由于各绕组中电流的有序变化，就产生了磁场的旋转效果。这个磁场可以用圆弧坐标系表示，也可以用空间矢量表示。

（2）圆弧坐标上的旋转磁动势标量模型

仍然采用图 5.2.3a 所示的定子内圆圆弧坐标系。即以 A 相绕组的轴线处作为空间 α 坐

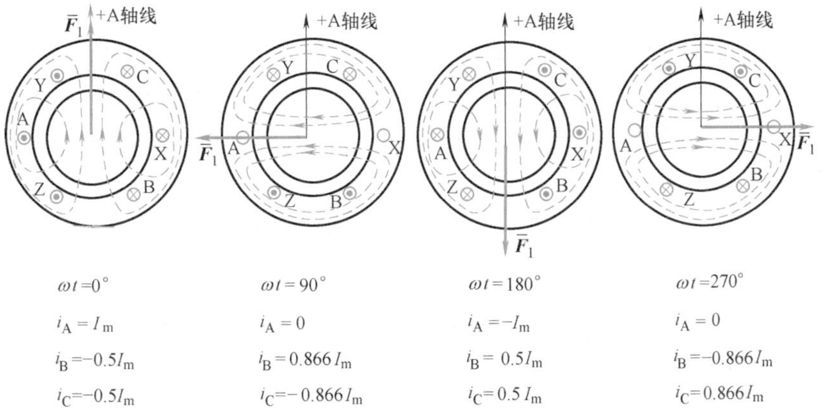

a) b) c) d)

图 5.2.9 式（5.2-12）电流的四个瞬时值以及对应的旋转磁场基波磁力线分布

标系（以电角度计）的原点，正方向为逆时针方向。由前节知，在任一瞬间 t，在坐标为 α 处的三相电流单独作用所产生的基波脉振磁动势分别为

$$
\begin{aligned}
f_{A1} &= F_{m1}\cos\alpha\cos\omega t \\
f_{B1} &= F_{m1}\cos(\alpha-120°)\cos(\omega t-120°) \\
f_{C1} &= F_{m1}\cos(\alpha-240°)\cos(\omega t-240°)
\end{aligned}
\tag{5.2-13}
$$

因此，在三相电流共同作用时的定子内圆磁动势等于三相电流单独作用时所建立的基波脉振磁动势的代数和，即

$$
\begin{aligned}
f_1(\alpha,t) &= f_{A1}+f_{B1}+f_{C1} \\
&= F_{m1}\cos\alpha\cos\omega t+F_{m1}\cos(\alpha-120°)\cos(\omega t-120°) \\
&\quad +F_{m1}\cos(\alpha-240°)\cos(\omega t-240°)
\end{aligned}
$$

将上式右端中的每一项利用“余弦函数积化和差”的规则进行分解和简化，所以上式可整理为

$$
f_1(\alpha,t) = F_1\cos(\omega t-\alpha),\ F_1 = \frac{3}{2}F_{m1} \tag{5.2-14}
$$

对 1 对极电机，$F_{m1} = 0.9W_kI_1$。对于极对数为 n_p 的情况，若相电流有效值为 I_1、相绕组串联总匝数为 W_1，则需要将 W_1 分配在 n_p 个磁极下。所以

$$
F_1 = 1.35\frac{W_1}{n_p}I_1 \tag{5.2-15}
$$

此外，由于三相电流对称，在式（5.2-11）中，3 次以及 3 的整数倍谐波磁动势就不存在了。为了消除更多的谐波，实际的电机绕组多为分布绕组。分布绕组及其磁动势分析将在 5.2.3 节讲述，这里仅仅引用结论：分布绕组条件下，用 $W_{1,\mathrm{eff}}$ 表示每相绕组的**有效串联匝数**，简称为**有效匝数**（effective number of turns）。于是此时磁动势幅值为

$$
F_1 = \frac{3}{2}F_{m1} = 1.35\frac{W_{1,\mathrm{eff}}}{n_p}I_1 \tag{5.2-16}
$$

式中，$F_{m1} \approx 0.9W_{1,\mathrm{eff}}I_1/n_p$ 为单相电流产生的单相基波磁动势幅值。

式（5.2-14）和式（5.2-16）就是用圆弧坐标表示的分布绕组的三相脉振磁动势基波合

成的磁动势表达式。

下面分析该合成磁动势的性质。从式（5.2-14）可见，基波磁动势 $f_1(\alpha,t)$ 是一个恒幅、正弦分布的、向+α 方向移动的行波。由于定子内腔为圆柱形，所以实质上 $f_1(\alpha,t)$ 是一个沿着气隙圆周连续推移的磁动势波。根据式（5.2-14）不难求得基波磁动势 $f_1(\alpha,t)$ 的旋转速度有多种表示方式

$$\begin{cases}\text{以电角度表示的旋转速度} & \omega=2\pi f\\ \text{以机械角度表示的旋转速度} & \Omega=\omega/n_p\\ \text{采用每分钟旋转圈数表示} & n_1=60\times\dfrac{\Omega}{2\pi}=\dfrac{60f}{n_p}\end{cases} \tag{5.2-17}$$

其中，电角频率 ω 常用于电机电磁子系统的分析，单位为 rad/s；转速 n_1 称为同步转速（synchronous speed），单位为 r/min，由图 5.1.12c 可知它就是图中永磁转子磁极的转速，由第 8 章可知它也是同步电机正常运行时的转子转速。

对称三相绕组流过对称三相电流时，所产生的基波气隙磁动势 $f_1(\alpha,t)$ 的性质为：

1）每一相绕组产生脉振磁动势，但三相合成后产生旋转磁动势。

2）三相合成基波磁动势旋转频率（用电角度表示的转速）与单相基波脉振磁动势频率相等。

3）每一相脉振磁动势幅值的大小随时间而变化，而三相合成基波磁动势幅值 F_1 不变。它是基波脉振磁动势最大幅值的 3/2 倍。

4）三相合成基波磁动势的旋转方向朝着+α 的方向，也就是顺着从+A 轴线到+B 轴线，再到+C 轴线的方向。

5）电流随时间变化的相位角等于基波磁动势在空间转过的电角度。当某相电流达到最大值时，三相合成基波旋转磁动势的正幅值正好位于该相绕组的轴线处（请基于图 5.2.11 的波形理解）。

不难推出，三相合成谐波磁动势的表达式为

$$f_{\nu 1}(\alpha,t)=F_{\nu}\sin\left(\nu\frac{\pi}{2}\right)\cos(\omega t\pm\nu\alpha) \tag{5.2-18}$$

式中，$F_{\nu}=\dfrac{1}{\nu}F_1$，$\nu=5,\ 7,\ 11,\ 13,\ \cdots,\ 6k\pm1,\ \cdots\ (k=1,\ 2,\ 3,\ \cdots)$。

在电机学中，称这些谐波磁动势为空间谐波（space harmonics）磁动势。观察式（5.2-18）可以发现，对称三相绕组的合成磁动势中不含 3 次及 3 的倍数次谐波分量，这是电力工程领域采用三相制的好处之一。这些谐波消失的具体原因还请读者自行推导。

由此式还知，①当式（5.2-18）的 $6k\pm1$ 项取加号时，该谐波磁动势分量为负，被称为负序分量；反之，该磁动势分量为正，称为正序分量；②第 ν 次谐波磁动势在空间里以 ν 倍于基波分布，所以其旋转速度是基波同步转速的 $1/\nu$。由图 5.2.3d 可知，ν 次空间谐波磁动势在空间上有 ν 个周期。对空间谐波更为详细的讨论，请参见文献［1，2］。

此外，如果励磁电流不是正弦波时，电流谐波成分也会产生谐波磁动势，该谐波称为时间谐波（time harmonics），本书将在 6.4 节介绍。

（3）采用空间矢量表示的旋转磁动势

图 5.2.9 中的蓝色实线箭头就是蓝色虚线所表示的磁力线族的矢量表示，所以旋转磁场也可以采用矢量表示。由图 5.2.9 可知，基波磁动势矢量的大小正比于三相电流幅值，其空

间位置 ωt 和电流的时间相位 ωt 一一对应。

以下讨论如何用一个基波磁动势矢量来表示这个旋转磁动势的基波分量。

首先，由图 5.1.10c 知，定子绕组可等效为图 5.2.10 所示的模型。注意，这个模型虽是平面模型，工程界仍称其中的矢量为空间矢量。该图用基坐标（e^{j0}，$e^{j2\pi/3}$，$e^{-j2\pi/3}$）分别表示 A、B、C 相轴在极坐标平面上的位置。本书称这个坐标系为 ABC 坐标系。

为一般化，设发电机惯例下以电机定子相电压为参考正弦量，则式（5.2-12）的相电流 i_A、i_B、i_C 的表达式为

$$\begin{cases} i_A = \sqrt{2} I_1 \cos(\omega t - \theta) \\ i_B = \sqrt{2} I_1 \cos(\omega t - 2\pi/3 - \theta) \\ i_C = \sqrt{2} I_1 \cos(\omega t + 2\pi/3 - \theta) \end{cases} \tag{5.2-19}$$

式中，I_1 为基波相电流的有效值，θ 是电流滞后于电压的相角，在线性定常电路中是常数。

由于由式（5.2-19）和式（5.2-10）可得到三个基波脉振磁动势矢量 $\overline{\boldsymbol{F}}_{A1}$、$\overline{\boldsymbol{F}}_{B1}$ 和 $\overline{\boldsymbol{F}}_{C1}$ 的幅值。所以在 ABC 坐标系中，这三个矢量分别为

$$\overline{\boldsymbol{F}}_{A1} = \frac{2W_{1eff}}{\pi n_p} i_A e^{j0}, \quad \overline{\boldsymbol{F}}_{B1} = \frac{2W_{1eff}}{\pi n_p} i_B e^{j2\pi/3}, \quad \overline{\boldsymbol{F}}_{C1} = \frac{2W_{1eff}}{\pi n_p} i_C e^{-j2\pi/3} \tag{5.2-20a}$$

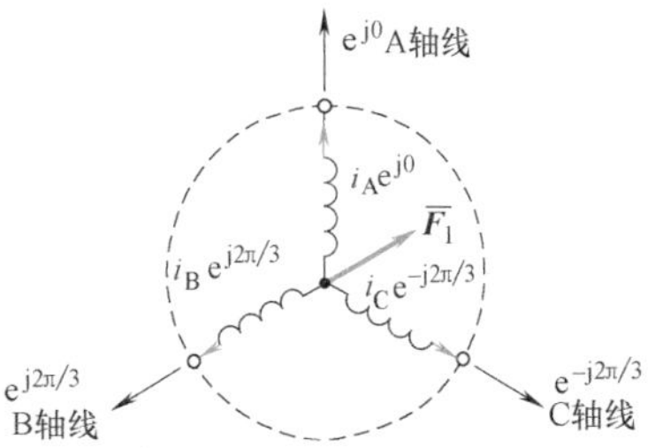

图 5.2.10　绕组的空间位置、各相电流矢量与合成磁动势 $\overline{\boldsymbol{F}}_1$

式中，带上画线的符号表示该矢量是稳态量，目的是与第 7 章中幅值以及频率都可变的矢量符号区别开来。

上述三个脉振磁动势在空间合成后的基波磁动势矢量定义为 $\overline{\boldsymbol{F}}_1$，经推导可得

$$\overline{\boldsymbol{F}}_1 = \overline{\boldsymbol{F}}_{A1} + \overline{\boldsymbol{F}}_{B1} + \overline{\boldsymbol{F}}_{C1} = F_1 e^{j(\omega t - \theta)}, F_1 \approx 1.35 \frac{W_{1eff}}{n_p} I_1 \tag{5.2-20b}$$

式（5.2-20b）说明稳态时三相合成的基波磁动势矢量 $\overline{\boldsymbol{F}}_1$ 是一个幅值为常数、以角频率 ω 沿正序相序旋转（逆时针）的矢量，它在空间的初始位置 θ 就是电流相量相对于电压相量的相位角 θ。式（5.2-19）与式（5.2-20b）的关系如图 5.2.9 所示。

式（5.2-14）表述的基波磁动势 $f_1(\alpha, t)$ 为气隙圆弧坐标系上的标量模型，而式（5.2-20b）表示的基波磁动势矢量 $\overline{\boldsymbol{F}}_1$ 则是平面坐标系上的两维矢量模型。由于稳态时在圆弧的切向方向上矢量 $\overline{\boldsymbol{F}}_1$ 的投影为零，**因此在圆弧的法向上，即在气隙空间位置 α 处为标量磁动势** $f_1(\alpha, t)$。

用式（5.2-14）与式（5.2-20）分别表示的磁动势的关系还可以用图 5.2.11 说明。图 5.2.11a~f 分别对应于 ωt 为 0°、30°、60°、…的时刻。以图 5.2.11a 为例（请看二维码彩图。图中，红、绿、蓝色分别代表 A 相、B 相和 C 相的脉振磁动势），左图是内圆圆弧坐标系上的三个基波脉振磁动势及其合成磁动势波 $f_1(\alpha, t)$（彩图中为黑色），而右图则是三个基波脉振磁动势矢量［式（5.2-20a）的 $\overline{\boldsymbol{F}}_{A1}$、$\overline{\boldsymbol{F}}_{B1}$、$\overline{\boldsymbol{F}}_{C1}$ 分别为红色、绿色、蓝色］及其合成的基波旋转磁动势矢量［黑色，式（5.2-20b）］。

视频 No. 5-14

视频 No. 5-14 对图 5.2.11 做了进一步讲解。

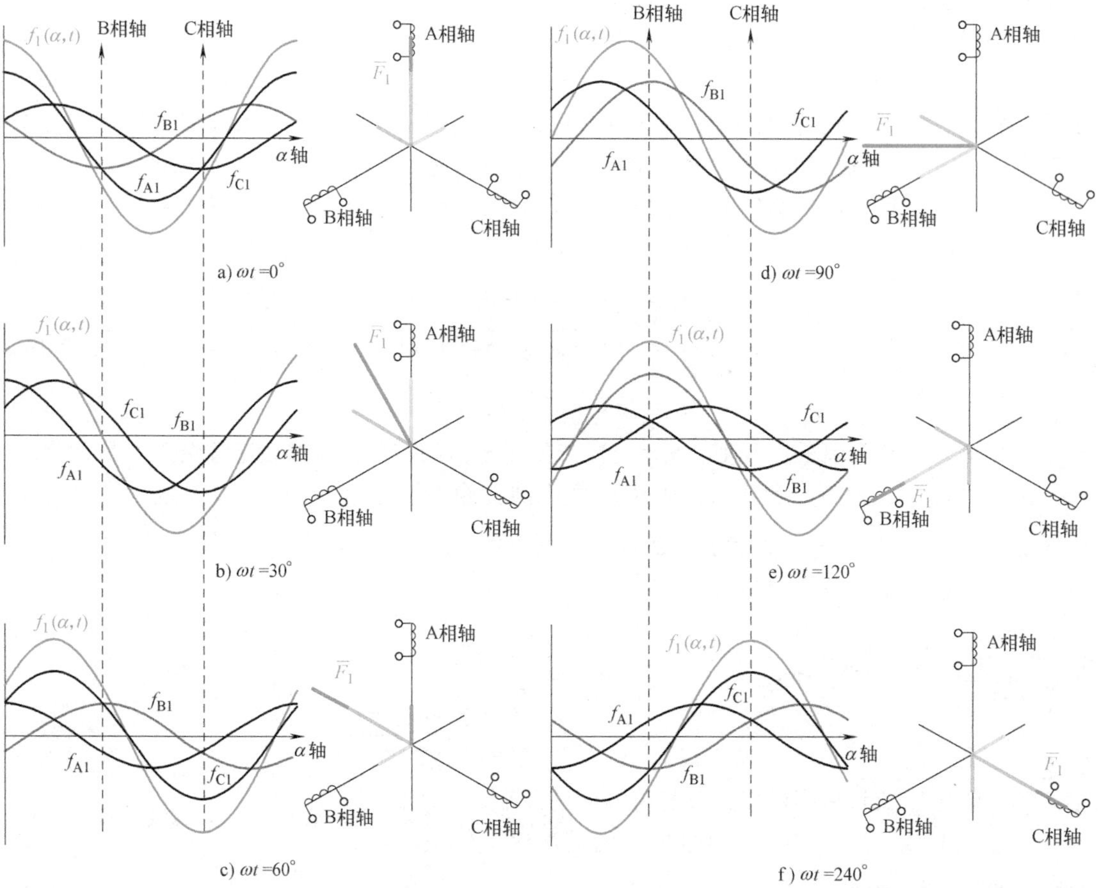

图 5.2.11 基波磁动势的圆弧坐标表示和矢量表示

（4）用空间电流矢量表示的基波磁动势矢量

由安培定律可知，正是由于在**基坐标**（e^{j0}，$e^{j2\pi/3}$，$e^{-j2\pi/3}$）方向上的三个绕组电流矢量

$$\boldsymbol{i}_{A}=i_{A}e^{j0},\quad \boldsymbol{i}_{B}=i_{B}e^{j2\pi/3},\quad \boldsymbol{i}_{C}=i_{C}e^{-j2\pi/3} \tag{5.2-21a}$$

才分别产生了式（5.2-20a）的三个基波脉振磁动势，从而合成了基波旋转磁动势矢量 $\overline{\boldsymbol{F}}_{1}$。

据此，在电机控制技术中使用下式所示的一个电流矢量 $\boldsymbol{i}_{ABC}$ 来表示三相电流

$$\boldsymbol{i}_{ABC}\overset{\text{def}}{=}\boldsymbol{i}_{A}+\boldsymbol{i}_{B}+\boldsymbol{i}_{C}=i_{A}e^{j0}+i_{B}e^{j2\pi/3}+i_{C}e^{-j2\pi/3} \tag{5.2-21b}$$

且 i_A、i_B、i_C 不限于式（5.2-19）的稳态形式。相关内容将在第 7 章讨论。

在交流稳态下，将式（5.2-19）代入式（5.2-21b），有三相电流基波矢量 $\boldsymbol{i}_1$

$$\boldsymbol{i}_{1}=\boldsymbol{i}_{A}+\boldsymbol{i}_{B}+\boldsymbol{i}_{C}=1.5\sqrt{2}I_{1}e^{j(\omega t-\theta)} \tag{5.2-22}$$

注意式中，$I_{1}e^{-j\theta}$ 为单相电路中的电流相量 $\dot{I}_{1}$。由式（5.2-20b）和式（5.2-22）可得，稳态下

$$\overline{\boldsymbol{F}}_{1}=F_{1}e^{j(\omega t-\theta)}=\frac{0.9W_{1,\text{eff}}}{\sqrt{2}n_{p}}\boldsymbol{i}_{1}=1.35\frac{W_{1,\text{eff}}}{n_{p}}I_{1}e^{j(\omega t-\theta)} \tag{5.2-23}$$

上式就是在三相电机中稳态电流条件下安培定律的具体体现。它说明，对于图 5.2.10 所示的空间电路，有效绕组 $W_{1,\text{eff}}$ 中分布的三相电流可以看作为一个旋转电流矢量 $\boldsymbol{i}_1$。该电流矢量与它产生的基波磁动势矢量 $\overline{\boldsymbol{F}}_1$ 之间相差一个表示电机结构的系数 $0.9W_{1,\text{eff}}/(\sqrt{2}n_\text{p})$。

为了分散难点，将在 5.2.4 节进一步讨论采用空间矢量建立电动机数学模型的思路。

视频 No. 15 总结了“旋转磁场模型”相关的知识点。

视频 No. 15

4. 时间相量、时间相量-空间矢量图

由式（5.2-23）或图 5.2.11 知，基波磁动势矢量 $\overline{\boldsymbol{F}}_1$ 正比于电流矢量 $\boldsymbol{i}_1$。也就是说，各个相电流的电角度 ωt 与磁动势的空间电角度 ωt 一一对应，并且当某相电流达到最大值时，$\overline{\boldsymbol{F}}_1$ 正好位于该相绕组的轴线上。所以当电机的结构确定之后，自然可以用电流矢量表述其产生的磁动势矢量。

据此，在经典电机学中用单相即 A 相的等效电路模型表示三相电机的稳态模型，具体方法在 5.3 节详述。这时，需要用 A 相电流相量 $\dot{I}_\text{A}$ 表示电流矢量 $\boldsymbol{i}_1$ 与基波磁动势矢量 $\overline{\boldsymbol{F}}_1$ 之间的关系。以下给出表示方法。

由电路理论可知，对三相线性定常稳态电路，以 A 相基波电压相量 $\dot{U}_1=U_1\angle 0$ 为参考量，A 相基波电流相量可表示为 $\dot{I}_1=I_1\angle -\theta$（$\theta$ 为 $\dot{I}_1$滞后 $\dot{U}_1$的电角度）。注意这些相量是频域量，其实可表示为 $\dot{U}_1=U_1\text{e}^{\text{j}0}$ 和 $\dot{I}_1=I_1\text{e}^{-\text{j}\theta}$。于是式（5.2-22）中 $I_1\text{e}^{\text{j}(\omega t-\theta)}=\dot{I}_1\text{e}^{\text{j}\omega t}$，即稳态时

$$\boldsymbol{i}_1=1.5\sqrt{2}I_1\text{e}^{\text{j}(\omega t-\theta)}=1.5\sqrt{2}\dot{I}_1\text{e}^{\text{j}\omega t} \tag{5.2-24a}$$

三相电流矢量 $\boldsymbol{i}_1$ 可以看成是一个随时间在极坐标平面上旋转的相量 $\dot{I}_1\text{e}^{\text{j}\omega t}$。本书把这个旋转相量称为三相电流的时间相量

$$\dot{I}_1\text{e}^{\text{j}\omega t}\overset{\text{def}}{=\!=}I_1\text{e}^{\text{j}(\omega t-\theta)} \tag{5.2-24b}$$

式中，$\dot{I}_1$为电路理论中的单相（A 相）电流相量，$\dot{I}_1=I_1\text{e}^{-\text{j}\theta}$ 或 $\dot{I}_1=I_1\angle -\theta$。

由式（5.2-23）和（5.2-24）知，A 相电流相量 $\dot{I}_1$与三相磁动势基波矢量 $\overline{\boldsymbol{F}}_1$ 以及三相电流时间相量 $\dot{I}_1\text{e}^{\text{j}\omega t}$ 的关系为

$$\overline{\boldsymbol{F}}_1=F_1\text{e}^{\text{j}(\omega t-\theta)}=1.35\frac{W_{1,\text{eff}}}{n_\text{p}}\dot{I}_1\text{e}^{\text{j}\omega t} \tag{5.2-25}$$

基于上述三个变量 $\{\overline{\boldsymbol{F}}_1、\dot{I}_1\text{e}^{\text{j}\omega t}、\dot{I}_1\}$ 的对应关系，就可以将对电机磁动势矢量 $\overline{\boldsymbol{F}}_1$ 的分析用单相电路对电流相量 $\dot{I}_\text{A}$的分析来替代。电机学中将表示这些量之间关系的图称为“电流时间相量-磁动势空间矢量图”，简称“时-空矢量图”。

以下在三相电流为式（5.2-12）的前提下，采用图 5.2.12 分析“时-空矢量图”的具体表示方法。第一行为 $\omega t=0°$时刻。图 5.1.12a 表示磁动势基波矢量的空间位置和三相电流的实际方向；图 5.1.12b 的黑线表示此时刻磁动势矢量的位置，红、绿、蓝线分别表示此刻对应的式（5.2-21a）三个电流矢量的大小和方向，也即三相电流时间相量 $\dot{I}_1\text{e}^{\text{j}\omega t}$ 在各个相轴

上的投影；图 5.1.12c 则将此刻的磁动势矢量以及电流时间相量 $\dot{I}_1 e^{j\omega t}$ 作在了一张图上，这张图就是该时刻 $\{\overline{\boldsymbol{F}}_1,\ \dot{I}_1 e^{j\omega t}\}$ 的“时-空矢量图”。第二行的图 d、e 分别为 $\omega t=90°$时刻的 $\overline{\boldsymbol{F}}_1$ 和对应的电流矢量 $\boldsymbol{i}_1$ 或电流时间相量 $\dot{I}_1 e^{j\omega t}$；图 f 为 $\{\overline{\boldsymbol{F}}_1,\ \dot{I}_1 e^{j\omega t}\}$ 的“时-空矢量图”。

因为电流时间相量 $\dot{I}_1 e^{j\omega t}$ 和磁动势矢量为线性关系，并且去掉其旋转因子 $e^{j\omega t}$ 后就是单相电路模型中的电流相量 $\dot{I}_1$，所以，“时-空矢量图”为电动机采用单相电路模型中的电流相量表述磁路空间的磁动势矢量提供了依据。

视频 No. 16 总结了与“相量、时间相量和矢量”相关的知识点。

视频 No. 16

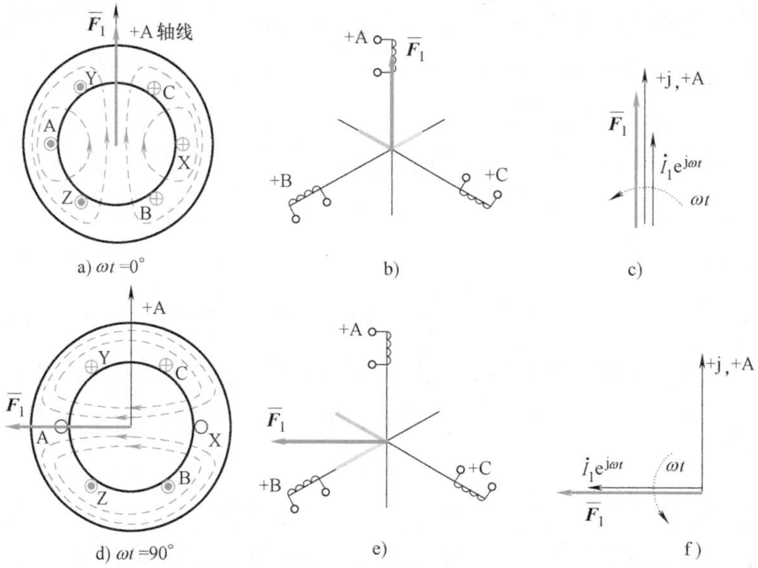

图 5.2.12　矢量、时间相量与“时-空矢量图”

（扫码见彩图）

注：以下颜色按二维码中的彩图标注。

a、d—平面模型中，$\omega t=0°$和 $\omega t=90°$瞬间的电流矢量与磁动势空间矢量 $\overline{\boldsymbol{F}}_1$。

b、e—电流矢量 $\{\boldsymbol{i}_A、\boldsymbol{i}_B、\boldsymbol{i}_C\}$（红/绿/蓝）以及合成磁动势空间矢量（黑）。

c、f—时-空矢量图：电流时间相量（红），磁动势空间矢量（黑）。

5.2.2　电枢绕组的感应电动势

当交流绕组与旋转磁场有相对运动时，在交流绕组内会产生感应电动势。旋转磁场可由有固定极性的转子磁极（如同步电机转子磁极）旋转产生，也可由 5.2.1 节中的三相对称绕组流过三相对称电流产生。本节基于旋转转子磁极形成的基波磁场讨论其在静止的定子绕组中产生的基波感应电动势。顺序是：先求出一根静止导体中的感应电动势，再求出静止单相和三相集中绕组中的感应电动势，进一步给出反映旋转磁通和绕组感应电动势关系的“时间相量-空间矢量图”；最后，介绍与旋转磁场非同步旋转（两者有角速度差）的绕组中产生的感应电动势的计算方法。

1. 单相绕组的感应电动势

假定气隙空间里的磁力线由图 5.2.13a 所示同步电机模型的转子磁场形成。

首先说明该基波磁场在定子集中整距绕组 AX 上产生的感应电动势。磁场中的谐波分量的分析方法请参考其他文献。

（1）圆弧坐标系表示的磁场

首先将绕组 AX 简化为图 5.2.13b 所示的单匝模型，然后依然采用 5.2.1 节的方法建立圆弧坐标系。将定子铁心按图 5.2.14a 的箭头方向展开，就得到如图 5.2.14b 所示的用圆弧坐标系 α 表示的定子内圆和转子磁极的初始位置及其运动方向（磁极为逆时针方向运动）。由图 5.2.14b 可知，定子导体 A、X 开路时其感应电动势是 2.3.2 节说明的运动电动势。

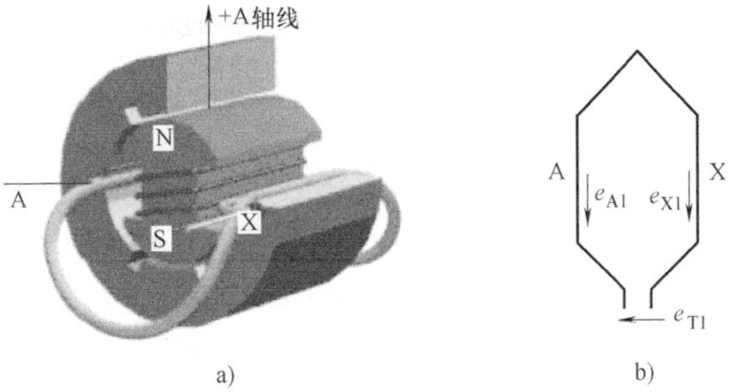

图 5.2.13　感应电动势所用磁场及绕组模型

其次，假定基波感应电动势 e_{A1}、e_{X1} 的正方向（变量的下标“1”表示基波分量）、以及线匝基波感应电动势 $e_{T1}=e_{A1}-e_{X1}$ 的正方向为图 5.2.13b 所示。由图 5.1.10 知，这个正方向说明是发电机惯例。

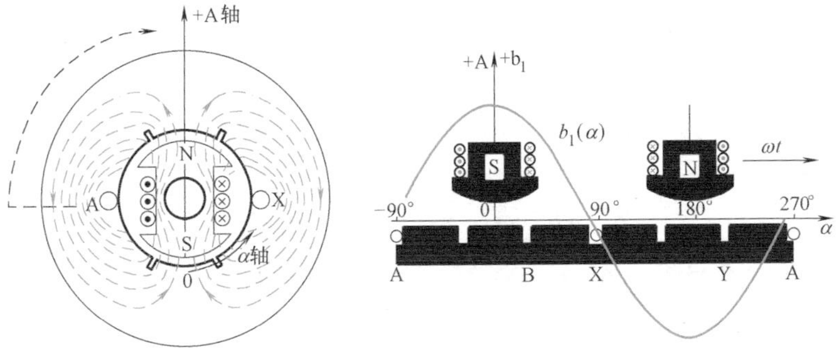

图 5.2.14　圆弧坐标系上基波磁通密度 $b_1(\alpha)$ 分布

假定在 $t=0$ 时刻，转子位于图 5.2.14b 位置，于是定子内圆表面 α 处由转子所产生的基波磁通密度分布为 $b_1(\alpha)=B_m\cos\alpha$（图 5.2.14b 中的“$+b_1$”表示该时刻磁通密度的正幅值的位置）。

当转子沿逆时针方向以角速度 ω 匀速旋转时，经过时间 t 转过电角度 $\beta=\omega t$ 后到达图 5.2.15 所示的位置 β，则定子内圆表面 α 处的磁通密度为 $b_1(\alpha,\beta)=B_m\cos(\alpha-\beta)$，即在设定的磁极运动方向上，在任意时刻 t，定子表面坐标 α 处的磁通密度为

$$b_1(\alpha,t)=B_m\cos(\alpha-\omega t) \tag{5.2-26}$$

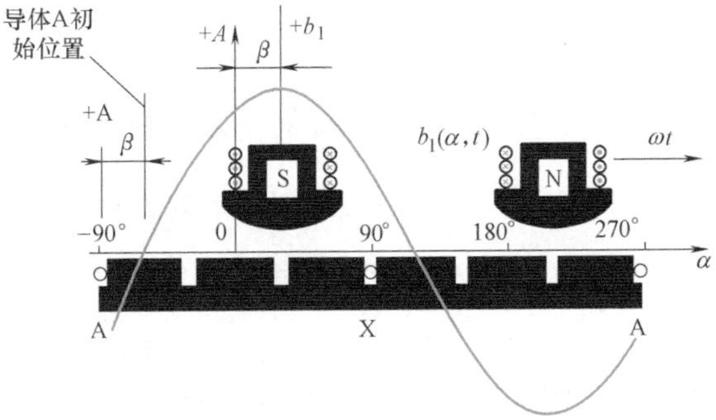

图 5.2.15　转子磁场旋转 β 角度后的基波磁通密度 $b_1(\alpha,\ t)$

对图 5.2.15 所示极对数 n_p 等于 1 的电机，旋转磁场的旋转频率也就是转子的旋转频率由下式所示的转子转速 n 求得。显然，该频率也是绕组 AX 中基波感应电动势 e_{T1} 的频率。

$$f=\frac{n_p n}{60} \tag{5.2-27}$$

以机械角度表示的角速度 Ω 和以电角度表示的角速度 ω 分别为

$$\Omega=\frac{2\pi n}{60},\omega=\frac{2\pi n_{\mathrm{p}}n}{60}=2\pi f \tag{5.2-28}$$

注意：以上的讨论是假设图 5.2.15 中放置线圈边的定子槽的深度与宽度都忽略不计，线圈边本身的截面尺寸也忽略不计。这种绕组就是电机学中的理想化绕组模型[1-3]。

（2）AX 线匝感应电动势的时域表达式

图 5.2.15 的导体 A、t 时刻基波磁密 $b_1(\alpha,\ t)$ 和导体 A 的运动速度 v 三者之间互相垂直，导体 A 相对于磁场的运动速度与磁场运动方向相反。由于该时该的 $b_1(\alpha,\ t)$ 是圆弧坐标 α 的函数，为了避免采用右手定则时 $b_1(\alpha,\ t)$ 的方向随 α 变化而带来的困扰，基于式（2.3-8）也就是下式计算导体 A 相对于磁场 $b_1(\alpha,\ t)$ 运动的基波感应电动势 e_{A1} 为

$$e_{\mathrm{A1}}=-b_{\mathrm{A1}}(\alpha,t)lv \tag{5.2-29}$$

假设 R 为定子内圆半径；τ 为相邻两个磁极之间的距离，称为极距（定义详见 5.2.3 节），注意到整距绕组下 $R=\frac{2n_{\mathrm{p}}}{2\pi}\tau$，可得导体 A 的线速度 v 为

$$v=\Omega R=\frac{2\pi n}{60}\frac{2n_{\mathrm{p}}\tau}{2\pi}=\frac{2n_{\mathrm{p}}\tau n}{60}=2\tau f \tag{5.2-30}$$

设导体 A 处的坐标为 α_{A}，显然，在图 5.2.15 的坐标系中有 $\alpha_{\mathrm{A}}=-\pi/2$，所以时刻 t 导体 A 处的磁通密度 b_{A1} 为

$$b_{\mathrm{A1}}=B_{\mathrm{m}}\cos(-\pi/2-\omega t)=-B_{\mathrm{m}}\sin\omega t \tag{5.2-31}$$

式（5.2-31）可从图 5.2.15 中一目了然。根据式（5.2-31）与式（5.2-30），基波感应电动势 e_{A1} 为

$$e_{\mathrm{A1}}=-b_{\mathrm{A1}}lv=2f\tau B_{\mathrm{m}}l\sin\omega t \tag{5.2-32}$$

同理，在 $\alpha_{\mathrm{X}}=\pi/2$ 处的 X 导体的磁通密度为

$$b_{\mathrm{X}}=B_{\mathrm{m}}\cos(\pi/2-\omega t)=B_{\mathrm{m}}\sin\omega t$$

导体 X 中的感应电动势为

$$e_{\mathrm{X1}}=-b_{\mathrm{X1}}lv=-2f\tau B_{\mathrm{m}}l\sin\omega t$$

于是，基于式（5.2-32）和图 5.2.13b 的电动势方向，**整距线匝** AX 的基波电动势 e_{T1} 为

$$e_{\mathrm{T1}}=(-e_{\mathrm{X1}})+e_{\mathrm{A1}}=4f\tau lB_{\mathrm{m}}\sin\omega t \tag{5.2-33}$$

（3）采用磁通相量表示单相感应电动势相量

电机学中一般用每相每极的基波磁通表示单相稳态感应电动势。

由图 5.2.14b 或图 5.2.15 可知，整距线匝 AX（每相每极）中的磁通幅值 Φ_{m1} 和对应的基波平均磁密 B_{av}、线匝面积 $l\tau$ 之间的关系以及 B_{av} 为

$$\Phi_{\mathrm{m1}}=B_{\mathrm{av}}l\tau,B_{\mathrm{av}}=\frac{1}{\pi}\int_0^{\pi}-B_{\mathrm{m}}\sin\alpha\mathrm{d}\alpha=\frac{2}{\pi}B_{\mathrm{m}} \tag{5.2-34}$$

代入式（5.2-33）可得整距线匝的基波电动势 e_{T1} 为

$$e_{\mathrm{T1}}(t)=\sqrt{2}E_{\mathrm{T1}}\sin\omega t,\ E_{\mathrm{T1}}=\sqrt{2}\pi f\Phi_{\mathrm{m1}} \tag{5.2-35}$$

此外，基于图 5.2.15、式（5.2-26 和式（5.2-34），每极每相的磁通为

$$\varphi_1(t)=\int_{-\pi/2}^{\pi/2}b_1(\alpha,t)\tau l\mathrm{d}\alpha=B_{\mathrm{av}}l\tau\cos\omega t=\Phi_{\mathrm{m1}}\cos\omega t \tag{5.2-36}$$

所以以磁通相量为参考相量时，上式的相量表达式为

$$\dot{E}_{T1}=-j\sqrt{2}\pi f\dot{\Phi}_{m1}=-j4.44f\dot{\Phi}_{m1} \tag{5.2-37}$$

也即线性电路条件下，整距线匝感应电动势相量 $\dot{E}_{T1}$ 与每相每极基波磁通相量 $\dot{\Phi}_{m1}$ 的相位相差$-\pi/2$，$\dot{\Phi}_{m1}$ 与 $\dot{E}_{T1}$、$\dot{E}_{A1}$、$\dot{E}_{X1}$ 的相量图如图 5.2.16 所示。

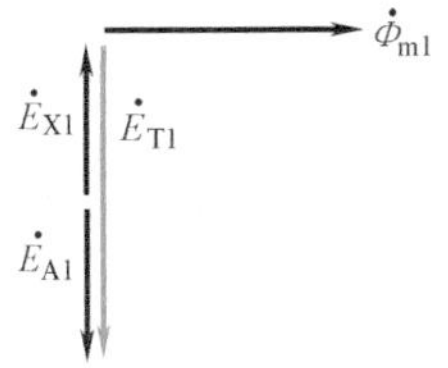

图 5.2.16　整距绕组的感应电动势

一个绕组由多个线匝串联构成。显然，匝数为 W_1 的集中整距绕组的感应电动势相量 $\dot{E}_{1,整}$ 为

$$\dot{E}_{1,整}=W_1\dot{E}_{T1}=-j4.44W_1f\dot{\Phi}_{m1}$$

即某相的基波感应电动势相量落后于该相的基波磁通相量 90°电角度。

由后面 5.2.3 节可以知道，分布绕组对磁动势大小的影响可以用绕组系数 k_{dq1} 表示。设绕组匝数为 W_1，计算分布绕组的感应电动势时，需要将绕组匝数 W_1 折算为有效匝数 $W_{1,eff}=W_1k_{dq1}$。于是，单相的分布绕组中的感应电动势相量为

$$\dot{E}_1=-j4.44W_{1eff}f\dot{\Phi}_{m1} \tag{5.2-38}$$

2. 三相绕组的感应电动势

图 5.2.14b 中，在沿转子运动方向上，相对 AX 相绕组而言，BY 相绕组和 CZ 相绕组分别在空间上滞后 $2\pi/3$ 电角度（与机械角度相等）和 $4\pi/3$ 电角度。这两个绕组中感应电动势的大小与 AX 相绕组的感应电动势相等，只是在相位上依次落后 AX 相感应电动势为 $2\pi/3$ 和 $4\pi/3$。于是，当以 AX 相感应电动势（式（5.2-36））为参考正弦量时，三相感应电动势的时域表达式及其有效值为

$$\begin{cases} e_{XA}=\sqrt{2}E_1\sin\omega t \\ e_{YB}=\sqrt{2}E_1\sin(\omega t-2\pi/3) \\ e_{ZC}=\sqrt{2}E_1\sin(\omega t+2\pi/3) \\ E_1=4.44W_{1,eff}f\Phi_m \end{cases} \tag{5.2-39}$$

例 5.2-1　有一台三相同步电机，$n_p=2$，$n=1500\text{r/min}$，绕组系数 $k_{dq1}=0.925$，绕组为星形联结，基波每极磁通量 $\Phi_{m1}=0.05345\text{Wb}$，每相绕组的串联匝数 $W_1=20$。试求主磁场在定子绕组内感应的（1）电动势的频率；（2）相电动势和线电动势的有效值。

解

（1）电动势的频率

$$f=\frac{n_pn}{60}=\frac{2\times1500}{60}\text{Hz}=50\text{Hz}$$

（2）相电动势和线电动势的有效值

相电动势：$E_1=4.44fW_{1,eff}\Phi_{m1}=4.44\times50\times20\times0.925\times0.05345\text{V}\approx219.5\text{V}$

线电动势：$E_{line}=\sqrt{3}E_1=\sqrt{3}\times219.5\text{V}\approx380\text{V}$

3. 磁通、感应电动势的时间相量表示和矢量表示

前两小节建立了对应于图 5.2.14a 的旋转磁极形成的旋转磁场、定子某个单相绕组所围面积中的基波磁通和对应的感应电动势的相量模型。该旋转磁场也可用图 5.2.9 所示的定子三个空间绕组中的三相电流产生。

由 5.2.1 节知，这个电流可建模为电流矢量，且与磁动势基波矢量 $\overline{\boldsymbol{F}}_1$ 的关系可用式

(5.2-23) 表示。本小节说明与 $\overline{\boldsymbol{F}}_1$ 对应的定子三相绕组中的基波磁通的空间矢量和时间相量模型以及基波感应电动势的时间相量模型。

如果假定为线性磁路且不考虑铁损，磁动势基波矢量 $\overline{\boldsymbol{F}}_1$ 和磁通基波矢量 $\overline{\boldsymbol{\Phi}}_1$ 的磁路欧姆定律为

$$\overline{\boldsymbol{F}}_1 = R_m \overline{\boldsymbol{\Phi}}_1 \tag{5.2-40}$$

由于磁阻 R_m 为常数，磁通与磁动势的空间位置将重合。

如果考虑磁滞效应，则采用 2.6.1 节所述"等效正弦波方法"简化磁通（或磁链）为一个基波正弦量。此时由于磁路模型中含有铁损项，磁通矢量将滞后磁动势矢量一个铁损角 α_{Fe}。

设电流相量为参考相量，即式（5.2-19）中的相位角 $\theta=0°$，则电流产生的磁动势矢量为 $\overline{\boldsymbol{F}}_1 = F_1 e^{j\omega t}$（式（5.2-20b）中 $\theta=0$）。于是，与 A、B、C 三相绕组分别交链的稳态基波磁通为以下时域表达式

$$\begin{aligned}\varphi_{mA} &= \Phi_{m1}\cos(\omega t-\alpha_{Fe})\\ \varphi_{mB} &= \Phi_{m1}\cos(\omega t-2\pi/3-\alpha_{Fe})\\ \varphi_{mC} &= \Phi_{m1}\cos(\omega t+2\pi/3-\alpha_{Fe})\end{aligned} \tag{5.2-41}$$

式中的 Φ_{m1} 由式（5.2-35）所示。由于基波磁通相量为 $\dot{\Phi}_{m1} = \Phi_{m1}e^{-j\alpha_{Fe}}$，于是用相量表示的基波磁通量时域表达式为

$$\begin{aligned}\varphi_{mA} &= \mathrm{Re}\{\Phi_{m1}e^{j(\omega t-\alpha_{Fe})}\} = \mathrm{Re}\{\dot{\Phi}_{m1}e^{j\omega t}\}\\ \varphi_{mB} &= \mathrm{Re}\{\Phi_{m1}e^{j(\omega t-2\pi/3-\alpha_{Fe})}\} = \mathrm{Re}\{\dot{\Phi}_{m1}e^{j(\omega t-2\pi/3)}\}\\ \varphi_{mC} &= \mathrm{Re}\{\Phi_{m1}e^{j(\omega t+2\pi/3-\alpha_{Fe})}\} = \mathrm{Re}\{\dot{\Phi}_{m1}e^{j(\omega t+2\pi/3)}\}\end{aligned} \tag{5.2-42}$$

与式（5.2-20a）相同，式（5.2-42）表示的空间上各相磁通基波矢量分别为

$$\overline{\boldsymbol{\Phi}}_{mA} = \varphi_{mA}e^{j0},\ \overline{\boldsymbol{\Phi}}_{mB} = \varphi_{mB}e^{j2\pi/3},\ \overline{\boldsymbol{\Phi}}_{mC} = \varphi_{mC}e^{-j2\pi/3} \tag{5.2-43}$$

其合成的基波空间磁通就是图 5.2.7 中磁力线表示的旋转磁通，其基波矢量 $\overline{\boldsymbol{\Phi}}_1$ 为

$$\overline{\boldsymbol{\Phi}}_1 = \overline{\boldsymbol{\Phi}}_{mA} + \overline{\boldsymbol{\Phi}}_{mB} + \overline{\boldsymbol{\Phi}}_{mC} = 1.5\Phi_{m1}e^{j(\omega t-\alpha_{Fe})} \tag{5.2-44}$$

与 5.2.1 节中提出电流时间相量概念的理由一样，可以定义磁通时间相量。根据式（5.2-44），本书定义的三相基波磁通时间相量 $\dot{\Phi}_{m1}e^{j\omega t}$ 为

$$\dot{\Phi}_{m1}e^{j\omega t} = \Phi_{m1}e^{j(\omega t-\alpha_{Fe})} \tag{5.2-45}$$

即该时间相量是一个旋转矢量。于是，基于式（5.2-39），定义三相感应电动势时间相量 $\dot{E}_1 e^{j\omega t}$ 为

$$\dot{E}_1 e^{j\omega t} = -j4.44W_{1eff}f\dot{\Phi}_{m1}e^{j\omega t} \tag{5.2-46}$$

空间上它落后于与该相绕组交链的基波磁通时间相量 $\dot{\Phi}_{m1}e^{j\omega t}$90°电角度。显然，$\dot{E}_1 e^{j\omega t}$ 的本质仍然是一个旋转矢量。

感应电动势时间相量 $\dot{E}_1 e^{j\omega t}$ 物理意义将在 5.2.4 节讨论。

4. 磁通/感应电动势时间相量-磁动势空间矢量图

首先借用图 5.2.11，解释 AX 绕组中的｛磁通相量 $\dot{\Phi}_{\mathrm{m1}}$、感应电动势相量 $\dot{E}_1$｝与｛空间磁通基波矢量 $\overline{\boldsymbol{\Phi}}_1$、时间相量 $\dot{\Phi}_{\mathrm{m1}}\mathrm{e}^{\mathrm{j}\omega t}$、三相电动势时间相量 $\dot{E}_1\mathrm{e}^{\mathrm{j}\omega t}$｝的关系。磁通相量 $\dot{\Phi}_{\mathrm{m1}}$ 的时域波形 $\varphi_{\mathrm{mA}}(t)$ 对应于图中的时间曲线 f_{A1}，感应电动势 $\dot{E}_1$ 的时域波形则对应 AX 绕组所围面积中的 $-\mathrm{d}\varphi_{\mathrm{mA}}(t)/\mathrm{d}t$ 的波形；$\overline{\boldsymbol{\Phi}}_1$ 或时间相量 $\dot{\Phi}_{\mathrm{m1}}\mathrm{e}^{\mathrm{j}\omega t}$ 对应于图中矢量波形 $\overline{\boldsymbol{F}}_1$（空间上滞后于 $\overline{\boldsymbol{F}}_1$ 一个 α_{Fe} 角度），$\dot{E}_1\mathrm{e}^{\mathrm{j}\omega t}$ 滞后 $\overline{\boldsymbol{\Phi}}_1$ 电角度 90°。

根据上述分析，可以得到三相磁动势基波矢量、三相磁通基波时间相量与三相感应电动势时间相量的空间关系图。这种图在经典电机学中被称为感应电动势时间相量-磁动势空间矢量图，简称为**时-空矢量图**。

将图 5.2-14a 重作于图 5.2.17a。如果**忽略铁损**，磁通时间相量 $\dot{\Phi}_{\mathrm{m1}}\mathrm{e}^{\mathrm{j}\omega t}$ 与转子磁动势矢量 $\overline{\boldsymbol{F}}_1$ 在空间上重合。在图示瞬间，转子基波磁动势矢量 $\overline{\boldsymbol{F}}_1$ 正好与定子+A 轴线重合，而切割 AX 相绕组的磁通密度也正好等于零，于是该时刻与 A 相绕组交链的感应电动势瞬时值为零。由前述内容容易画出表示 $\dot{E}_1\mathrm{e}^{\mathrm{j}\omega t}$、$\dot{\Phi}_{\mathrm{m1}}\mathrm{e}^{\mathrm{j}\omega t}$ 与 $\overline{\boldsymbol{F}}_1$ 关系的“磁通/电势时间相量-磁动势矢量图”，如图 5.2.17b 所示。如果计及铁损，由图 2.6.4b 可知，由于磁通时间相量 $\dot{\Phi}_{\mathrm{m1}}\mathrm{e}^{\mathrm{j}\omega t}$ 滞后矢量 $\overline{\boldsymbol{F}}_1$ 一个铁损角 α_{Fe}，则三者关系如图 5.2.17c 所示。

进一步，将图 5.2.17b 和图 5.2.17c 中的时间相量的旋转因子去掉，就得到了图 5.2.17d 所示的磁通与感应电动势的相量图，由此可见，采用时空图表示矢量、时间相量和相量的对应关系的好处。

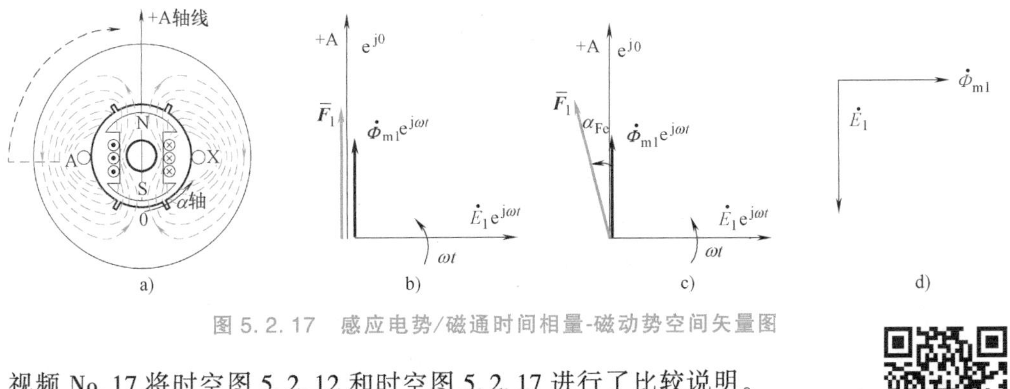

图 5.2.17　感应电势/磁通时间相量-磁动势空间矢量图

视频 No.17 将时空图 5.2.12 和时空图 5.2.17 进行了比较说明。

视频 No.17

5. 旋转磁场中旋转绕组所产生的感应电动势

在以上的感应电动势讨论中，所列举的电机绕组的物理位置**相对于外接电源都是静止的**。而由 5.1 节知，旋转的感应电机转子如果与旋转磁场不同步（角频率不相等），转子绕组中也要产生感应电动势和感应电流。以下例题讨论**绕组旋转**条件下相关量的建模问题，以便于进一步理解本节以及 5.3.1 节的内容。

例 5.2-2　假定图 5.1.8b 所示的一对极绕线转子被放置在一个以 $f_1=50\mathrm{Hz}$ 旋转的磁场中，于是转子绕组被磁场切割产生感应电动势。当转子以 45Hz、与磁场同方向旋转时，试分别基于圆弧坐标和时间相量坐标分析稳态运行时的以下问题：

（1）写出转子绕组感应电动势的相量表达式，该绕组闭合时产生的感应电流的频率是多少？

（2）磁动势矢量频率、转子旋转频率与转子感应电动势频率的关系是什么？

（3）该电流产生的磁动势的频率是多少？

解法 1　基于图 5.2.18 所示定子圆弧坐标轴（α 轴）分析

已知基波磁通密度 $b_1(\alpha, t)$ 相对于静止坐标的表达式为式（5.2-26）。图 5.2.18 用 A 相定子绕组表示定子绕组，用 a 相转子绕组表示转子绕组，且转子绕组相对于定子绕组的电角频率为 $\omega_r = n_p\Omega_r = 2\pi f_r$。由式（5.2-41），忽略铁损角 α_{Fe} 后，A 相定子绕组磁通的时域表达式为 $\varphi_{mA} = \Phi_m\cos(\omega_1 t) = \Phi_m\cos(2\pi f_1 t)$。

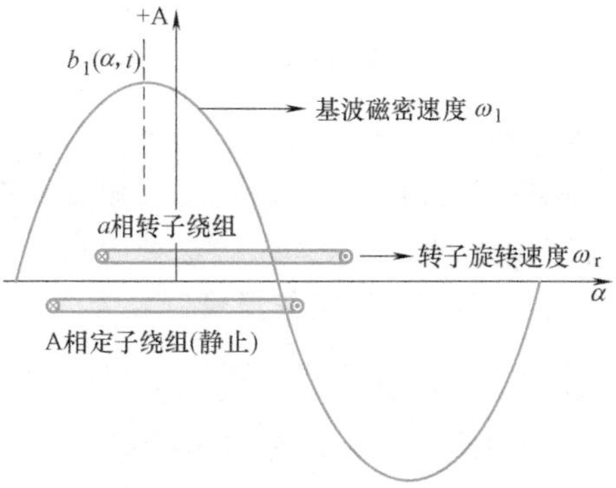

图 5.2.18　旋转转子绕组与磁通基波的相对运动

（1）当转子绕组以 f_r 与磁动势同方向旋转时，与 a 相转子绕组交链的磁通的时间表达式为 $\varphi_{ma} = \Phi_{m1}\cos[(\omega_1 - \omega_r)t]$，也即磁通的幅值不变、频率为 $f_2 = f_1 - f_r = (50-45)\text{Hz} = 5\text{Hz}$。于是，有效匝数为 W_{2eff} 的转子 a 相绕组中的感应电动势相量 $\dot{E}_a$（频率为 f_2）为

$$\dot{E}_a = -\mathrm{j}\,4.44 W_{2eff} f_2 \dot{\Phi}_{ma} \tag{5.2-47}$$

对应的感应电流的频率也是 $f_2 = f_1 - f_r = (50-45)\text{Hz} = 5\text{Hz}$。

（2）关系为 $\omega_1 = \omega_r + \omega_2$，或者 $f_1 = f_r + f_2$。

（3）转子感应电流的频率为 f_2。于是，站在转子上看到的转子感应电流产生的转子磁动势矢量的频率也为 f_2。但是，如果站在静止坐标上看，该电流产生的磁动势矢量频率仍然为 $f_1 = f_r + f_2$，即 50Hz。

解法 2　基于图 5.2.19 平面坐标的分析

设旋转频率为 $f_1 = 50\text{Hz}$ 的磁动势空间矢量为 $\overline{F}_1 = F_1 e^{\mathrm{j}2\pi f_1 t}$。如果转子静止（如图 a 所示），由式（5.2-42），忽略铁损角 α_{Fe}，与 a 相转子绕组交链的磁通时域表达式为

$$\varphi_{ma} = \mathrm{Re}\{\Phi_{m1} e^{\mathrm{j}2\pi f_1 t}\} \tag{5.2-48}$$

当转子绕组以 f_r 与磁动势同方向旋转时，可用图 5.2.19b 中的+a 轴线的旋转表示转子上 a 相绕组的旋转（即可用旋转项 $e^{\mathrm{j}2\pi f_r t}$ 表示）。于是，站在转子+a 轴线上看到的磁动势矢量为

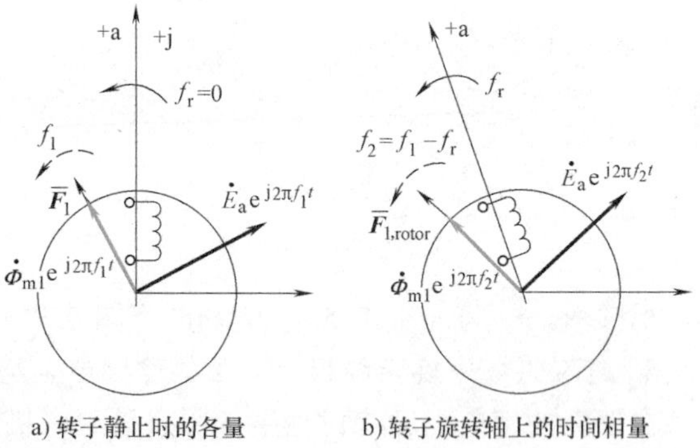

图 5.2.19　以 f_r 旋转的转子绕组中的时间相量表示

$$\overline{F}_{1,rotor} = F_1 e^{\mathrm{j}2\pi f_1 t} e^{-\mathrm{j}2\pi f_r t} = F_1 e^{\mathrm{j}2\pi f_2 t} \tag{5.2-49}$$

与旋转的 a 相绕组交链的磁通的时域表达式为

$$\varphi_{ma} = \mathrm{Re}\{\Phi_{m1} e^{\mathrm{j}[2\pi(f_1 - f_r)t - \alpha_{Fe}]}\} = \mathrm{Re}\{\dot{\Phi}_{m1} e^{\mathrm{j}2\pi f_2 t}\} \tag{5.2-50}$$

于是，转子 a 相绕组的感应电动势的频率为 $f_2=f_1-f_r=(50-45)\,\mathrm{Hz}=5\mathrm{Hz}$。根据式（5.2-46），可得转子 a 相绕组感应电动势也是式（5.2-47）。

对于其他问题的解答与解法 1 相同。

小结 5.2.1 节与 5.2.2 节

5.2.1 节与 5.2.2 节涉及的内容是交流电机电磁子系统原理的基础性内容，因此非常重要。

1. 这两节是对磁动势、磁通和感应电动势建模，内容可用图 5.2.20 的上半部示意

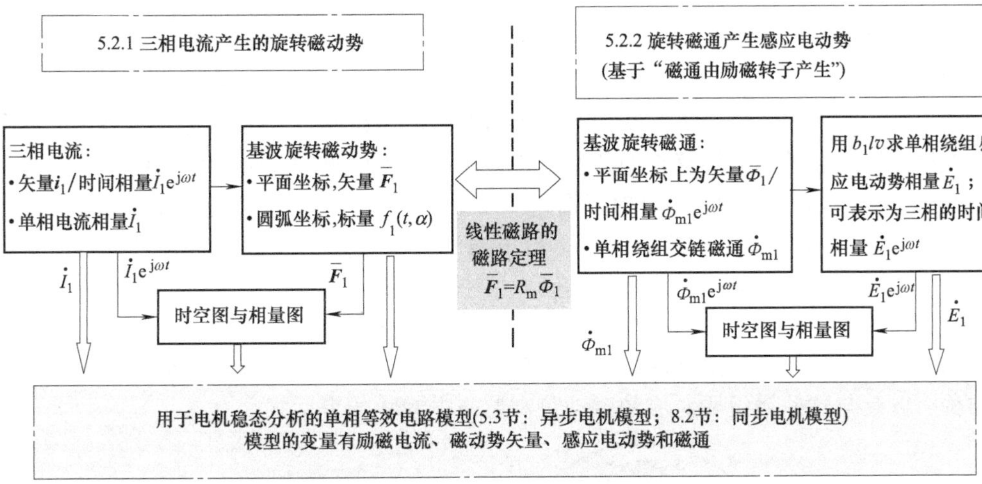

图 5.2.20　第 5.2.1、5.2.2 节内容以及与第 5.3、8.2 节内容的关系

（1）旋转磁动势和励磁电流（图 5.2.20 虚线的左部）

一个旋转磁动势可以由图 5.2.13 所示的旋转磁铁产生，也可以由图 5.2.9 中三个空间位置上相差 120°电角度的三相绕组中三相对称正弦电流产生。

产生旋转磁动势的励磁电流的两种模型为：三相对称的正弦稳态励磁电流矢量或电流时间相量；单相电流相量。旋转磁动势的两种模型为：基于圆弧坐标系的标量模型可分别表述磁动势的基波分量和各次谐波分量；基于平面正交坐标系或极坐标系的矢量模型在本书中只表示了旋转磁动势基波分量。

采用"电流时间相量-磁动势空间矢量图"表述磁动势基波矢量与电流时间相量以及与 A 相电路的电流相量之间的关系。

（2）旋转磁通与感应电动势（图 5.2.20 虚线的右部）

稳态磁动势对应的基波磁通模型有两种：一种是在单相绕组所围面积上的磁通相量模型式（5.2-41），一种是采用式（5.2-44）表示的三相磁通矢量模型或式（5.2-45）表示的时间相量模型。对应的基波感应电动势模型有：单相模型为式（5.2-38）或（5.2-39），三相模型为式（5.2-39）的时域模型或式（5.2-46）的时间相量模型。

"磁通/感应电动势时间相量-磁动势空间矢量图"表述了磁动势矢量与磁通时间相量以及与感应电动势时间相量的关系。

（3）在线性磁空间的某一个截面上，有磁路欧姆定理 $\boldsymbol{F}_1=R_m\boldsymbol{\Phi}_1$

2. 简介 5.2.1 节与 5.2.2 节的内容与其他内容的关系

两节分别基于安培定律得到了电流相量、电流时间相量和磁动势矢量模型，基于法拉第

定律得到了感应电动势相量、磁通相量和磁通时间相量（磁动势矢量）模型，如图 5.2.20 中下部的点画线框所示。据此，电机学将建立用于分析交流电机稳态特性的单相等效电路模型。在这个模型中，上述变量的表现形式转变为电流相量、感应电动势相量和磁通相量。

异步电机和同步电机的单相等效电路模型分别见 5.3 节和 8.2 节。

视频 No. 18 对这个小结进行了说明。

视频 No. 18

5.2.3 分布绕组的磁动势和电动势

上述对磁动势和电动势的分析都是基于 6 槽的电机模型，其定子绕组为单层集中整距绕组。而在实际电机中，常常采用许多措施以充分利用电机圆周空间、削弱气隙磁场中的谐波及其对应的感应电动势中的谐波，从而减少电机损耗和电磁转矩中的谐波。如图 5.1.6 所示的异步电机，其定子采用结构复杂的绕组，而转子铁心上的槽和笼型导体采用斜型结构。图 5.2.21 给出了两种定子绕组的结构。图 5.2.21a 是 24 槽、4 极、分布式绕组结构，图 5.2.21b 是 6 槽、4 极、集中式绕组结构。由下面的分析可知，前者磁动势中的谐波少；后者磁动势中的谐波大，对应的电磁转矩脉动大，一般用于空调、电动自行车等对成本要求苛刻且可以容忍转矩脉动的永磁同步电机。

下面先介绍所需的交流绕组的知识，然后讨论常见的单层整距分布绕组和双层短距分布绕组结构，以及与这些绕组所对应的磁动势和感应电动势的表达式。

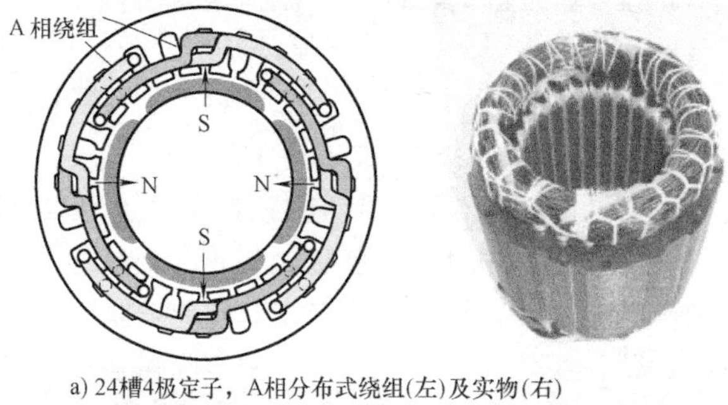

a) 24槽4极定子，A相分布式绕组(左)及实物(右)

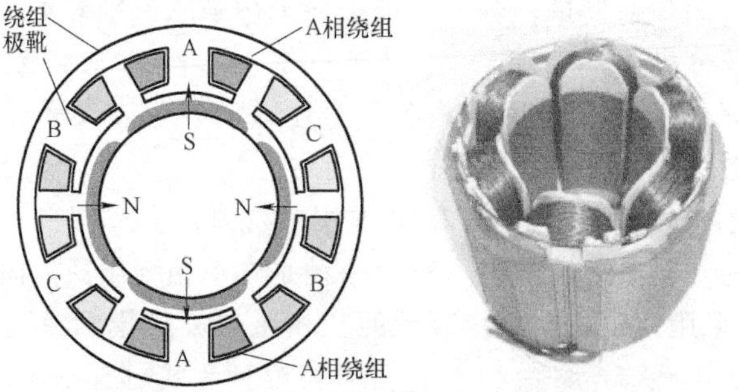

b) 6槽4极定子，集中式绕组构成(左)及实物(右)

图 5.2.21 两种定子绕组的构成示意及实物

(扫码见彩图)

1. 交流电机绕组的基本知识

(1) 极距 τ

相邻两个磁极的中心线在定子铁心内圆所隔开的圆弧长度，称为极距，通常用 τ 代表。极距 τ 可用圆弧长度表示

$$\tau = \frac{\pi D}{2n_{\mathrm{p}}} \tag{5.2-51}$$

极距也可用定子槽数或电角度表示，即

$$\tau = \frac{360^\circ n_{\mathrm{p}}}{2n_{\mathrm{p}}} = 180^\circ, \quad \tau = \frac{z_1}{2n_{\mathrm{p}}}(\text{槽数}) \tag{5.2-52}$$

式中，D 为定子铁心内径；z_1 为定子槽数。需要注意的是：①极距的电角度一定是 180°；②当用槽数表示极距时，实际上是指相邻两个磁极的中心线在定子内圆所跨越的圆弧长包括多少个定子槽距。例如，在图 5.2.22a 中，两个磁极之间是 6 个槽；通过本节后面的分析可知，图 5.2.22b 中两个磁极的极距也为 6 个槽。

（2）节距 y

一个线圈的两个有效边在定子内圆上所跨的圆弧为节距。一般节距 y 用槽（距）数表示，也可以用电角度表示。当 $y=\tau$ 时，称为整距绕组，显然，在本节前面介绍过的绕组都是整距绕组，图 5.2.22a 所示则为两极 12 槽的整距绕组，其极距与节距均为 6；当 $y<\tau$ 时，称为短距绕组，图 5.2.22b 所示是两极 12 槽的短距绕组，其节距为 5；当 $y>\tau$ 时，称为长距绕组，长距绕组端部较长，浪费铜线，故一般不采用。

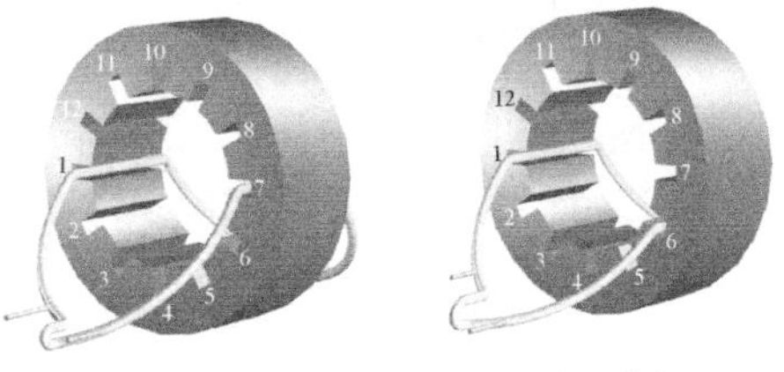

a) 整距绕组　　b) 短距绕组

图 5.2.22　整距绕组与短距绕组

（扫码见彩图）

（3）槽距角 α_1

相邻两槽之间的电角度称为槽距角 α_1，可表示为

$$\alpha_1 = \frac{n_{\mathrm{p}} 360^\circ}{z_1} \tag{5.2-53}$$

所以，由于图 5.2.22 的 $n_{\mathrm{p}}=1$，故 α_1 为 30°。

（4）每极每相槽数 q

每相绕组在每一个极下所占有的槽数称为每极每相槽数，以 q 表示

$$q = \frac{z_1}{2m_1 n_{\mathrm{p}}} \tag{5.2-54}$$

式中，m_1 为定子绕组的相数，常用交流电机的 m_1 为 3。

每极每相槽数 $q=1$ 的绕组称为集中绕组，$q>1$ 的绕组称为分布绕组。显然，前面介绍的 6 槽 3 相两极绕组模型为集中整距绕组，而图 5.2.22 若为三相电机的定子铁心，则两个结构皆为分布绕组的铁心。

（5）短距分布绕组

实际的电机一般都采用短距分布绕组。而且，功率达到 10kW 以上的电机，多采用双层绕组，即在槽内的上层与下层各有一个线圈边。图 5.2.23a 是一个简单的双层短距分布绕组的原理性结构图（只画出 A 相绕组）。图 5.2.23b 是图 5.2.23a 的展开图，其上部是绕组的俯视图，下部是对应铁心槽内的绕组及其电流方向示意图。1 对极下属于 A 相的线圈共计两组 4 个。A_1X_1 组的两个线圈分别放入“槽 1 上、槽 6 下”（称线圈 1-6）和“槽 2 上、槽 7 下”（称线圈 2-7）中，两者串联后称为 A_1X_1 极相组；A_2X_2 组的两个线圈分别放入“槽 7

上、槽 12 下”（称为线圈 7-12）和“槽 8 上、槽 1 下”（称为线圈 8-1）中，两者串联后称为 A_2X_2 极相组。图中还标出各线圈电流分布以及感应电动势。可知这个结构的每极每相槽数 $q=2$，线圈节距 $y_1=5$（读者可以自己分析该绕组的极对数、相数、极距、节距、每极每相槽数以及槽距角等结构参数）。与集中整距绕组相比，采用双层短距分布绕组的一个主要作用是可以有效削弱气隙磁场和感应电动势的谐波。

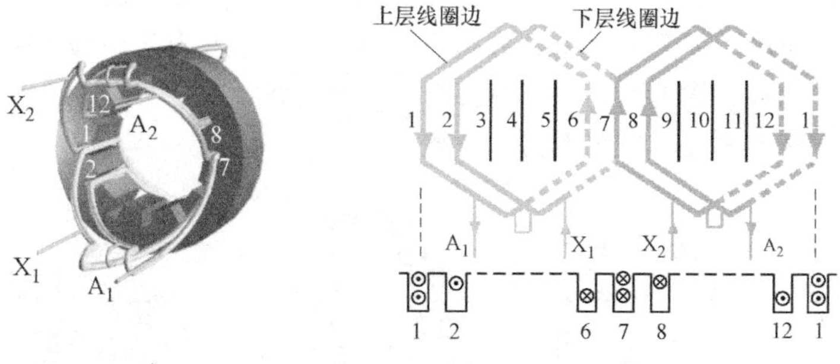

图 5.2.23　双层短距分布绕组的示意图　　（扫码见彩图）

2. 分布绕组的磁动势和电动势

（1）整距分布绕组的磁动势

图 5.2.24 表示由每极每相槽数 $q=2$ 的两个整距线圈串联所组成的一相绕组，两个线圈分布在 4 个槽内，所以此绕组为整距分布绕组。

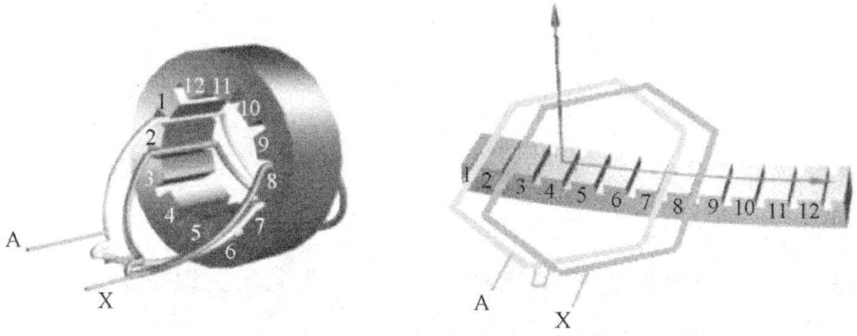

图 5.2.24　整距分布绕组示例　　（扫码见彩图）

每个整距线圈产生的磁动势都是一个矩形波，由于每个线圈的匝数相等，通过的电流亦相同，故各个线圈的磁动势具有相同的幅值。由于线圈是分布的，相邻线圈在空间彼此移过槽距角 α_1，所以各个矩形磁动势波之间在空间亦相隔 α_1 电角度。图 5.2.25a 与 b 所示即为线圈 1-7 与 2-8 的矩形波磁动势及其基波，分别记为 F_{17} 与 F_{28}。为观察方便，这里的下标与线圈所在槽号对应。把两个线圈的基波磁动势逐点相加，即可求得基波合成磁动势如图 5.2.25c 所示。其矢量表示为图 5.2.25d。

由于基波磁动势在空间按余弦规律分布，故可用矢量运算方法方便地求出其合成基波磁动势幅值 F_{q1} 与两个线圈位置角度之间的关系。将线圈 1-7 的基波磁动势 F_{17} 表示为 $F_{k1}\cos\alpha$，则线圈 2-8 的基波磁动势可表示为 $F_{k1}\cos(\alpha-\alpha_1)$。于是，求矢量和 F_{q1}

$$F_{q1}=(qF_{k1})k_{d1},k_{d1}=\sin\frac{q\alpha_1}{2}\frac{1}{q\sin(\alpha_1/2)} \tag{5.2-55}$$

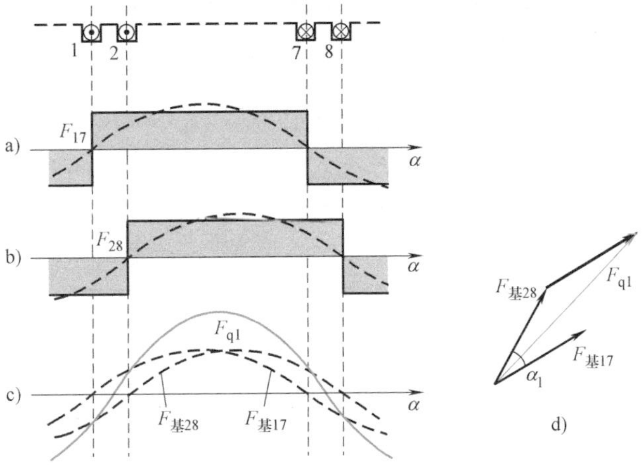

图 5.2.25　整距分布绕组的磁动势

式中，F_{k1} 为一个整距集中绕组产生的基波磁动势的幅值，即按式（5.2-10）得到的 F_{m1}；k_{d1} 称为基波分布系数，简称分布系数。其含义为：由于构成绕组的各线圈分布在不同的槽内，使得 q 个分布线圈的合成磁动势 F_{q1} 小于 q 个线圈集中地放到一个槽内所形成的磁动势 qF_{k1}，由此所引起的折扣即为分布系数。不难看出，$k_{d1}<1$。

综合考虑式（5.2-15）与式（5.2-55），具有 n_p 对极单层整距分布绕组的基波合成磁动势 F_1 应为

$$F_1 = 1.35\frac{W_1 k_{d1}}{n_p}I_1 \tag{5.2-56}$$

可以推出，三相单层整距分布绕组的合成磁动势谐波的分布系数为

$$k_{d\nu} = \frac{F_{q\nu}}{qF_{k\nu}} = \frac{\sin(q\nu\alpha_1/2)}{q\sin(\nu\alpha_1/2)}$$

所以，三相单层整距分布绕组的**谐波**合成磁动势 F_ν 应为

$$F_\nu = \frac{1}{\nu}\frac{k_{d\nu}}{k_{d1}}F_1 \tag{5.2-57}$$

在 q 值较大的分布绕组的情况下，对于大多数次数较低的谐波，都满足 $k_{d\nu} \ll k_{d1}$。所以，采用分布绕组可以削弱谐波，这是实际电机采用分布绕组的一个重要原因。

（2）双层短距分布绕组的磁动势

下面基于图 5.2.23 所示的短距分布绕组分析其产生的磁动势。

整个 A 相绕组产生的磁动势是构成 A 相绕组的 4 个线圈各自产生的磁动势之和。对这 4 个线圈的磁动势求和时，可以将其分为两组，第一组为线圈 1-6 与线圈 7-12；第二组为线圈 2-7 与线圈 8-1。显然，两组线圈的磁动势相等，而第二组磁动势相对于第一组只是在空间相差了一个电角度 α_1。所以，只要求出其中一组线圈的合成磁动势，就可以用分布系数的概念求出总的磁动势。

将图 5.2.23b 重作于图 5.2.26a。图 5.2.26b、c 与 d 分别代表短距线圈 1-6 与 7-12，以及由它们构成的第一组线圈的合成磁动势。由图 5.2.26d 可以看出，一对极下两个短距线圈的合成磁动势呈现的形状是截短的矩形波。设节距为 y_1，则该矩形波的宽度用电角度表示

则为 $180°y_1/\tau$。对此波形进行谐波分析，可知其基波磁动势小于两个整距线圈的基波磁动势，其比值称为基波短距系数 k_{p1}。经过推导可得 k_{p1}

$$k_{p1}=\sin\frac{y_1}{\tau}90° \tag{5.2-58}$$

对谐波则有 $k_{p\nu}=\sin\frac{y_1}{\tau}(\nu\times 90°)$。

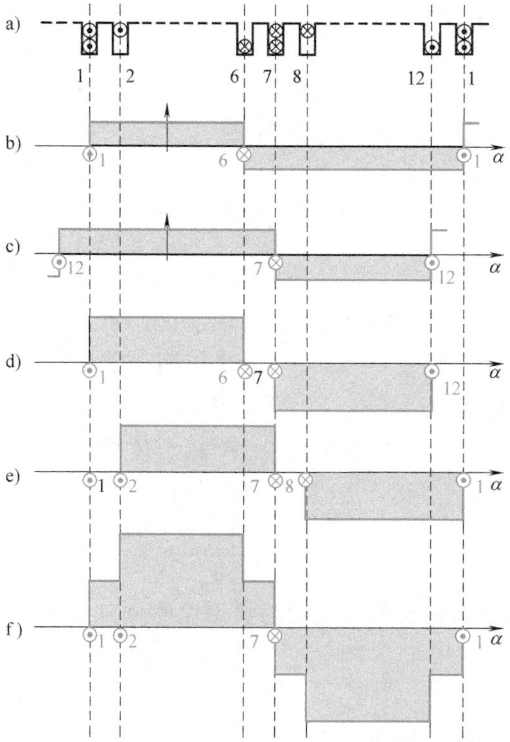

图 5.2.26　短距分布绕组的合成气隙磁动势示意

k_{p1} 的含义为：短距绕组的基波磁动势与整距绕组的基波磁动势相比，其大小也应打一折扣，$k_{p1}<1$。对大多数谐波而言，其谐波短距系数比基波短距系数要小很多，所以，采用短距也是削弱谐波的一个常用措施。

同理，线圈 2-7 与 8-1 的合成磁动势为图 5.2.26e。合成该相所有绕组的磁动势后，波形如图 f 所示。可以看出，该波形比较接近于正弦波，即谐波磁动势部分被大大减小了。

综上所述，对双层短距分布绕组，可采用下式的绕组系数 k_{dp1} 来综合考虑分布与短距绕组结构下基波磁动势幅值的变化。

$$k_{dp1}=k_{d1}k_{p1} \tag{5.2-59}$$

由图 5.2.26 可知，设计各种复杂的绕组分布，就是为了构造一个接近正弦波的磁动势波形以减少谐波分量。

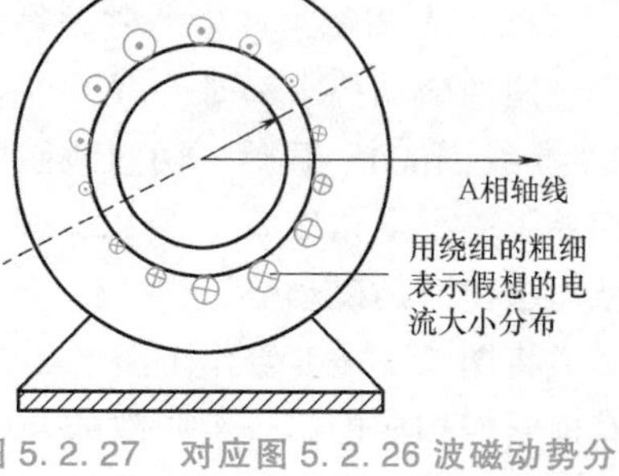

图 5.2.27　对应图 5.2.26 波磁动势分布假想的产生该磁动势的电流分布图

为了便于理解，图 5.2.27 **假想**了一种将各个绕组中

通以不同大小的同相电流，这个难以实现的电流分布产生的磁动势应该与图 5.2.26 的磁动势分布等价。

参考式（5.2-10）与式（5.2-59），单相双层短距分布绕组的基波磁动势的幅值为

$$F_{m1}=\frac{4\sqrt{2}}{\pi}\frac{W_1k_{dp1}}{2}\frac{}{n_p}I_1=0.9\frac{W_{1,eff}}{n_p}I_1 \tag{5.2-60}$$

式中，

$$W_{1,eff}=W_1k_{dp1} \tag{5.2-61}$$

称为每相绕组的有效串联匝数，简称为有效匝数（effective number of turns）。

同理，对于 ν 次谐波磁动势，有效匝数为

$$W_{\nu,eff}=k_{dp\nu}W_1 \tag{5.2-62}$$

于是，三相合成基波磁动势的幅值为单相的 3/2 倍，即

$$F_1=1.35\frac{W_1k_{dp1}}{n_p}I_1=1.35\frac{W_{1,eff}}{n_p}I_1 \tag{5.2-63}$$

显然，双层绕组的线圈数必然等于槽数。

双层绕组的主要优点为：①改善电动势和磁动势的波形；②所有线圈具有同样的尺寸，便于制造；③端部形状排列整齐，有利于散热和增强机械强度。

（3）整距分布绕组及短距分布绕组的感应电动势

对于图 5.2.24 所示整距分布绕组，因为两个线圈相隔一个槽距角 α_1，所以感应电动势的相位也相差 α_1。于是，由导体电动势求线匝电动势时的相量图如图 5.2.28 所示。由此得到 q 个整距线圈串联得到的总电动势有效值等于一个线圈电动势有效值的 q 倍乘以分布因数 k_{q1}，即

$$E_{q1}=(qE_{k1})k_{q1}\approx 4.44(qW_k)k_{q1}f\Phi_m \tag{5.2-64}$$

此处的基波分布系数的表达式与计算气隙磁动势所用的分布系数完全相同。

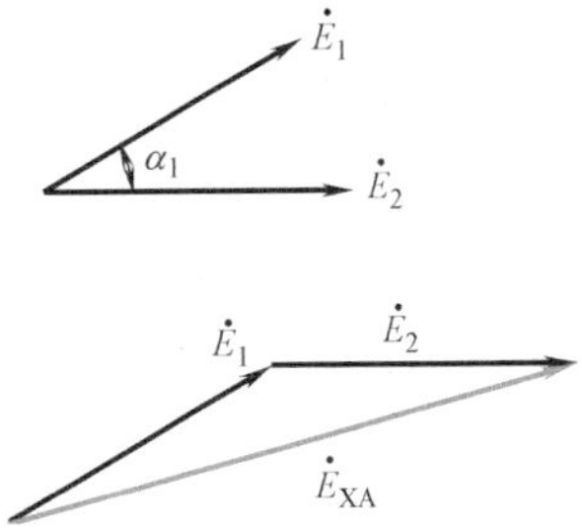

图 5.2.28 整距分布绕组各线圈的感应电动势以及合成的感应电动势

同理，对于每相串联匝数为 W_1 的双层短距分布绕组，每相感应电动势的幅值为

$$E_1=4.44W_1k_{dq1}f\Phi_m=4.44W_{1,eff}f\Phi_m \tag{5.2-65}$$

5.2.4* 三相交流电动机建模方法讨论

针对某个实际问题使用的建模方法，是基于所研究或要解决的问题而选择的，是一个揭示所关注的客观规律的主观行为。本节进一步说明在 5.2.1 节和 5.2.2 节中涉及的建模方法。由于理解本节一些内容需要本书后续内容的支撑，希望在学习第 5.3 节和第 7~8 章的相关内容时再次阅读本节。

1. 采用矢量或时间相量描述三相电机的主要物理变量

现代电动机控制技术中普遍采用交流逆变电源为交流电动机供电。例如，基于电压源型逆变电源的控制方法关心的是如何调节逆变电源电压来控制电动机的一些变量如定子电流、电磁转矩等，因此，从控制系统的角度将电动机模型作了以下抽象。

将图 5.1.11c 所示的电动机定子三相绕组顺时针旋转 90°之后作于图 5.2.29 的右侧虚线圆内。图的左侧是一个理想的可控三相电压源，则图 5.2.29 就表示了整个三相电动机控制

系统中“可控电源+电动机定子部分”的模型。其中按照5.1.2节第3小节的约定，实际绕组用图右侧圆中三相各自相轴上的等效绕组表示，三个相轴也就是三个等效绕组在空间上互差120°电角度。由5.2.1节知，各相基波脉振磁动势矢量的平面位置就是其对应相轴的位置。在本节里，依然定义图5.2.29三个等效绕组的位置或三个相轴位置为基坐标（e^{j0}，$e^{j2\pi/3}$，$e^{-j2\pi/3}$）。

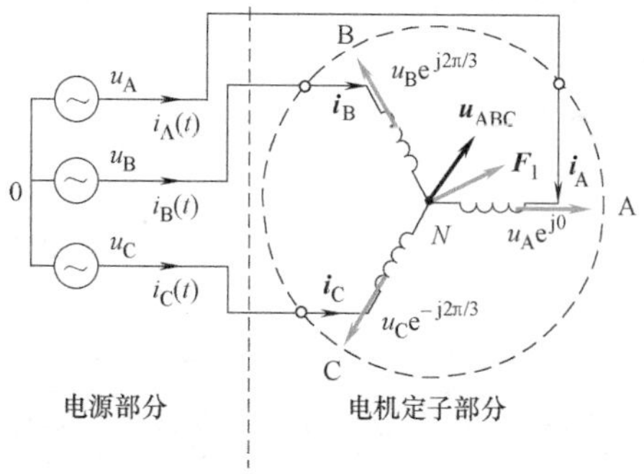

图5.2.29 可控交流电压源和电动机惯例下的定子模型

注意，本书主要讨论以基波电磁变量所表现的电动机动态模型，此时各个变量的幅值和电角频率可变，定子侧也采用图5.2.29模型。于是，图中改用小写字母表示各个时域变量（如相电流为i_A，i_B，i_C，相电压为u_A，u_B，u_C），用斜体黑体表示各个矢量变量（如基波磁动势矢量为$\boldsymbol{F}_1(t)$，电压矢量为$\boldsymbol{u}_{ABC}(t)$，电流矢量为$\boldsymbol{i}_{ABC}(t)$）。稳态时，变量的幅值和电角频率不变，所以电路变量可用相量表示，磁动势矢量符号变为$\overline{\boldsymbol{F}}_1(t)$。

先说明磁动势和电流模型。

图5.2.29的三相绕组匝数相等且空间位置对称，此条件下基波空间磁动势矢量$\boldsymbol{F}_1(t)$为

$$\begin{aligned}\boldsymbol{F}_1(t) &\overset{\triangle}{=} (f_{A1}e^{j0}+f_{B1}e^{j2\pi/3}+f_{C1}e^{-j2\pi/3}) \\ &= \boldsymbol{F}_{A1}+\boldsymbol{F}_{B1}+\boldsymbol{F}_{C1}\end{aligned} \tag{5.2-66}$$

式中，f_{A1}、f_{B1}、f_{C1}为式（5.2-13），但幅值和角频率为变量；$\boldsymbol{F}_{A1}$、$\boldsymbol{F}_{B1}$、$\boldsymbol{F}_{C1}$为各相绕组有效匝数对应的脉振磁动势矢量的基波分量，可写为式（5.2-20b），也可表示为

$$\boldsymbol{F}_{A1}=f_{A1}e^{j0},\boldsymbol{F}_{B1}=f_{B1}e^{j2\pi/3},\boldsymbol{F}_{C1}=f_{C1}e^{-j2\pi/3} \tag{5.2-67}$$

由式（5.2-23）可知，基波磁动势矢量与基波电流矢量的关系为

$$\boldsymbol{F}_1(t)=0.9\frac{W_{1,\mathrm{eff}}}{\sqrt{2}n_p}\boldsymbol{i}_{ABC}(t) \tag{5.2-68}$$

式中的电流空间矢量$\boldsymbol{i}_{ABC}$为

$$\boldsymbol{i}_{ABC}=\boldsymbol{i}_A+\boldsymbol{i}_B+\boldsymbol{i}_C=i_A(t)e^{j0}+i_B(t)e^{j2\pi/3}+i_C(t)e^{-j2\pi/3} \tag{5.2-69}$$

式中，电流的幅值和角频率是两个独立变量。稳态时，各个电流分矢量幅值$\{i_A(t)$、$i_B(t)$、$i_C(t)\}$表示为式（5.2-19），对应的电流矢量模型为式（5.2-22），或者电流时间相量模型为式（5.2-24）。

注意，上述磁动势矢量和电流矢量有以下的异同：

1）对于磁动势而言，$\boldsymbol{F}_{A1}$、$\boldsymbol{F}_{B1}$、$\boldsymbol{F}_{C1}$及其合成磁动势$\boldsymbol{F}_1(t)$在数学上都是矢量，在物理上由图5.2.9和图5.2.11可知，它们都是空间位置（如圆弧坐标系上的位置α）和时间（如基波磁动势标量$f_1(\alpha, t)$是行波）的函数。

2）尽管在具有空间位置的定子等效绕组中的三个电流$\{\boldsymbol{i}_A$、$\boldsymbol{i}_B$、$\boldsymbol{i}_C\}$及其合成矢量$\boldsymbol{i}_{ABC}$也是具有空间位置的瞬态矢量，这些电流却没有类似于图5.2.9和图5.2.11中磁动势在空间上分布的正弦波形。但是，对于绕组设计而言其目的无非是要得到所希望的空间上的等效的电流分布。例如，图5.2.26的绕组结构获得了在绕组中流经的电流**等效地**形成图5.2.27所示的电流分布。于是等效的电流分布和变化也就具有空间和时间的特征。

但是在图 5.2.29 的电源侧，$i_A(t)$、$i_B(t)$ 和 $i_C(t)$ 只是三相电路中的三个基波电流分量，没有电动机定子侧电流所具有的空间位置。在电力电子技术中，将电源侧三相电流也定义为电流矢量。所以，电源侧电流的矢量模型更多具有数学上矢量的意义。

以下说明磁通模型。

如果把图 5.2.9 中的磁力线分布看作为磁通分布，就不难理解磁通矢量模型的物理意义。线性磁路条件下，由于各相磁通 $\{\varphi_A、\varphi_B、\varphi_C\}$ 所链接的各相等效绕组具有空间位置（或理解为该相绕组所围磁通），依据式 $\boldsymbol{F}_1=R_m\boldsymbol{\Phi}_1$（$R_m$ 为线性磁阻），三相磁通合成后也可以用下述空间磁通矢量表示

$$\boldsymbol{\Phi}_1 \overset{\triangle}{=} \varphi_A e^{j0}+\varphi_B e^{j2\pi/3}+\varphi_C e^{-j2\pi/3} \tag{5.2-70}$$

稳态时，磁通矢量模型 $\boldsymbol{\Phi}_1$ 为式（5.2-44）定义的稳态矢量 $\overline{\boldsymbol{\Phi}}_1$，其幅值和旋转频率为常数。对应于式（5.2-19）和式（5.2-22）的基波稳态电流及其基波磁动势矢量 $\overline{\boldsymbol{F}}_1$，链接于定子各相等效绕组上的各相基波磁通 $\{\varphi_{mA}、\varphi_{mB}、\varphi_{mC}\}$ 为式（5.2-41）。对应于 $\overline{\boldsymbol{\Phi}}_1$，时间相量 $\dot{\Phi}_{m1}e^{j\omega t}$ 以及感应电动势时间相量 $\dot{E}_1e^{j\omega t}$ 分别为式（5.2-45）和式（5.2-46）。

所以线性磁路条件下，仍然可以基于图 5.2.11 理解各相基波磁通 φ_{mA}、φ_{mB}、φ_{mC} 与基波磁通时间相量 $\dot{\Phi}_{m1}e^{j\omega t}$ 或者磁通基波矢量 $\overline{\boldsymbol{\Phi}}_1$ 三者的关系。此时，如果假定铁损角 α_{Fe} 为零，则矢量 $\overline{\boldsymbol{\Phi}}_1$ 与矢量 $\overline{\boldsymbol{F}}_1$ 在平面上同位置，波形 $\{\varphi_{mA}、\varphi_{mB}、\varphi_{mC}\}$ 与波形 $\{f_{A1}、f_{B1}、f_{C1}\}$ 相差一个常数。

由于磁链只是比磁通多了绕组有效匝数 $W_{1,eff}$，与磁通基波矢量 $\boldsymbol{\Phi}_1$ 对应，气隙磁链空间基波矢量 $\boldsymbol{\Psi}_1$ 为

$$\boldsymbol{\Psi}_1 \overset{\triangle}{=} \Psi_A e^{j0}+\Psi_B e^{j2\pi/3}+\Psi_C e^{-j2\pi/3} \tag{5.2-71}$$

式中，$\Psi_A=W_{1,eff}\varphi_A$、$\Psi_B=W_{1,eff}\varphi_B$、$\Psi_C=W_{1,eff}\varphi_C$ 为各相绕组上磁链的时域表达式。可以看出磁通矢量和磁链矢量既是空间位置的变量，也是时间的变量。

2. 采用不同数学工具表述同一物理现象的不同特征

以下用两类例子说明。

（1）采用两种数学模型描述磁动势

5.2.1 节中，采用圆弧坐标系上的标量表示了基于傅里叶级数展开的各个磁动势分量，而用空间矢量表示了基波磁动势的旋转特征。

采用圆弧坐标系对基波磁动势以及各次谐波磁动势建模后，不但在 5.2.1 节分析了基波电流励磁条件下各相脉振磁动势及其合成磁动势现象，在 5.2.3 节中还量化了磁动势的各个谐波分量与绕组构成的关系。此外，在 5.2.1 节和 5.2.2 节中，还建立了单相电路电流与空间磁动势、以及感应电动势与该相绕组所链接的磁通之间的关系。由于在稳态条件下，三相电路中的各个单相电路对称，在一个单相电路中得到的结果适用于其他单相电路，所以，在 5.3.1 节和 8.2 节中将分别建立**用单相等效电路表示**的异步电动机和同步电动机的稳态模型。这些模型非常便于电动机的稳态特性分析以及基于稳态模型的控制方法分析。

在图 5.2.10 和图 5.2.29 中，将实际电动机中各式各样绕组抽象为 A、B、C 三相轴线上的一个等效绕组，根据这个抽象以及线性磁路假定，建立了磁动势和磁通的空间矢量模型。本章中这个模型只表示了磁动势和磁通的基波分量。

那么，这个模型的优势是什么？以三相异步电动机为例，由于三相定子电路和转子电路

的相与相之间、定转子之间互相耦合（详见 7.2 节），因此，**动态条件下**电动机的各个状态变量是由三相定子和转子电路的各个量**共同决定**的。此时，单相等效电路模型也就失效了。由于关注的电动机的大多数动态运行状态是由这些变量的**基波分量决定**的，而空间矢量可以简单而有效地描述各个状态变量的基波分量，因此，目前大多使用空间矢量模型建立电动机的动态模型，并据此讨论交流电动机的动态控制方法。本书中，将基于空间矢量模型，在 6.2.3 节讨论空间矢量调制方法；在第 7 章讨论异步电动机动态数学模型以及控制方法；而在 8.3 节讨论同步电动机的动态数学模型。近年这三部分内容被称为“现代电机控制技术”（如文献［5-6］）。但是在研究一些其他问题，如三相不对称运行、或空间谐波磁动势及其引发的电磁转矩谐波问题时，上述基波矢量模型就不适用了。

（2）采用多种数学工具对磁通或磁链建模

普通物理中的磁通为一个标量变量，也就是第 2.2 节的式（2.2-5）。

5.2.2 节的第 1、2 小节关心的是与某个闭合绕组交链的磁通及其产生的感应电动势的基波相量 $\dot{E}_1$，目的是今后在 5.3 节和 8.2 节中建立电动机的单相电路模型。由图 5.2.15 可知，从一个绕组（如 AX 绕组）上观察到的磁通并不是旋转磁通，而是随时间作正弦变化的磁通行波，也就是式（5.2-41），因此采用相量 $\dot{\Phi}_{m1}$ 表示这个磁通。

如果将线性磁路的磁路欧姆定律扩展到三相电机的磁空间的某一个截面上，则有 $\boldsymbol{F}_1 = R_m \boldsymbol{\Phi}_1$。于是磁通基波矢量 $\boldsymbol{\Phi}_1$ 也为空间矢量。并且基于图 5.2.9 的磁力线分布，可以理解 $\boldsymbol{\Phi}_1$ 就是一个与磁动势 $\boldsymbol{F}_1$ 同空间位置（或相差一个铁损角）的旋转矢量。于是，在 5.2.2 节的第 3 小节，对应稳态基波磁动势 $\overline{\boldsymbol{F}}_1$ 引入了稳态磁通量矢量 $\overline{\boldsymbol{\Phi}}_1$；进一步为了建立 $\overline{\boldsymbol{\Phi}}_1$ 和单相磁通基波相量 $\dot{\Phi}_{m1}$ 之间的联系，又引入了磁通时间相量 $\dot{\Phi}_{m1}e^{j\omega t}$。

再次强调，如 2.2.2 节所述，磁场是无源场。因此对上述磁通或磁链的建模都是基于磁路上的一个截面进行的。

3. 采用时间相量建立矢量模型和相量模型的联系

在电机的稳态分析里，采用单相等效电路模型建立三相交流电机模型，变量采用相量表示，于是称其为相量模型。第 5.3 节的图 5.3.14 为笼型异步电机的等效电路模型，而第 8.2 节的图 8.2.5 为非凸极同步发电机等效电路模型。

此外，将三相电机中的旋转磁动势、旋转磁通、三相电流以及三相感应电动势用矢量表示后，就可以建立现代电机控制方法所依据的电机矢量模型。相关内容详见 7.2 节和 8.3 节。本节则给出了上述变量稳态下的矢量模型。

所以相量模型或单相等效电路模型是电机矢量模型的一个特例。

为了建立这两类模型的联系，本书明确定义了时间相量的概念。

在三相电机建模理论中，相量是频域的两维物理量（幅值和相角），矢量是时域的两维物理量（极坐标平面的幅值和转角）。本书定义，**时间相量为极坐标平面上以相量为幅值、以 ωt 旋转的矢量**。于是时间相量就把相量和稳态下的矢量联系到了一起。

因此，以时间相量概念为纽带，本书将电机的单相等效电路模型（频域）与矢量模型（时域）统一起来了。

5.3 异步电动机的稳态模型与机械特性

本节分析三相异步电动机的稳态模型与机械特性。主要内容有：异步电动机的电磁过程和用单相等效电路表述的稳态数学模型；基于这个等效电路模型得到的电动机稳态转矩、功率特性以及机械特性。这些分析涉及异步电动机内部的电、磁和电磁转矩等物理量，以及电磁功率与机械功率之间的转换。这些内容的物理约束表现为以下三个关系：

1）电压平衡方程：反映异步电动机定子和转子电路的基本规律。

2）磁动势平衡方程：反映异步电动机定、转子之间磁场的耦合关系。

3）转矩/功率平衡方程：反映异步电动机电磁转矩与机械负载构成的系统的运动规律。

为了方便学习本节内容，视频 No. 19 总结了相关的基础知识。

视频 No. 19

5.3.1　异步电动机的单相稳态电路模型

本节以三相绕线转子异步电动机为例，在定量分析电动机内部电磁过程的同时，推导出感应电动机通用的电路模型。为了分散难点，本节基于 2.6 节电力变压器的等效电路建模方法，采用图 5.3.1 所示的分析步骤。即首先分析转子静止时转子绕组电路开路以及闭合情况下电动机的电磁关系，然后分析转子旋转、转子绕组电路闭合时的电磁关系，从而最终得出用单相等效电路表示的数学模型。

注意：①由 5.2 节可知，与变压器磁路中的磁动势磁通不同，图 5.3.2a 的异步电动机气隙空间中，与旋转磁动势基波矢量对应、与定子绕组和转子绕组同时交链的主磁通为式（5.2-45）；②建模的前两步如图 5.3.1 前两行所示，与 2.6 节电力变压器的建模方法一致，但还要用“频率折算”方法将旋转的转子电路（其电量的频率与定子电路电量的频率不相等）转换到静止的定子侧；③在等效电路模型里，将用一个电阻上消耗的电功率表示电动机轴输出的机械功率，或是用该电阻变负对应的电功率表示轴上输入的机械功率。

电磁关系
- 转子静止、转子绕组电路开路时
- 转子堵转、转子绕组电路闭合时（绕组折算，得到 T 形等效电路）
- 转子旋转、转子绕组电路闭合时（频率折算，得到最终等效电路）

图 5.3.1　本节的分析顺序

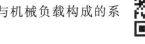

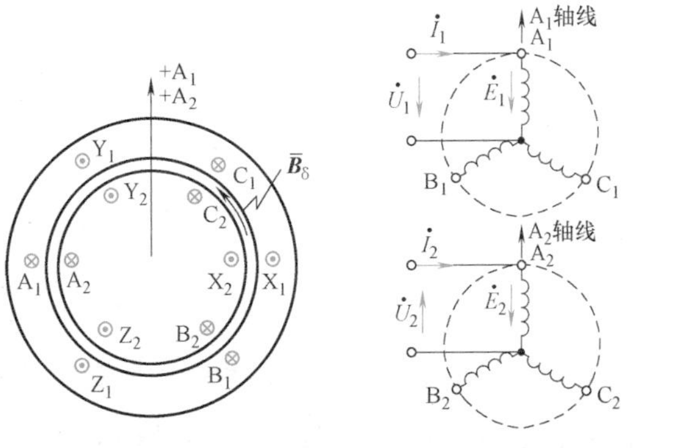

a) 定、转子绕组布置示意图　　b) 定、转子绕组连接方式与正方向

图 5.3.2　绕线转子异步电动机中各个变量的正方向

分析前，需要规定正方向。图 5.3.2a 所示是三相绕线转子异步电动机示意图；图 5.3.2b 是其定、转子的空间电路图，电路为 Y 型联结，即将 X、Y、Z 端子连在一起。在 5.2 节里下标 1 代表基波分量。而在本节中，用下标 1 代表定子的参数，用下标 2 代表转子的参数。所以，$\dot{U}_1$、$\dot{I}_1$、$\dot{E}_1$ 分别是定子绕组的相电压、相电流和相电动势的相量；$\dot{U}_2$、$\dot{I}_2$、$\dot{E}_2$ 分别是转子绕组的相电压、相电流和相电动势的相量；箭头方向是各个量的正方向。磁动势和磁通的正方向与电流的正方向符合右手螺旋关系。A_1 和 A_2 分别是定

子 A_1 相和转子 A_2 相绕组轴线。为简化问题，假定两个轴重合在一起。

1. 转子静止、转子绕组电路开路时的电磁关系

假定电动机定子接到频率为 f_1、相电压为 $\dot{U}_1$ 的三相对称电网上，转子静止且绕组开路。所以转子绕组产生感应电动势 $\dot{E}_{20}$ 但电流 $\dot{I}_1$ 为零，定、转子之间没有能量传递。此时主要分析定子的电磁情况。

(1) 定子磁场

当电动机定子接对称三相电源时，便有对称三相电流（旋转相量表示为 $\dot{I}_{10}e^{j\omega_1 t}$，下标 0 表示转子开路）流过定子绕组并产生定子旋转磁动势 $\overline{\boldsymbol{F}}_{10}$。由于转子绕组开路，气隙磁场仅由磁动势 $\overline{\boldsymbol{F}}_{10}$ 产生。根据式（5.2-25）可知

$$\overline{\boldsymbol{F}}_{10}=1.35\frac{W_{1\text{eff}}}{n_\text{p}}\dot{I}_{10}e^{j\omega_1 t} \tag{5.3-1}$$

式中，$W_{1\text{eff}}$ 为定子每相绕组的有效匝数；$\dot{I}_{10}$ 为定子 A_1 相绕组的电流相量。如果电流相序为 $A_1 \to B_1 \to C_1$，则磁动势 $\overline{\boldsymbol{F}}_{10}$ 以同步转速 n_1 旋转，转向为绕组轴线 $+A_1 \to +B_1 \to +C_1$ 的逆时针方向（正序方法），如图 5.3.2a 所示。

定子磁动势 $\overline{\boldsymbol{F}}_{10}$ 建立旋转磁场 $\overline{\boldsymbol{B}}_\delta$，产生磁通。根据磁通经过的路径及性质，把电动机中的磁通分为**主磁通**和**漏磁通**两大类。与各相绕组交链的主磁通 $\dot{\Phi}_\text{m}$ 的时域表达式为式（5.2-41），时间相量为式（5.2-45），它的磁路经过定子铁心、气隙以及转子铁心，容易受磁路饱和的影响。定子漏磁通是仅与定子绕组交链而不与转子绕组交链的磁通，用 $\dot{\Phi}_{1\sigma}$ 表示。其磁路径由空气闭合，所以不易受铁心部分饱和的影响。

(2) 转子开路时的电磁关系

由 5.2.2 节知，当转子开路时，主磁通 $\dot{\Phi}_\text{m}$ 在定、转子绕组中产生的感应电动势落后主磁通 $\pi/2$ 电角度，频率为电源频率 f_1。根据 5.2.2 节的式（5.2-38），单相定子绕组感应电动势 $\dot{E}_1$ 与单相转子开路绕组感应电动势 $\dot{E}_{20}$ 分别为

$$\dot{E}_1=-j4.44f_1 W_{1\text{eff}}\dot{\Phi}_\text{m} \tag{5.3-2}$$

$$\dot{E}_{20}=-j4.44f_1 W_{2\text{eff}}\dot{\Phi}_\text{m} \tag{5.3-3}$$

式中，$W_{2\text{eff}}$ 为转子每相绕组的有效匝数。定义

$$k_\text{e}=\frac{E_1}{E_2}=\frac{W_{1\text{eff}}}{W_{2\text{eff}}} \tag{5.3-4}$$

为异步电动机的**电动势变比**。显然电动势变比是定、转子相绕组的有效匝数之比。

漏磁通在一相绕组中引起的漏电动势 $\dot{E}_{\sigma1}$ 在时间上落后 $\dot{\Phi}_{1\sigma}$ 电角度 $\pi/2$，即

$$\dot{E}_{\sigma1}=-j4.44f_1 W_{1\text{eff}}\dot{\Phi}_{1\sigma} \tag{5.3-5}$$

通常把漏电动势 $\dot{E}_{\sigma1}$ 的负值看作定子电流在定子漏电抗上的压降，即

$$-\dot{E}_{\sigma1}=j\dot{I}_{10}x_{\sigma1} \tag{5.3-6}$$

式中，$x_{\sigma1}=\omega_1 L_{\sigma1}$ 代表定子一相漏电抗。应该注意的是，定子一相漏电抗对应的漏磁通是由三相电流共同产生的。用漏电抗可以把电流产生磁通、磁通又在绕组中产生感应电动势的复杂关系简化为电流在电抗上的压降形式，有助于分析和计算。

在定子绕组上加电压之后，定子绕组中除了 $\dot{E}_1$ 及 $\dot{E}_{\sigma1}$ 两个感应电动势之外，在定子绕组电阻上还有电压降 $\dot{I}_{10}r_1$。所以电源电压在定子一相绕组中引起的电流会造成电压降 $\dot{I}_{10}(r_1+\mathrm{j}x_{\sigma1})$，而所产生的主磁通在定、转子绕组中会产生感应电动势 $\dot{E}_1$ 及 $\dot{E}_2$。由此可以得到异步电动机转子绕组开路时，定、转子的一相电路中的电压平衡方程式为

$$\begin{cases}\dot{U}_1=-\dot{E}_1+\dot{I}_{10}(r_1+\mathrm{j}x_{\sigma1})=-\dot{E}_1+\dot{I}_{10}Z_1\\ \dot{U}_2=\dot{E}_{20}\end{cases}\tag{5.3-7}$$

式中，$Z_1=r_1+\mathrm{j}x_{\sigma1}$ 称为定子相绕组的**漏阻抗**。

$\dot{E}_1$ 可以看成是 $\dot{I}_{10}$ 在励磁阻抗 Z_{m} 上的压降

$$-\dot{E}_1=\dot{I}_{10}(r_{\mathrm{m}}+\mathrm{j}x_{\mathrm{m}})=\dot{I}_{10}Z_{\mathrm{m}}\tag{5.3-8}$$

式中，r_{m} 是励磁电阻，代表等效铁损耗的参数；x_{m} 是励磁电抗，其电感值与磁路的工作点有关；$Z_{\mathrm{m}}=r_{\mathrm{m}}+\mathrm{j}x_{\mathrm{m}}$。由此，定子一相的电压平衡方程式为

$$\dot{U}_1=\dot{I}_{10}(r_{\mathrm{m}}+\mathrm{j}x_{\mathrm{m}})+\dot{I}_{10}(r_1+\mathrm{j}x_{\sigma1})=\dot{I}_{10}(Z_{\mathrm{m}}+Z_1)\tag{5.3-9}$$

式（5.3-7）~式（5.3-9）表示的定、转子电路的各个物理量如图 5.3.3 所示。根据 5.2 节所述的基波磁动势与电流、基波磁通与感应电动势的“时间相量-空间矢量图”的做法，如果用磁通作为参考相量，依据这些公式可画出电动机的“时间相量-空间矢量图”如图 5.3.4a 所示和对应单相电路模型的相量图如图 5.3.4b 所示。

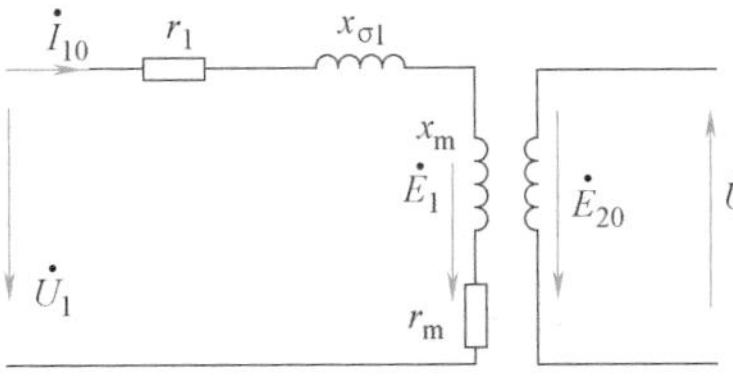

图 5.3.3　转子绕组开路时的等值电路

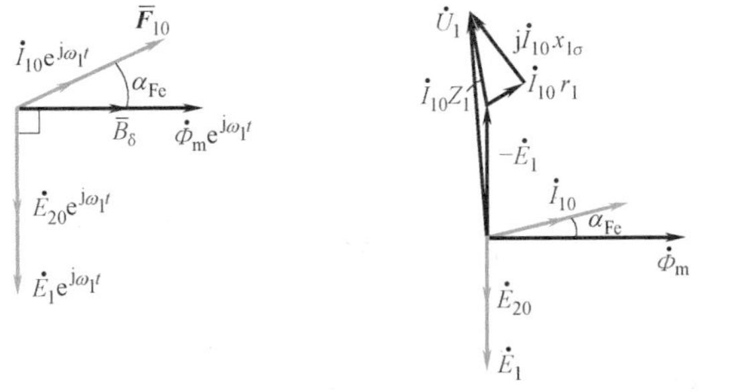

a) 时间相量-空间矢量图　　b) 对应单相等效电路的相量图

图 5.3.4　转子开路时的时空图和相量图

2. 转子堵转、绕组电路闭合时的电磁关系

转子堵转的工况为：定子绕组接到频率为 f_1、相电压为 $\dot{U}_1$ 的三相对称电源上，同时转子绕组外接负载电阻 r_{L} 并且转子被堵住不转，如图 5.3.5 所示。这种工况下电动机不传递机械功率，所以重点考虑磁动势平衡关系。

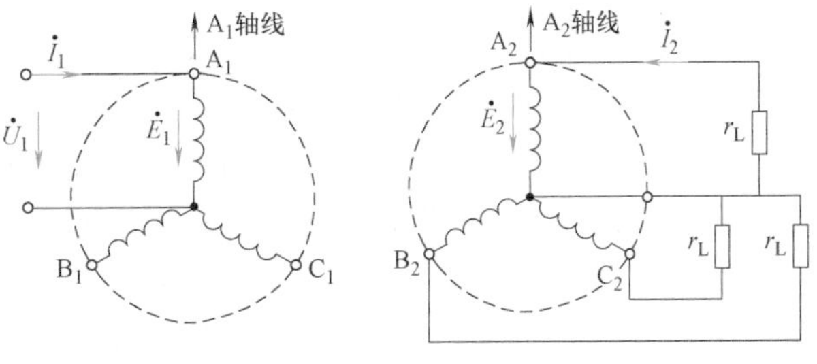

a) 定子绕组连接与正方向　　b) 转子绕组连接与正方向

图 5.3.5　绕线转子堵转时的连接方式和正方向

(1) 磁动势平衡关系

转子绕组经电阻 r_L 闭合，旋转磁场在转子绕组上产生感应电动势 $\dot{E}_2$ 和电流 $\dot{I}_2$，转子三相对称绕组流过三相对称电流形成转子合成旋转磁动势 $\overline{F}_2$。根据式 (5.2-25) 得

$$\overline{F}_2=1.35\frac{W_{2\text{eff}}}{n_p}\dot{I}_2\text{e}^{\text{j}\omega_1 t} \tag{5.3-10}$$

式中，$W_{2\text{eff}}$ 为转子每相绕组的有效匝数；n_p 是转子极对数，与定子极对数相等。

由于转子被堵住，其转速 $n=0$，转子感应电动势和电流的频率与定子感应电动势的频率相等。旋转磁场切割转子绕组的次序为绕组轴线$+A_2\to+B_2\to+C_2$，可以得出转子电动势和电流的相序也为正序 $A_2\to B_2\to C_2$，所以 $\overline{F}_2$ 的转向为$+A_2\to+B_2\to+C_2$ 的逆时针方向，与 $\overline{F}_1$ 旋转方向相同。

转子磁动势在空间的转速同定子磁动势的转速，均为同步转速 n_1

$$n_1=\frac{60f_1}{n_p} \tag{5.3-11}$$

转子磁动势与定子磁动势同极数、同转向、同转速，即定、转子磁动势同步旋转，两者在空间相对静止。**定、转子磁动势相对静止是产生稳定的电磁转矩从而维持电动机稳定运行的必要条件**。形象地看，如果两个磁场之间有相对运动，必然时而一个 N 极和另一个 S 极相遇，互相吸引，时而这个 N 极和另一个 N 极相遇，又互相排斥，由此产生的过渡过程将很快消失。

当转子磁动势 $\overline{F}_2$ 出现之后，气隙中存在的磁动势是定、转子磁动势的合成，称为气隙合成磁动势，表示为 $\overline{F}_\Sigma$。显然 $\overline{F}_\Sigma$ 在空间的转速是同步速度 n_1。由于 $\overline{F}_2$ 的出现，定子磁动势比转子开路时有很大变化，改用 $\overline{F}_1$ 表示定子磁动势。异步电动机的磁动势平衡方程式为

$$\overline{F}_\Sigma=\overline{F}_1+\overline{F}_2 \tag{5.3-12}$$

这说明，通常情况下的气隙磁场 $\overline{B}_\delta$ 是由气隙合成磁动势 $\overline{F}_\Sigma$ 产生的，并且在电机任何运行状态下气隙合成磁动势式 (5.3-12) 都成立。

同 2.6 节的交流变压器励磁一样，笼型异步电机为单边励磁，产生合成磁动势 $\overline{F}_\Sigma$ 的等效励磁电流 $\dot{I}_\Sigma$ 只由定子侧提供。为使额定运行下磁场储能不变，设计使等效励磁电流 $\dot{I}_\Sigma$ 与转子开路或转子以同步速度旋转时的励磁电流 $\dot{I}_{10}$ 相等，即 $\dot{I}_\Sigma=\dot{I}_{10}$。此时式 (5.3-1) 中的定子电流由转子绕组开路时的 $\dot{I}_{10}$ 变为 $\dot{I}_1$。由式 (5.2-25) 或式 (5.3-1) 得

$$\overline{F}_1=1.35\frac{W_{1\text{eff}}}{n_p}\dot{I}_1\text{e}^{\text{j}\omega_1 t} \tag{5.3-13}$$

把式 (5.3-10)、式 (5.3-13) 和式 (5.3-14) 代入式 (5.3-12)，就将矢量表达式 (5.3-12) 转换为下面的相量表达式

$$W_{1\text{eff}}\dot{I}_{10}=W_{1\text{eff}}\dot{I}_1+W_{2\text{eff}}\dot{I}_2 \tag{5.3-14}$$

与变压器的绕组折算方法相同，把转子等效匝数折算成定子等效匝数，定义

$$\dot{I}_2'=\frac{W_{2\text{eff}}}{W_{1\text{eff}}}\dot{I}_2=k_1\dot{I}_2 \tag{5.3-15}$$

式中，k_i 叫作电流变比。

$$k_i = \frac{W_{2eff}}{W_{1eff}} \tag{5.3-16}$$

可知 $k_i = 1/k_e$。于是式（5.3-14）可整理为

$$\dot{I}_{10} = \dot{I}_1 + \dot{I}_2' \tag{5.3-17}$$

式（5.3-17）被称为电流形式的磁动势平衡方程式。它说明经过绕组折算，式（5.3-14）表示的磁动势平衡关系可由式（5.3-17）的电流等式表示。由于采用旋转相量，所以推导也十分简洁。

改写式（5.3-17）为 $\dot{I}_1 = \dot{I}_{10} + (-\dot{I}_2')$。该式说明，当异步电动机的转子经电阻 r_L 闭合并堵住不转时，产生定子旋转磁动势 $\overline{\boldsymbol{F}}_1$ 的定子电流 $\dot{I}_1$ 可以分解成两个分量：第一个分量称为励磁电流分量，与式（5.3-1）的 $\dot{I}_{10}$ 的作用相同，产生气隙空间磁动势 $\overline{\boldsymbol{F}}_\Sigma$ 和旋转主磁通 $\dot{\Phi}_m e^{j\omega_1 t}$；第二个分量对应于转子闭合时的电流 $\dot{I}_2'$ 所产生的磁动势分量 $\overline{\boldsymbol{F}}_2$（式（5.3-10）和式（5.3-15））。

转子回路的电磁关系通过磁动势平衡反映到定子侧。只要磁动势 $\overline{\boldsymbol{F}}_2$ 不变，不管转子相数和每相的有效匝数，也不管转子旋转还是静止，对定子侧的电磁效应相同。这就允许用等效的转子去取代真实存在的转子，取代的条件就是保持转子磁动势 $\overline{\boldsymbol{F}}_2$ 不变。今后在分析等值电路的过程中进行的“绕组折算”和“频率折算”，都是以保证 $\overline{\boldsymbol{F}}_2$ 不变为原则进行的。

（2）时间相量-空间矢量图

由于主磁通 $\dot{\Phi}_m$ 是联系定、转子电学量的纽带，所以以它为参考来研究 $\overline{\boldsymbol{F}}_1$、$\overline{\boldsymbol{F}}_2$ 及 $\overline{\boldsymbol{F}}_\Sigma$ 的空间关系。

图 5.3.6a 所示为转子绕组开路时的时-空矢量图，电流旋转相量 $\dot{I}_{10} e^{j\omega_1 t}$ 产生定子磁动势 $\overline{\boldsymbol{F}}_{10}$，$\overline{\boldsymbol{F}}_{10}$ 产生主磁通旋转相量 $\dot{\Phi}_m e^{j\omega_1 t}$（$\alpha_{Fe}$ 表示由磁路引起的铁耗角）。

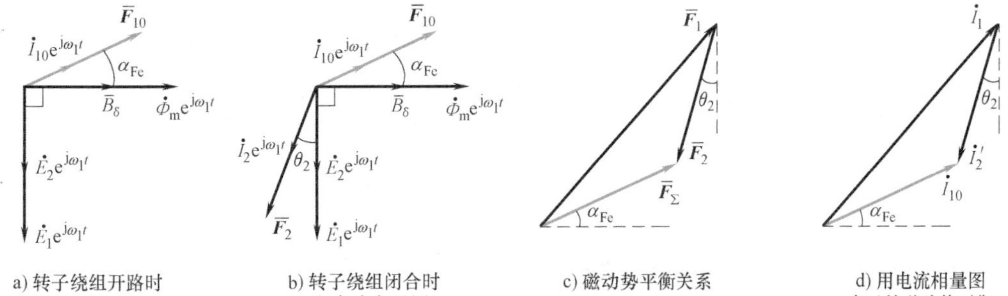

图 5.3.6 磁动势平衡与电流平衡的关系图

图 5.3.6b 表示转子绕组经电阻闭合时的时-空矢量图。比起图 5.3.6a，图 5.3.6b 多了转子电流 $\dot{I}_2 e^{j\omega_1 t}$ 产生的转子磁动势 $\overline{\boldsymbol{F}}_2$，也就产生了合成磁动势 $\overline{\boldsymbol{F}}_\Sigma$（与 $\overline{\boldsymbol{F}}_{10}$ 的大小和相位相同）以及与 $\overline{\boldsymbol{F}}_\Sigma$ 对应的主磁通 $\dot{\Phi}_m$。图 5.3.6b 中，由于回路的感性特性，$\dot{I}_2$ 比转子感应电动势 $\dot{E}_2$ 落后 θ_2 电角度，也就是转子磁动势 $\overline{\boldsymbol{F}}_2$（与 $\dot{I}_2 e^{j\omega_1 t}$ 同空间位置）比主磁通旋转相量 $\dot{\Phi}_m e^{j\omega_1 t}$ 滞后 $\pi/2+\theta_2$ 电角度。θ_2 为转子回路的功率因数角，基于 θ_2 就可求得 $\overline{\boldsymbol{F}}_2$ 在空间的位置。

转子不转时，转子相电阻为 r_2，相漏抗为 $x_{\sigma2}=2\pi f_1 L_{\sigma2}$（$L_{\sigma2}$ 为转子相漏感，基本上是常数）。所以可得电压方程以及功率因数角 θ_2 为

$$\dot{E}_2=\dot{I}_2[(r_2+r_L)+jx_{\sigma2}],\theta_2=\arctan\frac{x_{\sigma2}}{r_2+r_L} \tag{5.3-18}$$

根据 $\overline{F}_2$ 以及之前的与主磁通 $\dot{\Phi}_m$ 相关的 $\overline{F}_\Sigma$（超前 $\overline{\Phi}_m$ 铁耗角 α_{Fe}），根据矢量加法可以画出该工况下的磁动势平衡图如图 5.3.6c 所示。该磁动势平衡关系还可由式（5.3-17）的三个电流相量表示，所以图 5.3.6c 的矢量图也可采用图 5.3.6d 的电流相量图表示。

（3）T 形等值电路

转子堵转时，对应 $\overline{F}_\Sigma$ 的主磁通 $\dot{\Phi}_m$ 在转子绕组上产生的感应电动势 $\dot{E}_2$ 依然为式（5.3-3），即 $\dot{E}_2=-j4.44f_1W_{2eff}\dot{\Phi}_m$。根据图 5.3.5b 规定的正方向可得转子绕组一相回路电压方程式为式（5.3-18），于是转子电流为

$$\dot{I}_2=\frac{\dot{E}_2}{r_2+jx_{\sigma2}+r_L}=\frac{\dot{E}_2}{Z_2+r_L} \tag{5.3-19}$$

转子绕组堵转时的定子等效电路形式与转子开路时的定子等效电路形式相同，即

$$\dot{U}_1=-\dot{E}_1+\dot{I}_1(r_1+jx_{\sigma1}) \tag{5.3-20}$$

转子堵转时的定转子等效电路如图 5.3.7 所示。从等效电路上看，异步电动机定、转子之间没有电路上的连接，只有磁路间的耦合关系。从定子边看转子，只有转子旋转磁动势 $\overline{F}_2$ 与定子旋转磁动势 $\overline{F}_1$ 起作用。可以采用 2.6 节所述的**绕组折算**方法，把定、转子间磁的耦合关系变换为定、转子等效电路之间电的联系。绕组折算的**原则**是保证在折算前后转子磁动势 $\overline{F}_2$（幅值和空间位置）保持不变。经过绕组折算后，每相的感应电动势为 $\dot{E}_2'$、电流为 $\dot{I}_2'$、转子漏阻抗为 $Z_2'=r_2'+jx_{\sigma2}'$。这些值与折算前的值不同，但其产生的转子旋转磁动势 $\overline{F}_2$ 没有改变。以下讨论具体方法。

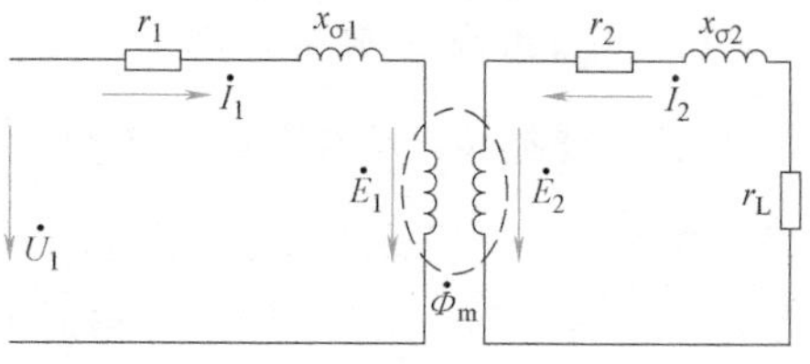

图 5.3.7　转子堵转时定、转子等效电路

1）电流折算：由式（5.3-10）和式（5.3-16），得

$$\overline{F}_2=1.35\frac{W_{2eff}}{n_p}\dot{I}_2e^{j\omega_1t}=1.35\frac{W_{1eff}}{n_p}\dot{I}_2'e^{j\omega_1t} \tag{5.3-21}$$

式中，折算后电流 $\dot{I}_2'=k_i\dot{I}_2$。可知绕组折算前后 $\overline{F}_2$ 并无变化。

2）电动势折算：令 $\dot{E}_2'$表示转子电动势 $\dot{E}_2$ 的折算值。由于 $\dot{E}_2'=-j4.44f_1W_{1eff}\dot{\Phi}_m$，$\dot{E}_2=-j4.44f_1W_{2eff}\dot{\Phi}_m$，所以

$$\dot{E}_2'=k_e\dot{E}_2=\dot{E}_1 \tag{5.3-22}$$

3）阻抗折算：转子漏阻抗及负载电阻的折算值分别用 Z_2'及 r_L'表示，由转子电路的电动势方程得

$$Z_2'+r_L'=\frac{\dot{E}_2'}{\dot{I}_2'}=\frac{k_e\dot{E}_2}{k_i\dot{I}_2}=(k_e/k_i)(Z_2+r_L)=k_L(Z_2+r_L) \tag{5.3-23}$$

式中，k_L 称为阻抗变比，表达式为

$$k_L = k_e / k_i = k_e^2 = 1/k_i^2 \tag{5.3-24}$$

4）折算前后的功率：先由式（5.3-19）计算 θ_2' 和 θ_2，可知 $\theta_2' = \theta_2$，因此通过气隙传给转子的电磁功率为

$$3E_2' I_2' \cos\theta_2' = 3k_e E_2 k_i I_2 \cos\theta_2 = 3E_2 I_2 \cos\theta_2 \tag{5.3-25}$$

显然功率不因绕组折算而改变。其原因是，变换前后 $\overline{\boldsymbol{F}}_2$ 不变与定、转子间的功率传递关系不变等价。

根据以上结果，可以得到异步电动机转子堵转的基本方程式为

$$\begin{cases} \dot{U}_1 = -\dot{E}_1 + \dot{I}_1 (r_1 + jx_{\sigma 1}) \\ -\dot{E}_1 = \dot{I}_{10} (r_m + jx_m) \\ \dot{E}_1 = \dot{E}_2' \\ \dot{I}_1 = \dot{I}_{10} + (-\dot{I}_2') \\ \dot{E}_2' = \dot{I}_2' (r_2' + jx_{\sigma 2}' + r_L') \end{cases} \tag{5.3-26}$$

由式（5.3-26），可以做出绕组折算后该电动机的 T 形等效电路模型，如图 5.3.8a 所示。它对应转子经负载电阻闭合并且堵转的运行情况。与该等效电路对应的相量图如图 5.3.8b 所示。该图的作图方法与图 2.6.11 的方法一致。

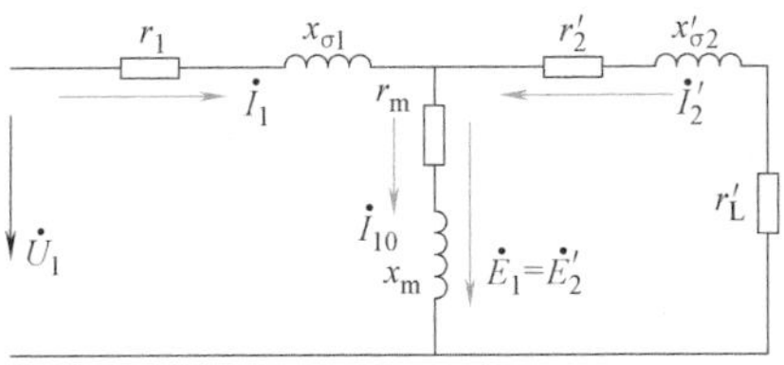

a) 等效电路

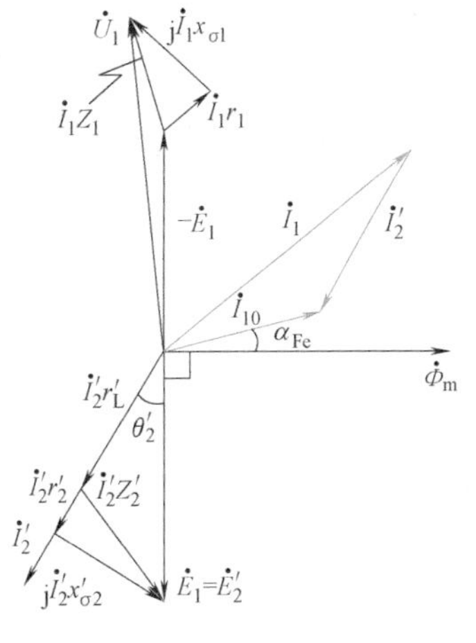

b) 相量图

图 5.3.8　转子堵转时的等效电路和相量图

3. 电动机运转（转子旋转）时的模型

当转子绕组短路且定子绕组接三相对称电源时，便有电磁转矩作用在转子上。如果不再把转子堵住，则转子按气隙旋转磁通密度 $\overline{\boldsymbol{B}}_\delta$ 旋转方向、以转速 n 旋转。以下建立其等效电路模型。

此时，异步电动机定、转子回路的各个物理量以及气隙磁动势和气隙磁通如图 5.3.9 所示。注意三个频率之间的关系已经由例 5.2-2 说明了。引入转差率来反映异步电动机转子转速 n 与同步转速 n_1 之间的关系。转差率（也称为滑差率，slip）用 s 表示，定义如下：

$$s=\frac{n_1-n}{n_1} \tag{5.3-27}$$

通常，额定转差率 $s_N=0.01\sim0.05$，所以异步电动机的额定转速通常接近同步转速。

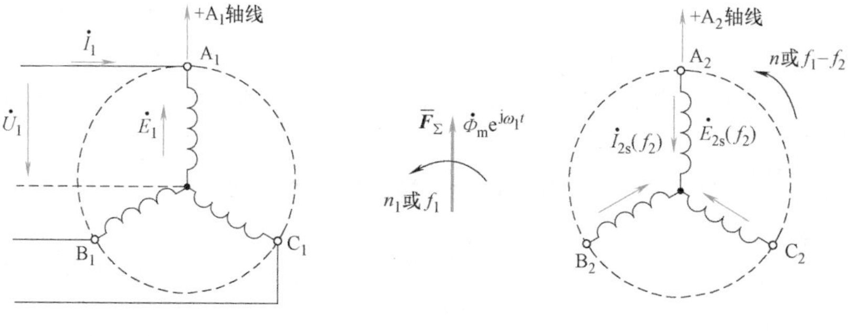

a) 定子电路,频率f_1　b) 气隙磁动势$\overline{F}_\Sigma$、频率f_1　c) 转子转速n、转子电路频率f_2

图 5.3.9　转子旋转时的异步电动机模型

(1) 转子转动时的电磁关系

1) 转子电动势。

当异步电动机转子以转速 n 运转时，转子绕组的感应电动势、电流和漏电抗的频率用 f_2 表示。于是，转子回路的电压方程式为

$$\dot{E}_{2s}=\dot{I}_{2s}(r_2+jx_{\sigma2s}) \tag{5.3-28}$$

式中，$\dot{E}_{2s}$、$\dot{I}_{2s}$ 分别是频率为 f_2 的转子绕组相电动势和相电流；$x_{\sigma2s}=\omega_2L_{\sigma2}$ 是对应转子频率 f_2 时的漏电抗；r_2 是转子一相绕组的电阻。

转子以转速 n 恒速旋转时，气隙旋转磁通密度 $\overline{\boldsymbol{B}}_\delta$ 以同步转速 n_1 旋转，转子和气隙旋转磁场之间的相对转速为 n_1-n，所以电动机转子电路中各物理量的频率 f_2 为

$$f_2=\frac{n_p(n_1-n)}{60}=\frac{n_pn_1}{60}\frac{(n_1-n)}{n_1}=sf_1 \tag{5.3-29}$$

式中频率 f_2 也叫**转差频率**。正常运行的异步电动机的 f_2 约为 0.5~2.5Hz。

转子旋转时的绕组感应电动势 $\dot{E}_{2s}$ 与转子不转时的绕组感应电动势 $\dot{E}_2$ 之间频率不等，其有效值之间的关系为

$$E_{2s}=4.44f_2W_{2eff}\Phi_m=4.44sf_1W_{2eff}\Phi_m=sE_2 \tag{5.3-30}$$

式中，Φ_m 是电动机每极气隙磁通量幅值。式（5.3-30）说明，当转子旋转时，每相感应电动势的有效值与转差率 s 成正比。

注意，转子不转时，漏抗 $x_{\sigma2s}$ 与转子漏电抗 $x_{\sigma2}=2\pi f_1L_{\sigma2}$ 的关系为 $x_{\sigma2s}=sx_{\sigma2}$；异步电动机正常运行时，$x_{\sigma2s}\ll x_{\sigma2}$。

2) 定子和转子磁动势。

当异步电动机旋转起来后，定子绕组里流过的电流为 $\dot{I}_1$，产生的旋转磁动势为 $\overline{\boldsymbol{F}}_1$。其幅值、转向、转速 n_1 和瞬间位置如前所述。

当异步电动机转子以转速 n 与同步转速 n_1 同方向旋转时，由式（5.3-10）和例题 5.2-2 可知，在旋转的转子上观测到的由转子电流 $\dot{I}_{2s}$ 产生的转子三相合成旋转磁通势 $\overline{\boldsymbol{F}}_{2s}$ 为

$$\overline{F}_{2s}=1.35\frac{W_{2eff}}{n_p}\dot{I}_{2s}e^{j\omega_2 t}$$

即，$\overline{F}_{2s}$ 相对于转子绕组的转速 $n_2=60f_2/n_p$。当转子绕组的某相电流达到正最大值时，$\overline{F}_{2s}$ 正好位于该相绕组的轴线上。

当在定子绕组上观测转子旋转磁动势时，其幅值和旋转方向仍是前面分析的结果。由于 $\overline{F}_{2s}$ 相对于转子绕组的转速为 n_2，以及转子相对于定子绕组的转速为 n，在定子绕组上观察的转子旋转磁动势的转速为 $n_2+n=n_1$，即

$$\overline{F}_2=\overline{F}_{2s}e^{j(\omega_1-\omega_2)t}=1.35\frac{W_{2eff}}{n_p}\dot{I}_{2s}e^{j\omega_1 t} \tag{5.3-31}$$

式中，$\omega_1-\omega_2$ 为采用电角频率度量的转子转速 n。

由于转子磁动势 $\overline{F}_2$ 和定子磁动势 $\overline{F}_2$ 都是逆时针方向以同步转速 n_1 旋转，定、转子磁动势之间是相对静止的。

3）合成磁动势。

当在定子绕组上看定、转子旋转磁动势 $\overline{F}_1$ 与 $\overline{F}_2$ 时是同转向、以相同的转速 n_1 旋转的，在空间上相对静止，可用矢量的办法加起来，得到一个合成的总磁动势，仍用 $\overline{F}_\Sigma$ 表示，并且满足 $\overline{F}_\Sigma=\overline{F}_1+\overline{F}_2$。由此可见，当三相异步电动机转子以转速 n 旋转时，定、转子磁动势的关系并未改变，只是每个磁动势的大小及相对空间位置有所不同而已。

例 5.3-1　一台三相异步电动机，定子绕组接到频率为 $f_1=50\text{Hz}$ 的三相对称电源上，已知它运行的额定转速 $n_N=960\ \text{r/min}$。问：

（1）该电动机的极对数 n_P 是多少？

（2）额定转差率 s_N 是多少？

（3）额定转速运行时，转子电动势的频率 f_2 是多少？

解　（1）求极对数 n_P。

已知异步电动机的额定转差率较小，对应于 50Hz 可能的同步转速为 3000r/min、1500r/min、1000r/min、…。根据额定转速 $n_N=960\text{r/min}$，便可判断出它的气隙磁动势或磁通密度的转速略高于 n_N，即 $n_1=1000\ \text{r/min}$。于是 $n_p=60f_1/n_1=60\times50/1000=3$。

（2）额定转差率 $s_N=\dfrac{n_1-n_N}{n_1}=(1000-960)/1000=0.04$。

（3）转子电动势的频率 $f_2=s_Nf_1=0.04\times50\text{Hz}=2\text{Hz}$。

（2）转子电路的频率折算和绕组折算

当异步电动机转子以转速 n 运转时，转子回路的感应电动势、电流的频率为转差频率 f_2，如图 5.3.10a 所示，与定子回路频率 f_1 不同，所以不可能按转子堵转时绕组折算的方法

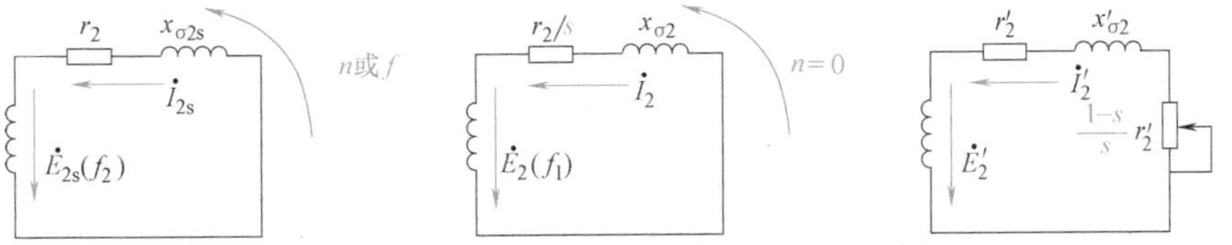

图 5.3.10　转子频率绕组折算示意图

得到从定子端看到的等效电路。为了解决这一问题，需要进行**“频率折算”**。频率折算的实质是用一个不转的假想转子（其电路量的频率为 f_1）来等效以频率 f 转动着的真实转子（其电路量的频率为 f_2）。很明显，频率折算也必须是恒等变换。其原则仍然是：折算前后转子磁动势 $\overline{\boldsymbol{F}}_2$ 不变，也就是 $\overline{\boldsymbol{F}}_2$ 的转向、转速、幅值以及空间位置在变换前后一样。

基于上述“磁动势 $\overline{\boldsymbol{F}}_2$ 不变”原则，以下分析假想（或等效）的静止转子中各个电路量与图 5.3.10a 所示旋转转子电路量之间的关系。分析时注意旋转转子以 $e^{j(\omega_1-\omega_2)t}$ 旋转，还要注意以下分析要点。

1）变换前后转子磁动势矢量 $\overline{\boldsymbol{F}}_2$ 不变，也就是在旋转转子的式（5.3-31）和等效静止转子的 $\overline{\boldsymbol{F}}_2=1.35\dfrac{W_{2\text{eff}}}{n_\text{p}}\dot{I}_2e^{j\omega_1 t}$ 中，有 $\dot{I}_2=\dot{I}_{2s}$（有效值 $I_2=I_{2s}$ 和阻抗角 $\theta_2=\theta_{2s}$）；$\overline{\boldsymbol{F}}_2$ 不变，则气隙磁动势 $\overline{\boldsymbol{F}}_\Sigma$ 和磁通 $\dot{\Phi}_\text{m}$ 也不变。

2）用假想不转的转子回路替代旋转转子回路后，原来旋转转轴上的输出机械功率也应该在静止转子电路中用一个电路元件表示出来。由于机械功率在电路中等效为有功功率，所以应该用一个电阻来体现：电阻为正时为输出功率，为负时为输入功率。

以下是定量分析。

旋转的转子电路以电动势 $\dot{E}_{2s}$ 为参考相量（$\dot{E}_{2s}=E_{2s}e^{j0}$），则站在以转速 n 旋转的转子上看到的转子电路中的电压时间相量 $\dot{E}_{2s}e^{j\omega_2 t}$ 和电流时间相量 $\dot{I}_{2s}e^{j\omega_2 t}$ 分别为

$$\dot{E}_{2s}e^{j\omega_2 t}=E_{2s}e^{j\omega_2 t},\dot{I}_{2s}e^{j\omega_2 t}=I_{2s}e^{j(\omega_2 t-\theta_{2s})},\theta_{2s}=\arctan\frac{x_{\sigma 2s}}{r_2}$$

基于式（5.3-28）和上述时间相量，该旋转转子电路上用时间相量表示的电压方程为

$$\dot{E}_{2s}e^{j\omega_2 t}=\dot{I}_{2s}e^{j\omega_2 t}(r_2+jx_{\sigma 2s}) \tag{5.3-32a}$$

将此电路变换到静止坐标系（定子所在的坐标系）时，只要进行旋转变换，即只要对上式两边乘以 $e^{j(\omega_1-\omega_2)t}$ 即可。于是在该静止转子电路中，电压方程为

$$\dot{E}_{2s}e^{j\omega_1 t}=(r_2+jx_{\sigma 2s})\dot{I}_{2s}e^{j\omega_1 t} \tag{5.3-32b}$$

注意到 $x_{\sigma 2s}=sx_{\sigma 2}$，为使上述变换的前后转子磁动势 $\overline{\boldsymbol{F}}_2$ 不变，须有约束 $\dot{I}_{2s}e^{j\omega_1 t}=\dot{I}_2e^{j\omega_1 t}$。

基于这个约束将上述变换整理，有

$$\boxed{\dot{I}_{2s}e^{j\omega_2 t}=\frac{\dot{E}_{2s}e^{j\omega_2 t}}{r_2+jx_{\sigma 2s}}}\ \text{（对该式两边乘以 } e^{j(\omega_1-\omega_2)t}\text{，即旋转变换）}$$

$$\rightarrow\dot{I}_{2s}e^{j\omega_1 t}=\frac{\dot{E}_{2s}e^{j\omega_1 t}}{r_2+jx_{\sigma 2s}}=\frac{(\dot{E}_{2s}/s)e^{j\omega_1 t}}{r_2/s+jx_{\sigma 2}}=\boxed{\frac{\dot{E}_2e^{j\omega_1 t}}{r_2/s+jx_{\sigma 2}}=\dot{I}_2e^{j\omega_1 t}} \tag{5.3-33}$$

式中，定义了 $\dot{E}_2=s\dot{E}_{2s}$。

式（5.3-33）最左侧点画线框是旋转转子电路中的电压方程，最右侧点画线框则是寻求的与左侧方框等效的静止转子电路的电压方程。静止电路中的各量如下：

$$\begin{cases}\text{电路频率为} f_1\text{，感应电动势} \dot{E}_2=E_2\mathrm{e}^{\mathrm{j}0}\text{，阻抗} Z_2=r_2/s+\mathrm{j}x_{\sigma2}\\ \text{电流有效值} I_{2s}=I_2\text{，功率因数角} \theta_{2s}=\arctan\dfrac{x_{\sigma2s}}{r_2}=\arctan\dfrac{x_{\sigma2}}{r_2/s}=\theta_2\end{cases}$$

以上变换满足了前述分析要点1)，所以是一个恒等变换。对要点2)，分解 r_2/s 为

$$\frac{r_2}{s}=r_2+\frac{1-s}{s}r_2 \tag{5.3-34}$$

其第二项电阻$\frac{1-s}{s}r_2$ 等效于电动机旋转时轴上的机械功率。以下进一步解释。

基于“转子磁动势 $\bar{\boldsymbol{F}}_2$ 不变”的原则进行频率折算后，可用式（5.3-33）的右侧点画线框中等式表示的静止转子等效电路（即图5.3.10b）取代式（5.3-33）的左侧点画线框中等式所示的旋转转子电路（即图5.3.10a）。

但是，该等效转子绕组每相有效匝数为 $W_{2\mathrm{eff}}$，与定子绕组匝数不同。为了得到定子侧看到的电动机整体等效电路，还需要对图5.3.10b的电路作绕组折算。折算前后各个物理量关系为

$$\dot{E}_2'=k_e\dot{E}_2,\dot{I}_2'=k_i\dot{I}_2,x_{\sigma2}'=k_L x_{\sigma2},r_2'=k_L r_2$$

式中，k_e、k_i、k_L 分别如式（5.3-4）、式（5.3-17）和式（5.3-25）所示。于是，绕组折算后最终的转子等效电路为图5.3.10c所示。请注意绕组折算后的图中符号的变化。

从形式上看，$\frac{1-s}{s}r_2'$是一个等值电阻，与转子堵转时的 r_2'一样，但在物理意义上两者有本质的差别。转子旋转时的情况是转子短路并转动，并没有人为地在转子回路里接负载电阻。短路的转子转动后，如果把转子看作静止，就会在等效电路中多出一个有功元件$\frac{(1-s)\ r_2'}{s}$。转子电流在这个电阻上产生的功率为 $3I_2'^2\frac{1-s}{s}r_2'$，就是气隙磁场的电磁功率中转化成机械功率的部分，称之为总机械功率。此时，转子回路电压方程变为

$$\dot{E}_2'=\dot{I}_2'\left(r_2'+\mathrm{j}x_{\sigma2}'+\frac{1-s}{s}r_2'\right) \tag{5.3-35}$$

（3）基本方程式、等效电路和相量图

转子旋转时与转子堵转时相比，只有转子绕组回路的电压方程有所差别。将式（5.3-35）替换式（5.3-26）中的转子电路电压方程式，可得转子旋转时折算到定子侧的异步电动机单相等效电路的基本方程式为式（5.3-36）。根据该方程式就可画出转子旋转时该电动机的等效电路模型和对应的相量图，如图5.3.11所示。

$$\begin{cases}\dot{U}_1=-\dot{E}_1+\dot{I}_1(r_1+\mathrm{j}x_{\sigma1})\\ -\dot{E}_1=\dot{I}_{10}(r_m+\mathrm{j}x_m)\\ \dot{E}_1=\dot{E}_2'\\ \dot{I}_1=\dot{I}_{10}+(-\dot{I}_2')\\ \dot{E}_2'=\dot{I}_2'\left(r_2'+\mathrm{j}x_{\sigma2}'+\dfrac{1-s}{s}r_2'\right)\end{cases} \tag{5.3-36}$$

笼型转子产生的旋转磁动势转向与绕线转子相同，即定、转子旋转磁动势转向一致，转速相同，空间上相对静止。笼型转子的三相异步电动机磁动势关系亦为 $\overline{\boldsymbol{F}}_{\Sigma}=\overline{\boldsymbol{F}}_1+\overline{\boldsymbol{F}}_2$，所以以上分析完全适用于笼型转子异步电动机。但**笼型转子的极数、相数、匝数和绕组系数的计算**还需考虑更多一些，具体内容见文献［1，5］。

注意，由式（5.3-36）或图 5.3.11a 等效电路图表示的异步电动机模型成立的条件是：①三相平衡；②线性磁路；③机电子系统动转矩为零。

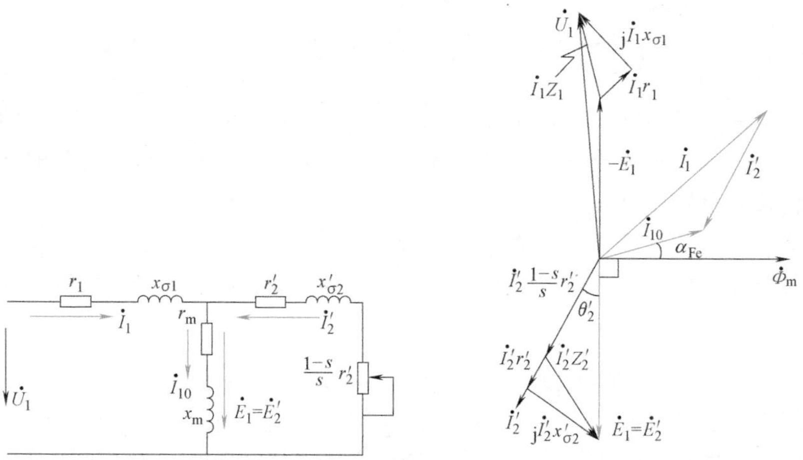

a) T形等效电路　　b) 相量图

图 5.3.11　三相笼型异步电动机的 T 形等效电路和相量图

例 5.3-2　三相笼型异步电动机的稳态模型如图 5.3.11 所示。

（1）在发电状态，转子侧的电流 $\dot{I}'_2$ 可否向电机提供励磁 $\dot{I}_0$（如果可以提供励磁电流的话，则在原动机的拖动下该电机就作为发电机在定子端接无源负载）？

（2）发电运行状态下，$\dot{I}_0$ 由谁提供？

解　由图 5.3.11 和电动机参数的性质可知，参数 $x'_{\sigma2}$、r_m 都相对较小，由 $\dot{E}_1=\dot{E}'_2$ 产生的电流 $\dot{I}'_2$ 与 $\dot{I}_0$ 基本上分别是有功电流和无功电流。

（1）无论 $\dot{I}'_2$ 的流向如何，由于它几乎是有功电流$\left(\text{电阻}\dfrac{1-s}{s}r'_2\text{中的电流遵循欧姆定律}\right)$，也就不会流向励磁回路。所以，三相笼型异步电动机在定子励磁完成并工作在发电状态之后，也无法将定子端切入无源负载以便电机作为发电机使用。

（2）由解答（1）可知，无论任何运行状态，励磁电流 $\dot{I}_0$ 由定子侧的电压源提供。

以上通过对转子开路、转子堵转到转子转动的电磁关系的具体分析，推导出异步电动机在三相对称正弦电压下稳态数学模型和 T 形等值电路。上述三相异步电动机的电磁关系可用图 5.3.12 表示。视频 No. 20 解释了该图。理解了这张图就理解了异步电动机的工作原理。

视频 No. 20

4. 等效电路参数的获取

T 形等效电路中的各个参数可以通过实验得到。如果实验采用商用电源驱动电动机，则实验分为空载实验（no-load test）和堵转实验（lock test）。具体方法见文献

[3，5] 等。如果实验采用第 6.2 节介绍的变频电源驱动电动机，则可以采用文献 [7] 所述的方法。

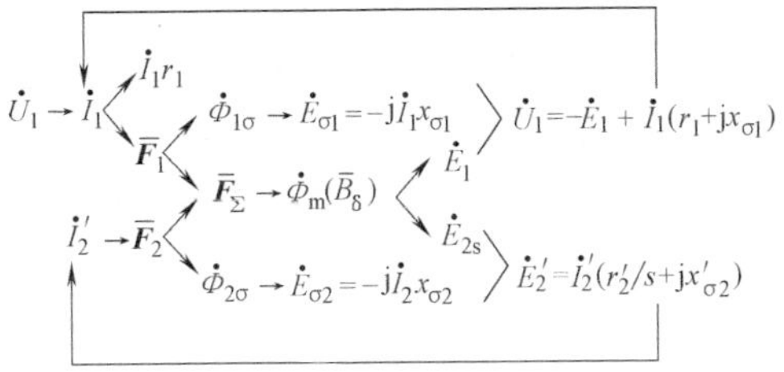

图 5.3.12　异步电动机电磁关系示意图（转子作频率折算和绕组折算）

5.3.2　异步电动机的功率与转矩

1. 异步电动机的功率传递与损耗

根据异步电动机的 T 形等效电路来分析它的功率传递关系及各部分损耗，如图 5.3.13 所示。

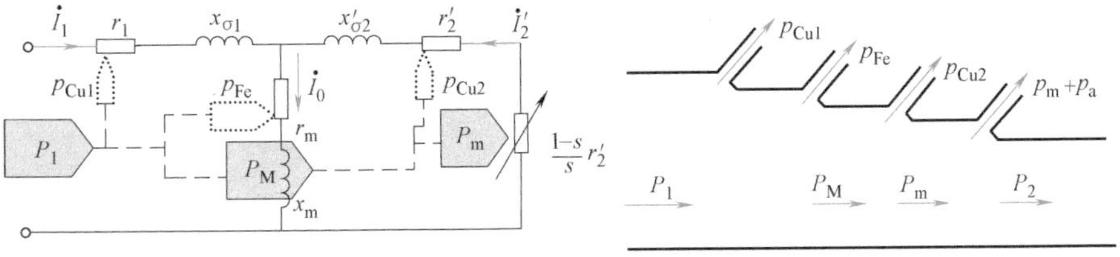

a) 等效电路　　b) 功率流程

图 5.3.13　异步电动机的功率传递及损耗

电动机正常工作时，从电网吸收的总电功率也就是它的总输入功率，用 P_1 表示，为

$$P_1 = m_1 U_1 I_1 \cos\theta_1 \tag{5.3-37}$$

式中，m_1 是定子相数，对于三相电机，$m_1 = 3$（以下皆令 $m_1 = 3$）；U_1、I_1 分别是定子的相电压和相电流；$\cos\theta_1$ 是定子的功率因数。

P_1 输入电动机后，首先在定子上消耗一小部分定子铜损耗，这部分功率用 p_{Cu1} 表示。其计算式为

$$p_{Cu1} = 3I_1^2 r_1 \tag{5.3-38}$$

式中，I_1 是定子相电流。

另一部分损耗是铁损耗，它主要是定子铁心中的磁滞和涡流损耗，在等效电路中是 r_m 上消耗的有功功率，可以写成

$$p_{Fe} = 3I_0^2 r_m \tag{5.3-39}$$

总的输入功率 P_1 减去定子铜损耗和铁损耗，余下的部分是通过磁场经过气隙传到转子上的电磁功率 P_M。因此有

$$P_M = P_1 - p_{Cu1} - p_{Fe} \tag{5.3-40}$$

由等效电路可知，传到转子上的电磁功率就是转子等效电路上的有功功率，或者说是电阻 r_2'/s 上的有功功率。因此可以写成

$$P_M = 3E_2' I_2' \cos\theta_2 \tag{5.3-41}$$

$$P_M = 3I_2'^2 \frac{r_2'}{s} \tag{5.3-42}$$

电磁功率 P_M 进入转子后，在转子电阻 r_2' 上产生转子铜损耗 p_{Cu2}，因为异步电动机在正常工作时，转子中的电压、电流频率很低，一般只有 1~2Hz，转子铁损耗实际很小，因此可以忽略。电磁功率减掉转子铜损耗，余下部分全部转换为机械功率，称为总机械功率，用 P_m 表示。有

$$P_m = P_M - p_{Cu2} \tag{5.3-43}$$

转子铜损耗是转子电阻 r_2' 所消耗的功率，其表达式为

$$p_{Cu2} = 3I_2'^2 r_2' \tag{5.3-44}$$

由转子上的电磁功率可得

$$p_{Cu2} = sP_M \tag{5.3-45}$$

式（5.3-45）表明转子铜损耗仅占电磁功率的很小一部分（对应 s 的那部分），有时把它称为**转差功率**（slip power）。将式（5.3-45）代入式（5.3-43），则总机械功率 P_m 可以表示为

$$P_m = P_M - sP_M = (1-s)P_M \tag{5.3-46}$$

说明总机械功率占电磁功率的大部分（对应 $1-s$ 的那部分）。

把式（5.3-42）代入式（5.3-46）得

$$P_m = 3I_2'^2 \frac{1-s}{s} r_2' \tag{5.3-47}$$

式（5.3-47）表明总机械功率是等效电路中电阻 $(1-s)r_2'/s$ 上对应的有功功率。

总机械功率在输出到实际负载之前还会被机械损耗 p_m 和附加损耗 p_a 所消耗。机械损耗主要由电动机的轴承摩擦和风阻摩擦构成，绕线转子异步电动机还包括电刷摩擦损耗。附加损耗是由磁场中的高次谐波磁通和漏磁通等引起的损耗，这部分损耗不好计算，在小电动机满载时能占到额定功率的 1%~3%，在大型电动机中所占比例小些，通常在 0.5%左右。总机械功率 P_m 减掉机械摩擦损耗 p_m 和附加损耗 p_{add} 之后，才是电动机轴上输出的功率 P_2，因此有

$$P_2 = P_m - p_m - p_{add} \tag{5.3-48}$$

根据上面的分析，异步电动机的功率传递过程可以用功率流程图 5.3.13b 表示。

2. 电磁转矩

异步电动机的电磁转矩是指转子电流与主磁通相互作用产生电磁力形成的总转矩，其一般式见 2.5 节和 7.2 节。在稳态条件下，若从转子产生机械功率角度出发，电磁转矩 T_e 的为

$$T_e = P_m / \Omega \tag{5.3-49}$$

式中，Ω 为转子的机械角频率。如果把式（5.3-46）和 $\Omega=(1-s)\Omega_1$ 代入式（5.3-49），可得

$$T_e = \frac{P_m}{\Omega} = \frac{(1-s)P_M}{(1-s)\Omega_1} = \frac{P_M}{\Omega_1} \tag{5.3-50}$$

式中，Ω_1 是旋转磁场的机械角频率，也称同步角速度。因此电磁转矩也可以用电磁功率 P_M

除以同步角速度获得。由于 $\Omega_1=2\pi f_1/n_p$，以及电磁功率 P_M 表达式（5.3-41）中的 E_2' 为 $E_2'=E_1=\sqrt{2}\pi f_1 W_{1eff}\Phi_m$，可得

$$T_e=\frac{P_M}{\Omega_1}=\frac{3E_2'I_2'\cos\theta_2}{2\pi f_1/n_p}=C_T\Phi_m I_2'\cos\theta_2 \tag{5.3-51}$$

式中，

$$C_T=\frac{3\sqrt{2}}{2}n_p W_{1eff} \tag{5.3-52}$$

为常数，称为异步电动机的转矩常数。

3. 动转矩不为零的异步电动机模型

在第 3 章中分析了直流电动机拖动负载运行的情况。同理，异步电动机拖动负载运行时，需要考虑机电子系统两个转矩的情况：拖动系统转动的电磁转矩 T_e 和总负载转矩 $T_L=T_0+T_2$（T_0 为空载摩擦转矩 T_0，对应于机械损耗 p_m 与附加损耗 p_{add} 之和；被拖负载转矩也就是电动机的输出转矩 T_2）。

如果动转矩不为零，则需要将 T 形等效电路模型中的 $(1-s)/s$ 部分采用式（5.3-51）的电磁转矩 T_e 和第 3 章的运动方程式（3.2-1）表示，也就是要考虑“电动机+负载”系统中的机电子系统的动态。此时，该电动机系统的模型可以采用图 5.3.14 表示。图中，电流、磁通和电磁转矩是内部变量，电压相量是输入量。将这个模型与他励直流电动机的模型图 3.4.1 比较，可理解笼型异步电动机的非线性特征以及产生电磁转矩的复杂性。

视频 No. 21

为了深入理解图 5.3.14，可观看视频 No. 21。

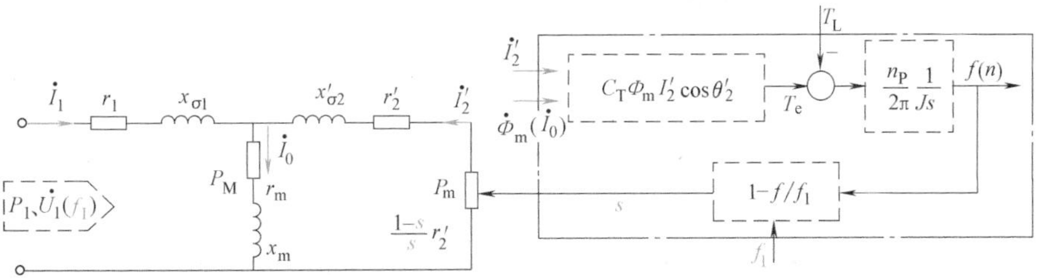

图 5.3.14　电磁子系统为稳态、机电子系统为动态的笼型异步电动机系统模型

4. 异步电动机的主要额定值

1）额定功率 P_{2N}：电动机在额定运行时，**转轴输出的机械功率**，单位是 kW。

2）额定电压 U_{1N}：额定运行状态下，加在定子绕组上的线电压，单位为 V。对于三角形联结，线电压等于相电压。

3）额定电流 I_{1N}：电动机在定子绕组上加额定电压、转轴输出额定功率时，定子绕组中的线电流，单位为 A。对于 Y 型联结，线电流等于相电流。

4）额定转速 n_N：电动机定子加额定频率的额定电压，且轴端输出额定功率时电动机的转速，单位为 r/min。

5）额定功率因数 $\cos\theta_{1N}$：电动机在额定负载时，定子边的功率因数 $\cos\theta_1$。

6）额定效率 η_N：电动机额定运行时的效率，$\eta_N=P_{2N}/P_{1N}$，P_{1N} 为额定输入功率。

例 5.3-3　已知一台三相 50Hz、Y 型联结的异步电动机，额定电压 $U_N=380V$，额定电

流 $I_N=190A$，额定功率 $P_N=100kW$，额定转速 $n_N=950$ r/min，在额定转速下运行时，机械摩擦损耗 $p_m=1kW$，定子每相电阻为 0.07Ω，忽略铁损和附加损耗。求额定运行时：(1) 额定转差率 s_N；(2) 电磁功率 P_M；(3) 转子铜损耗 p_{Cu2}；(4) 电磁转矩 T_{eN}、输出转矩 T_{2N}；(5) 额定运行时的功率因数。

解

(1) 额定转差率 s_N

$$s_N=\frac{n_1-n_N}{n_1}=(1000-950)/1000=0.05$$

式中，判断 n_1 为 1000r/min。

(2) 额定运行时的电磁功率　已知 $P_M=P_2+p_m+p_{Cu2}$，$p_{Cu2}=sP_M$，所以额定下

$$P_M=P_{2N}+p_m+s_NP_M$$

$$P_M=\frac{P_{2N}+p_m}{1-s_N}=\frac{100+1}{1-0.05}\text{kW}=106.3\text{kW}$$

(3) 额定运行时的转子铜损耗 p_{Cu2}

$$p_{Cu2}=s_NP_M=0.05\times106.3\text{kW}=5.3\text{kW}$$

(4) 电磁转矩 T_{eN}、输出转矩 T_{2N}

$$T_{eN}=\frac{P_M}{\Omega_1}=\frac{P_M}{2\pi n_1/60}=\frac{106300\times9.55}{1000}\text{N}\cdot\text{m}=1015.2\text{N}\cdot\text{m}$$

$$T_{2N}=\frac{P_{2N}}{\Omega_N}=\frac{P_{2N}}{2\pi n_N/60}=\frac{100000\times9.55}{950}\text{N}\cdot\text{m}=1005.3\text{N}\cdot\text{m}$$

(5) 额定运行时的定子铜损耗为

$$p_{Cu1}=3I_1^2r_1=3\times190^2\times0.07\text{W}=7.58\text{kW}$$

所以，额定运行时的输入功率为

$$P_{1N}=P_M+p_{Cu_1}+p_{Fe}=(106.3+7.58)\text{kW}=113.88\text{kW}$$

此时的功率因数

$$\cos\theta_N=P_{1N}/(\sqrt{3}U_{1N}I_{1N})=113880/(\sqrt{3}\times380\times190)=0.91$$

5.3.3 异步电动机的机械特性

三相异步电动机的机械特性是，当定子电压、频率以及绕组参数都固定时，电动机的转速与电磁转矩之间的稳态关系 $n=f_{n,T}(T_e)$（注意此关系中 $T_e=T_L$）。由于转差率 s 与转速之间存在线性关系，因此也可以用 $s=f_{s,T}(T_e)$ 表示三相异步电动机的机械特性。

从异步电动机内部电磁关系来看，电磁转矩的变化是由转差率的变化引起的，因此在表示 T_e 与 s 之间的关系时，以 s 为自变量，把 T_e 随 s 而变化的规律 $T_e=f(s)$ 称为**转矩-转差率特性**。从电力拖动系统的观点看，在稳态下异步电动机的电磁转矩 T_e 与负载转矩 T_L 相等，因此取 T_e 为自变量，s 或 n 随 T_e 的变化规律就是**异步电动机的机械特性**。所以，T_e-s 特性或机械特性都是表示 T_e 与 s 之间关系的，只是选其中哪一个作自变量而已。由于在机械特性中，以 T_e 为自变量时的因变量 s 或 n 有多值问题，因此取 s 为自变量，写成

$$T_e=f(s) \tag{5.3-53}$$

习惯上将其称为三相异步电动机的机械特性表达式。但是在用曲线表示该特性时，却常以 T_e 为横坐标，以 s 或 n 为纵坐标。

1. 机械特性的表达式

有两种机械特性表达式。一种被称为机械特性的物理表达式，即式（5.3-51）。该式不显含转差率 s，但式中的 Φ_m、I_2'及 $\cos\theta_2$ 都是 s 的函数。另一种是机械特性的参数表达式，基于等效电路模型推出。以下讨论该参数表达式。

用式（5.3-50）表示电磁转矩、式（5.3-42）表示电磁功率时，可得

$$T_e = \frac{P_M}{\Omega_1} = \frac{3I_2'^2 r_2'/s}{2\pi f_1/n_p} = \frac{3n_p I_2'^2 r_2'}{\omega_1 \quad s} \tag{5.3-54}$$

根据 T 形等效电路，转子电流与定子电压的关系为

$$\dot{U}_1 = -\left[(r_1 + jx_{\sigma1})\left(\frac{r_2'/s + jx_{\sigma2}'}{r_m + jx_m} + 1\right) + (r_2'/s + jx_{\sigma2}')\right]\dot{I}_2'$$

根据上式可以求得式（5.3-54）中的有效值 I_2'，但是比较麻烦。

工程上认为励磁电流 $\dot{I}_0$ 在定子 $r_1+jx_{\sigma1}$ 上产生的压降很小，所以通常忽略励磁支路来计算 I_2'。由 T 形等效电路图可知，忽略励磁支路后的转子电流幅值 I_2'为

$$I_2' = \frac{E_1}{\sqrt{(r_2'/s)^2 + x_{\sigma2}'^2}} = \frac{U_1}{\sqrt{(r_1 + r_2'/s)^2 + (x_{\sigma1} + x_{\sigma2}')^2}}$$

将上式代入式（5.3-54），得到的就是该异步电动机机械特性的参数表达式

$$T_e = \frac{3n_p}{2\pi f_1} \frac{U_1^2 r_2'/s}{(r_1 + r_2'/s)^2 + (x_{\sigma1} + x_{\sigma2}')^2} \tag{5.3-55}$$

根据这个参数表达式，同步频率 f_1 分别取正、负额定值，可绘制机械特性 T_e-s 曲线如图 5.3.15 中的曲线 1、2 所示。图中还根据 $\dot{I}_1 = \dot{I}_0 - \dot{I}_2'$绘出定子电流有效值 I_1 随 s 变化的曲线 3，由此可知定子电流有效值与转矩之间也不为线性关系。

2. 固有机械特性的分析

如果式（5.3-55）中电压、频率均为额定值不变，定、转子回路不串入任何电路元件，则对应的图 5.3.15 的 T_e-s 曲线（即 T_e-n 曲线）称为固有机械特性。其中曲线 1 为电源正相序时的曲线，曲线 2 为负相序时的曲线。

（1）四象限分析

三相异步电动机固有机械特性不是一条直线，是跨越三个象限的曲线。以图 5.3.15 的曲线 1 为例：

1）在Ⅰ象限，旋转磁场的转向与转子转向一致，而 $0<n<n_1$，$0<s<1$。电磁转矩 T_e 及转子转速 n 均为正，电动机处于电动状态。

2）在Ⅱ象限，旋转磁场的转向与转子转

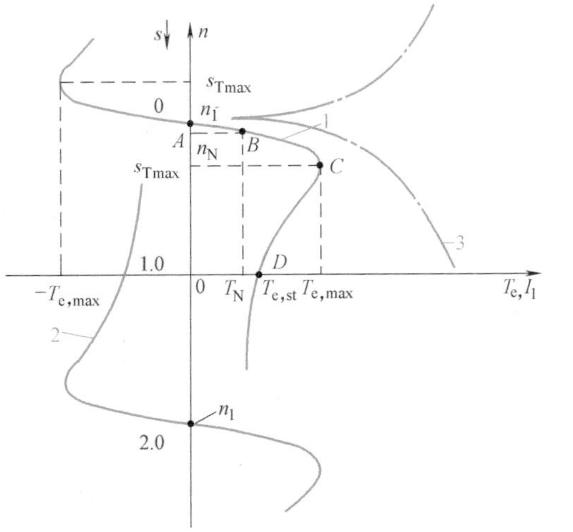

图 5.3.15 异步电动机的机械特性曲线

1—$n_1>0$ 2—$n_1<0$ 3—$I_1(s)$

向一致，但 $n>n_1$，故 $s<0$；$T_e<0$，$n>0$，电动机处于发电状态，称为回馈制动。

3）在Ⅳ象限，旋转磁场的转向与转子转向相反，$n_1>0$，$n<0$，转差率 $s>1$，$T_e>0$，$n<0$，电动机处于制动状态，称为反接制动。

图 5.3.15 的曲线 2 仅仅是将曲线 1 的同步转速 $n_1<0$ 的曲线，也就是同步转速反转时的特性曲线。所以，曲线 2 分布在Ⅱ、Ⅲ和Ⅳ象限内。

（2）特殊点分析

三相异步电动机的固有机械特性曲线有三个特殊点，即 ***A*、*C*、*D* 三点**。这三个点确定了，机械特性的形状也就基本确定了。

1）**同步运行点 *A***：$T_e=0$、$s=0$、$n=n_1$。此时电动机不进行机电能量转换。

2）**最大转矩点 *C***：该点电磁转矩为最大值 $T_{e,\max}$，相应的 $s=s_{\mathrm{Tmax}}$。当 $s<s_{\mathrm{Tmax}}$ 时，机械特性曲线的斜率为负，随着 T_e 的增加，s 也增大、转速下降；$s>s_{\mathrm{Tmax}}$ 时，机械特性曲线的斜率为正，T_e 增大时 s 减小、n 升高。所以也称 s_{Tmax} 为**临界转差率**。

最大转矩点是函数 $T_e=f(s)$ 的极值点。因此根据式（5.3-55），令 $\mathrm{d}T_e/\mathrm{d}s=0$，可得 s_{Tmax} 和 $T_{e,\max}$ 分别为

$$s_{\mathrm{Tmax}}=\pm\frac{r_2'}{\sqrt{r_1^2+(x_{\sigma1}+x_{\sigma2}')^2}} \tag{5.3-56}$$

$$T_{e,\max}\approx\pm\frac{3n_p}{4\pi f_1}\frac{U_1^2}{\left[\pm r_1+\sqrt{r_1^2+(x_{\sigma1}+x_{\sigma2}')^2}\right]} \tag{5.3-57}$$

式中，“+”号为电动状态（Ⅰ象限）；“-”号为回馈制动状态（Ⅱ象限）。对于中、大型电机，通常 $r_1\ll x_1+x_2'$，忽略 r_1 则有

$$T_{e,\max}\approx\pm\frac{3n_p}{4\pi f_1}\frac{U_1^2}{(x_{\sigma1}+x_{\sigma2}')},\ s_{\mathrm{Tmax}}\approx\pm\frac{r_2'}{(x_{\sigma1}+x_{\sigma2}')} \tag{5.3-58}$$

由此可见，当 f_1 及电动机的参数一定时，最大转矩 $T_{e,\max}$ 与定子电压 U_1 的二次方成正比；$T_{e,\max}$ 与转子电阻 r_2'无关，但 s_{Tmax} 则与 r_2'成正比地增大，使机械特性变软；若 U_1/f_1 为一定，则 $T_{e,\max}$ 一定。

最大电磁转矩与额定电磁转矩的比值即最大转矩倍数，又称过载能力 λ，$\lambda=T_{e,\max}/T_{eN}$。一般三相异步电动机的 $\lambda=1.6\sim2.2$，起重、冶金用的异步电动机的 $\lambda=2.2\sim2.8$。应用于不同场合的三相异步电动机都有足够大的过载能力，这样当电压突然降低或负载转矩突然增大时，电动机转速变化不大，待干扰消失后又恢复正常运行。但是要注意，如果让电动机长期工作在最大转矩处，过大的电流使温升超出允许值，将会烧毁电动机，同时在最大转矩处的运行也不稳定。

3）**起动点（或堵转点）*D***：该点处 $s=1$、$n=0$，起动电磁转矩 $T_{e,st}$ 为

$$T_{e,st}=\frac{3n_p}{2\pi f_1}\frac{U_1^2r_2'}{(r_1+r_2')^2+(x_{\sigma1}+x_{\sigma2}')^2} \tag{5.3-59}$$

$T_{e,st}$ 的特点是：在 f_1 一定时，$T_{e,st}$ 与电压的二次方成正比；在一定范围内，增加转子回路电阻 r_2'可以增大起动转矩；当 U_1、f_1 一定时，$x_{\sigma1}+x_{\sigma2}'$越大，$T_{e,st}$ 就越小。

D 点同样也是堵转点。虽然此处的电磁转矩小，但由图 5.3.15 中的曲线 I_1（s）可知，

堵转电流却很大，如果电动机在该段长期运行将会严重过热。

(3) 曲线的两个特征以及运行特征

由图 5.3.15 知，在 $0<s<s_{\mathrm{Tmax}}$ 段，机械特性下拖；在 $s_{\mathrm{Tmax}}<s<1$ 段，机械特性上翘。现分析这一特征的物理意义以及对运行的影响。

式 (5.3-55) 可以改写为

$$T_{\mathrm{e}}=3n_{\mathrm{p}}\left(\frac{U_1}{\omega_1}\right)^2\frac{s\omega_1 r_2'}{(sr_1+r_2')^2+s^2\omega_1^2(L_{\sigma1}+L_{\sigma2}')^2}\tag{5.3-60}$$

式中，$L_{\sigma1}$、$L_{\sigma2}'$分别是各相定子和转子上的漏感；ω_1 为同步电角速度。当 s 很小时，可忽略式 (5.3-60) 分母中含 s 各项，则

$$T_{\mathrm{e}}\approx 3n_{\mathrm{p}}\left(\frac{U_1}{\omega_1}\right)^2\frac{s\omega_1}{r_2'}\propto s\tag{5.3-61}$$

也就是说，当 s 很小时，输出的电磁转矩近似与 s 成正比，机械特性 $T_{\mathrm{e}}=f(s)$ 是一段直线，与他励直流电动机在磁通额定时的机械特性相近。

当 s 接近于 1 时，可忽略式 (5.3-60) 分母中的 r_2'，则

$$T_{\mathrm{e}}\approx 3n_{\mathrm{p}}\left(\frac{U_1}{\omega_1}\right)^2\frac{\omega_1 r_2'}{s[r_1{}^2+\omega_1^2(L_{\sigma1}+L_{\sigma2}')^2]}\propto\frac{1}{s}\tag{5.3-62}$$

即电磁转矩与 s 成反比。这是由于随着 r_2'/s 变小，由图 5.3.11 可知，励磁电流 $\dot{I}_0$ 将变小，从而使得磁通 Φ_{m} 减弱，同时，虽然转子等效电流 I_2'增加，但其分量 $I_2'\cos\theta_2$ 减小，由式 (5.3-51) 知电磁功率将急剧减小。

此外，对于 $s_{\mathrm{Tmax}}<s<1$ 段，由 3.2 节的讨论可知，当电动机拖动恒转矩负载 L_3 时，在这段的运行是不稳定的（如图 3.2.10 所示，工作点 3）；即使是在拖动通风机负载 L_2 的稳定工作点 2 上，由图 5.3.15 中的定子电流曲线可知，由于定、转子电流较大，如果电动机在该段长期运行将会严重过热。所以，一般不希望电动机运行在这段机械特性曲线上。

3. 人为机械特性

转矩公式中，除 s 及 T_{e} 外，U_1、f_1、n_{p}、r_1、r_2'、$x_{\sigma1}$、$x_{\sigma2}'$等都是机械特性的参数。所谓人为机械特性就是改变上述某一参数后所得到的机械特性。

下面简要介绍几种常见的人为机械特性。

(1) 降低定子端电压的机械特性

同他励直流电动机一样，为了不使异步电动机的磁路饱和，一般不将定子电压升高到额定电压 U_{N} 以上。降低定子电压的人为机械特性是仅降低定子电压，其他参数都与固有机械特性时相同。

基于式 (5.3-58) 可比较降低定子电压的人为机械特性与固有机械特性的异同。分析可知，在相同的转差率 s 下，降压到 U_1 后电动机产生的电磁转矩将与 $(U_1/U_{\mathrm{N}})^2$ 成正比，即 $T_{\mathrm{e}}'=T_{\mathrm{e}}(U_1/U_{\mathrm{N}})^2$（$T_{\mathrm{e}}$ 为固有机械特性时的电磁转矩）。其特性如图 5.3.16a 所示。由此图可知降压的人为机械特性具有如下特点：① 同步转速 n_1 不变；② 临界转差率 s_{Tmax} 与定子电压无关；③ 最大转矩 $T_{\mathrm{e,max}}$、初始起动转矩 $T_{\mathrm{e,st}}$ 均与定子电压的二次方成正比地降低。

(2) 转子回路串入三相对称电阻时的机械特性

绕线转子异步电动机转子回路中串入三相对称电阻时，相当于增加了转子绕组每相电阻

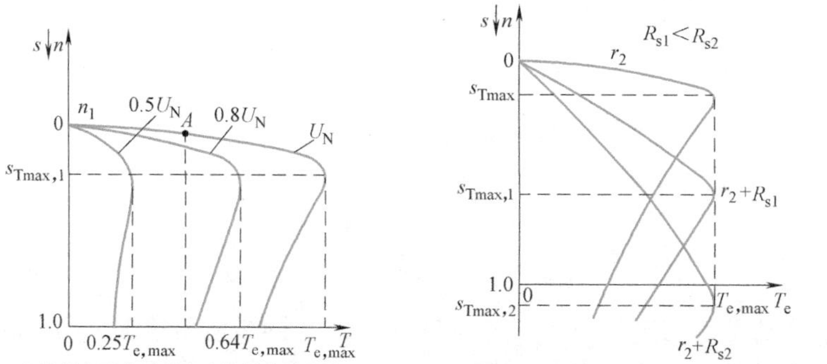

a) 降低定子电压的人为机械特性曲线　　b) 转子回路串入电阻的人为机械特性曲线

图 5.3.16　两种人为机械特性

值。转子回路中串入三相对称电阻时，不影响电动机同步转速 n_1 的大小，不改变 $T_{e,max}$ 的大小，其人为机械特性都通过同步运行点。但临界转差率 s_{Tmax} 则随转子回路中电阻的增大而成正比地增加。串入三相对称电阻 R 时的人为机械特性曲线如图 5.3.16b 所示。

根据转矩公式（5.3-61）

$$\frac{s'}{s}=\frac{r_2'+R}{r_2'} \tag{5.3-63}$$

式中，s 为固有机械特性上电磁转矩为 T_e 时的转差率；s'为在同一电磁转矩下人为机械特性上的转差率。这表明当转子回路串入附加电阻时，若保持电磁转矩不变，则串入附加电阻后电动机的转差率将与转子回路中的电阻成正比地增加。

（3）变压变频，使 U_1/f_1 为恒定的机械特性

由式（5.3-60）知，按照"U_1/f_1 为恒定"的原则调节电压和同步频率时，$T_{e,max}$ 约为常数。本书将在 6.3 节重点讨论该特性。

本节小结

（1）电动机模型

基于变压器的建模方法分析了异步电动机的电磁关系，通过绕组折算和频率折算得到的稳态模型为图 5.3.11a 的 T 形等效电路。该模型成立的条件为三相平衡、线性磁路以及动转矩为零。电磁子系统为稳态、机电子系统为动态时的异步电动机系统模型为图 5.3.14。

（2）电磁转矩和功率

稳态下电磁转矩的定义式为式（5.3-50），其物理表达式为式（5.3-51）。用参数表达的电磁转矩公式为式（5.3-55），此式忽略了等效电路中的励磁支路。

与直流电动机不同，由于存在转子铜损耗，所以有**转差功率** sP_M。总机械功率 P_m 为电磁功率 P_M 与转差功率之差，$P_m=P_M-sP_M=(1-s)P_M$。

（3）机械特性和运行特性

用 $s=f_{s,T}(T_e)$ 表示三相异步电动机的机械特性。对于恒转矩负载而言，该特性有稳定工作区和非稳定工作区。

通常，调速方法有降低定子端电压调速、转子回路串入三相对称电阻调速以及使 U_1/f_1 为恒定的调速。第 6.3 节将详细讨论最后一种方法的原理与工程实现。

视频 No. 22 总结了 5.3 节的要点。

视频 No. 22

本章习题

有关 5.1 节

5-1　定性说明同步电动机和异步电动机在结构上有何不同和相同。与他励直流电动机的结构有何不同。

5-2　回答以下问题：

(1) 笼型异步电机的笼型转子如何产生感应电流从而变成磁铁的？

(2) 笼型异步电机能否工作在发电状态？该电机被原动机拖动旋转并在定子电端口接上无源负载时，为什么其定子电端口发不出电压来？

(3) 用原动机拖动永磁同步电动机旋转，电端口接无源负载，此时电动机能否作发电机用？为什么？

(4) 比较他励直流电机、交流异步电机和交流同步电机在所形成的磁场的异同（限于本书内容）：正常运行时，气隙磁场由两个独立的磁动势矢量构成的电机是____，由定、转子磁场形成合成气隙磁场的电机是____，不形成合成气隙磁场的电机是____；转子磁场被感应而生的电机是____，转子有独立磁场的电机是____。

5-3　回答交流电机的以下问题：

(1) 笼型异步电机的转差率与定子励磁电流频率、转子转轴旋转频率，三者之间的关系是什么。

(2) 与电机的平面模型相比，空间电路模型的特征是什么？变量的参考方向是怎样规定的？

(3) 极对数、电角度和机械角度有什么关系？电角频率和机械角频率有什么关系？分析电磁子系统时，采用电角频率的原因？

5-4　回答下列问题：

(1) 图 5.1.12 中的两种电机作为电动机运行，定子绕组三相电流的电频率为 50Hz 时，分别计算这两种同步电动机定子磁动势的转速和转子轴的同步转速。

(2) 依据图 5.1.12b 所示 4 极同步电机的平面模型，①标注 A 相相轴位置；②假定电机轴的机械角频率 Ω 为 50πrad/s，请计算磁极旋转的电角频率、定子绕组中的感应电动势的频率。

有关 5.2 节

5-5　回答下列问题：

(1) 单相整距线圈流过正弦电流时产生的磁动势在时间和空间上有什么特点？

(2) 空间相差 120°电角度的三相绕组中通入时间上相差 120°电角度的电流将产生旋转磁动势，磁动势的大小、转速和转向如何确定？

5-6　回答下列问题：

(1) 如题 5-6 图所示，在空间上相差 90°电角度的两个匝数为 W 匝的绕组，各通入什么样的交变电流也可以产生一个旋转磁动势？磁动势是否具有 3 次谐波分量？

(2) 相量是时域量还是频域量？时间相量是矢量还是相量？为什么？

5-7 市场有采用单相交流电压源供电的感应电动机，试分析其定子电路的结构原理（有什么可能的电路，它与绕组一起可使得电机通电后产生旋转磁场）？

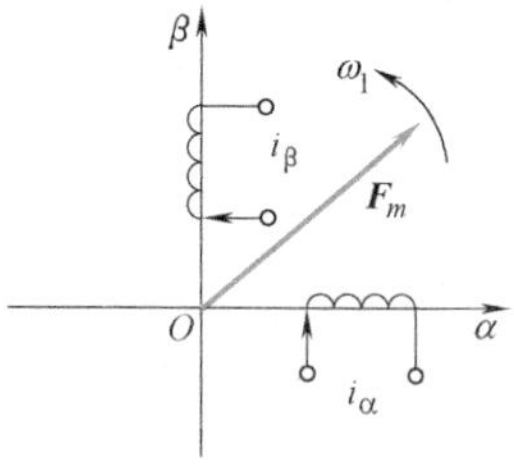

题 5-6 图 空间相差 90°电角度的两个绕组

5-8 对感应电动势，回答下列问题：

（1）本节在推导单相感应电动势式（5.2-38）过程中，依据了 blv 公式、并转换为每相每极下磁通相量表示。请叙述这个过程的要点以及所使用的公式。

（2）对于单相电路中的感应电动势 $\dot{E}_1 = -\mathrm{j}4.44W_{1\mathrm{eff}}f\dot{\Phi}_{\mathrm{m}1}$，$\dot{\Phi}_{\mathrm{m}1}$ 所表示的含义是什么？相量 $\dot{E}_1$ 滞后于 $\dot{\Phi}_{\mathrm{m}1}$ 电角度 $\pi/2$ 的物理意义是什么？

5-9 根据例 5.2-2，回答下列问题：

（1）如果转子以 20Hz、与磁场反方向旋转时，回答该例题的三个问题；

（2）当例题 5.2-2 中的电机是 4 极电机时，回答例题 5.2-2 的问题。

5-10 一台三相异步电机，定子绕组是双层短距分布绕组，定子槽数 36，极对数为 3，线圈节距 $y_1=5$，每个线圈 16 匝，绕组并联支路数 $a=1$，频率为 50Hz，基波每极磁通量为 0.00126Wb。求：导体基波电动势有效值；线匝基波电动势有效值；线圈基波电动势有效值；线圈组基波电动势有效值和相绕组基波电动势有效值。

5-11 （综合）思考：

（1）将电流、感应电势用相量、时间相量以及空间矢量表示的目的是什么？矢量方向的物理意义是什么？

（2）采用式（5.2-14）和式（5.2-20b）表示了合成磁动势。说明各自特点和相互关系？

5-12 （研究）如果要讨论三相电动机定子正弦电流产生的谐波磁动势及其影响时，需要使用什么数学工具建模？这个谐波是空间谐波还是时间谐波（时间谐波的含义请参考 6.4 节）。

有关 5.3 节

5-13 回答：

（1）三相异步电动机的主磁通和漏磁通是如何定义的？

（2）定子电流产生的磁动势与转子电流产生的磁动势是否可以频率不相等？

（3）主磁通在定、转子绕组中感应电动势的频率一样吗？两个频率之间的数量关系如何？

5-14 三相异步电动机接三相电源，回答以下问题：

（1）转子绕组开路和短路时的定子电流为什么不一样大？

（2）转子堵转时，为什么产生电磁转矩？其方向由什么决定的？

（3）比起他励直流电动机原理，讨论三相异步电动机原理时强调了磁动势平衡方程，问如何考虑他励直流电动机的磁动势平衡问题？

5-15 三相异步电动机转子不转时，转子每相感应电动势为 $\dot{E}_2$、漏电抗为 $x_{2\sigma}$，转子旋转时，转子每相电动势和漏电抗值各是多少？这两组表达式的差异是什么？

5-16 针对三相异步电动机的 T 形等效电路：

（1）转子电路向定子折算的原则是什么？折算的具体内容有哪些？

（2）该 T 形等效电路上施加的是线电压还是相电压？

5-17 针对电动机的相量图 5.3.11b：

（1）在图上怎样确定转子电动势 $\dot{E}_2$ 和转子电流 $\dot{I}_2$ 的相位？

（2）该图说明电动机工作在电动状态，为什么？如果为发电状态时，该图应该怎么画（提示：转子电流方向）？

（3）基于图 5.3.11b，画出电动机的“时间相量-空间矢量”图。该图含有磁动势 $\overline{F}_1$、$\overline{F}_2$ 和 $\overline{F}_\Sigma$，电流时间相量 $\dot{I}_1 e^{j\omega t}$、$\dot{I}_2' e^{j\omega t}$。

5-18 三相异步电动机空载运行时，转子边功率因数 $\cos\theta_2$ 很高，为什么定子边功率因数 $\cos\theta_1$ 却很低？为什么额定负载运行时定子边的 $\cos\theta_1$ 又比较高？为什么 $\cos\theta_1$ 总是滞后性的？

5-19 一台三相四极绕线转子异步电动机的定子接在 50Hz 的三相电源上，转子不转时，每相感应电动势 $E_2=220\text{V}$，$r_2=0.08\Omega$，$x_{2\sigma}=0.45\Omega$，忽略定子漏阻抗影响，求在额定运行转速 $n_N=1470\text{r/min}$ 时的下列各量：

（1）转子电流频率。

（2）转子相电动势。

（3）转子相电流。

5-20 设有一台额定容量 $P_N=5.5\text{kW}$、频率 $f_1=50\text{Hz}$ 的三相四极异步电动机，在额定负载运行情况下，由电源输入的功率为 6.32kW，定子铜损耗为 341W，转子铜损耗为 237.5W，铁损耗为 167.5W，机械损耗为 45W，附加损耗为 29W。

（1）作出功率流程图，标明各功率及损耗。

（2）在额定运行时，求电动机的效率、转差率、转速、电磁转矩、转轴上的输出转矩。

5-21 已知一台三相四极异步电动机的额定数据为 $P_N=10\text{kW}$，$U_{1N}=380\text{V}$，$I_N=16\text{A}$，电源频率 $f_1=50\text{Hz}$，定子绕组为 Y 形联结，额定运行时的定子铜损耗 $p_{Cu1}=557\text{W}$，转子铜损耗 $p_{Cu2}=314\text{W}$，铁损耗 $p_{Fe}=276\text{W}$，机械损耗 $p_m=77\text{W}$，附加损耗 $p_{add}=200\text{W}$。计算该电动机的额定负载时：

（1）额定转速。

（2）空载转矩。

（3）转轴上的输出转矩。

（4）电磁转矩。

5-22 感应电动机的机械特性（图 5.3.15）上有一段约为双曲线段（$s_{Tmax}<s<1$）。试基于 T 形等效电路中所反映的物理概念解释这段曲线是怎样发生的？

参考文献

[1] 汤蕴璆，史乃. 电机学［M］. 北京：机械工业出版社，1999.

[2] FITZGERALD A E，et al. 电机学：第六版［M］. 刘新正，等译. 电子工业出版社，2004.

[3] 李发海，王岩. 电机与拖动基础［M］. 2 版. 北京：清华大学出版社，1993.

[4] 江辑光. 电路原理［M］. 北京：清华大学出版社，1996.

[5] 刘锦波，张承慧，等. 电机与拖动［M］. 2 版. 北京：清华大学出版社，2015.

[6] 金东海. 现代电气机器理论［M］. 日本电气学会，2010.

[7] KOBAYASHI T，et al. Motor Constants Measurement for Induction Motors without Rotating［J］. The Institute of Electrical Engineers of Japan，D-128（1）：3~26（In Japanese）.

第 6 章

交流异步电动机恒压频比控制系统

从本章开始，讲述交流电动机调速系统。本章内容之间以及本章内容与第 7、8 章之间的关系如图 6.0.1 所示。

在 6.1 节，首先对交流电动机调速系统（简称为交流调速系统）的特点和分类作一个入门性的介绍。建议在复习交流调速部分的内容时再重读此节。

由电力电子器件构成的变压变频变换器是变压变频调速系统的主要设备。这一内容已在前期课程“电力电子技术”中学习过。为了本书内容的需要，在第 6.2 节简述电力电子变压变频器的基本主要类型和特点，重点讨论目前普遍应用的交流脉宽调制（pulse-width modulation，PWM）控制技术。这一技术是多种交流调速系统实现的基础。

第 6.3 节讲述基于异步电动机稳态模型的转速开环、恒压频比控制的调速系统。该控制方法简单实用，动特性和调速精度能满足许多常用系统的要求，因此被广泛应用。对于更高精度和动态的应用要求，则需要基于异步电动机动态模型设计其控制策略。由于这种系统涉及的知识点较多，将在第 7 章集中讲述。

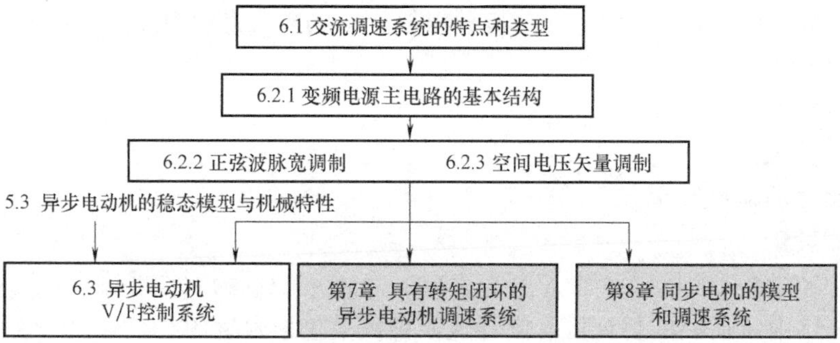

图 6.0.1　第 6 章内容之间以及与其他内容的关系

6.1　交流调速系统的特点和类型

6.1.1　交流、直流调速系统的比较

与直流调速系统相比，交流调速系统的应用越来越广。其主要原因在于交流电动机与直流电动机相比有很多优点。在第 3 章和第 4 章，叙述了直流电动机调速系统的优点，却没有提及直流电动机的缺点，而这些缺点又是直流电动机固有的、限制了直流电动机在许多领域的应用。其主要缺点来自于直流电动机的结构，如：①机械换向器由很多换向片组成，铜片

之间用云母片隔离绝缘，因此制造工艺复杂、成本高；②换向器的换向能力还限制了直流电动机的容量和速度；③电刷火花和环火限制了直流电动机的安装环境，易燃、易爆以及环境恶劣的地方不能使用直流电动机；④换向器和电刷易于磨损，需要经常更换，这样就降低了系统的可靠性，增加了维护成本。

与此相应，交流电动机虽然控制比较复杂，但其结构简单、成本低、安装环境要求低，适于易燃、易爆、多尘的条件，尤其适用于大容量、高转速应用领域。交流电机和直流电机的比较如表 6.1.1 所示。由表可知，直流电动机优于交流电动机的唯一地方是转矩控制简单。但是，随着交流电动机调速理论和技术的进步，这一弱点已被克服。目前，交流调速系统的性能已经能达到直流调速系统的水平。在实际应用中，交流调速系统在以下方面优于直流调速系统：

1）在大功率负载，如电力机车、卷扬机、厚板轧机等控制系统中，交流调速性能价格比最优。在中压（6~10kV）调速系统中，现阶段只能采用交流电动机的变频调速系统。

2）在对“功率/重量”比、“功率/体积”比要求高的领域，如电动自行车、电动汽车、飞机中的电动机拖动等，永磁同步电动机调速系统已成为主流。

3）在高速运行的设备，如高速磨头、离心机、高速电钻等的控制中，转速要达到数千到上万转，交流电动机转动惯量小，可满足高速运行的要求。

4）适用于易燃、易爆、多尘的场合，不需要过多的维护。

5）从控制系统成本上看，随着电力电子功率器件技术的发展，交流调速设备的成本已经大幅度降低，而直流调速设备的成本几乎无法再降低了。

既然交流调速系统比直流调速系统有如此多的好处，为什么自 1885 年笼型异步电动机问世以来，要经历几乎一百年的时间才使得交流调速系统发展起来？主要原因在于 6.1.2 节所述的交流电动机调速的复杂性以及当时控制部件和电力电子技术的限制。

表 6.1.1　交流电机和直流电机的比较

比较内容	直流电机	交流电机
结构及制造	有电刷，制造复杂	无电刷，结构简单
“功率/重量”比	≈0.5	>1
“功率/体积”比	≈0.5	>1
最大容量	12~14MW（双电枢）	几十 MW
最大转速	<10000r/min	数万 r/min
最高电枢电压	1kV	6~10kV
安装环境	要求高	要求低
维护	较多	较少
转矩控制	简单	复杂

6.1.2* 交流调速系统的分类

1. 交流调速系统的技术难点

历史上，由于以下原因，制约了当时交流调速系统的发展。

（1）交流电动机转矩控制困难

以 7.2 节所述交流异步电动机的动态模型为例，可以看出它是一个多输入多输出非线性的时变模型。模型的复杂性直接带来了该电动机动态转矩控制的困难。再进一步分析更为简单的异步电动机的稳态电磁转矩。由 5.3 节可知该稳态电磁转矩为

$$T_e = C_T \Phi_m I_2' \cos\theta_2 \tag{6.1-1}$$

式中，C_T 为转矩系数；Φ_m 为每相气隙磁通幅值；I_2'为折算到定子侧的转子电流幅值；θ_2 为转子侧等效电路的功率因数角。

这个转矩控制的困难体现在以下几点：

1）Φ_m 是由定子电流 $\boldsymbol{i}_1=[i_A, i_B, i_C]^T$ 和转子电流 $\boldsymbol{i}_2=[i_a, i_b, i_c]^T$ 共同产生的。

2）相量 $\dot{\Phi}_m$ 与 $\dot{I}_2$ 是两个相互耦合的变量，且对于一般的笼型异步电动机而言，转子电流 $\boldsymbol{i}_2$ 无法测量，更无法直接控制。

3）即使假定 Φ_m 为常数，$I_2'\cos\theta_2$ 是与转速 n 相关的时变量（与转差率 s 相关），且当电动机运行时转子电阻 r_2 随温度变化而变化，T_e 也随之变化。此外，式（6.1-1）只是稳态电磁转矩，瞬时电磁转矩如 7.2 节所述，控制更难。对转速的控制核心是对转矩的控制，转矩控制难是实现交流电动机高性能调速的主要障碍，也是交流调速系统必须采用现代控制方法的主要原因。

（2）调速装置中电力电子器件发展的限制

调速装置中两大组成部件是变频电源和控制器。直到进入 20 世纪 90 年代，变频电源中的主要器件——大功率电力电子器件得到了很大的改进和完善；控制器中的主要器件——微处理器在性价比上提高了几十倍，以满足复杂算法以及多功能的需要。于是交流调速系统才日渐成熟。

（3）系统需要解决许多新问题才能成熟起来

由于系统是由复杂的控制对象、新的控制方法、新的器件构成，因此在应用过程中出现了许多新的技术问题。本章 6.4 节是几个典型例子。经过本领域学术界与工程界反复研发和实践，进入 21 世纪后这些系统才完全成熟起来。

随着上述问题不断的被解决，出现了许多适应当时应用问题的交流调速方法。以下对典型的方法作一个简单介绍。

*2. 同步电动机的调速方法

如 5.1.2 节所述，同步电动机的转速公式为 $n_1=60f_1/n_p$。式中，f_1、n_1 分别为同步频率和同步转速；n_p 为极对数。

过去由于没有变频电源，难以对同步电动机进行调速控制。现在，采用变频电源的各种同步电动机调速系统已经被应用于许多领域。主要内容将在第 8 章展开。

*3. 异步电动机的调速方法及其分类

由第 5 章的稳态电磁转矩 $T_e=P_m/\Omega$、稳态机械功率 $P_m=P_M-p_{Cu2}$ 和转子转差功率 $p_{Cu2}=3I_2'^2r_2'$，可得异步电动机的转速公式

$$\Omega = P_m/T_e = \frac{P_M}{T_e} - \frac{sP_M}{T_e} = \Omega_1 - \frac{3I_2'^2 r_2'}{T_e} = \Omega_1 - \Delta\Omega \tag{6.1-2}$$

式中，Ω 为转子机械转速；s 为转差率；3 为相数；转速降落 $\Delta\Omega$ 为

$$\Delta\Omega=\frac{3I_2'^2r_2'}{T_e} \tag{6.1-3}$$

同步机械转速 $\Omega_1=2\pi f_1/n_p$，也可由式 $E_1=\sqrt{2}\pi W_{1\mathrm{eff}}f_1\Phi_m$ 得到以下形式：

$$\Omega_1=\frac{3E_1}{C_T\Phi_m} \tag{6.1-4}$$

在 5.3.3 节，介绍了异步电动机的降定子电压幅值调速、转子串电阻调速和变压变频调速方法。由本章 6.3 节可知，变压变频调速方法在改变 Ω_1 的同时控制 E_1/Ω_1 为常数，从而使得 Φ_m 为常数，也就使得电动机输出特性为恒转矩特性，所以，是一种用途最广的方法。

此外还有双馈电动机调速系统，常用于风力发电、大功率风机系统的调速。

所谓“双馈”（double fed），是指把绕线转子异步电动机的定子绕组和转子绕组分别与交流电网或其他频率/电压可调的交流电源相连接，使它们可以进行电功率的相互传递。双馈调速时电动机的功率流如图 6.1.1b 所示，为了比较，图 6.1.1a 给出了 $\dot{E}_{add}=0$ 时（如笼型异步电动机）的功率流。双馈电动机有三个功率端口，即定子、转子绕组上的电功率端口和转子上的机械功率端口。至于每一个端口功率是馈入电机还是馈出电机，则要视电动机的工况而定。

为了容易理解，这里仅仅讨论转子侧绕组加入一个与转子反电动势 $\dot{E}_2$ 同频同相或同频反相的外部电压 $\dot{E}_{add}$ 的情况。可以想象，此时转子侧的输出功率为

$$P_m=(1-s)P_M\pm P_{add} \tag{6.1-5}$$

$$P_{add}=3E'_{add}I'_2\cos\theta_2 \tag{6.1-6}$$

于是对应于式（6.1-3）的转速降落变为

$$\Delta\Omega=\frac{3I_2'^2r_2'}{T_e}\mp\frac{E'_{add}}{n_pC_T\Phi_m} \tag{6.1-7}$$

此时，如果 $\dot{E}_{add}$ 与 $\dot{E}_2=\sqrt{2}\pi W_{2\mathrm{eff}}f_2\dot{\Phi}_m$ 同相，则有可能 $\Delta\Omega<0$，也就是 Ω 高于同步转速 Ω_1，反之 Ω 则低于同步转速 Ω_1。

异步电动机在低于同步转速下作电动状态运行的双馈调速系统，习惯上被称为**电气串级调速系统**（或称 scherbius 系统）。风力发电系统中的双馈调速系统则在同步转速上下工作。这类系统的调速原理及其控制方法可参考文献 [15]。

此外，工业界的调速方法还有采用转差离合器调速和机械式调速（如在转子轴上加装液力器）等方法。

以下从功率控制的角度对上述方法进行分类。

由 5.3 节异步电动机功率表达式 $P_M=P_m+sP_M$ 知，从定子传入转子的电磁功率 P_M 可分成两部分：一部分 $P_m=(1-s)P_M$ 是拖动负载的有功功率，称作总机械输出功率；另一部分 sP_M 是转子电路中的转差功率，与转差率 s 成正比。从能量转换的角度看，调速时转差功率是否增大、是变成热能消耗掉还是得到回收，是评价调速系统效率高低的标志。

依据转差功率 sP_M 是消耗掉还是得到回收，可把上述异步电动机调速方法分成两类：

(1) 损耗功率控制型调速系统

这种类型的全部转差功率 sP_M 都转换成热能消耗在转子回路中，如降定子电压幅值调速和转子串电阻调速。比下面要讲的“(2) 电磁功率控制型调速系统”这类系统的效率更低，而且越到低速时效率越低。所以，系统是以增加转差功率的消耗来换取转速的降低的（恒转矩负载时）。但是这类系统结构简单，设备成本低，还有一定的应用价值。

(2) 电磁功率控制型调速系统

变极对数 n_p 调速、变压变频调速和“双馈调速”方法属于这一类。虽然电动机运行时，转差功率 sP_M 中的转子铜损是不可避免的，但在这类系统中，无论转速高低，转子铜损部分基本不变，因此效率也较高。变极对数调速是有级的，应用场合有限；变压变频调速目前应用最广，可以构成高性能的交流调速系统，但在定子电路中要配置与电动机容量相当的变压变频装置；在“双馈调速”方法中，式 (6.1-6) 所示的电磁功率 P_{add} 通过变流装置回馈给电网或转化成机械能予以利用，这类系统的效率是比较高的，但要在转子回路上配置一个变流设备。

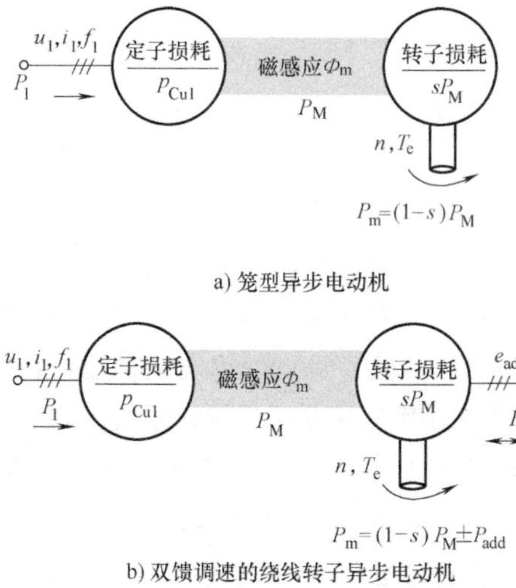

图 6.1.1 双馈调速时电动状态的功率流图

由此，可将交流异步电动机的调速方法按图 6.1.2 分类。

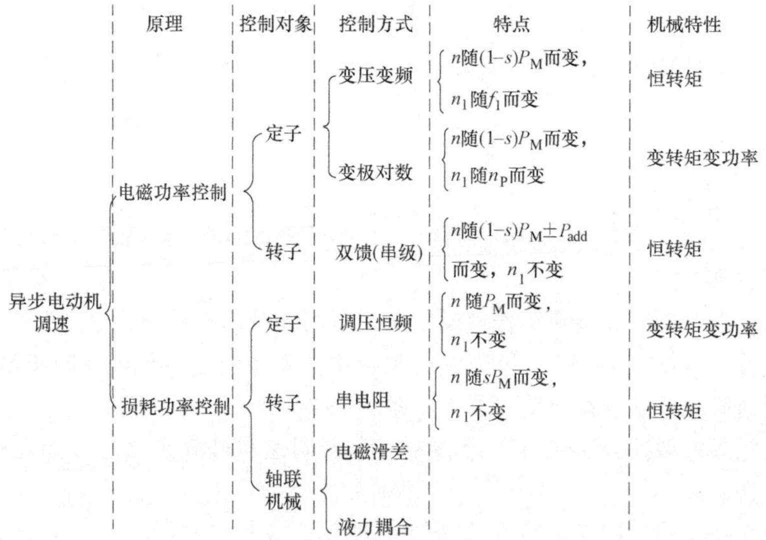

图 6.1.2 异步电动机调速方法分类

由于本书为基础性教材，主要讲述图 6.1.3 用黑体字表示的交流电动机变压变频调速的几种典型方法。

有关在实际中如何选择该系统的类型、容量和性能等问题，已有多本专著。对于概况性的了解，可参考文献［12］。

- 异步电动机
  - 基于稳态模型
    - 恒压频比控制(6.3节)
    - 速度闭环的转差频率控制
  - 基于动态模型
    - 按转子磁链定向的矢量控制（7.3节）
    - 按定子磁链定向的直接转矩控制(7.4节)
    - 单位电流最大转矩控制等
- 同步电动机（控制依赖于结构）
  - 基于励磁/永磁电动机动态模型的正弦波电压驱动
    - 励磁电动机定子磁链定向控制(8.3.2节)
    - 永磁电动机转子磁链定向控制(8.3.3节)
    - 其他控制策略
  - 梯形波永磁电动机
    - 梯形波永磁电动机变频控制(8.4节)

图 6.1.3　典型的变压变频调速控制策略及本书涉及的内容

6.2　电压源型 PWM 变频电源及控制方法

从构成系统的硬件上看，变频调速系统是由交流变频电源和交流电动机构成。

由于交流调速系统的广泛应用，已开发出多种交流变频电源。在课程“电力电子技术”中，已经学习了一些变频电源的典型主电路。本节首先简单复习一下常用的主电路结构和原理，之后重点讲述电压源型 PWM 变频电源及其两种控制方法。

如果时间有限，可在用到时再阅读 6.2.3 节“空间电压矢量调制方法”。

6.2.1　变频电源主电路的基本结构

变频电源（或称变频器）就是把来自于供电系统的恒压恒频（constant voltage constant frequency，CVCF）交流电或直流电（一般为电压源）转换为电压幅值和频率可变（variable voltage variable frequency，VVVF），或电流幅值和频率可变（variable current variable frequency，VCVF）的电力电子变换装置。

变频电源有许多类型，如图 6.2.1 所示，粗略地可按下列方式分类：

1）按照被变换的电量形式分为交-交变频器和（交-）直-交变频器。

2）按照电压等级分为高压变频器、中压变频器、通用（低压）变频器。

3）按照器件的开关方式分为硬开关方式和软开关方式。

4）按照调制方式分为脉宽调制（pulse-width modulation，PWM，即输出电压的幅值和输出频率均由逆变器按 PWM 方式调节）和幅值调制（pulse-amplitude modulation，PAM，即通过改变直流侧的电压幅值进行调压）。

5）按照电平的多少分为两电平、三电平以及多电平等。近年，多电平技术发展迅速，可参考文献［11］。

采用晶闸管的相控型的交-交变频器用于大容量、低速调速系统，可参考文献［1］。此处还有矩阵式的交-交变频技术（可参考文献［2］）。

本节只介绍图 6.2.1 中有下画线的内容。

1. 用于直-交变换的电压源型和电流源型逆变电源

直-交变频电源一般也被称为逆变器（inverter）或逆变电源。其频率调节范围宽，功率

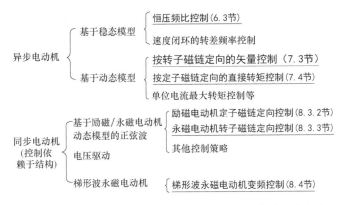

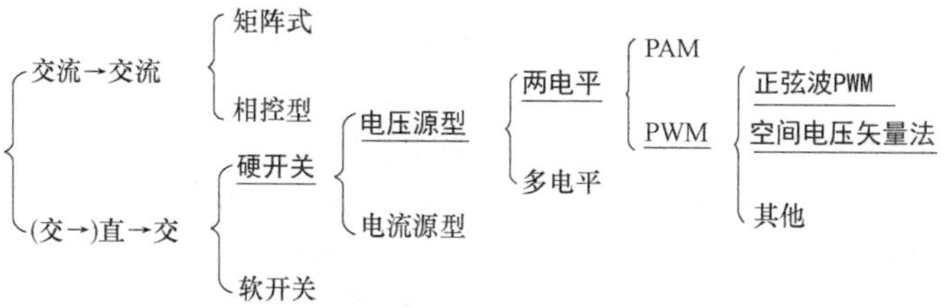

图 6.2.1　变频电源的类型

因数高。按逆变电源中直流电源的性质或储能元件的类型，可将其分为电压源型逆变电源和电流源型逆变电源。

（1）电压源型逆变电源

图 6.2.2a 所示的变换器被称为电压源型逆变电源（voltage source inverter，VSI）。其直流环节采用大电容滤波，因而直流电压波形比较平直，相当于一个内阻为零的恒压源。由开关器件决定的输出交流电压波形是矩形波或阶梯波。该逆变电源用于驱动感性负载。

（2）电流源型逆变电源

图 6.2.2b 所示的变换器称为电流源型逆变电源（current source inverter，CSI）。全控型器件串联二极管以提高器件组的耐压；直流环节采用大电感滤波，直流电流波形比较平直。因此变换器输入端相当于一个恒流源，输出端的交流电流波形是矩形波或阶梯波。该电源用于驱动容性负载。

上述两种电源的特点列于表 6.2.1。注意两者对负载特性的要求是不一样的。

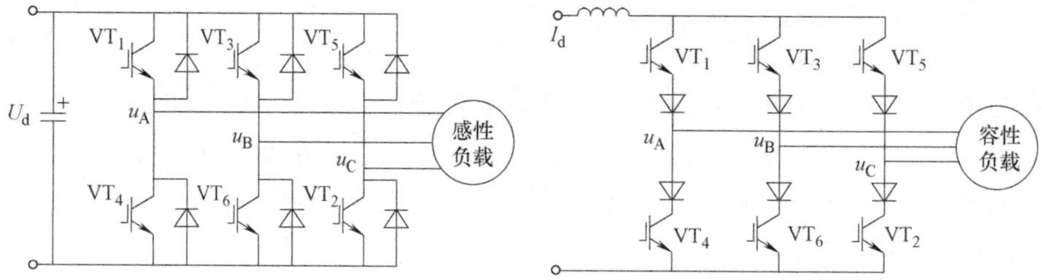

a) VSI　　b) CSI

图 6.2.2　VSI 和 CSI 的主电路

表 6.2.1　电压源型和电流源型逆变电源的特点

比较内容	电压源型	电流源型
直流回路滤波环节	电容	电感
输出电压波形	矩形波	与负载有关，对异步电动机近似为正弦波
输出电流波形	与负载的功率因数有关，对异步电动机近似为正弦波	矩形波
对负载的要求	**感性负载**	**容性负载**
过流保护	**极为重要**	容易
过压保护	容易	**极为重要**
感应电动机电磁转矩的动态响应	较慢，为加快响应，需设置电流环	基于电流环控制转矩，所以响应快

2. 两电平和多电平逆变电路

大多数逆变电源主电路中的电力电子器件为全控型器件，且器件工作在开关状态。一方面，逆变电源的输出电压（对 VSI）或输出电流（对 CSI）波形是一个方波脉冲。另一方面，由第 5 章可知，为了使电动机有效地运行，希望施加于电动机的电压或电流是正弦波形。所以需要将上述逆变电源输出的方波去逼近电动机所需的正弦波形。用方波去逼近正弦波的方法有以下两种方法：

1）对图 6.2.2a 所示的主电路，用脉宽调制（PWM）方法将一个电平“斩波”成多个脉冲序列，使得该脉冲序列中的基波为所需的正弦波（具体方法在 6.2.2 节讲述）。由于该逆变电路的各个桥臂只能产生 U_d 或 0 这两个电平的输出电压，所以称为**两电平**逆变电路。该电路的构成和控制都比较简单，目前应用最广。

2）用多个不同宽度的方波电平串联组合成多电平的波形。当图 6.2.2a 所示电路的直流电压较高时，电力电子开关器件的开关动作将在输出中产生较高的电压变化率 du/dt 和电流变化率 di/dt。由电力电子技术知，较高的 du/dt 和 di/dt 会带来传导型和辐射型电磁污染，损坏电动机线圈绝缘等一系列危害[3]。此外，也希望采用耐压较低的电力电子开关器件构成高压逆变电路。为此，采用多电平电路以解决上述问题。

目前常用的多电平逆变电路有中点嵌位的三电平电压逆变电路（neutral point clamped inverter，NPC-Inv.）和级联式多电平逆变电路（case-cade multilevel inverter），详细内容请见相关专著。

6.2.2　正弦波脉宽调制

本节以图 6.2.2a 所示的两电平 VSI 为例，讨论如何用 VSI 输出的一组方波去逼近所需正弦波形的脉宽调制方法。脉宽调制方法主要分为正弦波脉宽调制（sinusoidal pulse width modulation，SPWM）方法和基于空间电压矢量（space voltage vector）的调制方法（space vector pulse width modulation，SVPWM）。

一般地，在设计 VSI 的输出为某个期望波形时，以频率比期望波频率高得多的等腰三角波作为载波（carrier wave），用期望波作为调制波（modulation wave）。如图 6.2.3b①所示，其调制波是三个正弦波。调制波与载波依时间发生时将产生一系列交点，如果用这些交点确定逆变器开关器件开通和关断的时刻，就可以获得一系列等幅不等宽的矩形波，如图 6.2.3b②所示。于是，在各个开关周期内，每一个矩形波的面积与相应周期内的调制波的面积基本相等（波形面积相等原则）。这种调制方法称作脉宽调制（pulse width modulation，PWM）。当调制波为正弦波时，称为正弦波脉宽调制，这种序列的矩形波称作 SPWM 波。

需要注意的是：

1）从本节开始，加在电动机上的电压的频率和幅值都是变量。

2）在负载呈感性条件下，上述矩形波电压序列的电流响应与该电压所含基波电压的电流响应才能等效。在负载呈容性时，由于电流响应是电压激励的微分，而不是希望的基波波形。此时应该采用电流源型逆变电源供电，使容性负载上得到所希望的电压响应。

以下以 VSI 为例，说明 SPWM 方法。

1. 调制方法

为了得到 SPWM 波形，采用正弦波作为调制波信号与载波信号比较。规定主电路各点的电位如图 6. 2. 3a 所示，可按以下步骤实现 SPWM。

1）频率为 $f_{sw}=1/T_{sw}$、幅值为 $U_d/2$ 的三角载波 u_{sw} 与三个互差 120°电角度的频率和幅值（最大值 $U_d/2$）可调的正弦调制波 u_{ra}、u_{rb}、u_{rc} 相交，所产生的交点如图 6. 2. 3b①所示，用以分别控制 A、B、C 各相的开关器件。

2）以 A 相为例，以 u_{sw} 与正弦波 u_{ra} 的交点为界，$u_{sw}<u_{ra}$ 时控制开关器件 VT_1 开通、VT_4 关断，反之 VT_1 关断、VT_4 开通。由此产生图 6. 2. 3b②所示的输出电压 u_{A0}。u_{A0} 中所含的基波分量即为正弦波 u_{ra}。换句话说，第 k 个开关周期 $1/f_{sw}$ 内的正弦波 u_{ra} 的平均值 $u_{ra}(k)$ 与该周期内矩形波 $u_{A0}(k)$ 的平均值相等。

3）同理，可得图 6. 2. 3b③所示的 u_{B0}，由此可得图 6. 2. 3b⑤所示的线电压

$$u_{AB}=u_{A0}-u_{B0} \tag{6.2-1}$$

SPWM 方法有以下特点：

1）可输出的基波线电压最大值：由上述知，由于三相中的各个相是按各相电压 u_{A0}、u_{B0}、u_{C0} 独立调制，各相的输出电压最大幅值为

$$U_{phase,max}=U_d/2 \tag{6.2-2}$$

由于基波线电压的幅值是相电压幅值的$\sqrt{3}$倍，基波线电压的最大幅值为

$$U_{line,max}=\sqrt{3}\,U_d/2=0.8667U_d \tag{6.2-3}$$

式（6. 2-3）说明，由于输出电压的最大值为直流电源电压 U_d 的 86. 67%，就输出的基波电压而言，采用该调制方法时对直流电源的有效利用率仅为 86. 67%。为了提高这个利用率，需要采用其他调制方法。

2）由于在每个调制周期 T_{sw} 内各个开关器件仅开关一次，所以开关次数少，对应的开关损耗也小。

3）由于施加在三相电动机上的瞬时电压值之和不为零，所以在电动机中点 N 与电源的零电平（图 6. 2. 3a 的 0 点）之间还存在一个电压 $u_{A0}-u_{AN}$。

2. 同步调制和异步调制方式

通常，根据载波频率和调制波频率的关系可将调制方法分为同步调制、异步调制和分段同步调制方式。

（1）同步调制

这种调制方式下，式（6. 2-4）定义的载波比 k 为常数

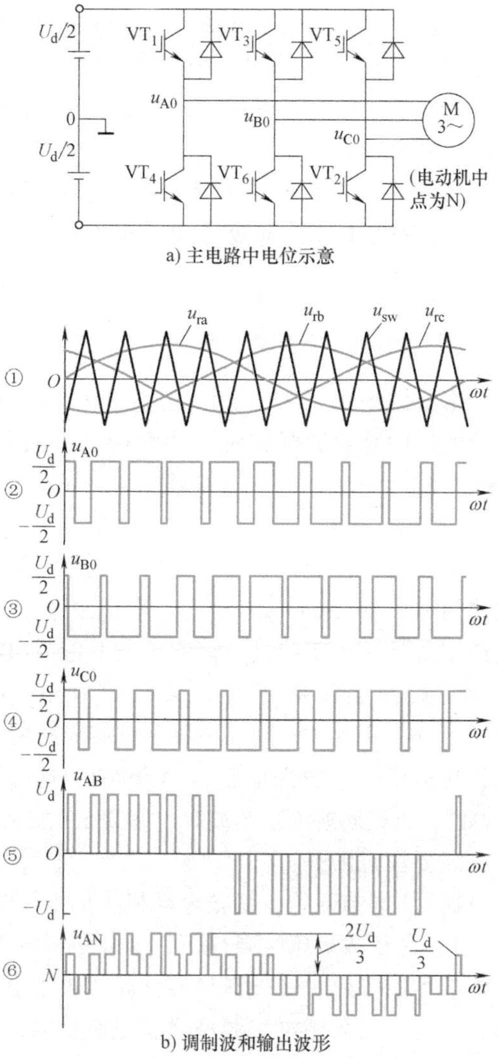

图 6. 2. 3　三相逆变电路及 SPWM 控制下的输出波形

$$k=f_{sw}/f_{out} \tag{6.2-4}$$

式中，f_{out} 为 SPWM 的调制波频率，也就是输出波形中的基波频率；f_{sw} 为载波频率。在中小型调速系统中，$f_{sw} \gg f_{out}$。

一般地，设定 k 为 3 以上基数的倍数。这样可保证逆变电源的输出波形正、负半波对称且谐波较少。但是，由于在低频时逆变电源输出电压的脉冲间隔较大，谐波电压将使得电动机的谐波电流分量变大。

（2）异步调制

在逆变电源的变频范围内，载波比 k 不等于常数。一般取 f_{sw} 为常数，于是将产生下式所示的次谐波（sub-harmonic），即

$$\frac{f_{sw}}{\mathrm{Int}(f_{sw}/f_{out})}-f_{out} \tag{6.2-5}$$

式中，Int 为取整函数。次谐波是一种时间谐波，其频率一般大大低于输出频率 f_{out}。由于调速系统拖动的机械负载的共振频率很低，所以次谐波严重时可引起系统在该谐波上发生振荡。

（3）分段同步调制

如图 6.2.4 所示，这是将同步调制和异步调制结合起来的方法。在 f_{out} 的高速段采用低载波比的同步调制以降低开关损耗；而在中、低速段，则提高载波比以改善波形。有时在极低速段还采用异步调制来改善低速性能。图中，切换 f_{sw} 处的虚线是滞环线，目的是当输出频率恰好设在切换点时，防止由 f_{out} 波动引起载波频率 f_{sw} 的频繁切换。

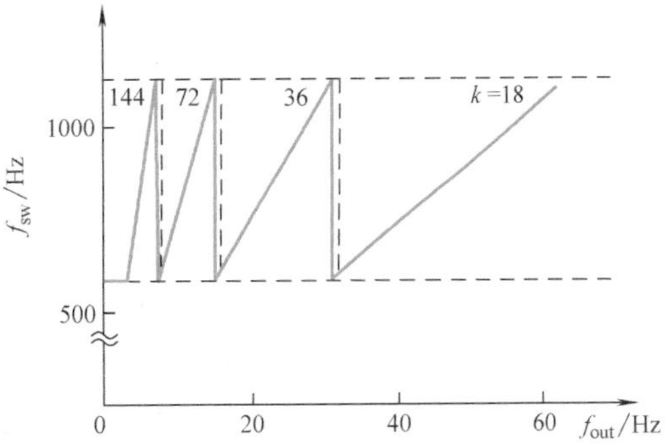

图 6.2.4　分段同步调制的例子

6.2.3* 空间电压矢量调制

1. 空间电压矢量

（1）空间电压矢量的概念

设给电动机供电的理想电源的电压为式（6.2-6）（为了简便，这里是以电压为参考量）

$$\begin{cases} u_A = U_{phase}\cos\theta \\ u_B = U_{phase}\cos(\theta-2\pi/3) \\ u_C = U_{phase}\cos(\theta+2\pi/3) \end{cases} \tag{6.2-6}$$

$$\theta = \int \omega_1 \mathrm{d}t$$

式中，U_{phase} 是相电压的幅值；由于在变频情况下变频电源的输出频率 ω_1 为变量，对应的电角度 θ 是对 ω_1 的时间积分，而不是 $\theta=\omega_1 t$。

当由式（6.2-6）表述的各相电压 u_A、u_B、u_C（仅为时间变量）分别加在图 6.2.5 所示的空间位置上互差 120°电角度的绕组上后，可以将其定义为相电压矢量

$$\boldsymbol{u}_A = u_A e^{j0°},\quad \boldsymbol{u}_B = u_B e^{j120°},\quad \boldsymbol{u}_C = u_C e^{-j120°} \tag{6.2-7}$$

上述矢量的方向始终处于各相的相轴方向上，其大小则随时间按正弦规律脉动、各相相位互

差 120° 电角度。与空间磁动势的定义相仿，可定义三相定子电压空间矢量的合成矢量 $\boldsymbol{u}_1$ 为

$$\boldsymbol{u}_1(t)\overset{\text{def}}{=}\sqrt{2/3}\,(\boldsymbol{u}_A+\boldsymbol{u}_B+\boldsymbol{u}_C)$$
$$=\sqrt{2/3}\,(u_A e^{j0°}+u_B e^{j120°}+u_C e^{-j120°}) \qquad (6.2\text{-}8)$$

这个电压矢量 $\boldsymbol{u}_1(t)$ 还可用极坐标表示为

$$\boldsymbol{u}_1(t)=u_1(t)e^{j\theta} \qquad (6.2\text{-}9)$$

式中，$u_1(t)$ 为矢量 $\boldsymbol{u}_1(t)$ 的幅值，由例题 6.2-2 可知，稳态时该幅值为 $\sqrt{3/2}\,U_{phase}$；矢量 $\boldsymbol{u}_1(t)$ 的空间位置为 $\theta=\int\omega_1 dt$。

由上式可知，$\boldsymbol{u}_1(t)$ 是一个旋转的空间矢量，它以电源角频率 ω_1 作旋转，稳态时的轨迹为圆。当某一相电压为最大值时，矢量 $\boldsymbol{u}_1$ 就落在该相的轴线上。

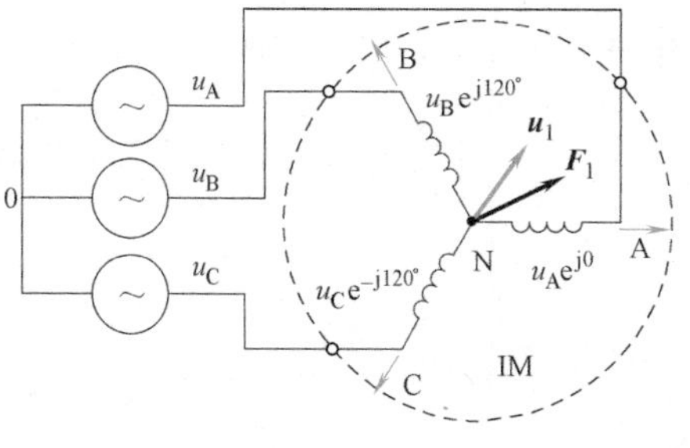

a) 三相理想电源和空间电压矢量

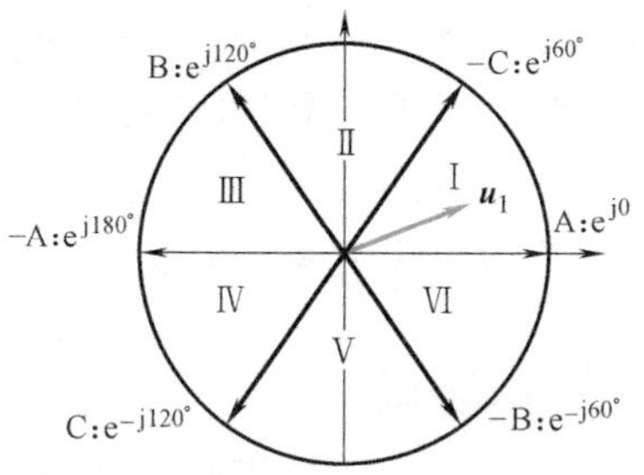

b) 用相邻矢量表示空间电压矢量

图 6.2.5　空间电压矢量及其用相邻矢量的表示

同理，在电机控制技术中，定义定子电流矢量 $\boldsymbol{i}_1$ 为

$$\boldsymbol{i}_1=\sqrt{2/3}\,(\boldsymbol{i}_A+\boldsymbol{i}_B+\boldsymbol{i}_C)=\sqrt{2/3}\,(i_A e^{j0°}+i_B e^{j120°}+i_C e^{-j120°}) \qquad (6.2\text{-}10)$$

需要注意的是，在电机控制技术的上述矢量定义中，有一项系数 $\sqrt{2/3}$。于是这些定义与 5.2.1 节的矢量定义式有所不同。第 5 章遵从传统电机学的惯例，矢量定义全部采用了各个分矢量的矢量和的形式，如电流矢量式（5.2-21a）和式（5.2-69），磁动势矢量式（5.2-66），磁通矢量式（5.2-70），磁链矢量式（5.2-72）；而在本节、7.1 节和 8.3 节，所有的三相合成矢量的定义遵从于控制系统的惯例，也就是基于“变换前后能量不变”的原则确定变换式中的系数。例题 6.2.1 给出了该系数的由来。

例 6.2-1　试证明：基于**功率不变原则**（也称为绝对变换，power invariant transformation），将三相电压、电流变换为空间矢量表达式时，定义中的系数为 $\sqrt{2/3}$。

证明　定义空间电压矢量和空间电流矢量分别为

$$\boldsymbol{u}_1=k(u_A e^{j0°}+u_B e^{j120°}+u_C e^{-j120°})$$
$$\boldsymbol{i}_1=k(i_A e^{j0°}+i_B e^{j120°}+i_C e^{-j120°}) \qquad (6.2\text{-}11)$$

将三相电压、电流变换为空间矢量前后的电机的输入功率分别由式（6.2-12）和式（6.2-13）表示，即

$$p=u_A i_A+u_B i_B+u_C i_C \qquad (6.2\text{-}12)$$
$$p=\boldsymbol{u}_1^T\boldsymbol{i}_1 \qquad (6.2\text{-}13)$$

将式（6.2-13）中的点积运算用正交坐标表示，则

$$
\begin{aligned}
p &= \boldsymbol{u}_1^{\mathrm{T}}\boldsymbol{i}_1 \\
&= k^2[u_A e^{j0^\circ} + u_B e^{j120^\circ} + u_C e^{-j120^\circ}]^{\mathrm{T}}[i_A e^{j0^\circ} + i_B e^{j120^\circ} + i_C e^{-j120^\circ}] \\
&= k^2\left[\frac{3}{2}u_A e^{j0^\circ} + \frac{\sqrt{3}}{2}(u_B - u_C)e^{j90^\circ}\right]^{\mathrm{T}}\left[\frac{3}{2}i_A e^{j0^\circ} + \frac{\sqrt{3}}{2}(i_B - i_C)e^{j90^\circ}\right] \\
&= k^2\,\frac{3}{2}(u_A i_A + u_B i_B + u_C i_C)
\end{aligned}
$$

所以，基于功率不变原则，即令式（6.2-12）和式（6.2-13）相等时，有 $k=\sqrt{2/3}$。

（2）利用线电压表示空间电压矢量

由于 $\boldsymbol{u}_1(t)$ 是平面矢量，$\boldsymbol{u}_1(t)$ 还可用平面上任意两个线性独立的矢量之和表示。例6.2-2给出了一个具体的用一些特殊矢量表示 $\boldsymbol{u}_1(t)$ 的例子，目的是为了与本节第2小节"空间电压矢量调制的经典实现方法"相比较。

例 6.2-2　（1）可以将空间电压的平面用单位矢量 $\{e^{j0}, e^{j60^\circ}, e^{j120^\circ}, e^{j180^\circ}, \cdots\}$ 划分为6个扇区 {Ⅰ，Ⅱ，…，Ⅵ}，如图6.2.5b所示。基于式（6.2-8）定义的电压矢量 $\boldsymbol{u}_1$ 处于图b空间的某个位置时，可用与之相邻的两个矢量和表示。试推导这两个矢量的方向为与 $\boldsymbol{u}_1$ 相邻的单位矢量、幅值为某个线电压（线电压有 u_{AB}，u_{BC}，…）；（2）设图6.2.5所示理想电压源的线电压幅值的最大值为 U_d，计算 $\boldsymbol{u}_1(t)$ 幅值的最大值 $U_{1\max}$。

解

（1）由线性代数的知识可知，用平面上的两个矢量表示 $\boldsymbol{u}_1$ 是可行的。以下对图6.2.5b所示在第Ⅰ扇区（$0<\omega t\leqslant 60^\circ$）的 $\boldsymbol{u}_1$，推导用 e^{j0°、e^{j60° 和幅值为线电压的表达式。

$$
\begin{aligned}
\boldsymbol{u}_1(t) &= \sqrt{2/3}(u_A e^{j0^\circ} + u_B e^{j120^\circ} + u_C e^{-j120^\circ}) \\
&= \sqrt{2/3}[u_A e^{j0^\circ} - u_B(e^{j0^\circ} - e^{j60^\circ}) - u_C e^{j60^\circ}] \\
&= \sqrt{2/3}(u_{AB} e^{j0^\circ} + u_{BC} e^{j60^\circ})
\end{aligned}
\tag{6.2-14}
$$

式中，线电压 $u_{AB}=u_A-u_B$；$u_{BC}=u_B-u_C$。

在其他扇区上用相邻矢量表示 $\boldsymbol{u}_1(t)$ 的方法总结见表6.2.2。

表 6.2.2　用60°划分的各个扇区以及用相邻矢量表示空间矢量 u_1

矢量	扇区					
	Ⅰ	Ⅱ	Ⅲ	Ⅳ	Ⅴ	Ⅵ
矢量 1	$u_{AB}e^{j0}$	$u_{AC}e^{j60^\circ}$	$u_{CA}e^{j120^\circ}$	$u_{CB}e^{j180^\circ}$	$u_{BC}e^{j240^\circ}$	$u_{BA}e^{j300^\circ}$
矢量 2	$u_{BC}e^{j60^\circ}$	$u_{BA}e^{j120^\circ}$	$u_{AB}e^{j180^\circ}$	$u_{AC}e^{j240^\circ}$	$u_{CA}e^{j300^\circ}$	$u_{CB}e^{j0}$

为了与本节第2小节逆变电源所产生的基本电压矢量 $\boldsymbol{u}_{V_i}$ 的实现方法作比较，需讨论用矢量 $u_{AB}e^{-j30^\circ}$ 和矢量 $u_{AC}e^{j30^\circ}$ 之和表示 $\boldsymbol{u}_1(t)$。此时

$$
\begin{aligned}
\boldsymbol{u}_1(t) &= \sqrt{2/3}(u_A e^{j0^\circ} + u_B e^{j120^\circ} + u_C e^{-j120^\circ}) \\
&= \sqrt{2}/3[u_A(e^{j30^\circ} + e^{-j30^\circ}) + u_B(e^{j30^\circ} - 2e^{-j30^\circ}) + u_C(-2e^{j30^\circ} + e^{-j30^\circ})] \\
&= \sqrt{2}/3(u_{AB}e^{-j30^\circ} + u_{AC}e^{j30^\circ} + u_{BC}e^{j90^\circ})
\end{aligned}
\tag{6.2-15}
$$

（2）基于式（6.2-14）

$$
\boldsymbol{u}_1(t) = \sqrt{2/3}\ (u_{AB}e^{j0^\circ} + u_{BC}e^{j60^\circ})
$$

$$=\sqrt{2/3}\left[\left(u_{AB}+u_{BC}/2\right)+j\sqrt{3}u_{BC}/2\right]$$

所以，$|\boldsymbol{u}_1(t)|=\sqrt{2/3}\sqrt{(u_{AB}+0.5u_{BC})^2+3u_{BC}^2/4}$。将式(6.2-6)代入，$\boldsymbol{u}_1(t)$幅值的最大值$U_{1max}$为

$$U_{1max}=U_d/\sqrt{2}\text{，或 }U_{1max}=\sqrt{3/2}\,U_{phase} \tag{6.2-16}$$

2. 空间电压矢量调制的经典实现方法

以下以两电平电压型三相逆变电源供电为例说明典型的空间电压矢量调制方法。

如图6.2.6所示，采用逆变电源为电动机供电时，与图6.2.5a对应，变频电源输出的PWM性质的三相电压也可以形成旋转的空间电压矢量$\boldsymbol{u}_1(t)$。与理想电压源不同的是，在逆变电源中要解决以下问题：

1）以开关周期为$T_{SW}=1/f_{SW}$的PWM调制时，逆变电源用各个开关周期T_{SW}的离散量$\boldsymbol{u}_1(k)$近似理想电压源输出的连续量$\boldsymbol{u}_1(t)$。也就是说，使得周期T_{SW}内开关波形的平均值$\boldsymbol{u}_1(k)$等于该周期内$\boldsymbol{u}_1(t)$的平均值。

2）如图6.2.6所示，逆变电源施加的空间电压矢量$\boldsymbol{u}_1(k)$是由各个桥臂上开关器件的开关动作完成的。一共有8种开关组合，需要讨论这些开关动作与$\boldsymbol{u}_1(k)$的关系。

此外，由于这些开关动作相互独立，比起图6.2.5a的电路产生的波形，图6.2.6中的逆变电源能够实现更多类型的$\boldsymbol{u}_1(k)$波形。例如，在用于有源电力滤波器时，可以产生所需要的谐波电压。

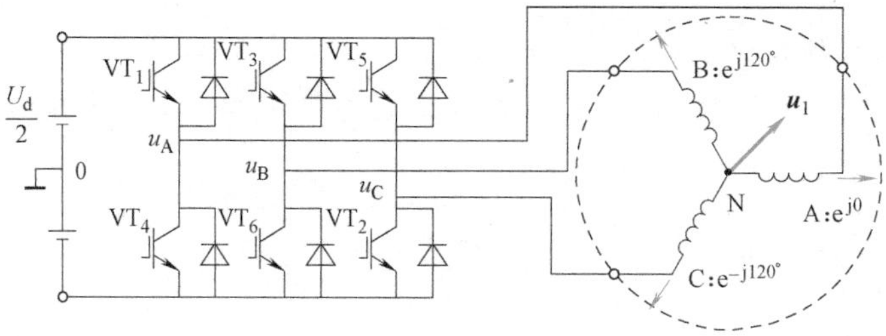

图6.2.6　由三相逆变电源产生的空间电压矢量

（1）基本电压矢量

理想三相逆变电源的三组桥臂有三组开关；正常工作时上臂（VT_1、VT_3、VT_5）与下臂（VT_4、VT_6、VT_2）开关的动作相反，即上臂开（可记为二进制的“1”）或关（可记为二进制的“0”）时下臂要关（记为“0”）或开（记为“1”）。由此，按照图6.2.6将逆变电源与三相负载（这里以电动机定子绕组为例）相接时，一共有8种开关组合，如表6.2.3所示。以下解释该表的内容。

表6.2.3　三相逆变电源的开关状态与基本电压矢量

各桥臂的开关状态									
	A	0	1	1	0	0	0	1	1
	B	0	0	1	1	1	0	0	1
	C	0	0	0	0	1	1	1	1
基本电压矢量		$\boldsymbol{u}_{V_0}$	$\boldsymbol{u}_{V_1}$	$\boldsymbol{u}_{V_2}$	$\boldsymbol{u}_{V_3}$	$\boldsymbol{u}_{V_4}$	$\boldsymbol{u}_{V_5}$	$\boldsymbol{u}_{V_6}$	$\boldsymbol{u}_{V_7}$
基本矢量的方向（空间位置）		$\boldsymbol{V}_0$ —	$\boldsymbol{V}_1$ e^{j0}	$\boldsymbol{V}_2$ $e^{j60°}$	$\boldsymbol{V}_3$ $e^{j120°}$	$\boldsymbol{V}_4$ $e^{j180°}$	$\boldsymbol{V}_5$ $e^{j240°}$	$\boldsymbol{V}_6$ $e^{j300°}$	$\boldsymbol{V}_7$ —

1）8组开关状态对应于施加在电动机绕组上的8种电压状态，它们可用二进制表示，

此时三个桥臂｛C、B、A｝的开关状态分别用二进制的编码｛2^0、2^1、2^2｝表示。

2）有6组开关状态，当其状态持续开通时间 $\tau_i(i=1, 2, 3, 4, 5, 6)$ 后，将在电动机上施加一个**瞬态**的电压矢量，称其为非零基本电压矢量，定义为｛$\boldsymbol{u}_{V_1}\sim\boldsymbol{u}_{V_6}$｝。｛$\boldsymbol{u}_{V_1}\sim\boldsymbol{u}_{V_6}$｝的方向由电动机绕组在空间的位置确定。由于PWM方法是以一个载波周期 T_{SW} 中的电压平均值表述其大小，直流电压 U_d 为常数时，｛$\boldsymbol{u}_{V_1}\sim\boldsymbol{u}_{V_6}$｝的大小正比于各自的开通时间 τ_i。此外，状态｛000｝和｛111｝对应的输出电压｛$\boldsymbol{u}_{V_0}$、$\boldsymbol{u}_{V_7}$｝为零，被称为零电压矢量。

3）｛$\boldsymbol{u}_{V_1}\sim\boldsymbol{u}_{V_6}$｝的位置和大小：以 $\boldsymbol{u}_{V_1}$ 为例，$\boldsymbol{u}_{V_1}$ 开通时逆变电源向电动机定子施加线电压矢量 $u_{AB}e^{-j30°}$ 和 $u_{AC}e^{j30°}$（注意这里的 u_{AB}、u_{AC} 不一定是正弦波）；并且若在载波周期 T_{SW} 内保持｛100｝，则得到最大值 $u_{ABmax}=u_{ACmax}=U_d$。所以

$$\begin{aligned}\boldsymbol{u}_{V_1max}&=\frac{\sqrt{2}}{3}\left(u_{ABmax}e^{-j30°}+u_{ACmax}e^{j30°}\right)\\&=\frac{\sqrt{2}}{3}\left(e^{-j30°}+e^{j30°}\right)\frac{U_d}{T_{sw}}\tau\Big|_{\tau=T_{sw}}=\sqrt{\frac{2}{3}}U_de^{j0°}\end{aligned}\tag{6.2-17}$$

$\boldsymbol{u}_{V_1}$ 的方向为 $e^{j0°}$，最大值为 $\sqrt{2/3}\,U_d$。

注意，该值不是式（6.2-16）的 $U_{1max}=U_d/\sqrt{2}$。此外，由于瞬时的 $\boldsymbol{u}_1(k)$ 含有谐波，因此图6.2.6中“0”点的电位与“N”点电位不等，即 $\boldsymbol{u}_{A0}\neq\boldsymbol{u}_{AN}$，…。所以上述讨论中，采用施加于电动机上的线电压来计算基本电压矢量的大小。

同理可知，$\boldsymbol{u}_{V_3}$、$\boldsymbol{u}_{V_5}$ 分别和 $\boldsymbol{u}_{BN}$、$\boldsymbol{u}_{CN}$ 的位置相同；$\boldsymbol{u}_{V_4}$、$\boldsymbol{u}_{V_6}$、$\boldsymbol{u}_{V_2}$ 分别和 $-\boldsymbol{u}_{AN}$、$-\boldsymbol{u}_{BN}$、$-\boldsymbol{u}_{CN}$ 位置相同。由此可定义6个基本电压矢量方向分别为 e^{j0}、$e^{j60°}$、$e^{j120°}$、$e^{j180°}$、$e^{j240°}$、$e^{j300°}$，用 $\boldsymbol{V}_1\sim\boldsymbol{V}_6$ 表示。将这些基本矢量方向与图6.2.7b中的坐标对应，可将它们作于图6.2.7a。于是，如果 $\boldsymbol{u}_{V_1}\sim\boldsymbol{u}_{V_6}$ 发生的时间为 τ_i，则某个基本矢量可表示为（含大小和方向）式（6.2-18）。于是基本矢量的最大值如图6.2.7a所示。

$$\boldsymbol{u}_{V_i}=\frac{\tau_i}{T_{SW}}\sqrt{\frac{2}{3}}U_d\boldsymbol{V}_i, i=1,2,3,4,5,6\tag{6.2-18}$$

视频No.23说明了该方法的要点。此外，建议将此“磁场模型”的视频No.15与No.23一起观看，以便理解这些矢量形成的本质。

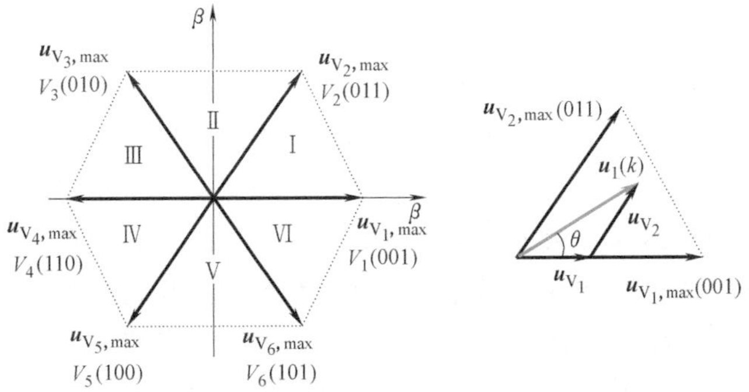

a) 基本矢量及其方向　　b) 矢量合成

图6.2.7 基本空间电压矢量和由其合成的任意矢量

视频No.23

例6.2-3 为了便于理解空间矢量调制方法的具体内容，以下给出采用6组脉冲实现一

个周期的 $\boldsymbol{u}_1(k)$ 的例子。例子中使 $\boldsymbol{u}_1(k)=0.5\boldsymbol{u}_{1\max}(k)$。

解 由于采用 6 组脉冲实现，最简单的方法是采用 8 个基本电压矢量进行调制。其前三个开关周期中的 $\boldsymbol{u}_1$（1）、$\boldsymbol{u}_1$（2）、$\boldsymbol{u}_1$（3）以及对应三个相电压的输出电压波形如图 6.2.8 所示。因为 $\boldsymbol{u}_1(k)=0.5\boldsymbol{u}_{1\max}(k)$，所以根据式（6.2-18）知，各个基本电压矢量的开通时间为 $0.5T_{sw}$。于是，一个周期 T_{sw} 中不开通的 $0.5T_{sw}$ 部分必须发出零矢量。在图 6.2.8b 中，将这个零矢量用 u_{V_0} 和 u_{V_7} 实现了，即 $\tau_0=\tau_7=0.25T_{sw}$。如后文所述，将 $\boldsymbol{u}_1$（1）、$\boldsymbol{u}_1$（2）、$\boldsymbol{u}_1$（3）设计成图 6.2.8b 所示波形的方法称为七段法。

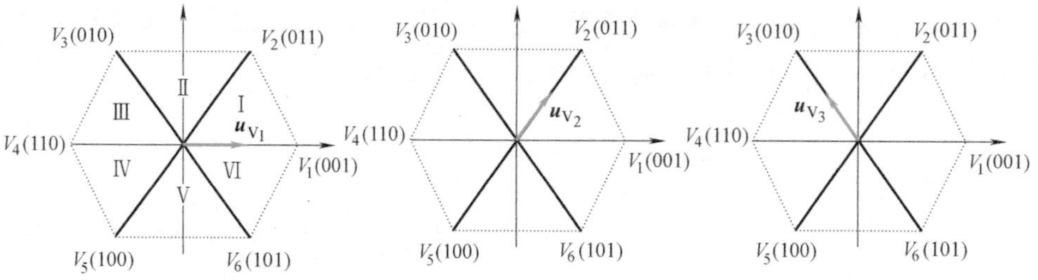

a) 矢量 u_{V_1}、u_{V_2} 和 u_{V_3}

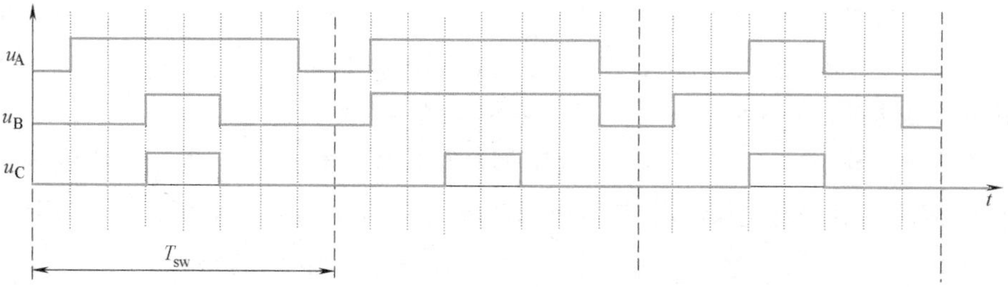

b) 对应于矢量 u_{V_1}、u_{V_2}、u_{V_3} 时间轴上各相的脉冲电压

图 6.2.8 采用空间电压矢量调制的一个例子

（2）用相邻的基本电压矢量表示该扇区内的空间矢量 $\boldsymbol{u}_1(k)$

与前述方法的原理一样，$\boldsymbol{u}_1(k)$ 可用其相邻的两个基本电压矢量之和得到。如图 6.2.7b 所示，在第Ⅰ扇区的 $\boldsymbol{u}_1(k)$ 可以用其在基本电压矢量方向 $\boldsymbol{V}_1$ 和 $\boldsymbol{V}_2$ 上的投影 $\boldsymbol{u}_{V_1}$ 和 $\boldsymbol{u}_{V_2}$ 表示，即

$$\boldsymbol{u}_1(k)=\boldsymbol{u}_{V_1}(k)+\boldsymbol{u}_{V_2}(k) \qquad 0<\omega t\leqslant 60° \tag{6.2-19}$$

尽管矢量 $\boldsymbol{u}_1(k)$ 还可用图 6.2.7a 中的其他基本矢量表示，可以证明，用相邻基本矢量表示时实际输出电压中所含的谐波分量最小。用相邻基本矢量表示 $\boldsymbol{u}_1(k)$ 的另一个优点是，当由一个分矢量变为另一个分矢量时，只需改变逆变电路上一个桥臂的开关状态。如 $\boldsymbol{u}_{V_1}\to\boldsymbol{u}_{V_2}$ 时，只需将三个桥臂的开关状态由 001 变为 011，即将 B 桥臂的“关”变为“开”即可。这样做，使得逆变电源的开关次数最少，从而减少功率开关器件的开关损耗。

此外，由图 6.2.7 或者式（6.2-9）可知，为使生成基波磁动势矢量的基波电流矢量 $\boldsymbol{i}_1(t)$ 的轨迹为圆形，由理想电源构成的 $\boldsymbol{u}_1(t)$ 轨迹也应为圆形。但是，对于稳态的 SVPWM，在对称三相三线制系统条件下，即使电压矢量 $\boldsymbol{u}_1(k)$ 含有 3 次谐波，因为 3 的整数倍谐波电压不会出现在线电压里，$\boldsymbol{i}_1(k)$ 轨迹也是圆形。由图 6.2.7a 可知，在载波周期 T_{SW} 一定的条件下，在各个基本电压矢量方向上，空间电压矢量 $\boldsymbol{u}_1(k)$ 的幅值最大值（最大的

电压输出）$U_{1\max}=\sqrt{2/3}\,U_d$，而在 $\theta=30°$等位置上

$$U_{1\max}=\frac{\sqrt{3}}{2}\left|\boldsymbol{u}_{V_i,\max}\right|=U_d/\sqrt{2} \tag{6.2-20}$$

这与例 6.2-2（2）的结论一致。换句话说，$\boldsymbol{u}_1(k)$ 的轨迹最大可被调制为图 6.2.7a 所示的正六边形，当然也可被调制为这个正六边形内的任意波形。

（3）线性调制方法

使 $\boldsymbol{u}_1(k)$ 的轨迹为圆的调制方法称为**线性调制**（linear modulation）或**欠调制**（under modulation）[13]。以 $\boldsymbol{u}_1(k)$ 处于第Ⅰ扇区为例讨论该方法。将图 6.2.7b 重画于图 6.2.9a，由此图可以得到两个分矢量 $\boldsymbol{u}_{V_1}(k)$、$\boldsymbol{u}_{V_2}(k)$ 的模与 $\boldsymbol{u}_1(k)$ 的模的关系式

$$\begin{cases}u_{V_1}(k)\sin\dfrac{\pi}{3}=u_1(k)\sin\left(\dfrac{\pi}{3}-\theta\right)\\[2ex] u_{V_2}(k)\sin\dfrac{\pi}{3}=u_1(k)\sin\theta\end{cases}$$

由此

$$\begin{cases}u_{V_1}(k)=\dfrac{2}{\sqrt{3}}u_1(k)\sin\left(\dfrac{\pi}{3}-\theta\right)\\[2ex] u_{V_2}(k)=\dfrac{2}{\sqrt{3}}u_1(k)\sin\theta\end{cases} \tag{6.2-21}$$

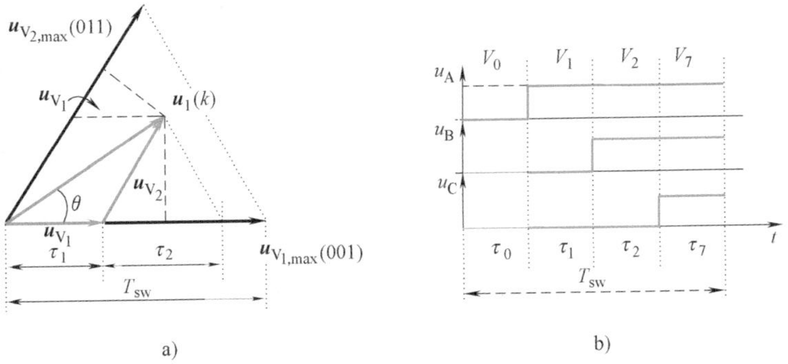

图 6.2.9 矢量合成方法及对应的 PWM 波

如果按圆轨迹调制，注意到对应于输出 $U_{1\max}=U_d/\sqrt{2}$，两个合成矢量开通时间的和的最大值在 $\boldsymbol{u}_1(k)$ 的位置 $\theta=30°$等处发生，此时该值为 T_{sw}，由图 6.3.9a 可知

$$\boldsymbol{u}_1(k)=\boldsymbol{u}_{V_1}(k)+\boldsymbol{u}_{V_2}(k)=U_{1\max}\frac{1}{T_{sw}}(\tau_1\boldsymbol{V}_1+\tau_2\boldsymbol{V}_2) \tag{6.2-22}$$

$$\tau_1+\tau_2\leqslant T_{sw}$$

于是，求解 $\boldsymbol{u}_1(k)$ 就变成求解在基本电压矢量方向 $\boldsymbol{V}_1$ 和 $\boldsymbol{V}_2$ 上的开通时间 τ_1 和 τ_2 了。由上式可得对应于 $u_{V_1}(k)$，$u_{V_2}(k)$ 的开通时间 τ_1 和 τ_2 为

$$\begin{cases}\tau_1=u_{V_1}T_{sw}/U_{1\max}\\ \tau_2=u_{V_2}T_{sw}/U_{1\max}\end{cases} \tag{6.2-23}$$

对于一个开关周期 T_{sw} 内 $\tau_1+\tau_2$ 以外的时间，需要输出零电压矢量。其持续时间 τ_0 和

τ_7 为

$$\tau_0=\tau_7=\frac{1}{2}(T_{sw}-\tau_1-\tau_2) \tag{6.2-24}$$

需要说明的是，取 $\tau_0=\tau_7$ 可以使得谐波分量最小，相关证明可参考文献［5］。

与式（6.2-21）、式（6.2-23）和式（6.2-24）表示的调制算法相对应，在时间坐标系上 A、B、C 各个桥臂的输出脉冲如图 6.2.9b 所示，即矢量按 $\boldsymbol{u}_{V_0}\to\boldsymbol{u}_{V_1}\to\boldsymbol{u}_{V_2}\to\boldsymbol{u}_{V_7}$ 顺序发出。该方法也被称为**四段法**。

此外，还有**七段法**如图 6.2.10 所示。该方法的动作顺序为

$$\frac{\boldsymbol{u}_{V_0}}{2}\to\frac{\boldsymbol{u}_{V_1}}{2}\to\frac{\boldsymbol{u}_{V_2}}{2}\to\boldsymbol{u}_{V_7}\to\frac{\boldsymbol{u}_{V_2}}{2}\to\frac{\boldsymbol{u}_{V_1}}{2}\to\frac{\boldsymbol{u}_{V_0}}{2} \tag{6.2-25}$$

可以看出与四段法不同的是，在一个开关周期七段法从零矢量出发又回到零矢量。

实际上，基于这种以相邻基本矢量（即以 60°作为基底，是一种非正交基分解）的表示，还可以推导出比式（6.2-21）所表述的非线性运算更为简单的算法。具体方法可参考文献［7］。

此外，对于各种多电平电路，可以依据上述基于基本矢量合成所需矢量的思想研发相关的算法。具体可参考文献［8］。

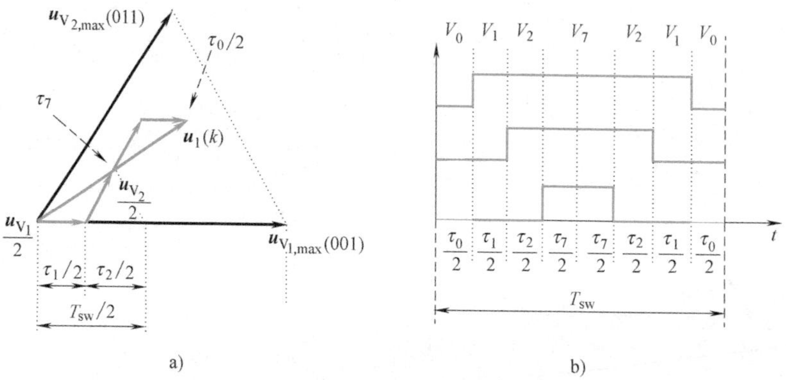

图 6.2.10　七段法及输出的 PWM 波

例 6.2-4　考察采用 12 个脉冲、线性调制的 $\boldsymbol{u}_1(k)$，使 $\boldsymbol{u}_1(k)=0.5|\boldsymbol{u}_1(k)|_{max}$。

解　由于采用 12 个脉冲实现，最简单的方法是采用每隔 30°进行调制。其中的 6 个脉冲的位置在 6 个基本电压矢量上，其余的 6 个电压矢量的位置为 30°、90°、150°、…。采用七段法，其前 4 个开关周期中的 $\boldsymbol{u}_1(k)$ 及其对应的 4 组相电压的输出电压波形如图 6.2.11 所示。

线性调制方法的特点如下：

1）可以简单地采用软件实现。

2）输出线电压和相电压的最大值。先讨论输出的线电压基波最大值。由于电压矢量输出最大值也就是其持续时间为周期 T_{sw}（不发零矢量）时候的值，此时的线电压幅值 $U_{line,max}$ 为直流供电电压 U_d。这说明输出电压最大时对于直流电源电压的利用率为 100%（当然，由于 6.3.4 节讨论的死区时间的影响，实际的输出线电压幅值不可能达到 U_d）。所以与正弦波脉宽调制方法相比，空间电压矢量调制方法的电压利用率高出约 15%。再讨论

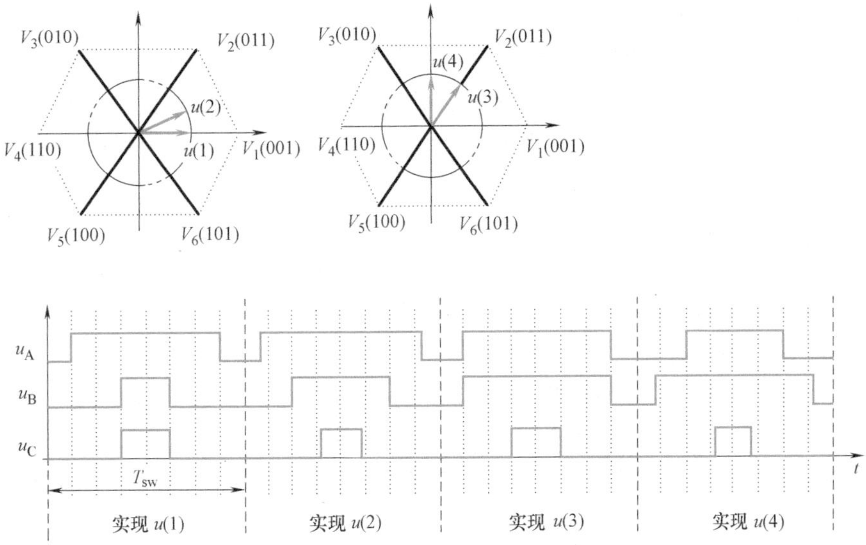

图 6.2.11 采用空间电压矢量调制的另一个例子

输出相电压的基波最大幅值 $U_{phase,max}$。由于三相电压对称，由电路原理知

$$U_{phase,max}=U_{line,max}/\sqrt{3}=U_d/\sqrt{3} \tag{6.2-26}$$

3）相电压波形。尽管空间电压矢量 $\boldsymbol{u}_1(t)$ 稳态时的轨迹为一正圆，可以证明（参考文献［5］），其相电压 $u_A(k)$ 是由基波和 3 倍于基波的谐波分量构成的。这个谐波也可以从图 6.2.11 中看出。当 $\boldsymbol{u}_1(k)$ 为圆时，在各个基本电压矢量位置上，**电压开通时间较短**，与此对应的瞬态相电压幅值会减小。由于负载是三相三线系统，如果不考虑死区时间的影响，这些 3 的整数倍谐波电压不会出现在线电压里，也就不会引起相应的谐波电流。将实际输出的 PWM 波中开关频率及开关频率以上的谐波滤除后，就得到了图 6.2.12 所示的线电压 u_{AB} 和含有 3 次谐波的相电压 u_A 波形。图中用虚线表示与相电压 u_A 对应的相电压基波波形 $u_{A,基波}$。

4）开关次数和谐波：

由图 6.2.9 知，由于开关顺序是 $\boldsymbol{u}_{V_0}\rightarrow\boldsymbol{u}_{V_1}\rightarrow\boldsymbol{u}_{V_2}\rightarrow\boldsymbol{u}_{V_7}$，空间电压矢量方法与三角波调制方法一样，在每个调制周期 T_{sw} 内开关器件的开关次数最少。由于输出电压矢量采用相邻基本矢量表示，因此实际输出电压中所含的谐波分量最小。

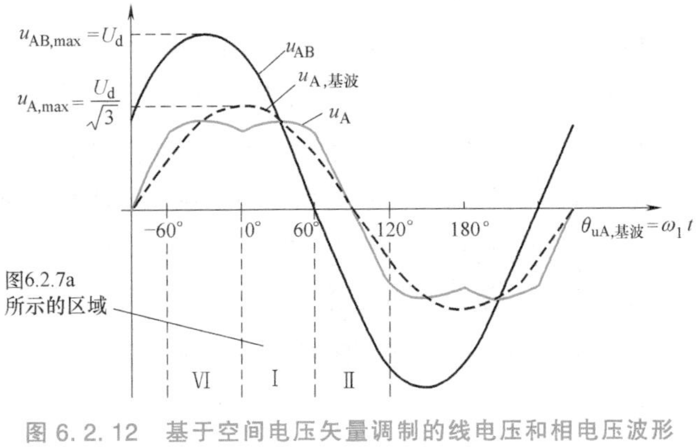

图 6.2.12 基于空间电压矢量调制的线电压和相电压波形

(4) * 非线性调制方法

使 $\boldsymbol{u}_1(k)$ 的轨迹不为圆的调制方法称为**非线性调制**（nonlinear modulation）或**过调制**（over modulation）[13]。在工程上，非线性调制被用于实现参考电压矢量轨迹位于空间矢量六边形内切圆外侧与六边形内侧的面积部分，而线性调制则用于该内切圆以内的部分。

本节小结

1）介绍了逆变电源中常用的主电路拓扑结构，其中两电平的 VSI 是目前交流电动机控制系统中最常用的主电路。

2）讨论了两种 PWM 方法的原理、使用条件以及 SPWM 的实现方法。

3）空间矢量是现代电力电子技术和现代电动机控制技术中一个非常重要的物理概念。在 5.2.4 节的基础上，本节重点讨论了三相电力系统的电压空间矢量以及基于三相逆变电路的实现（调制）方法。该矢量调制方法将空间电压的发生和逆变电源中的开关动作联系在一起，使得逆变电源的建模和控制变得清晰和简单，也提高了直流电压的利用率，目前已被广泛应用。

6.3 异步电动机 V/F 控制系统

在许多应用场合，对电动机调速系统的要求是：有一定的调速范围而速度响应不必太快，但所采用的控制方法简单，最好不要使用电动机内部参数，也不希望在电动机轴上加装速度传感器以构成速度反馈等。三相交流变频电源驱动异步电动机时所采用的 V/F 控制方法正是这样一类调速方法。V/F 控制（volts per hertz control，V/F control）的意思是施加于电动机上的“电压幅值和电压频率之比为一个常数”。由于这个方法简单，电动机的机械特性近似于他励直流电动机的降压调速特性，所以应用很广。

6.3.1 系统模型与控制思路

首先叙述 V/F 控制系统依据的模型。

由于是异步电动机调速系统，所以不但要考虑电动机模型，还要考虑电动机拖动的负载模型。本节的控制方法**假定**：异步电动机中的电磁子系统为稳态，只考虑机电子系统（运动方程）的动态，于是电机拖动系统采用图 5.3.14 所示模型。也就是说本节的控制方法中，感应电机电磁子系统基于该图的单相稳态等效电路。

为了叙述方便，将图 5.3.14 改作于图 6.3.1。图中下角“1”表示定子，“2”表示转子；气隙等效电路中的铁损 r_{m} 被忽略；三个电抗中的电角频率 ω_1 为变量，所以在假定线性磁路前提下将电路中的电抗改用电感表示；定子电压为相量 $\dot{U}$，其幅值 U_1 和频率 ω_1 为可调节的输入量。注意，由 6.2.2 节知，笼型异步电动机的电压、电流等也可表示为矢量，如用极坐标表示定子电压 $\boldsymbol{u}_1$ 时，其两个分量为幅值和角度，即 $\boldsymbol{u}_1 = U_1 \mathrm{e}^{\mathrm{j}\omega_1 t}$。

此外，图 6.3.1 中几个新的变量及其物理意义如下：

1）$\dot{E}_{\mathrm{g}}$ 为气隙磁链 $\dot{\Psi}_{\mathrm{g}}$ 在定子每相绕组中的感应电动势，也就是 5.3.3 节中定义的定子电动势 $\dot{E}_1$。

2）$\dot{E}_s$ 为定子全磁链 $\dot{\Psi}_s$（包含了气隙磁链和定子漏磁链）在定子每相绕组中的感应电动势。

3）$\dot{E}_r$ 为转子全磁链 $\dot{\Psi}_r$（包含了气隙磁链和转子漏磁链）在转子绕组中的感应电动势（已折算到定子侧）。

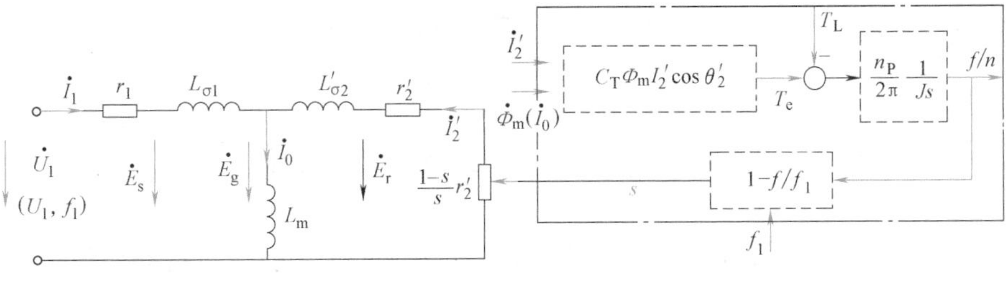

图 6.3.1　用于恒压频比控制的电机调速系统的模型

以下说明对图 6.3.1 系统采用恒压频比控制的思路。

该方法是速度开环控制，控制的核心是使得在改变电动机的同步转速 n_1，也就是同步频率 f_1 时，要获得尽可能好的机械特性。将 5.3.3 节正弦波电压源供电时异步电动机的机械特性参数表达式（5.3-56）改写如下：

$$T_e=3n_p\left(\frac{U_1}{\omega_1}\right)^2\frac{s\omega_1 r_2'}{(sr_1+r_2')^2+s^2\omega_1^2(L_{\sigma1}+L_{\sigma2}')^2}$$

式中，$\omega_1=2\pi f_1$ 为电源电压或定子电量的电角速度，在本节里是个变量，所以采用斜体表示；s 为转差率；$L_{\sigma1}$、$L_{\sigma2}'$和 r_1、r_2'分别是各相定子和等效到定子侧的转子电路上的漏感和电阻。

定子电压恒压恒频条件下，当 s 很小时，由于

$$T_e\big|_{s<<1}\approx 3n_p\left(\frac{U_1}{\omega_1}\right)^2\frac{s\omega_1}{r_2'}\propto s \tag{6.3-1}$$

电磁转矩近似与 s 成正比，机械特性 $T_e=f(s)$ 近似是一段直线；当 s 接近于 1 时，可忽略式（6.3-1）分母中的 r_2'，由于

$$T_e\big|_{s\to1}\approx 3n_p\left(\frac{U_1}{\omega_1}\right)^2\frac{\omega_1 r_2'}{s[r_1^{\ 2}+\omega_1^2(L_{\sigma1}+L_{\sigma2}')^2]}\propto\frac{1}{s} \tag{6.3-2}$$

$T_e=f(s)$ 是对称于原点的一段双曲线。

上述两条曲线如图 6.3.2 中的虚线所示。当 s 为以上两段的中间数值时，机械特性从直线段逐渐过渡到双曲线段。

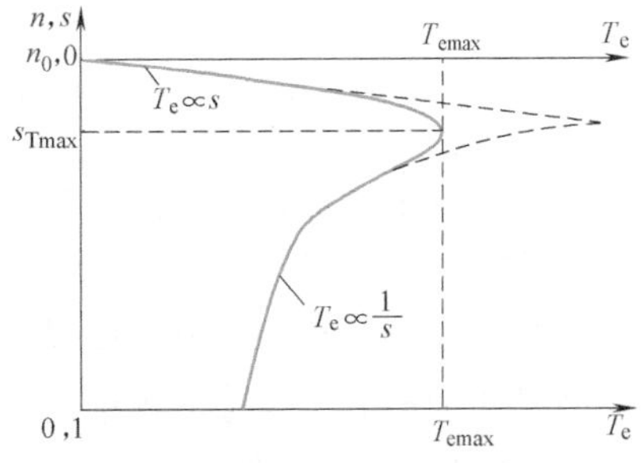

图 6.3.2　恒压恒频时异步电动机的机械特性

如 3.2.3 节所述，对于常见的恒转矩类负载而言，工作在图 6.3.2 的机械特性段 $0<s<s_{Tmax}$ 时异步电机系统稳定，而工作在 $s_{Tmax}<s<1$ 时系统是不稳定。因此在调速时，不希望系统工作在该特性段；同时希望以某种规律控制电机电压的幅值和频率，使电机呈现所希望的 $0<s<s_{Tmax}$ 机械特性段。

由 5.3.3 节可知，当异步电机磁场在运行中保持每极磁通量幅值 Φ_m 为额定值不变时，所呈现的是固

有机械特性，其 $0<s<s_{\mathrm{Tmax}}$ 段的特性最硬且能够输出最大电磁转矩 $T_{\mathrm{e,max}}$。使 Φ_{m} 变小将使该特性变软且最大转矩 $T_{\mathrm{e,max}}$ 变小（6.3.3 节讨论）；如果 Φ_{m} 过大，过大的励磁电流会使铁心饱和而增加损耗。对于他励直流电动机，励磁系统是独立的，只要对电枢反应有恰当的补偿，保持 Φ_{m} 不变是很容易做到的。而交流异步电机的磁通由定子和转子磁动势合成产生，在改变其同步转速的同时要保持 Φ_{m} 恒定就不容易了。以下说明基本思路。

由 5.3.1 节知，三相异步电动机定子每相电动势的有效值是

$$E_{\mathrm{g}}=4.44f_1W_{\mathrm{1eff}}\Phi_{\mathrm{m}} \tag{6.3-3}$$

式中，E_{g} 为气隙磁通在定子每相中感应电动势的有效值，单位为 V；f_1 为施加于定子绕组上电源的基波频率，单位为 Hz；W_{1eff} 为定子每相绕组的有效匝数；Φ_{m} 为每极气隙磁通量幅值，单位为 Wb。

由磁链 ψ 定义式（2.3-1）知，时间变量气隙磁链 $\psi_{\mathrm{g}}=W_{\mathrm{1eff}}\varphi_{\mathrm{m}}$，稳态时该正弦量的幅值 $\Psi_{\mathrm{g}}=W_{\mathrm{1eff}}\Phi_{\mathrm{m}}$。于是式（6.3-3）可改写为

$$E_{\mathrm{g}}=4.44f_1\Psi_{\mathrm{g}} \tag{6.3-4}$$

由于电机制造好之后的绕组 W_{1eff} 不变，所以从使用电机的角度，不必关心绕组的结构，而需要关注电机运行时磁链的状态。因此，今后如果不特别强调，**将用磁链讨论有关问题。**

由式（6.3-4）可知，只要控制好 E_{g} 和 f_1，便可达到控制气隙磁链幅值 Ψ_{g} 的目的。因此，需要考虑电动机的额定频率 f_{1N} 以下和以上两种情况。

对于额定频率以下的调速，由式（6.3-4）知，要保持气隙磁链幅值 Ψ_{g} 不变，当频率 f_1 从电动机的额定频率 f_{1N} 向下调节时必须同时降低 E_{g}，使

$$\frac{E_{\mathrm{g}}}{f_1}=\text{常值} \tag{6.3-5}$$

即采用**气隙感应电动势有效值和定子电压频率之比为恒值**的控制方式。然而，由于绕组中的气隙感应电动势不能直接被检测到，所以难以作为被控量实现式（6.3-5）的控制。由于定子相电压的基波有效值 U_1 可由变频电源给出，并且当电动势有效值 E_{g} 较大时，可以忽略定子绕组的漏磁阻抗压降，从而认为定子相电压的有效值 $U_1\approx E_{\mathrm{g}}$，所以可将式（6.3-5）改为

$$\frac{U_1}{f_1}=\text{常值} \tag{6.3-6}$$

这就是恒压频比的控制方式。

在额定频率以上调速时，频率应该从 f_{1N} 向上升高，但由于定子电压 U_1 不能超过电动机的额定电压 U_{1N}，最多只能保持 $U_1=U_{\mathrm{1N}}$。由式（6.3-4）知，这将迫使磁链与频率成反比降低，相当于直流电动机弱磁调速的情况。

6.3.2 额定频率以下的电压-频率协调控制

根据三种不同的控制目标，有三种控制方法。

1. 恒压频比控制（V/F 控制）

上小节中已经指出，为了近似地保持气隙磁链有效值 Ψ_{g} 不变，以便充分利用电动机产生电磁转矩的能力，在额定频率以下必须采用恒压频比控制。需要指出的是，保持气隙磁链有效值 Ψ_{g} 不变，对于线性磁路而言，也就是需要保持图 6.3.1 中的等效励磁电流 $\dot{I}_0$ 的有效值 I_0 不变。

在改变同步频率时，同步转速 n_1 自然要依据下式变化，即

$$n_1=\frac{60\omega_1}{2\pi n_p} \tag{6.3-7}$$

带负载时的转速降落 Δn 为

$$\Delta n=sn_1=\frac{60}{2\pi n_p}s\omega_1 \tag{6.3-8}$$

在式（6.3-2）所表示的机械特性近似直线段上，可以导出

$$s\omega_1=\omega_1-\omega\approx\frac{r_2' T_e}{3n_p}\left(\frac{\omega_1}{U_1}\right)^2 \tag{6.3-9}$$

式中，ω 为以电角频率为量纲的转子轴转速。由此可见，当 U_1/ω_1 为恒值时，对于同一转矩 T_e，$s\omega_1$ 基本不变，即 Δn 基本不变。这就是说，如图 6.3.3a 所示第Ⅰ象限内曲线的下垂部分，在恒压频比的条件下改变频率 ω_1 时，机械特性基本上是平行下移。这与他励直流电动机变压调速时的情况基本相似，不同的是当转矩增大到最大值以后，转速再降低，电磁转矩就会急剧减小，而且频率越低时最大转矩值越小，将 5.3.3 节表示 T_{emax} 的公式稍加整理后可得在第Ⅰ象限内的机械特性为

$$T_{emax}=\frac{3n_p}{2}\left(\frac{U_1}{\omega_1}\right)^2\frac{1}{\dfrac{r_1}{\omega_1}+\sqrt{\left(\dfrac{r_1}{\omega_1}\right)^2+(L_{\sigma1}+L_{\sigma2}')^2}} \tag{6.3-10}$$

由式（6.3-10）可知，由于项 r_1/ω_1 的存在，最大转矩 T_{emax} 是随着 ω_1 的降低而减小的。同步频率很低时 T_{emax} 太小，将限制电动机的带负载能力。造成 T_{emax} 降低的原因是在低频段，定子阻抗 $r_1+j\omega_1 L_{\sigma1}$ 上的电压降所占的份量比较显著，从而使励磁电流 I_0 减小。

为了使 I_0 不变，可以在低速段人为地把电压 U_1 抬高一些，以便近似补偿定子压降。带定子阻抗压降补偿的恒压频比控制特性示于图 6.3.3b 中的 b 曲线，其算式为

$$U_1=K\omega_1+U_{10} \tag{6.3-11}$$

式中，K 为常数。而依据式（6.3-6），无定子阻抗压降补偿的控制特性则为曲线 a。在实际应用中，由于负载大小不同，需要补偿的定子压降值也不一样，所以在工业产品变频器的控制器中备有不同斜率 K 和补偿电压 U_{10} 的曲线，以便用户选择。

由上述分析可知，由于在使用工业产品变频器时只需要根据经验设定参数 K 和 U_{10}，所以该控制方法十分方便。

2. 恒 E_g/ω_1 控制

在电压频率协调控制中，如果恰当地提高电压 U_1 的数值来维持 E_g/ω_1 为恒值，则由式（6.3-4）可知，无论频率高低，每极磁链幅值 Ψ_g 均为常值。此时由图 6.3.2 等效电路可以看出

$$I_2'=\frac{E_g}{\sqrt{\left(\dfrac{r_2'}{s}\right)^2+\omega_1^2 L_{\sigma2}'^2}}$$

代入 5.3 节的电磁转矩公式（5.3-55）后，得

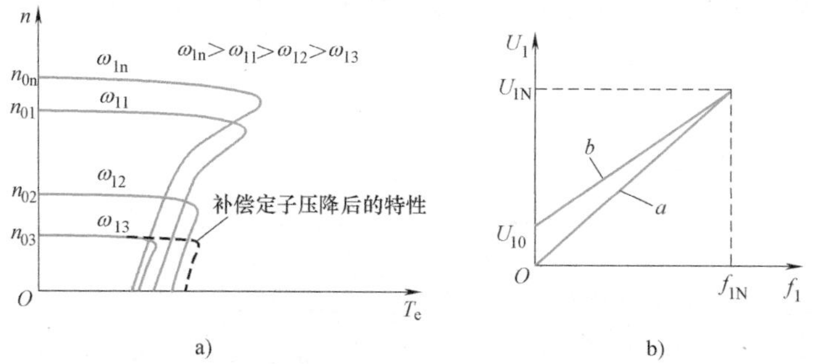

图 6.3.3 基于恒压频比控制的变频调速下电机的机械特性

$$T_e=\frac{3n_p}{\omega_1}\frac{E_g^2}{\left(\frac{r_2'}{s}\right)^2+\omega_1^2L_{\sigma2}'^2}\frac{r_2'}{s}=3n_p\left(\frac{E_g}{\omega_1}\right)^2\frac{s\omega_1r_2'}{r_2'^2+(s\omega_1L_{\sigma2}')^2} \tag{6.3-12}$$

这就是恒 E_g/ω_1 控制时的机械特性方程式。

利用与 5.3.1 节相似的分析方法，当 s 很小时，可忽略式（6.3-12）分母中含 s 的项，则

$$T_e\approx3n_p\left(\frac{E_g}{\omega_1}\right)^2\frac{s\omega_1}{r_2'}\propto s \tag{6.3-13}$$

这表明机械特性的这一段近似为一条直线。当 s 接近于 1 时，可忽略式（6.3-12）分母中的 $r_2'^2$项，则

$$T_e\approx3n_p\left(\frac{E_g}{\omega_1}\right)^2\frac{r_2'}{s\omega_1L_{\sigma2}'^2}\propto\frac{1}{s} \tag{6.3-14}$$

这是一段双曲线。s 值为上述两段的中间值时，机械特性在直线和双曲线之间逐渐过渡，整条特性与恒压频比特性相似。但是，对比式（6.3-1）和式（6.3-12）可以看出，恒 E_g/ω_1 特性分母中含 s 项的参数要小于恒 U_1/ω_1 特性中的同类项，也就是说，s 值要更大一些才能使该项占有显著的份量，从而不能被忽略，因此恒 E_g/ω_1 特性的线性段范围更宽。图 6.3.4 给出这种控制方式下电动机在第Ⅰ象限的机械特性。与图 6.3.3a 比较可知，在低速段的特性被大大改善。

将式（6.3-12）对 s 求导，并令 $dT_e/ds=0$，可得恒 E_g/ω_1 控制特性在最大转矩时的转差率

$$s_{Tmax}=\frac{r_2'}{\omega_1L_{\sigma2}'} \tag{6.3-15}$$

和最大转矩

$$T_{emax}=\frac{3}{2}n_p\left(\frac{E_g}{\omega_1}\right)^2\frac{1}{L_{\sigma2}'} \tag{6.3-16}$$

值得注意的是，在式（6.3-16）中，当 E_g/ω_1 为恒值时，T_{emax} 恒定不变。可见恒 E_g/ω_1 控制的稳态性能优于"U_1/ω_1=恒值"控制时的稳态性能。这也正是采用式（6.3-11）补偿定子阻抗压降所期望达到的特性。

但是，即使控制使得 Ψ_g 为常值，机械特性曲线仍然存在双曲线段，这是为什么呢？由

电磁转矩的表达式 $T_e = C_T \Phi_m I_2' \cos\theta_2$ 可知，即使 Φ_m 为常数，由于转子回路中漏电抗的存在，有功电流分量 $I_2' \cos\theta_2$ 会随着转差率的增加而大幅减小，因此 T_e 也随之减小。

此外，该控制方法需要电机的参数 r_1、$L_{\sigma 1}$ 来补偿压降 $\sqrt{r_1^2+(\omega_1 L_{\sigma 1})^2} I_1$。对于不同的电动机，这组参数不同，并且电阻 r_1 还会随电动机温度的变化而变化。所以需要在控制器中加入可以辨识该组参数的功能，但目前在线辨识该组参数的方法还比较复杂。

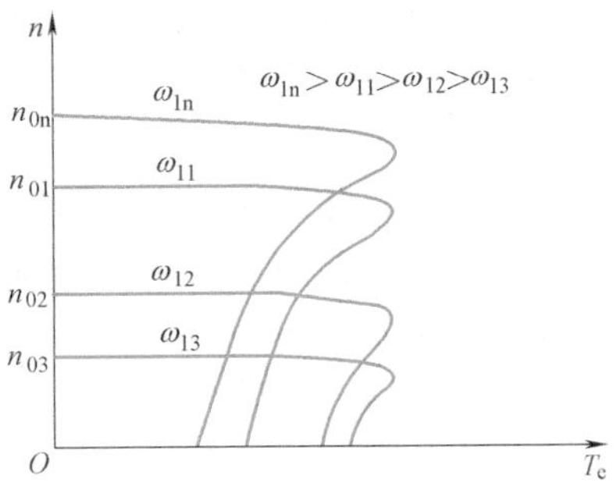

图 6.3.4　恒 E_g/ω_1 控制时变频调速系统在 I 象限的机械特性

3. 恒 E_r/ω_1 控制

如果把电压-频率协调控制中的电压基波有效值 U_1 再进一步提高，把图 6.3.2 的转子漏抗 $\omega_1 L'_{\sigma 2}$ 上的压降也抵消掉，得到恒 E_r/ω_1 控制。以下分析对应的机械特性曲线。

由图 6.3.2 可写出 $I_2' = \dfrac{E_r}{r_2'/s}$，代入电磁转矩公式（5.3-55），得

$$T_e = \frac{3n_p}{\omega_1} \frac{E_r^2}{\left(\dfrac{r_2'}{s}\right)^2} \frac{r_2'}{s} = 3n_p \left(\frac{E_r}{\omega_1}\right)^2 \frac{s\omega_1}{r_2'} \tag{6.3-17}$$

定义 ω 为用电角频率表示的转子转速，注意到 $s=(\omega_1-\omega)/\omega_1$，可将式（6.3-17）改写

$$\omega = \omega_1 - \frac{r_2'}{3n_p}\left(\frac{\omega_1}{E_r}\right)^2 T_e = \omega_1 - kT_e \tag{6.3-18}$$

式中，$k = \dfrac{r_2'}{3n_p}\left(\dfrac{\omega_1}{E_r}\right)^2$ 在“恒 E_r/ω_1 控制”时为常数。由式（6.3-18）可知，这时的机械特性 $T_e = f(s)$ 完全是一条下垂的直线。

式（6.3-17）还可以改写为

$$T_e = 3n_p \left(\frac{E_r}{\omega_1}\right)^2 \frac{s\omega_1}{r_2'} = 3n_p \left(\frac{E_r}{\omega_1}\right) I_2'$$

上式说明，实现了“恒 E_r/ω_1 控制”时，电磁转矩与转子电流成正比。

为了比较，图 6.3.5 给出了上述三种控制方式下第 I 象限的机械特性曲线。显然，由 3.2.3 节可知，这些曲线的下垂段对于多数常用的负载特性而言是稳定的。

此外，三种特性中，恒 E_r/ω_1 控制的稳态性能最好，可以获得和他励直流电动机完全相同的线性机械特性。这正是高性能交流变频调速所要求的特性。

问题是，怎样控制交流变频电源输出电压的大小和频率才能获得恒定的 E_r/ω_1 呢？

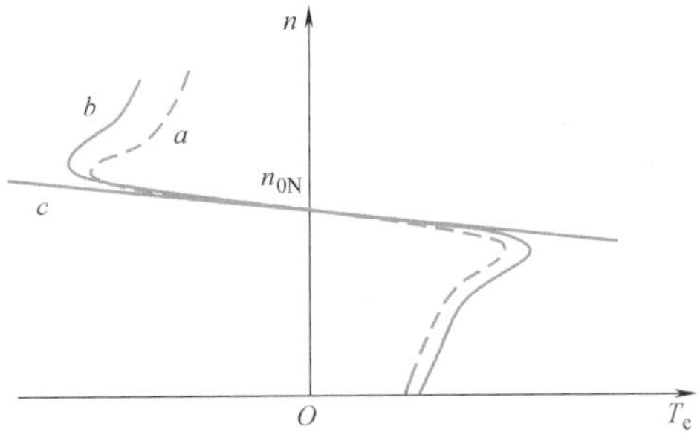

图 6.3.5　不同电压-频率协调控制下的机械特性

注：a—恒 v_1/ω_1 控制，b—恒 E_g/ω_1 控制，c—恒 E_r/ω_1 控制。

在式（6.3-4）中，气隙磁链的感应电动势 E_g 对应于气隙磁链 Ψ_g，那么，转子全磁通的感应电动势 E_r 与转子全磁链 Ψ_r 的关系为

$$E_r = 4.44 f_1 \Psi_r \tag{6.3-19}$$

由此可见，只要能够按照转子全磁链幅值“Ψ_r = 恒值”进行控制，就可以获得恒 E_r/ω_1 了。这正是 7.3 节中异步电动机的**矢量控制**（vector control）或称磁场定向控制（field-oriented control）系统所遵循的原则。

但是由于 Ψ_r 不可测量，所以直接控制“Ψ_r = 恒值”很难，这个方法只具有理论意义。一个具有电流闭环的工程方法将在 7.3 节中详细讨论。以下仅基于图 6.3.1 所示的稳态模型简述其控制思路（这部分内容也可以在学习完 7.3 节之后再阅读）。

将图 6.3.1 所示的 T 形等效电路按照式（6.3-20）作恒等变换，可以得到图 6.3.6 所示的被工程上称作 T-I 形的等效电路（推导详见 7.2.2 节中“采用等效电路表示的模型”）。

$$\begin{cases} \dot{I}'_{r2} = -\dot{I}'_2 / k_1 \\ \dot{I}_{r0} = \dot{I}_1 + \dot{I}'_2 / k_1 \\ k_1 = \dfrac{L_m}{L_m + L'_{\sigma 2}} \end{cases} \tag{6.3-20}$$

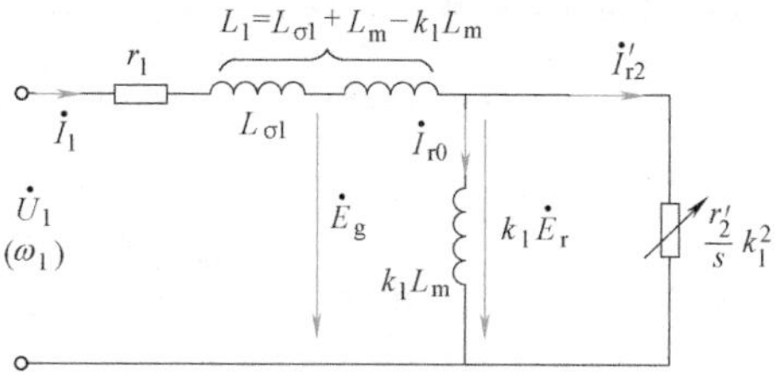

图 6.3.6 异步电动机稳态 T-I 形等效电路

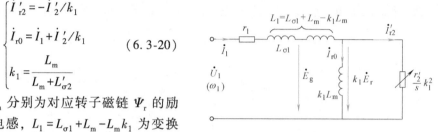

图中，I'_{r0}、$k_1 L_m$ 分别为对应转子磁链 Ψ_r 的励磁电流和等效电感，$L_1 = L_{\sigma 1} + L_m - L_m k_1$ 为变换后 T-I 形等效电路中转子磁链之外的等效电感。与这种等效电路对应的异步电动机相量图如图 6.3.7b 所示。无论负载（也就是转差率 s）如何变化，表示输出功率的等效转子电流 $\dot{I}'_{r2}$ 始终与转子磁链 $\dot{\Psi}_r$ 正交。而图 6.3.7a 所示的是恒 E_g/ω_1 控制时电动机的相量图。由图 6.3.7a 可知，即使控制使得气隙磁链幅值 Ψ_g 为常数（也就是 I_0 为常数），由于漏感 $L'_{\sigma 2}$ 上压降的影响，在转差率 s 较大的时候仍然使得 $\dot{I}'_2$ 与 $\dot{\Psi}_g$ 正交的分量减小，从而减小了电磁转矩。

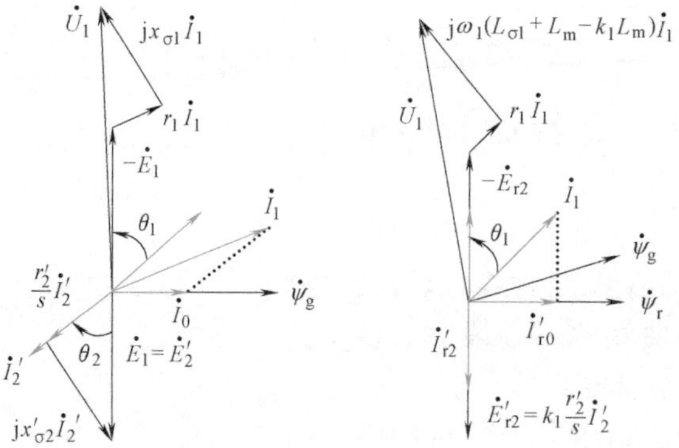

a) 恒 E_g/ω_1 控制　　b) 恒 E_r/ω_1 控制

图 6.3.7 恒 E_g/ω_1 控制和恒 E_r/ω_1 控制的相量图

如果假定为线性磁路，则“Ψ_r 为恒值”也等效为其对应的励磁电流有效值 I'_{r0} 为恒值。由图 6.3.6 知

$$\omega_1 k_1 L_m = k_1{}^2 \frac{r_2' I_{r2}'}{s\ I_{r0}'}$$

或

$$\omega_s = \omega_1 - \omega = \frac{r_2'}{L_m + L_{\sigma 2}'} I_{r2}' / I_{r0}' \tag{6.3-21}$$

式中，ω_s 为转差频率。式（6.3-21）与 7.3 节所述的间接型矢量控制方法中求转差频率的公式在本质上是相同的。不同的是，式（6.3-21）是基于三相坐标的一相稳态等效方程，而 7.3 节的公式则是基于 α、β 坐标下的动态方程。

4. 三种控制方法的转矩特性

由图 6.3.5 可知，对于“恒 U_1/ω_1”和“恒 E_g/ω_1”控制方法，在机械特性 $0<s<s_{T_{e}\max}$ 段上，由于磁链幅值恒定，转矩近似与 s 成正比。而恒 E_r/ω_1 控制可以得到和直流他励电动机降压调速一样的线性机械特性。根据 3.5 节所述电力拖动系统的转矩特性可知，上述调速方法都属于**恒转矩调速**。

由此看出，这些方法的本质，是在电动机额定磁链幅值限定下得到的具有**恒转矩特征**的 T-n 曲线。注意这也是第 7 章所述的动态控制方法的出发点。

6.3.3* 额定频率以上的恒压变频控制

在额定频率 f_{1N} 以上变频调速时，由于异步电动机的工作原理不变，机械特性的基本形状仍然与图 6.3.2 相同。但是，由于电压有效值 $U_1 = U_{1N}$ 不可能再变大了，当同步角频率 ω_1 提高时，同步转速 n_1 随之提高，机械特性上移。式（6.3-10）的最大转矩表达式可改写成

$$T_{emax} = \frac{3}{2} n_p U_{1N}^2 \frac{1}{\omega_1 \left[r_1 + \sqrt{r_1^2 + \omega_1^2 (L_{\sigma 1} + L_{\sigma 2}')^2} \right]} \tag{6.3-22}$$

由此可见，最大转矩 T_{emax} 随 ω_1 的提高而减小。那么，在 $0 \leqslant s \leqslant s_{Tmax}$ 特性段上的斜率如何呢？同步角频率 ω_1 较大时可以忽略定子电阻项，于是转矩公式（6.3-1）可以改写为式（6.3-23）。可以看出，对应同一 T_e 的值，ω_1 越高，转速降落 Δn（也就是 $\omega_1 - \omega_r$）越大。因此，机械特性的形状变为图 6.3.8 所示。

$$T_e \big|_{s \ll 1} \approx 3 n_p \left(\frac{U_1}{\omega_1} \right)^2 \frac{s\omega_1}{r_2'} = 3 n_p \frac{U_1^2}{r_2'} \frac{\omega_1 - \omega_r}{\omega_1^2} \tag{6.3-23}$$

在供电电压已经达到额定值 U_{1N} 时，由图 6.3.1 的等效电路可以看出，同步频率的提高将使励磁电流 I_0 变小，气隙磁链 Ψ_g 势必减弱，这是电磁转矩减小的根本原因。如果假定是线性磁路，则有 $\Psi_g \propto 1/\omega_1$。

以下定性分析电动机输出最大转矩以及相应的电磁功率随同步角频率 ω_1 的变化规律。同步角频率 ω_1 较大时，可以忽略式（6.3-22）中的定子电阻项，于是该式可改写为

$$T_{emax} \approx \frac{3}{2} n_p U_{1N}^2 \frac{1}{\omega_1^2 (L_{\sigma 1} + L_{\sigma 2}')} \propto \left. \frac{1}{\omega_1^2} \right|_{U_{1N}} \tag{6.3-24}$$

基于式 $P_M = T_e \Omega_1$，最大的电磁功率

$$P_{\text{Mmax}}=\frac{T_{\text{emax}}}{n_p}\omega_1 \propto \frac{1}{\omega_1}\bigg|_{U_{1N}} \qquad (6.3\text{-}25)$$

式（6.3-24）和式（6.3-25）说明，在额定频率以上对异步电动机作恒压变频控制时，由于弱磁运行，P_{Mmax} 和 T_{emax} 将随 ω_1 的增大而迅速变小。

以“恒 E_g/ω_1”控制方法为例，把额定频率以下和额定频率以上在机械特性 $0<s<s_{\text{Tmax}}$ 段上的两种转矩特性画在一起，就可以得到图 6.3.9a 所示的 T_{emax} 和 P_{Mmax} 特性曲线。

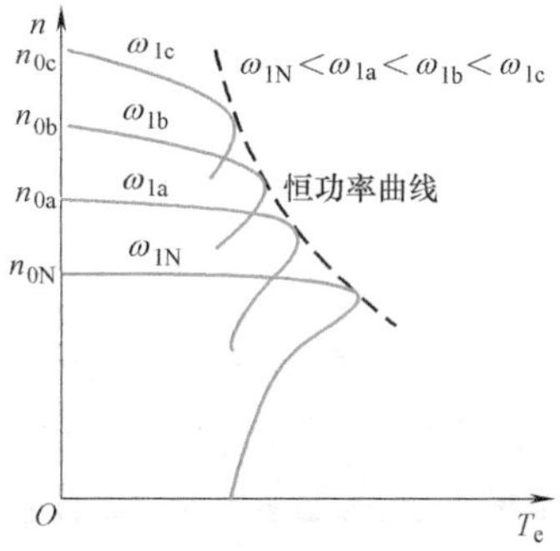

图 6.3.8　额定频率以上恒压变频调速的机械特性

那么，是否与他励直流电动机弱磁调速一样，在弱磁区域还可以实现**恒功率调速**特性呢？定性地说，如果负载为恒功率负载，则在图 6.3.9a 中 P_{Mmax} 曲线以下的区域，就可以实现恒功率调速。

需要注意的是，对应于额定电压、额定同步频率和额定负载，定子电流为额定电流；如果当 $\omega_{1N}\leqslant\omega_1$ 时输出恒定的额定功率，则定子电流要大于额定电流。而定子电流不能大于所允许的最大电流（电动机允许的最大过载电流和驱动电动机的变频电源的最大电流中较小的一个），所以，只能在一定的频率范围内（$\omega_{1N}\leqslant\omega_1\leqslant\omega_{1P_M}$）实现额定功率的恒功率输出，如图 6.3.9b 中虚线所示。当同步频率达到 ω_{1P_M} 时，定子电流也达到最大值，所以在 $\omega_1>\omega_{1P_M}$ 后定子电流将不能再增加，于是有随同步频率减少的 $P_M=P_{\text{Mmax}}$。实现该特性的一个具体控制方法可参考文献［14］。

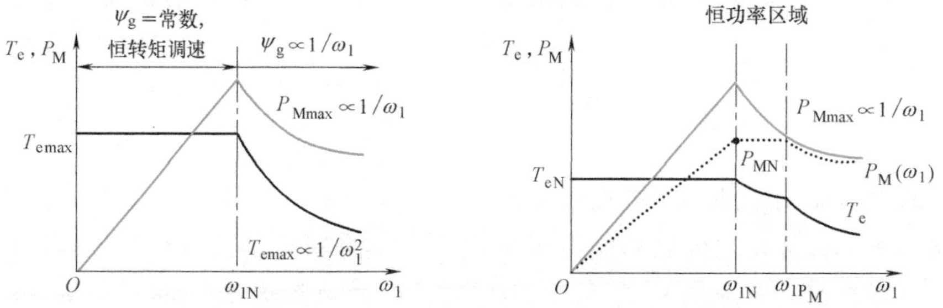

图 6.3.9　变压变频时异步电动机的机械特性

6.3.4　系统构成与动、静态特性

本节只讨论基于“图 6.3.1 的电机模型+电压源型变频电源”的动、静态特性。

1. 系统的构成

基于 6.3.3 节中对恒压频比控制原理的分析，设计的交流变频调速系统的结构示意如图 6.3.10a 所示。系统分为控制器、6.2.2 节所述的 PWM 单元、6.2.1 节所述的电压源型逆变电源以及“交流电动机及其负载”。f_1^* 为系统的同步频率（转速）指令值；f_1 为逆变电源输出电压的基波频率。以电动机从零开始升速为例，如果设定的从 $f_1=0$ 到 $f_1=f_1^*$ 的加速时间为 T_{rise}，则在 $0<t\leqslant T_{\text{rise}}$ 时刻的输出频率为式

$$f_1 = \frac{f_1^*}{T_{\text{rise}}} t \tag{6.3-26}$$

因此在控制器中根据 f_1 和式（6.3-11）的**恒压频比特性**输出的电压幅值为 U_1。注意到这里的电压频率 f_1 是变量，所以输出电压的相位角 θ_{U1} 需要按下式计算（不能按 $2\pi f_1 t$ 计算）

$$\theta_{U1}(t) = 2\pi\int_0^t f_1 \mathrm{d}\tau \tag{6.3-27}$$

由 U_1 和 θ_{U1} 构成的输出电压指令值经 PWM 单元调制后产生脉冲信号驱动三相逆变电路。

注意：①不能使施加于电动机的同步频率 f_1 发生突变。其原因将在下面的“静特性与动特性”中加以说明；②在起步阶段 $f_1=0$，所以施加于电动机的电压为式（6.3-11）的补偿电压 U_{10}，该电压对建立初始磁场十分重要。

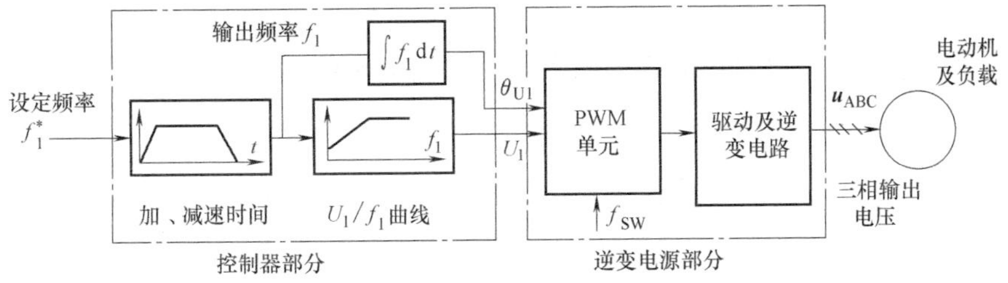

a) 功能构成示意

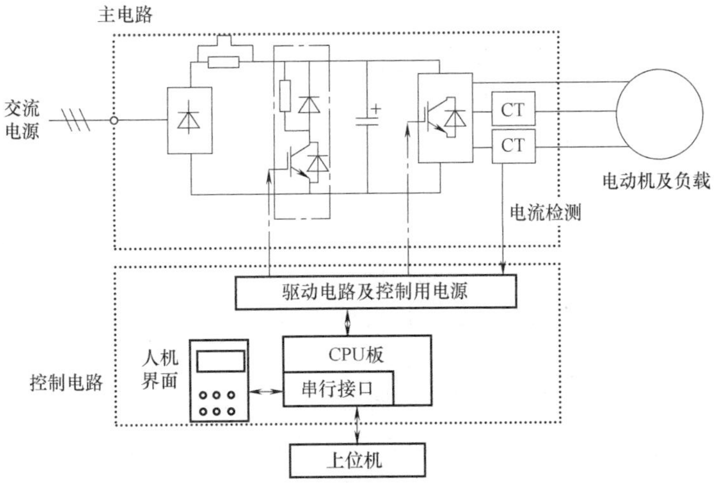

b) 实物构成示意

图 6.3.10　系统的基本构成示意

图 6.3.10b 是一个采用“交-直-交”商用变频电源供电的交流电动机变频调速系统的实物示意图。变频电源主电路由不可控整流电路、三相逆变电路和用于释放由电动机回馈到电容上电能的能耗电路构成。送往主电路的两个虚线箭头表示 PWM 触发信号。

在运行之前，需要用人机界面或上位机设定：

1）依据式（6.3-11）选择适当的控制特性。对于标准电动机这些参数已经有推荐值。

2）设定以下参数：对应于电动机同步转速的电压频率指令值f_1^*、用于逆变器实际输出频率f_1从零加速到指令值f_1^*所需的加速时间T_{rise}（频率升至设定的频率所需的时间）及减速时间、用于6.2节所述PWM所需的载波频率f_{SW}等。

3）设定一系列其他的功能，重要的如过电流保护、过电压保护以及与其他设备通信所需参数等。

随着技术的进步，一些高水平的通用变频电源产品中已经装载了相关的软硬件以实现自动的电动机参数整定和控制器参数的设定。这些功能中，最为重要的是自动测定所拖动的电动机T形等效电路中的各个参数以及额定励磁电流值。一个典型的方法见参考文献［16］。

2. 静特性与动特性

（1）静特性

以稳态电动运行为例，如图6.3.11中的第I象限所示，转子转速n小于同步转速n_1，所以这种调速方法是静态有差的，并且转速误差为电动机的转差转速sn_1。

此外，采用数字控制时，还有许多因素产生输出频率的误差。例如，①由于异步调制，因此将产生式（6.2-5）所示的次谐波；②在图6.3.10a中作数字式积分$\theta_{U1}=\int f_1 \mathrm{d}t$运算时，由于PWM输出的字长有限，因此会产生截断误差，这种误差也会产生次谐波。

（2）动特性

采用变压变频调速的目的在于“动态地”调节电动机的速度系统，但本节所述的控制方法却基于图6.3.1的调速系统模型。

如果使施加于电动机的电压矢量$\boldsymbol{u}_1=U_1\mathrm{e}^{\mathrm{j}\omega_1 t}$中的频率和幅值变化剧烈，将导致电动机电磁子系统不再为稳态（即不是图6.3.1中的单相等效电路模型），则电磁转矩呈非线性，电机机械特性曲线不再呈现图6.3.11所示的形态。

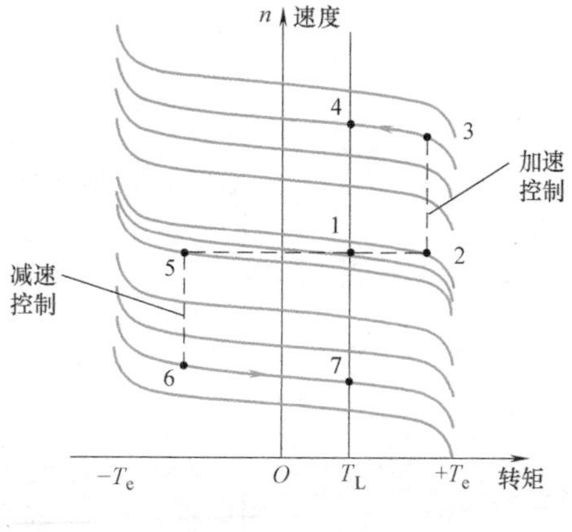

图6.3.11 恒压频比控制的加、减速过程

那么，如何合理地“缓慢”调节电动机的转速呢？由上述分析知，只要控制过程能保证电机的电磁子系统基本为稳态，并同时能调节机电子系统的转速即可。而这种调速性能已经可以满足现实中许多应用的需求。

例6.3-1 电动机参数如表6.3.1所示，采用MATLAB仿真处于静止的空载电动机突加额定电压时的转矩、定子电流和转速波形。请比较“突加电压”和“恒压频比控制”两种激励下电动机的T_e-n（转速和电磁转矩）特性。

表6.3.1 仿真用电动机系统参数（注意：已经进行了折算）

$r_1=0.877\Omega, r_2'=1.47\Omega, L_{\sigma1}=4.34\text{mH}, L_{\sigma2}'=4.34\text{mH}, L_m=160.8\text{mH}, n_p=2$，系统$J=0.015\text{kg}\cdot\text{m}^2$
额定线电压380V，额定电磁转矩$T_{eN}=14.6\text{N}\cdot\text{m}$，额定功率2.2kW，额定频率50Hz，额定转速$n_N=1420\text{r/min}$，额定功率因数0.85

解 仿真结构图如图6.3.12a所示。图中，异步电动机的动态模型由MATLAB仿真库提供（模型内容将在7.2节介绍）。设定负载转矩T_L为零，检测环节用于导出定子电流幅

值 I_s、转速 ω_r 和电磁转矩 T_e 的波形。

设计的两组仿真内容如下：

1）设定加速时间为零时，即对空载电动机突加额定电压。系统响应如图 6.3.12b 所示（注意其左图反映了转速和电磁转矩的动态过程的 T_e-n 特性，一般不再称为机械特性）。

2）"恒 U_1/ω_1" 控制：设定加速时间 T_{rise} 为 10s，且令式（6.3-11）的 $U_{10}=0$。系统响应如图 6.3.12c 所示（左图也是动态的 T_e-n 特性）。

对比两组仿真结果可知：

1）对于图 6.3.12b，由于不再是稳态响应，电磁转矩和转子转速都发生了振荡；加电压后在反电动势没有建立之前，电动机的定子电流非常大（近 100A）。而根据参数可以计算出额定电流为

$$I_N = P_N/(\sqrt{3}\,U_N\cos\theta_N) = 2200/(\sqrt{3}\times 380\times 0.85)\,\mathrm{A} \approx 4\mathrm{A}$$

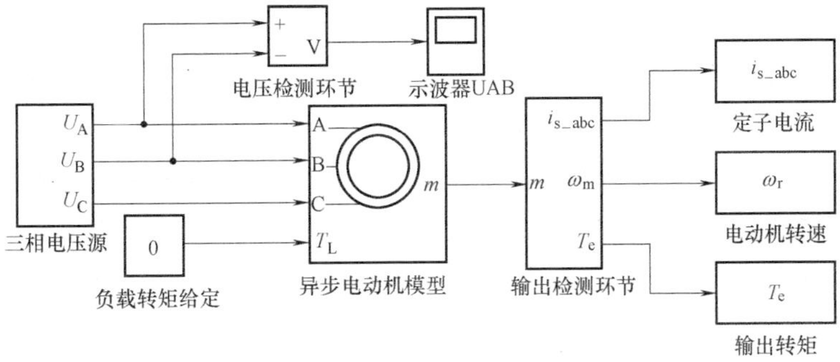

a) Simulink仿真结构图

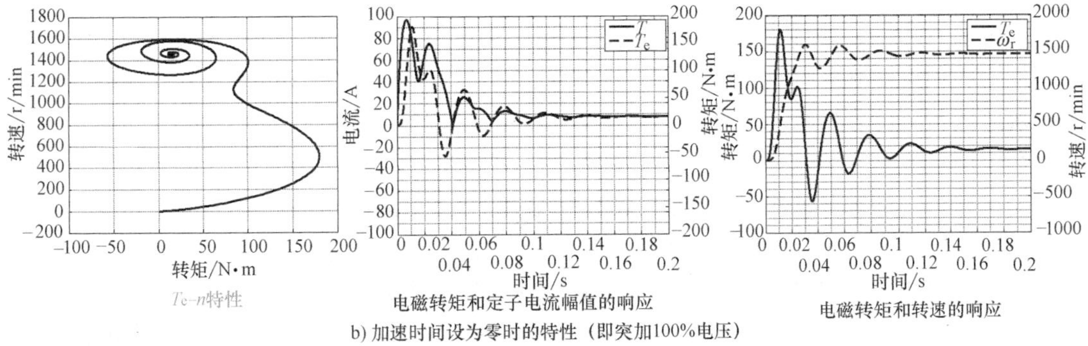

b) 加速时间设为零时的特性（即突加100%电压）

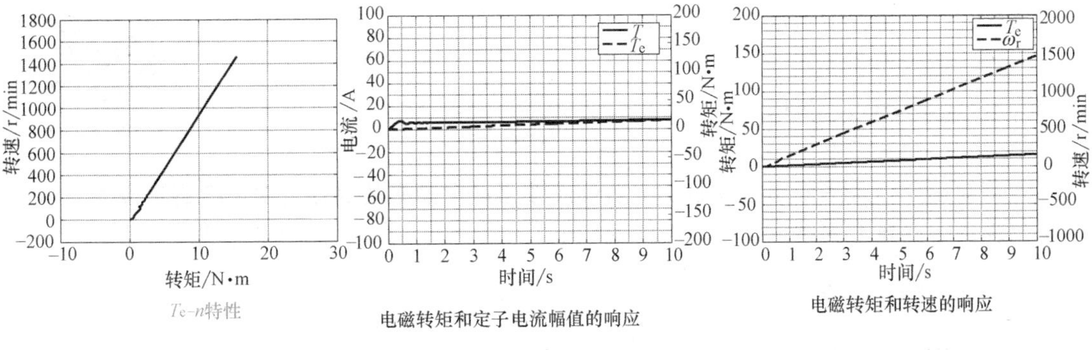

c) 加速时间为10s时的特性

图 6.3.12　空载以及不同电压条件下电动机的转速-转矩曲线

所以该特性与图 6.3.11 的机械特性有着本质的不同。由此推断，对于加、减速要求很快的调速系统，就不能采用“恒 U_1/ω_1”的控制方法。

2）恒 U_1/ω_1”控制的整个加速过程中，转速和电磁转矩都没有振荡，并且定子电流幅值很小。此外，由于设定偏置电压 $U_{10}=0$，所以电动机励磁电流在加速过程中逐渐达到额定值，其对应的电磁转矩也在增加。如果设定合适的 U_{10}，就可以在加速开始时使得励磁电流达到额定值，电磁转矩也就基本恒定了。

例 6.3-2　定性说明“U_1/f_1=恒值”控制的跟随特性和抗扰特性。

解

（1）用图 6.3.11 说明跟随特性。设电动机在 $t=0$ 时刻稳定运行在工作点 1，此时 $T_e=T_L$。当需要加速时，变频电源随时间从下到上提供了由点 2 和点 3 之间的一组“E_g/f_1=常值”曲线。由于点 2 处的电动机输出电磁转矩 $T_e>T_L$，电动机开始逐渐加速并随变频电源提供的这组曲线加速至点 3 处。最终沿点 3 的机械特性曲线稳定工作在点 4。同样方法，也可完成减速过程，如图中工作点 1→5→6→7 所示。

（2）用图 6.3.1、图 6.3.11 和负载转矩 T_L 变大说明抗扰特性。假定变化前工作点为图 6.3.11 的 4。假定 T_L 比较慢地变大到与工作点 3 交界处，由于 $T_e<T_L$，因此转速开始降落并引发 T_e 增大，最终在工作点 3 稳态运行；假定 T_L 突然变大且系统机械惯量较小，则这个突变直接导致图 6.3.1 中等效电阻 r_2/s 突变，于是将使得气隙磁通变化，从而使得 $T_e\propto s$ 不再成立，引发复杂的动态过程。

本节小结

（1）变压变频调速有两种基本方式：在额定频率以下，希望维持气隙磁链不变，需按比例同时控制电压和频率，低频时还应适当抬高电压以获得足够的励磁电流；在额定频率以上，由于电压无法再升高，只好仅提高频率而迫使磁链减弱。

（2）本节所述的变压变频调速系统是一个开环系统，构成简单，功能实用。常用的“U_1/f_1=恒值”控制不需要采用电动机的任何参数，所以具有对系统参数变化的鲁棒性；而“E_r/f_1=恒值”控制则反映了矢量控制的基本思想。

（3）本节的控制方法基于图 6.3.1 模型，控制器构成如图 6.3.10a 所示。于是，该方法适用于对动态性能要求不高且允许稳态有差的场合。转速误差就是转差频率。

视频 No. 24 进一步说明了本节的要点。

视频 No. 24

6.4* 变频电源供电的一些实际问题

本节简单介绍采用变频电源驱动电动机或者驱动电动机的商业电源中含有谐波时，调速系统出现的一些典型问题。这些典型问题严重时，将引发调速系统的机械或电气事故。

6.4.1 与变频电源相关的问题汇总

调速系统所使用的变频电源一般都工作在硬开关的 PWM 方式下，所使用的 IGBT 或 MOSFET 等开关器件的开关速度很高。例如，IGBT 的开关时间大约在 $10^{-7}\sim10^{-6}$s，这也就是 PWM 电压波形的开关时间。一般小型电源的 PWM 载波频率大约在 5~20kHz。由于 PWM 形状电压的上升沿和下降沿非常陡，由此会引发常规正弦交流电路中一些没有的现象。以下基于图 6.4.1 对典型现象做简单的介绍。

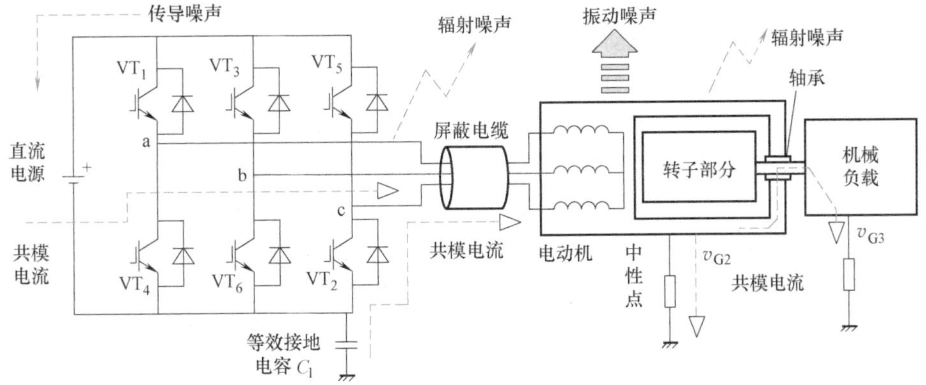

图 6.4.1　变频电源驱动电动机系统时的典型问题

(1) 电动机绕组的绝缘恶化

变频电源通过电缆与电动机相连，加在电动机定子端口的电压除了基波以及基波的 5、7、11 等次低频谐波电压之外，还会有大大高于开关频率的高频电压分量。这类高频波由于在电缆上的反射，其幅值会增倍，从而击穿原来只基于基波电压幅值所设计的导线绝缘，或者加快绝缘材料的老化。

(2) 共模电流使电动机的轴承等部件被电腐蚀

在变频电源驱动电动机系统中，接地问题非常重要。由 6.2.1 节可知，由于 PWM 波的原因，电动机中点的电位不为零，所以电动机的定子中点不能接地。但是电动机的外壳必须进行安全接地，于是就产生了如图 6.4.1 中虚线所示的、经电动机轴承以及不接地的变频电源中的漂浮电容 C_1 构成的**共模电流**（common mode current）通路。由于这个高频电流，使得轴承的表面被逐渐腐蚀。

电流中的高频分量还会向空间辐射（emission）电磁波、产生辐射干扰，也会通过导体产生传导干扰。

上述问题被称为 EMC（electromagnetic compatibility）问题。相关的分析以及技术对策，请见参考文献［3］。

此外，送入电动机定子上的谐波电流也会产生电磁转矩的谐波分量，或者称为转矩脉动，以下分析其原理。

6.4.2　谐波引发的电磁转矩波动

在传统的恒压恒频正弦波电源供电的电动机拖动系统中，几乎没有谐波电流。此时如 5.2.3 节所述，由于三相异步电动机的绕组在空间是短距对称分布的，基波电流产生的谐波磁动势在相与相之间叠加时被极大地削弱，而谐波磁通在绕组中感应的谐波电动势也同样在叠加时被削弱。此外，由装载绕组的齿槽而引发的齿谐波虽然不会被绕组的分布和短距因素所削弱，但却会因为槽数的增多和槽口的闭合而削弱。上述谐波称为空间谐波。

然而，变频电源供电时，电源输出的线电压波形中含有高次谐波以及次谐波，这些谐波被称为时间谐波（time harmonics）。于是在电动机侧也会产生相应的谐波电流，并在电动机内部产生相应的谐波磁动势。

1. PWM 波所含谐波及其影响

研究结果表明，对大多数电动机而言，影响最大的是由谐波电流产生的基波磁动势。因为基波磁动势在空间合成时受绕组系数的影响小，不能像谐波磁动势那样被削弱。但谐波电流所产生的基波磁动势却与基波电流所产生的基波磁动势有着不同的转速，甚至旋转方向也可能不同。如第 μ 次谐波电流所产生的基波磁动势转速为基波电流所产生的基波磁动势转速的 μ 倍。表 6.4.1[4] 用几个例子说明第 μ 次时间谐波与第 ν 次空间谐波的组合对转速的影响。其中，等效的极对数可用图 5.1.12 及其说明理解；绕组系数以及磁动势公式可参照 5.2.1 节的相关内容理解。例如，对于 $\mu=5$，$\nu=1$，相当于电动机电流中有一个频率为 5 倍基波的分量，其对应的磁动势分量频率是基波频率的 5 倍，且该分量的转向与基波磁动势转向相反。

表 6.4.1　时间谐波与空间谐波组合的例子（μ 为时间谐波，ν 为空间谐波）

空间谐波 ν 和时间谐波 μ 的次数	用极对数表示的合成磁动势的空间分布(设理想时极对数为 n_P)	合成磁动势的旋转电角频率	绕组系数变化（定义见 5.2.3 节）	磁动势幅值(式(5.2-16)和式(5.2-18))	该磁动势分量对应的旋转频率
$\mu=1,\nu=1$	n_P	ω	K_{dp1}	$1.35\dfrac{W_{1eff}}{n_p}I_1$	n_1
$\mu=1,\nu=5$	$5n_P$	ω	K_{dp5}	$1.35\dfrac{W_{5eff}}{5n_p}I_1$	$-n_1/5$
$\mu=5,\nu=1$	n_P	5ω	K_{dp1}	$1.35\dfrac{W_{1eff}}{n_p}I_1$	$-5n_1$
$\mu=5,\nu=5$	$5n_P$	5ω	K_{dp5}	$1.35\dfrac{W_{5eff}}{5n_p}I_1$	n_1

首先，时间谐波与空间谐波合成的谐波磁动势将使电动机增大转矩脉动（torque vibration）、振动和噪声；其次，时间谐波电流产生的基波磁动势会与基波电流所产生的基波磁动势相叠加。在最恶劣的情况下，所有的磁动势代数和相加，增大了磁场的饱和程度。同时，这些转速不同的谐波磁动势在电路中感应出谐波电动势。因此，供电电压含有谐波时的异步电动机的铁损和铜损都要增加。

为了改善上述问题，需要尽可能地减少变频电源输出的各种谐波电压；此外，对特殊应用场合一般采用被称为变频电动机的适合于 PWM 变频电源的专用电动机。变频电动机的设计要点请参考文献［4］。

2. 变频电源开关死区引发的谐波

变频电源中器件的开关死区引发的电压谐波问题比较特殊。

在前面讨论 PWM 控制变频电源的工作原理时，一直认为功率开关器件都是理想的开关，也就是说它们的导通与关断都随其驱动信号同步地、无时滞地完成。但实际上功率开关器件都不是理想开关，它们都存在导通时延与关断时延。因此，为了保证电源中逆变电路安全地工作，必须在同一相上、下两个桥臂开关器件的通断信号之间设置一段死区时间 t_d。即在上（下）臂器件得到关断信号后，要滞后 t_d 时间以后才允许给下（上）臂器件送入导通信号，以防止同一桥臂的两个器件同时导通而使得桥臂短路。由于死区时间的存在，使得变频电源不能完全精确地复现 PWM 控制信号的理想波形，所以会产生额外谐波。

以图 6.4.2a 所示的典型电压源型逆变电路为例，为分析方便起见，假设：①逆变电路由 SPWM 控制；②负载电动机的电流为正弦波形，并具有功率因数角 φ；③开关器件为理想开关特性。此时，变压变频器 A 相输出的理想 SPWM 相电压波形 u_{A0}^* 如图 6.4.2b 中波形 1 所示，它与该相的 SPWM 控制信号的脉宽一致。考虑到器件开关死区时间 t_d 的影响后，A 相桥臂功率开关器件 VT_1 与 VT_4 的实际驱动信号分别示于图 6.4.2b 中波形 2 和 3。在死区时间 t_d 中，上、下桥臂两个开关器件都没有驱动信号，桥臂的工作状态取决于该相电流 i_A 的方向和续流二极管 VD_1 或 VD_4 的作用。

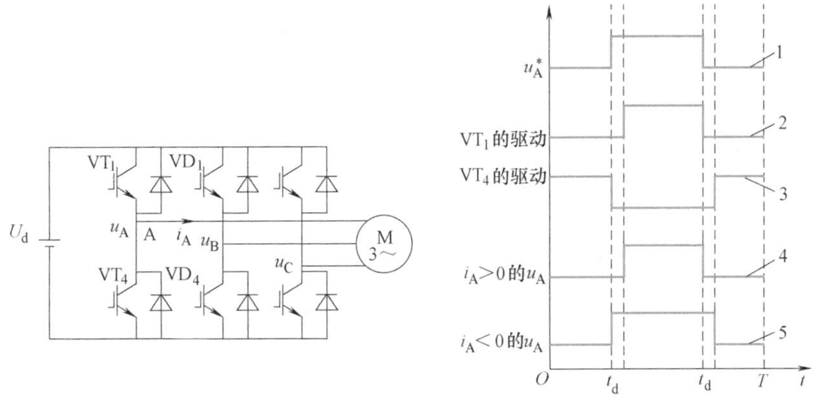

a) 逆变电路　　　b) 理想输出和实际输出

图 6.4.2　由死区时间引发的输出变化

设图 6.4.2a 中所表示的 i_A 方向为正方向。当 $i_A>0$ 时，VT_1 关断后即通过 VD_4 续流，此时 A 点被钳位于零电位；若 $i_A<0$，则通过 VD_1 续流，A 点被钳位于 $+U_d$。在 VT_4 关断与 VT_1 导通间死区时间 t_d 内的续流情况也是如此。总之，当 $i_A>0$ 时，如图 6.4.2b 中波形 4 所示，电压 u_A 实际输出波形的零电平变宽，而正电平变窄；当 $i_A<0$ 时，如图 6.4.2b 中波形 5 所示，则反之。波形 u_{A0} 与 u_{A0}^* 之差为一系列的脉冲电压 u_{error}，其宽度为 t_d，幅值为 U_d，极性与 i_A 方向相反，并且和 SPWM 脉冲本身的正负无关。一个周期内 u_{error} 的脉冲数取决于 SPWM 波的开关频率。

偏差电压脉冲序列 u_{error} 可以等效为一个矩形波的偏差电压 U_{error}（U_{error} 为脉冲序列的平均值）。由于在半个变压变频器输出电压基波 f_{out} 的周期 T_{out} 内有等式

$$U_{error}\frac{T_{out}}{2}=t_dU_d\frac{k}{2} \tag{6.4-1}$$

所以偏差电压为

$$U_{error}=\frac{t_dU_dk}{T_{out}} \tag{6.4-2}$$

式中，$k=f_{sw}/f_{out}$ 为式（6.2-4）定义的 PWM 波载波比；f_{sw} 为载波频率；U_d 为直流侧电压值。偏差电压 U_{error} 以及由该电压引起的输出电压的畸变如图 6.4.3a 所示。

由上述分析可知，死区对变频电源输出电压的影响为：

1）死区形成的偏差电压会使 SPWM 变频电源实际输出基波电压的幅值比理想的输出基波电压有所减少。如果载波频率 f_{sw} 为一常值（异步调制），则随着输出频率的降低，死区形成的偏差电压会越来越大。

2）对于三相三线的变频电源，A、B、C 相上死区形成的三个偏差电压为三个互差 120°电角度的方波。由此在输出电压中引入了较大的 5、7、11 等次谐波，这些谐波电压必然引起电流波形的畸变，并由谐波电流在交流电动机中产生脉动转矩。对于有电流闭环的系统，这个谐波电流会得到一定程度的抑制。而对于 6.3 节所述的开环系统，谐波电流严重时将使得系统速度产生脉振以至不能正常运行。图 6.4.3b 左边的波形是一个在实际系统中由死区时间引起的畸变的电流波形。

以上仅以 SPWM 波形为例说明了死区的影响。实际上，死区影响存在于各种 PWM 控制的变频电源中。有多种技术补偿死区，补偿后的电流波形如图 6.4.3b 的右图所示。有关死区时间补偿的成果可参考文献［9，10］。

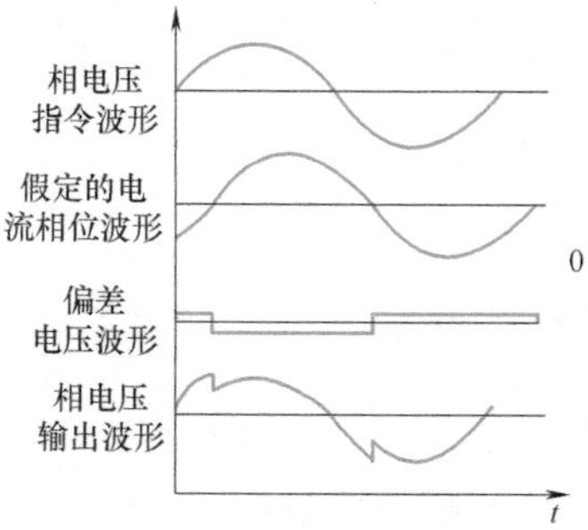

a) 由于死区时间引起的输出电压畸变

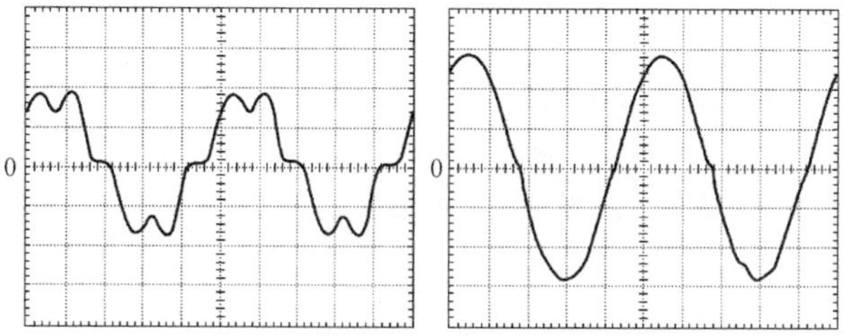

b) 定子电流畸变以及死区补偿后的波形

图 6.4.3　死区引起的偏差电压对系统的影响

注：图 b 中横轴：20ms/格，纵轴：5A/格，死区时间 15μs，IGBT 开关频率 8kHz。

本 章 习 题

有关 6.1 节

6-1　与交流电动机相比较，为什么直流电动机的容量不能做大，转速不能做高？

6-2　异步电动机有哪些调速方法？同步电动机有哪些调速方法？依据的公式是什么？

有关 6.2 节

6-3　思考：

（1）为什么直-交逆变器中的逆变单元的功率器件要工作在开关状态？

（2）为什么要采用多电平电路？

（3）为什么正弦波脉宽调制（SPWM）要按正弦波调制？

（4）变频电源中的 SPWM 与 4.2 节所述可控直流电压源中的 PWM 有何异同？

6-4　“正弦波电压 PWM”方法基于以下哪个说法？

（1）某一时刻指令正弦波电压值等于对应于该时刻的开关周期内 PWM 输出电压的平均值。

（2）某一时刻指令正弦波电压值等于对应于该时刻的开关周期内 PWM 输出电压的有

效值。

（3）某一开关周期内 PWM 输出电压的平均值对应于该周期正弦波电压的平均值。

6-5　为什么说“采用 VSI 供电，负载必须呈感性，而用 CSI 供电，负载必须呈容性”？

6-6　交流电机定子三相绕组通入相同的交流电流时，其空间矢量由下式表示。此时绕组电流产生的磁动势有什么特点？

$$\boldsymbol{i}_1=\sqrt{2/3}\,(i_A e^{j0^\circ}-0.5i_A e^{j120^\circ}-0.5i_A e^{-j120^\circ})$$

6-7　如图 6.2.5a 所示系统，三相正弦交流电压源中点 0 与电动机定子中点 N 之间没有电位差。而图 6.2.6 所示系统中，这两点之间有电位差，这是为什么？

6-8　有关空间电压矢量调制方法，问：

（1）为什么要将非零的基本电压矢量方向和基本电压矢量区别开来？

（2）采用空间电压矢量调制方法的最大输出电压为什么比正弦波 PWM 方法的最大输出电压高？

（3）为什么相电压中含有三次谐波？为什么该谐波不出现在线电压中？

（4）对于线性调制，稳态时 $\boldsymbol{u}_1(k)$ 的幅值为常数，输出线电压的幅值也为常数，对吗？

6-9　Swiss Federal Institute of Technology Zurich 的教授 Drofenik. Kolar 开发了“交互式电力电子技术课程（iPES）”（网页 www.ipes.ethz.ch）。请学习该课程中的“Space Vector Based Current Control of a Six-Switch PWM Rectifier”一节。

有关 6.3 节

6-10　在对异步电动机进行速度调节时，为什么要控制使得电动机的气隙磁链幅值 $\Psi_g=$ 常数？

6-11　可以对笼型电动机实施 $f_1=0$（即向电动机施加直流）的调速吗？为什么（注意是否可以实现励磁？此时，感应电动势 $e_g(t)=0$）？请做出机械特性曲线。

6-12　使用图 6.3.2 解释为什么在额定频率以上的恒压变频调速会使气隙磁链减弱？

6-13　试解释为什么图 6.3.5 中的曲线 b 还存在非线性段（双曲线 $1/s$ 段）？曲线 c 下斜的原因是什么？请将该原因与他励直流电动机主磁通为额定时机械特性下垂的原因作比较。

6-14　转子全磁链 Ψ_r 与气隙磁链 Ψ_g 相比多了哪部分磁链？

6-15　基于异步电动机稳态模型的“恒 U_1/ω_1”控制在进行调速控制时，为什么不应该使加在电动机上的电压矢量 $\boldsymbol{u}_1=U_1e^{j\omega_1 t}$ 发生突变？定性分析的话，电压变化的最快速率要基于哪个要素确定？

6-16　对于大部分通风机和泵类负载，其“转矩-速度”特性和“功率-速度”特性可简单地用题 6-16 图表示，图中 k_T、k_P 为常数。采用异步电动机拖动这类负载时，请问如果采用“恒压频比”方法调速，在第一象限可能的稳态工作点有几个？试作图表示。

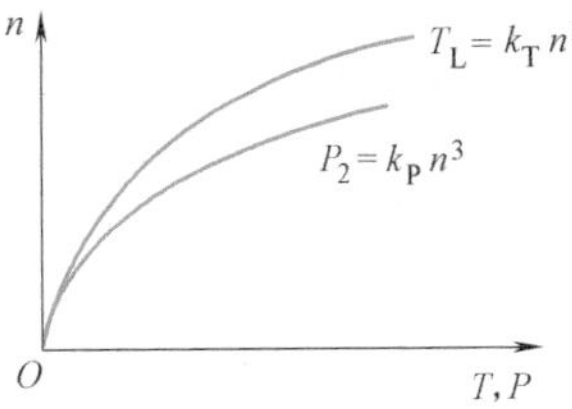

题 6-16 图　泵类负载的转矩、功率持性

有关 6.4 节

6-17　什么是空间谐波？什么是时间谐波？两者产生的原因是什么？两者所产生的电磁转矩谐波分量的特点是什么？（提示：参考表 6.3.1）

6-18　试说明采用 PWM 变频电源拖动交流电动机时，与采用正弦波电压拖动电动机相比，有哪些新现象？

6-19 在直流拖动系统用PWM脉宽调制电源中，死区时间也对输出电压产生影响，但为什么没有讨论该影响？对于直流开环系统，死区时间是否会引起系统不稳定？直流双闭环系统是否可以抑制死区时间产生的影响？（提示：是否引起不希望的谐波）

综合练习

6-20 异步电动机的“恒 U_1/ω_1”控制的 Simulink 仿真。

采用表 6.3.1 的异步电动机参数和图 6.3.12a 所示的 Simulink 仿真图，将图中突加电压给定部分换成 U_1/ω_1 给定。参照图 6.3.10 中“控制器”部分和式（6.3-11）、式（6.3-26）设计 U_1/ω_1 控制方式中的频率和电压给定。

设定一个适当的反抗型恒转矩负载（如 50%T_{eN}），设定加速时间 T_{rise} 为 20s，设定 U_{10} 分别为 0 和 5%U_N。当频率指令 f_1^* 分别为 10Hz 和 40Hz 时给出某一相的定子电压和电流以及电磁转矩和转速随时间变化的波形，适度分析仿真结果。

参考文献

[1] 马小亮. 大功率交-交变频调速及矢量控制技术 [M]. 3版. 北京：机械工业出版社，2004.

[2] 孙凯，等. 矩阵式变换器技术及其应用 [M]. 北京：机械工业出版社，2007.

[3] 陈坚，等. 电力电子学——电力电子变换和控制技术 [M]. 2版. 北京：高等教育出版社，2004.

[4] 赵争鸣，袁立强. 电力电子与电机系统集成分析基础 [M]. 北京：机械工业出版社，2009.

[5] 陈国呈. 新型电力电子变换技术 [M]. 北京：中国电力出版社，2004.

[6] YU Z Y. Space-Vector PWM with TMS320C24x Using H/W & S/W Determined Switching Patterns [M]. Texas Instruments Literature, 1999, No. SPRA524.

[7] 何罡，杨耕，窦曰轩. 基于非标准正交基分解的空间电压矢量的快速算法 [J]. 电力电子技术，2003，37（6）：1-3.

[8] Peter B, McGrath. Multi carrier PWM strategies for multilevel inverters [J], IEEE Trans. on Industrial Electronics, 2002, 49 (4): 858-868.

[9] KIM H S, et al. On-Line Dead-Time Compensation Method Based on Time Delay Control [J]. IEEE Trans. on Control Systems Technology, 2003, 11 (2): 279-285.

[10] NAOMITSU U, et al. On-Line Dead-Time Compensation Method for Voltage Source Inverter fed Motor Drives [J]. Conference record of IEEE-APEC, 2004: 122-127.

[11] PENG F Z, et al. Special session on multi-level inverters [C]. The 2010 International Power Electronics Conference, Sapporo, Japan. 2010.

[12] DAVID M. Bezesky & Scott Kreitzer. Selecting ASD systems—the NEMA application guide for AC adjustable speed drive systems [J]. IEEE Industry Applications Magazine, July/Aug. 2003.

[13] BIMAL K. Bose. Modern Power Electronics and AC Drives [M]. Prentice Hall PTR Prentice-Hall Inc., 2002, Chapter 5.

[14] 杨耕，郑伟，陆城，等. 弱磁运行下异步电动机调速系统的转矩和功率特性分析 [J]. 清华大学学报自然科学版，2011，51（7）：873-878.

[15] Bin Wu. 风力发电系统的功率变换与控制 [M]. 卫三民，译. 北京：机械工业出版社，2012.

[16] Kobayashi T, et al. Motor Constants Measurement for Induction Motors without Rotating [J]. The Institute of Electrical Engineers of Japan, D-128 (1): 3-26 (In Japanese).

第 7 章

具有转矩闭环的异步电动机调速系统

第 6 章讨论了基于稳态数学模型的异步电动机调速系统能够在一定范围内实现平滑调速。但是，如果遇到如轧钢机、数控机床、机器人、载客电梯等需要高动态性能调速系统或伺服系统的场合，这种系统就不能完全适应了。由 4.4 节可知，实现高动态性能直流电动机调速的关键是能够快速而稳定地控制电磁转矩。这一结论同样也适用于交流电动机调速系统。因此，本章重点讨论具有转矩闭环的交流电动机速度控制系统。

如果要使交流电动机调速系统实现高动态性能，就需要基于动态数学模型讨论其控制方法。作为基础知识，在 7.1 节先介绍用于系统分析的各种坐标变换。之后，在 7.2 节引出异步电动机的非线性多变量动态数学模型，并利用坐标变换加以简化，得到常用的二相正交坐标系上的模型。在 7.3 节中，首先从多变量数学模型出发讲述假定转子磁链可测条件下的矢量控制原理，然后讨论工程上的转速、磁链闭环控制（直接矢量控制）和转差频率控制（间接矢量控制）两种矢量控制系统。在 7.4 节，首先讨论最原始的直接转矩控制系统，然后通过建立定、转子磁链定向下的感应电动机模型来揭示直接转矩控制原理及其特点。本章各节的关系以及与第 8 章的关系如图 7.0.1 所示。此外，在本章中，变量采用小写字母，矢量使用粗斜字体表示。

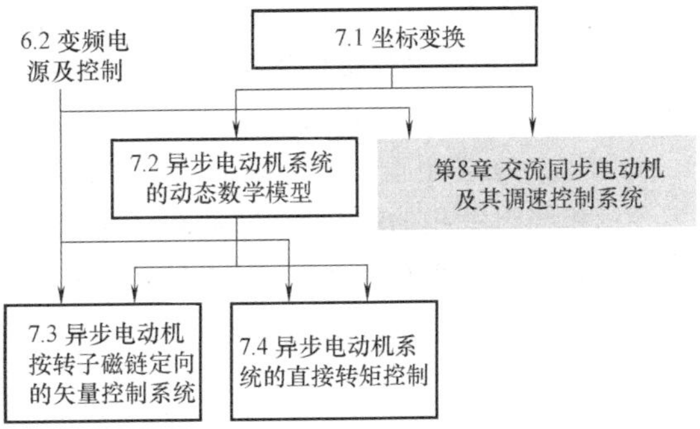

图 7.0.1　本章内容及其相互关系

7.1　坐标变换

在今后的分析中，常常使用一些恒等变换以简化被控对象的模型或认识其某些物理特征。为此，本节简要介绍这些变换。

7.1.1　三相静止坐标系-两相正交静止坐标系变换

由 6.2.3 节知，三相交流电动机数学模型可直接采用平面上的三相静止坐标系表示。该坐标系如图 7.1.1a 所示，三个坐标分别为三相绕组的位置 $e^{j0°}$、$e^{j120°}$ 和 $e^{-j120°}$，标为 A、B、C 坐标。电动机的时间变量有电压矢量 $\boldsymbol{u}_{ABC}$、电流矢量 $\boldsymbol{i}_{ABC}$ 和磁动势矢量 $\boldsymbol{F}_m$。由 7.2 节可知，基于三相静止坐标系的数学模型非常复杂，因此希望能够简化该模型。以下讨论相关的坐标变换。

在三相交流电动机的三相绕组位于空间位置为 $e^{j0°}$、$e^{j120°}$、$e^{-j120°}$ 的前提下，由于

$$u_{AB}+u_{BC}+u_{CA}=0, i_A+i_B+i_C=0$$

即各组变量之间**线性相关**，因此可以将三相中的三个变量用两个线性独立的变量表示，也就是用平面上的两相坐标表示。其中，最为简单的是采用正交坐标表示，本书称为 $\alpha\beta$ 坐标系。坐标以及绕组的位置如图 7.1.1b 所示。

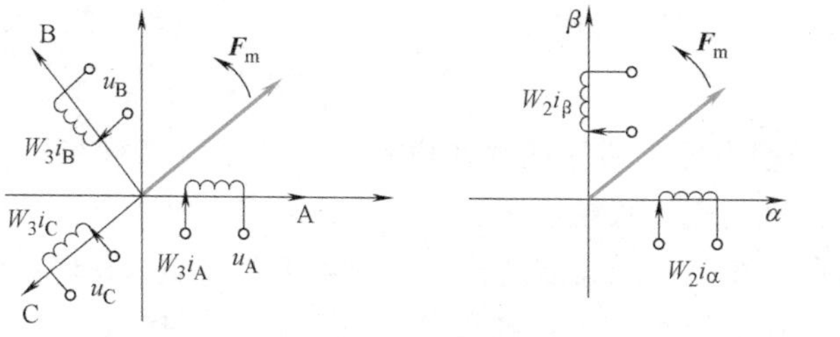

a) 三相绕组(W_3匝)　　b) 两相绕组、$\alpha\beta$ 坐标系(W_2匝)

图 7.1.1　交流电动机绕组及相关磁动势

以下**以磁动势矢量为例**来讨论两个坐标系之间的关系。由第 5 章知，基波空间磁动势 $\boldsymbol{F}_m$ 并不一定非要三相绕组产生不可。当二相、三相、五相、… 任意对称的多相绕组通入平衡（总和为零）的多相电流时，都能产生这个旋转磁动势。其中最为简单的方法如图 7.1.1b 所示，在静止正交坐标系的两相绕组中通入时间上互差 90°电角度的两相平衡交流电流。设三相绕组每相的有效匝数为 W_3、电流矢量为 $\boldsymbol{i}_{ABC}$（下标 ABC 表示三相坐标系），两相绕组每相的有效匝数为 W_2、电流矢量为 $\boldsymbol{i}_{\alpha\beta}$（下标表示 $\alpha\beta$ 坐标系），则

$$\begin{aligned}\boldsymbol{F}_m(t)&=W_3\boldsymbol{i}_{ABC}=W_3\sqrt{2/3}\,(i_Ae^{j0°}+i_Be^{j120°}+i_Ce^{-j120°})\\&=W_2\boldsymbol{i}_{\alpha\beta}=W_2\sqrt{2/3}\,(i_\alpha e^{j0°}+i_\beta e^{j90°})\end{aligned} \tag{7.1-1}$$

式中，系数 $\sqrt{2/3}$ 如 6.2.3 节的式（6.2-8）所述。电流矢量 $\boldsymbol{i}_{ABC}$ 以及幅值和相角 $\theta_i(t)$ 为

$$\begin{cases}I_s=\sqrt{i_\alpha^2+i_\beta^2}, i_\alpha=I_s\cos\theta_i(t), i_\beta=I_s\sin\theta_i(t)\\\theta_i(t)=\theta_{Fm}(t)\end{cases} \tag{7.1-2}$$

式中，$\theta_{Fm}(t)$ 为磁动势矢量 $\boldsymbol{F}_m(t)$ 的空间位置。

式（7.1-1）说明，当图 7.1.1 中的两个旋转磁动势相等时，在三相静止坐标系下的 $W_3\boldsymbol{i}_{ABC}$ 和在两相静止正交坐标系下的 $W_2\boldsymbol{i}_{\alpha\beta}$ 是等效的。据此，可将两种坐标系下的不同电流进行变换。这种在三相静止绕组 A、B、C 中的变量和两相静止绕组 α、β 中的变量之间的变换，称为**三相静止坐标系和两相静止坐标系间的变换，简称 3/2 变换**。

将图 7.1.1 的 a 和 b 合成为图 7.1.2，为方便起见，取 A 轴和 α 轴重合，同时将各轴上的磁动势（有效匝数与电流的乘积）矢量作于本坐标轴上。

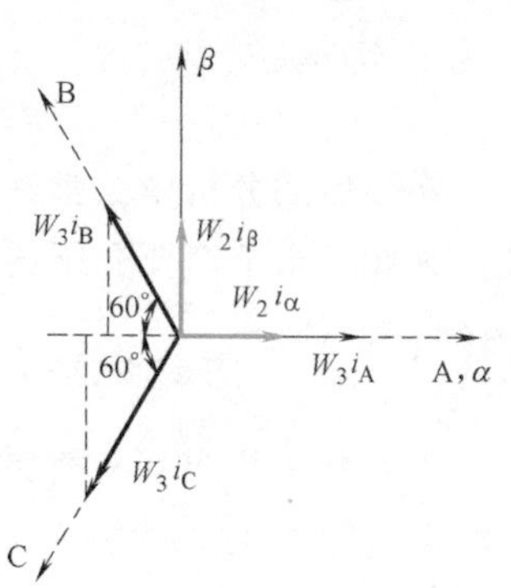

图 7.1.2　三相/两相坐标系与绕组磁动势的空间矢量

设磁动势波形是正弦分布的，当三相总磁动势与二相总磁动势相等时，这两个磁动势在 α、β 轴上的投影都应相等，用

矩阵表示则为

$$\begin{bmatrix} i_\alpha \\ i_\beta \end{bmatrix} = \frac{W_3}{W_2}\begin{bmatrix} 1 & -\frac{1}{2} & -\frac{1}{2} \\ 0 & \frac{\sqrt{3}}{2} & -\frac{\sqrt{3}}{2} \end{bmatrix}\begin{bmatrix} i_A \\ i_B \\ i_C \end{bmatrix} \tag{7.1-3}$$

为了使坐标变换前后的**总功率不变**（被称为绝对变换，power invariant transformation），按照6.2.3节例6.2-1中求解空间矢量公式的方法，即

$$\begin{aligned} p &= \boldsymbol{u}_{ABC}^{T}\boldsymbol{i}_{ABC} = u_A i_A + u_B i_B + u_C i_C \\ &= \boldsymbol{u}_{\alpha\beta}^{T}\boldsymbol{i}_{\alpha\beta} = u_\alpha i_\alpha + u_\beta i_\beta \end{aligned}$$

式中的 $\boldsymbol{u}^T$ 为 $\boldsymbol{u}$ 的转置矢量。由上式的条件可以求得匝数比 $W_3/W_2=\sqrt{2/3}$，将其代入式（7.1-3）得

$$\begin{bmatrix} i_\alpha \\ i_\beta \end{bmatrix} = \sqrt{\frac{2}{3}}\begin{bmatrix} 1 & -\frac{1}{2} & -\frac{1}{2} \\ 0 & \frac{\sqrt{3}}{2} & -\frac{\sqrt{3}}{2} \end{bmatrix}\begin{bmatrix} i_A \\ i_B \\ i_C \end{bmatrix} \tag{7.1-4}$$

令 $C_{3/2}$ **表示从三相坐标系变换到两相坐标系的变换矩阵**，则

$$C_{3/2} = \sqrt{\frac{2}{3}}\begin{bmatrix} 1 & -\frac{1}{2} & -\frac{1}{2} \\ 0 & \frac{\sqrt{3}}{2} & -\frac{\sqrt{3}}{2} \end{bmatrix} \tag{7.1-5}$$

如果要从两相坐标系变换到三相坐标系（简称2/3变换），则可利用增广矩阵的方法把 $C_{3/2}$ 扩成方阵。求其逆矩阵后，再去除增加的一列，即得

$$C_{2/3} = \sqrt{\frac{2}{3}}\begin{bmatrix} 1 & 0 \\ -\frac{1}{2} & \frac{\sqrt{3}}{2} \\ -\frac{1}{2} & -\frac{\sqrt{3}}{2} \end{bmatrix} \tag{7.1-6}$$

所以2/3变换式为

$$\begin{bmatrix} i_A \\ i_B \\ i_C \end{bmatrix} = C_{2/3}\begin{bmatrix} i_\alpha \\ i_\beta \end{bmatrix} \tag{7.1-7}$$

由于 $i_A+i_B+i_C=0$，或 $i_C=-i_A-i_B$，代入式（7.1-4）和式（7.1-7）并整理后得

$$\begin{bmatrix} i_\alpha \\ i_\beta \end{bmatrix} = \begin{bmatrix} \sqrt{\frac{3}{2}} & 0 \\ \frac{1}{\sqrt{2}} & \sqrt{2} \end{bmatrix}\begin{bmatrix} i_A \\ i_B \end{bmatrix},\quad \begin{bmatrix} i_A \\ i_B \end{bmatrix} = \begin{bmatrix} \sqrt{\frac{2}{3}} & 0 \\ -\frac{1}{\sqrt{6}} & \frac{1}{\sqrt{2}} \end{bmatrix}\begin{bmatrix} i_\alpha \\ i_\beta \end{bmatrix} \tag{7.1-8}$$

注意：①上述变换以电流为例，按照所采用的条件可证明，这些变换矩阵适用于任意的平面矢量如电压、磁链和功率；②对于三相三线系统，当三相绕组的有效匝数不等或者三相

的相轴不对称，也就是 $e^{j0°}+e^{j120°}+e^{-j120°}=0$ 不成立时，这个变换依然成立。

强调：上述变换适用于三相三线的电系统。

对于供电系统中的三相四线系统，由于 $i_A+i_B+i_C\neq0$，假定 i_0 为流经零线的电流，则

$$i_0=i_A+i_B+i_C$$

对于这类系统，可将互差 120°的 ABC 坐标系变换为**三维空间**中的正交坐标系，即 α，β，0 坐标系表示。于是，ABC 坐标系与 $\alpha\beta0$ 坐标系之间的变换为

$$\begin{bmatrix} i_\alpha \\ i_\beta \\ i_0 \end{bmatrix}=\sqrt{\frac{2}{3}}\begin{bmatrix} 1 & -\frac{1}{2} & -\frac{1}{2} \\ 0 & \frac{\sqrt{3}}{2} & -\frac{\sqrt{3}}{2} \\ \frac{1}{\sqrt{2}} & \frac{1}{\sqrt{2}} & \frac{1}{\sqrt{2}} \end{bmatrix}\begin{bmatrix} i_A \\ i_B \\ i_C \end{bmatrix}=C_{ABC/\alpha\beta0}\begin{bmatrix} i_A \\ i_B \\ i_C \end{bmatrix}$$

$$\begin{bmatrix} i_A \\ i_B \\ i_C \end{bmatrix}=\sqrt{\frac{2}{3}}\begin{bmatrix} 1 & 0 & \frac{1}{\sqrt{2}} \\ -\frac{1}{2} & \frac{\sqrt{3}}{2} & \frac{1}{\sqrt{2}} \\ -\frac{1}{2} & -\frac{\sqrt{3}}{2} & \frac{1}{\sqrt{2}} \end{bmatrix}\begin{bmatrix} i_\alpha \\ i_\beta \\ i_0 \end{bmatrix}=C_{\alpha\beta0/ABC}\begin{bmatrix} i_\alpha \\ i_\beta \\ i_0 \end{bmatrix} \tag{7.1-9}$$

7.1.2　静止坐标系-旋转坐标系变换

在平面上的一个旋转矢量存在两个独立分量。独立分量可以用直角坐标系表述，也可以用极坐标系表述。以下分别讨论。

1. 基于直角坐标系的静止坐标系-旋转坐标系变换（2s/2r 变换）

为了叙述方便，将图 7.1.1b 重绘于图 7.1.3a。为了简化问题，首先设电流 $\boldsymbol{i}_{\alpha\beta}=[i_\alpha i_\beta]^T$ 的各个分量只含基波频率分量 $\omega(t)$，所以

$$I_s=\sqrt{{i_\alpha}^2+{i_\beta}^2},\quad \theta_{Fm}(t)=\int\omega(t)\,dt$$
$$i_\alpha=I_s\cos\theta_{Fm},\quad i_\beta=I_s\sin\theta_{Fm} \tag{7.1-10}$$

式中，交流电动机调速系统中的电角频率变化剧烈，需要表示为 $\omega(t)$。对于多数电力系统，由于电角频率 $\omega(t)$ 基本不变，因此可近似为 $\theta_i=\theta_{Fm}=\omega t$。

图 7.1.3a 的旋转磁动势 $\boldsymbol{F}_m$ 还可以用下列方式产生：用两个匝数为 W_2 且互相垂直的绕组 d、q 中分别通以直流电流 i_d 和 i_q，并且使得包含这两个绕组在内的整个铁心以与旋转磁动势 $\boldsymbol{F}_m$ 同步的转速 $\omega(t)$ 旋转，如图 7.1.3b 所示，d 轴与 α 轴之间的夹角为 $\theta_{\alpha d}$。当观察者也站到**该铁心**上和绕组一起旋转时，在他看来，d 和 q 是两个通入直流且相互垂直的静止绕组。此时，$i_{dq}=[i_d i_q]^T$ 产生的 $\boldsymbol{F}_m$ 与图 a 中 $\boldsymbol{i}_{\alpha\beta}=[i_\alpha i_\beta]^T$ 产生的 $\boldsymbol{F}_m$ 相等。

进一步如图 7.1.3c 所示，选择旋转磁动势 $\boldsymbol{F}_m$ 的方向为 d 坐标轴的方向，即 d 坐标轴与 α 坐标轴的夹角为 $\boldsymbol{F}_m$ 的旋转电角度 $\theta_{\alpha d}=\theta_{F_m}$。为了区别，将此时的 d 轴更名为 M 轴，q 轴改为 T 轴。如果在 M 坐标轴上的绕组里通电流 $\boldsymbol{i}_M$，则 $\boldsymbol{i}_M$ 的方向与磁动势 $\boldsymbol{F}_m$ 的方向重合，

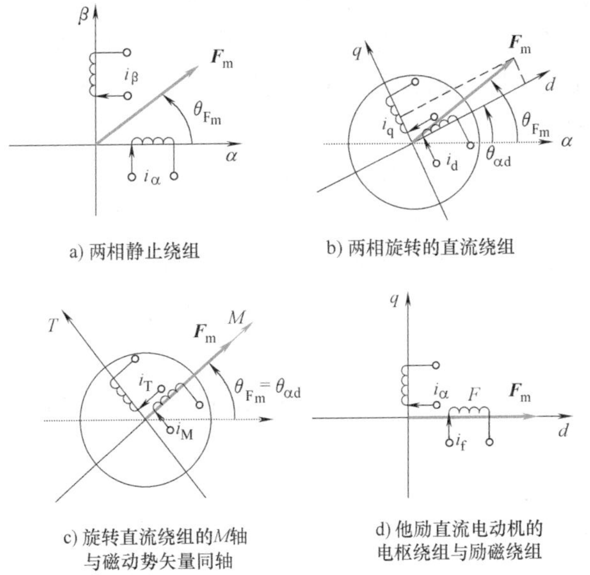

图 7.1.3　产生旋转磁动势的三种等效绕组（图 a、b、c）

即等价为磁动势 $\boldsymbol{F}_m$ 由旋转坐标轴 M 上绕组中的直流电流 i_M 产生（T 轴电流为 $i_T=0$）。此电流 i_M 与 $\boldsymbol{i}_{\alpha\beta}$ 的关系以及 M 坐标轴与 α 坐标轴的夹角 θ_{F_m} 分别为

$$\begin{cases} i_M=I_s=\sqrt{i_\alpha^2+i_\beta^2} \\ \theta_{F_m}=\arccos\left(\dfrac{i_\alpha}{\sqrt{{i_\alpha}^2+{i_\beta}^2}}\right) \end{cases} \tag{7.1-11}$$

这时，M 坐标轴上的绕组相当于电动机的励磁绕组。

采用 M 坐标轴绕组中的直流电流 i_M 产生磁动势 $\boldsymbol{F}_m$，其数学本质是采用与极坐标等价的 M 坐标轴表示 $\boldsymbol{F}_m$，即如果绕组的有效匝数为 W_M，则有 $\boldsymbol{F}_m=W_Mi_M e^{j\theta_{F_m}}$。此外，请注意在忽略铁损的条件下，磁动势矢量 $\boldsymbol{F}_m$ 的方向与气隙磁链矢量 $\boldsymbol{\psi}_m$ 的方向一致。

在第 3 章他励直流电动机中，电动机的电枢电流 i_a 和励磁电流 i_f 之间的空间关系可用图 7.1.3d 表示。比较图 c 和 d 可知，两者的励磁方式没有本质上的区别。由此可见，以产生同样的旋转磁动势 $\boldsymbol{F}_m$ 为准则，图 7.1.3a 的两个交流绕组、图 7.1.3b 中的两个直流绕组以及图 7.1.3c 中的直流绕组 M 彼此等效。或者说，两相坐标系下的 i_α 和 i_β、旋转两相坐标系下的直流 i_d 和 i_q 以及与旋转磁动势 $\boldsymbol{F}_m$ 同相位的 M 坐标轴上的直流 i_M 都是等效的，它们都能产生一个相同的基波磁动势。

图 7.1.3 中从两相静止坐标系 $\alpha\beta$ 到两相旋转坐标系 dq 或者到两相坐标系 MT 的变换称作两相正交静止坐标系—两相正交旋转坐标系的变换，简称 2s/2r 变换。其中 s 表示静止，r 表示旋转。把 $\alpha\beta$ 坐标系和 dq 坐标系画在一起，即得图 7.1.4a。图中，两相交流电流 i_α、i_β 和两个直流电流 i_d、i_q 产生同样的以同步转速 ω_1 旋转的合成磁动势 $\boldsymbol{F}_m$。由于各绕组匝数都相等，可以略去磁动势中的匝数，直接用电流表示，即 $\boldsymbol{F}_m$ 可以直接标成电流空间矢量 $I_s e^{j\omega t}$。

在图 7.1.4 中，d、q 轴和矢量 $\boldsymbol{F}_m$、$\boldsymbol{i}_{\alpha\beta}$ 都以转速 ω 旋转。分量 i_d、i_q 的长短不变，相当

于 d、q 绕组的直流磁动势。但 α、β 轴是静止的，α 轴与 d 轴的夹角 $\theta_{\alpha d}$ 随时间而变化，因此 $\boldsymbol{i}_{\alpha\beta}$ 在 α、β 轴上的分量 i_α 和 i_β 在稳态时随时间按正弦规律变化，相当于 α、β 绕组交流磁动势的瞬时值。规定角速度 ω 的方向为两个坐标系夹角 $\theta_{\alpha d}$ 的正方向，由图可见，i_α、i_β 和 i_d、i_q 之间存在下列关系

$$\begin{bmatrix} i_\alpha \\ i_\beta \end{bmatrix} = \begin{bmatrix} \cos\theta_{\alpha d} & -\sin\theta_{\alpha d} \\ \sin\theta_{\alpha d} & \cos\theta_{\alpha d} \end{bmatrix} \begin{bmatrix} i_d \\ i_q \end{bmatrix} = C_{2r/2s} \begin{bmatrix} i_d \\ i_q \end{bmatrix} \tag{7.1-12}$$

式中，**两相旋转坐标系变换到两相静止坐标系的变换矩阵** $C_{2r/2s}$ 为

$$C_{2r/2s} = \begin{bmatrix} \cos\theta_{\alpha d} & -\sin\theta_{\alpha d} \\ \sin\theta_{\alpha d} & \cos\theta_{\alpha d} \end{bmatrix} \tag{7.1-13}$$

可知该矩阵为正交矩阵。并且由于其行列式的值为+1，数学上被称为“**第一类正交矩阵**”。

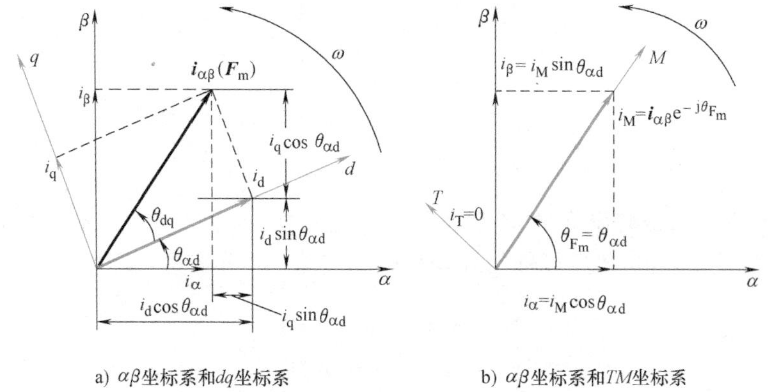

图 7.1.4　两相静止、旋转坐标系以及磁动势（电流）空间矢量

对式（7.1-12）两边都左乘以变换矩阵 $C_{2r/2s}$ 的逆矩阵，即得

$$\begin{bmatrix} i_d \\ i_q \end{bmatrix} = \begin{bmatrix} \cos\theta_{\alpha d} & \sin\theta_{\alpha d} \\ -\sin\theta_{\alpha d} & \cos\theta_{\alpha d} \end{bmatrix} \begin{bmatrix} i_\alpha \\ i_\beta \end{bmatrix} = C_{2s/2r} \begin{bmatrix} i_\alpha \\ i_\beta \end{bmatrix} \tag{7.1-14}$$

式中，**两相静止坐标系变换到两相旋转坐标系的变换矩阵** $C_{2s/2r}$ 是

$$C_{2s/2r} = \begin{bmatrix} \cos\theta_{\alpha d} & \sin\theta_{\alpha d} \\ -\sin\theta_{\alpha d} & \cos\theta_{\alpha d} \end{bmatrix} \tag{7.1-15}$$

电压和磁链的旋转变换矩阵也与电流（磁动势）的旋转变换矩阵相同。

注意，还有一类旋转变换，其变换矩阵为

$$C'_{2s/2r} = \begin{bmatrix} \cos\theta_{\alpha d} & \sin\theta_{\alpha d} \\ \sin\theta_{\alpha d} & -\cos\theta_{\alpha d} \end{bmatrix} \tag{7.1-16}$$

在这个变换的坐标系上，d 轴与图 7.1.4a 的 d 轴相同，而 q 轴与图 7.1.4a 上的 q 轴相差 180°。这个变换与图 7.1.4a 定义的变换在本质上是相同的，只是对 q 轴的定义不同。由于式（7.1-16）的行列式的值为-1，在数学上称为“**第二类正交矩阵**”。这个坐标系常常用在电力系统分析和控制上。此时，d 轴称为有功轴，而 q 轴称为无功轴。

2. 基于极坐标系的静止坐标系-旋转坐标系变换

当平面矢量用**极坐标系**（polar coordinates）表示时，其旋转变换的表述更为简单。此

时，两个独立标量分别为幅值和转角。以下仅讨论第一类正交变换。

对于静止 $\alpha\beta$ 坐标系与极坐标系（也即 MT 坐标系）之间的变换，有式（7.1-9）所示的“旋转→静止”变换和式（7.1-11）所示的“静止→旋转”变换。或者更为简洁地，基于旋转因子

$$\mathrm{e}^{\mathrm{j}\int\omega \mathrm{d}t}=\mathrm{e}^{\mathrm{j}\theta_{\mathrm{F_m}}} \tag{7.1-17}$$

有

$$i_{\mathrm{M}}=I_{\mathrm{s}}=\boldsymbol{i}_{\alpha\beta}\mathrm{e}^{-\mathrm{j}\theta_{\mathrm{F_m}}},\boldsymbol{i}_{\alpha\beta}=I_{\mathrm{s}}\mathrm{e}^{\mathrm{j}\theta_{\mathrm{F_m}}} \tag{7.1-18}$$

上述变换中各矢量的相互关系如图 7.1.4b 所示。此时，d 坐标轴与 α 坐标轴的夹角为 $\theta_{\alpha\mathrm{d}}$，它与在静止坐标轴上得到的 $\boldsymbol{F}_{\mathrm{m}}$ 电角度 $\theta_{\mathrm{F_m}}$ 相等。

如果图 7.1.4a 所示的 d 坐标轴与极坐标轴（M 坐标轴）不重合，实现 $\alpha\beta$ 坐标系与极坐标系之间的变换，可基于 α 轴、d 轴以及 M 轴的位置关系 $\theta_{\mathrm{F_m}}=\theta_{\mathrm{dq}}+\theta_{\alpha\mathrm{d}}$ 进行。

1）采用标量表示：i_α、i_β 和 i_{d}、i_{q} 之间基于式（7.1-12）和式（7.1-14）变换，而 i_{d}、i_{q} 变换为 I_{s}、θ_{dq} 时

$$I_{\mathrm{s}}=\sqrt{i_{\mathrm{d}}^2+i_{\mathrm{q}}^2},\theta_{\mathrm{dq}}=\arctan\frac{i_{\mathrm{q}}}{i_{\mathrm{d}}} \tag{7.1-19}$$

2）采用矢量表示：由于

$$\boldsymbol{i}_{\alpha\beta}=I_{\mathrm{s}}\mathrm{e}^{\mathrm{j}(\theta_{\mathrm{dq}}+\theta_{\alpha\mathrm{d}})},\boldsymbol{i}_{\mathrm{dq}}=I_{\mathrm{s}}\mathrm{e}^{\mathrm{j}\theta_{\mathrm{dq}}} \tag{7.1-20}$$

定义正向旋转因子为 $\mathrm{e}^{\mathrm{j}\theta_{\alpha\mathrm{d}}}$，则 i_α、i_β 和 i_{d}、i_{q} 之间的变换分别为

$$\boldsymbol{i}_{\mathrm{dq}}=\boldsymbol{i}_{\alpha\beta}\mathrm{e}^{-\mathrm{j}\theta_{\alpha\mathrm{d}}},\boldsymbol{i}_{\alpha\beta}=\boldsymbol{i}_{\mathrm{dq}}\mathrm{e}^{\mathrm{j}\theta_{\alpha\mathrm{d}}} \tag{7.1-21}$$

7.4.3 节将基于极坐标系建立电动机的模型，以便分析直接转矩控制方法。

本节小结

各种坐标系的变换用于简化所研究对象的原始数学模型，或者用于暴露原始数学模型中的所感兴趣的某些特征，但是坐标系的变换并不能够改变电动机的各种性质。

请注意各种变换的条件。例如，7.1.2 节的旋转变换都假定旋转矢量的旋转速度是单一频率。如果这个假设不成立，则针对具体问题需要选择具体的旋转变换方法。例如，对于含有谐波的稳态周期函数，如果其频率为 $\omega_1+\omega_2+\omega_3+\cdots$，则需要清楚了解对某个频率分量 ω_k 的旋转变换 $\mathrm{e}^{\mathrm{j}\omega_k t}$ 的旋转坐标上其他频率分量的变化。

7.2 异步电动机系统的动态数学模型

本节分析异步电动机系统的动态模型，也就是说是“电动机+负载”的模型。

7.2.1 基本动态模型及其性质

在推导异步电动机系统的多变量非线性数学模型时，常作如下的假设：

1）忽略空间谐波（见 5.2 节）；设三相绕组匝数相等，且空间位置对称；只考虑各个状态变量的**基波分量**（相关叙述见 5.2.4 节）。

2）忽略磁路饱和以及铁心损耗。此外，由于采用电感表示磁路，所以默认在建模前已经完成了绕组折算。

3）不考虑频率变化和温度变化对绕组、电阻的影响。

4）无论电动机转子是绕线转子还是笼型转子，都等效成三相绕线转子。

这样，三相异步电动机绕组就可以等效成图 7.2.1 所示的绕组模型。图中，定子三相绕组轴线 A、B、C 在空间是固定的，以 A 轴为参考坐标轴；转子绕组轴线 a、b、c 随转子旋转，转子的 a 轴和定子的 A 轴间的电角度 θ_r 为两者的角位移。规定各绕组电压、电流、磁链的正方向符合电动机惯例和右手螺旋定则。

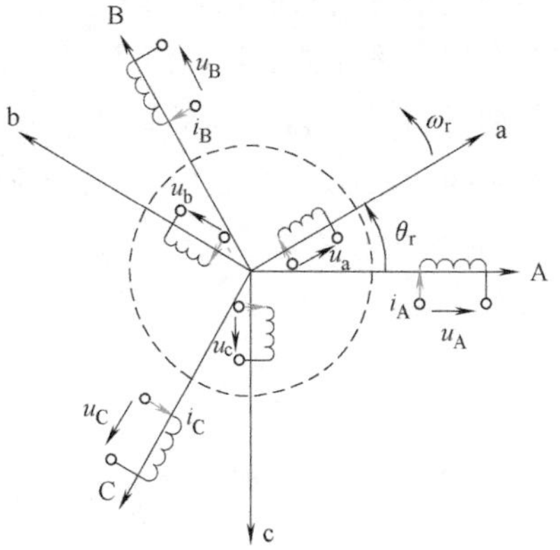

图 7.2.1　三相异步电动机的绕组模型

基于图 7.2.1，三相异步电动机的数学模型可以由下述电压方程、磁链方程、转矩方程和运动方程组成。

1. 电压方程

由图 7.2.1 可知，三相定子绕组的电压平衡方程为

$$\begin{bmatrix} u_A \\ u_B \\ u_C \end{bmatrix} = \begin{bmatrix} R_s & 0 & 0 \\ 0 & R_s & 0 \\ 0 & 0 & R_s \end{bmatrix} \begin{bmatrix} i_A \\ i_B \\ i_C \end{bmatrix} + p \begin{bmatrix} \psi_A \\ \psi_B \\ \psi_C \end{bmatrix} \tag{7.2-1}$$

与此相应，转子绕组仅进行绕组折算（折算到定子侧）之后，基于**旋转轴线** a、b、c 的电压方程为

$$\begin{bmatrix} u_a \\ u_b \\ u_c \end{bmatrix} = \begin{bmatrix} R_r & 0 & 0 \\ 0 & R_r & 0 \\ 0 & 0 & R_r \end{bmatrix} \begin{bmatrix} i_a \\ i_b \\ i_c \end{bmatrix} + p \begin{bmatrix} \psi_a \\ \psi_b \\ \psi_c \end{bmatrix} \tag{7.2-2}$$

式中，p 为微分算子，表示微分符号 d/dt；u_A、u_B、u_C、u_a、u_b、u_c 为定子和转子相电压的瞬时值；i_A、i_B、i_C、i_a、i_b、i_c 为定子和转子相电流的瞬时值；ψ_A、ψ_B、ψ_C、ψ_a、ψ_b、ψ_c 为各相绕组的全磁链；R_s、R_r 分别为定子和转子绕组的电阻。

将电压方程写成矩阵形式，有

$$\begin{bmatrix} u_A \\ u_B \\ u_C \\ u_a \\ u_b \\ u_c \end{bmatrix} = \begin{bmatrix} R_s & 0 & 0 & 0 & 0 & 0 \\ 0 & R_s & 0 & 0 & 0 & 0 \\ 0 & 0 & R_s & 0 & 0 & 0 \\ 0 & 0 & 0 & R_r & 0 & 0 \\ 0 & 0 & 0 & 0 & R_r & 0 \\ 0 & 0 & 0 & 0 & 0 & R_r \end{bmatrix} \begin{bmatrix} i_A \\ i_B \\ i_C \\ i_a \\ i_b \\ i_c \end{bmatrix} + p \begin{bmatrix} \psi_A \\ \psi_B \\ \psi_C \\ \psi_a \\ \psi_b \\ \psi_c \end{bmatrix} \tag{7.2-3}$$

或写成

$$\boldsymbol{u} = \boldsymbol{R}\boldsymbol{i} + p\boldsymbol{\Psi} \tag{7.2-3a}$$

2. 磁链方程

每个绕组的磁链是它本身的自感磁链和其他绕组对它的互感磁链之和，因此，六个绕组的磁链可表示为

$$\begin{bmatrix}\psi_A\\ \psi_B\\ \psi_C\\ \psi_a\\ \psi_b\\ \psi_c\end{bmatrix}=\begin{bmatrix}L_{AA} & L_{AB} & L_{AC} & L_{Aa} & L_{Ab} & L_{Ac}\\ L_{BA} & L_{BB} & L_{BC} & L_{Ba} & L_{Bb} & L_{Bc}\\ L_{CA} & L_{CB} & L_{CC} & L_{Ca} & L_{Cb} & L_{Cc}\\ L_{aA} & L_{aB} & L_{aC} & L_{aa} & L_{ab} & L_{ac}\\ L_{bA} & L_{bB} & L_{bC} & L_{ba} & L_{bb} & L_{bc}\\ L_{cA} & L_{cB} & L_{cC} & L_{ca} & L_{cb} & L_{cc}\end{bmatrix}\begin{bmatrix}i_A\\ i_B\\ i_C\\ i_a\\ i_b\\ i_c\end{bmatrix} \tag{7.2-4}$$

或写成

$$\boldsymbol{\psi}=\boldsymbol{L}\boldsymbol{i} \tag{7.2-4a}$$

式中，$\boldsymbol{L}$ 是 6×6 电感矩阵，其中对角线元素 L_{AA}、L_{BB}、L_{CC}、L_{aa}、L_{bb} 和 L_{cc} 是各有关绕组的自感，其余各项则是绕组间的互感。

与电动机绕组交链的磁通主要有两类：一类是穿过气隙的相间互感磁通，是起主要作用的；另一类是漏磁通，主要与自己一相绕组交链，而少量穿过气隙的部分常常被忽略。定义定子各相漏磁通对应的电感为定子漏感 $L_{\sigma1}$，且由于绕组的对称性，定子各相漏感均相等；定义转子各相漏磁通为转子漏感 $L_{\sigma2}$。

进一步，定义与定子一相绕组交链的最大互感磁通为 L_{m1}，与转子一相绕组交链的最大互感磁通为 L_{m2}。由于**折算后定、转子绕组匝数相等**，且各绕组间互感磁通都通过气隙，磁阻相同，故可认为

$$L_{m1}=L_{m2}=L_m \tag{7.2-5}$$

对于每一相绕组来说，它所交链的磁通是互感磁通与漏感磁通之和，因此，定子和转子各相自感分别为

$$\begin{aligned}L_{AA}=L_{BB}=L_{CC}=L_m+L_{\sigma1}\\ L_{aa}=L_{bb}=L_{cc}=L_m+L_{\sigma2}\end{aligned} \tag{7.2-6}$$

两个绕组之间的互感又分为两类：

1）定子三相之间以及转子三相之间位置都是固定的，故这类互感为常值。

2）定子任一相与转子任一相之间的位置是变化的，所以定、转子之间的互感是转子相对于定子角位移 θ_r 的函数。

现在先讨论第一类，三相绕组轴线彼此在空间的相位差是±120°，在假定气隙磁通为正弦分布的条件下，互感值应为 $L_m\cos120°=L_m\cos(-120°)=-\frac{1}{2}L_m$，于是

$$\begin{aligned}L_{AB}=L_{BC}=L_{CA}=L_{BA}=L_{CB}=L_{AC}=-L_m/2\\ L_{ab}=L_{bc}=L_{ca}=L_{ba}=L_{cb}=L_{ac}=-L_m/2\end{aligned} \tag{7.2-7}$$

至于第二类，即定子与转子绕组间的互感，由于相互间位置的变化（见图 7.2.1），因此可分别表示为

$$\begin{aligned}L_{Aa}=L_{aA}=L_{Bb}=L_{bB}=L_{Cc}=L_{cC}=L_m\cos\theta_r\\ L_{Ab}=L_{bA}=L_{Bc}=L_{cB}=L_{Ca}=L_{aC}=L_m\cos(\theta_r+120°)\\ L_{Ac}=L_{cA}=L_{Ba}=L_{aB}=L_{Cb}=L_{bC}=L_m\cos(\theta_r-120°)\end{aligned} \tag{7.2-8}$$

当定子与转子两套绕组轴线一致时，两者之间的互感值最大，就是相间的最大互感 L_m。

将式（7.2-5）~式（7.2-8）都代入式（7.2-4），即得完整的磁链矩阵方程，显然这个

矩阵方程是比较复杂的，为了方便起见，可以将它写成分块矩阵的形式

$$\begin{bmatrix}\boldsymbol{\Psi}_s\\\boldsymbol{\Psi}_r\end{bmatrix}=\boldsymbol{L}_{\theta r}\begin{bmatrix}\boldsymbol{i}_s\\\boldsymbol{i}_r\end{bmatrix}=\begin{bmatrix}\boldsymbol{L}_{ss} & \boldsymbol{L}_{sr}(\theta_r)\\\boldsymbol{L}_{rs}(\theta_r) & \boldsymbol{L}_{rr}\end{bmatrix}\begin{bmatrix}\boldsymbol{i}_s\\\boldsymbol{i}_r\end{bmatrix}\tag{7.2-9}$$

式中，$\boldsymbol{\Psi}_s=[\psi_A\quad\psi_B\quad\psi_C]^T$；$\boldsymbol{\Psi}_r=[\psi_a\quad\psi_b\quad\psi_c]^T$；$\boldsymbol{i}_s=[i_A i_B i_C]^T$；$\boldsymbol{i}_r=[i_a i_b i_c]^T$；电感矩阵 $\boldsymbol{L}_{\theta r}$ 为

$$\boldsymbol{L}_{\theta r}=\begin{bmatrix}\boldsymbol{L}_{ss} & \boldsymbol{L}_{sr}(\theta_r)\\\boldsymbol{L}_{rs}(\theta_r) & \boldsymbol{L}_{rr}\end{bmatrix}\tag{7.2-10}$$

式中，

$$\boldsymbol{L}_{ss}=\begin{bmatrix}L_{ms}+L_{ls} & -\frac{1}{2}L_{ms} & -\frac{1}{2}L_{ms}\\-\frac{1}{2}L_{ms} & L_{ms}+L_{ls} & -\frac{1}{2}L_{ms}\\-\frac{1}{2}L_{ms} & -\frac{1}{2}L_{ms} & L_{ms}+L_{ls}\end{bmatrix}\tag{7.2-11a}$$

$$\boldsymbol{L}_{rr}=\begin{bmatrix}L_m+L_{\sigma2} & -\frac{1}{2}L_m & -\frac{1}{2}L_m\\-\frac{1}{2}L_m & L_m+L_{\sigma2} & -\frac{1}{2}L_m\\-\frac{1}{2}L_m & -\frac{1}{2}L_m & L_m+L_{\sigma2}\end{bmatrix}\tag{7.2-11b}$$

$$\boldsymbol{L}_{rs}(\theta_r)=\boldsymbol{L}_{sr}(\theta_r)^T=L_m\begin{bmatrix}\cos\theta_r & \cos(\theta_r-120°) & \cos(\theta_r+120°)\\\cos(\theta_r+120°) & \cos\theta_r & \cos(\theta_r-120°)\\\cos(\theta_r-120°) & \cos(\theta_r+120°) & \cos\theta_r\end{bmatrix}\tag{7.2-12}$$

值得注意的是，$\boldsymbol{L}_{rs}$ 和 $\boldsymbol{L}_{sr}$ 两个分块矩阵互为转置，且均与转子角位移 θ_r 有关，它们的元素都是**时变参数**。为了把时变参数矩阵转换成常参数矩阵，需利用坐标变换，后面将详细讨论这个问题。

把磁链方程式（7.2-4a）的具体表达式（7.2-9）代入电压方程式（7.2-3a），即得展开后的电压方程为

$$\begin{aligned}\boldsymbol{u}&=\boldsymbol{R}\boldsymbol{i}+p(\boldsymbol{L}_{\theta r}\boldsymbol{i})=\boldsymbol{R}\boldsymbol{i}+\boldsymbol{L}_{\theta r}\frac{\mathrm{d}\boldsymbol{i}}{\mathrm{d}t}+\frac{\mathrm{d}\boldsymbol{L}_{\theta r}}{\mathrm{d}t}\boldsymbol{i}\\&=\boldsymbol{R}\boldsymbol{i}+\boldsymbol{L}_{\theta r}\frac{\mathrm{d}\boldsymbol{i}}{\mathrm{d}t}+\frac{\mathrm{d}\boldsymbol{L}_{\theta r}}{\mathrm{d}\theta_r}\omega_r\boldsymbol{i}\end{aligned}\tag{7.2-13}$$

式中，$\boldsymbol{L}_{\theta r}\frac{\mathrm{d}\boldsymbol{i}}{\mathrm{d}t}$项属于电磁感应电动势中的**变压器电动势**；$\frac{\mathrm{d}\boldsymbol{L}_{\theta r}}{\mathrm{d}\theta_r}\omega_r\boldsymbol{i}$ 项属于电磁感应电动势中与转子转速 ω_r 成正比的**旋转（运动）电动势**。

3. 转矩方程

由第 2.5 节所述机电能量转换原理可知，在多绕组电动机中，在线性电感的条件下，磁场的储能 W_m 和磁共能 W'_m 为

$$W_m = W'_m = \frac{1}{2}\boldsymbol{i}^T\boldsymbol{\psi} = \frac{1}{2}\boldsymbol{i}^T\boldsymbol{L}_\theta\boldsymbol{i} \tag{7.2-14}$$

由式（2.5-15）知，电磁转矩等于机械角位移变化时磁共能的变化率$\frac{\partial W'_m}{\partial \theta_M}$（电流约束为常值且转子机械角位移 $\theta_M=\theta_r/n_p$）。于是电磁转矩的幅值

$$T_e = \left.\frac{\partial W'_m}{\partial \theta_M}\right|_{i=常数} = n_p \left.\frac{\partial W'_m}{\partial \theta_r}\right|_{i=常数} \tag{7.2-15}$$

将式（7.2-14）代入式（7.2-15），并考虑到电感的分块矩阵关系式（7.2-10）~式（7.2-12），得

$$T_e = \frac{1}{2}n_p\boldsymbol{i}^T\frac{\partial \boldsymbol{L}_\theta}{\partial \theta_r}\boldsymbol{i} = \frac{1}{2}n_p\boldsymbol{i}^T\begin{bmatrix} 0 & \frac{\partial \boldsymbol{L}_{sr}}{\partial \theta_r} \\ \frac{\partial \boldsymbol{L}_{rs}}{\partial \theta_r} & 0 \end{bmatrix}\boldsymbol{i} \tag{7.2-16}$$

又由于 $\boldsymbol{i}^T=[\boldsymbol{i}_s^T \quad \boldsymbol{i}_r^T]=[i_A i_B i_C i_a i_b i_c]^T$，代入式（7.2-16）得

$$T_e = \frac{1}{2}n_p\left[\boldsymbol{i}_r^T\frac{\partial \boldsymbol{L}_{rs}}{\partial \theta_r}\boldsymbol{i}_s + \boldsymbol{i}_s^T\frac{\partial \boldsymbol{L}_{sr}}{\partial \theta_r}\boldsymbol{i}_r\right] \tag{7.2-17}$$

将式（7.2-12）代入式（7.2-17）并展开后，舍去负号，即电磁转矩的正方向为使 θ_r 减小的方向，则

$$\begin{aligned} T_e = & n_pL_m[(i_Ai_a+i_Bi_b+i_Ci_c)\sin\theta_r \\ & +(i_Ai_b+i_Bi_c+i_Ci_a)\sin(\theta_r+120°)+(i_Ai_c+i_Bi_a+i_Ci_b)\sin(\theta_r-120°)] \end{aligned} \tag{7.2-18}$$

应该指出，上述公式是在**线性磁路**且**磁动势在空间按正弦分布**的假定条件下得出来的，但对定、转子电流相对于时间的波形未作任何假定。因此，上述电磁转矩公式完全适用于任何非正弦波形电源供电的三相异步电动机系统。

4. 运动方程

在忽略电力拖动系统机构中的阻尼转矩和扭转弹性转矩时，第3章所述的电力拖动系统的运动方程同样也适用于异步电动机

$$T_e = T_L + \frac{J}{n_p}\frac{d\omega_r}{dt} \tag{7.2-19}$$

式中，T_L 为负载转矩；ω_r 为转子的电角速度；J 为拖动系统的转动惯量。将式（7.2-13）、式（7.2-16）和式（7.2-19）综合起来，再加上

$$\omega_r = \frac{d\theta_r}{dt} \tag{7.2-20}$$

便构成下式所示的三相异步电动机的多变量非线性数学模型

$$\begin{cases} \boldsymbol{u} = \boldsymbol{Ri} + \boldsymbol{L}_{\theta r}\frac{d\boldsymbol{i}}{dt} + \omega_r\frac{\partial \boldsymbol{L}_{\theta r}}{\partial \theta_r}\boldsymbol{i} \\ T_e = \frac{1}{2}n_p\boldsymbol{i}^T\frac{\partial \boldsymbol{L}_{\theta r}}{\partial \theta_r}\boldsymbol{i} = T_L + \frac{J}{n_p}\frac{d\omega_r}{dt} \\ \omega_r = \frac{d\theta_r}{dt} \end{cases} \tag{7.2-21}$$

式（7.2-21）可表示为如图7.2.2所示的结构图。

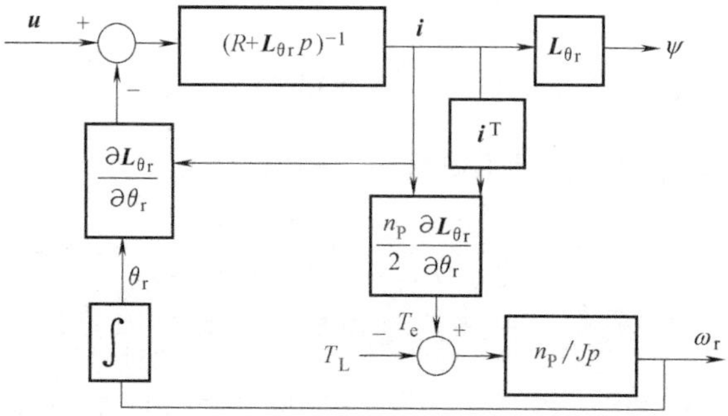

图7.2.2　异步电动机系统的多变量非线性动态结构图

图7.2.2表明异步电动机数学模型具有下列特点：

1）异步电动机可以看成一个双输入双输出的系统。输入量是电压矢量 $\boldsymbol{u}(u,\ \omega_1)$ 和负载转矩 T_L。状态变量是矢量 $\boldsymbol{\psi}$、$\boldsymbol{i}$ 和转子角速度 ω_r。定子电流矢量 $\boldsymbol{i}$ 和转子角速度 ω_r 可以看作是输出量。

2）非线性因素存在于产生的旋转电动势 $\boldsymbol{e}_r=\omega_r\dfrac{\partial \boldsymbol{L}_{\theta r}}{\partial \theta_r}\boldsymbol{i}$、电磁转矩 T_e 和电感矩阵 $\boldsymbol{L}_{\theta r}$ 中。旋转电动势和电磁转矩的非线性关系和直流电动机弱磁控制的情况相似，只是关系更复杂一些。

3）多变量之间的耦合关系主要也体现在 $\boldsymbol{e}_r=\omega_r\dfrac{\partial \boldsymbol{L}_{\theta r}}{\partial \theta_r}\boldsymbol{i}$ 和 T_e 两个环节上。

由于这些原因，异步电动机是一个多变量（多输入多输出）系统，而各个变量之间又互相都有影响，所以是强耦合、非线性的多变量系统。

7.2.2　两相正交静止坐标系上的数学模型

上述异步电动机数学模型是建立在三相**静止**的ABC坐标系和三相**旋转**的abc坐标系上的，如果把它变换到两相**正交**并且**静止**的坐标系上，由于该坐标系的两坐标轴互相垂直，因此两个绕组之间没有磁的耦合。利用这种恒等变换，就会简化上述数学模型。

以下以常见的称为$\alpha\beta$坐标系的两相正交静止坐标系为例分析异步电动机模型中的电磁子系统部分。

要把分别在三相定子（静止ABC坐标系）和三相转子（旋转的abc坐标系）的坐标系上的电压方程、磁链方程和转矩方程都变换到两相静止坐标系上，可以利用3/2变换和旋转变换，将方程式中定子和转子的电压、电流、磁链和转矩进行变换。变换时请注意，旋转的abc坐标系上的变量如磁链 $\boldsymbol{\psi}_{rabc}$ 与转子静止 $\alpha\beta$ 坐标系上的 $\boldsymbol{\psi}_{r\alpha\beta}$ 之间的关系为

$$\boldsymbol{\psi}_{r\alpha\beta}=\boldsymbol{\psi}_{rabc}e^{-j\int\omega_r dt}$$

式中，$\int\omega_r dt$ 是矢量 $\boldsymbol{\psi}_{rabc}$ 和 $\boldsymbol{\psi}_{r\alpha\beta}$ 之间的夹角。

由于具体的变换过程比较复杂（请参考文献［9］的附录），以下不赘述推导，仅给出变换结果。

1. 电压方程

令

$$\begin{cases}\boldsymbol{u}_{s\alpha\beta}=[u_{s\alpha}u_{s\beta}]^{T},\boldsymbol{u}_{r\alpha\beta}=[u_{r\alpha}u_{r\beta}]^{T}\\\boldsymbol{i}_{s\alpha\beta}=[i_{s\alpha}i_{s\beta}]^{T},\boldsymbol{i}_{r\alpha\beta}=[i_{r\alpha}i_{r\beta}]^{T}\\\boldsymbol{\psi}_{s\alpha\beta}=[\psi_{s\alpha}\psi_{s\beta}]^{T},\boldsymbol{\psi}_{r\alpha\beta}=[\psi_{r\alpha}\psi_{r\beta}]^{T}\\\boldsymbol{I}=\begin{bmatrix}1&0\\0&1\end{bmatrix},\boldsymbol{J}=\begin{bmatrix}0&-1\\1&0\end{bmatrix}\end{cases}\tag{7.2-22}$$

变换以后，式（7.2-3）的电压矩阵方程变成

$$\begin{cases}\boldsymbol{u}_{s\alpha\beta}=R_s\boldsymbol{i}_{s\alpha\beta}+p\boldsymbol{\psi}_{s\alpha\beta}\\\boldsymbol{u}_{r\alpha\beta}=R_r\boldsymbol{i}_{r\alpha\beta}+p\boldsymbol{\psi}_{r\alpha\beta}-\omega_r\boldsymbol{J}\boldsymbol{\psi}_{r\alpha\beta}\end{cases}\tag{7.2-23}$$

式中，R_s、R_r 同式（7.2-1）和式（7.2-2）中电阻的定义；$-\omega_r\boldsymbol{J}\boldsymbol{\psi}_{r\alpha\beta}$ 为转子的运动电动势。

2. 磁链方程

式（7.2-9）的磁链方程改为

$$\begin{bmatrix}\psi_{s\alpha}\\\psi_{s\beta}\\\psi_{r\alpha}\\\psi_{r\beta}\end{bmatrix}=\begin{bmatrix}L_s&0&L_M&0\\0&L_s&0&L_M\\L_M&0&L_r&0\\0&L_M&0&L_r\end{bmatrix}\begin{bmatrix}i_{s\alpha}\\i_{s\beta}\\i_{r\alpha}\\i_{r\beta}\end{bmatrix}$$

即

$$\begin{bmatrix}\boldsymbol{\psi}_{s\alpha\beta}\\\boldsymbol{\psi}_{r\alpha\beta}\end{bmatrix}=\begin{bmatrix}L_s\boldsymbol{I}&L_M\boldsymbol{I}\\L_M\boldsymbol{I}&L_r\boldsymbol{I}\end{bmatrix}\begin{bmatrix}\boldsymbol{i}_{s\alpha\beta}\\\boldsymbol{i}_{r\alpha\beta}\end{bmatrix}\tag{7.2-24}$$

式中

$$\begin{cases}L_M=\dfrac{3}{2}L_m\\L_s=\dfrac{3}{2}L_m+L_{\sigma1}=L_M+L_{\sigma1}\\L_r=\dfrac{3}{2}L_m+L_{\sigma2}=L_M+L_{\sigma2}\end{cases}\tag{7.2-25}$$

分别为 $\alpha\beta$ 坐标系定子与转子同轴等效绕组间的互感、定子等效绕组的自感和转子等效绕组的自感。应该注意，两个绕组互感 L_M 是原三相绕组中任意两相间最大互感（当轴线重合时）L_m 的 3/2 倍，这是因为用两个正交绕组等效地取代了三相绕组的缘故。

由式（7.2-23）和式（7.2-24）得

$$\begin{bmatrix}\boldsymbol{u}_{s\alpha\beta}\\\boldsymbol{u}_{r\alpha\beta}\end{bmatrix}=\begin{bmatrix}R_s\boldsymbol{I}&0\\0&R_r\boldsymbol{I}\end{bmatrix}\begin{bmatrix}i_{s\alpha\beta}\\i_{r\alpha\beta}\end{bmatrix}+\begin{bmatrix}p\boldsymbol{I}&0\\0&p\boldsymbol{I}-\omega_r\boldsymbol{J}\end{bmatrix}\begin{bmatrix}\boldsymbol{\psi}_{s\alpha\beta}\\\boldsymbol{\psi}_{r\alpha\beta}\end{bmatrix}\tag{7.2-26}$$

$$=\begin{bmatrix}(R_s+pL_s)\boldsymbol{I}&pL_M\boldsymbol{I}\\pL_M\boldsymbol{I}-\omega_rL_M\boldsymbol{J}&(R_r+pL_r)\boldsymbol{I}-\omega_rL_r\boldsymbol{J}\end{bmatrix}\begin{bmatrix}\boldsymbol{i}_{s\alpha\beta}\\\boldsymbol{i}_{r\alpha\beta}\end{bmatrix}\tag{7.2-27}$$

对比式（7.2-27）和式（7.2-3）可知，两相坐标系上的电压方程是 4 维的，它比三相坐标系上的 6 维电压方程降低了 2 维。

在电压方程式（7.2-27）等号右侧的系数矩阵中，含 R 的项表示电阻压降，含微分算子 p 的项表示电感压降，即变压器电动势，含 ω_r 的项表示旋转电动势。为了使物理概念更清楚，可以把它们分开写，即

$$\begin{bmatrix} \boldsymbol{u}_{s\alpha\beta} \\ \boldsymbol{u}_{r\alpha\beta} \end{bmatrix} = \begin{bmatrix} (R_s+pL_s)\boldsymbol{I} & pL_M\boldsymbol{I} \\ pL_M\boldsymbol{I} & (R_r+pL_r)\boldsymbol{I} \end{bmatrix} \begin{bmatrix} \boldsymbol{i}_{s\alpha\beta} \\ \boldsymbol{i}_{r\alpha\beta} \end{bmatrix} + \begin{bmatrix} 0 & 0 \\ 0 & -\omega_r\boldsymbol{J} \end{bmatrix} \begin{bmatrix} \boldsymbol{\psi}_{s\alpha\beta} \\ \boldsymbol{\psi}_{r\alpha\beta} \end{bmatrix} \tag{7.2-28}$$

令 $\boldsymbol{R}=\begin{bmatrix} R_s\boldsymbol{I} & 0 \\ 0 & R_s\boldsymbol{I} \end{bmatrix}$，$\boldsymbol{L}=\begin{bmatrix} L_s\boldsymbol{I} & L_M\boldsymbol{I} \\ L_M\boldsymbol{I} & L_r\boldsymbol{I} \end{bmatrix}$，$\boldsymbol{u}_{\alpha\beta}=\begin{bmatrix} \boldsymbol{u}_{s\alpha\beta} \\ \boldsymbol{u}_{r\alpha\beta} \end{bmatrix}$，$\boldsymbol{i}_{\alpha\beta}=\begin{bmatrix} \boldsymbol{i}_{s\alpha\beta} \\ \boldsymbol{i}_{r\alpha\beta} \end{bmatrix}$，旋转电动势矢量 $\boldsymbol{e}_{r\alpha\beta}=\begin{bmatrix} 0 & 0 \\ 0 & -\omega_r\boldsymbol{J} \end{bmatrix}\begin{bmatrix} \boldsymbol{\psi}_{s\alpha\beta} \\ \boldsymbol{\psi}_{r\alpha\beta} \end{bmatrix}$，则式（7.2-28）可改写为

$$\boldsymbol{u}_{\alpha\beta}=\boldsymbol{R}\boldsymbol{i}_{\alpha\beta}+\boldsymbol{L}p\boldsymbol{i}_{\alpha\beta}+\boldsymbol{e}_{r\alpha\beta} \tag{7.2-29}$$

这就是 $\alpha\beta$ 坐标系上的异步电动机动态电压方程式。与 7.2.1 节中 ABC 坐标系方程不同的是，此处电感矩阵 $\boldsymbol{L}$ 变成 4×4 常参数线性矩阵，而整个电压方程也降低为 4 维方程。

对于笼型异步电动机，由于转子短路，即 $\boldsymbol{u}_{r\alpha\beta}=\boldsymbol{0}$，则电压方程可变化为

$$\begin{bmatrix} \boldsymbol{u}_{s\alpha\beta} \\ \boldsymbol{0} \end{bmatrix} = \begin{bmatrix} (R_s+pL_s)\boldsymbol{I} & pL_M\boldsymbol{I} \\ pL_M\boldsymbol{I}-\omega_rL_M\boldsymbol{J} & (R_r+pL_r)\boldsymbol{I}-\omega_rL_r\boldsymbol{J} \end{bmatrix} \begin{bmatrix} \boldsymbol{i}_{s\alpha\beta} \\ \boldsymbol{i}_{r\alpha\beta} \end{bmatrix} \tag{7.2-30a}$$

$$= \begin{bmatrix} (R_s+\sigma L_sp)\ \boldsymbol{I} & (L_M/L_r)\ p\boldsymbol{I} \\ -L_MR_r\boldsymbol{I} & (R_r+L_rp)\ \boldsymbol{I}-\omega_rL_r\boldsymbol{J} \end{bmatrix} \begin{bmatrix} \boldsymbol{i}_{s\alpha\beta} \\ \boldsymbol{\psi}_{r\alpha\beta} \end{bmatrix} \tag{7.2-30b}$$

式中，$\sigma=1-[L_M^2/(L_sL_r)]$。

此外在 7.4 节，将选择 $\boldsymbol{\psi}_{s\alpha\beta}$、$\boldsymbol{\psi}_{r\alpha\beta}$ 作为状态变量，此时由式（7.2-26）可得对应的电压方程为

$$\begin{bmatrix} \boldsymbol{u}_{s\alpha\beta} \\ \boldsymbol{0} \end{bmatrix} = \begin{bmatrix} (p+\dfrac{R_s}{\sigma L_s})\boldsymbol{I} & -\dfrac{R_sL_M}{\sigma L_sL_r}\boldsymbol{I} \\ -\dfrac{R_rL_M}{\sigma L_sL_r}\boldsymbol{I} & (\dfrac{R_r}{\sigma L_r}+p)\boldsymbol{I}-\omega_r\boldsymbol{J} \end{bmatrix} \begin{bmatrix} \boldsymbol{\psi}_{s\alpha\beta} \\ \boldsymbol{\psi}_{r\alpha\beta} \end{bmatrix} \tag{7.2-31}$$

式中，$\sigma=1-[L_M^2/(L_sL_r)]$。

3. 电磁转矩

式（7.2-17）经变换后，可得到用 $\alpha\beta$ 坐标系表示的电磁转矩标量为

$$T_e=n_pL_M\ (i_{s\beta}i_{r\alpha}-i_{s\alpha}i_{r\beta})$$

此式就是式（7.2-32a）的标量部分。

基于式（7.2-24）选择不同的状态变量，可以构成电磁转矩的各种表达式，以用于不同的控制方法。现汇总如下：

用定、转子电流表示

$$\boldsymbol{T}_e=n_pL_M(\boldsymbol{i}_{r\alpha\beta}\times\boldsymbol{i}_{s\alpha\beta}),\text{标量 } T_e=n_pL_M(\boldsymbol{i}_{s\alpha\beta}^{T}\boldsymbol{J}\boldsymbol{i}_{r\alpha\beta}) \tag{7.2-32a}$$

用定子变量表示

$$\boldsymbol{T}_e=n_p(\boldsymbol{\psi}_{s\alpha\beta}\times\boldsymbol{i}_{s\alpha\beta}),\text{标量 } T_e=n_p(\boldsymbol{i}_{s\alpha\beta}^{T}\boldsymbol{J}\boldsymbol{\psi}_{s\alpha\beta}) \tag{7.2-32b}$$

用定子电流和转子磁链表示

$$\boldsymbol{T}_e=n_p(L_M/L_r)(\boldsymbol{\psi}_{r\alpha\beta}\times\boldsymbol{i}_{s\alpha\beta}),\text{标量 } T_e=n_p(L_M/L_r)(\boldsymbol{i}_{s\alpha\beta}^{T}\boldsymbol{J}\boldsymbol{\psi}_{r\alpha\beta}) \tag{7.2-32c}$$

用转子变量表示

$$\boldsymbol{T}_{\mathrm{e}}=n_{\mathrm{p}}(\boldsymbol{i}_{\mathrm{r}\alpha\beta}\times\boldsymbol{\psi}_{\mathrm{r}\alpha\beta}),标量\ T_{\mathrm{e}}=n_{\mathrm{p}}(\boldsymbol{\psi}_{\mathrm{r}\alpha\beta}^{\mathrm{T}}\boldsymbol{J}\boldsymbol{i}_{\mathrm{r}\alpha\beta}) \tag{7.2-32d}$$

用定、转子磁链表示

$$\boldsymbol{T}_{\mathrm{e}}=n_{\mathrm{p}}\frac{L_{\mathrm{M}}}{\sigma L_{\mathrm{s}}L_{\mathrm{r}}}(\boldsymbol{\psi}_{\mathrm{r}\alpha\beta}\times\boldsymbol{\psi}_{\mathrm{s}\alpha\beta}),标量\ T_{\mathrm{e}}=n_{\mathrm{p}}\frac{L_{\mathrm{M}}}{\sigma L_{\mathrm{s}}L_{\mathrm{r}}}(\boldsymbol{\psi}_{\mathrm{s}\alpha\beta}^{\mathrm{T}}\boldsymbol{J}\boldsymbol{\psi}_{\mathrm{r}\alpha\beta}) \tag{7.2-32e}$$

电磁子系统的电压方程式（7.2-29）和电磁转矩表达式（7.2-32），再加上机电子系统的运动方程式（7.2-19），便构成为 $\alpha\beta$ 坐标系上异步电动机系统的数学模型。这种在两相静止坐标系上的数学模型又称作 **Kron 的异步电动机方程式或双轴原型电动机**（two axis primitive machine）**基本方程式**。它比三相坐标系上的数学模型简单得多，阶次也降低了，但其非线性、多变量、强耦合的性质并未改变。

4. 数学模型的状态方程式表示

在某些情况下（如研究状态观测器等问题时），为了便于研究，有时需要将交流电机的电磁子系统部分表示为状态方程的形式。以下以笼型异步电动机为例介绍其电磁子系统部分的状态方程式表示。

由两相静止坐标系下的电压方程式（7.2-30）可知，以定子电压作为输入的异步电动机模型具有 4 阶电压方程。再加上转矩方程式（7.2-32）和式（7.2-19）表示的 1 阶运动方程，因此其状态方程应该是 5 阶的。

令输入为 $\boldsymbol{u}_{\mathrm{s}\alpha\beta}$，状态变量为 $\boldsymbol{i}_{\mathrm{s}\alpha\beta}$ 和 $\boldsymbol{\psi}_{\mathrm{r}\alpha\beta}$，注意当同步频率 $\omega_1\neq 0$ 时逆矩阵存在，将式（7.2-30）整理后可得电磁子系统的表达式为

$$\frac{\mathrm{d}}{\mathrm{d}t}\begin{bmatrix}\boldsymbol{i}_{\mathrm{s}\alpha\beta}\\ \boldsymbol{\psi}_{\mathrm{r}\alpha\beta}\end{bmatrix}=\boldsymbol{A}(\omega_{\mathrm{r}})\begin{bmatrix}\boldsymbol{i}_{\mathrm{s}\alpha\beta}\\ \boldsymbol{\psi}_{\mathrm{r}\alpha\beta}\end{bmatrix}+\boldsymbol{B}\boldsymbol{u}_{\mathrm{s}\alpha\beta} \tag{7.2-33}$$

式中，

$$\begin{cases}\boldsymbol{A}(\omega_{\mathrm{r}})=\begin{bmatrix}a_{11}\boldsymbol{I} & a_{12}\boldsymbol{I}+a'_{12}\boldsymbol{J}\\ a_{21}\boldsymbol{I} & a_{22}\boldsymbol{I}+a'_{22}\boldsymbol{J}\end{bmatrix},\boldsymbol{B}=\begin{bmatrix}\dfrac{1}{\sigma L_{\mathrm{s}}}\boldsymbol{I}\\ 0\end{bmatrix}\\ a_{11}=-\left(\dfrac{R_{\mathrm{s}}}{\sigma L_{\mathrm{s}}}+\dfrac{1-\sigma}{\sigma T_{\mathrm{r}}}\right),a_{12}=\dfrac{L_{\mathrm{M}}}{\sigma L_{\mathrm{s}}L_{\mathrm{r}}T_{\mathrm{r}}},a'_{12}=-\dfrac{L_{\mathrm{M}}}{\sigma L_{\mathrm{s}}L_{\mathrm{r}}}\omega_{\mathrm{r}}\\ a_{21}=\dfrac{L_{\mathrm{M}}}{T_{\mathrm{r}}},a_{22}=-\dfrac{1}{T_{\mathrm{r}}},a'_{22}=\omega_{\mathrm{r}}\\ T_{\mathrm{r}}=L_{\mathrm{r}}/R_{\mathrm{r}}\end{cases} \tag{7.2-34}$$

依据式（7.2-33）、转矩公式（7.2-32c）和运动方程，可得笼型异步电动机的框图如图 7.2.3 所示，图中阴影的参数为时变的。

依据图 7.2.3，对两相坐标系上的笼型异步电动机可以得到以下结论：

1）以电压作为输入的模型由一个 4 阶电压方程和一个 1 阶运动方程构成。对于笼型转子电动机，转子内部是短路的，$\boldsymbol{u}_{\mathrm{r}\alpha\beta}=\boldsymbol{0}$。可供选作状态变量的有：转子转速 ω_{r} 和 4 个电流变量 $i_{\mathrm{s}\alpha}$、$i_{\mathrm{s}\beta}$、$i_{\mathrm{r}\alpha}$、$i_{\mathrm{r}\beta}$ 或 4 个磁链变量 $\psi_{\mathrm{s}\alpha}$、$\psi_{\mathrm{s}\beta}$、$\psi_{\mathrm{r}\alpha}$、$\psi_{\mathrm{r}\beta}$（还可以有气隙磁链等），其中，由式（7.2-24）所反映的电流变量和磁链变量是线性相关的。

2）运动方程式（7.2-19）中的转子速度 ω_{r} 是状态变量。由于 ω_{r} 存在于矩阵 $\boldsymbol{A}$ 之中，

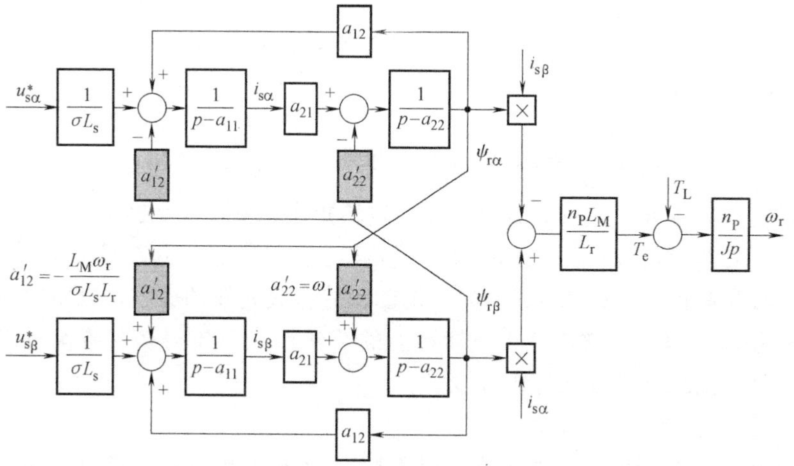

图 7. 2. 3　两相静止坐标下笼型异步电动机系统的数学模型

并且电磁转矩幅值 T_e 为两个状态变量的点积，所以电动机为非线性和强耦合的。**在用传感器检测出电动机转子速度 ω_r 时，一些研究也将 ω_r 作为时变参数处理，此时可将式（7.2-30）的电压方程按 4 阶线性时变方程看待。**对于转子速度 ω_r 为未知变量的情况（如在无速度传感器条件下构成的控制系统），由于在大多数工况下 ω_r 的变化比其他电变量变化得慢，一些研究也将 ω_r 作为时变参数处理。

3）定子电流 $i_{s\alpha}$、$i_{s\beta}$ 可测，可直接用来作状态反馈。笼型电机的转子电流 $i_{r\alpha}$、$i_{r\beta}$、转子磁链 $\psi_{r\alpha}$ 和 $\psi_{r\beta}$ 不可测量，但可以证明，在 $\omega_1\neq0$ 的条件下这些变量**是可观的**（observable）。

4）根据控制系统构成的需要，有多种选取状态变量的方法。常见的有：

① ω_r-ψ_r-i_s 模型：选定子电流 $i_{s\alpha}$、$i_{s\beta}$ 和转子磁链 $\psi_{r\alpha}$、$\psi_{r\beta}$（可用磁链模型计算或观测）。7.3 节讲述的矢量控制方法采用这组变量。

② ω_r-ψ_s-i_s 模型：选定子电流 $i_{s\alpha}$、$i_{s\beta}$ 和定子磁链 $\psi_{s\alpha}$、$\psi_{s\beta}$（可用磁链模型计算或观测）。7.4 节所述的直接转矩控制方法采用这组变量。

5*. 采用复变量和等效电路表示的模型

静止复数坐标系也是一个正交的平面坐标系，它与 $\alpha\beta$ 坐标系等价。定义复平面的状态变量如式（7.2-35），就可以建立相应的电动机电磁子系统的数学模型了。如电压方程（7.2-27）改写为式（7.2-36）。

$$\bar{u}_{s\alpha\beta}=u_{s\alpha}+\mathrm{j}u_{s\beta},\bar{i}_{s\alpha\beta}=i_{s\alpha}+\mathrm{j}i_{s\beta},\bar{i}_{r\alpha\beta}=i_{r\alpha}+\mathrm{j}i_{r\beta} \tag{7.2-35}$$

$$\begin{bmatrix}\bar{u}_{s\alpha\beta}\\ \bar{u}_{r\alpha\beta}\end{bmatrix}=\begin{bmatrix}R_s+pL_s & pL_M\\ pL_M-\mathrm{j}\omega_r L_M & R_r+pL_r-\mathrm{j}\omega_r L_r\end{bmatrix}\begin{bmatrix}\bar{i}_{s\alpha\beta}\\ \bar{i}_{r\alpha\beta}\end{bmatrix} \tag{7.2-36}$$

在复平面上完整的电动机系统模型请读者自行推导。

对于异步电动机系统的电磁子系统模型，也可仿照第 5 章异步电动机的单相等效电路来表示。例如，对于式（7.2-36），T 形瞬态等效电路如图 7.2.4a 所示。注意图中的 e_{rT} 为转子的运动电动势，其表达式为

$$\bar{e}_{rT}=-j\omega_r(L_M\bar{i}_s+L_r\bar{i}_r)=-j\omega_r\bar{\psi}_r \tag{7.2-37}$$

以下进一步讨论该等效电路模型，并把它与稳态电路模型作比较。

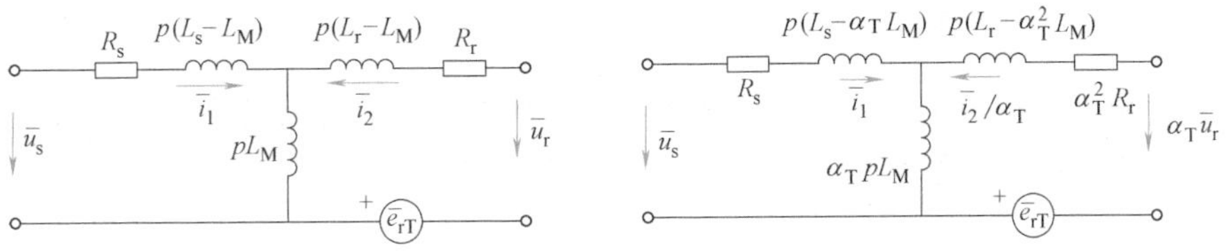

a) T形瞬态等效电路　　b) T形等效电路的一般形式

图 7.2.4　采用 αβ 坐标系表示的 T 形瞬态等效电路

为了便于讨论等效电路的各种形式，引入绕组匝数折算系数 α_T 表述不同类型的绕组折算。将式（7.2-36）的第二行用折算系数 α_T 表述，则电机模型为

$$\begin{bmatrix}\bar{u}_{s\alpha\beta}\\ \alpha_T\bar{u}_{r\alpha\beta}\end{bmatrix}=\begin{bmatrix}R_s+pL_s & pL_M\\ \alpha_T L_M(p-j\omega_r) & \alpha_T^2(R_r+pL_r-j\omega_r L_r)\end{bmatrix}\begin{bmatrix}\bar{i}_{s\alpha\beta}\\ \bar{i}_{r\alpha\beta}/\alpha_T\end{bmatrix} \tag{7.2-38}$$

所以 T 形瞬态等效电路的一般形式如图 7.2.4b 所示。

α_T 分别取以下三种值时，有不同的物理意义：

1）$\alpha_T=1$，电动机磁路磁链用气隙磁链表示，电路为 T 形等效电路。

2）$\alpha_T=L_M/L_r$，磁链用转子全磁链表示，电路为 T-Ⅰ形等效电路。

3）$\alpha_T=L_s/L_M$，磁链用定子全磁链表示，电路为 T-Ⅱ形等效电路。

对于笼型异步电动机，$\bar{u}_{r\alpha\beta}=0$，所以 α_T 分别取上述值时的瞬态等效电路如图 7.2.5a 所示的电路。在稳态时，由于 $p\boldsymbol{i}\rightarrow j\omega_1\dot{I}$ 并且 ω_1 为常数，由此可得相应的稳态电路图如图 7.2.5b 所示。需要注意的是图 7.2.5 都是 $\alpha\beta$ 坐标系下的等效电路。

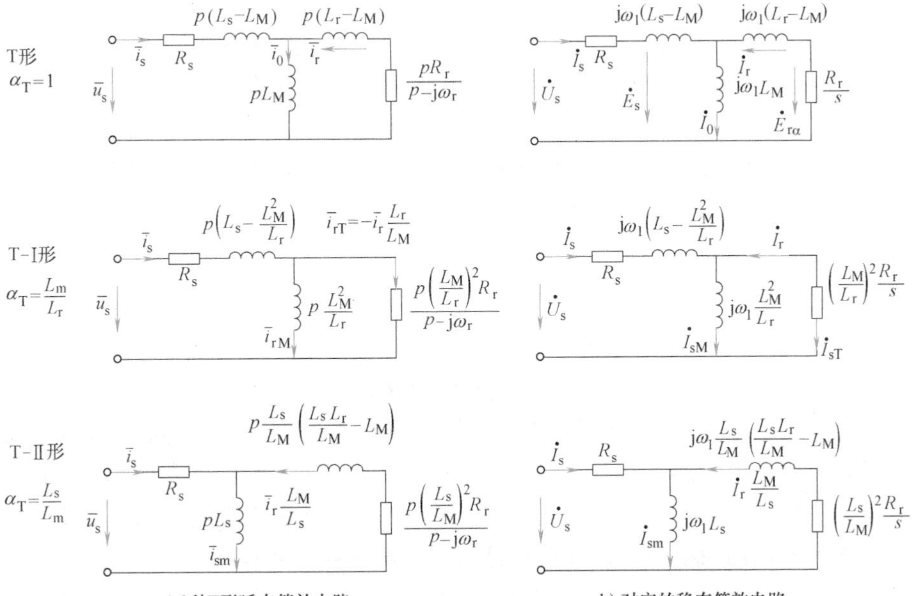

a) 3种T形瞬态等效电路　　b) 对应的稳态等效电路

图 7.2.5　三种采用 αβ 坐标系表示的 T 形瞬态和稳态等效电路

7.3 节讨论异步电动机的矢量控制时，常用 T-Ⅰ形瞬态等效电路分析。而 7.4 节在讨论异步电动机的直接转矩控制时，常用 T-Ⅱ形瞬态等效电路。

7.2.3 两相正交旋转坐标系上的数学模型

两相坐标系可以是静止的，也可以是旋转的，其中以任意转速旋转的坐标系为最一般的情况，有了这种情况下的数学模型，要求出某一特定的两相旋转坐标系上的模型就比较容易了。

如图 7.2.6a 所示，设以任意角速度 ω_{dq} 旋转的两相旋转坐标系的 d 轴与三相定子坐标系（静止坐标系）的 A 轴的夹角为 θ_{dq}，则

$$\theta_{dq} = \int \omega_{dq} dt \tag{7.2-39}$$

常用 ω_r 代表用电角频率表示的电动机转子转度，于是 $\omega_{rdq}=\omega_{dq}-\omega_r$ 为 dq 坐标系相对于转子 a 轴的角速度。

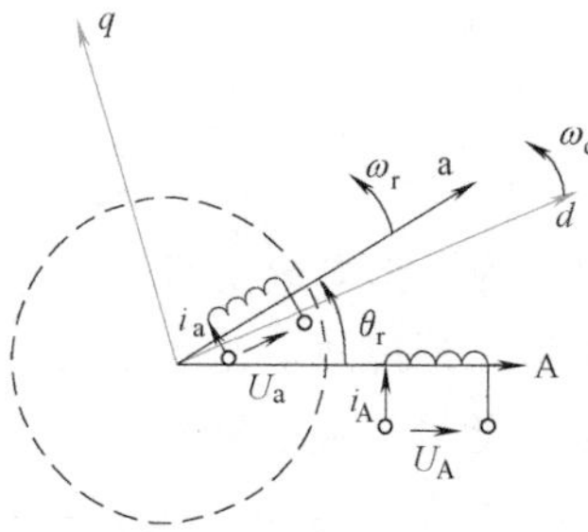

a) 定子坐标系A、转子坐标系a以及dq坐标系的关系

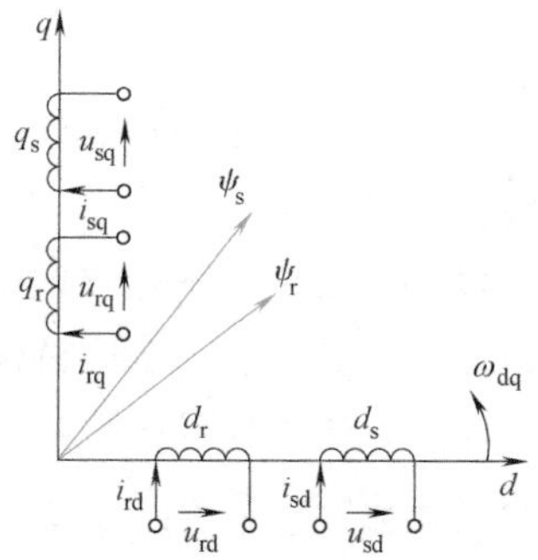

b) 采用dq坐标系表示的磁链模型

图 7.2.6 异步电动机在两相旋转坐标系 dq 上的磁链模型

要把三相静止坐标系上的电压方程式（7.2-3）、磁链方程式（7.2-4）和转矩方程式（7.2-18）都变换到两相旋转坐标系上来，可以先利用 3/2 变换将方程式中定子和转子的电压、电流、磁链和转矩都变换到两相静止坐标系 $\alpha\beta$ 上，然后再用旋转角度 θ_{dq} 的旋转变换矩阵 $C_{2s/2r}$ 将这些变量变换到两相旋转坐标系 dq 上。变换的推导详见参考文献［9］的附录，这里略去。以下给出变换后的数学模型。

1. 磁链方程

对式（7.2-24）作 $C_{2s/2r}$ 变换，有

$$\begin{bmatrix} \boldsymbol{\psi}_{sdq} \\ \boldsymbol{\psi}_{rdq} \end{bmatrix} = \begin{bmatrix} L_s\boldsymbol{I} & L_M\boldsymbol{I} \\ L_M\boldsymbol{I} & L_r\boldsymbol{I} \end{bmatrix} \begin{bmatrix} \boldsymbol{i}_{sdq} \\ \boldsymbol{i}_{rdq} \end{bmatrix} \tag{7.2-40}$$

式中，L_m、L_s、L_r 分别为 dq 坐标系上定子与转子同轴等效绕组间的互感、定子等效绕组的自感和转子等效绕组的自感，其值与式（7.2-25）所表示的 $\alpha\beta$ 坐标系上的对应参数相等。

由式（7.2-24）、式（7.2-40）知，在两相正交的静止或旋转坐标系上，定子和转子的等效绕组都落在同样的两根轴上。互感磁链只在同轴绕组之间存在，所以式中每个磁链分量只剩下两项，电感矩阵比 ABC 坐标系的 6×6 矩阵简单得多。以式（7.2-40）为例，定、转子磁链模型示于图 7.2.6b。

2. 电压方程

依据式（7.2-27），dq 坐标系电压-电流方程式可写成

$$\begin{bmatrix}\boldsymbol{u}_{\rm sdq}\\ \boldsymbol{u}_{\rm rdq}\end{bmatrix}=\begin{bmatrix}R_{\rm s}\boldsymbol{I}+L_{\rm s}(p\boldsymbol{I}+\omega_{\rm dq}\boldsymbol{J}) & L_{\rm M}(p\boldsymbol{I}+\omega_{\rm dq}\boldsymbol{J})\\ L_{\rm M}(p\boldsymbol{I}+\omega_{\rm rdq}\boldsymbol{J}) & R_{\rm r}\boldsymbol{I}+L_{\rm r}(p\boldsymbol{I}+\omega_{\rm rdq}\boldsymbol{J})\end{bmatrix}\begin{bmatrix}\boldsymbol{i}_{\rm sdq}\\ \boldsymbol{i}_{\rm rdq}\end{bmatrix} \tag{7.2-41}$$

式中，$\boldsymbol{u}_{\rm sdq}=[u_{\rm sd}\quad u_{\rm sq}]^{\rm T}$，$\boldsymbol{i}_{\rm sdq}=[i_{\rm sd}\quad i_{\rm sq}]^{\rm T}$。

定义 $\boldsymbol{u}_{\rm dq}=\begin{bmatrix}\boldsymbol{u}_{\rm sdq}\\ \boldsymbol{u}_{\rm rdq}\end{bmatrix}$，$\boldsymbol{i}_{\rm dq}=\begin{bmatrix}\boldsymbol{i}_{\rm sdq}\\ \boldsymbol{i}_{\rm rdq}\end{bmatrix}$，旋转电动势 $\boldsymbol{e}_{\rm rdq}=\begin{bmatrix}\omega_{\rm dq}\boldsymbol{J} & 0\\ 0 & \omega_{\rm rdq}\boldsymbol{J}\end{bmatrix}\begin{bmatrix}\boldsymbol{\psi}_{\rm sdq}\\ \boldsymbol{\psi}_{\rm rdq}\end{bmatrix}$，由此，可得在旋转坐标下的电压矢量方程为

$$\boldsymbol{u}_{\rm dq}=\boldsymbol{R}\boldsymbol{i}_{\rm dq}+\boldsymbol{L}p\boldsymbol{i}_{\rm dq}+\boldsymbol{e}_{\rm rdq} \tag{7.2-42}$$

其形式同式（7.2-29）。

3. 转矩和运动方程

依据式（7.2-32a）和式（7.2-32c），可得到 dq 坐标系上电磁转矩的两种标量表达式

$$T_{\rm e}=n_{\rm p}L_{\rm M}(\boldsymbol{i}_{\rm sdq}{}^{\rm T}\boldsymbol{J}\boldsymbol{i}_{\rm rdq})=n_{\rm p}L_{\rm M}(i_{\rm sq}i_{\rm rd}-i_{\rm sd}i_{\rm rq}) \tag{7.2-43a}$$

$$T_{\rm e}=n_{\rm p}(L_{\rm M}/L_{\rm r})(\boldsymbol{i}_{\rm sdq}{}^{\rm T}\boldsymbol{J}\boldsymbol{\psi}_{\rm rdq})=n_{\rm p}(L_{\rm M}/L_{\rm r})(i_{\rm sq}\psi_{\rm rd}-i_{\rm sd}\psi_{\rm rq}) \tag{7.2-43b}$$

式（7.2-42）、式（7.2-43）和运动方程式（7.2-19）构成**异步电动机在以任意转速旋转的 *dq* 坐标系上的数学模型**。它比 ABC 坐标系上的数学模型简单得多，其非线性、多变量、强耦合的性质也未改变。

4. 与电源频率同步的两相旋转坐标系上的系统模型

在以上内容基础上，进一步使坐标轴的旋转速度 $\omega_{\rm dq}$ 等于定子电源频率的同步角转速，即

$$\omega_{\rm dq}=\omega_1 \tag{7.2-44}$$

则可以得到另一种很有用的坐标系，即两相同步旋转坐标系。其坐标轴仍用 d、q 表示，而转子的转速为 $\omega_{\rm r}$，因此 d、q 轴相对于转子的角转速即转差角频率 $\omega_{\rm s}$ 为

$$\omega_{\rm s}=\omega_1-\omega_{\rm r} \tag{7.2-45}$$

将式（7.2-45）代入式（7.2-41），并注意到式（7.2-40），可得同步旋转坐标系上用定、转子电流表示，以及用定子电流和转子磁链表示的电压方程为

$$\begin{aligned}\begin{bmatrix}\boldsymbol{u}_{\rm sdq}\\ \boldsymbol{u}_{\rm rdq}\end{bmatrix}&=\begin{bmatrix}R_{\rm s}\boldsymbol{I}+L_{\rm s}(p\boldsymbol{I}+\omega_1\boldsymbol{J}) & L_{\rm M}(p\boldsymbol{I}+\omega_1\boldsymbol{J})\\ L_{\rm M}(p\boldsymbol{I}+\omega_{\rm s}\boldsymbol{J}) & R_{\rm r}\boldsymbol{I}+L_{\rm r}(p\boldsymbol{I}+\omega_{\rm s}\boldsymbol{J})\end{bmatrix}\begin{bmatrix}\boldsymbol{i}_{\rm sdq}\\ \boldsymbol{i}_{\rm rdq}\end{bmatrix}\\ &=\begin{bmatrix}R_{\rm s}\boldsymbol{I}+\sigma L_{\rm s}(p\boldsymbol{I}+\omega_1\boldsymbol{J}) & (L_{\rm M}/L_{\rm r})(p\boldsymbol{I}+\omega_1\boldsymbol{J})\\ -L_{\rm M}/T_{\rm r}\boldsymbol{I} & (1/T_{\rm r}+p)\boldsymbol{I}+\omega_{\rm s}\boldsymbol{J}\end{bmatrix}\begin{bmatrix}\boldsymbol{i}_{\rm sdq}\\ \boldsymbol{\psi}_{\rm rdq}\end{bmatrix}\end{aligned} \tag{7.2-46}$$

此时，磁链方程、转矩方程和运动方程均不变。

两相同步旋转坐标系的突出特点是，当三相 ABC 坐标系中的电压和电流处于交流正弦稳态时，这些量变换到 dq 坐标系上就表现为直流的形式。

对于笼型异步电动机，$\boldsymbol{u}_{\rm rdq}=\boldsymbol{0}$。依据式（7.2-46）和转矩方程可绘成动态等效电路如图 7.2.7 所示。比起图 7.2.3，图 7.2.7 复杂了一些，但是如果把旋转变换做一个调整，即将 d 轴的方向规定为转子磁链的方向，则由于 $\psi_{\rm rq}=0$，图形将大大被简化。具体方法将在 7.3.1 节中讨论。

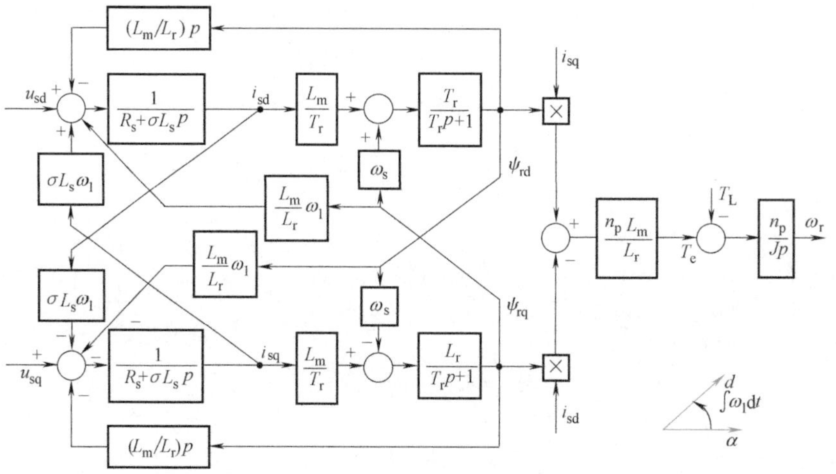

图 7.2.7　笼型异步电动机系统在 *dq* 坐标系上的数字模型

本节小结

（1）详细讨论了异步电动机动态模型的各种表示形式。由图 7.2.3 或图 7.2.7 可知，即使忽略铁损和磁路的非线性并简化为两相（两维）模型，该异步电动机系统模型还是一个 5 阶非线性方程。由于有变量的乘积量等要素，该模型是一个非线性模型。

（2）要注意建模的条件。如调速用的异步电动机有时也需要工作在定子电压频率为零（直流，或 $\omega_1=0$）的状态，此时式（7.2-1）中的磁链导数为零。由此，两相静止坐标系下的方程（7.2-33）也不再成立。此外，假定是常数的绕组电阻在实际中随频率和温度的变化而变化，互感也随频率和电流的变化而变化。具体讨论将在 7.3 节进行。

（3）用各种坐标所表示的电动机模型是为实现不同的控制策略服务的，这一点将在 7.3 节和 7.4 节中体现。

7.3　异步电动机系统的矢量控制

由 7.2 节的分析可知，异步电动机系统的动态数学模型是一个高阶、非线性、强耦合的多变量系统。多年来，科技人员一直在探索基于动态模型的转矩控制方法以提高电磁转矩的控制性能。目前有几种控制方案已经获得了成功的应用，典型的方案有：

1）以转子磁链定向为特征的控制系统，俗称为矢量控制系统。

2）以控制定子磁链为特征的直接转矩控制系统。

本节以笼型异步电动机为例讨论第一种控制方案。先介绍矢量控制的基本原理，并在假设转子磁链可测的条件下构成系统；然后讨论目前工程上已经形成的两种得到转子磁链的方法及其具体实现方法。

7.3.1　基本原理

1. 基本思路

将图 7.1.3d 重作于图 7.3.1a，该图给出产生他励直流电动机电磁转矩的两个变量电枢

电流 i_a 和主磁通 ψ 的空间关系。在 7.1 节中已经阐明，以产生同样的旋转磁动势为准则，异步电动机的定子交流电流 i_A、i_B 和 i_C，通过 3/2 变换可以等效成两维静止坐标系上的交流电流 i_α 和 i_β，如图 7.3.1b 所示；再通过同步旋转变换，并使 M 轴位置与转子磁链 ψ_f 重合，可以等效成同步旋转坐标系上的直流电流 i_M 和 i_T，如图 7.3.1c 所示。如果观察者站到铁心上与坐标系一起旋转，他所看到的便是一台与图 7.3.1a 结构类似的“直流电动机”。通过控制，可使交流电动机的转子磁链 $\boldsymbol{\psi}_r=|\boldsymbol{\psi}_r|\exp(\theta_{\psi r})$ 相当于等效“直流电动机”的励磁磁链，于是 M 轴上的绕组相当于直流电动机的励磁绕组，i_M 相当于励磁电流 i_f；T 轴上的绕组相当于直流电动机的电枢绕组，i_T 相当于与转矩成正比的直流电动机电枢电流 i_a。

由后续的图 7.3.2 可知，图 7.3.1c 的电动机模型的电磁转矩 $T_e \propto \psi_r i_T$，所以可以模仿直流电动机的控制策略，通过控制变量 ψ_r、i_T，从而得到异步电动机较好的电磁转矩特性。由于基于转子磁链矢量的方向设定旋转坐标、并据此对转子磁链矢量和定子电流矢量进行控制，所以该控制方法也称为**矢量控制**（vector control，VC）**方法**。由于是以转子磁链方向作为 M 轴的方向，学术界称这种控制策略为按**转子磁链定向或磁场定向控制**（field orientation control，FOC）。最初发明该控制方法的文献为［1］。

视频 No. 25 展开说明了上述基本思想。

视频 No. 25

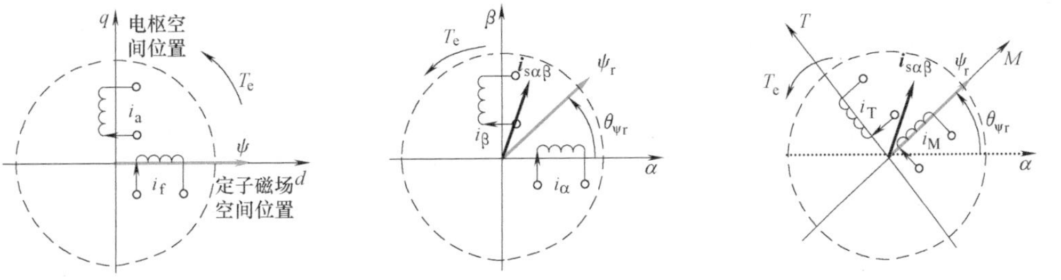

a) 直流电动机的电枢电流，定子磁场和电磁转矩　　b) $\alpha\beta$ 坐标系下感应电动机定子电流，转子磁场和电磁转矩　　c) MT 坐标系下感应电动机定子电流，转子磁场和电磁转矩

图 7.3.1　他励直流电机与三相异步电机的磁场/电磁转矩

2. 转子磁链定向条件下的系统模型

(1) 转子磁链定向条件下的笼型异步电动机模型

首先分析以转子磁链定向时笼型异步电动机的模型以及以转子磁链定向的作用。

选择 $\boldsymbol{i}_{sdq}=[i_{sd}i_{sq}]^T$、$\boldsymbol{\psi}_{rdq}=[\psi_{rd}\psi_{rq}]^T$ 作为状态变量，则电压方程为式（7.2-46）的第二行。进一步可将其改写为

$$\begin{bmatrix}\boldsymbol{u}_{sdq}\\ \boldsymbol{0}\end{bmatrix}=\begin{bmatrix}(R_s+\sigma L_s p)\boldsymbol{I}+\omega_1\sigma L_s\boldsymbol{J} & (L_M/L_r)\{p\boldsymbol{I}+\omega_1\boldsymbol{J}\}\\ -L_M/T_r\boldsymbol{I} & (1/T_r+p)\boldsymbol{I}+\omega_s\boldsymbol{J}\end{bmatrix}\begin{bmatrix}\boldsymbol{i}_{sdq}\\ \boldsymbol{\psi}_{rdq}\end{bmatrix} \tag{7.3-1}$$

在 7.2 节所述的动态模型分析中，在进行两相同步旋转坐标变换时只规定了 d、q 两轴的相互垂直关系和与定子频率同步的旋转速度，并未规定两轴与电动机旋转磁场的相对位置。如果取 d 轴沿着转子磁链矢量 $\boldsymbol{\psi}_r$ 的方向，称之为 M（magnetization）轴，而 q 轴为逆时针转 90°，即垂直于矢量 $\boldsymbol{\psi}_r$，称之为 T(torque) 轴。这样的两相同步旋转坐标系就称为 MT 坐标系，即**按转子磁链定向（field orientation）的旋转坐标系**。

由于是以转子磁链 $\boldsymbol{\psi}_r$ 的方向作为 M 轴的方向（即转子磁链定向），此时应有

$$\boldsymbol{\psi}_{r}=\psi_{rM}e^{j\theta_{\psi r}}, \text{或者 } \psi_{rd}=\psi_{rM}=|\boldsymbol{\psi}_{r}|, \psi_{rq}=\psi_{rT}=0 \tag{7.3-2}$$

注意，$\theta_{\psi r}$ 也是坐标变换所需的 α 轴与 M 轴的夹角。将式（7.3-2）代入式（7.3-1），并用 M、T 替代 d、q，可得基于旋转变换角度 $\theta_{\psi r}$ 变换后的电压方程为

$$\begin{bmatrix} u_{sM} \\ u_{sT} \\ 0 \\ 0 \end{bmatrix} = \begin{bmatrix} R_s+\sigma L_s p & -\omega_1 \sigma L_s & (L_M/L_r)p & 0 \\ \omega_1 \sigma L_s & R_s+\sigma L_s p & \omega_1 L_M/L_r & 0 \\ -L_M/T_r & 0 & 1/T_r+p & 0 \\ 0 & -L_M/T_r & \omega_s|_{MT} & 0 \end{bmatrix} \begin{bmatrix} i_{sM} \\ i_{sT} \\ \psi_{rM} \\ 0 \end{bmatrix} \tag{7.3-3}$$

式中，$\omega_s|_{MT}$ 表示电动机转差频率 ω_s 在式（7.3.2）条件下（转子磁链定向成立下）的转差频率值。

由于 $\psi_{rT}=0$，将式（7.3-3）的第 4 列改写为零。于是$\omega_s|_{MT}$ 可由式（7.3-3）的第 4 行求得

$$\omega_s|_{MT}=\omega_1-\omega_r=\frac{L_M i_{sT}}{T_r \psi_{rM}} \tag{7.3-4}$$

同时，由式（7.3-3）第 3 行有

$$\psi_{rM}=\frac{L_M}{T_r p+1} i_{sM} \tag{7.3-5}$$

请注意，**式（7.3-2）成立时，式（7.3-4）和式（7.3-5）同时成立，即式（7.3-2）与式（7.3-3）~式（7.3-5）等价**。

将式（7.3-2）和式（7.3-5）代入转矩方程式（7.2-43b），还可得到用 $\{i_{sT}、\psi_{rM}\}$ 或 $\{i_{sT}、i_{sM}\}$ 表示的电磁转矩

$$T_e=n_P(L_M/T_r)i_{sT}\psi_{rM}=n_P(L_M^2/L_r)i_{sT}\frac{1}{T_r p+1}i_{sM} \tag{7.3-6}$$

式（7.3-3）、式（7.3-6）和运动方程（7.2-19）即为 MT 坐标系上笼型异步电动机的数学模型。相应的框图如图 7.3.2 所示。注意图中表示 $\theta_{\psi r}$ 的部分为该模型的一部分，**不可省略**。将该图与图 7.2.7 作比较，可以看出采用转子磁链定向后的电动机模型被大大简化了。

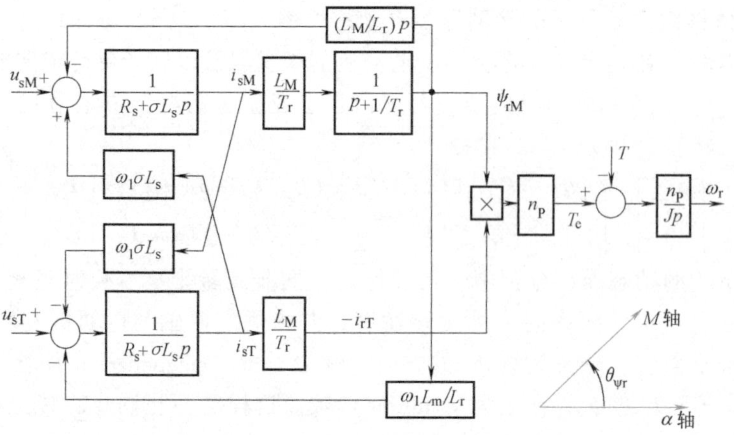

图 7.3.2　MT 坐标系上笼型异步电动机系统的模型

由图 7.3.2 可以得到以下结果：

1）转子磁链 ψ_r 仅由定子电流励磁分量 i_{sM} 产生，与转矩分量 i_{sT} 无关，从这个意义上看，**定子电流的励磁分量与转矩分量是解耦的**。式（7.3-6）还表明，ψ_{rM} 与 i_{sM} 之间的传递函数是一阶惯性环节，其时间常数 T_r 为转子时间常数，当励磁电流分量 i_{sM} 突变时，ψ_r 的变化要受到励磁惯性的阻挠，这和直流电动机励磁绕组的惯性作用是一致的。

2）电磁转矩 T_e 的大小由式（7.3-6）表示。但由于它是变量 i_{sT} 和变量 ψ_{rM} 的乘积，所以它还是个非线性的变量。

（2）转子磁链定向且 $\psi_{rM}=|\boldsymbol{\psi}_r|$ 为常数条件下的模型

由图 7.3.2 知，如果控制使得

$$\psi_{rM}=|\boldsymbol{\psi}_r|=\text{常数} \tag{7.3-7}$$

则电磁转矩 T_e **与转矩电流分量 i_{sT} 变成了线性关系**，对转矩的控制问题就转化为对转矩电流分量 i_{sT} 的控制问题。

此外由电动机原理知，为了输出最大转矩，也需要使电动机工作在额定磁链状态。

注意到在式（7.3-7）条件下，图 7.3.2 中的项（L_M/L_r）$p\psi_{rM}$ 为零，而项 ω_1（L_M/L_r）ψ_{rM} 可由式（7.3-5）得到以下等式：

$$\begin{aligned}\omega_1(L_M/L_r)\psi_{rM}&=(\omega_r+\omega_s|_{MT})(L_M/L_r)\psi_{rM}\\&=\omega_r(L_M/L_r)\psi_{rM}+(L_M/L_r)^2R_ri_{sT}\end{aligned} \tag{7.3-8}$$

根据式（7.3-8）可进一步将图 7.3.2 简化为图 7.3.3。

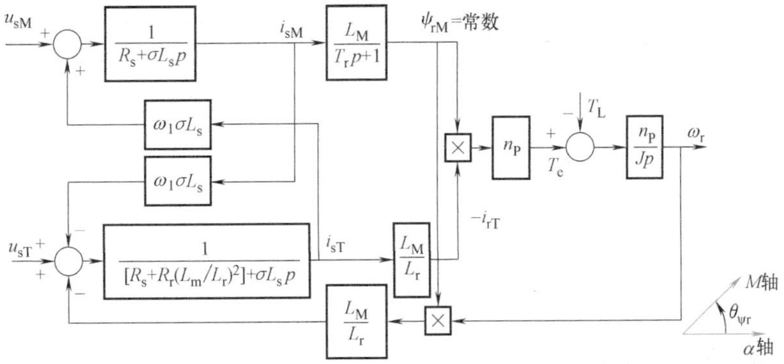

图 7.3.3 *TM* 坐标系上 $|\psi_r|$ 为常数条件下笼型异步电动机系统的模型

由于一般电动机的参数 σL_s 的值非常小，并且由后面的图 7.3.5 可知，两个耦合项 $\omega_1\sigma L_s$ 处于电流环的前向通道上，可以忽略其对各轴的影响，所以在 ψ_{rM} 为常数条件下的电动机可被分为两个相互基本独立、并具有以下特性的子系统：

1）由电压分量 u_{sM} 作为输入、定子电流的励磁分量 i_{sM} 决定的励磁子系统，该子系统可以保证电动机工作在设计的额定励磁值的附近，这样电动机可输出最大的电磁转矩。

2）由电压分量 u_{sT} 作为输入，定子电流的转矩分量 i_{sT} 作为输出的**转矩子系统**，转矩分量 i_{sT} 与转矩 T_e 为线性关系。转差频率 ω_s 与转矩 T_e 也为线性关系。

3）图中的项（L_M/L_r）$\psi_{rM}\omega_r$ 正比于转子转速 ω_r，该项相当于他励直流电动机的反电动势。

需要注意的是：

1）在 MT 坐标系上电动机的电压方程仍然有 4 个独立的状态变量，即定子电流 i_{sT} 和 i_{sM}、转子磁链矢量的幅值 ψ_{rM} 和位置 $\theta_{\psi r}$（$\theta_{\psi r}$ 存在于旋转变换公式中），也即转子磁链矢量是用极坐标形式 $\boldsymbol{\psi}_r=\psi_{rM}\exp(\theta_{\psi r})$ 表示的。

2）实现矢量控制的关键是要设法得到转子磁链矢量的幅值和位置（ψ_{rM}、$\theta_{\psi r}$）。

3）由下面介绍的“工程实现方法”知，很难保证电动机在任何运行状态下使得转子磁链定向准确。此外，当实施变磁链幅值控制（如弱磁控制）时，由于式（7.3-7）不再成立，“T_e 正比于 i_{sT}”也不再成立，此时应该按图 7.3.2 讨论电磁转矩的响应特性。

视频 No. 26 说明了模型从图 7.2.3 到图 7.3.3 的演化过程。

视频 No. 26

3. 假定转子磁链可测时系统的构成

理论上，最好直接检测转子磁链矢量 $\boldsymbol{\psi}_r$ 以构成矢量控制，但目前尚没有简单实用的检测方法。本小节为了分散学习矢量控制原理的难点，在假设转子磁链 **$\boldsymbol{\psi}_r$ 可以检测**的条件下叙述矢量控制系统的实现方法。此前提下，系统的实现如图 7.3.4 所示。短视频 No. 27 解释了该图的构成。

为了便于区别控制器中设定的变量（参数）与电动机中实际的变量（参数），用右上标“ * ”表示控制器中的变量或参数。

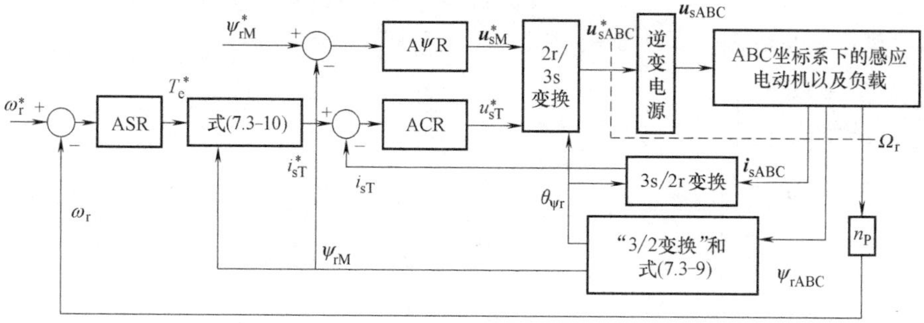

图 7.3.4　转子磁链可测条件下的 VC 系统构成

注：ASR—转速调节器；ACR—电流调节器；AψR—磁链调节器

视频 No. 27

以下具体讨论该系统的各个环节。

1）$|\boldsymbol{\psi}_r|$和 $\theta_{\psi r}$ 的计算：由 ABC 坐标系检测到的 $\boldsymbol{\psi}_{rABC}$，经过 3/2 变换可得 $\boldsymbol{\psi}_r=[\psi_{r\alpha}\psi_{r\beta}]^T$，再基于式（7.3-9）的极坐标变换可得$|\boldsymbol{\psi}_r|$和 $\theta_{\psi r}$ 为

$$\begin{cases}\psi_{rM}=|\boldsymbol{\psi}_r|=\sqrt{\psi_{r\alpha}^2+\psi_{r\beta}^2}\\ \theta_{\psi r}=\arccos(\psi_{r\alpha}/\psi_{rM})\end{cases} \tag{7.3-9}$$

2）转矩电流分量的计算：由 ABC 坐标系检测到的三相定子电流 $\boldsymbol{i}_{sABC}$，对其采用 7.1 节所述 3/2 变换得到 $i_{s\alpha}$、$i_{s\beta}$，再经过旋转坐标变换“$\alpha\beta\Rightarrow TM$”后得到 $\boldsymbol{i}_s=[i_{sM}\quad i_{sT}]^T$。这两个变换的合成也被称为“3s/2r 变换”。

3）设计了磁链幅值的负反馈闭环控制，以便使得 $\psi_{rM}=\psi_{rM}^*$ 成立。

4）转速调节器 ASR 的输出是转矩指令 T_e^*，由下式可求出定子电流转矩分量给定信号 i_{sT}^*。给定 i_{sT}^* 与电动机定子电流转矩分量 i_{sT} 构成转矩电流控制环。

$$i_{sT}^{*}=\frac{L_r}{n_p L_M \psi_r}T_e^{*} \tag{7.3-10}$$

5）磁链幅值调节器和转矩电流分量调节器的输出为 $[u_{sM}^{*} \quad u_{sT}^{*}]^{T}$。基于 7.1 节旋转反变换式（7.1-11）和 2/3 变换式（7.1-5）（两者的合成称为 2r/3s 变换），将 $[u_{sM}^{*} \quad u_{sT}^{*}]^{T}$ 变换为用于控制电动机的电压 $\boldsymbol{u}_{ABC}^{*}=[u_A^{*} \quad u_B^{*} \quad u_C^{*}]^{T}$，即

$$\begin{bmatrix} u_A^{*} \\ u_B^{*} \\ u_C^{*} \end{bmatrix}=\sqrt{\frac{2}{3}}\begin{bmatrix} 1 & 0 \\ -1/2 & \sqrt{3}/2 \\ -1/2 & -\sqrt{3}/2 \end{bmatrix}\begin{bmatrix} \cos\theta_{\psi r} & -\sin\theta_{\psi r} \\ \sin\theta_{\psi r} & \cos\theta_{\psi r} \end{bmatrix}\begin{bmatrix} u_{sM}^{*} \\ u_{sT}^{*} \end{bmatrix} \tag{7.3-11}$$

基于图 7.3.4 可以分析系统的稳定性，还可以设计系统中的三个调节器的参数。图中的电动机模型为图 7.3.2 时，系统稳定性的分析较为复杂。以下仅基于图 7.3.3 的电动机模型对这些问题作定性说明。

由于图 7.3.4 中虚线的右半部分可以等效为 *MT* 坐标系上的逆变电源模型和图 7.3.3 所示的电动机模型，所以可以将图 7.3.4 简化为图 7.3.5 所示的 *MT* 坐标系上的系统。如果将逆变电源的等效传递函数简化为一常数，并且不考虑耦合项 $\omega_1\sigma L_s$ 的影响，则由此图可知：

1）磁链闭环中的被控对象是电动机部分的二阶传递函数和变频电源的传递函数，所以需要仔细设计调节器 AψR 以使该闭环稳定。此外，由于电压源型逆变电源希望有电流保护，一般会将该闭环变形为励磁电流闭环。7.3.2 节为典型例子。

2）幅值 $\psi_{rM}=\psi_{rM}^{*}$ 为常数条件下，速度环和转矩电流环的结构与第 4.4 节所述他励直流电动机的电流速度双闭环系统的结构几乎一致。所以，如果把耦合项 $\omega_1\sigma L_s$ 看作扰动，就可以依据第 4.5 节的系统校正方法设计该系统中的两个调节器 ASR 和 ACR 的参数。

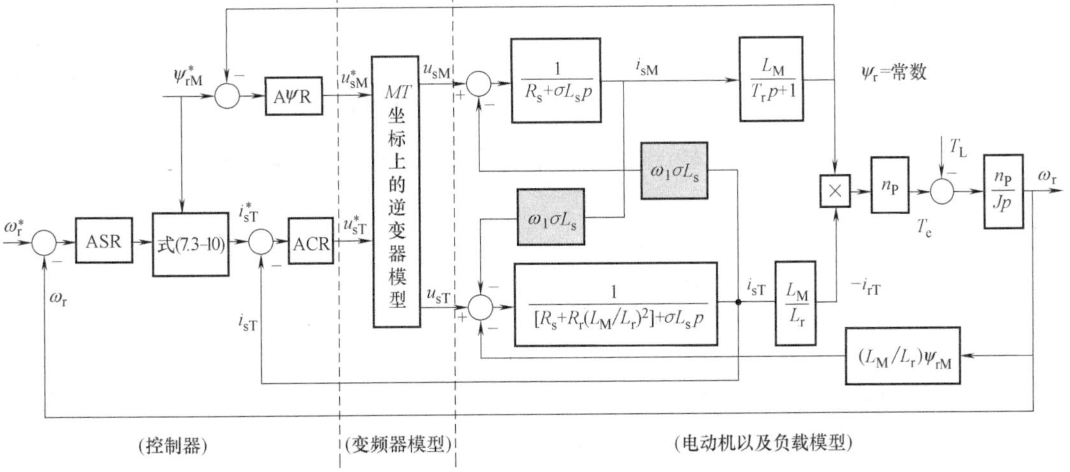

图 7.3.5　*TM* 坐标系上 $|\psi_r|$ 为常数条件下的 VC 系统

在以上分析中，假设转子磁链矢量 $\boldsymbol{\psi}_r=\psi_{rM}\exp(\theta_{\psi r})$ 可测。目前实际中的 $\boldsymbol{\psi}_r$ 难以实测，因此如何得到 $\boldsymbol{\psi}_r$ 是实现矢量控制的一个重要课题。实用的系统中多采用间接的方法，即利用容易测得的电动机电压、电流和转速等信号，借助于电动机的有关模型，实时地计算 $\boldsymbol{\psi}_r$ 的幅值与相位。根据获取 $\boldsymbol{\psi}_r$ 模型的方法不同，典型的工程实现有：

1）将转子磁链事先在控制器中算出的方法被称为间接型矢量控制方法（indirect vector control）或转差频率型矢量控制。

2）用状态观测器得到转子磁链的方法被称为直接型矢量控制方法（direct vector control）或磁链反馈型矢量控制。

以下分别讨论这些方法。

7.3.2 间接型矢量控制系统

获取转子磁链最直接的方法是用7.3.3节所述方法，即基于电动机模型观测出作为状态变量的转子磁链并构成反馈。但是由于这一计算要用到电动机的多个参数，观测值要受到这些参数变化的影响，造成控制的不准确性。既然这样，与其计算（观测）磁链并以此构成磁链闭环控制，不如根据式（7.3-2）与式（7.3-4）~式（7.3-6）的**等价性**，利用式（7.3-4）得到的转差频率计算磁链的位置，利用式（7.3-5）求得磁链幅值。于是系统的工程实现会非常简单。这样的方法称为间接型矢量控制方法。

1. 控制算法

算法的目的是求得转子磁链的幅值 ψ_{rM} 和位置 θ_r，从而在控制器中重构一个与电动机相同的 MT 模型，如图7.3.6所示。

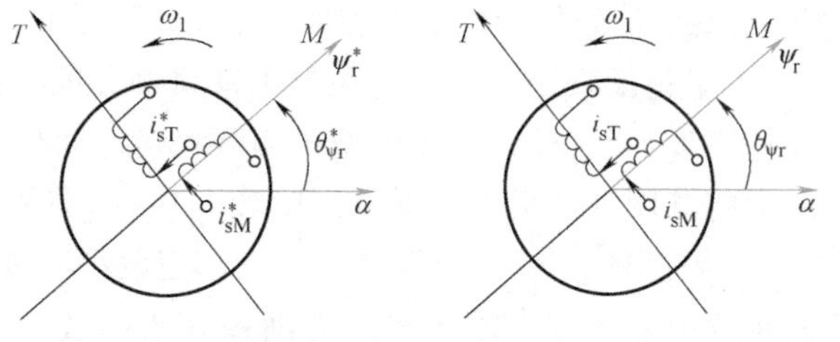

a) 控制器中的磁链矢量　　b) 电动机中的磁链矢量

图7.3.6 电动机中的 MT 坐标系和控制器中的 MT 坐标系

（1）电动机侧

在实际工程实现时，电动机的定子电流 $\boldsymbol{i}_s$ 可测，并假定参数 L_M、T_r 已知。如果 $\boldsymbol{\psi}_r = \psi_{rM} e^{j\theta_{\psi r}}$ 可测或可观测，磁链位置 $\theta_{\psi r}$ 可知，也就是电动机的 MT 坐标位置可知，于是根据式（7.3-4）和式（7.3-5），i_{sM} 稳态时有

$$\psi_{rM} = L_M i_{sM}, \omega_s|_{MT} = \frac{L_M i_{sT}}{T_r \psi_{rM}} = \frac{i_{sT}}{T_r i_{rM}} \tag{7.3-12}$$

由于转子转速 ω_r 可检测，所以转子磁链位置 $\theta_{\psi r}$ 就是对式（7.3-4）的同步角频率 ω_1 积分，即

$$\theta_{\psi r}(t) = \int_0^t (\omega_r + \omega_s|_{MT}) dt + \theta_{\psi r}(0) \tag{7.3-13}$$

式中，$\theta_{\psi r}$（0）为电动机中转子磁链的初始位置。

（2）控制器侧

由电动机侧模型式（7.3-12）和式（7.3-13）可知，**要计算 $\theta_{\psi r}(t)$ 就必须知道 $\theta_{\psi r}(0)$ 和 $\omega_s|_{MT}$，而计算 $\omega_s(t)|_{MT}$ 又要知道 $\theta_{\psi r}(t)$ 以便确定 M 轴位置。两者互为条件，需要设计可行的工程计算方法。**一个常用的方法如下。

首先梳理已知条件。假定控制器的 $T_r^* = T_r$，$L_M^* = L_M$；同时，假定定子电流闭环控制使得 $\boldsymbol{i}_s^* = \boldsymbol{i}_s$（在实际系统中，与机电子系统的响应相比，电磁子系统的电流闭环可以实现 $\boldsymbol{i}_s^* = \boldsymbol{i}_s$ 的动态性能）。

其次求解 $\theta_{\psi r}(0)$：由于异步电动机是**定子励磁**的，其转子磁链的初始位置 $\theta_{\psi r}(0)$ 由定子电流的初始值决定。如果在系统运行开始时**先施加** $\boldsymbol{i}_{\mathrm{s}}^{*}(0)=\boldsymbol{i}_{\mathrm{s}}(0)$，并设定定子电源角频率为转子电角频率 ω_{r}（此时 $\omega_{\mathrm{s}}^{*}=0$），则

$$\begin{cases}\omega_{\mathrm{s}}^{*}(0)=\omega_{\mathrm{s}}\big|_{\mathrm{MT}}(0)=0\\ i_{\mathrm{sT}}^{*}(0)=i_{\mathrm{sT}}(0)=0,i_{\mathrm{sM}}^{*}(0)=i_{\mathrm{sM}}(0)=\text{额定励磁电流值}\\ \psi_{\mathrm{rM}}(0)=L_{\mathrm{M}}i_{\mathrm{sM}}(0)\end{cases} \tag{7.3-14}$$

成立，转子磁链位置 $\theta_{\psi\mathrm{r}}(0)$ 可得。进一步，如果 $\omega_{\mathrm{r}}(0)=0$，则可以视为 $\theta_{\psi\mathrm{r}}(0)=0$。

最后开始转矩控制：当 $t>0,T_{\mathrm{e}}^{*}(t)\neq 0$ 时，依据式（7.3-12）和式（7.3-13），在控制器侧有

$$\omega_{\mathrm{s}}\big|_{\mathrm{MT}}=\omega_{\mathrm{s}}^{*}=\frac{L_{\mathrm{M}}^{*}}{T_{\mathrm{r}}^{*}}\frac{i_{\mathrm{sT}}^{*}}{\psi_{\mathrm{rM}}^{*}}=\frac{i_{\mathrm{sT}}^{*}}{T_{\mathrm{r}}^{*}i_{\mathrm{sM}}^{*}},\theta_{\psi\mathrm{r}}=\int_{0}^{t}(\omega_{\mathrm{r}}+\omega_{\mathrm{s}}^{*})\mathrm{d}t \tag{7.3-15}$$

于是，采用以下两步算法就可以分别实现磁场定向和转矩控制（算法以 $\omega_{\mathrm{r}}(0)=0$ 为例）。

第一步实现磁场定向：

设定 i_{sM}^{*} 为额定励磁电流值、$i_{\mathrm{sT}}^{*}(0)=0$、由于电流闭环使得 $\boldsymbol{i}_{\mathrm{s}}\to\boldsymbol{i}_{\mathrm{s}}^{*}$，所以使得 $i_{\mathrm{sM}}\to i_{\mathrm{sM}}^{*}$（额定励磁电流）、$i_{\mathrm{sT}}\to i_{\mathrm{sT}}^{*}$，以及 $\theta_{\psi\mathrm{r}}(0)=0$ 成立；

第二步开始转矩控制（设采样时间表示为 1，2，…，k，…）：

此时，保持 $i_{\mathrm{sM}}^{*}=i_{\mathrm{sM}}$ 不变；且由于转速环指令不为零，转矩电流分量 $i_{\mathrm{sT}}^{*}(1)\neq 0$。基于式（7.3-15）计算 $\omega_{\mathrm{s}}^{*}\neq 0$ 和 $\theta_{\psi\mathrm{r}}^{*}$。同时电流闭环使得 $i_{\mathrm{sT}}\to i_{\mathrm{sT}}^{*}$ 和 $\theta_{\psi\mathrm{r}}\to\theta_{\psi\mathrm{r}}^{*}$。在这个动态过程中，虽然角度 $\{\theta_{\psi\mathrm{r}},\theta_{\psi\mathrm{r}}^{*}\}$ 之间有一定误差、也即定向不准，但由于 $\omega_{\mathrm{s}}\propto i_{\mathrm{sT}}$ 和 $\omega_{\mathrm{s}}^{*}\propto i_{\mathrm{sT}}^{*}$，该角度误差所引发的转矩误差 $T_{\mathrm{e}}-T_{\mathrm{e}}^{*}$ 将导致电机的转差角频率 $\omega_{\mathrm{s}}\to\omega_{\mathrm{s}}^{*}$，从而使得 $\theta_{\psi\mathrm{r}}=\theta_{\psi\mathrm{r}}^{*}$。有兴趣的读者可以自行分析。

于是，在参数 $\{T_{\mathrm{r}}^{*}=T_{\mathrm{r}},L_{\mathrm{M}}^{*}=L_{\mathrm{M}}\}$、控制电流 $\boldsymbol{i}_{\mathrm{s}}^{*}=\boldsymbol{i}_{\mathrm{s}}$ 且控制使得 $\psi_{\mathrm{rM}}^{*}(0)=\psi_{\mathrm{rM}}(0)$ 的前提下，假定上述控制算法的周期足够小，迭代足够快，则该转矩控制很快会使得式（7.3-16）中的各式同时成立。

$$\begin{cases}\omega_{\mathrm{s}}^{*}=\omega_{\mathrm{s}}\big|_{\mathrm{MT}}\\ \theta_{\psi\mathrm{r}}=\theta_{\psi\mathrm{r}}^{*}=\int_{0}^{t}(\omega_{\mathrm{r}}+\omega_{\mathrm{s}}^{*})\mathrm{d}t\\ i_{\mathrm{sT}}^{*}=i_{\mathrm{sT}},\quad i_{\mathrm{sM}}^{*}=i_{\mathrm{sM}}\end{cases} \tag{7.3-16}$$

视频 No. 28 对上述算法的要点做了说明。

视频 No. 28

2. 基于电压源型逆变电源的系统构成

有多种方式实现转差型矢量控制系统。图 7.3.7 是一个常见的采用电压源型逆变电源（VSI）的系统原理图。对图中的各个环节说明如下：

1）转速调节器 ASR 的输出是转矩指令 T_{e}^{*}，由矢量控制方程式可求出定子电流的转矩电流分量 i_{sT}^{*}；转差频率给定信号 ω_{s}^{*} 可由式（7.3-15）计算；而转矩电流分量 i_{sT}^{*} 由式（7.3-10）的变形得到，即

$$i_{\mathrm{sT}}^{*}=\frac{L_{\mathrm{r}}}{n_{\mathrm{p}}L_{\mathrm{M}}\psi_{\mathrm{rM}}^{*}}T_{\mathrm{e}}^{*} \tag{7.3-17}$$

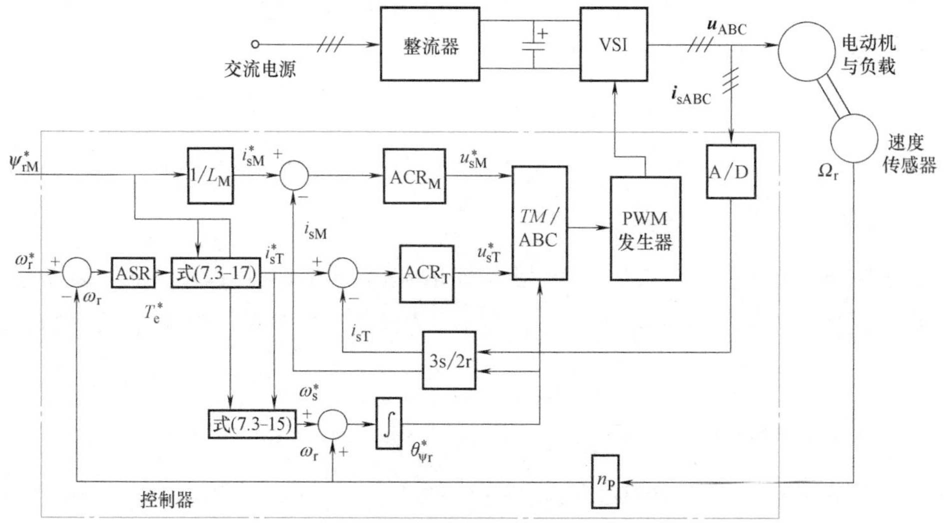

图 7.3.7　间接型矢量控制系统的典型构成

2）由式（7.3-16）的 $\theta_{\psi r}^*=\int_0^t(\omega_r+\omega_s^*)\mathrm{d}t$，算出转子磁链的位置 $\theta_{\psi r}^*$。

3）定子电流励磁分量给定信号 i_{sM}^* 和转子磁链给定信号 ψ_r^* 之间的关系如式（7.3-5）所示。在运行时如果设定 $\psi_{rM}^*=$常数，就可以将式中的一阶惯性环节 $1/(T_rp+1)$ 省略，用 $i_{sM}^*=\psi_{rM}^*/L_M$ 得到 i_{sM}^*。这样，磁链闭环就等效成了励磁电流闭环。此外，在 ψ_{rM}^* 为常数的条件下，某些控制方案假定 L_M 为常数，将式（7.3-15）和式（7.3-17）简化为下式计算 ω_s^* 和 i_{sT}^*，即

$$\omega_s^*=\frac{i_{sT}^*}{T_r^*\,i_{sM}^*},\ i_{sT}^*=\frac{L_r}{n_pL_M^2i_{sM}^*}T_e^* \tag{7.3-18}$$

式中，L_r 为转子回路全磁链对应的电感。

4）检测出的定子电流经 3/2 变换和旋转变换（图中表示为 3s/2r 框）后得到 *MT* 轴上的 $[i_{sM}\ i_{sT}]^T$，并由此构成电流反馈控制。

5）*MT* 轴的电流调节器 ACR 的输出为 $[u_{sM}^*u_{sT}^*]^T$，经 2r/3s 反变换（图 7.3.7 中用 *TM/ABC* 表示）之后作为电压源型逆变电源的控制信号。

6）有多种电流控制的方法。图 7.3.7 所示的电流控制在 *MT* 坐标系上进行。由于稳态时为直流形态，并且由图 7.3.6 知电流环的传递函数较为简单，因此使用 PI 调节器就可以获得较好的电流响应，也就是获得较优良的转矩动态响应。

7）在系统起动时，首先需要对电动机进行励磁，所以一般先进行磁链环的控制。此时 $\omega_1^*=0$，即向电动机施加直流励磁。对应的，也就得到了 $\theta_{\psi r}^*(0)=\theta_{\psi r}(0)$、$i_{sM}^*(0)=i_{sM}(0)$ 以及 $i_{sT}^*(0)=i_{sT}(0)$。

由以上说明可以看出，间接型矢量控制系统的磁场定向由预先计算的转差角频率、速度检测值以及无静差的电流环保证，并没有采用磁链模型计算转子实际磁链及其相位，所以属于“间接的”磁场定向。

3. 基于电流源型逆变电源的系统构成

如果驱动异步电动机的电源是电流型逆变电源（CSI），则电动机的输入为定子电流 $i_s^* = i_s$，此时电动机模型就变得比较简单。基于式（7.2-30b）的第二行，在 $\alpha\beta$ 坐标系上的模型为

$$p\boldsymbol{\psi}_{r\alpha\beta} = \frac{L_M}{T_r}\boldsymbol{i}_{s\alpha\beta} - \left(\frac{1}{T_r}\boldsymbol{I} - \omega_r \boldsymbol{J}\right)\boldsymbol{\psi}_{r\alpha\beta} \tag{7.3-19}$$

或基于式（7.3-1）的下一行，在 MT 坐标系上的模型为

$$L_M \boldsymbol{i}_{sMT} = [(T_r p + 1)\boldsymbol{I} - \omega_r \boldsymbol{J}]\psi_{rMT} \tag{7.3-20}$$

基于式（7.3-15）、式（7.3-16）的 $\theta_{\psi r}^* = \int_0^t (\omega_r + \omega_s^*)\mathrm{d}t$ 、式（7.3-17）以及由 CSI 实现的 $\boldsymbol{i}_s^* = \boldsymbol{i}_s$，设计的电流源型逆变电源驱动的系统结构如图 7.3.8 所示。与图 7.3.7 相比，系统只有电流环，所以必须设置过电压保护。有关基于电流源型逆变电源的矢量控制系统的更为详细的讨论，请参考文献［2］。

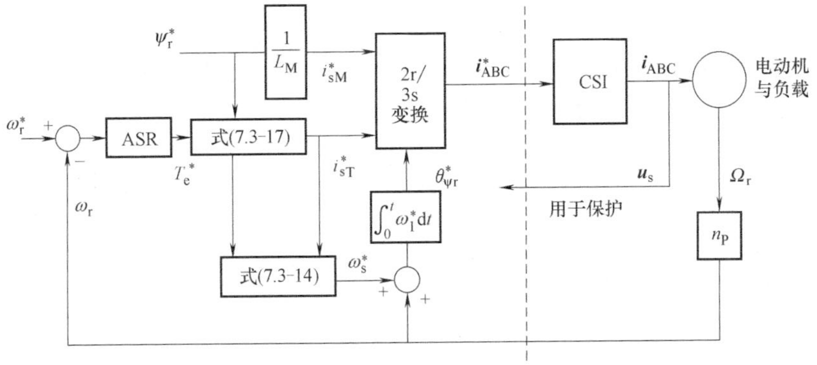

图 7.3.8　基于 CSI 的矢量控制系统的结构

4. 电动机参数变化对电磁转矩控制的影响

以上的讨论都基于假设条件 $\boldsymbol{i}_s^* = \boldsymbol{i}_s$、$T_r^* = T_r$、$L_M^* = L_M$。其中，$\boldsymbol{i}_s^* = \boldsymbol{i}_s$ 取决于电流环性能，而 T_r 中的电阻随温度变化，L_M 随电流变化。控制器中所用的电动机参数与真值不符时，将使得控制性能变差。

（1）转子时间常数的变化对转矩控制的影响

当 $T_r^* = T_r$ 不成立时，图 7.3.7 所示的控制器中计算出的 M 坐标就偏离了电动机中实际的转子磁链方向，于是上述转矩解耦的状况就不再成立。此时控制器中采用的是一个人为设定的 MT 坐标系上的电动机模型，而电动机侧则要用 dq 坐标系上的电动机模型来描述。

由于转子时间常数的变化较慢，仍然可以使用式（7.3-1）作为分析的基础。为了易于分析，以下以图 7.3.7 所示的控制方案为例分析转矩控制的误差。

由于实施了图 7.3.7 的“矢量控制”，以下条件成立：

1）与速度闭环的动态相比，电流闭环使得式（7.3-13）成立，即 $\boldsymbol{i}_{sMT}^* = \boldsymbol{i}_{sMT}$。

2）稳态时的转差频率：由 $\omega_1^* = \omega_1$ 得 $\omega_r + \omega_s^* = \omega_r + \omega_s$，所以

$$\omega_s^* = (1/T_r^*)\,i_{sT}^*/i_{sM}^* = \omega_s \neq (1/T_r)\,i_{sT}/i_{sM} \tag{7.3-21}$$

3）控制器中的转矩指令和电动机中实际的转矩分别是

$$\begin{cases} T_e = n_P(L_M/L_r)(i_{sq}\psi_{rd} - i_{sd}\psi_{rq}) \\ T_e^* = n_P(L_M/L_r) i_{sT}^* \psi_{rM}^* \end{cases} \tag{7.3-22}$$

由式（7.3-1）的下一行（转子方程）和式（7.3-4）的3、4行可得

$$\begin{aligned} L_M \boldsymbol{i}_{sMT}^* &= [\boldsymbol{I} + T_r^*(p\boldsymbol{I} + \omega_s^* \boldsymbol{J})] \boldsymbol{\psi}_{rMT}^* \\ &= L_M \boldsymbol{i}_{sdq} = [\boldsymbol{I} + T_r(p\boldsymbol{I} + \omega_s \boldsymbol{J})] \boldsymbol{\psi}_{rdq} \end{aligned} \tag{7.3-23}$$

由于转子电阻随温度缓慢变化，可以仅分析稳态（$p=0$）的状况。于是式（7.3-23）变为

$$(\boldsymbol{I} + T_r^* \omega_s^* \boldsymbol{J}) \boldsymbol{\psi}_{rMT}^* = (\boldsymbol{I} + T_r \omega_s \boldsymbol{J}) \boldsymbol{\psi}_{rdq} \tag{7.3-24}$$

设 $k_1 = T_r^* \omega_s^*$，$k_2 = T_r \omega_s$，并注意到 $\boldsymbol{\psi}_{rMT}^* = [\psi_{rM}^* \ 0]^T$，由式（7.3-24）可得

$$\begin{bmatrix} \psi_{rd} \\ \psi_{rq} \end{bmatrix} = \frac{1}{1+k_2^2} \begin{bmatrix} (1+k_1 k_2)\psi_{rM}^* \\ (k_1 - k_2)\psi_{rM}^* \end{bmatrix} \tag{7.3-25}$$

令 $\boldsymbol{\psi}_{rMT}^*$ 与 $\boldsymbol{\psi}_{rdq}$ 之间的夹角为 $\Delta\theta$，由式（7.3-25）知

$$\Delta\theta = \arctan\left(\frac{k_1 - k_2}{1 + k_1 k_2}\right) \tag{7.3-26}$$

将式（7.3-25）代入（7.3-22）中电动机的转矩方程，则电动机实际产生的电磁转矩为

$$\begin{aligned} T_e &= n_P(L_M/L_r)(i_{sq}\psi_{rd} - i_{sd}\psi_{rq}) \\ &= n_P(L_M/L_r)\left[i_{sT}^* \psi_{rM}^* + \frac{k_1 - k_2}{1+k_2^2}(k_2 i_{sT}^* - \psi_{rM}^*/L_M)\psi_{rM}^* \right] \end{aligned} \tag{7.3-27}$$

式中第一项是给定的转矩值，第二项是由 $T_r^* \neq T_r$ 产生的误差项。

（2）电流与磁链的非线性关系

式（7.3-3）、式（7.3-5）和式（7.3-6）中的电感值与导磁材料特性相关，也与磁路的工作点有关。作为一个例子，某个750W异步电动机测试出的励磁电流、电感以及磁链的非线性关系如图7.3.9所示。为了要补偿转子磁链和电感电流之间的非线性关系，一般会进行离线测试，然后制成 $L_M(i_{sM})$ 的表格放入控制器。

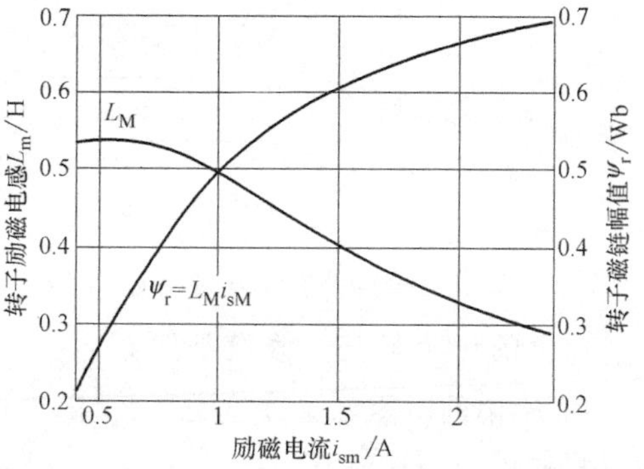

图 7.3.9 某750W异步电动机励磁电流与电感、磁链的关系

目前在电动机的参数辨识和自适应控制等方面都做过许多研究工作，获得了不少成果。对此本节没有展开，有兴趣的读者可参考文献［4］。

7.3.3* 直接型矢量控制系统

在实现矢量控制系统的研发历史上，最先想到的是如何根据电动机的磁链模型获得转子磁链信号 $\boldsymbol{\psi}_{r\alpha\beta}$，然后基于式（7.3-9）得到 $|\boldsymbol{\psi}_r|$、$\theta_{\psi r}^*$ 并构成独立的电磁转矩和转子磁链的闭环控制。以下讨论得到**转子磁链 $\boldsymbol{\psi}_{r\alpha\beta}$** 的两种方法。

1. 计算、观测转子磁链的方法

转子磁链可以从电动机数学模型中推导出来，也可以利用状态观测器或状态估计理论得

到闭环的观测模型。基于电动机模型的计算方法简单易行，但由于没有对计算偏差以及积分器初值偏差引起的误差校正的功能，计算结果不易收敛于真值，也就是电动机的实际值。基于磁链（状态）观测器方法的观测值在理论上收敛于真值，但由于观测器中用到的电动机参数过多、计算也复杂，因此现阶段实用性较差。

（1）基于电动机模型的计算方法

由于计算中所用到的实测信号不同，因此计算方法又分为电流模型和电压模型两种。两种方法的原理容易理解，但由于只是一个计算器，理论上不能保证计算值的收敛，因此一般不能用于实际系统。

1）计算转子磁链的电流模型。

根据描述磁链与电流关系的磁链方程来计算转子磁链，所得出的模型叫作计算**转子磁链的电流模型**。电流模型可以在不同的坐标系上获得，这里只叙述在两相静止坐标系上转子磁链的电流模型。

由实测的三相定子电流通过 3/2 变换很容易得到两相静止坐标系上的电流 $i_{s\alpha}$ 和 $i_{s\beta}$，再利用式（7.2-30b）的第二行得到转子磁链在 α、β 轴上的分量为

$$(1+T_r p)\boldsymbol{\psi}_{r\alpha\beta}=L_M\boldsymbol{i}_{s\alpha\beta}+\omega_r T_r\boldsymbol{J}\boldsymbol{\psi}_{r\alpha\beta}$$

整理后得计算转子磁链的电流模型

$$\boldsymbol{\psi}^*_{r\alpha\beta}=\frac{1}{T_r^* p+1}(L_M^*\boldsymbol{i}_{s\alpha\beta}+\omega_r T_r^*\boldsymbol{J}\boldsymbol{\psi}^*_{r\alpha\beta}) \tag{7.3-28}$$

式中，L_M^* T_r^* 为计算器中的设定值。有了 $\psi^*_{r\alpha}$ 和 $\psi^*_{r\beta}$，要计算 $\boldsymbol{\psi}_{r\alpha\beta}$ 的幅值和相位就很容易了。

2）计算转子磁链的电压模型。

根据电压方程中感应电动势等于磁链变化率的关系，取电动势的积分就可以得到磁链，这样的模型叫作转子磁链的电压模型。下面只叙述静止两相坐标系上的模型。

由式（7.2-30b）第一行可得

$$\boldsymbol{u}_{s\alpha\beta}=(R_s+\sigma L_s p)\boldsymbol{i}_{s\alpha\beta}+(L_M/L_r)p\boldsymbol{\psi}_{r\alpha\beta}$$

整理后即得计算转子磁链的电压模型为

$$\boldsymbol{\psi}_{r\alpha\beta}=\frac{L_r^*}{L_M^*}\left[\int(\boldsymbol{u}_{s\alpha\beta}-R_s^*\boldsymbol{i}_{s\alpha\beta})\mathrm{d}t-\sigma L_s^*\boldsymbol{i}_{s\alpha\beta}\right] \tag{7.3-29}$$

式中，L_s^*、L_M^* 和 R_s^* 为控制器中的设定值。由于电压模型包含纯积分项，积分的初始值和累积误差都影响计算结果。

由以上分析可知，比起间接型矢量控制方法，基于电动机模型计算磁链的方法使用了更多的电动机参数。

（2）采用状态观测器观测转子磁链

对于上述采用“开环计算”计算状态变量 $\boldsymbol{\psi}_{r\alpha\beta}$ 的方法，由控制理论知，由于计算器中的积分初值与实际对象的积分初值不等，以及设定参数与电动机实际参数之间的误差等原因，难以保证其计算值能够收敛于实际值。因此，在实际系统中一般使用具有“误差反馈”环节的状态观测器（observer）来保证被观测值的收敛性。

1）全维磁链观测器。

由式（7.2-33）描述的电动机可看作参考模型（reference model）

$$\dot{x} = Ax + Bu_s \tag{7.3-30}$$

式中，状态变量 $x=[i_s\ \psi_r]^T$。该模型的输出变量为电动机定子电流 i_s。状态变量转子磁链 ψ_r 在现阶段难以有效地检测到，但是可以证明，当同步转速 ω_1 不为零时，ψ_r 是可观测的(observable)。

依据式（7.2-33），可以在控制器中重构一个状态变量为 $\hat{i}_s$、$\hat{\psi}_r$ 的全维磁链观测器，其结构如图7.3.10中的点画线框所示。该观测器的维数与电动机的实际维数相等，被称为全维状态观测器（full order observer）。由于这两个模型的输入相同，并且由于有反馈项 $G(i_s-\hat{i}_s)$，所以观测误差可最终被消除。以下具体说明。

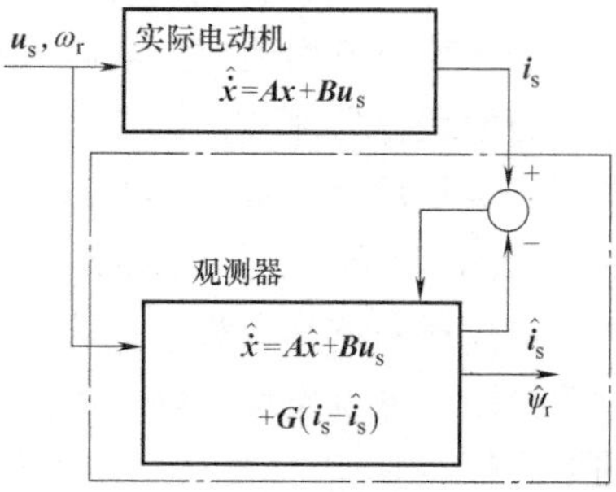

图 7.3.10　电动机转子磁链全维观测器示意图

由式（7.2-33）知，在同步转速 $\omega_1 \neq 0$ 的条件下，电动机的模型为

$$\frac{d}{dt}\begin{bmatrix} i_s \\ \psi_r \end{bmatrix} = A\begin{bmatrix} i_s \\ \psi_r \end{bmatrix} + Bu_s \tag{7.3-31}$$

式中的系数矩阵 A 由式（7.2-34）表示。矩阵 A 中含有状态变量 ω_r，所以模型是非线性的。如果将转子转速 ω_r 看作缓慢变化的**时变**参数，并假定控制器中重构的系数矩阵 A 的所有参数都与实际电动机的参数相等，根据状态观测器理论，依据式（7.3-31）构成的全维状态观测器为

$$\frac{d}{dt}\begin{bmatrix} \hat{i}_{s\alpha\beta} \\ \hat{\psi}_{r\alpha\beta} \end{bmatrix} = A\begin{bmatrix} \hat{i}_{s\alpha\beta} \\ \hat{\psi}_{r\alpha\beta} \end{bmatrix} + Bu_{s\alpha\beta} + G\begin{bmatrix} i_{s\alpha\beta}-\hat{i}_{s\alpha\beta} \\ \hat{\psi}_{r\alpha\beta} \end{bmatrix} \tag{7.3-32}$$

所以在设计观测器时需要设定电动机所有的参数（L_s、L_M、L_r、R_s、R_r、ω_r）。

反馈矩阵 G 的一般式可写为

$$G = \begin{bmatrix} g_1 I + g_2 J & 0 \\ g_3 I + g_4 J & 0 \end{bmatrix} \tag{7.3-33}$$

式中，系数 g_2、g_4 中含有时变参数 ω_r。这是由于在设计矩阵 G 时需要考虑式（7.3-32）矩阵 A 中时变参数 ω_r 的影响。一个典型的设计见文献［5］。

2）降维磁链观测器。

事实上，由于电动机的定子电流也可看作是已知的输入量，而需要求解的只是电动机转子磁链 $\psi_{r\alpha\beta}$ 的两个分量，据此可将4维方程降维、构成磁链的降维观测器（reduced order observer）。为了方便讨论，将式（7.2-33）展开并将转子磁链换为观测量 $\hat{\psi}_r$ 后可得

$$\frac{d}{dt}\begin{bmatrix} i_{s\alpha\beta} \\ \hat{\psi}_{r\alpha\beta} \end{bmatrix} = \begin{bmatrix} a_{11}I & a_{12}I+a'_{12}J \\ a_{21}I & a_{22}I+a'_{22}J \end{bmatrix}\begin{bmatrix} i_{s\alpha\beta} \\ \hat{\psi}_{r\alpha\beta} \end{bmatrix} + \begin{bmatrix} 1/(\sigma L_s) \\ 0 \end{bmatrix} u_{s\alpha\beta} \tag{7.3-34}$$

式中，a_{11}、a_{12}、a_{21}、a_{22}、a'_{12}、a'_{22} 由式（7.2-34）定义。把 i_s 作为输入时，由式（7.3-34）的第2行可构成观测器

$$\dot{\hat{\psi}}_{r\alpha\beta} = a_{21} i_{s\alpha\beta} + (a_{22}I + a'_{22}J)\hat{\psi}_{r\alpha\beta} + G_{Reduced}(\dot{i}_{\alpha\beta} - \dot{\hat{i}}_{s\alpha\beta}) \tag{7.3-35}$$

式中，$G_{Reduced}$ 为反馈系数矩阵。将式（7.3-35）中的 $d\hat{i}_S/dt$ 由式（7.3-34）的第1行

$$\dot{\hat{\boldsymbol{i}}}_{s\alpha\beta}=a_{11}\boldsymbol{i}_{s\alpha\beta}+(a_{12}\boldsymbol{I}+a'_{12}\boldsymbol{J})\hat{\boldsymbol{\psi}}_{r\alpha\beta}+1/(\sigma L_s)\boldsymbol{u}_{s\alpha\beta} \tag{7.3-36}$$

代入后，可以构成降维磁链观测器，如图 7.3.11 所示。考虑了转子时间常数变动下 $\boldsymbol{G}_{reduced}$ 的设计见参考文献［3］。

由图 7.3.11 知，设计该观测器也需要得到所有的电动机参数（L_s、L_m、L_r、R_s、R_r、ω_r）。

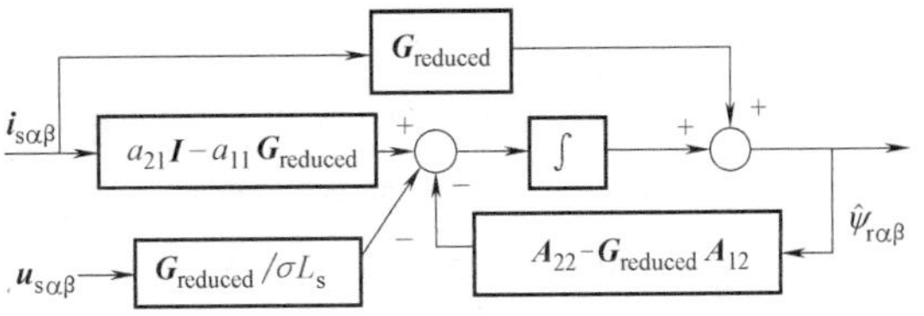

$A_{12}=a_{12}\boldsymbol{I}+a'_{12}\boldsymbol{J}$, $A_{22}=a_{22}\boldsymbol{I}=a'_{22}\boldsymbol{J}$

图 7.3.11 降维磁链观测器

2. 控制系统的构成

计算或观测出转子磁链 $\hat{\boldsymbol{\psi}}_{r\alpha\beta}$ 后，就可以直接用转子磁链的位置 θ_r 构成旋转坐标，并将转子磁链幅值 $|\hat{\boldsymbol{\psi}}_r|$ 构成闭环，或仿照图 7.3.7 进行 ψ^*_{rM}/L_M 运算后构成励磁电流 i^*_{sM} 的闭环。图 7.3.12 是基于 VSI 的直接型矢量控制系统结构图，可以看出与图 7.3.4 的不同之处仅在于磁链观测环节。

由于数字控制器的进步，图 7.3.12 中点画线框的部分都可以用数字控制器实现。

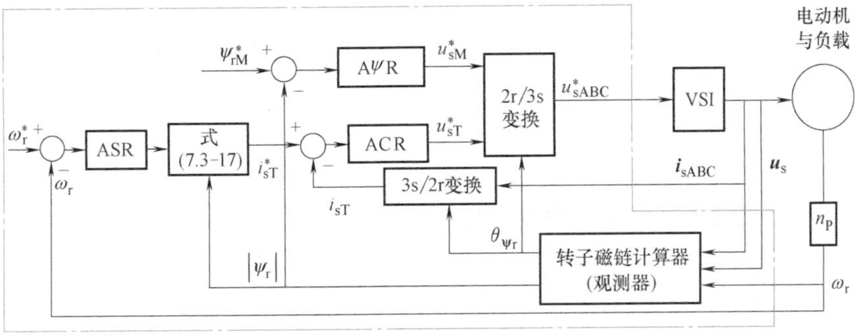

图 7.3.12 基于 VSI 的直接型矢量控制系统结构图

本节小结

（1）系统性能

无论是直接矢量控制还是间接矢量控制，都具有动态性能好、调速范围宽的优点。采用较高精度的光电码盘转速传感器时，该系统一般可以达到 100 以上的调速范围，已在实际中获得普遍的应用。

（2）分析矢量控制系统的一些收获

1）为了便于理解，将系统的理想实现（假定转子磁链可测）和工程实现分开讨论。

2）控制的核心仍然是对电磁转矩的控制，但电磁转矩不能直接测量，并与可测量如电流等的关系是非线性、耦合的，所以对比他励直流电动机的转矩控制，希望解耦并找到转矩和电流的线性关系。通过对转子磁链的定向（坐标变换）并控制使转子磁链幅值一定，就可以得到转矩与定子电流的转矩分量之间的线性关系。

3）所用到的控制理论知识有坐标变换、状态变量的选取、观测器理论、系统对参数的鲁棒性的提高等。

（3）工程实现方法

1）实现转子磁链的定向控制（俗称矢量控制）的核心是设法得到转子磁链的位置。间接矢量控制采用迭代算法得出转差角频率的指令值，所用的电动机参数较少，工程实现简单，为了减小参数误差的影响，可采用“参数辨识”方法获取正确的参数。直接型矢量控制系统的控制是在**反馈支路**设置了“磁链观测器”，系统的动态特性不如间接型矢量控制方法；此外，由于需要更多的电动机参数以构成观测器，所以系统对参数的鲁棒性更差[10]；由于这些问题，所以在实际系统中很少采用这个方案。

2）工程实现的优劣取决于数字控制器的计算能力和传感器的精度。现阶段，大多采用“旋转坐标+PI控制器”的“转子磁链定向+电流环”结构，可获得较好的动、静态特性。此外，如果要改善控制效果，需要考虑多个电动机参数变化的影响。

3）此外，上述分析仅基于模拟系统。实际系统往往采用数字式电力电子变频电源，还有许多新问题需要考虑。例如，该电源的时延在开关频率相对较低时对系统的影响将会加重，需要在建模时考虑。

4）从21世纪开始，有许多新的成果，如参数辨识方法以及提高对参数的鲁棒性的方法已经得到了一定程度的工程应用。

7.4* 异步电动机系统的直接转矩控制

直接转矩控制系统简称DTC（direct torque control）系统，是继矢量控制系统之后发展起来的另一种高动态性能的交流电动机变压变频调速系统。它的特点是**直接计算电动机的电磁转矩并由此构成转矩反馈**，因而得名为直接转矩控制。其最初的思想可参考文献［6，8］。

本节以笼型异步电动机为对象，首先讨论DTC系统的基本原理，然后介绍DTC系统的一种基本实现方法，最后分析TDC系统的特点以及稳定的必要条件。

7.4.1 基本原理

1. 思路

在笼型异步电动机的矢量控制（vector control，VC）技术中，选取的状态变量是$\boldsymbol{i}_{\mathrm{s}}$、$\boldsymbol{\psi}_{\mathrm{r}}$，此时电磁转矩矢量$\boldsymbol{T}_{\mathrm{e}}$为式（7.2-32c），也即

$$\boldsymbol{T}_{\mathrm{e}}=n_{\mathrm{p}}(L_{\mathrm{M}}/L_{\mathrm{r}})(\boldsymbol{\psi}_{\mathrm{r}\alpha\beta}\times\boldsymbol{i}_{\mathrm{s}\alpha\beta})$$

由7.3节知，对于按照转子磁链定向的矢量控制，它通过转子磁链定向实现磁链控制和转矩控制的解耦。其优点是：由于通过解耦将系统分为两个独立的线性系统，控制方法清晰，使得动、静态性能与直流调速系统相当。该方法的主要缺点是：使用电动机参数多，转矩控制特性受转子参数变化的影响大；转矩环是由两个电流环“间接”实现的，电磁转矩响应还不够快；按照20世纪80年代的技术水平，实现该方法时控制器的运算繁琐，系统实现的成本高。

可不可以，①转矩环算法中不使用转子侧参数？由控制理论知，可根据这个需求选择定子侧中合适的变量作为被控变量；②不作上述解耦而直接对电磁转矩进行控制以便得到更快的转矩响应？以下对此分析。

先把用定子磁链$\boldsymbol{\psi}_{\mathrm{s}}$表示的电动机T-Ⅱ形等效电路图7.2.5a重作于图7.4.1。由此图可

知，由于定子电流 $\boldsymbol{i}_{s}$ 可测，定子磁链也可以计算，则依据电磁转矩的另一个表达式（7.2-32b），也即

$$\boldsymbol{T}_{e}=n_{p}(\boldsymbol{\psi}_{s\alpha\beta}\times\boldsymbol{i}_{s\alpha\beta})$$

就可以用定子磁链 $\boldsymbol{\psi}_{s\alpha\beta}$ 和定子电流 $\boldsymbol{i}_{s\alpha\beta}$ 计算出电动机电磁转矩 $\boldsymbol{T}_{e}$ 并用其构成转矩闭环。这样就避免了转子侧参数对转矩环的影响。

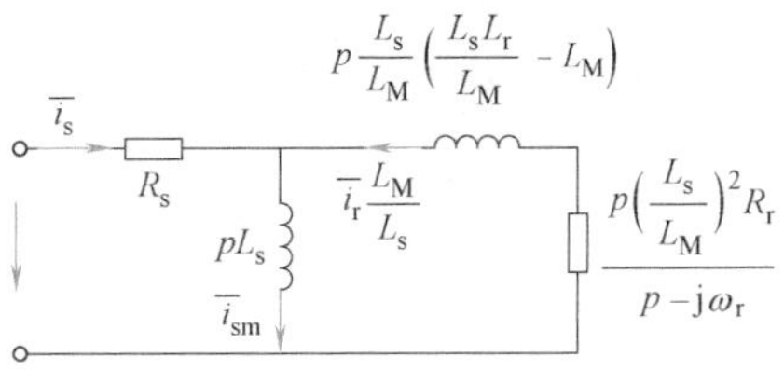

图 7.4.1　T-Ⅱ型等效电路

以下先给出 DTC 系统的结构示意图，然后定性说明上述的问题②的解决方案。

图 7.4.2 是采用电压源型逆变电源（VSI）、按定子磁链控制的 DTC 系统示意图。和矢量控制系统一样，它也设定了异步电动机的转速外环和电磁转矩内环。转速调节器 ASR 的输出作为电磁转矩的给定信号 T_{e}^{*}，在 T_{e}^{*} 后面设置转矩控制内环。此外，还需要设计定子磁链幅值闭环使得该幅值为一个固定值，用于防止磁链饱和或者进行弱磁控制。但是如后文所述，由于电磁转矩和定子磁链幅值之间存在强耦合，不得不设置一组非线性控制器以实现这两个内环的统一控制。图 7.4.2 中将这组非线性控制器用两个滞环比较器表示。

至此，可以看出该系统的关键是：①如何得到两个闭环所需的反馈量 $\boldsymbol{\psi}_{s\alpha\beta}$、$\boldsymbol{T}_{e}$；②如何设计这组非线性控制器。

此外，图示系统由于没有设计显式的电流环作电流保护，必须注意限制瞬时的冲击电流对逆变电源的危害。

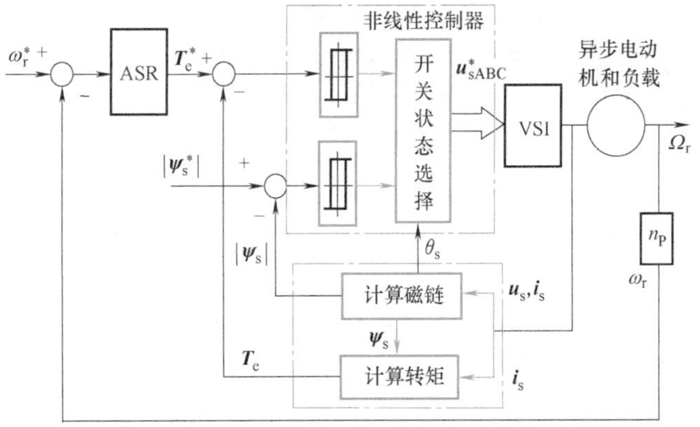

图 7.4.2　直接转矩控制系统示意图

注：图中▯表示滞环比较器，θ_{s} 为定子磁链转角。

2. 控制系统设计的基本内容

根据上述基本思路，需要按三个内容设计控制系统。

（1）计算两个闭环所需的反馈量定子磁链和电磁转矩

假定系统采用电压源型逆变电源，于是控制量为该电源施加在电动机上的电压 $\boldsymbol{u}_{s\alpha\beta}$。又因为定子电流 $\boldsymbol{i}_{s\alpha\beta}$ 可测，由图 7.4.1 知，可用下式计算出电动机的定子磁链 $\boldsymbol{\psi}_{s\alpha\beta}$

$$\boldsymbol{\psi}_{s\alpha\beta}=\int(\boldsymbol{u}_{s\alpha\beta}-R_{s}\boldsymbol{i}_{s\alpha\beta})\mathrm{d}t \tag{7.4-1}$$

根据上式和定子电流 $\boldsymbol{i}_{s\alpha\beta}$，也就能够基于 $\boldsymbol{T}_{e}=n_{p}(\boldsymbol{\psi}_{s\alpha\beta}\times\boldsymbol{i}_{s\alpha\beta})$ 计算出电磁转矩。

（2）控制电磁转矩：采用定子磁链矢量和转子磁链矢量之间的角度

如果用极坐标表示变量 $\boldsymbol{\psi}_{s\alpha\beta}$、$\boldsymbol{\psi}_{r\alpha\beta}$，有

$$\boldsymbol{\psi}_{s\alpha\beta}=|\boldsymbol{\psi}_{s\alpha\beta}(t)|e^{j\theta_s},\ \boldsymbol{\psi}_{r\alpha\beta}=|\boldsymbol{\psi}_{r\alpha\beta}(t)|e^{j\theta_r} \tag{7.4-2}$$

式中，

$$\begin{gathered}|\boldsymbol{\psi}_{\alpha\beta}(t)|=\sqrt{(\psi_\alpha)^2+(\psi_\beta)^2}\\ \theta_s=\arcsin(\psi_{s\beta}/|\boldsymbol{\psi}_{s\alpha\beta}|),\ \theta_r=\arcsin(\psi_{r\beta}/|\psi_{r\alpha\beta}|)\end{gathered} \tag{7.4-2a}$$

由 7.2 节的式（7.2-32e）知

$$T_e=k_{Te}(\boldsymbol{\psi}_{s\alpha\beta}{}^{T}\boldsymbol{J}\boldsymbol{\psi}_{r\alpha\beta})=k_{Te}(\psi_{s\beta}\psi_{r\alpha}-\psi_{s\alpha}\psi_{r\beta})$$

式中，$k_{Te}=n_p\dfrac{L_M}{\sigma L_s L_r}$。将式（7.4-2）代入上式，有

$$\begin{aligned}\boldsymbol{T}_e&=k_{Te}\boldsymbol{\psi}_{s\alpha\beta}^{T}J\boldsymbol{\psi}_{r\alpha\beta}=k_{Te}|\boldsymbol{\psi}_{s\alpha\beta}||\boldsymbol{\psi}_{r\alpha\beta}|\sin(\theta_s-\theta_r)\\&=k_{Te}|\boldsymbol{\psi}_{s\alpha\beta}||\boldsymbol{\psi}_{r\alpha\beta}|\sin\theta_{sr}\end{aligned} \tag{7.4-3}$$

式中，$\theta_{sr}=\theta_s-\theta_r$ 为定子磁链矢量和转子磁链矢量之间的角度差。

由后面 7.4.3 节的分析可知，式（7.4-3）可变形为式（7.4-19），即

$$T_e=\frac{n_p R_r(aL_M)^2}{2\quad p+aR_rL_s}|\boldsymbol{\psi}_s|^2\sin2\theta_{sr} \tag{7.4-3a}$$

式中，$a=(\sigma L_s L_r)^{-1}$。由上式可知，如果定子磁链幅值被控制为一定，则电磁转矩的控制可以通过控制定转子磁链的角度差 θ_{sr} 来实现。由此，控制转矩时要做两个控制：

1）将定子磁链的幅值 $|\boldsymbol{\psi}_s|$ 控制为一个常数。这一控制还可以保证电动机工作在设计的额定励磁值附近，以免欠励磁或过励磁。

2）由式（7.4-3a）可知，$|\boldsymbol{\psi}_s|$ 为常值时，在电角度 $-\pi/4\leqslant\theta_{sr}\leqslant\pi/4$ 范围内，电磁转矩与角度差 θ_{sr} 成单增函数关系。θ_r 不可测，一般假定 θ_r 与可检测的用电角度表示的转子转角 $\theta_{转子}$ 相等。所以可用转子的速度传感器输出 $\theta_{转子}$ 替代 θ_r。由于是实时控制，只要控制定子磁链 θ_s，使得在第 k 时刻有

$$\theta_{sr}(k+1)=\Delta\theta_s(k)+\theta_r(k) \tag{7.4-4}$$

于是，这样也就控制了电磁转矩 T_e。

需要注意的是，由后面的 7.4.3 节分析可知，上述的两项控制（也即控制 $|\boldsymbol{\psi}_s|$ 为常值和控制电磁转矩 T_e）之间是耦合的，因此采用线性控制难以得到满意的控制结果。

（3）基于逆变电源输出电压 $\boldsymbol{u}_{s\alpha\beta}$ 的控制算法控制定子磁链 $\boldsymbol{\psi}_{s\alpha\beta}$

如果忽略定子电阻压降 $R_s\boldsymbol{i}_{s\alpha\beta}$，则基于式（7.4-1）有

$$\boldsymbol{\psi}_{s\alpha\beta}\approx\int\boldsymbol{u}_{s\alpha\beta}dt \tag{7.4-5}$$

由第 6.2 节可知，电压矢量 $\boldsymbol{u}_{s\alpha\beta}$ 可以用 PWM 调制的电压型逆变电源实现。该电压的本质是离散的，所以将式（7.4-5）改为开关频率为 $1/T_{sw}$ 的离散表达式为

$$\boldsymbol{\psi}_{s\alpha\beta}(t_{K+1})\approx\boldsymbol{\psi}_{s\alpha\beta}(t_K)+\boldsymbol{u}_{s\alpha\beta}(t_K)T_{sw} \tag{7.4-6}$$

或者三相静止电压 $\boldsymbol{u}_{sABC}$

$$\boldsymbol{\psi}_{sABC}(t_{K+1})\approx\boldsymbol{\psi}_{sABC}(t_K)+\boldsymbol{u}_{sABC}(t_K)T_{sw}$$

式中，$\boldsymbol{u}_s(t_K)$ 是在时刻 t_K 时电压型逆变电源施加于电动机端子上的电压矢量。

式（7.4-6）说明可以用当前逆变电源输出的离散电压直接控制下一步的定子磁链 $\boldsymbol{\psi}_{s\alpha\beta}(t_{K+1})$。进一步由后述的式（7.4-19）可知，控制了定子磁链幅值一定且控制其转角，也就控制了电动机的电磁转矩。所以 DTC **转矩控制的要点和难点是空间电压矢量 $\boldsymbol{u}_s(t_K)$ 的控制**（或者生成）**问题**。

视频 No. 29 说明了本小节的要点。

视频 No. 29

7.4.2　一种基本的系统实现方法

迄今已经研发了多种控制方法，本节讲述最基本的一种方法。其基本构成与图 7.4.2 相似。

1. 电动机定子磁链和电磁转矩的获取

由于电动机的端电压 $\boldsymbol{u}_{s\alpha\beta}=[u_{s\alpha}\ u_{s\beta}]^T$ 和定子电流 $\boldsymbol{i}_{s\alpha\beta}=[i_{s\alpha}\ i_{s\beta}]^T$ 在线可测，如果定子电阻已知，则可用式（7.4-1）求得定子磁链。式（7.4-1）的结构如图 7.4.3 所示，显然，这是电动机的电压模型且不包含转子回路参数，于是避免了在 VC 控制方法中转子电阻变化引发的控制误差。如前所述，由于该式为纯积分运算，适合于以中、高速运行的系统，在低速时由于模拟电路零漂或数字实现中的量化误差等原因的影响使得计算结果误差较大，甚至无法应用。在实际应用中，一般采用大时间常数的低通滤波器代替该式的积分运算。采用低通滤波器的模拟和数字计算式分别为

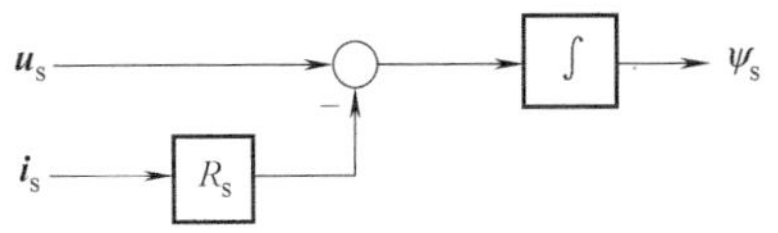

图 7.4.3　基于电压模型计算定子磁链

$$\boldsymbol{\psi}_{s\alpha\beta}\approx\frac{1}{\tau s+1}(\boldsymbol{u}_{s\alpha\beta}-R_s\boldsymbol{i}_{s\alpha\beta}) \tag{7.4-7}$$

$$\boldsymbol{\psi}_{s\alpha\beta}(n+1)=\boldsymbol{\psi}_{s\alpha\beta}(n)\exp\left(-\frac{T_{sw}}{\tau}\right)+[\boldsymbol{u}_{s\alpha\beta}(n)-R_s\boldsymbol{i}_{s\alpha\beta}(n)]T_{sw} \tag{7.4-8}$$

式中，$\boldsymbol{\tau}$ 为低通滤波器的时间常数；T_{sw} 为数字控制器的控制周期。

由检测到的定子电流和计算的定子磁链，可以基于式（7.2-32b）计算电动机的电磁转矩。

2. 定子磁链和电磁转矩的非线性控制律

以下讨论如何根据式（7.4-6），用电压矢量控制定子磁链的幅值和电磁转矩的大小。同理也可讨论基于式（7.4-8）的算法。

（1）磁链和转矩的非线性控制律

由 6.2.2 节知道，静止坐标系上的电压型逆变电源的输出电压由图 7.4.4a 所示的 6 个

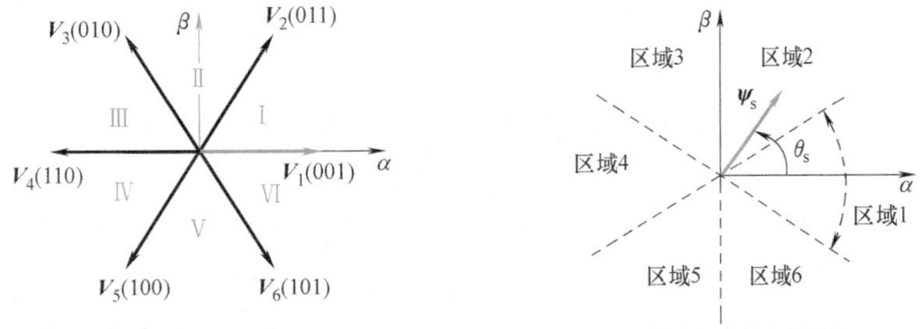

a) 电压矢量空间和基本电压矢量　　b) 定子磁链矢量空间

图 7.4.4　电压矢量空间和定子磁链矢量空间

非零基本电压矢量和 2 个零电压矢量组成。同样，也可以用一个平面表示定子磁链的空间。首先将定子磁链矢量空间按图 7.4.4b 划分为 6 个区域。

设第 t_K 时刻的定子磁链 $\psi_s(t_K)$ 在区域 1，如图 7.4.5b 所示。图中以 $\boldsymbol{\psi}_s(t_K)$ 的幅值 $|\psi_s(t_K)|$ 为半径的圆的切线方向为磁链幅值保持不变的方向。所以在第 t_{K+1} 时刻，向电动机施加基本电压矢量 $\boldsymbol{V}_2$、$\boldsymbol{V}_6$ 将使得磁链幅值增加（flux increase，FI）；施加 $\boldsymbol{V}_3$、$\boldsymbol{V}_5$ 使得磁链幅值减小（flux decrease，FD）。此外，与图示电动机运行方向一致的 $\boldsymbol{V}_2$、$\boldsymbol{V}_3$ 将使得定子磁链角度 θ_s 增加。由式（7.4-3）知，θ_s 增加也就是转矩 T_e 增加（torque increase，TI）；反之，$\boldsymbol{V}_5$、$\boldsymbol{V}_6$ 使得转矩减小（torque decrease，TD）。由此，定子电压 $\boldsymbol{u}_s(t_{K+1})$ 可唯一地选取上述 4 个基本电压矢量之一以使得磁链幅值和电磁转矩发生所希望的变化。

同样，图 7.4.5b 表示了在区域 2 内可选择的 4 个基本电压矢量以及相应的磁链幅值和电磁转矩的变化趋势。这些内容可表示为

$$\begin{cases} \boldsymbol{V}_3 \text{ 使得}\{\text{FI and TI}\} \\ \boldsymbol{V}_4 \text{ 使得}\{\text{FD and TI}\} \\ \boldsymbol{V}_6 \text{ 使得}\{\text{FD and TD}\} \\ \boldsymbol{V}_1 \text{ 使得}\{\text{FI and TD}\} \end{cases} \tag{7.4-9}$$

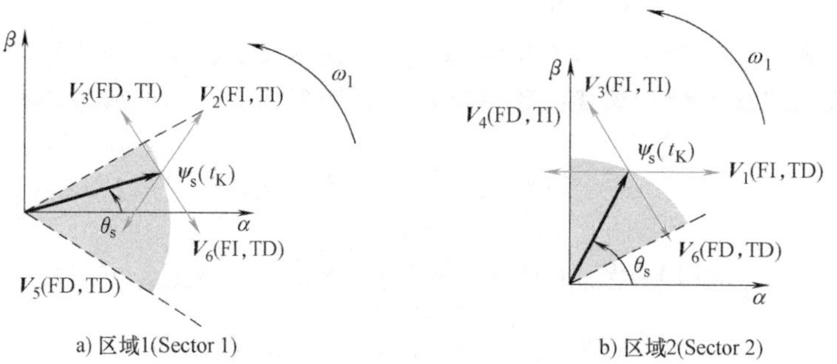

图 7.4.5　决定 $\boldsymbol{\psi}_s(t_{K+1})$ 的 4 个基本电压矢量

在实现磁链幅值和电磁转矩闭环控制的条件下，依据上述逻辑，可根据第 t_K 次 4 种不同的磁链幅值和电磁转矩误差的组合求出 t_{K+1} 次输出电压 $\boldsymbol{u}_{s\alpha\beta}(t_{K+1})$，并可以采用"if…，then…"判别式来表示。例如，设指令值为 $\{T_{eREF}, \boldsymbol{\psi}_{sREF}\}$，令误差

$$\mathrm{d}|\boldsymbol{\psi}_s| = |\boldsymbol{\psi}_{sREF}| - |\boldsymbol{\psi}_s|, \mathrm{d}T_e = T_{eREF} - T_e$$

对于图 7.4.5a 中 $\boldsymbol{\psi}_s(t_K)$ 在区域 1 的情况下，有

$$\begin{cases} \text{if}\{\mathrm{d}\psi_s = \text{FI}\} \text{ and } \{\mathrm{d}T_e = \text{TD}\}, \text{then } \boldsymbol{u}_s(t_{K+1}) = V_6 \\ \text{if}\{\mathrm{d}\psi_s = \text{FI}\} \text{ and } \{\mathrm{d}T_e = \text{TI}\}, \text{then } \boldsymbol{u}_s(t_{K+1}) = V_2 \\ \qquad\vdots \end{cases} \tag{7.4-10}$$

穷举 $\boldsymbol{\psi}_s(t_K)$ 在所有区域内的磁链幅值误差、电磁转矩误差以及所对应的 t_{K+1} 时刻发出的基本电压矢量，可以制成表 7.4.1 所示的控制器的输入输出表。

此外注意，在电磁转矩闭环中需要考虑对电磁转矩变化率 $\mathrm{d}T_e/\mathrm{d}t$ 的控制。

由于只要输入有误差，输出电压就在各个基本电压矢量之间"砰-砰"式地切换，所以磁链幅值和转矩波动可以被控制在允许的范围之内。这种采用"砰-砰"式的控制方法（"Bang-Bang" controller）常常被用于一些具有耦合和非线性性质的控制系统。

表 7.4.1　t_{K+1} 时刻需要发出的基本电压矢量

		$\psi_s(t_K)$所在区间(由 θ_s 判定)			
		1	2	3	…
$d\psi_s$	dT_e	$u_s(t_{K+1})$			
FI	TI	$\boldsymbol{V}_2$	$\boldsymbol{V}_3$	$\boldsymbol{V}_4$	…
	TD	$\boldsymbol{V}_6$	$\boldsymbol{V}_1$	$\boldsymbol{V}_2$	
FD	TI	$\boldsymbol{V}_3$	$\boldsymbol{V}_4$	$\boldsymbol{V}_5$	…
	TD	$\boldsymbol{V}_5$	$\boldsymbol{V}_6$	$\boldsymbol{V}_1$	

(2) 非线性控制器的实际结构

事实上，按表 7.4.1 构成的控制器由于是“砰-砰”动作，该动作就使得输出电压以非常高的频率在各个基本矢量之间切换，从而造成逆变电源的开关频率过高而不能正常工作。为了使切换不要过于频繁，工程实现中需要采用图 7.4.2 所示的滞环比较器并设定一个合理的滞环宽度。设磁链和转矩滞环的宽度分别为 $\Delta\psi_s$ 和 ΔT，则误差在滞环 $|d\psi_s|<\Delta\psi_s$ 或 $|dT_e|<\Delta T$ 范围内时控制器的输出电压将维持不变。以下先设计滞环比较器。

如果滞环比较器采用硬件实现，则系统的电路如图 7.4.2 所示。图中的开关表可用可编程逻辑器件等电路实现。如果滞环比较器采用软件实现，则需要推导出滞环比较器的输入输出关系。先定义以下关系。

对于磁链幅值的误差

$$\begin{cases} d\psi_s=1,\ \text{if}\,|\psi_s^*|\geqslant|\psi_s|+\Delta\psi_s \\ d\psi_s=0,\ \text{if}\,|\psi_s^*|\leqslant|\psi_s| \end{cases} \tag{7.4-11}$$

对于转矩误差，在正转时

$$dT_e=1,\ \text{if}\ |T_e^*|\geqslant|T_e|+\Delta T;\ dT_e=0,\ \text{if}\ |T_e^*|\leqslant|T_e| \tag{7.4-12a}$$

在反转时

$$dT_e=-1,\ \text{if}\ |T_e^*|\leqslant|T_e|+\Delta T;\ dT_e=0,\ \text{if}\ |T_e^*|\geqslant|T_e| \tag{7.4-12b}$$

由此可以制作出**“砰-砰”控制器**所依据的开关表如表 7.4.2 所示。表中还引入零电压矢量，用于使 dT_e 在允许误差之内时输出零电压矢量。详细推导可参考文献 [7]。

表 7.4.2　电压开关矢量表

$d\psi_s$	dT_e	$\psi_s(t_K)$所在区间(由 θ_s 判定)					
		1	2	3	4	5	6
1	1	$\boldsymbol{V}_2$	$\boldsymbol{V}_3$	$\boldsymbol{V}_4$	$\boldsymbol{V}_5$	$\boldsymbol{V}_6$	$\boldsymbol{V}_1$
	0	$\boldsymbol{V}_7$	$\boldsymbol{V}_0$	$\boldsymbol{V}_7$	$\boldsymbol{V}_0$	$\boldsymbol{V}_7$	$\boldsymbol{V}_0$
	-1	$\boldsymbol{V}_6$	$\boldsymbol{V}_1$	$\boldsymbol{V}_2$	$\boldsymbol{V}_3$	$\boldsymbol{V}_4$	$\boldsymbol{V}_5$
0	1	$\boldsymbol{V}_3$	$\boldsymbol{V}_4$	$\boldsymbol{V}_5$	$\boldsymbol{V}_6$	$\boldsymbol{V}_1$	$\boldsymbol{V}_2$
	0	$\boldsymbol{V}_0$	$\boldsymbol{V}_7$	$\boldsymbol{V}_0$	$\boldsymbol{V}_7$	$\boldsymbol{V}_0$	$\boldsymbol{V}_7$
	-1	$\boldsymbol{V}_6$	$\boldsymbol{V}_6$	$\boldsymbol{V}_1$	$\boldsymbol{V}_2$	$\boldsymbol{V}_3$	$\boldsymbol{V}_4$

图 7.4.6 为由上述控制算法构成的数字式 DTC 控制系统结构图。图中的定子磁链幅值

指令为常数。当需要弱磁调速时，需要设计函数 $\psi_s^* = f(\omega^*)$ 的程序，由其给出不同转速时磁链的给定值。

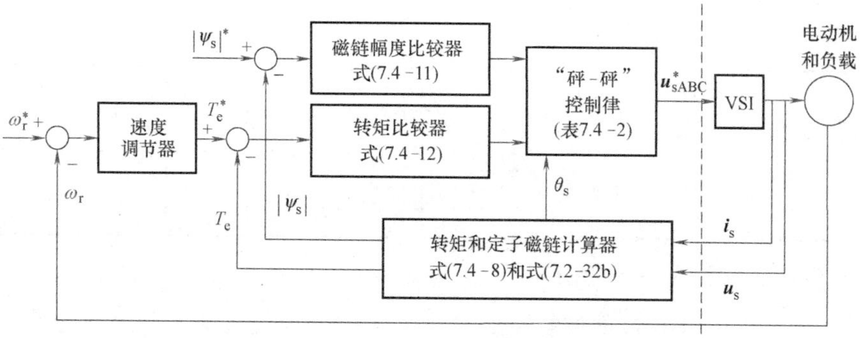

图 7.4.6　数字式 DTC 控制系统结构图

例 7.4-1　图 7.4.6 的系统中各个环节的参数如下：

（1）感应电动机的单相电路 $L_s = L_r = 0.47\text{H}$，$L_m = 0.44\text{H}$，$R_s = 8.0\Omega$，$R_r = 3.6\Omega$，电动机惯量 $J = 0.06\text{k}\cdot\text{m}^2$，极对数 $n_p = 1$。

（2）控制器 $|\psi_s| = 0.9\text{Wb}$，$T_e^* = 4\text{N}\cdot\text{m}$，滞环宽度 $\Delta\psi_s = 2\%|\psi_s^*|$，$\Delta T = 10\% T_e^*$。设定速度指令以三角波方式变化，对该系统用 MATLAB 仿真并给出电磁转矩和定子磁链的响应曲线。

解　MATLAB 框图如图 7.4.7a 所示，图 7.4.7a 中的 Switch Table（电压矢量选择表）如表 7.4.3 所示。仿真结果示于图 7.4.7b。由转矩响应波形可以看出，电动机的转矩响应含有一个较大的脉动转矩分量。由于所采用的“砰-砰”控制器可看作是增益很大并具有限幅的 P 调节器，所以输出电压的响应很快，但电压的开关周期不定，电压中的谐波也没有像 SPWM 方式那样得到控制。

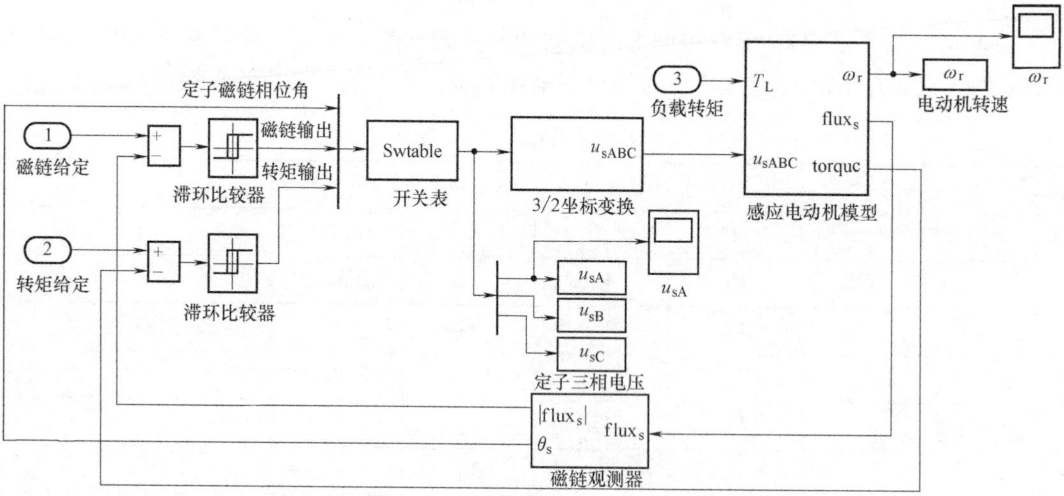

a) MATLAB仿真框图

图 7.4.7　对图 7.4.6 系统的 MATLAB 仿真框图及结果

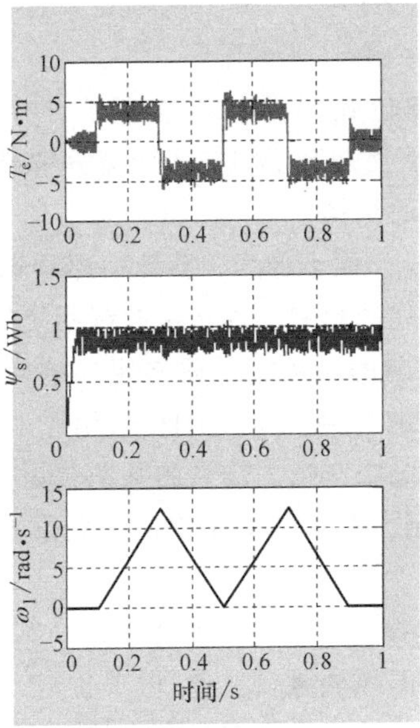

b) 仿真结果(从下往上:速度、磁链幅值、转矩)

图 7.4.7　对图 7.4.6 系统的 MATLAB 仿真框图及结果（续）

表 7.4.3　图 7.4.7a 中的开关表

```
function [sys,x0,str,ts] =
Swtable(t,x,u,flag)
switch flag,
  case 0,
    [sys,x0,str,ts] = mdlInitializeSizes;
  case 3,
    sys = mdlOutputs(t,x,u);
  case { 1, 2, 4, 9 }
    sys = [ ];
  otherwise
    error(['Unhandled flag =
',num2str(flag)]);
end
function
[sys,x0,str,ts] = mdlInitializeSizes( )
sizes = simsizes;
sizes. NumContStates   = 0;
sizes. NumDiscStates   = 0;
sizes. NumOutputs      = 3;
sizes. NumInputs       = 3;
sizes. DirFeedthrough  = 1;
sizes. NumSampleTimes  = 1;
sys = simsizes(sizes);
x0   = [ ];
str = [ ];
ts   = [0 0];

function sys = mdlOutputs(t,x,u)
citas = mod(u(1),2 * pi);
k = ceil((citas+(pi/6))/(pi/3));

if(k>6)
   k = k-6;
end
if(u(2)>=0&u(3)>=0)
   vk = k+1;
elseif(u(2)>=0&u(3)<0)
   vk = k-1;
elseif(u(2)<0&u(3)>=0)
   vk = k+2;
elseif(u(2)<0&u(3)<0)
   vk = k-2;
end
if(vk<=0)
   vk = vk+6;
end

if(vk>6)
   vk = vk-6;
End

switch vk,
     case 1,
     SA = 1;
     SB = 0;
          SC = 0;
  case 2,
        SA = 1;
        SB = 1;
        SC = 0;
  case 3,
        SA = 0;
        SB = 1;
        SC = 0;
  case 4,
        SA = 0;
        SB = 1;
        SC = 1;
  case 5,
        SA = 0;
        SB = 0;
        SC = 1;
  case 6;
        SA = 1;
        SB = 0;
        SC = 1;
end
Udc = 380;
sys = Udc * [SA;SB;SC];
```

3. 该 DTC 的特点

与 VC 系统相比，该 DTC 系统有以下特点：

1）转矩和磁链的控制采用双位式“砰-砰”控制器，并在逆变电源中直接用这两个控制信号产生电压的 PWM 波形，从而避开了将定子电流分解成转矩和磁链分量，省去了旋转变换和电流控制，简化了控制器的结构。

2）选择定子磁链作为被控量，而不像 VC 系统中那样选择转子磁链。这样一来，计算磁链的模型可以不受转子参数变化的影响，提高了控制系统的鲁棒性。但是由 7.4.3 节分析知，DTC 的本质是按定子磁链定向的，按定子磁链定向的转矩控制规律要比按转子磁链定向时复杂。为了避免了采用复杂的控制算法，DTC 采用了非线性的砰-砰控制器。“砰-砰”控制器虽然简单，但电磁转矩响应中产生了较大的脉动转矩分量。

3）由于采用了直接转矩控制，在加、减速或负载变化的动态过程中，可以获得快速的转矩响应。

4）原埋型 DTC 存在的问题：① 由于转矩闭环采用“砰-砰”控制器，电动机电磁转矩的实际响应必然在设定的误差上下限内脉动；② 由于磁链计算采用了带积分环节的电压模型，积分初值、累积误差和定子电阻的变化都会影响磁链计算的准确度。上述两个问题的影响在低速时尤为显著，因而使 DTC 系统的调速范围受到限制。

对于问题 ①，有许多改进方法，可参考有关文献，如参考文献［8］。对于问题②，一种解决方法是在低速时采用电流模型或构成定子磁链观测器得到定子磁链。例如，由式（7.2-31）和式（7.2-24）可得以定子电压、电流和转子转速 ω_r 为输入的电流模型为

$$\frac{R_r-\omega_r L_r \boldsymbol{J}}{\sigma L_s L_r}\boldsymbol{\psi}_{s\alpha\beta}=\left(p+\frac{1}{\sigma\tau_s}+\frac{1}{\sigma\tau_r}-\omega_r\boldsymbol{J}\right)\boldsymbol{i}_{s\alpha\beta}-\frac{\boldsymbol{u}_{s\alpha\beta}}{\sigma L_s} \tag{7.4-13}$$

式中，p 为微分算子；τ_s 和 τ_r 分别为定、转子的时间常数。由于式（7.4-13）使用转子参数，该方法对**转子参数的鲁棒性**的优点就不得不丢弃了。

7.4.3* 双磁链轴模型和 DTC 稳定性分析

本节给出新的用于 DTC 的模型并据此分析 DTC 特性如稳定性分析等。

首先建立新的数学模型。易于暴露 DTC 特性的建模方法是以 $\boldsymbol{\psi}_{s\alpha\beta}$、$\boldsymbol{\psi}_{r\alpha\beta}$ 为状态变量，并在定子磁链和转子磁链各自的极坐标上分别建立定子和转子的数学模型。

由 7.2.3 节已知，以 $\boldsymbol{\psi}_{s\alpha\beta}$ 和 $\boldsymbol{\psi}_{r\alpha\beta}$ 为状态变量的模型为式（7.2-31）。定义 $a=(L_sL_r-L_M^2)^{-1}$，即 $a=(\sigma L_sL_r)^{-1}$，于是式（7.2-31）可改写为

$$\begin{bmatrix}\boldsymbol{u}_{s\alpha\beta}\\0\end{bmatrix}=\begin{bmatrix}(p+aR_sL_r)\boldsymbol{I} & -aR_sL_M\boldsymbol{I}\\-aR_rL_M\boldsymbol{I} & (aR_rL_r+p)\boldsymbol{I}-\omega_r\boldsymbol{J}\end{bmatrix}\begin{bmatrix}\boldsymbol{\psi}_{s\alpha\beta}\\\boldsymbol{\psi}_{r\alpha\beta}\end{bmatrix} \tag{7.4-14}$$

对应的电磁转矩由式（7.4-3）表示。

进一步，分别选用定子磁链矢量方向 $e^{j\theta_s}$ 和转子磁链矢量方向 $e^{j\theta_r}$ 作为极坐标方向，上述两个磁链矢量 $\boldsymbol{\psi}_{s\alpha\beta}$、$\boldsymbol{\psi}_{r\alpha\beta}$ 由式（7.4-2）表示。对应的将定子电压矢量 $\boldsymbol{u}_s$ **用定子磁链方向**上的分量 $u_{\psi s}$ 以及其垂直方向（用+j 表示，比 $\boldsymbol{\psi}_s$ 超前 90°）上的分量 u_{Te} 表示，即

$$\boldsymbol{u}_s=|\boldsymbol{u}_s|e^{j\theta_s}=u_{\psi s}+ju_{Te}$$

上述各个变量以及相互关系如图 7.4.8 所示。

基于上述变量的极坐标表示，式（7.4-14）被变换为

$$\begin{cases} \boldsymbol{u}_s=\left(\dfrac{d\psi_s}{dt}+j\psi_s\dfrac{d\theta_s}{dt}+aR_sL_r\psi_s+aR_sL_M\psi_r e^{j\theta_{sr}}\right)e^{j\theta_s} \\ 0=\left[-aR_rL_M\psi_s e^{j\theta_{sr}}+(aR_rL_s-j\omega_r)\psi_r+\dfrac{d\psi_r}{dt}+j\psi_r\dfrac{d\theta_r}{dt}\right]e^{j\theta_r} \end{cases} \tag{7.4-15}$$

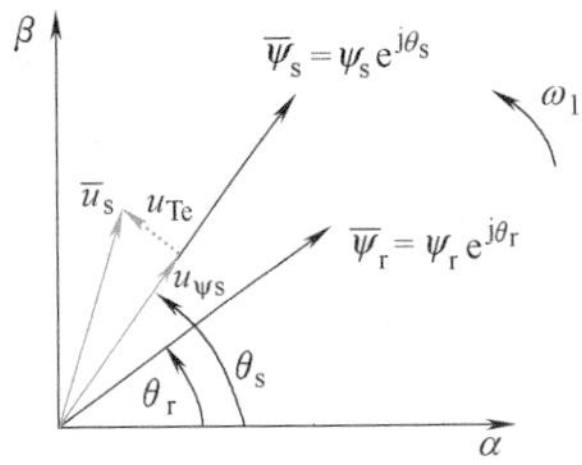

图 7.4.8　基于定子磁链定向和转子磁链定向

式中，定子磁链幅值 $\psi_s=|\boldsymbol{\psi}_{s\alpha\beta}|$；转子磁链幅值 $\psi_r=|\boldsymbol{\psi}_{r\alpha\beta}|$ $\theta_{sr}=\theta_s-\theta_r$ 为定、转子磁链矢量之间的夹角。

式（7.4-15）的第 1 式小括号中的内容实际上是在定子磁链轴上（**定子磁链方向**）得到的定子方程，而第 2 式中括号中的内容则是在转子磁链轴上（**转子磁链方向**）得到的转子方程。分别展开式（7.4-15）两式中括号中的部分，得到以下标量方程组

定子磁链方向

$$\frac{d\psi_s}{dt}=-aR_sL_r\psi_s+aR_sL_M\psi_r\cos\theta_{sr}+u_{\psi s} \tag{7.4-16a}$$

$$\psi_s\frac{d\theta_s}{dt}=-aR_sL_M\psi_r\sin\theta_{sr}+u_{Te} \tag{7.4-16b}$$

转子磁链方向

$$\frac{d\psi_r}{dt}=-aR_rL_s\psi_r+aR_rL_M\psi_s\cos\theta_{sr} \tag{7.4-16c}$$

$$\psi_r\frac{d\theta_r}{dt}=aR_rL_M\psi_s\sin\theta_{sr}+\psi_r\omega_r \tag{7.4-16d}$$

式（7.4-16a）为与 $e^{j\theta_s}$ 平行的分量，式（7.4-16b）为与 $e^{j\theta_s}$ 垂直的分量；而式（7.4-16c）为与 $e^{j\theta_r}$ 平行的分量，式（7.4-16d）为与 $e^{j\theta_r}$ 垂直的分量。

本书将式（7.4-16）与式（7.4-3）所示的模型称为**双磁链轴模型**。以下基于该模型分析电动机的 DTC 控制特性。

（1）输入电压与被控量之间的非线性关系

式（7.4-16a）和式（7.4-16b）两式揭示了电动机的输入电压与被控量 ψ_s、T_e 之间的非线性关系。具体的，电压分量 $u_{\psi s}$ 可以控制定子磁链幅值 ψ_s，但存在由 ψ_r 和 θ_{sr} 构成的非线性耦合项；同样，分量 u_{Te} 可以控制电磁转矩 T_e，但也存在与变量 ψ_r 复杂的非线性关系。

据此，可将 ψ_s、T_e 的控制策略分为两种类型：第一类是将 ψ_s、T_e 作闭环控制并采用非线性调节器进行校正；第二类则可用前馈等方法解耦式中的非线性项，然后在 ψ_s、T_e 闭环中用线性控制器校正。

以下进一步**定性**分析两组 ψ_s、$u_{\psi s}$ 和 T_e、u_{Te} 各自的因果关系。

将式（7.4-16c）代入式（7.4-16a），略去影响比较小的 $\cos^2\theta_{sr}$ 项，可得

$$\psi_s\approx\frac{\sigma\tau_s}{\sigma\tau_s p+1}u_{\psi s} \tag{7.4-17}$$

式（7.4-17）说明了采用电压分量 $u_{\psi s}$ 可以基本上控制 ψ_s。也即，式（7.4-16a）为控制定子磁链幅值 ψ_s 的主要方程式。

将式（7.4-16b）代入电磁转矩 T_e 的公式（7.4-3），注意到 $d\theta_s/dt$ 为同步电角频率 ω_1，

整理后得到反映 T_e、u_{Te} 关系的方程如下：

$$T_e=\frac{n_P}{R_s}(-\psi_s^2\omega_1+\psi_s u_{Te})=\frac{n_P}{R_s}[-\psi_s^2(\omega_r+\omega_s)+\psi_s u_{Te}] \tag{7.4-18}$$

式中，根据式（7.2-45）知 $\omega_1=\omega_r+\omega_s$（$\omega_r$ 为以电角度表述的转子轴转速，ω_s 为转差电角频率）。该式说明，在电动机工作点 ω_r 处的电磁转矩 T_e 不仅受控于 ψ_s 和 u_{Te}，还受此时 ω_s 值的影响。

（2）电磁转矩 T_e 闭环稳定的必要条件

将式（7.4-16c）代入式（7.4-3）得电磁转矩 T_e 和角度差 θ_{sr} 之间的关系为

$$T_e=\frac{n_pR_r(aL_M)^2}{2\quad p+aR_rL_s}\psi_s^2\sin2\theta_{sr} \tag{7.4-19}$$

式中，$a=(\sigma L_sL_r)^{-1}$。

式（7.4-19）说明，在定子磁链幅值 ψ_s 被控制为常数的条件下，定子磁链和转子磁链之间的角度差 θ_{sr} 在下式的范围内电磁转矩与角度 θ_{sr} 成单增函数关系。

$$-\pi/4\leqslant\theta_{sr}\leqslant\pi/4 \tag{7.4-20}$$

根据 3.2 节稳定性分析方法可知，在该角度范围以外，由于 $|\theta_{sr}|$ 的增大并不能保证增加电磁转矩，所以有可能使得转矩闭环不稳定。

由于式（7.4-20）仅仅考虑了角度 θ_{sr} 对转矩环稳定性的影响，所以它是转矩闭环稳定运行的**必要条件**。在采用 7.4.2 节的 DTC 方法时，一般根据此式和当前的 θ_r 的值来限定定子磁链角度 θ_s 的上下限。

本节小结

1）DTC 是一种典型的非线性控制方法，基本思想是“直接用定子磁场与转子磁场之间的转角来控制电磁转矩”。其工程实现方法是：选择定子磁链和电磁转矩作为状态变量，通过闭环将定子磁链幅值 $|\boldsymbol{\psi}_s|$ 控制为一定，并同时通过控制定子磁链的转角来控制电磁转矩。

2）7.4.2 节所示实现方法的缺点：①仅基于定子回路方程计算的定子磁链在低速时的误差较大；②系统由于没有设计显式的电流环作电流保护，必须注意限制过大的冲击电流对逆变电源的危害。近年的改进思路是引入电动机转子侧模型。

3）基于定子磁链轴和转子磁链轴建立的电动机模型如式（7.4-3）和式（7.4-15）所示，本书称其为双磁链轴模型。据此可进一步分析 DTC 原理等问题。本节据此分析了电磁转矩环稳定的必要条件。这个模型说明选择一个合适的建模方法的重要性。同时由该模型可知，尽管 7.4.2 节介绍的基本 DTC 方法使用非线性控制器以应对定子磁链和电磁转矩两个变量的非线性特征，但是也可以据此模型采用其他类型的控制方法以得到更好的定子磁链和电磁转矩特性。一个典型的方法详见文献［11］。

本章习题

有关 7.1 节

7-1　思考：

（1）“变换前后总功率不变”是本节所述各种变换的前提条件吗？

（2）用复变量 $x=a+jb$ 也可以表示平面上的矢量。依据图 7.1.4，试写出 $\boldsymbol{i}=[i_\alpha,i_\beta]^T$ 和 $\boldsymbol{i}=[i_M,i_T]^T$ 的复变量表示，再写出两者之间旋转变换矩阵 $C_{2r/2s}$、$C_{2s/2r}$ 的复数形式。

有关 7.2 节

7-2　在建立异步电动机数学模型时，有数个假定条件。其中有：①忽略磁路饱和，各绕组的自感和互感都是恒定的；②忽略铁心损耗；③不考虑频率变化和温度变化对绕组电阻的影响。这些条件分别在建立哪个数学式时被用到？

7-3　异步电动机的强耦合性体现在哪里？异步电动机的非线性体现在哪里？

7-4　三相异步电动机在三相静止坐标系上的数学模型可变换为两相静止坐标系（$\alpha\beta$ 坐标系）上的数学模型的条件是什么？

7-5　为什么说调速用感应电动机长期工作在定子电压频率为零（$\omega_1=0$）的状态时式（7.2-33）不再成立？

有关 7.3 节

7-6　思考：学习了 7.3.1 节后，请问：

（1）本节所述“转子磁链定向控制”原理的要点可以概括为哪两条？

（2）图 7.3.4 的系统为何为三个闭环（ 转速、电流、磁链闭环）？

7-7　思考：

（1）对于异步电动机在静止坐标系上的模型式（7.2-30b）作 MT 变换后为式（7.3-3），变换前为 4 个状态变量，变换后是哪几个状态变量？假定哪个状态变量已知？恒等变换是否能改变状态变量的个数？

（2）请说明：矢量控制如何使得定子电流解耦为励磁分量和转矩分量？如何使得电磁转矩与转矩电流分量成为线性关系。

（3）从控制电磁转矩和转子磁链的角度，说明条件式 $\psi_{rm}=|\boldsymbol{\psi}_r|=$常数的意义。

（4）为什么将采用式（7.3-12）计算转子磁链位置的控制方法称为间接型矢量控制？

7-8*　思考：

（1）为什么作转子磁链定向？查阅资料给出一两种不是转子磁链定向的转矩控制方法？将这些方法与 VC 方法作比较。

（2）根据图 7.2.7、图 7.3.2 和图 7.3.3，说明下面三种情况下转差频率 $\omega_s=\omega_1-\omega_r$ 的表达式有什么不同？

①非矢量控制条件下；②磁场定向但 $|\boldsymbol{\psi}_r|\neq$常数条件下；③矢量控制条件下。

7-9　对于间接型矢量控制系统，即使再好的电流闭环也不能使得在 $\boldsymbol{i}_1^*$ 突变时有 $\boldsymbol{i}_1^*=\boldsymbol{i}_1$，此时若采用式（7.3-11）计算转差频率，则所得到的转子磁链位置与实际位置之间有误差吗？

7-10　试比较图 7.3.7 和图 7.3.8 所示的系统方案的异同。

有关 7.4 节

7-11　思考：

（1）DTC 的实现全都基于定子回路模型，目的是什么？为何说“在低速时基于定子回路计算定子磁链会有误差”（提示：积分误差）？

（2）有人说“基本 DTC 方法（即基于表 7.4.2 实施控制）是减小转矩误差的趋势性的

控制”。这句话对吗，为什么？

（3）由图 7.4.9 说明控制使“$|\boldsymbol{\psi}_s|$=常数”的意义。

（4）式（7.4-20）是调速系统稳定的必要条件，还是充分条件？

7-12 思考题：讨论本节结论的第（3）条：基于双磁链模型使得分析 DTC 原理变得简单明了。这又一次说明建模方法要服务于所要解决的问题。

7-13 思考题：基于 VC 方法和 DTC 方法各自的出发点（前者：电枢在磁场的电磁力，后者：定子磁场与转子磁场之间的电磁力），分析各自建模方法的特点。

综合练习

7-14 采用两维静止坐标系下笼型异步电动机数学模型，利用 MATLAB/Simulink 完成该电动机的间接型矢量控制。推荐使用题 7.14 图所示的简化系统模型。仿真中选取的电动机系统参数如下：

电动机额定值三相 200V，50Hz，2.2kW，1430r/min，14.6N · m。

电动机参数 $R_s=0.877\Omega$，$R_r=1.47\Omega$，$L_s=165\text{mH}$，$L_r=L_s$，$L_M=160\text{mH}$，$n_P=2$，系统 $J=0.015$。

要求作下列仿真：

（1）$t=0$ 时，转子磁链阶跃指令为 0.54Wb；$t=0.1\text{s}$ 时，转速阶跃命令为 150rad/s；$t=0.5\text{s}$ 时，阶跃负载转矩为 0.73N · m。该条件下的转子磁链幅值、电磁转矩、速度响应波形。

（2）$R_r^*=R_r/2$ 时的上述响应。试分析这两组结果。

仿真报告包括仿真模型框图（有程序的请贴上源程序）、绘制的图形以及实验结论。

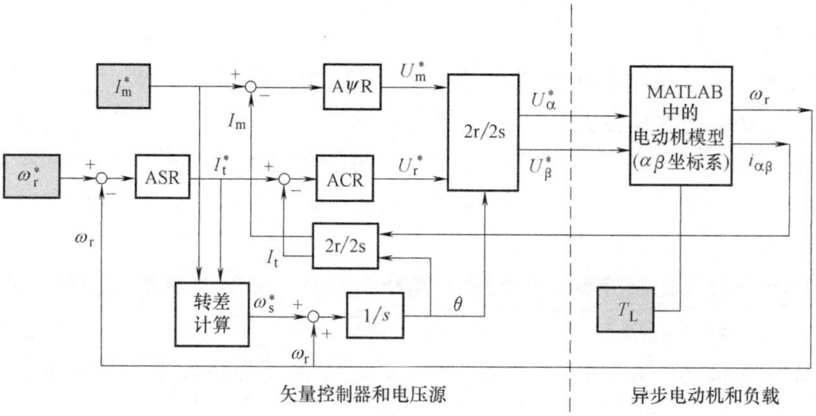

题 7.14 图 简化的异步电动机矢量控制系统模型

参 考 文 献

[1] BLASCHKE F. The principle of field orientation as applied to the new TRANSVEKTOR closed loop control system for rotating field machines [J]. Siemens Review, 1972.

[2] WU B. 大功率变频器及交流传动［M］. 卫三民，译. 北京：机械工业出版社，2011.

[3] HORI Y, UMENO T. Robust Flux Observer Based Field Orientation (FOFO) Controller-Its Theoretical Development on the Complex Number System and Implementation using DSP [C]. IFAC 11th World Congress, 1990.

[4] MAMID A, et al. A Review of RFO Induction Motor Parameter Estimation Techniques [J], IEEE Trans. on Energy Conversion, 2003, 18 (2): 271-283.
[5] YANG G. Tung-Hai Chin: Adaptive speed identification scheme for vector controlled speed sensor-less inverter-induction motor drive [J]. IEEE Trans. Indus, 1993, 29 (4): 820-825.
[6] DEPENBROCK M. Direct self control (DSC) of inverter-fed induction machine [J]. IEEE Trans. on Power Electronics, 1988, 3: 420-429.
[7] VAS P. Sensor-less Vector and Direct Torque Control [M]. New York: Oxford University Press, 1998.
[8] 胡育文，等. 异步电机（电动、发电）直接转矩控制系统 [M]. 北京：机械工业出版社，2012.
[9] 陈伯时. 电力拖动自动控制系统——运动控制系统 [M]. 3版. 北京：机械工业出版社，2003.
[10] LORENZ R D, et al. Motion Control with Induction Motors [J]. Proceedings of the IEEE, 1994, 82 (8): 1215-1240.
[11] WANG H, XU W, YANG G, et al. Variable-Structure Torque Control of Induction Motors Using Space Vector Modulation [J]. Electrical Engineering, 2005, 87 (2): 93-102.

第8章

同步电机的模型和调速系统

一直以来，大型同步电机主要作为传统发电厂的发电设备。近 50 年来，随着变频变压电源技术的成熟，同步电动机调速系统得到了快速发展。近 20 年里，由于永磁同步电动机的种种优点，其在小容量电动机调速系统以及位置伺服系统中得到了越来越多的应用。

8.1 节定性说明同步电机的基本原理，并介绍该电机的典型结构，建议结合 5.1 节和 5.2 节阅读该节；8.2 节讨论三相同步电机的稳态模型以及典型运行特性；8.3 节首先建立同步电动机的动态数学模型，然后分别讨论励磁式同步电机和永磁同步电机的动态控制方法；最后 8.4 节简介一种梯形波供电永磁同步电机控制系统。

8.1 同步电机的基本原理和结构

8.1.1 同步电机基本原理的定性分析

同步电机的实物示意如第 5 章的图 5.1.4 所示，其抽象后的结构示意图如图 8.1.1a 所示。图中用一个永磁铁表示同步电机的转子，其典型结构将在 8.1.2 节详细介绍。定子三相绕组的空间电路如图 8.1.1b 所示，与 5.1 节的图 5.1.11c 相同。定子电路也常被称为电枢回路。由 5.2.1 节可知，若在同步电机定子的对称绕组 AX、BY、CZ 中通入频率为 f 的三相对称电流，则定子三相对称绕组将产生圆形旋转磁场，定子旋转磁场中基波分量的转速 n（在第 5 章用 n_1 表示，本章中略去下标）以及电角频率（rad/s）分别为

$$n=\frac{60f}{n_p},\ \omega=2\pi f \tag{8.1-1}$$

式中，n_p 为同步电机的极对数。

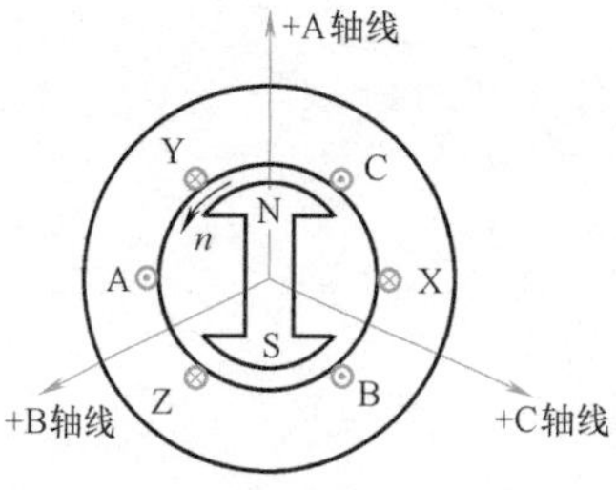

a) 定子和转子结构示意图

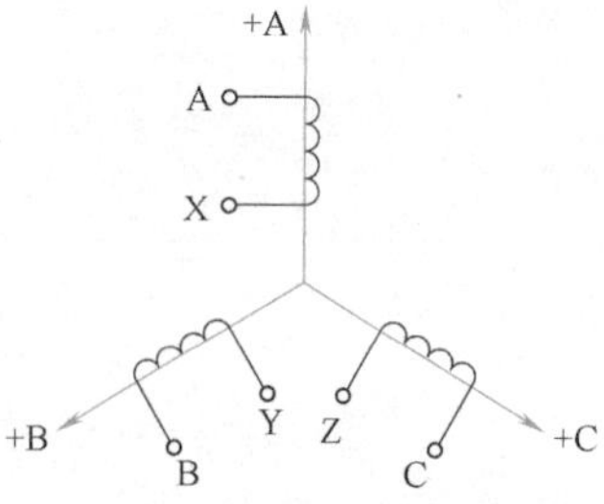

b) 空间电路图

图 8.1.1 同步电机的示意图

1. 双边励磁与同步

第 2.5.1 节已经说明了本书对双边励磁的定义。电励磁式同步电机也是双边励磁结构，其定子磁场由定子电枢电流产生，而转子磁场由直流励磁电流产生。为了产生平稳的电磁转矩，这两个磁场必须以相同转速 n 同步旋转，该转速也称为同步转速。以下基于图 8.1.2 说明这两个磁场的特征。

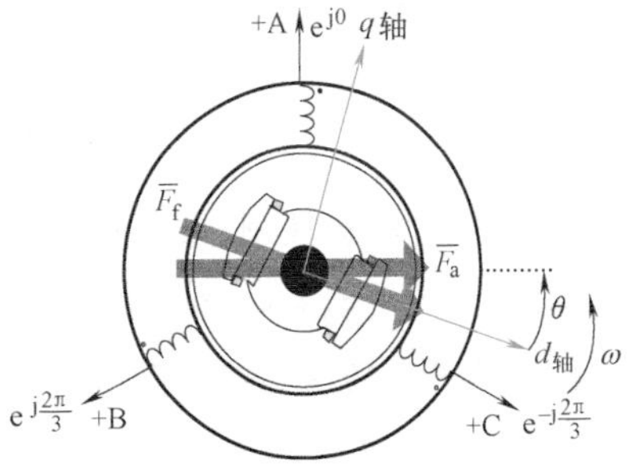

图 8.1.2　同步电机的 ABC 坐标系，以及直轴（d 轴）交轴（q 轴）坐标系

同步电机正常运行时，定子绕组中的三相电流形成一个旋转磁场，被称为定子电枢磁场，其磁动势称为电枢磁动势，用矢量 $\boldsymbol{F}_a$ 表示（下标 a 表示电枢 armature），其基波矢量用 $\overline{\boldsymbol{F}}_a$ 表示。该电枢磁场对气隙磁场产生影响，这个影响称为**电枢反应**；励磁的转子旋转后形成的旋转磁场称为主磁场，其磁动势称为主磁动势，用矢量 $\boldsymbol{F}_f$ 表示，其基波矢量用 $\overline{\boldsymbol{F}}_f$ 表示。在转子直流励磁存在或转子为永磁体时该主磁场始终存在。定子电枢磁场和主磁场合成了电机气隙里的气隙磁场，即电机是双边励磁的结构。其特征为：

1）定子磁场和转子磁场的同步、即两者转速相等是产生**平稳**电磁转矩的先决条件。在 8.2.3 节，将进一步分析这两个磁场之间夹角（图 8.1.2 中的 θ 角）的大小与电机运行稳定性的关系。

2）电机运行时两个磁场之间是相互影响的，在动态过程中，这个影响加剧。例如，动态时合成磁场将在转子绕组上产生感应电流，从而使得电机产生不希望的电磁转矩分量。为了减少这个感应电流，一些电机还在转子上增加一个阻尼绕组，具体内容在 8.3.1 节介绍。

3）稳态时，电机定子电枢的感应电动势中含有两个独立分量：① 转子主磁场在定子各相绕组中产生的感应电动势，称为主电动势或励磁电动势 $\dot{\boldsymbol{E}}_0$，并且该电动势一般建模为一个独立电源；②定子电枢磁场在定子各相绕组产生的感应电动势，称为电枢反应电动势，以下简称为电枢电动势。本节中 A 相绕组的电枢电动势用 $\dot{\boldsymbol{E}}_A$ 表示。

注意，本章统一使用下标 A 表示定子电枢单相（A 相）的量，如感应电动势，而使用下标 a 表示电枢三相合成的量，如电枢磁动势。

第 3.1 节的他励直流电机采用定子励磁绕组为电机提供主磁场，电机工作时转子电枢电流也会产生磁场，所以该电机也是双边励磁。由于采用附加绕组消除了“电枢反应”，所以可以把电机的磁场看成是定子电流单独产生的。

第 5.3 节中，笼型异步电机的气隙旋转磁场虽然最终由定子电流和转子电流各自产生的磁场合成，但是由于转子感应电流源自于该合成磁场，也就是源自于定子电流，因此本书将这类励磁看作为**单边励磁**。对于图 5.1.8c 所示的绕线转子异步电机，如果在其电刷端口接入以电力电子变换器为接口的交流电源，则可以对转子绕组进行独立励磁，整个电机也就变成了双边励磁的结构[4]。

2. 建模使用的坐标系

需要两个坐标系分别对定子电枢磁场和电路以及转子磁场建模。

对于定子电枢而言，与 5.1.2 节一样，采用相对于定子静止的定子三相绕组的轴线+A、

+B、+C 构成的坐标系描述定子空间电路，本书称此坐标系为 ABC 坐标系。+A、+B、+C 轴线如图 8.1.1b 和图 8.1.2 所示，基坐标为（e^{j0}，$e^{j2\pi/3}$，$e^{-j2\pi/3}$），可表示定子各相的绕组的空间位置。

对于转子磁场，采用旋转坐标系 dq 坐标系或极坐标表示，且转子磁场和 dq 坐标系都以同步角频率 ω 逆时针旋转。如图 8.1.2 所示，一般将转子主磁极轴线（也就是转子基波磁动势矢量 $\overline{\boldsymbol{F}}_f$ 的空间方向）定义为直轴或 d 轴，将与 d 轴垂直的方向定义为交轴或 q 轴。如 7.1 节所述，有两种定义交轴或 q 轴的方法：电力系统和传统电机学的惯例是定义 q 轴滞后 d 轴 90°电角度；而电机控制系统的惯例是定义 q 轴超前 d 轴 90°电角度。本章的 8.2 节将采用前者，即电机学惯例；而在 8.3 节和 8.4 节中使用控制系统惯例。

此外，图 8.1.2 还表述了磁场旋转方向和电机电动运行状态下两个磁场的相对位置关系（电枢磁动势矢量 $\overline{\boldsymbol{F}}_a$ 超前于主磁动势矢量 $\overline{\boldsymbol{F}}_f$ 一个电角度 θ）。

3. 同步电机的额定值

同步电机的额定值又称为铭牌值，是选择同步电机型号的依据。同步电机在额定状态下可以获得最佳的运行特性。同步电机的额定值包括：

1）额定功率 P_N（kW 或 MW）：对于同步电动机，额定功率 P_N 指额定状态下转子轴输出的机械功率；对于同步发电机，额定功率 P_N 指额定状态下定子侧发出的有功电功率。

2）额定电压 U_N（V 或 kV）：额定状态下定子绕组的线电压（有效值）。

3）额定电流 I_N（A 或 kA）：额定状态下定子绕组的线电流（有效值）。

4）额定功率因数 $\cos\theta_N$：额定状态下定子侧的功率因数。

5）额定频率 f_N（Hz）：额定状态下定子电压、电流的频率，我国的工作频率为 50Hz。

6）额定转速 n_N（r/min）：额定状态下转子的转速。稳态时的转子转速为同步速度。

7）额定效率 η_N：额定状态下同步电机的输出功率与输入功率之比。

此外，励磁式同步电机的铭牌数据还包括：额定励磁功率 P_{fN}（W）、额定励磁电压 U_{fN}（V）以及额定温升（℃）。

8.1.2 同步电机的典型结构

同步电机的定子结构与其他交流电机的定子结构基本相同，即由定子三相对称分布绕组与定子铁心组成。同步电机转子结构具有自身明显的特征。一般地，按照转子励磁方式不同，同步电机分为永磁式同步电机（permanent magnet synchronous motor，PMSM）和电励磁式同步电机（electrically excited synchronous motor，EESM）；按照转子磁极结构不同，同步电机又分为凸极同步电机（salient pole synchronous motor，SPSM）和非凸极同步电机（non-salient pole SM，Non-SPSM）。

1. 电励磁式同步电机的结构

转子采用直流励磁的凸极式与非凸极式转子的结构示意如图 8.1.3 所示。图中，转子上有一个集电环和电刷结构，以确保旋转的转子绕组能够加入由外部电源提供的直流励磁电流。需要强调的是，为了保证安全运行，同步电机的转子不能失磁，失磁将引起失步、过热等危害。

由图 8.1.2 和图 8.1.3b 的凸极转子结构可知，由于交轴（q 轴）方向的磁阻比直轴（d

轴）方向的磁阻大，可以认为直轴磁通量比交轴方向的磁通量大，也就是直轴方向的磁通在定子回路产生的感应电动势大于交轴方向磁通在定子回路产生的感应电动势。采用电感和励磁电流等效地表述这一现象时，设定电路模型中的直轴电感大于交轴的电感，记为

$$x_{\mathrm{d}}>x_{\mathrm{q}}\text{，或 } L_{\mathrm{d}}>L_{\mathrm{q}} \tag{8.1-2}$$

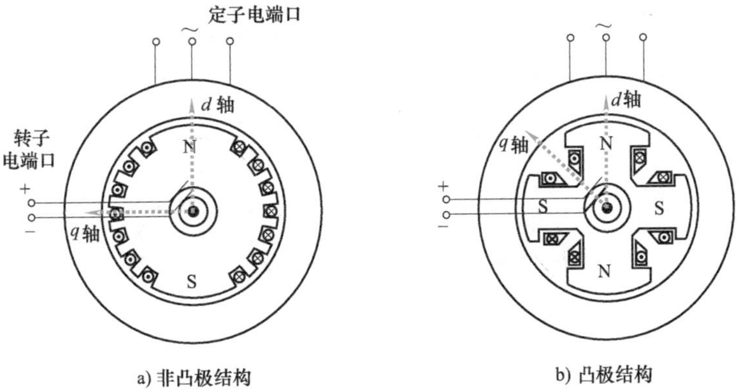

图 8.1.3　同步电机两种典型的转子结构

2. 永磁式同步电机转子的结构

永磁式同步电机转子可以采用永磁体建立磁场以省去电刷和集电环结构。一般按照永磁转子的构造以及永磁体磁极的特性分类。典型结构如图 8.1.4 所示：图 a 的磁极**均匀表贴**在转子上，称为表贴式（surface permanent）构造，磁极约为非凸极；图 b 的磁极嵌入铁心，称为内嵌式（interior permanent）构造，磁极为凸极。图中按控制惯例标注了直轴（d 轴）和交轴（q 轴）。

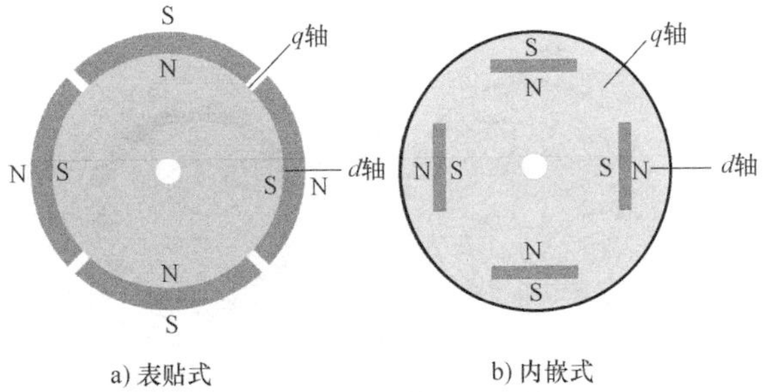

图 8.1.4　永磁转子的结构示意（深色为永磁铁）

均匀表贴式转子相当于将永磁体安装在气隙中，所以 $L_{\mathrm{sd}}=L_{\mathrm{sq}}$，磁极为非凸极（non saliency）。内嵌式和内装式转子的磁极存在凸极效应，但由于永磁体内的磁导率很低（近似于空气磁导率），一般地 $L_{\mathrm{sd}}<L_{\mathrm{sq}}$，这与电励磁凸极同步电机直、交轴电感之间的 $L_{\mathrm{sd}}>L_{\mathrm{sq}}$ 关系刚好相反，于是把这种结构称为逆凸极（inverse saliency）。当然根据永磁铁的配置，也有设计使得 $L_{\mathrm{sd}}>L_{\mathrm{sq}}$ 的情况，被称为通常凸极（normal saliency）。

21 世纪以来，多种永磁电动机的转子结构问世。近年，转子已采用特殊结构的非永磁体形成无绕组、无永磁体结构的同步变磁阻电机（synchronous variable reluctance motor，VRM），这类电动机的详细内容可参考资料 [1] 和 [2]。

文献 [3] 将部分典型的永磁转子结构做了整理，并将它们与两种典型的励磁式同步电

机的转子结构以及三种同步磁阻电机的转子结构作了比较，如表 8.1.1 所示。图①和③为励磁式同步机转子；图②、⑥、⑦和⑨是同步磁阻电机的典型构造；图④、⑧和⑪是内嵌式的凸极永磁电机的结构，但需要注意的是，图⑧的转子结构的 $L_{sd}>L_{sq}$；图⑤和图⑩分别是表贴式的凸极和非凸极的永磁电机结构，但图⑤ 的转子结构使得 $L_{sd}>L_{sq}$。

表 8.1.1　三类转子的不同结构（细线表示磁力线的路径，d、q 轴按控制惯例）

<table>
<tr><td colspan="2">通常的凸极电机</td><td>圆筒型电机</td><td>逆凸极型电机</td></tr>
<tr><td colspan="2">$L_{sd}>L_{sq}$</td><td>$L_{sd}=L_{sq}$</td><td>$L_{sd}<L_{sq}$</td></tr>
<tr>
<td>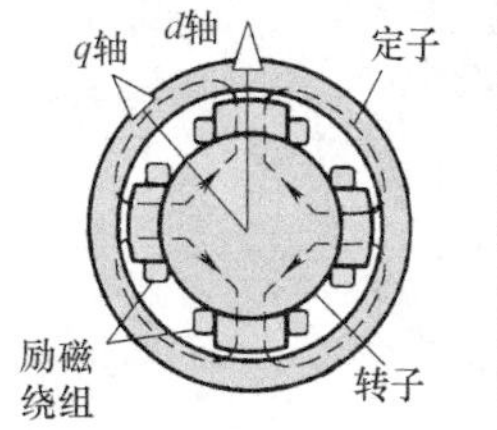</td>
<td>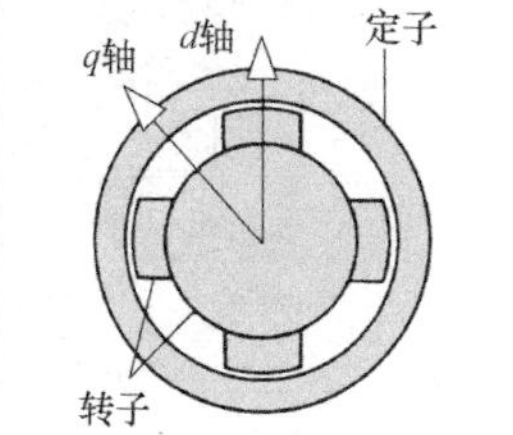</td>
<td>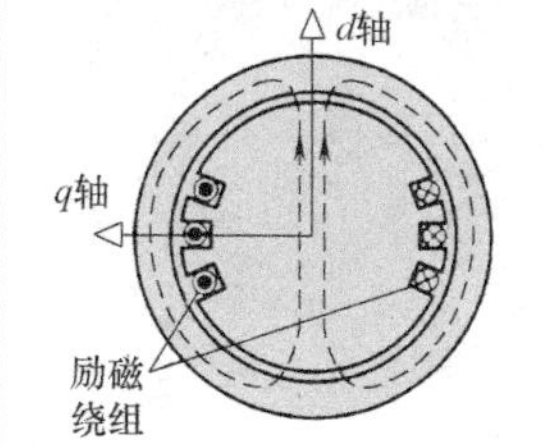</td>
<td>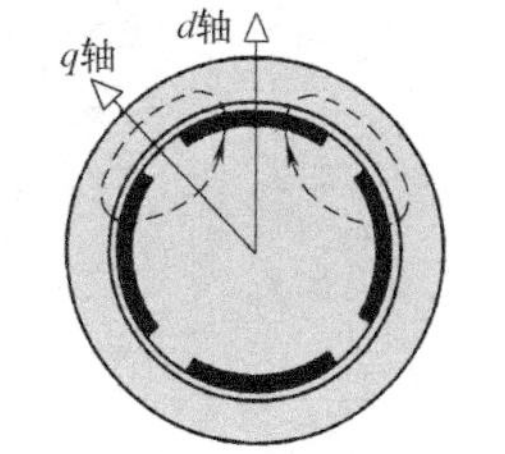</td>
</tr>
<tr><td>①转子励磁型</td><td>②传统型磁阻电机</td><td>③转子励磁型(用于高速电机)</td><td>④内嵌式永磁转子</td></tr>
<tr>
<td>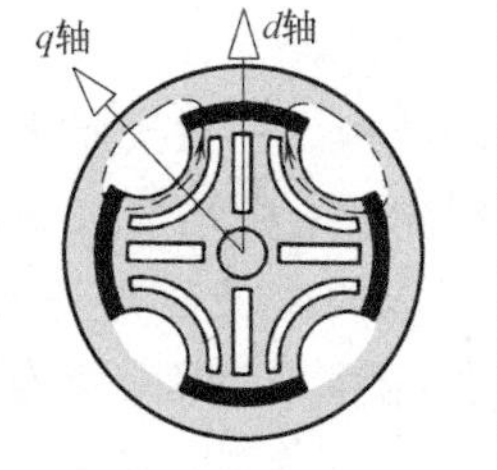</td>
<td>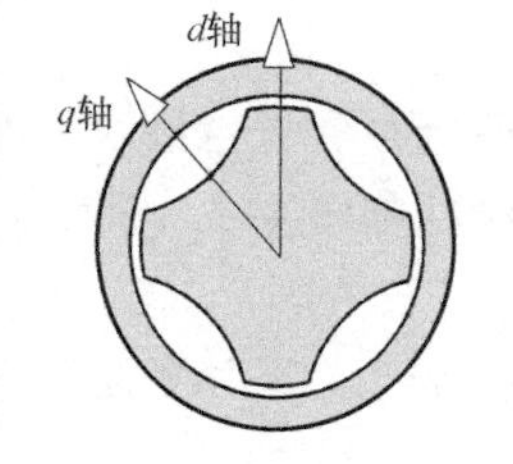</td>
<td>—</td>
<td>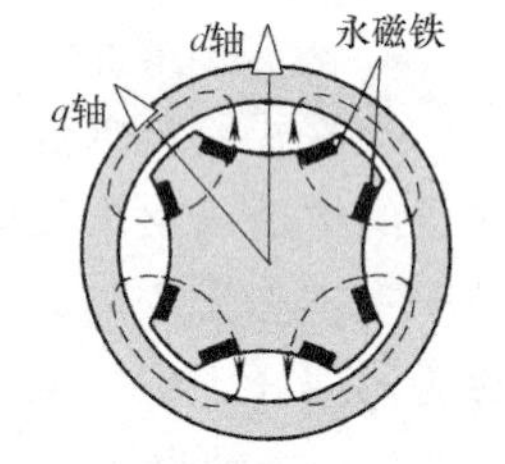</td>
</tr>
<tr><td>⑤表贴的凸极永磁转子</td><td>⑥弱化凸极的磁阻电机</td><td>—</td><td>⑦具有辅助永磁铁的磁阻电机</td></tr>
<tr>
<td>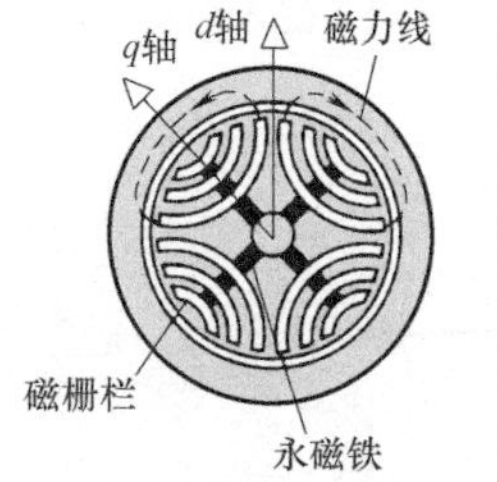</td>
<td>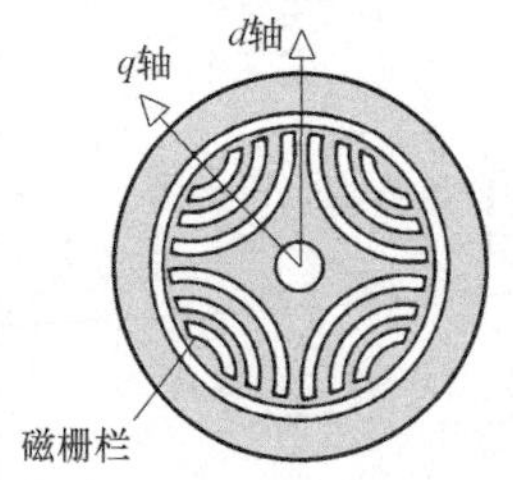</td>
<td>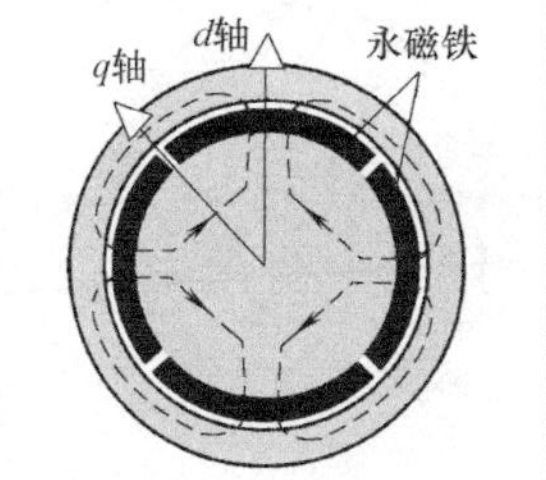</td>
<td>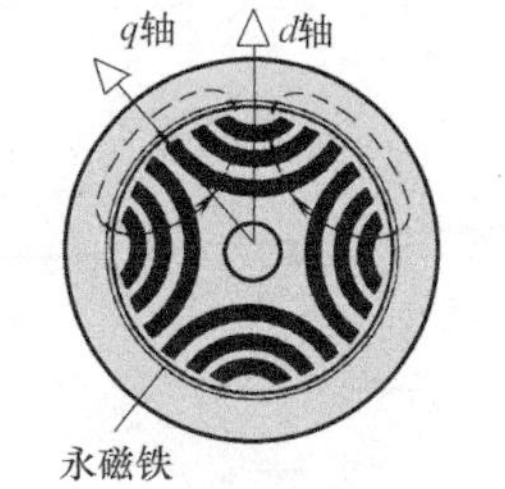</td>
</tr>
<tr><td>⑧内嵌永磁转子</td><td>⑨栅栏(barrier)型磁阻电机</td><td>⑩表贴式永磁转子</td><td>⑪内嵌式永磁转子</td></tr>
</table>

8.2　同步电机的稳态模型和特性

本节重点讨论在三相平衡正弦稳态电压源供电条件下**励磁式**同步电机的稳态模型以及运行特性。首先分析电机电磁子系统的稳态模型，包括基本方程、等效电路与时空矢量图；其次分析运行特性，包括：①功（矩）角概念和特性，以及功率传递过程；②电机系统稳定运行的条件。同步电机的机电子系统模型仍然是前述的运动方程，所以略去讨论。

如不特别说明，本节假定无铁损的线性磁路，且只涉及各个物理量的基波分量。所以本节可使用 5.2 节所述的相量、时间相量以及空间矢量的概念进行建模；磁路中的物理量可用叠加原理，磁动势矢量和磁通矢量在空间的位置相同。此外，采用电机学惯例定义 q 轴滞后 d 轴 90°电角度。

8.2.1 电磁子系统的稳态模型

同步电机电磁子系统的稳态模型由两部分构成：一部分是反映在静止的气隙空间的转子主磁场模型，另一部分是定子电枢的磁场和电路模型。本节先建立主磁动势基波矢量 $\overline{\boldsymbol{F}}_{\mathrm{f}}$ 和主磁通时间相量 $\dot{\Phi}_0^t$ 以及电枢磁动势矢量 $\overline{\boldsymbol{F}}_{\mathrm{a}}$ 和电枢磁通时间相量 $\dot{\Phi}_{\mathrm{a}}^t$ 的数学模型，然后据此讨论电磁子系统的模型，即稳态等效电路图与时空矢量图。

视频 No. 30

视频 No. 30 总结了本小节的要点。

1. 转子主磁动势和主磁通

同步电机转子的磁路如图 8.2.1 所示，主磁动势基波矢量 $\overline{\boldsymbol{F}}_{\mathrm{f}}$ 以 ωt 逆时针旋转。根据第 5.2.1 节的式（5.2-16）和图 8.2.1 的坐标系，采用极坐标表示的 $\overline{\boldsymbol{F}}_{\mathrm{f}}$ 为

$$\overline{\boldsymbol{F}}_{\mathrm{f}}=F_{\mathrm{f}}\mathbf{e}^{\mathrm{j}\omega t} \tag{8.2-1}$$

式中，F_{f} 为等效的主磁动势基波分量幅值。$t=0$ 时 $\overline{\boldsymbol{F}}_{\mathrm{f}}$ 处于平面的 $\mathrm{e}^{\mathrm{j}0}$ 位置，也就是定子 A 相绕组的+A 轴线方向。由于是无铁损的线性磁路，由 5.2.4 节知，与三相定子绕组交链的主磁通时间相量 $\dot{\Phi}_0^t$ 与 $\overline{\boldsymbol{F}}_{\mathrm{f}}$ 同空间位置，所以 $\dot{\Phi}_0^t$ 及其与定子 A 相绕组上交链的主磁通相量 $\dot{\Phi}_0$ 分别为

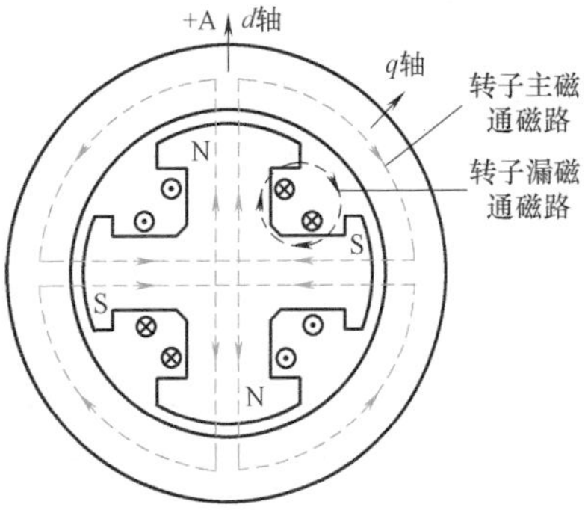

图 8.2.1 主磁路结构

$$\dot{\Phi}_0^t=\dot{\Phi}_0\mathrm{e}^{\mathrm{j}\omega t},\dot{\Phi}_0=\Phi_0\mathrm{e}^{\mathrm{j}0} \tag{8.2-2}$$

式中，Φ_0 为主磁通幅值，$\mathrm{e}^{\mathrm{j}0}$ 为图 8.2.1 上平面的纵轴方向。

采用 dq 旋转坐标系表示主磁场时，直轴 d 轴表示 $\overline{\boldsymbol{F}}_{\mathrm{f}}(\dot{\Phi}_0^t)$ 的空间位置（即磁极 N 极方向）。显然，$t=0$ 时 d 轴处于平面的纵轴 $\mathrm{e}^{\mathrm{j}0}$ 方向。于是在本节的电路相量图上，将主磁通相量 $\dot{\Phi}_0$ 也绘制在纵轴方向。

由 5.2.2 节可知，A 相定子绕组电路中，由主磁通相量 $\dot{\Phi}_0$ 感应的励磁电动势相量 $\dot{E}_0$ 为

$$\dot{E}_0=-\mathrm{j}4.44W_{1\mathrm{eff}}f\dot{\Phi}_0 \tag{8.2-3}$$

式中，$W_{1\mathrm{eff}}$ 为 5.2.3 节所述的绕组等效匝数，f 为电机同步频率。稳态时 f 不变，对应转子不变的励磁电流 I_{f} 的主磁通幅值 Φ_0 不变，于是电枢绕组中励磁电动势有效值 E_0 也不变。此外，由式（8.2-3）可知，在相量图中，由于 $\dot{\Phi}_0$ 绘制在纵轴方向，$\dot{E}_0$ 作于横轴方向。

2. ABC 静止坐标系与 dq 旋转坐标系的关系

定子电路模型采用 ABC 坐标系建模。因此，电枢基波磁动势 $\overline{\boldsymbol{F}}_{\mathrm{a}}$ 采用三个电流矢量 $\{i_{\mathrm{A}}\mathrm{e}^{\mathrm{j}0}、i_{\mathrm{B}}\mathrm{e}^{\mathrm{j}2\pi/3}、i_{\mathrm{C}}\mathrm{e}^{-\mathrm{j}2\pi/3}\}$ 表示，并且规定 $\overline{\boldsymbol{F}}_{\mathrm{a}}$ 的参考方向为+A 轴线（基底 $\mathrm{e}^{\mathrm{j}0}$）方向。

进一步由式（8.2-1）和式（8.2-2）可知，$t=0$ 时 $\overline{\boldsymbol{F}}_{\mathrm{f}}(\dot{\boldsymbol{\Phi}}_0^t)$ 的位置（也即 d 轴位置）处于平面的虚轴（+A 轴）位置，如图 8.2.1 所示。这就明确了 ABC 坐标系与 dq 旋转坐标系的关系，据此也就将电机的定子模型和转子模型放在了一起。这两个坐标的关系是本节建模的**依据之一**。

3. 定子电枢磁动势

电枢磁动势的建模比较复杂，因为产生它的定子电枢电流由定子端电压 $\dot{U}$ 和转子磁场在电枢绕组电路产生的感应电动势 $\dot{E}_0$ 共同决定。电枢电流（或电流矢量）的**实际方向**与同步电机处于发电状态还是电动状态有关。为了便于表述，一般对发电状态和电动状态分别进行建模和分析。

我国电机学教科书的一个习惯是，**在发电机惯例下建立坐标系并对同步电机发电状态进行建模，据此再在电动机惯例下对同步电机电动状态进行建模**。本节按照这个习惯讨论。

图 8.2.2 和图 8.2.3 分别给出了两种惯例下各个磁场矢量空间位置以及对应的空间电路模型中各个物理量的正方向。以下说明要点。

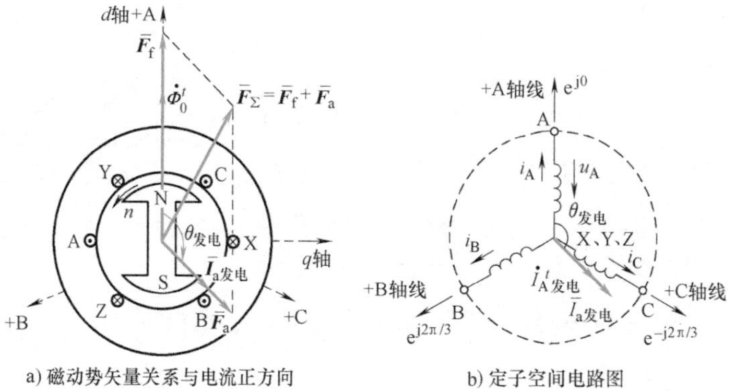

图 8.2.2　发电机惯例下空间磁场和空间电路的物理量

（1）定子电流在电路中的假定正方向

定子电流的**假定正方向**取决于选择发电机惯例还是电动机惯例。在图 8.2.2 发电机惯例中，假定电流 i_A、i_B、i_C 流出电机端口 A、B、C，电流方向与电压方向相反，如图 8.2.2 的 a 和 b 所示。图 8.2.3 电动机惯例中的电流假定正方向与图 8.2.2 中电流假定正方向相反。

（2）磁动势矢量 $\overline{\boldsymbol{F}}_{\mathrm{f}}$、$\overline{\boldsymbol{F}}_{\mathrm{a}}$、$\overline{\boldsymbol{F}}_{\Sigma}$ 在空间的位置

基于两个坐标系的关系和电枢电流的正方向，再以 $t=0$ 时处于+A 方向的 $\overline{\boldsymbol{F}}_{\mathrm{f}}$ 和 $\dot{\boldsymbol{\Phi}}_0^t$ 为参考，就可以根据发电状态或者电动状态绘制电枢磁动势矢量 $\overline{\boldsymbol{F}}_{\mathrm{a}}$ 和合成磁动势矢量 $\overline{\boldsymbol{F}}_{\Sigma}$ 的空间位置。例如，图 8.2.2a 为发电状态，所以主磁动势矢量 $\overline{\boldsymbol{F}}_{\mathrm{f}}$ 超前于合成磁动势矢量 $\overline{\boldsymbol{F}}_{\Sigma}$，角度为 $\theta_{发电}$；而 $\overline{\boldsymbol{F}}_{\Sigma}$ 超前定子电枢磁动势矢量 $\overline{\boldsymbol{F}}_{\mathrm{a}}$，角度为 $\theta_{电动}$。

（3）电枢磁通与感应电动势

与电枢磁动势矢量 $\overline{\boldsymbol{F}}_{\mathrm{a}}$ 对应的电枢磁通时间相量 $\dot{\boldsymbol{\Phi}}_{\mathrm{A}}^t$ 与 $\overline{\boldsymbol{F}}_{\mathrm{a}}$ 同空间位置。为简洁起见，图 8.2.2 和图 8.2.3 中未绘制出磁通时间相量，将在后续的时空矢量图中给出。类似于转子主磁通时间相量 $\dot{\boldsymbol{\Phi}}_0^t$ 及其相量 $\dot{\boldsymbol{\Phi}}_0$，定子磁动势在 A 相定子绕组上交链的磁通为电枢磁通相

量 $\dot{\Phi}_A$，$\dot{\Phi}_A$ 产生电枢电动势相量 $\dot{E}_A$。$\dot{\Phi}_A^t$、$\dot{\Phi}_A$ 与 $\dot{E}_A$ 的表达式与式（8.2-2）和式（8.2-3）的形式相同，为

$$\dot{\Phi}_A^t=\dot{\Phi}_A e^{j\omega t},\ \dot{E}_A=-j4.44W_{1eff}f\dot{\Phi}_A$$

（4）两种惯例下的定子电枢电流以及电枢磁动势矢量模型

先分析图 8.2.2 的发电机惯例。可定义图 8.2.2 空间电路中的电枢**电流矢量** $\bar{I}_{a发电}$ 为

$$\bar{I}_{a发电}=i_{A发电}\ e^{j0}+i_{B发电}\ e^{j2\pi/3}+i_{C发电}\ e^{-j2\pi/3} \tag{8.2-4}$$

式中，$i_{A发电}$ 表示发电机惯例下 A 相绕组电流。该时域表达式和相量分别为

$$i_{A发电}=\sqrt{2}I_A\cos(\omega t-\theta_{发电}),\ \dot{I}_{A发电}=I_A e^{-j\theta_{发电}} \tag{8.2-5}$$

式中，I_A 为有效值；$\theta_{发电}$ 是 $\bar{I}_{a发电}$ 相对于 d 轴的 $\bar{F}_f(\dot{\Phi}_0^t)$ 在空间的滞后角，而不是电路原理中正弦电流相对于端电压的功率因数角。因此，$i_{A发电}$（$t=0$）也是以 d 轴为基准的。

由上两式以及在 5.2.1 节的**电流时间相量**定义，可得发电电流时间相量 $\bar{I}_{A发电}{}^t$ 与矢量 $\bar{I}_{a发电}$

$$\bar{I}_{a发电}=1.5\sqrt{2}\dot{I}_{A发电}e^{j\omega t}=1.5\sqrt{2}\dot{I}_{A发电}^t \tag{8.2-6}$$

图 8.2.2a 中，电枢磁动势参考方向为绕组轴线方向，基于 5.2.1 节和图 8.2.2b，定子三相电流 i_A、i_B、i_C 与对应的各相磁动势矢量基波分量 $\bar{F}_{A1}$、$\bar{F}_{B1}$、$\bar{F}_{C1}$ 的关系如下：

$$\bar{F}_{A1}=\frac{2W_{1eff}}{\pi n_p}i_A e^{j0},\ \bar{F}_{B1}=\frac{2W_{1eff}}{\pi n_p}i_B e^{j2\pi/3},\ \bar{F}_{C1}=\frac{2W_{1eff}}{\pi n_p}i_C e^{-j2\pi/3} \tag{8.2-7}$$

所以采用电流时间相量 $\dot{I}_{A发电}^t$ 表示的电枢磁动势基波矢量 $\bar{F}_{a发电}$ 为

$$\bar{F}_{a发电}=\bar{F}_{A1}+\bar{F}_{B1}+\bar{F}_{C1}=\frac{2W_{1,eff}}{\pi n_p}\bar{I}_{a发电}=1.35\frac{W_{1,eff}}{n_P}\dot{I}_{A发电}^t \tag{8.2-8}$$

前述定义了发电机惯例下，电枢磁动势矢量、电流矢量的参考方向为+A 轴线方向（即以+A 轴线为参考基准），与主磁动势 $\bar{F}_f$ 方向一致，而电枢磁通时间相量 $\dot{\Phi}_{A发电}^t$ 的参考方向为 d 轴方向（与 $\dot{\Phi}_0^t$ 方向一致），于是合成磁动势 $\bar{F}_{\Sigma发电}$ 和合成磁通时间相量 $\dot{\Phi}_{\Sigma发电}^t$ 为

$$\bar{F}_{\Sigma发电}=\bar{F}_f+\bar{F}_{a发电},\ \dot{\Phi}_{\Sigma发电}^t=\dot{\Phi}_0^t+\dot{\Phi}_{A发电}^t \tag{8.2-9}$$

以下分析图 8.2.3 的电动机惯例。分析时**假定**该惯例的坐标系与发电机惯例的坐标系一致。

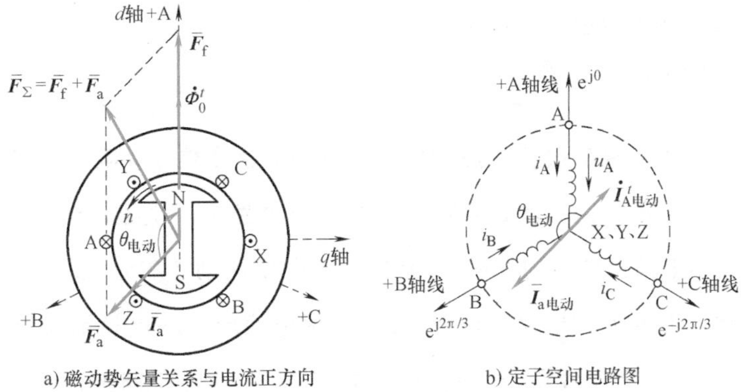

a) 磁动势矢量关系与电流正方向　　b) 定子空间电路图

图 8.2.3　电动机惯例下空间磁场和空间电路的物理量

与发电机惯例相比，电动机惯例下的电枢磁动势矢量 $\overline{\boldsymbol{F}}_{\mathrm{a}}$ 和合成磁动势矢量 $\overline{\boldsymbol{F}}_{\Sigma}$ 都超前于主磁动势矢量 $\overline{\boldsymbol{F}}_{\mathrm{f}}$。

同时，电枢电流的正方向如图 8.2.3 所示，与基坐标的正方向相反。所以此时电流矢量 $\overline{\boldsymbol{I}}_{\mathrm{a电动}}$ 为

$$\overline{\boldsymbol{I}}_{\mathrm{a电动}}=-(i_{\mathrm{A电动}}\mathrm{e}^{\mathrm{j}0}+i_{\mathrm{B电动}}\mathrm{e}^{\mathrm{j}2\pi/3}+i_{\mathrm{C电动}}\mathrm{e}^{-\mathrm{j}2\pi/3}) \tag{8.2-10}$$

$\overline{\boldsymbol{I}}_{\mathrm{a电动}}$ 产生的电枢磁动势矢量 $\overline{\boldsymbol{F}}_{\mathrm{a电动}}$ 超前转子主磁动势 $\overline{\boldsymbol{F}}_{\mathrm{f}}$，用 $\theta_{\mathrm{电动}}$ 表示 $\overline{\boldsymbol{F}}_{\mathrm{a电动}}$ 相对于 d 轴的 $\overline{\boldsymbol{F}}_{\mathrm{f}}(\dot{\boldsymbol{\Phi}}_0^t)$ 在空间的超前角。于是 A 相电流 $-i_{\mathrm{A电动}}$ 的时域表达式为

$$-i_{\mathrm{A电动}}=\sqrt{2}I_{\mathrm{A}}\cos(\omega t+\theta_{\mathrm{电动}}) \tag{8.2-11a}$$

因此，对应式（8.2-5），电动机惯例下的电流时域式和电流相量为

$$i_{\mathrm{A电动}}=-\sqrt{2}I_{\mathrm{A}}\cos(\omega t+\theta_{\mathrm{电动}}),\quad \dot{I}_{\mathrm{A电动}}=-I_{\mathrm{A}}\mathrm{e}^{\mathrm{j}\theta_{\mathrm{电动}}} \tag{8.2-11b}$$

由式（8.2-10）和式（8.2-11b）知，电流矢量 $\overline{\boldsymbol{I}}_{\mathrm{a电动}}$ 与时间相量 $\dot{I}_{\mathrm{A电动}}^t$ 和相量 $\dot{I}_{\mathrm{A电动}}$ 的关系为

$$\overline{\boldsymbol{I}}_{\mathrm{a电动}}=-1.5\sqrt{2}\dot{I}_{\mathrm{A电动}}\mathrm{e}^{\mathrm{j}\omega t}=-1.5\sqrt{2}\dot{I}_{\mathrm{A电动}}^t \tag{8.2-12}$$

于是电流矢量 $\overline{\boldsymbol{I}}_{\mathrm{a电动}}$ 与时间相量 $\dot{I}_{\mathrm{A电动}}^t$ 的关系如图 8.2.3b 所示。

电动机惯例下，式（8.2-7）所示的定子各相磁动势基波分量 $\overline{\boldsymbol{F}}_{\mathrm{A1}}$、$\overline{\boldsymbol{F}}_{\mathrm{B1}}$、$\overline{\boldsymbol{F}}_{\mathrm{C1}}$ 变为

$$\overline{\boldsymbol{F}}_{\mathrm{A1}}=\frac{2W_{1,\mathrm{eff}}}{\pi n_{\mathrm{p}}}(-i_{\mathrm{A}})\mathrm{e}^{\mathrm{j}0},\quad \overline{\boldsymbol{F}}_{\mathrm{B1}}=\frac{2W_{1,\mathrm{eff}}}{\pi n_{\mathrm{p}}}(-i_{\mathrm{B}})\mathrm{e}^{\mathrm{j}2\pi/3},\quad \overline{\boldsymbol{F}}_{\mathrm{C1}}=\frac{2W_{1,\mathrm{eff}}}{\pi n_{\mathrm{p}}}(-i_{\mathrm{C}})\mathrm{e}^{-\mathrm{j}2\pi/3}$$

可得

$$\overline{\boldsymbol{F}}_{\mathrm{a电动}}=\overline{\boldsymbol{F}}_{\mathrm{A1}}+\overline{\boldsymbol{F}}_{\mathrm{B1}}+\overline{\boldsymbol{F}}_{\mathrm{C1}}=\frac{2W_{1,\mathrm{eff}}}{\pi n_{\mathrm{p}}}\overline{\boldsymbol{I}}_{\mathrm{a电动}}=-1.35\frac{W_{1,\mathrm{eff}}}{n_{\mathrm{p}}}\dot{I}_{\mathrm{A电动}}^t \tag{8.2-13}$$

该式表明，在内容（1）规定的坐标下，电动机惯例的定子电枢磁动势 $\overline{\boldsymbol{F}}_{\mathrm{a电动}}$、电枢电流矢量 $\overline{\boldsymbol{I}}_{\mathrm{a电动}}$ 与电流时间相量 $\dot{I}_{\mathrm{A电动}}^t$ 的方向相反。

由于是线性磁路，电枢的磁通相量 $\dot{\boldsymbol{\Phi}}_{\mathrm{A电动}}$ 与电流相量 $\dot{I}_{\mathrm{A电动}}$ 同相位，所以 $\dot{\boldsymbol{\Phi}}_{\mathrm{A电动}}^t$ 与 $\dot{I}_{\mathrm{A电动}}^t$ 同方向。

于是，合成磁动势和合成磁通量为

$$\overline{\boldsymbol{F}}_{\Sigma\mathrm{电动}}=\overline{\boldsymbol{F}}_{\mathrm{f}}+\overline{\boldsymbol{F}}_{\mathrm{a电动}},\quad \dot{\boldsymbol{\Phi}}_{\Sigma\mathrm{电动}}^t=\dot{\boldsymbol{\Phi}}_0^t-\dot{\boldsymbol{\Phi}}_{\mathrm{A电动}}^t \tag{8.2-14}$$

以下基于上述同步电机转子和定子的磁动势数学模型建立电机的电磁子系统模型。非凸极同步电机与凸极同步电机磁极结构不同，需要分别讨论。

4. 非凸极同步电机电磁子系统的模型

（1）发电机惯例

非凸极同步电机无明显磁极，气隙均匀，所以合成磁动势在气隙圆周任何位置遇到的磁阻都是相等的，所产生的气隙磁场是圆形的。在定子电枢中，主磁动势矢量 $\overline{\boldsymbol{F}}_{\mathrm{f}}$ 对应的主磁通 $\dot{\boldsymbol{\Phi}}_0$ 产生具有运动电动势性质的励磁电动势 $\dot{E}_0$；电枢磁动势矢量 $\overline{\boldsymbol{F}}_{\mathrm{a}}$ 对应的电枢磁通 $\dot{\boldsymbol{\Phi}}_{\mathrm{A}}$ 产生具有变压器电动势性质的电枢电动势 $\dot{E}_{\mathrm{A}}$；电枢电流产生的电枢漏磁通 $\dot{\boldsymbol{\Phi}}_{\sigma}$ 感应出漏磁感应电动势 $\dot{E}_{\sigma}$。由 5.2.2 节可知，设 x_{a} 为电枢电抗，x_{σ} 为电枢漏抗，则

$$\dot{E}_{A}=-jx_{a}\dot{I}_{A},\dot{E}_{\sigma}=-jx_{\sigma}\dot{I}_{A} \tag{8.2-15}$$

上述各个物理量的关系可以表述为图 8.2.4。

再次强调，图中各个电量是以 $\dot{E}_0$为参考相量的。

基于发电机惯例确定了励磁电动势 $\dot{E}_0$ 和电枢电流 $\dot{I}_A$的方向后，根据图 8.2.2 和图 8.2.4 中各量关系，得到单相电枢回路电压方程为

$$\begin{aligned}\dot{U}&=\dot{E}_0+\dot{E}_A+\dot{E}_{\sigma}-r_a\dot{I}_A\\&=\dot{E}_0-jx_t\dot{I}_A-r_a\dot{I}_A\end{aligned} \tag{8.2-16}$$

式中，x_t 为非凸极同步发电机的同步电抗。

$$x_t=x_a+x_{\sigma}=\omega(L_a+l_{\sigma}) \tag{8.2-17}$$

对应式（8.2-16）的电枢单相电路模型如图 8.2.5 所示。

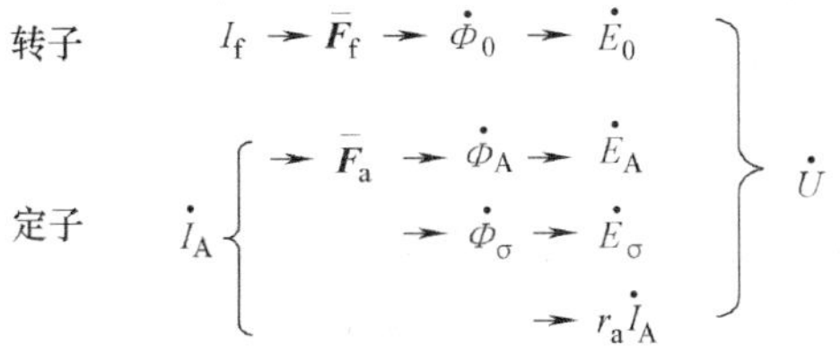

图 8.2.4　非凸极同步电机的电磁关系示意图

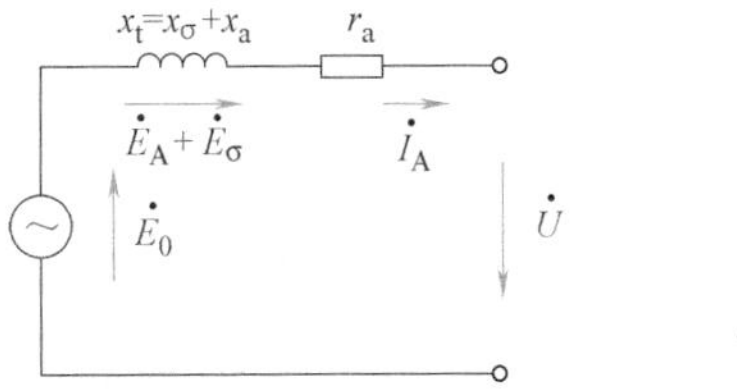

图 8.2.5　非凸极同步发电机等效电路模型

$\dot{E}_0$ 是转子主磁通产生的具有运动电动势性质的独立电源，机理上其方向与转子转速方向以及转子磁动势极性相关。由于讨论的是发电机惯例，所以其正方向与电流正方向以及端电压正方向的关系必然如图 8.2.5 所示。此外，这样规定 $\dot{E}_0$ 的正方向后，$\dot{E}_0$ 与 $\dot{U}$ 的电位均为上高下低，$\dot{E}_0$ 与 $\dot{U}$ 的夹角（也就是后述的工程上的功角）便产生了重要的物理意义。这将在 8.2.3 节中详细介绍。

发电运行时，根据图 8.2.2a、图 8.2.4 与式（8.2-19），可得出非凸极同步发电机的“时间相量-空间矢量图”（简称时空图）如图 8.2.6a 所示。

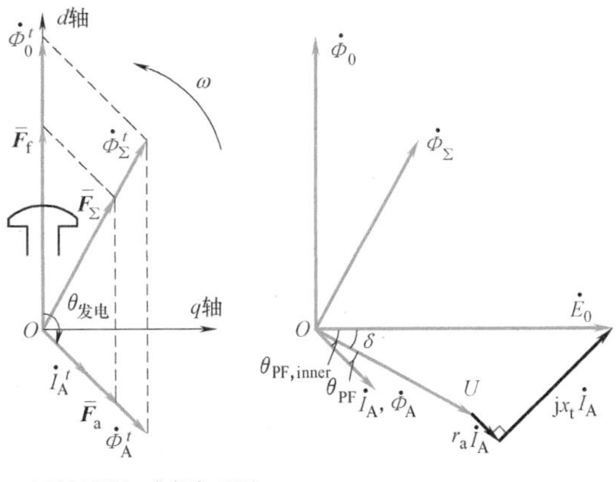

a) 时间相量 - 空间矢量图　　b) 电枢电路相量图

图 8.2.6　非凸极同步发电机的时空图与相量图

图 8.2.6a 中磁通相量与时间相量的关系为

$$\dot{\Phi}_{\Sigma}^{t}=\dot{\Phi}_{\Sigma}e^{j\omega t},\dot{\Phi}_{0}^{t}=\dot{\Phi}_{0}e^{j\omega t} \tag{8.2-18}$$

注意到定子单相等效电路的相量图中，$\dot{E}_0$ 落后 $\dot{\Phi}_0$ 90°电角度、以及式（8.2-8）所述的 $\{\bar{F}_a、\bar{I}_a、\dot{I}_A^t\}$ 关系，于是对应于图 8.2.6a 和图 8.2.5，电枢回路的相量图如图 8.2.6b 所示。

图 8.2.6b 中，$\dot{U}$ 与 $\dot{I}_A$ 之间的夹角称为**功率因数角**（power-factor angle），用 θ_{PF} 表示；$\dot{E}_0$ 与 $\dot{I}_A$ 之间的夹角称为**内功率因数角**，用 $\theta_{PF,inner}$ 表示；$\dot{E}_0$ 与 $\dot{U}$ 之间的夹角称为**功角**

(power angle)，用 δ 表示。由图可知三个角度之间的关系为

$$\theta_{PF,inner}=\theta_{PF}+\delta \tag{8.2-19}$$

对应的，有

$$\theta_{发电}=\theta_{PF,inner}+\pi/2 \tag{8.2-20}$$

(2) 电动机惯例

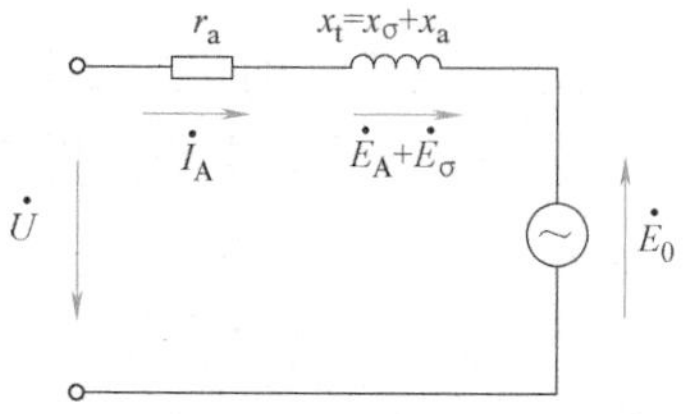

图 8.2.7 非凸极电动机等效电路

电动机惯例的等效电路图如图 8.2.7 所示。与发电机惯例相比，因为坐标规定和转子磁场旋转方向没有变，等效电路中励磁电动势相量 $\dot{E}_0$ 的正方向不变，而电流相量 $\dot{I}_A$ 的反向导致了 $\dot{E}_A=-jx_a\dot{I}_A$ 和 $\dot{E}_\sigma=-jx_\sigma\dot{I}_A$ 反向，因此电路的电压方程为

$$\begin{aligned}\dot{U}&=\dot{E}_0-\dot{E}_A-\dot{E}_\sigma+r_a\dot{I}_A\\&=\dot{E}_0+jx_t\dot{I}_A+r_a\dot{I}_A\end{aligned} \tag{8.2-21}$$

式中，同步电抗 x_t 仍由式 (8.2-17) 表示。

根据前述的电动机惯例下定子电枢电流和电枢磁场的变化，可知电枢电流矢量 $\bar{I}_a(\bar{F}_a)$ 与 d 轴的夹角为 $\theta_{电动}$，而时间相量 $\dot{I}_A^t$ 与参考坐标的夹角为 $\pi-\theta_{电动}$。所以该惯例下的“时空图”中 $\theta_{电动}=\pi/2+\theta_{PF,inner}$，与式 (8.2-20) 一致。

根据图 8.2.3、图 8.2.4 与式 (8.2-13)、式 (8.2-14) 可得出图 8.2.8a 所示的非凸极同步电动机的时空矢量图。

基于图 8.2.7 和图 8.2.8a，以 $\dot{E}_0$ 为参考正方向，并注意到相量图上电枢电流相量 $\dot{I}_A$ 与时空图的时间相量 $\dot{I}_A^t$ 的对应关系，可得图 8.2.8b 所示 A 相电枢电路的相量图。

视频 No. 31 对非凸极同步电机的时空图和相量图做了总结。

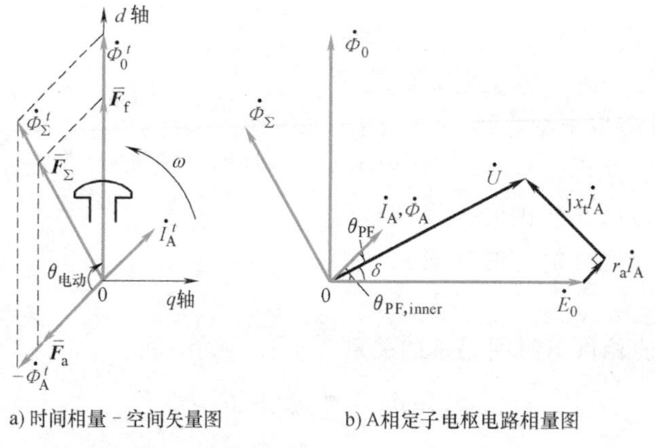

视频 No. 31

图 8.2.8 非凸极同步电动机的时空图与相量图

5*. 凸极式同步电机电磁子系统的模型

如 8.1 节所述，凸极同步电机的气隙不均匀。于是，主磁通不再是一个圆形旋转矢量，其特征取决于 8.1.2 节讨论的电机的具体构造。以下以图 8.2.9a 的励磁式凸极同步电动机为例，说明这类电机最常用的建模方法。

当电枢磁动势 $\overline{\boldsymbol{F}}_{\mathrm{a}}$ 的轴线与直轴（d 轴）重合时，所对应的电枢反应称为**直轴电枢反应**。此时磁路的气隙最小，磁阻最小，磁导最大，电抗最大，称为直轴电枢反应等效电抗（简称直轴电枢电抗），用 x_{ad} 表示。

当电枢磁动势的轴线与交轴（q 轴）重合时，对应的电枢反应称为**交轴电枢反应**。此时磁路的气隙最大，磁阻最大，磁导最小，电抗最小，称为交轴电枢反应等效电抗（简称交轴电枢电抗），用 x_{aq} 表示。

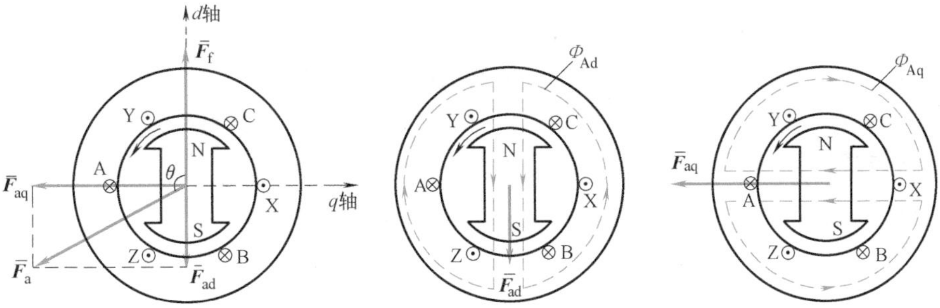

a) 双反应理论示意图　　b) 直轴电枢反应　　c) 交轴电枢反应

图 8.2.9　凸极同步电动机的电枢磁动势与电枢磁通

显然对这种电机，上述电抗的关系为

$$x_{\mathrm{ad}}>x_{\mathrm{aq}}，\text{也就是 } L_{\mathrm{ad}}>L_{\mathrm{aq}} \tag{8.2-22}$$

当电枢磁动势的轴线位于上述两位置之间时，相应的电枢电抗也处于两者之间并随位置不同而变化。电抗随转子位置的变化导致上述非凸极同步电机的方程式不再适用，故将电枢磁动势 $\overline{\boldsymbol{F}}_{\mathrm{a}}$ 分解为图 8.2.9a 所示的直轴电枢磁动势 $\overline{\boldsymbol{F}}_{\mathrm{ad}}$ 与交轴电枢磁动势 $\overline{\boldsymbol{F}}_{\mathrm{aq}}$。这种按照 d 轴与 q 轴分析非圆型磁场的方法称为**双反应理论**（two-reaction theory）。

（1）发电机惯例

根据双反应理论，把电枢磁动势 $\overline{\boldsymbol{F}}_{\mathrm{a}}$ 分解为直轴和交轴磁动势 $\overline{\boldsymbol{F}}_{\mathrm{ad}}$、$\overline{\boldsymbol{F}}_{\mathrm{aq}}$，在 A 相电枢绕组就对应了直/交轴的磁通相量 $\dot{\Phi}_{\mathrm{Ad}}$、$\dot{\Phi}_{\mathrm{Aq}}$ 以及直/交轴电枢反应的感应电动势 $\dot{E}_{\mathrm{Ad}}$、$\dot{E}_{\mathrm{Aq}}$；这些电动势相量与主磁通 $\dot{\boldsymbol{\Phi}}_0$ 所产生的励磁电动势相量 $\dot{E}_0$ 相加，得到合成电动势 $\dot{E}$。这些物理量的关系可表述为图 8.2.10。

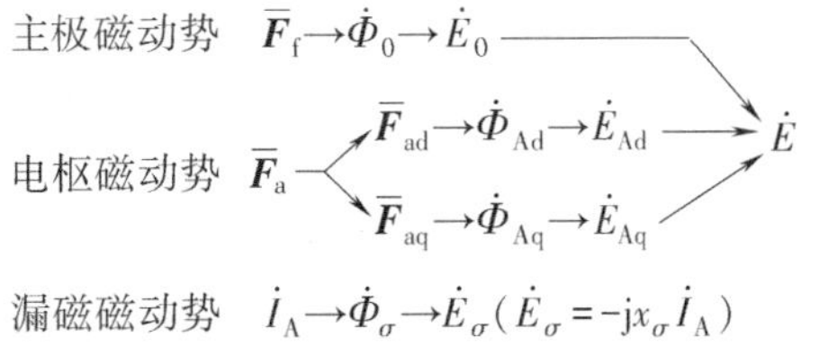

图 8.2.10　凸极同步电机的电磁关系示意图

电枢磁动势 $\overline{\boldsymbol{F}}_{\mathrm{a}}$ 和相应的电枢电流可表示为

$$\overline{\boldsymbol{F}}_{\mathrm{a}}=\overline{\boldsymbol{F}}_{\mathrm{ad}}+\overline{\boldsymbol{F}}_{\mathrm{aq}}，\ \dot{I}_{\mathrm{A}}=\dot{I}_{\mathrm{d}}+\dot{I}_{\mathrm{q}} \tag{8.2-23a}$$

式中，

$$\begin{aligned}&F_{\mathrm{ad}}=F_{\mathrm{a}}\cos\theta_{\mathrm{salient}}，\ F_{\mathrm{aq}}=F_{\mathrm{a}}\sin\theta_{\mathrm{salient}}\\&I_{\mathrm{d}}=I_{\mathrm{A}}\cos\theta_{\mathrm{salient}}，\ I_{\mathrm{q}}=I_{\mathrm{A}}\sin\theta_{\mathrm{salient}}\\&\theta_{\mathrm{salient}}=\arccos\left(x_{\mathrm{ad}}/\sqrt{x_{\mathrm{ad}}^{2}+x_{\mathrm{aq}}^{2}}\right)\end{aligned} \tag{8.2-23b}$$

于是，定子 A 相绕组上电枢电动势为

$$\dot{E}_{A}=\dot{E}_{Ad}+\dot{E}_{Aq},\ \dot{E}_{Ad}=-jx_{ad}\dot{I}_{d},\dot{E}_{Aq}=-jx_{aq}\dot{I}_{q} \tag{8.2-24}$$

漏电动势为

$$\dot{E}_{\sigma}=-jx_{\sigma}(\dot{I}_{d}+\dot{I}_{q}) \tag{8.2-25}$$

于是，发电机惯例下，凸极同步电机的单相电枢回路电压方程为

$$\dot{U}=\dot{E}_{0}+\dot{E}_{Ad}+\dot{E}_{Aq}+\dot{E}_{\sigma}-r_{a}\dot{I}_{A} \tag{8.2-26}$$

将电枢电动势 $\dot{E}_{Ad}$、$\dot{E}_{Aq}$ 与漏电动势 $\dot{E}_{\sigma}$ 的表达式代入式（8.2-26）并整理得

$$\dot{U}=\dot{E}_{0}-jx_{d}\dot{I}_{d}-jx_{q}\dot{I}_{q}-r_{a}\dot{I}_{A} \tag{8.2-27}$$

式中，$x_{d}=x_{ad}+x_{\sigma}$、$x_{q}=x_{aq}+x_{\sigma}$ 分别称为凸极同步电机的**直轴同步电抗**和**交轴同步电抗**，磁路不饱和时为常数。

若定义 $\dot{E}_{Q}=\dot{E}_{0}-j\dot{I}_{d}(x_{d}-x_{q})$ 为虚拟电动势，式（8.2-27）可以改写为

$$\dot{U}=\dot{E}_{Q}-jx_{q}\dot{I}_{A}-r_{a}\dot{I}_{A} \tag{8.2-28}$$

根据式（8.2-28）可得出图 8.2.11 所示的凸极同步发电机等效的 A 相电枢等效电路。

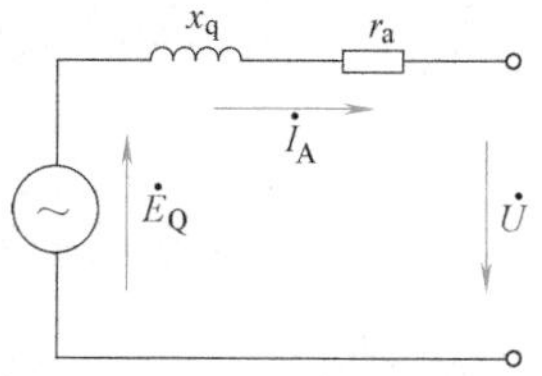

图 8.2.11　用虚拟电动势 $\dot{E}_{Q}$ 表示的凸极同步发电机的 A 相等效电路

凸极同步发电机稳定运行时，电枢磁动势 $\overline{\boldsymbol{F}}_{a}$、主磁动势 $\overline{\boldsymbol{F}}_{f}$ 以及合成磁动势 $\overline{\boldsymbol{F}}_{\Sigma}$ 的空间关系与非凸极同步发电机相似，即主磁动势矢量 $\overline{\boldsymbol{F}}_{f}$ 超前于**合成磁动势矢量** $\overline{\boldsymbol{F}}_{\Sigma}$。根据图 8.2.10 与式（8.2-27），可得出如图 8.2.12a 所示凸极同步发电机的**时空矢量图**以及图 8.2.12b 所示的 A 相定子电路**相量图**。

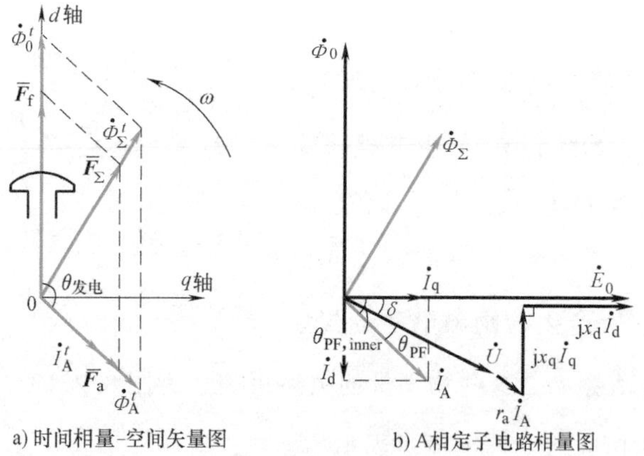

a) 时间相量-空间矢量图　　b) A相定子电路相量图

图 8.2.12　凸极同步发电机的时空图与相量图

（2）电动机惯例

改变电压方程式（8.2-27）中电流的符号（将流入电机的方向作为电流正方向），得到电动机惯例下凸极同步电机的电枢回路电压方程

$$\dot{U}=\dot{E}_{0}+jx_{d}\dot{I}_{d}+jx_{q}\dot{I}_{q}+r_{a}\dot{I}_{A} \tag{8.2-29}$$

同理定义 $\dot{E}_Q=\dot{E}_0+j\dot{I}_d(x_d-x_q)$ 为虚拟电动势，式（8.2-29）改写为

$$\dot{U}=\dot{E}_Q+jx_q\dot{I}_A+r_a\dot{I}_A \tag{8.2-30}$$

根据式（8.2-30）可得出图 8.2.13 所示的凸极同步电动机的 A 相电枢等效电路。

凸极同步电动机稳定运行时，电枢磁动势 $\overline{F}_a$、主磁动势 $\overline{F}_f$ 以及合成磁动势 $\overline{F}_\Sigma$ 的空间关系与非凸极同步电动机相似，即主磁动势矢量 $\overline{F}_f$ 滞后于**合成磁动势矢量** $\overline{F}_\Sigma$。再根据图 8.2.13 与式（8.2-29）可得出图 8.2.14 所示的凸极同步电动机的**时空矢量图**以及对应的 A 相定子电路**相量图**。

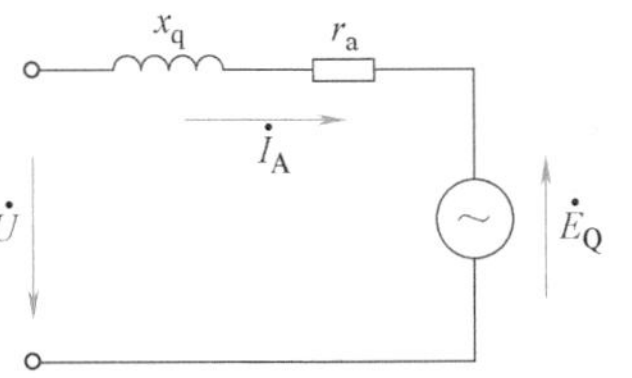

图 8.2.13　用虚拟电动势 $\dot{E}_Q$ 表示的凸极同步电动机 A 相等效电路

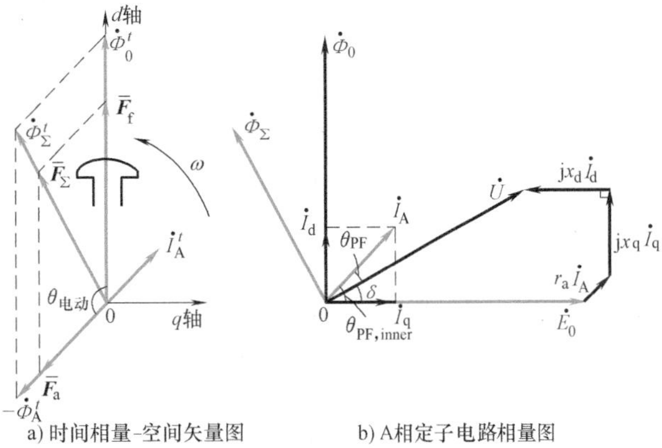

图 8.2.14　凸极同步电动机的时空图与相量图

8.2.2　功率因数调整与三种运行状态

对于连接于理想电网（或称无穷大电网，即电网的容量远远大于同步电机的容量，于是电网电压的有效值 U 与频率 f 均可视为不变）且稳态运行的大型电励磁同步电机，常常忽略其定子电阻。本小节的后续内容据此忽略展开。

在电机运行时，一般通过调节转子直流励磁电流 I_f 的大小，即调节励磁电动势相量 $\dot{E}_0$ 的大小而得到 $\dot{U}$ 与 $\dot{I}_A$ 之间不同的相位关系，从而改变电机的功率因数以满足工程上不同的需求。这个运行原理用图 8.2.15a 所示的电动机运行为例（将图 8.2.8b 的电压调整为纵轴方向得到）来说明。

1）功率因数为 1（相量 $\dot{E}_0$）运行：如图中实线，同步电动机从电源吸收有功功率，功率因数为 1，电流为 $\dot{I}_A$，电网电压 $\dot{U}$ 的相位超前励磁电动势 $\dot{E}_0$，功角为 δ。

2）欠励磁（相量 $\dot{E}_0''$）运行（图中点画线）：同步电动机吸收有功的同时从电源吸收感性无功（定子电枢电流 $\dot{I}_A$ 滞后电网电压 $\dot{U}$，电机对电网呈感性），功率因数角为 θ_{PF}''，电流为 $\dot{I}_A''$，功角 δ 不变。

3）过励磁（相量 $\dot{E}_0'$）运行（图中虚线）：同步电动机吸收有功的同时从电源吸收容性无功（电机对电网呈电容性）。功率因数角为 θ_{PF}'，电流为 $\dot{I}_A'$，功角 δ 不变。

对应于运行2）和3）有一种极端运行状态，就是电动机的励磁电动势 $\dot{E}_0$ 与电网电压 $\dot{U}$ 同相位。这种运行状态下功角 δ 为零，**由后面的8.2.3节知电机没有有功功率的输入或输出**。此时，如图8.2.15b所示，调节励磁电流使得：有效值 $E_0<U$ 时电机吸收感性无功电流；$E_0>U$ 时电机吸收容性无功电流。于是电机运行的目的是对电网进行无功调节（也称无功补偿），在电力系统中称此运行为同步电动机的调相机（compensator）运行（调节无功）或补偿机运行（补偿无功）。

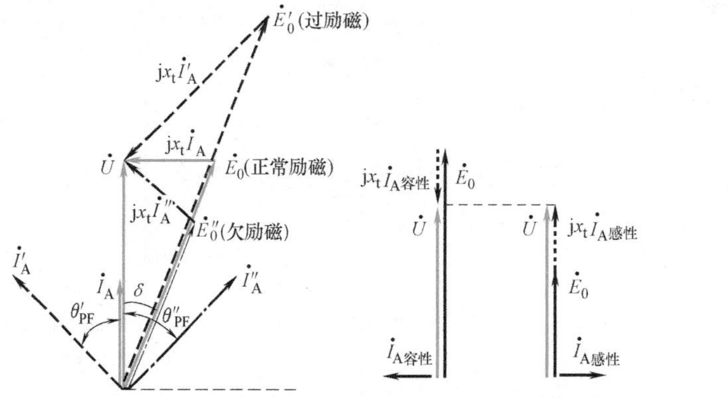

a) 电动运行时三种励磁下的相量图　b) 补偿机运行下的相量图(左：容性，右：感性)

图8.2.15　非凸极同步电机的电动运行和补偿机运行下的相量图

同理，工作在发电状态的励磁同步电机，也可以通过调整励磁电流的大小，使电机的功率因数得到控制。

综上所述，工程上将同步电机运行状态总结为电动状态、发电状态和补偿状态这三种状态。电动状态稳态运行时气隙合成磁场超前转子的主磁极磁场一定角度，于是转子磁极在气隙合成磁场的拖动下产生电磁转矩，并与机械负载转矩平衡；**发电状态稳态**运行时，由原动机拖动的转子主磁极磁场拖动气隙合成磁场旋转，并输出电功率至电网；**补偿状态运行**时，转子磁极与电枢磁场的轴线同向或反向，电磁转矩为零，电机与电源之间没有有功功率的传递，只存在无功功率交换。

8.2.3　功率、转矩和功（矩）角特性

对于直流电动机和异步电动机，各自的机械特性表示这些电机的转速与电磁转矩的静态关系。同步电动机在稳态运行时，由于其转速不随电磁转矩变化，所以不存在这类“机械特性”。

前述可知，从功角 δ 可以看出同步电机的运行状态。即以电源电压 $\dot{U}$ 为参考相量，发电状态时 $\dot{E}_0$ 超前于 $\dot{U}$ 功角 δ；电动状态时 $\dot{E}_0$ 滞后于 $\dot{U}$ 功角 δ；补偿状态时功角 δ 为零。因此同步电机存在着电磁功率随功角 δ 变化的规律，即 $P_M=f_{P_M}(\delta)$，这称为同步电机的功角特性。

由于在同步电动机正常稳态运行时，机械角速度 Ω_1 是常数，电磁功率 P_M 与电磁转矩 T_e 成正比，也就是说功角特性 $P_M=f_P(\delta)$ 与被称为矩角特性的 $T_e=f_T(\delta)$ 有相同的形状。所以，一般将这两个特性一起讨论。

1. 同步电动机的功率传递与转矩平衡

同步电动机的功率流图如图8.2.16所示。同步电动机从电网吸收电功率 P_1，这一输入

总功率除一小部分变为定子铜损耗 p_{Cu} 外，其余功率通过气隙传到转子，成为电磁功率 P_M。因此有如下关系：

$$P_1=p_{Cu}+P_M \tag{8.2-31}$$

电磁功率 P_M 去掉铁损耗 p_{Fe}、机械损耗 p_m 和附加损耗 p_{add} 之后就是电动机轴上输出的机械功率 P_2，即

$$P_M=P_2+p_{Fe}+p_m+p_{add}=P_2+p_0 \tag{8.2-32}$$

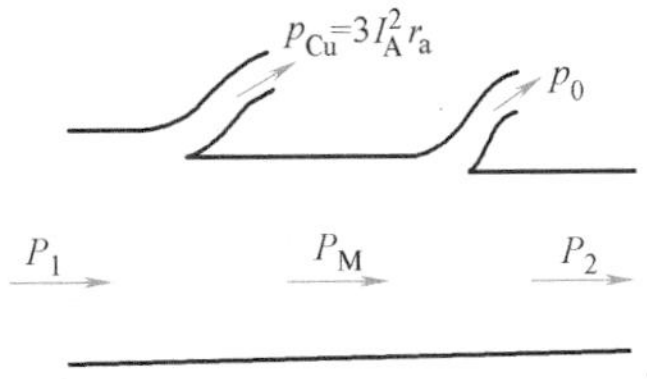

图 8.2.16　同步电动机功率流图

式中，$p_0=p_{Fe}+p_m+p_{add}$ 为空载损耗。

将功率等式（8.2-32）两端除以同步角速度 Ω_1，则得到同步电动机的转矩平衡方程式

$$T_e=T_2+T_0 \tag{8.2-33}$$

式中，$T_e=P_M/\Omega_1$ 为电磁转矩；$T_2=P_2/\Omega_1$ 为输出机械转矩；$T_0=p_0/\Omega_1$ 为空载转矩。

2. 同步电动机的功（矩）角特性

同步电动机的功角特性，是指在外加电压和励磁电流不变的条件下，电磁功率随功角 δ 的变化关系曲线。对于大容量同步电动机，定子铜损耗所占比例相对很小。如果略去其定子铜损耗，则可认为电磁功率 P_M 等于输入功率 P_1。对于凸极同步电动机，有

$$\begin{aligned}P_{M,salient}&\approx P_1=3UI_A\cos\theta_{PF}=3UI_A\cos(\theta_{PFinner}-\delta)\\&=3UI_q\cos\delta+3UI_d\sin\delta\end{aligned} \tag{8.2-34}$$

式中，U、I_A 分别为定子相电压和相电流。在忽略定子电阻 r_a 的条件下，由图 8.2.14 中的几何关系可以得出 $x_qI_q=U\sin\delta$、$x_dI_d=E_0-U\cos\delta$，由此可得

$$I_q=\frac{U\sin\delta}{x_q},\quad I_d=\frac{E_0-U\cos\delta}{x_d} \tag{8.2-35}$$

将以上两式代入式（8.2-34）可以得出

$$\begin{aligned}P_{M,salient}&=3\frac{UE_0}{x_d}\sin\delta+\frac{3U^2}{2}\left(\frac{1}{x_q}-\frac{1}{x_d}\right)\sin2\delta\\&=P'_M+P''_M\end{aligned} \tag{8.2-36}$$

式（8.2-36）为凸极同步电动机功角特性的表达式，电磁功率 P_M 分为两项，第一项是功角 δ 的正弦函数，第二项 P''_M 是 2δ 的正弦函数。从功率关系可以推出对应的**稳态**电磁转矩

$$T_{e,salient}=\frac{P_{M,salient}}{\Omega_1}=3\frac{UE_0}{\Omega_1x_d}\sin\delta+\frac{3U^2}{2\Omega_1}\left(\frac{1}{x_q}-\frac{1}{x_d}\right)\sin2\delta=T'_e+T''_e \tag{8.2-37}$$

对于非凸极同步电动机，由于 $x_d=x_q=x_t$，所以 $P''_M=0$、$T''_e=0$，可以看作凸极同步电动机的特例，有

$$P_M=3\frac{UE_0}{x_t}\sin\delta \tag{8.2-38}$$

$$T_e=\frac{P_M}{\Omega_1}=3\frac{UE_0}{\Omega_1x_t}\sin\delta \tag{8.2-39}$$

依据式（8.2-37）和式（8.2-39）可分别绘出上述两种同步电动机的矩角特性曲线，如图 8.2.17 所示。

3. 功角的物理意义

图 8.2.8 中的功角 δ 也称矩角（torque angle），是电压 $\dot{U}$ 与 $\dot{E}_0$ 之间的夹角。如果略去

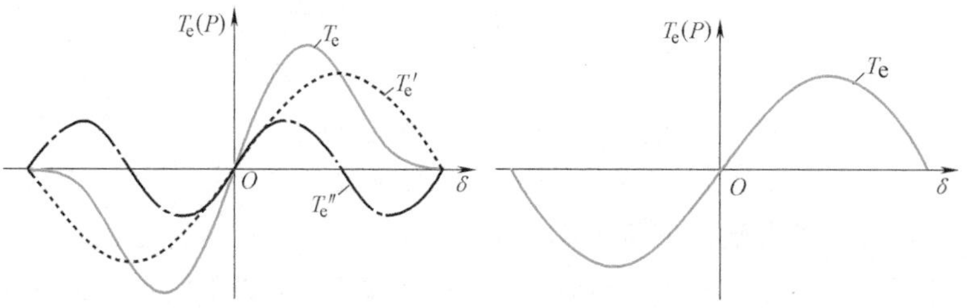

a) 凸极式矩(功)角特性　　b) 非凸极式矩(功)角特性

图 8.2.17　凸极式、非凸极式同步电动机矩（功）角特性曲线

r_a 和 x_σ，则可认为 $\dot{U}=\dot{E}$（$\dot{E}$ 是合成磁通 Φ'_Σ 感应的电动势，$\dot{E}=\dot{E}_0+\dot{E}_A$）。这样功角 δ 可以看成是 $\dot{E}$ 和 $\dot{E}_0$ 之间的夹角，也是合成磁动势 F_Σ 和转子主磁极磁动势 F_f 之间的夹角，如图 8.2.18 所示。

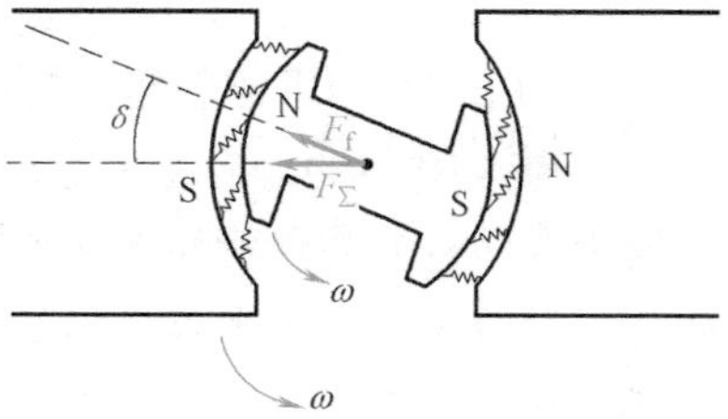

图 8.2.18　功角 δ 示意图

以下讨论转矩公式（8.2-37）。该式第一项

$$T'_e=3\frac{UE_0}{\Omega_1 x_d}\sin\delta \tag{8.2-40}$$

是合成磁动势 $\overline{F}_\Sigma$ 对应的磁极对转子磁极磁拉力所形成的电磁转矩，如果外加电压 U_1 与励磁电流不变，则该转矩与功角 δ 的正弦成正比，如图 8.2.17b 所示。当 $\delta=0°$时，定、转子磁极在同一轴线上，由于无切向力，电磁转矩为零；当 δ 角增大时，转矩与 δ 角成正弦关系；当 $\delta=90°$时，转矩最大；到 $\delta=180°$时，定、转子磁极在同一轴线上，两对磁极同性相斥，但无切向力，所以转矩为零；当 $\delta>180°$时，转矩变为负值且按正弦规律变化。

式（8.2-37）的第二项

$$T''_e=\frac{3U^2}{2\Omega_1}\left(\frac{1}{x_q}-\frac{1}{x_d}\right)\sin 2\delta \tag{8.2-41}$$

只在凸极同步电动机中有，称为反应转矩（reaction torque）。由于它与凸极同步电动机 x_d 和 x_q 的差异有关，所以也称为磁阻转矩（reluctance torque）。显然，这是凸极转子的 d 轴和 q 轴磁阻不同引起的。

磁阻转矩可表示为图 8.2.19 所示的几个简单模型。其中，图 8.2.19a 是凸极同步电动机 $\delta=0°$时的情况，这时磁力线由定子合成磁极进入转子，气隙最小，无扭斜，没有切向力，无转矩；图 8.2.19b 是凸极同步电动机 $\delta\neq0°$时的情况，这时磁力线进入转子，由于磁力线有力图走磁阻最小路径的性质，故磁力线发生扭斜，转子受到磁阻转矩作用，把这一转矩称为磁阻转矩。当 $\delta=90°$时，磁力线进入转子所经气隙最大，磁阻最大，但磁路对称，磁力线无扭斜，无切向力，该项转矩也为零。当 $\delta=180°$与 $\delta=0°$时的情况完全一样，完成一个周期，故 T''_e是 2δ 的正弦函数。该磁阻转矩总是向减小气隙、降低磁阻的方向作用，而与直流励磁无关，完全是凸极结构的气隙不均匀引起的。

有一种同步电动机称为磁阻同步电动机，它的原理为：利用特制的定、转子凸极结构与外部给定的特殊电源，控制使得合成磁极与凸极转子磁场保持一个角度差，从而产生持续不断的磁阻转矩 T''_e以推动转子向降低磁阻的方向运动。

视频 No.32 综合说明了功角的概念。

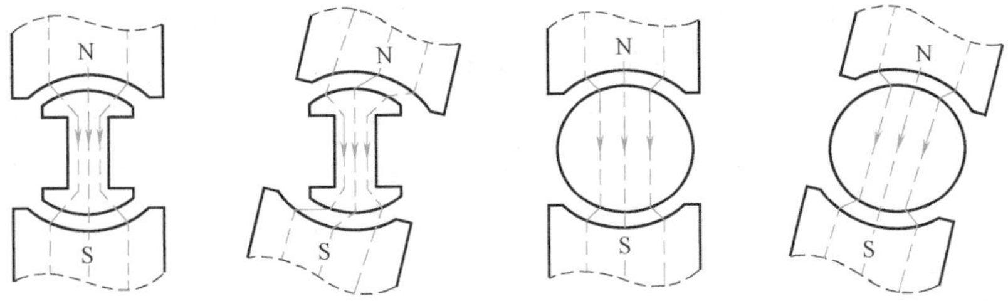

a) 凸极电动机 $\delta=0^\circ$　b) 凸极电动机 $\delta\neq0^\circ$（有磁阻转矩）　c) 非凸极电动机 $\delta=0^\circ$　d) 非凸极电动机 $\delta\neq0^\circ$（无磁阻转矩）

图 8.2.19　同步电动机磁阻转矩示意图

视频 No. 32

8.2.4　同步电机系统稳定运行的必要条件

基于同步电机的矩角特性和机电子系统的运动方程，可以分析“同步电机+负载”所构成的电机系统的稳定性。一般采用施加小扰动（如定子电压变化、负载变化等）的方法进行分析。扰动作用下系统偏离原来的运行点，一旦扰动消除，系统若能回到原来的运行点则称系统在该点是稳定的。反之，系统是不稳定的。这类不稳定现象表现为，电机功（矩）角 δ 持续加大从而使得主磁场与电枢磁场不再同步旋转。工程上称之为同步电机的**失步**。

由于本节电机模型仅仅是电磁子系统稳态模型，所以分析的是稳定的必要条件。下面进行定性分析。

1. 励磁式同步电动机

在图 8.2.20 中，用四象限坐标表示了非凸极同步电动机的矩角特性。以最大值 T_{em} 为界，可将该特性分为稳定运行工作区和不稳定运行工作区。在负载转矩为恒转矩负载 T_L 的条件下，由图可知 A、B 两点都是系统的平衡工作点。根据 3.2.3 节的方法或由以下的例题，可以判定系统是否可在这些点上稳定运行。结论是，在第Ⅰ象限，$0<\delta<90^\circ$ 是非凸极同步电动机的稳定工作区；$90^\circ<\delta<180^\circ$ 是不稳定工作区。

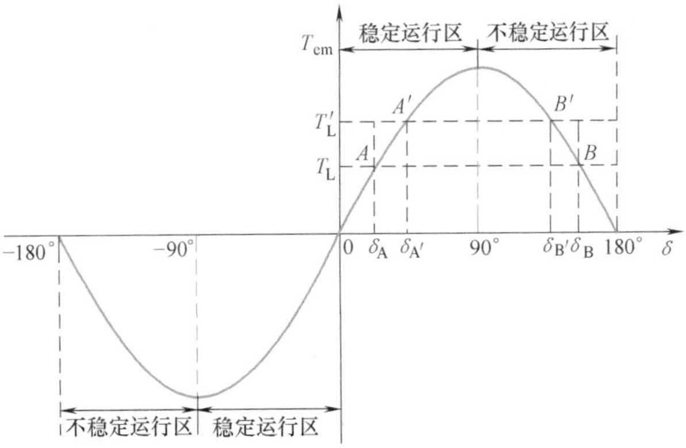

图 8.2.20　非凸极同步电动机稳定工作区示意图

例 8.2-1　试根据非凸极同步电动机的矩角特性（式（8.2-40））和运动方程说明图 8.2.20 中工作点 A、A' 两点是系统的稳定工作点以及 B、B' 两点是系统的不稳定工作点。

解　非凸极同步电动机的运动方程为 $T_e-T_L=J\dfrac{d\Omega_1}{dt}$。式中，$\Omega_1$ 为同步机械角速度。

假定系统工作在平衡点 A 时，负载突然变大至水平直线 T_L'，根据运动方程，电动机的转速不会突变，所以动转矩 T_e-T_L' 小于零，使得电动机转子转速降低。由于同步电动机中的功角 δ 为合成气隙磁动势与转子磁动势的差值，故转子转速的降低使得功角 δ 加大，根据式（8.2-39）知，在 $0^\circ<\delta<90^\circ$ 区间内电磁转矩也加大，由此工作点沿功角特性曲线逐渐移动至

新的平衡点 A' 点稳定运行。当负载的变动消失、负载转矩回到直线 T_L 时，同样分析方法可知系统的工作点也将移至 A 点。故 A、A' 两点是系统的稳定工作点。

假定系统工作在 B 点，负载突然变大至水平直线 T_L'，根据运动方程，电动机的转速不会突变，所以动转矩 T_e-T_L' 小于零，使得电动机转子转速降低，功角 δ 逐渐增大，但在 $90°<\delta<180°$ 区间内电磁转矩却减小，导致转子转速进一步降低，功角 δ 进一步增大，系统无法进入工作点 B' 运行。当负载的变动消失、负载转矩回到直线 T_L 时，此时电磁转矩已经小于 T_L，所以系统也无法回到 B 点。故假设错误，即系统无法在 B 点稳定运行，B、B' 两点是系统的不稳定工作点。也即，同步电动机由于某种原因（例如，负载突然过大）进入 $90°<\delta<180°$ 运行区间后，无法稳定地与定子频率保持同步运行，这称作同步电动机的“失步”。

此外，为保证电动机有一定的过载能力，应使最大转矩 T_{em} 与额定转矩 T_{eN} 之比

$$T_{em}/T_{eN} \tag{8.2-42}$$

为大于 1 的数值，通常这个比值为 2~3。因此可以算得同步电动机额定工作时，δ 一般在 20°~30°之间。

综上所述可总结为，非凸极同步电动机的稳定运行范围是 $0\leqslant\delta<90°$；超过该范围，同步电动机的运行将不稳定。为确保同步电动机可靠运行，通常取 $0\leqslant\delta<75°$。

据此方法，也可以基于图 8.2.17a 分析凸极式励磁同步电动机稳定运行的必要条件。

2. 凸极式永磁同步电动机

依然略去 r_a 和 x_σ 讨论。尽管凸极式永磁同步电动机的结构与图 8.2.3a 相同，如 8.1.2 节所述，凸极转子有两种类型。一种结构使得 $L_{sd}>L_{sq}$ 的通常凸极转子，其矩（功）角特性如图 8.2.17a 所示；另一种逆凸极结构转子使得 $L_{sd}<L_{sq}$（即 $x_{sd}<x_{sq}$），由式（8.2-37）可得其矩（功）角特性的第二项为负，即

$$T''=\frac{3U^2}{2\Omega_1}\left(\frac{1}{x_{sq}}-\frac{1}{x_{sd}}\right)\sin 2\delta<0 \tag{8.2-43}$$

于是，在第Ⅰ象限里该电动机的矩角特性如图 8.2.21 所示。可知，其稳定运行区域大于图 8.2.17a 所示的通常凸极结构（$L_{sd}>L_{sq}$）凸极式电动机的稳定运行区域。

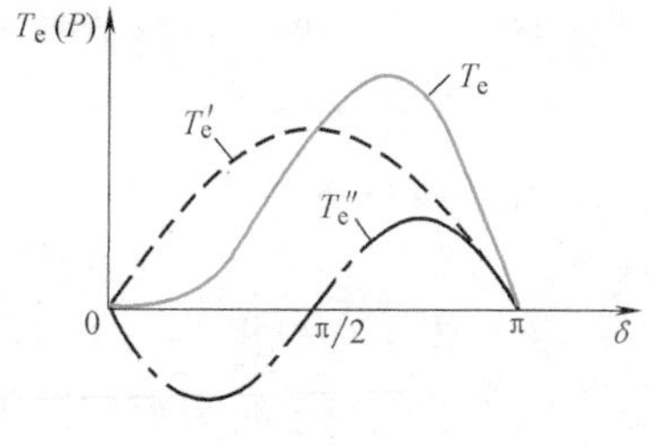

图 8.2.21 逆凸极式永磁电机的矩角特性

在电力系统中，为了使电网中的同步发电机与电网保持同步稳定运行，要求控制同步发电机的功角能够达到上述区域之内，这类问题被称为“功角稳定问题”。

本节小结

（1）同步电机的稳态模型

该电机的特征为双边励磁。其电磁子系统建模的一个前提是，规定定子（电枢）模型使用的 ABC 坐标系和转子磁场模型使用的 dq 坐标系之间的关系。

电磁子系统的稳态模型采用定子单相等效电路图、时空图以及相量图表示。其要点是：

1）转子磁场对定子电枢回路的作用体现在励磁电动势 $\dot{E}_0$ 上。

2）根据电枢电流的假定正方向，分别按照发电机惯例和电动机惯例建立电枢磁动势（磁通）、电枢电流以及电枢电动势和励磁电动势的数学模型。

3）对于凸极同步电机，采用双反应原理将电枢磁动势和电枢感应电动势分解为 d 轴分量和 q 轴分量，然后就可依据非凸极电机建模方法建立凸极电机电磁子系统的稳态模型。

（2）外特性

不同于直流电机和交流感应电机的机械特性，同步电机的**稳态输出特性为功角特性或矩角特性**。该特性因电机物理结构的不同而不同。

据此特性，有“同步电机+负载”系统稳定运行的必要条件。

此外，根据应用需求的不同，同步电机的电端口可以有不同功率因数的输出（发电）或输入（电动）特性。

8.3　同步电机的动态模型和典型调速系统

同步电机动态模型的建模方法与7.2节中讨论的异步电机动态建模方法是一样的。本节的讨论以凸极同步电机为例，并且在建模中忽略磁化曲线、饱和等非线性因素以及磁路损耗。

由于永磁同步电机的动态模型是励磁同步电机动态模型的特例，本节先说明励磁同步电机的动态模型以及一种典型的控制系统，然后说明一种典型的永磁同步电机动态模型和一种典型的控制系统。

8.3.1　励磁同步电机的动态模型

一个三相两极凸极式励磁同步电动机建模常用的坐标系如图8.3.1a所示。图中的直轴和交轴方向按控制系统惯例设定，即转子磁场N极的方向（转子磁链 ψ_r 的空间位置）为 d 轴方向，q 轴超前 d 轴90°电角度。此外，有些电动机在转子上加有阻尼绕组，这里把它等效成在 d 轴和 q 轴各自短路的两个独立绕组D、Q。阻尼绕组是为了抑制转子绕组在转子转速变化时产生的变动转矩，相关分析可参考文献[4，5]。

模型中的主要变量如下：以逆时针旋转的转子电角速度为 ω_1；定子（电枢）电流矢量为 $\boldsymbol{i}_s$；定子磁链矢量为 $\boldsymbol{\psi}_s$；它是8.2.1节图8.2.4中三个磁通 $\{\dot{\boldsymbol{\Phi}}_0、\dot{\boldsymbol{\Phi}}_A、\dot{\boldsymbol{\Phi}}_\sigma\}$ 对应的总磁链；转子阻尼绕组磁链矢量为 $\boldsymbol{\psi}_{r,DQ}$，转子励磁绕组产生的转子磁链为 $\boldsymbol{\psi}_r$。于是，电动运行下各个主要矢量的空间位置如图8.3.1b所示。

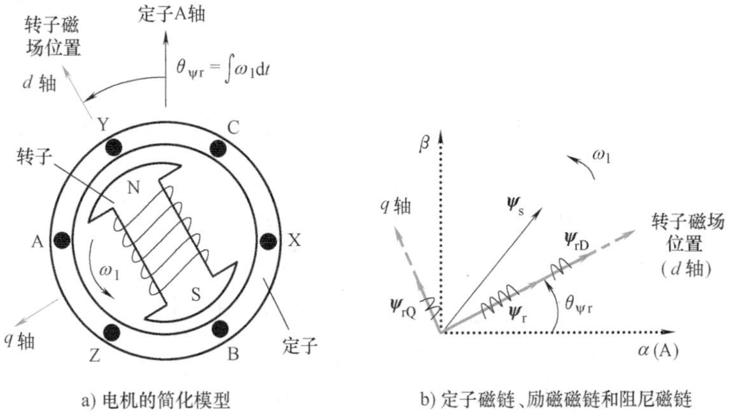

a) 电机的简化模型　　b) 定子磁链、励磁磁链和阻尼磁链

图8.3.1　三相两极凸极式转子励磁同步电动机的简化模型和坐标系

考虑同步电动机的凸极效应，同步电动机的动态电压方程式可写成

$$\begin{bmatrix} u_A \\ u_B \\ u_C \\ U_f \\ 0 \\ 0 \end{bmatrix} = \begin{bmatrix} R_s & 0 & 0 & 0 & 0 & 0 \\ 0 & R_s & 0 & 0 & 0 & 0 \\ 0 & 0 & R_s & 0 & 0 & 0 \\ 0 & 0 & 0 & R_f & 0 & 0 \\ 0 & 0 & 0 & 0 & R_{rD} & 0 \\ 0 & 0 & 0 & 0 & 0 & R_{rQ} \end{bmatrix} \begin{bmatrix} i_A \\ i_B \\ i_C \\ I_f \\ i_{rD} \\ i_{rQ} \end{bmatrix} + p \begin{bmatrix} \psi_A \\ \psi_B \\ \psi_C \\ \psi_r \\ \psi_{rD} \\ \psi_{rQ} \end{bmatrix} \tag{8.3-1}$$

式中，p 表示微分算子；u_A、u_B、u_C 和 i_A、i_B、i_C 以及 ψ_A、ψ_B、ψ_C 分别为定子电压、定子电流和定子磁链；R_s 为定子电阻；i_{rD}、i_{rQ} 和 R_{rD}、R_{rQ} 分别为转子阻尼绕组中的电流和电阻；U_f、I_f、R_f 分别为转子励磁线圈的励磁电压、电流和回路电阻。

式（8.3-1）中前三行是静止 ABC 坐标系下三相定子电路的电压方程，第四行是 dq 坐标系下转子励磁绕组直流电压方程（永磁同步电动机无此方程），最后两个方程是 dq 坐标系下转子阻尼绕组的等效电压方程。

与 7.2 节所述的方法相同，可将式（8.3-1）表示的在 ABC 坐标系和 dq 坐标系上的同步电动机模型变换到 dq 同步旋转坐标系上用电机参数（电阻、电感）表示的模型。需要说明的是，由于采用实际电机参数表述电机模型比较复杂，一般采用**参数的标幺值**表述。目前常用的是被称为“x_{ad} **基准**”的方法。这个变换过程比较繁杂，以下仅给出变换后由文献［4，5］给出的采用标幺值表述的电动机模型。

三个定子电压方程变换成如下的两个方程：

$$\begin{bmatrix} u_{sd} \\ u_{sq} \end{bmatrix} = \begin{bmatrix} R_s & 0 \\ 0 & R_s \end{bmatrix} \begin{bmatrix} i_{sd} \\ i_{sq} \end{bmatrix} + \begin{bmatrix} p & -\omega_1 \\ \omega_1 & p \end{bmatrix} \begin{bmatrix} \psi_{sd} \\ \psi_{sq} \end{bmatrix} \tag{8.3-2}$$

三个转子电压方程已在 dq 轴上，所以不变，为

$$\begin{cases} U_f = R_f I_f + p\psi_r \\ 0 = R_{rD} i_{rD} + p\psi_{rD} \\ 0 = R_{rQ} i_{rQ} + p\psi_{rQ} \end{cases} \tag{8.3-3}$$

由式（8.3-2）可以看出，从三相静止坐标系变换到两相旋转坐标系以后，d、q 轴的电压方程等号右侧由电阻压降、变压器电动势和运动电动势三项构成，其物理意义与异步电动机相同。因为转子转速就是同步转速，转差频率为零，在式（8.3-3）所示的转子 dq 方程中没有旋转电动势项。

上述两式中各个磁链方程为式（8.3-4）。需要注意的是，由于有凸极效应，在 d 轴和 q 轴上的电感是不一样的。

$$\begin{bmatrix} \psi_{sd} \\ \psi_{sq} \\ \psi_r \\ \psi_{rD} \\ \psi_{rQ} \end{bmatrix} = \begin{bmatrix} L_{sd} & 0 & L_{md} & L_{md} & 0 \\ 0 & L_{sq} & 0 & 0 & L_{mq} \\ L_{md} & 0 & L_{rf} & L_{md} & 0 \\ L_{md} & 0 & L_{md} & L_{rD} & 0 \\ 0 & L_{mq} & 0 & 0 & L_{rQ} \end{bmatrix} \begin{bmatrix} i_{sd} \\ i_{sq} \\ I_f \\ i_{rD} \\ i_{rQ} \end{bmatrix} \tag{8.3-4}$$

式中的各个电感均为标幺值，其物理意义如下：

1）L_{sd} 为等效 d 轴定子绕组自感，L_{sq} 为等效 q 轴定子绕组自感。设等效定子绕组漏感为 L_{ls}（对应于 8.2.1 节式（8.2-15）中定子电枢漏电抗 x_σ 的折算值），则

$$L_{sd}=L_{ls}+L_{md},\ L_{sq}=L_{ls}+L_{mq} \tag{8.3-5}$$

2）L_{md} 为 d 轴定子与转子绕组间的互感，对应于 8.2.1 节式（8.2-15）中定子电枢反应电抗 x_a 折算在 d 轴上的电枢反应电感；

3）L_{rf} 为励磁绕组自感，设励磁绕组漏感为 L_{lf}，则

$$L_{rf}=L_{lf}+L_{md} \tag{8.3-6}$$

4）L_{rQ}、L_{rD} 分别为 q 轴和 d 轴阻尼绕组自感。设等效的 q 轴和 d 轴阻尼绕组漏感分别为 L_{lQ}、L_{lD}，则

$$L_{rD}=L_{lD}+L_{md},L_{rQ}=L_{lQ}+L_{mq} \tag{8.3-7}$$

将上述三式代入式（8.3-3）和式（8.3-4），整理后得同步电动机的电压方程式

$$\begin{bmatrix} u_{sd} \\ u_{sq} \\ U_f \\ 0 \\ 0 \end{bmatrix}=\begin{bmatrix} R_s+L_{sd}p & -\omega_1 L_{sq} & L_{md}p & L_{md}p & -\omega_1 L_{mq} \\ \omega_1 L_{sd} & R_s+L_{sq}p & \omega_1 L_{md} & \omega_1 L_{md} & L_{mq}p \\ L_{md}p & 0 & R_f+L_{rf}p & L_{md}p & 0 \\ L_{md}p & -(\omega_1-\dot{\theta}_r)L_{md} & L_{md}p & R_{rD}+L_{rD}p & -(\omega_1-\dot{\theta}_r)L_{rD} \\ (\omega_1-\dot{\theta}_r)L_{md} & L_{mq}p & 0 & (\omega_1-\dot{\theta}_r)L_{rD} & R_{rQ}+L_{rQ}p \end{bmatrix}\begin{bmatrix} i_{sd} \\ i_{sq} \\ I_f \\ i_{rD} \\ i_{rQ} \end{bmatrix} \tag{8.3-8}$$

式中，带有电阻的项表示电阻压降；带有电感的项表示变压器电动势；带有转速的项表示运动电动势；$\dot{\theta}_r$ 为转子实际电角频率，为机械角频率的 n_p 倍；$\omega_1-\dot{\theta}_r$ 是在动态时，由于阻尼绕组中产生感应电流，从而引起的同步频率 ω_1 与转子频率 $\dot{\theta}_r$ 之间的差。

如果忽略阻尼绕组对系统动态的影响，可以假定 $\omega_1-\dot{\theta}_r=0$。所以上式简化为

$$\begin{bmatrix} u_{sd} \\ u_{sq} \\ U_f \\ 0 \\ 0 \end{bmatrix}=\begin{bmatrix} R_s+L_{sd}p & -\omega_1 L_{sq} & L_{md}p & L_{md}p & -\omega_1 L_{mq} \\ \omega_1 L_{sd} & R_s+L_{sq}p & \omega_1 L_{md} & \omega_1 L_{md} & L_{mq}p \\ L_{md}p & 0 & R_f+L_{rf}p & L_{md}p & 0 \\ L_{md}p & 0 & L_{md}p & R_{rD}+L_{rD}p & 0 \\ 0 & L_{mq}p & 0 & 0 & R_{rQ}+L_{rQ}p \end{bmatrix}\begin{bmatrix} i_{sd} \\ i_{sq} \\ I_f \\ i_{rD} \\ i_{rQ} \end{bmatrix} \tag{8.3-9}$$

任意状态下，dq 轴上采用定子磁链和定子电流表示的电磁转矩为

$$T_e=n_P(\psi_{sd}i_{sq}-\psi_{sq}i_{sd}) \tag{8.3-10}$$

式中，n_P 为电动机的极对数。把式（8.3-4）中的 ψ_{sd} 和 ψ_{sq} 的表达式代入式（8.3-10）后得

$$T_e=n_P[L_{md}I_f i_{sq}+(L_{sd}-L_{sq})i_{sd}i_{sq}+(L_{md}i_{rD}i_{sq}-L_{mq}i_{rQ}i_{sd})] \tag{8.3-11}$$

以下说明式（8.3-11）各项转矩的物理意义。

第一项是转子励磁磁动势 $L_{md}I_f$ 和定子电枢电流的转矩分量相互作用所产生的转矩，是同步电动机主要的电磁转矩。

第二项是由凸极效应造成的磁阻变化产生的转矩，称作磁阻转矩。由 8.1.2 节知，励磁凸极电动机中 $L_{sd}>L_{sq}$，非凸极电动机中 $L_{sd}=L_{sq}$，某些凸极永磁电动机中 $L_{sd}<L_{sq}$。

第三项 n_P（$L_{md}i_{rD}i_{sq}-L_{mq}i_{rQ}i_{sd}$）是电枢反应磁动势与阻尼绕组磁动势相互作用产生的

转矩，如果没有阻尼绕组，或者在稳态运行时阻尼绕组中没有感应电流，该项都是零；只有在动态中，产生阻尼电流才有阻尼转矩，帮助同步电动机尽快达到新的稳态。

依据式（8.3-9），同步电动机的电磁子系统模型还可以用图 8.3.2 所示的定子侧等效电路来表示，定子电压包含三项：电阻上的压降、电感上的脉变电动势以及带有转速的旋转电动势。图中，转子侧参数已经作了绕组折算。

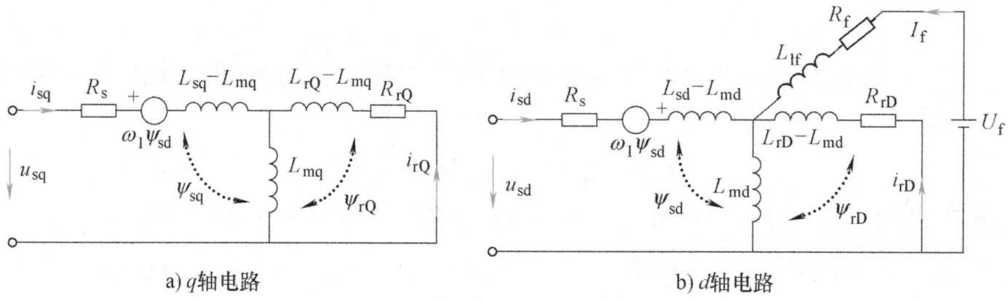

图 8.3.2　采用 d、q 轴等效电路表示的同步电机模型（假定 $\omega_1-\dot{\theta}_r=0$）

同其他电动机一样，同步电动机拖动负载 T_L 时的运动方程，也即机电子系统模型为

$$T_e=\frac{J}{n_P}\frac{d\omega_1}{dt}+T_L \tag{8.3-12}$$

视频 No.33 对本小节进行了小结。

视频 No.33

8.3.2　一种基于定子磁链定向的励磁同步电机调速系统

以下讨论不考虑 8.3.1 节中阻尼绕组和转子励磁回路的动态，于是励磁同步电机的模型化简为

$$\begin{bmatrix}u_{sd}\\u_{sq}\end{bmatrix}=\begin{bmatrix}R_s+L_{sd}p & -\omega_1L_{sq}\\\omega_1L_{sd} & R_s+L_{sq}p\end{bmatrix}\begin{bmatrix}i_{sd}\\i_{sq}\end{bmatrix}+\begin{bmatrix}L_{md}p\\\omega_1L_{md}\end{bmatrix}I_f \tag{8.3-13}$$

$$\begin{bmatrix}\psi_{sd}\\\psi_{sq}\end{bmatrix}=\begin{bmatrix}L_{sd} & 0\\0 & L_{sq}\end{bmatrix}\begin{bmatrix}i_{sd}\\i_{sq}\end{bmatrix}+\begin{bmatrix}L_{md}\\0\end{bmatrix}I_f,\psi_r=L_{md}I_f \tag{8.3-14}$$

$$T_e=n_P(\psi_{sd}i_{sq}-\psi_{sq}i_{sd})=n_P[L_{md}I_fi_{sq}+(L_{sd}-L_{sq})i_{sd}i_{sq}] \tag{8.3-15}$$

基于上述电机模型的定子磁链矢量 $\boldsymbol{\psi}_s$ 和电流矢量 $\boldsymbol{i}_s$ 以及转子磁极（d 轴）的关系图如图 8.3.3 所示。为了基于定子磁链矢量 $\boldsymbol{\psi}_s$ 定向进行电磁转矩控制，图中定义了定子磁链轴 M 轴和与之垂直的 T 轴（也被称为转矩轴）。于是，角度 θ_{MT} 为定子磁链轴 M 轴与转子磁链轴 d 轴之间的夹角，定子电流在 MT 坐标系上的分量 $\{i_{sM}, i_{sT}\}$ 分别称为定子电流的励磁量和转矩分量。

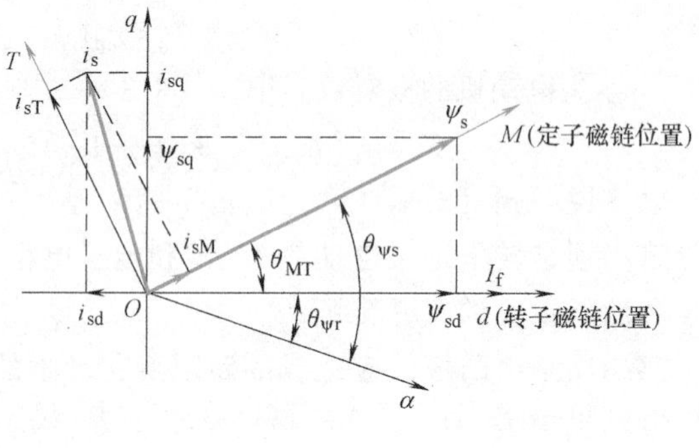

图 8.3.3　同步电机的 MT 坐标系和 dq 坐标系

$$\begin{bmatrix} i_{sM} \\ i_{sT} \end{bmatrix} = \begin{bmatrix} \cos\theta_{MT} & -\sin\theta_{MT} \\ \sin\theta_{MT} & \cos\theta_{MT} \end{bmatrix} \begin{bmatrix} i_{sd} \\ i_{sq} \end{bmatrix} \tag{8.3-16}$$

基于 dq 坐标系计算的 MT 坐标系上定子磁链矢量 $\psi_s e^{\theta_{MT}}$ 为

$$\begin{cases} \psi_s = \sqrt{\psi_{sd}^2 + \psi_{sq}^2} \\ \sin\theta_{MT} = \dfrac{\psi_{sq}}{\psi_s}, \cos\theta_{MT} = \dfrac{\psi_{sd}}{\psi_s} \end{cases} \tag{8.3-17}$$

基于上述模型，一种基于定子磁链定向的同步电机矢量控制系统的构成如图 8.3.4 所示。以下分别说明。

1）转子磁极位置计算器：转子磁链位置 $\theta_{\psi r}$ 也就是 d 轴的位置。一般采用分辨率较高的绝对值编码器或旋转变压器作为位置传感器获取转子位置。在安装位置传感器时不能保证将其零位置与转子磁场的零位置完全吻合，所以如果位置传感器输出的电角度为 θ_{det}，则需要在控制器中按照下式计算实际转子磁场的电角度 $\theta_{\psi r}$，即

$$\theta_{\psi r} = \theta_{det} - \Delta\theta \tag{8.3-18}$$

式中，$\Delta\theta$ 为安装传感器引起的两个电角度之差，一般在设备首次调试时对其进行校准。由于转子磁场位置 $\theta_{\psi r}$ 信息是直接从同步电机的轴上测得，所以系统的动态特性和低速特性对 $\theta_{\psi r}$ 的检测精度依赖性很大。

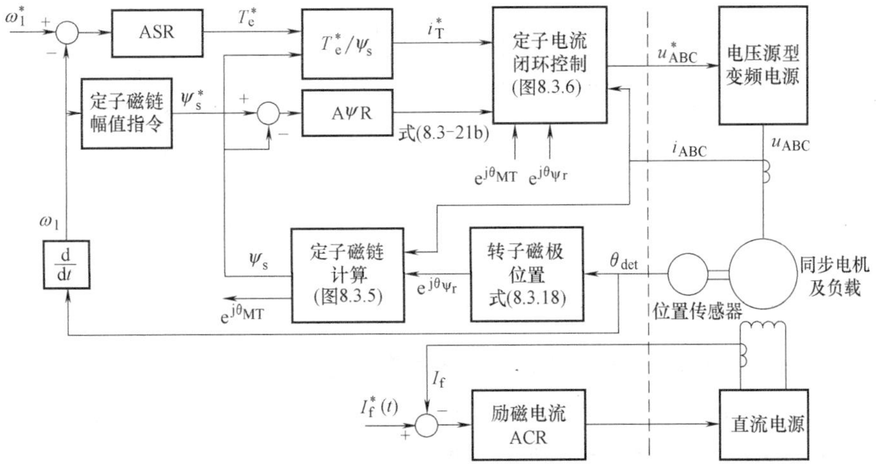

图 8.3.4　基于定子磁链定向的励磁同步电机矢量控制系统构成

2）定子磁链计算器：构成如图 8.3.5 所示，输入为 $\boldsymbol{i}_{ABC}$。基于“3s/2r”变换、式（8.3-14）和式（8.3-17），计算出定子磁链矢量 $\psi_s e^{j\theta_{\psi T}}$。根据 7.1 节，图中完成 $\boldsymbol{i}_{ABC} \to \boldsymbol{i}_{sdq}$ 的“3s/2r”变换为下式

$$\begin{bmatrix} i_{sd} \\ i_{sq} \end{bmatrix} = \sqrt{\frac{2}{3}} \begin{bmatrix} \cos\theta_{\psi r} & \sin\theta_{\psi r} \\ -\sin\theta_{\psi r} & \cos\theta_{\psi r} \end{bmatrix} \begin{bmatrix} 1 & -\frac{1}{2} & -\frac{1}{2} \\ 0 & \frac{\sqrt{3}}{2} & -\frac{\sqrt{3}}{2} \end{bmatrix} \begin{bmatrix} i_A \\ i_B \\ i_C \end{bmatrix} \tag{8.3-19}$$

3）电机定子电压指令计算器：构成如图 8.3.6 所示。计算器的下部为电流反馈值的计

算，对 $\boldsymbol{i}_{ABC}$ 作“3s/2r”变换”和“$\boldsymbol{i}_{sdq}\rightarrow\boldsymbol{i}_{sMT}$ 变换”得到 $\boldsymbol{i}_{sMT}$；该图上部为电流环输出计算，通过 $\boldsymbol{u}_{sMT}^*\rightarrow\boldsymbol{u}_{sdq}^*\rightarrow\boldsymbol{u}_{ABC}^*$ 变换得到电机定子电压指令 $\boldsymbol{u}_{ABC}^*$。注意，上述 $\boldsymbol{u}_{sMT}^*\rightarrow\boldsymbol{u}_{sdq}^*$ 是式（8.3-16）的反变换，而 $\boldsymbol{u}_{sdq}^*\rightarrow\boldsymbol{u}_{ABC}^*$ 是式（8.3-19）的反变换。

4）转矩电流指令 i_{sT}^* 计算：由式（8.3-15）~式（8.3-17）知，MT 坐标系上的电磁转矩为下式。可知，当定子磁链矢量 $\boldsymbol{\psi}_s$ 的幅值 ψ_s 被控制为常数时，电磁转矩 T_e 与定子电流的转矩分量 i_{sT} 成正比。

$$T_e=n_P\psi_s i_{sT} \tag{8.3-20}$$

5）定子磁链幅值指令计算：根据应用需求，电机系统的机械特性将由恒转矩特性和恒功率特性两部分构成，对应的有恒磁链幅值和弱磁链幅值两段指令。一个计算方法详见文献［9］的第5.2节。

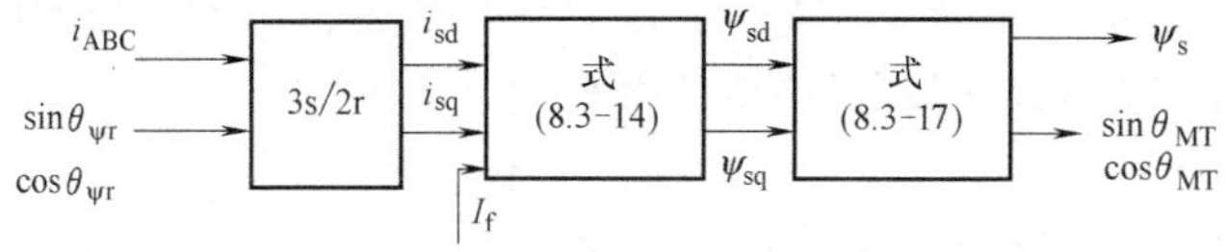

图 8.3.5　定子磁链以及 MT 计算

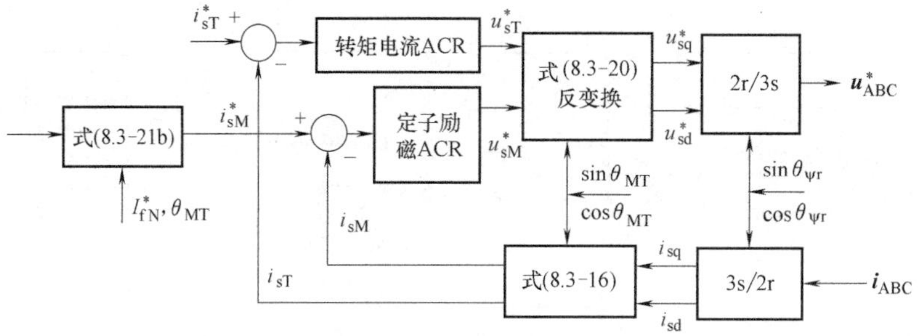

图 8.3.6　定子电流闭环以及定子电压指令计算

6）为使得磁链幅值 $\boldsymbol{\psi}_s$ 为常数时，励磁电流指令 i_{sM}^* 的计算

由式（8.3-14）和式（8.3-16）的反变换可求得 $\boldsymbol{\psi}_s$ 与变量 $\{i_{sM}^*, \theta_{MT}, I_f\}$ 的关系式。为了化简运算，**假定为非凸极转子电机**（也即 $L_{sd}=L_{sq}=L_s$），于是上述关系简化为下式：

$$\boldsymbol{\psi}_s=L_s i_{sM}+L_{md}I_f\cos\theta_{MT} \tag{8.3-21a}$$

式（8.3-21a）也可以从图8.3.3得到验证。由此式可知，为了控制磁链幅值 $\boldsymbol{\psi}_s$ 为常数，需要同时控制三个变量 $\{i_{sM}^*, \theta_{MT}, I_f\}$。其中，$I_f$ 必须在电机系统运行前就建立起来，而角度 θ_{MT} 与输出的电磁转矩成正比。

对于式（8.3-21a）中的两个励磁电流分量 $\{i_{sM}^*, I_f^*\}$，i_{sM} 用图8.3.4的定子 M 轴电流闭环实现，而 I_f 则由图8.3.4的转子励磁电流闭环实现。

由于这两个励磁电流分量 $\{i_{sM}^*, I_f^*\}$ 的分工形式可以指定，所以据此有多种控制方法。例如，假定图8.3.4中定子磁链调节器的输出为 Δ，则由式（8.3-20），有

$$\Delta=i_{sM}^*+(L_{md}/L_s)I_{fN}^*\cos\theta_{MT} \tag{8.3-21b}$$

式中，I_{fN}^* 为转子励磁电流的额定值。

① 在文献［9］中，设计使得转子励磁电流为 I_{fN}^*，则定子 M 轴电流闭环指令 i_{sM}^* 按照式（8.3-21b）计算，控制器如图 8.3.4。转子励磁电流指令 $I_f^*(t)$ 为常数 I_{fN}^*；

② 如果控制目标是使得系统的“电端口功率因数为 1”，则要控制使得 $i_{sM}^*=0$。该方法下，为了保证定子磁链幅值一定，需要改变转子励磁电流指令为

$$I_f^*(t)=I_{fN}^*/\cos\theta_{MT} \tag{8.3-21c}$$

此时，对应空载和有负载（有载）情况，图 8.3.3 中系统主要矢量的变化可以用图 8.3.7 表示。

7）在内容 3）中得到的电机电压控制指令 $\boldsymbol{u}_{ABC}^*$，送往一个变频电源以驱动电机。

将上述环节集成后就完成了图 8.3.4 所示系统。由该图可知，系统控制的复杂性远大于 7.3 节和 7.4 节的异步电机矢量控制方法；由于由角度 θ_{MT} 构成的相关非线性环节的存在，因此需要注意系统的稳定性问题。

视频 No. 34 说明了图 8.3.4 所示系统的要点。

此外，还有基于电机的气隙磁链定向并控制使得气隙磁链幅值为一定的矢量控制方法。由于该方法的控制构架更为复杂，本书不再详述，可见文献［6］中第 9 章。

视频 No. 34

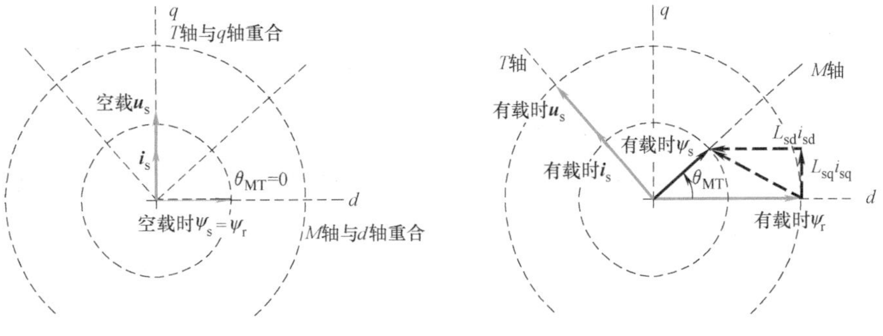

a) 空载　　b) 有载

图 8.3.7　基于“电端口功率因数为 1”控制目标时空载和有载下各个矢量的变化

8.3.3　永磁电机的动态模型以及一种调速系统

1. 动态模型

永磁同步电动机中没有阻尼绕组，其转子磁链（磁通）ψ_r 由永久磁铁决定，是恒定不变的，即相当于式（8.3-4）中的 $\psi_r=L_{md}I_f$ 为常数。于是转子磁链矢量的模型为

$$\boldsymbol{\psi}_r=\psi_r e^{j\theta_{\psi r}},\ \psi_r=\text{常数} \tag{8.3-22}$$

式中，$\theta_{\psi r}$ 是转子磁链矢量的空间位置，是一个独立变量。

于是，在采用转子磁链定向控制（即将两相旋转坐标系的 d 轴定在转子磁链 ψ_r 方向上）时，无须再采用任何计算转子磁链的模型。根据式（8.3-4），永磁同步电动机在 dq 坐标系上的定子磁链方程简化为

$$\begin{cases}\psi_{sd}=L_{sd}i_{sd}+\psi_r\\ \psi_{sq}=L_{sq}i_{sq}\end{cases} \tag{8.3-23}$$

而式（8.3-9）的电压方程简化为

$$\begin{bmatrix} u_{sd} \\ u_{sq} \end{bmatrix} = \begin{bmatrix} R_s+L_{sd}p & -\omega_1 L_{sq} \\ \omega_1 L_{sd} & R_s+L_{sq}p \end{bmatrix} \begin{bmatrix} i_{sd} \\ i_{sq} \end{bmatrix} + \omega_1 \begin{bmatrix} 0 \\ \psi_r \end{bmatrix} \tag{8.3-24}$$

式中，$e_q=\omega_1\psi_r$ 为转子磁链产生的运动电动势。电磁转矩方程的式（8.3-11）变成

$$T_e=n_P(\psi_{sd}i_{sq}-\psi_{sq}i_{sd})=n_P[\psi_r i_{sq}+(L_{sd}-L_{sq})i_{sd}i_{sq}] \tag{8.3-25}$$

式中的后一项是由 d 轴和 q 轴磁路的磁阻差产生的电磁转矩。

基于式（8.3-22）~式（8.3-25）以及运动方程式（8.3-12），可作出 dq 坐标系上的永磁同步电动机动态模型如图 8.3.8 所示。

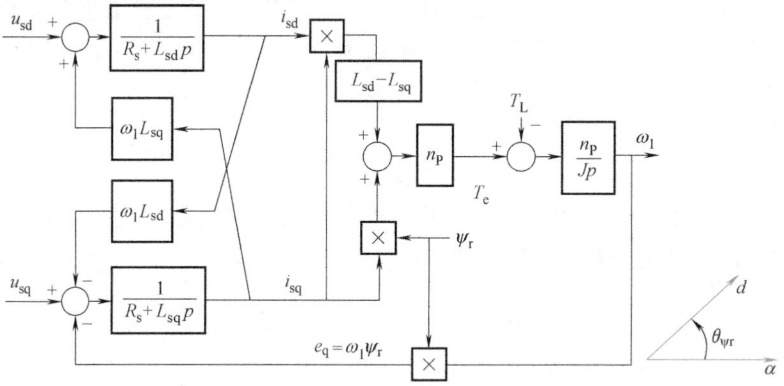

图 8.3.8　dq 坐标系上凸极永磁同步电动机的动态模型

2. 非凸极永磁电机的转子磁链定向控制系统

对于表 8.1.1 中的圆筒形以及一些交轴和直轴之间的磁阻相差不大的非凸极永磁同步电机，由于 L_{sd} 与 L_{sq} 接近，可令 $L_{sd}=L_{sq}$。其磁路结构和绕组分布可保证定子绕组中的感应电动势基本上是正弦波形，所以外施的定子电压以及生成的定子电流也应为正弦波。由于电磁转矩中的谐波少，多用于伺服系统和高性能的调速系统。以下介绍这类同步电动机调速系统。

如果不进行弱磁控制，转矩控制环可以使得 $i_{sd}=0$。于是此时的定子磁链、定子电压和电磁转矩方程为

$$\begin{cases} \psi_{sd}=\psi_r, \psi_{sq}=L_{sq}i_{sq} \\ u_{sd}=-\omega_1 L_{sq}i_{sq}=-\omega_1\psi_{sq} \\ u_{sq}=R_s i_{sq}+L_{sq}pi_{sq}+\omega_1\psi_r \end{cases} \tag{8.3-26}$$

$$T_e=n_P\psi_r i_{sq} \tag{8.3-27}$$

由于转子磁链 ψ_r 恒定，电磁转矩 T_e 与定子电流的幅值即 i_{sq} 成正比，控制定子电流幅值就能很好地控制转矩。也就是说这种控制方法下，电磁转矩与定子电流的关系和他励直流电动机中的电磁转矩与电枢电流的关系完全一样。

按转子磁链定向并使 $i_{sd}=0$ 的永磁同步电动机变频调速系统结构框图示于图 8.3.9。该图的结构与表示异步电动机矢量控制系统的图 7.3.4、图 7.3.7 的结构类似。图中虚线的左部可以用数字控制器实现，有转速调节器 ASR、d 轴和 q 轴电流调节器 ACR 以及"3s/2r 变换"和"2r/3s 变换"。此外，转子磁场位置 $\theta_{\psi r}$ 和位置传感器输出 θ_{det} 的关系为

式（8.3-20）。

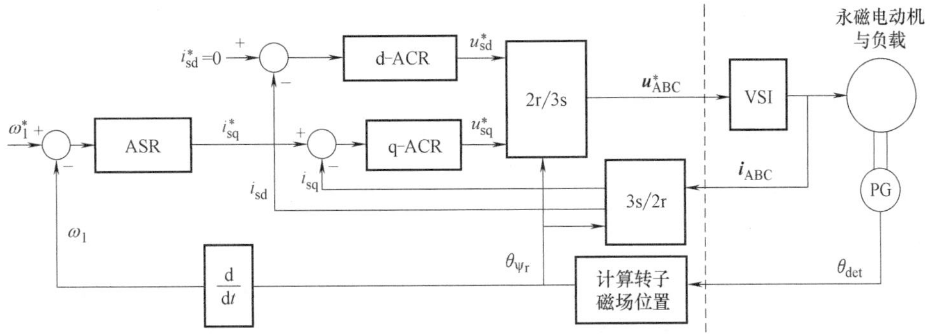

图 8.3.9 转子磁链定向并使 $i_d=0$ 的永磁同步电动机调速系统结构图

在上述按转子磁链定向并使 $i_{sd}=0$ 的永磁同步电动机调速系统中，定子电流与转子永磁磁通互相独立，控制系统简单，电磁转矩的稳定性好，脉动小，可以获得很宽的调速范围。定子电流和转子磁链的矢量图如图 8.3.10 所示。

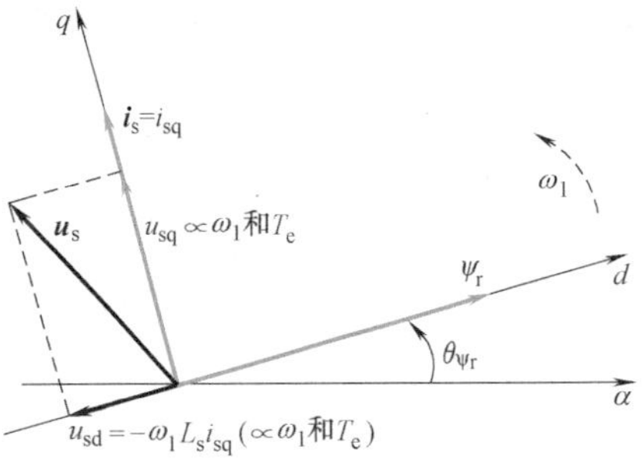

图 8.3.10 $i_d=0$ 控制下的矢量关系

可以看出，该方法还有以下特点：

1）当负载增加（也即 i_{sq} 增加）时定子电压矢量和电流矢量的夹角也会增大，造成输入功率的功率因数降低。

2）反电动势 $e_q=\omega_1\psi_r$ 随转速的增大而线性增大，所以在基速以上的高速区域如果依然据此控制，会要求较高的供电电压。

但高速段一般需要弱磁调速，最简单的控制办法是利用电枢反应削弱励磁，也就是使定子电流的直轴分量 $i_{sd}<0$。由于其励磁方向与 ψ_r 相反，因此**起去磁作用**。此时的定子磁链为式（8.3-21），相应的矢量图与图 8.3.3 相同。但是，由于稀土永磁材料的磁导率与空气相仿，磁阻很大，相当于定、转子间有很大的等效气隙。利用定子的直轴电流去弱磁时需要较大的电流值，因此常规的永磁同步电动机在弱磁区运行的效果很差。相关分析方法请参考文献［8］。

本节小结

（1）因同步电机转子的结构不同，其动态数学模型也不同。

（2）由于控制电机转速时电机不能失步，实现较好的转矩控制特性的**必要条件**是：准确地检测转子磁场位置或者基于其他方法估计这个位置。

（3）本节所述的励磁永磁电机控制系统例子中，采用的是基于定子磁链定向的矢量控制方法。该方法设置的 *TM* 坐标系用于对定子励磁电流分量和转矩电流分量进行解耦，并需要分别控制转子励磁电流和定子励磁电流分量以控制定子磁链幅值为常数。

（4）介绍了非凸极永磁同步电动机的基于转子磁场定向的矢量控制方法。此时转矩与定子电流的幅值成正比；需要对定子磁链弱磁控制时可使定子电流的直轴分量 $i_{sd}<0$。

此外，对同步电动机的变频调速系统，还有单位电流最大转矩控制、单位功率因数控制等控制方法。单位电流最大转矩控制的特点是以最小定子电流产生给定的转矩，相关内容可参考文献［3，6，8］。

8.4 梯形波永磁同步电动机的变频调速系统

所谓梯形波永磁同步电动机实质上是一种特定类型的同步电动机，其转子磁极采用瓦形磁钢，经专门的磁路设计，可获得梯形波的气隙磁场，定子采用集中整距绕组，因而感应的电动势也是梯形波。为了使其运行，必须由电压源型变频电源提供与电动势严格同相的方波电流。由于各相电流都是方波，变频电源的电压只需按直流 PWM 的方法进行控制。然而由于绕组电感的作用，换相时电流波形不可能突跳，其波形实际上只能是近似梯形，因而通过气隙传送到转子的电磁功率也是梯形波。

由三相桥式电压源型逆变电源供电的 Y 接梯形波永磁同步电动机的等效电路如图 8.4.1 的右侧所示。从电动机本身看，它是一台同步电动机，但是如果把它和逆变电源、转子位置检测器合起来，由于电源侧仅提供直流电压和电流，该组合就像是一台直流电动机，所以在商业领域称这个组合为无刷直流电动机（brushless DC motor，BLDM）。3.1 节所述直流电动机电枢里面的电流本来就是交变的，只是经过机械式的换向器和电刷才在外部电路表现为直流，也即直流电动机的换向器相当于逆变电源，电刷相当于磁极位置检测器。与此相应，被称为“无刷直流电动机”的组合则采用电力电子逆变电源和转子位置检测器。不同的是，直流电动机的磁极在定子上，电枢是旋转的，而同步电动机的磁极一般都在转子上，定子电枢却是静止的。这只是相对运动不同，没有本质上的区别。

1. 工作原理

按照图 8.4.1 所示，以下以 120°电角度导电模式为例，分别分析梯形波永磁电动机的换向过程、转子磁场的位置检测和电力电子逆变电源的供电方式。

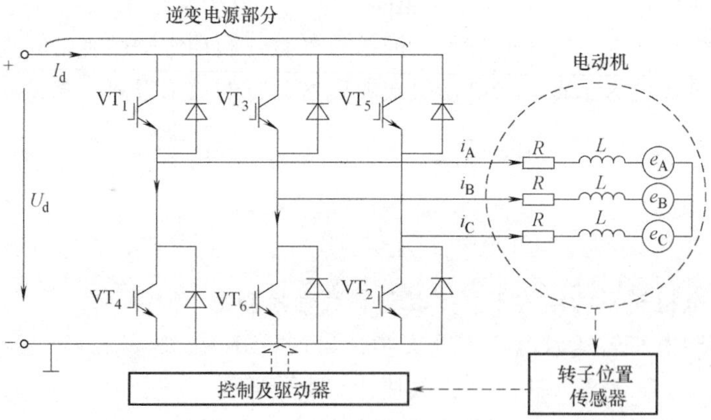

图 8.4.1　BLDM：逆变电源+梯形波永磁同步电机

（1）换相过程

以图 8.4.2a 所示的两极电动机为例讨论。

该方法每隔 60°电角度变换一次控制电流（或电压）。设变换前后的时间分别为 $t=0_-$ 和 $t=$

0_+，则图 a 中的定子磁场 f_s 位置 $\theta_{\psi s}$ 为 $\theta_{\psi s} = \int \omega_1 t = 60°(0_-)$ 时刻前的位置。在 $\theta_{\psi s} = 60°(0_+)$ 时刻进行电流换相，假定换相瞬间完成，电流波形如图 g 中区间 $60°(0_+) \sim 120°(0_-)$ 所示，则定子磁场旋转至图 b 位置，于是在动转矩的作用下转子旋转至图 c 所示位置。同理可以讨论其他换相过程。分析可知，这些换相是由逆变电源和检测转子位置的传感器共同完成。

（2）转子磁场的位置检测

由图 8.4.2a 可知，只需要每隔 $60°$ 电角度变换一次控制电流（或电压），所以对位置检

a) $\theta_{\psi s} = 0° \sim 60°(0_-)$
假定转子为图示位置

b) $\theta_{\psi s} = 60°(0_+)$ 时刻
电流换相

c) $\theta_{\psi s} = 60° \sim 120°(0_-)$
电流不变，转子旋转 $60°$

d) $\theta_{\psi s} = 120°(0_+)$ 时刻
电流换相

e) $\theta_{\psi s} = 120° \sim 180°(0_-)$
电流不变，转子旋转 $60°$

f) $\theta_{\psi s} = 180°(0_+)$ 时刻
电流换相

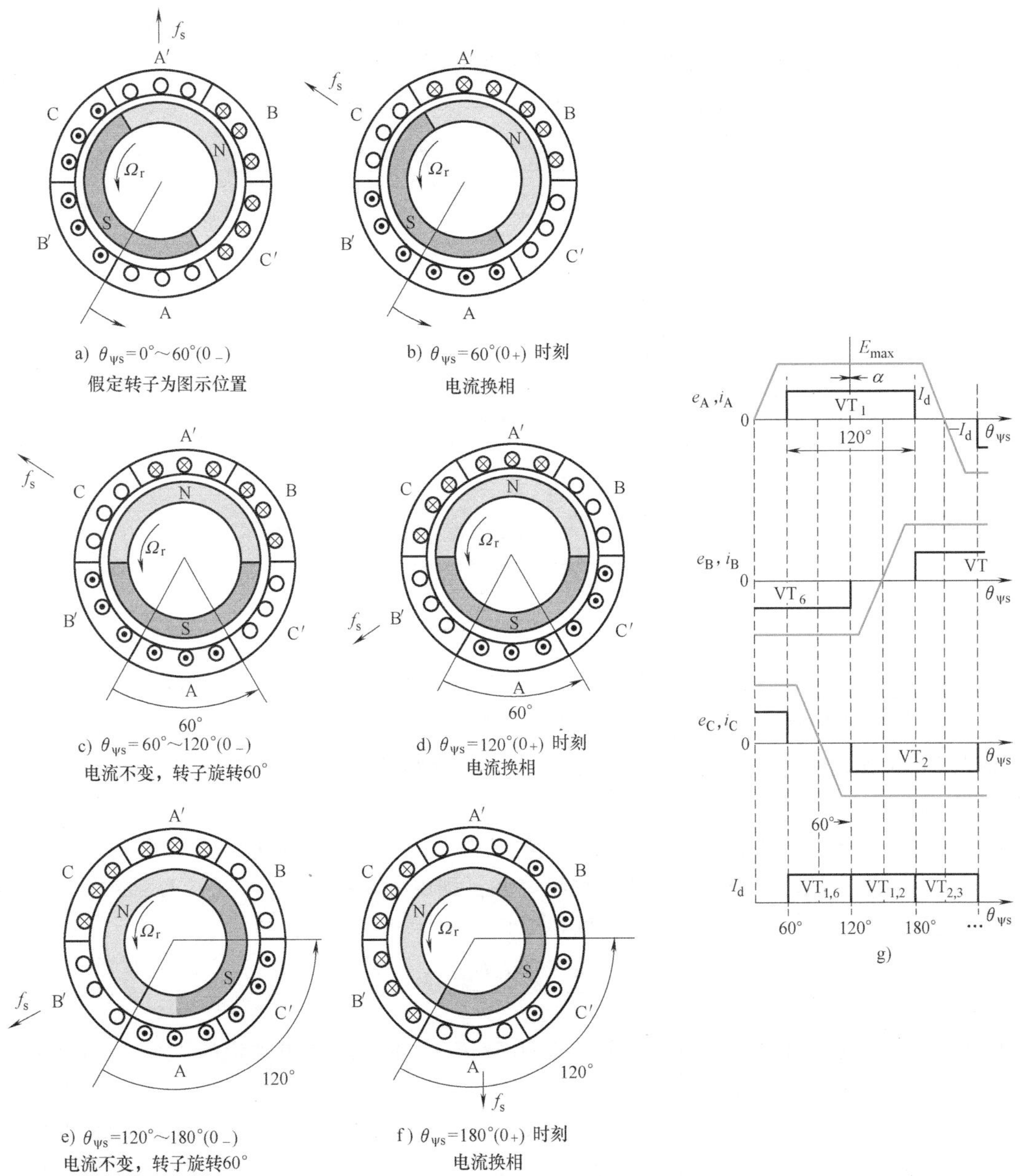

图 8.4.2　梯形波永磁同步电动机的换向以及电流和反电动势波形

测的分辨率要求不高，一般采用霍尔式传感器就可以了。通常，将三个霍尔式传感器以空间

相差120°电角度方式安装在电动机的气隙内，例如，可以将霍尔式传感器装在图a的A、B和C区域。

(3) 逆变电源的供电及PWM电压（或电流）的控制模式

三相的电动势e_A、e_B、e_C和电流i_A、i_B、i_C波形图示于图g。6个开关$VT_1 \sim VT_6$的动作使得直流母线的电流I_d以120°电角度的宽度，以与各相反电动势同步并以反电动势波形的中轴线对称的波形分配给各相电流。因此，在任意瞬间两相导通而另一相断开。

实际上在120°电角度内，逆变电源可采用PWM斩波器模式控制电动机的端电压或电流的大小。图8.4.3给出了采用电流源型逆变电源并使用PWM控制时，定子电流和电动机反电动势的波形。图中的I_{av}为平均电流，与直流母线电流I_d相等。

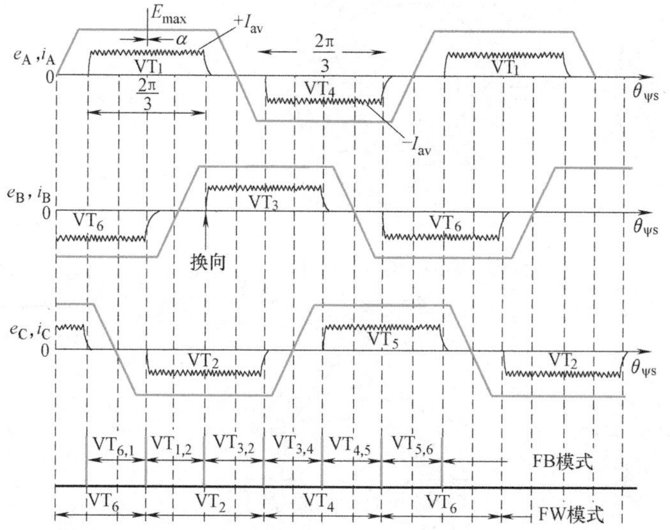

图8.4.3　电流源型PWM供电的电动机侧电流和反电动势波形

一般地，有两种基本的PWM控制模式，即反馈模式（FB mode）和前馈模式（FW mode）。以反馈模式为例，在$VT_{6,1}$区间为VT_1、VT_6的动作期间。该区间内如果VT_1=ON、VT_6=ON的占空比增加，则平均电流增加；反之，电流则减少。所以调节占空比可以调节电流的大小。

设方波电流的峰值为I_d，梯形波电动势的峰值为E_{max}，在一般情况下，同时只有两相导通，从逆变电源直流侧看进去，为两相绕组串联，则电磁功率为$P_M = 2E_{max}I_d$。忽略电流换相过程的影响、逆变电源的损耗等，电磁转矩为

$$T_e = \frac{P_M}{\omega_1 / n_P} = \frac{2n_P E_{max} I_d}{\omega_1} \tag{8.4-1}$$

理想条件下，E_{max}正比于磁场磁通密度B_f和转速n，而BLDM电动机的B_f主要由永磁体决定，可认为是常数。于是

$$E_{max} = K_e \omega_1 \tag{8.4-2}$$

$$T_e = K_B B_f I_d \tag{8.4-3}$$

式中，K_e、K_B是与电动机结构有关的常数。上式说明，BLDM系统的转矩与直流电源的供电电流I_d成正比，和一般的直流电动机相当。注意此时的转矩公式不同于正弦波永磁同步

电动机的转矩公式。

这样，BLDM 系统也和直流调速系统一样，要求不高时，可采用开环调速，对于动态性能要求较高的负载，可采用双闭环控制系统。无论是开环还是闭环系统，都必须具备转子位置检测、发出换相信号、对直流电压的 PWM 控制等功能。

2. 系统的动态模型

对于梯形波的电动势和电流，由于三相在同一时刻不是都导通（不对称）且有谐波，不能简单地用矢量表示。因而旋转坐标变换也不适用，只能在静止的 ABC 坐标系上建立电动机的数学模型。假定转子磁阻不随位置变化（如表贴式转子），电动机的电压方程可以用下式表示[8-10]

$$\begin{bmatrix} u_A \\ u_B \\ u_C \end{bmatrix} = \begin{bmatrix} R_s & 0 & 0 \\ 0 & R_s & 0 \\ 0 & 0 & R_s \end{bmatrix} \begin{bmatrix} i_A \\ i_B \\ i_C \end{bmatrix} + \begin{bmatrix} L_s & L_m & L_m \\ L_m & L_s & L_m \\ L_m & L_m & L_s \end{bmatrix} p \begin{bmatrix} i_A \\ i_B \\ i_C \end{bmatrix} + \begin{bmatrix} e_A \\ e_B \\ e_C \end{bmatrix} \tag{8.4-4}$$

式中 u_A、u_B、u_C 为三相输入对地电压；i_A、i_B、i_C 为三相定子电流；e_A、e_B、e_C 为三相电动势；R_s 为定子每相电阻；L_s 为定子每相绕组的自感；L_m 为定子任意两相绕组间的互感。

由于三相定子电流有 $i_A+i_B+i_C=0$，则

$$\begin{cases} L_m i_B + L_m i_C = -L_m i_A \\ L_m i_C + L_m i_A = -L_m i_B \\ L_m i_A + L_m i_B = -L_m i_C \end{cases} \tag{8.4-5}$$

代入式（8.4-4），定义各相定子漏感为 $L_\sigma = L_s - L_m$，整理后得

$$\begin{bmatrix} u_A \\ u_B \\ u_C \end{bmatrix} = \begin{bmatrix} R_s & 0 & 0 \\ 0 & R_s & 0 \\ 0 & 0 & R_s \end{bmatrix} \begin{bmatrix} i_A \\ i_B \\ i_C \end{bmatrix} + \begin{bmatrix} L_\sigma & 0 & 0 \\ 0 & L_\sigma & 0 \\ 0 & 0 & L_\sigma \end{bmatrix} p \begin{bmatrix} i_A \\ i_B \\ i_C \end{bmatrix} + \begin{bmatrix} e_A \\ e_B \\ e_C \end{bmatrix} \tag{8.4-6}$$

不考虑换相过程及 PWM 波等因素的影响，当图 8.4.1 中的 VT_1 和 VT_6 导通时，A、B 两相导通而 C 相关断，则

$$i_A = -i_B, i_C = 0, e_A = -e_B = E_{max} \tag{8.4-7}$$

代入式（8.4-6），可得无刷直流电动机的动态电压方程为

$$u_A - u_B = 2R_s i_A + 2L_\sigma p i_A + 2E_{max} \tag{8.4-8}$$

其中的“$u_A - u_B$”是 A、B 两相之间输入的平均线电压。若 PWM 控制的占空比为 ρ，则 $u_A - u_B = \rho U_d$，于是式（8.4-8）可改写成

$$\rho U_d - 2E_{max} = 2R_s(T_l p + 1) i_A \tag{8.4-9}$$

式中，$T_l = L_\sigma / R_s$ 为电枢漏磁时间常数。

根据式（8.4-2）、式（8.4-4）、式（8.4-9）和运动方程（8.3-3），可以绘出 BLDM 系统的动态结构图如图 8.4.4 所示。可见该模型与第 4.3 节的他励直流电动机的动态模型相似。

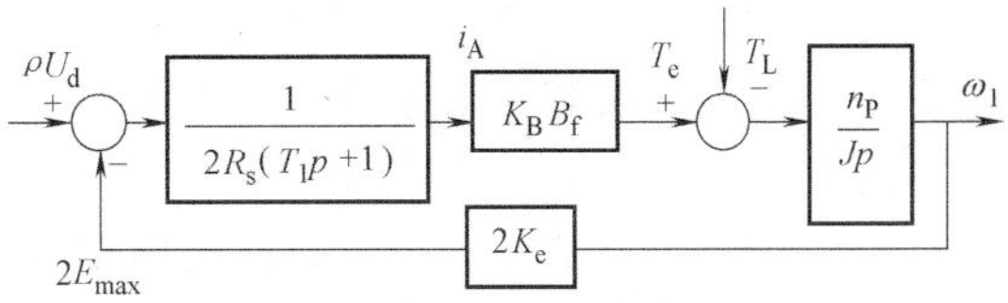

图 8.4.4 梯形波永磁同步电动机的动态模型

实际上，换相过程中电流的变化、关断相电动势所引起的瞬态电流、PWM 调压对电流和电动势的影响等都会使转矩特性变差，造成转矩和转速的脉动。例如，由于定子漏感的作

用，定子电流不能突变，所以每次换相时平均电磁转矩都会降低一些，实际的转矩波形每隔60°电角度都出现一个缺口，而用PWM调压调速又使平顶部分出现纹波，这样的转矩脉动使梯形波永磁同步电动机的调速性能低于正弦波永磁同步电动机。

3. 机械特性

在稳态条件下，由式（8.4-9）可知

$$\rho U_{d}=2R_{s}I_{d}+2E_{max} \tag{8.4-10}$$

而 E_{max} 与电动机的转速 n 成正比。可以看出，其机械特性与他励直流电动机的机械特性在形式上完全一致。

本章习题

有关8.1节

8-1 回答下列问题：

（1）当同步电动机电源频率为50Hz和60Hz时，10极同步电动机转速是多少？18极同步电动机转速又是多少？

（2）笼型异步电机与同步电机，各自的励磁原理是什么？由此确定的两者运行原理的不同是什么？

（3）同步电机的“双励磁构造”要求电机正常运行时两个磁场的频率必须“同步”。请问这两个磁场的空间位置是否可以有差？也可用图8.2.18说明。

（4）非凸极同步电机建模使用的坐标系有哪两个？$t=0$ 时刻，旋转的 dq 坐标系的 d 坐标轴位置在哪里？

8-2 回答下列凸极同步电机问题：

（1）转子的直轴和交轴的概念是什么？励磁式转子中直轴电抗为什么大于交轴电抗？

（2）在凸极电动机中如何把电枢反应磁动势分成直轴和交轴两个分量？

（3）某些凸极式永磁电动机中 $L_{sd}<L_{sq}$ 的原因？

有关8.2节

8-3 分析并回答：励磁式非凸极同步电机电磁子系统建模。

（1）将ABC坐标系与 dq 旋转坐标系合在一起的原因和具体做法？

（2）该同步电机电动机惯例的模型中，磁动势空间矢量的式（8.2-10）的电流为何有负号？

8-4 对该同步电动机电枢磁动势建模后，得到了图8.2.3。请问图中下列关系是怎样确定的？

（1）三个空间矢量：$\overline{\boldsymbol{F}}_{f}$，$\overline{\boldsymbol{F}}_{a}$，$\overline{\boldsymbol{F}}_{\Sigma}$。

（2）电枢磁通时间相量 $\dot{\boldsymbol{\Phi}}_{A}^{t}$ 与定子磁动势矢量 $\overline{\boldsymbol{F}}_{a}$ 的位置。

（3）式（8.2-14）中的两个等式？

8-5 请作一张表格，列出非凸极同步电机分别按发电机惯例和电动机惯例建模后，两个模型在等效电路、时空矢量图等内容的**异同，并加以分析**。分析的例子如：$\overline{\boldsymbol{F}}_{\Sigma}$ 与 $\overline{\boldsymbol{F}}_{f}$ 的关系、$\dot{E}_{0}$ 的正方向与 $\dot{\boldsymbol{\Phi}}_{0}^{t}$ 正方向的关系等。

8-6 本书中基于双反应理论建立凸极同步电机的电磁子系统模型，该方法与非凸极同步电机电磁子系统的建模方法的不同之处是什么？

8-7　参考图 8.2.6b 和图 8.2.15，

(1) 类比图 8.2.15，请做出三种励磁条件下励磁式非凸极同步发电机单相电枢回路的相量图。

(2) 在忽略定子绕组电阻和漏电抗的影响的条件下，一台励磁式非凸极同步电动机增大励磁电流时，其最大电磁转矩是否增大？其最大电磁功率是否增大？

8-8　试回答：

(1) 非凸极同步电动机电磁功率与功角有什么关系？电磁转矩与功角有什么关系？

(2) 如何通过一个时空图判断非凸极同步电机工作在电动或发电状态？

(3) 为什么说图 8.2.20 中的区间 $-90°<\delta<90°$ 是非凸极同步电机系统稳定运行的**必要**条件？请举出两个有可能影响其稳定运行的其他可能的要素。

有关 8.3 节

8-9　图 8.3.1 给出了凸极式励磁同步电动机建模常用的坐标系。

(1) 该坐标系中的 dq 坐标系有两点与 8.2 节的“ABC 坐标系与 dq 旋转坐标系的关系”不一样，请说明其内容（提示：规定 $t=0$ 时刻 d 坐标的位置了吗?）。

(2) 本节由于不需要建立单相的定子电枢电路模型，因此，式 (8.3-1) 的定子模型部分直接可以采用 dq 坐标系表示，也就是式 (8.3-2)。试比较 8.2.1 节和 8.3.1 节建模方法的异同。

8-10　在凸极同步电动机的动态数学模型中，电压方程式 (8.3-2) 和式 (8.3-3)、定子磁链方程 (8.3-4)、电磁转矩方程 (8.3-11) 中各项的物理意义是什么？

8-11　图 8.3.4 所示的定子磁链定向的励磁式非凸极同步电机变频调速系统中，

(1) MT 坐标系中 M 轴的物理意义是什么？dq 坐标系中 d 轴的物理意义是什么？MT 坐标系上电磁转矩与定子磁链的关系式是什么？

(2) 转子位置传感器的输出 θ_{det}（假定用电角度表示）与转子磁链 $\boldsymbol{\psi}_f$ 位置 $\theta_{\psi r}$ 的关系是什么？与定子磁链 $\boldsymbol{\psi}_s$ 的位置的关系是什么？

(3) 该系统有几个闭环？各个闭环的作用是什么？

(4) 定子磁链励磁控制由哪两个闭环构成？为什么是两个闭环，各自的作用？在转速控制起动之前，必须首先完成哪个闭环的控制？

8-12*　图 8.3.4 所示的定子磁链定向的励磁式非凸极同步电机变频调速系统中，

(1) 稳态运行时，随着负载增大，电流分量 i_M 和 i_T 的变化趋势是什么？

(2) 图中的非线性环节有哪些？

8-13　对图 8.3.8 所示的永磁同步电动机模型，试比较：

(1) 与 4.3 节所示直流他励电动机动态模型的异同。

(2) 与 7.3 节所示笼型异步电机矢量控制模型（图 7.3.3）的异同。

8-14*　如果对图 8.3.9 所示的永磁同步电动机速度控制系统作弱磁控制，则系统的励磁部分的控制框图应该如何改进？

有关 8.4 节

8-15　对梯形波永磁同步电动机：

(1) 与他励直流电动机以及永磁同步电动机相比，运行原理的特点？

（2）与永磁同步电动机相比，在控制系统组成上的区别？

（3）请查阅资料，分析其电磁转矩的脉动情况。

参考文献

[1] 汤蕴璆，史乃．电机学［M］．北京：机械工业出版社，1999.

[2] 刘锦波，张承慧，等．电机与拖动［M］．北京：清华大学出版社，2006.

[3] 金东海．现代电气机器理论［M］．东京：日本电气学会，2010.

[4] 高景德，王祥衍，李发海．交流电机及其系统分析［M］．2版．北京：清华大学出版社，2005.

[5] 李崇坚．交流同步电机调速系统［M］．北京：科学出版社，2006.

[6] 马小亮．高性能变频调速及其控制系统［M］．北京：机械工业出版社，2010.

[7] BOSE B K. Modern Power Electronics and AC Drives［M］. NJ：Prentice Hall PTR Prentice-Hall Inc.，2002.

[8] 王成元，夏加宽，等．电机现代控制技术［M］．北京：机械工业出版社，2009.

[9] 松瀬贡规．电动机控制工学［M］．东京：日本电气学会，2007.

[10] PROGASEN P，et al. Modeling，simulation，and analysis of permanent-magnet motor drives，II. The brushless DC motor drive［J］. IEEE Trans. on Industrial Electronics，1989，25（2）：274~279.

附　录

附录 A　专业术语中英文对照

第 1 章

电力装备，electrical machines

电力拖动系统，electric drive system

运动控制系统，motion control system

第 2 章

磁感应强度 B，magnetic flux density

磁感应通量（或磁通），flux

磁场强度 H，magnetic field density

电磁力，electro-magnetic force

电磁转矩，electromagnetic torqure

感应电动势，induced electromotive force，e. m. f

运动电动势，motional e. m. f

变压器电动势，transformer e. m. f

安培环路定律，Ampere' s circuit law

楞次定律，Lenz' s law

磁路，magnetic circuit

磁场，magnetic field

B-H 曲线，B-H characteristic

磁滞，magnetic hysteresis

磁化曲线，magnetization curve

永久磁铁，permanent magnet materials

磁链，number of flux linkage

磁动势，magneto motive force，mmf

漏感，leakage inductance

互感，mutual inductance

自感，self inductance

励磁电流，exciting current

等效电路，equivalent circuit

变压器，transformer
磁共能，magnetic co-energy
磁能，magnetic energy
铜损，copper loss
铁损，core loss
电能，electric energy
机械能，mechanical energy
虚位移，virtual displacement

第 3 章

定子，stator
转子，rotor
机械功率，mechanical power
电磁功率，electro-magnetic power
额定，rated
输入功率，input power
输出功率，output power
效率，efficiency
稳定，Stable
电枢反应，armature reaction
机械特性，torque-speed characteristic
电枢串电阻调速，armature resistance control
电压调速，voltage control
弱磁控制，field weakening control
恒转矩特性，constant torque characteristic
恒功率负载，constant power characteristic
四象限运行，four-quadrant operation
制动，brake
匹配，matching
电动、发电、堵转运行状态，motoring、generating、plugging
电磁子系统，electromagnetic sub-system
机电子系统，electromechanical sub-system

第 4 章

晶闸管可控整流器，thyristor converter
V-M 系统，static Ward-Leonard system，
脉宽调制，Pulse Width Modulation，PWM
稳态，steady state
动态，transient/dynamic state
跟随，tracking
扰动，disturbance

闭环，closed-loop
开环，open-loop
稳态指标，steady-state performance index
动态指标，transient/ dynamic state performance index
负反馈，negative feedback
传递函数，transfer function
串联校正，cascade compensation
相角裕量，phase margin
幅值裕量，magnitude margin
速度控制，speed control,
转矩控制，torque control
电流控制，current control
速度调节器，adjustable speed regulator，ASR
电流调节器，adjustable current regulator，ACR
状态变量反馈，state-variable feedback
扰动计算器，disturbance calculator
两自由度控制，two degree-of-freedom control
加速度负反馈，acceleration feedback
代数环，algebraic loop

第 5 章

同步电动机，synchronous machine/ synchronous motor，SM
异步电动机，asynchronous machine
感应（异步）电动机，induction（asynchronous）machine，IM
笼型，squirrel-cage type
永磁同步电动机，permanent magnetic synchronous motor，PMSM
磁动势，magneto motive force，MMF
旋转磁场，rotating magnetic field
ABC 坐标系，ABC transfer
有效匝数，effective number of turns
极对数，number of pole pairs
同步转速，synchronous speed
感应电动势，electromotive force
空间谐波，space harmonics
时间谐波，time harmonics
转差，slip
转差频率，slip frequency
功率因数，power factor
转差功率，slip power
机械特性，torque-speed characteristic
空载实验，no-load test

堵转实验，lock test

第 6 章

双馈式异步电机，double fed induction machine
脉宽调制，pulse-width modulation，PWM
串级调速系统，Scherbius system
正弦波脉宽调制，sinusoidal pulse width modulation，SPWM
空间电压矢量，space voltage vector
恒压恒频，constant voltage constant frequency，CVCF
电压源型逆变器，voltage source inverter，VSI
电流源型逆变器，current source inverter，CSI
载波，carrier wave
调制波，modulation wave
次谐波，sub-harmonics
恒压频比控制，Volts per Hertz control，V/F control
矢量控制，vector control
磁场定向控制，field-oriented control
时间谐波，time harmonics
共模电流，common mode current
EMC，electromagnetic compatibility
转矩脉动，torque vibration
死区时间，dead time

第 7 章

静止坐标，static transfer
旋转坐标，rotational axis transfer
极坐标变换（K/P 变换），polar coordinates
$\alpha\beta$ 坐标系，$\alpha\beta$ transfer
dq 坐标系，dq transfer
解耦，decoupling
矢量控制系统，vector control system
磁场定向控制，field orientation control，FOC
间接型矢量控制，indirect vector control
直接型矢量控制，direct vector control
参考模型，reference model
状态观测器，state-variable observer
全维状态观测器，full order observer
降维状态观测器，reduced order observer
直接转矩控制，direct torque control，DTC
“砰-砰”式控制器，“bang-bang” controller
变结构控制器，variable structure controller

第 8 章

电励磁同步电机，electrically excited SM，EESM

永磁同步电机，permanent-magnet SM，PMSM
凸极，salient pole
非凸极，non-salient pole
通常凸极，normal saliency
逆凸极，inverse saliency
隐极同步电动机，interior pole SM
失步，pull out
双反应理论，two-reaction theory
功率因数角，power factor angle
功（矩）角，power angle /torque angle
反应转矩，reaction torque
磁阻电机，reluctance motor
无刷直流电动机，brushless DC Motor，BLDM
反馈模式，feed-back mode
前馈模式，feed-forward mode

附录 B　本书所用符号一览

1. 元件和装置用的文字符号（按国家标准 GB/T 7159—1987）

A	放大器、调节器、电枢绕组、A 相绕组	L	电感，电抗器
ACR	电流调节器	M	电动机（总称）
AFR	励磁电流调节器	IM	异步电动机
APR	位置调节器	SM	同步电动机
ASR	转速调节器	R	电阻器、变阻器
ATR	转矩调节器	SM	伺服电机
ACR	电流调节器	T	变压器
AψR	磁链调节器	TA	电流互感器
B	B 相、B 相绕组	TG	测速发电机
C	电容器、C 相	UCR	可控整流器
DLC	逻辑控制环节	UPE	电力电子变换器
F	励磁绕组	UR	整流器
G	发电机	VD	二极管
GD	驱动电路	VS	稳压管
GE	励磁发电机	VT	功率开关器件

2. 常用缩写符号

CSI	电流源（型）逆变器（current source inverter）
CVCF	恒压恒频（constant voltage constant frequency）

（续）

IGBT	绝缘栅双极晶体管（insulated gate bipolar transistor）
PD	比例微分（proportion-differentiation）
PI	比例积分（proportion-integration）
PID	比例积分微分（proportion-integration-differentiation）
PWM	脉宽调制（pulse width modulation）
SOA	安全工作区（safe operation area）
SPWM	正弦波脉宽调制（sinusoidal PWM）
SV	空间电压矢量 （space vector）
VSI	电压源（型）逆变电源（voltage source inverter）
VVVF	变压变频（variable voltage variable frequency）

3. 参数和物理量文字符号（大写为平均值或有效值，小写为瞬时值）

A_d	动能	R_{pc}	电力电子变换器内阻
a	线加速度、特征方程系数	R_{rec}	整流装置内阻
B	磁通密度、B 相	T	时间常数、开关周期
C	电容、输出被控变量、C 相	T_e	电磁转矩
C_E	直流电机在额定磁通下的电动势系数	T_l	电枢回路电磁时间常数
C_T	直流电机在额定磁通下的转矩系数	T_L	负载转矩
D	直径、调速范围、摩擦转矩阻尼系数	T_m	机电时间常数
E, e	反电动势、感应电动势、误差	t_m	最大动态降落时间
e_{error}	检测误差	T_o	滤波时间常数
F	磁动势、扰动量	t_{on}	开通时间
f	力、磁动势瞬时值、频率	t_{off}	关断时间
f_{sw}	开关频率	t_p	峰值时间
g	重力加速度	t_r	上升时间
GD^2	飞轮惯量	T_s	电力电子变换器平均失控时间、电力电子变换器滞后时间常数
h	开环对数频率特性中频宽		
M	闭环系统频率特性幅值、调制度 M_r	t_v	恢复时间
m	整流电压（流）一周内的脉冲数、典型 I 型系统两个时间常数比	α	转速反馈系数、可控整流器的控制角
		β	电流反馈系数、可控整流器的逆变角
N	匝数、载波比、传递函数分子	γ	相角裕度
n	转速	δ	转速微分时间常数相对值、脉冲宽度
n_0	理想空载转速、同步转速	θ	电角位移、相位角、阻抗角、相频
n_{syn}、n_0	同步转速	θ_m	机械角位移
n_P	极对数	φ	磁通、磁通的瞬态值
R	电阻、电枢回路总电阻、输入变量	ω	角转速、角频率
R_a	直流电机电枢电阻	ω_b	闭环频率特性带宽
R_L	电感电阻	ω_c	开环频率特性截止频率

（续）

ω_r	电机转子转速	U_c	控制电压
ω_n	二阶系统的自然振荡频率	U_d、u_d	整流电压、直流平均电压
ω_s	转差角转速	U_{d0}、u_{d0}	理想空载整流电压
μ	磁导率	U_f	励磁电压
μ_0	真空的磁导率	U_g	栅极驱动电压
Λ	电导、磁导	U_m	峰值电压
I、i	电流	U_s	电源电压
I_a、i_a	电枢电流	U_x^*	变量 x 的给定电压（x 可用变量符号替代）
I_d、i_d	整流电流、直流平均电流	v	速度、线速度
I_{dL}	负载电流	$W(s)$	传递函数、开环传递函数
I_f、i_f	励磁电流	$W_d(s)$	闭环传递函数
J	转动惯量	$W_{odj}(s)$	控制对象传递函数
K	控制系统各环节的放大系数（以环节符号为下角标）、闭环系统的开环放大系数、扭转弹性转矩系数	W_m	磁场贮能
		$W_x(s)$	环节 x 的传递函数
		X	电抗
K_p	比例放大系数	Z	电阻抗
K_{PI}	比例积分放大系数	Δn	转速降落
K_s	电力电子变换器放大系数	ΔU	偏差电压
k	常数	$\Delta\theta$	角差
k_N	绕组系数	ξ	阻尼比
L	电感，自感；对数幅值；导体长度	η	效率
L_σ	漏感	Φ	磁通的幅值
L_m、L_M	互感	Φ_m	每极气隙磁通量幅值
P，p	功率	Φ_σ	漏磁通
$p=\frac{d}{dt}$	微分算子	ψ	磁链
P_M	电磁功率	Ψ	磁链的幅值，稳态值
P_s	转差功率	ω_1	同步角转速，同步角频率
Q	无功功率	λ	电机允许过载倍数
S	视在功率；静差率	ρ	占空比、电位器的分压系数
s	转差率、Laplace 变量	τ	时间常数
U、u	电压、电枢供电电压	Ω	机械角速度
U_2	变压器二次侧（额定）相电压		

4. 常见下角标

add	附加（additional）	bl	堵转、封锁（block）
av	平均值（average）	br	击穿（break down）
bias	偏压（bias）、基准（basic）、镇流（ballast）	c	环流（circulating current）、控制（control）
b，bal	平衡（balance）	cl	闭环（closed loop）

（续）

cur	铜	m	峰值、励磁(magnetizing)
com	比较(compare)、复合(combination)	max	最大值(maximum)
cr	临界(critical)	min	最小值(minimum)
d	*d* 轴	N	额定值、标称值(nominal)
e	电磁转矩	d	延时、延滞(delay)、驱动(drive)
error	偏差(error)	off	断开(off)
f	正向(forward)、磁场(field)、反馈(feedback)	on	闭合(on)
in	输入、入口(input)	eff	有效(匝数)
p	*p* 轴	ex	输出、出口(exit)
r	转子(rotator)、上升(rise)、反向(reverse)	g	气隙(gap)、栅极(gate)
ref	参考(reference)	op	开环(open loop)
sam	采样(sampling)	q	q 轴
start	起动(starting)	rec	整流器(rectifier)
α	α 轴	s	定子(stator)、电源(source)
σ	漏感	syn	同步(synchronous)
inv	逆变器(inverter)	∞	稳态值、无穷大处(infinity)
L	负载(Load)	β	β 轴
l	线值(line)、漏磁(leakage)	Σ	和(sum)
lim	极限、限制(limit)		